~~Jesper Schastok~~

Paul Scherer

SpringerWienNewYork

Rudolf Stark

Festigkeitslehre

Aufgaben und Lösungen

SpringerWienNewYork

Ao. Univ.-Prof. Dipl.-Ing. Dr. Rudolf Stark
Institut für Grundlagen der Bauingenieurwissenschaften
Universität Innsbruck, Innsbruck, Österreich

Printed in Austria
SpringerWienNewYork ist ein Unternehmen von Springer Science + Business Media
springer.at

Datenkonvertierung: Reproduktionsfertige Vorlage des Autors
Druck: Ferdinand Berger & Söhne Gesellschaft m.b.H., 3580 Horn, Österreich
Gedruckt auf säurefreiem, chlorfrei gebleichtem Papier – TCF
SPIN 11558866

Mit 117 Abbildungen

Bibliografische Information Der Deutschen Bibliothek
Die Deutsche Bibliothek verzeichnet diese Publikation in der Deutschen Nationalbibliografie; detaillierte bibliografische Daten sind im Internet über http://dnb.ddb.de abrufbar.

ISBN-10 3-211-29699-9 SpringerWienNewYork
ISBN-13 978-3-211-29699-8 SpringerWienNewYork

Vorwort

Dieses Buch hat eine lange Vorgeschichte. Schon bald nachdem ich vom Buchprojekt „Festigkeitslehre“ von Mang und Hofstetter erfahren hatte und dessen geplante inhaltliche Fokussierung bekannt war, reifte in mir die Idee, zu diesem Theorieband in komplementärer Weise einen Aufgaben- und Lösungsband zu verfassen. Dies schien mir auch insofern attraktiv, da ich seit 1984 die Übungen aus Festigkeitslehre (mit)betreue und seit 1993 vertiefende Vorlesungen aus demselben Fach an der Universität Innsbruck halte. Das positive Echo auf meine Projektidee durch die beiden vorgenannten Autoren und das Interesse eines Kollegen der Technischen Universität Wien, an diesem Buch mitarbeiten zu wollen, bestärkten mich in meinem Vorhaben. Anderweitige berufliche Aktivitäten und Schwerpunktsetzungen verhinderten allerdings eine rasche Verwirklichung dieses Buchprojekts während mehrerer Jahre. So war es mir nur in sehr beschränktem Umfang möglich, mich der Arbeit an diesem Buch zu widmen, und Herr Univ.-Doz. Dr. P. Mackenzie-Helnwein hatte inzwischen an der University of Washington eine neue Wirkungsstätte gefunden, sodass ich auf seine Mitwirkung leider verzichten musste.

Das Buch wendet sich in erster Linie an Studierende ingenieurwissenschaftlicher Fachrichtungen an Universitäten und Fachhochschulen. Es greift den immer wieder an mich herangetragenen Wunsch nach vollständig durchgerechneten Beispielen auf, allerdings nicht in dem Sinne, dass sich Beispiel an Beispiel reiht mit dem Ziel, möglichst viele Fälle zu behandeln. Wer in diesem Buch eine Beispielsammlung zu finden hofft, bei der nach Möglichkeit versucht wird, nicht an der Theorie „anzustreifen“, wird enttäuscht sein. Das Ziel ist vielmehr, zu den wichtigsten Themen der Festigkeitslehre Anwendungen zu präsentieren, anhand derer die theoretischen Grundlagen umgesetzt und vertieft werden können. Wohl steht bei diesem Buch die Anwendung im Vordergrund, dennoch findet sich gelegentlich ein theoretischer Exkurs in Form einer kurzen Herleitung. Um den Bezug zur Theorie hervorzuheben und diese leichter zu erschließen, ist vielfach den einzelnen Beispielen oder Themenbereichen eine kurze Zusammenfassung der für die Anwendungen erforderlichen theoretischen Grundlagen vorangestellt. In diesem Sinne kann das Buch auch für in der Praxis tätige Ingenieure von Nutzen sein.

Bedanken möchte ich mich bei den Autoren des Theoriebandes, Herrn O. Univ.-Prof. Dr. H.A. Mang, Institut für Mechanik der Werkstoffe und Strukturen der Technischen Universität Wien, und Herrn O. Univ.-Prof. Dr. G. Hofstetter, Institut für Grundlagen der Bauingenieurwissenschaften der Leopold-Franzens-Universität Innsbruck, für die Förderung meiner Projektidee und ihr Interesse an diesem Werk. Herrn Prof. Hofstetter gebührt darüber hinaus mein besonderer Dank dafür, dass er mich in seiner

Funktion als Dienstvorgesetzter so weit als möglich unterstützt hat, und insbesondere dafür, dass er mir durch sein stetes Interesse die Arbeit an diesem Buch erleichtert hat. Besonderer Dank gebührt Herrn Dipl.-Ing. M. Pertl für die kritische Durcharbeitung des Manuskripts sowie für viele wertvolle Hinweise. Weiters gilt mein Dank Herrn M. Plattner für die Unterstützung bei der Herstellung zahlreicher Abbildungen. Für Fehler bleibt natürlich der Autor verantwortlich, der für allfällige Errata auf der Homepage des Arbeitsbereichs (http://ibft.uibk.ac.at) eine Seite einrichten wird. Herr M. Pertl und Herr M. Plattner sowie der Verfasser selbst sind am Institut für Grundlagen der Bauingenieurwissenschaften, Arbeitsbereich für Festigkeitslehre, Baustatik und Tragwerkslehre der Leopold-Franzens-Universität Innsbruck tätig.

Nicht zuletzt sei auch dem Springer-Verlag, Wien New York, für das rege Interesse, die Geduld und die gute Zusammenarbeit gedankt.

Innsbruck, im Mai 2006

R. F. Stark

Inhaltsverzeichnis

Kapitel 1

Einleitung

„Festigkeitslehre“ bezeichnet ein Teilgebiet der „Mechanik“ und wird oft als Synonym für „technische Mechanik deformierbarer fester Körper“ verwendet. Unter Festigkeitslehre versteht man eine technisch-wissenschaftliche Disziplin, die sich mit der Ermittlung des Spannungs-, Verzerrungs- und Verformungszustandes von Körpern, die unter der Einwirkung von mechanischen und/oder thermischen Lasten stehen, beschäftigt. Zweck dieser Berechnungen ist die Schaffung der Grundlagen für die Beurteilung von technischen Konstruktionen, Bauteilen und Baumaßnahmen hinsichtlich deren Tragsicherheit, Gebrauchstauglichkeit und Wirtschaftlichkeit. Die Festigkeitslehre basiert einerseits auf Erfahrungswerten, wie sie etwa die Materialprüfung oder experimentelle Methoden liefern und andererseits auf theoretischen Methoden wie der Elastizitätstheorie, der Plastizitätstheorie, der Viskoelastizitätstheorie und der Viskoplastizitätstheorie. Diese Theorien stellen die Hilfsmittel zur mathematischen Beschreibung von elastischem und anelastischem Materialverhalten dar.

Dieses Lehrbuch enthält Aufgaben und Lösungen zu den wichtigsten Problemstellungen der Festigkeitslehre. Darüber hinaus zählen einige der hier verwendeten Methoden zu den grundlegenden Lösungsverfahren der Baustatik. Es werden Aufgaben der Kontinuumsmechanik und der Stabtheorie unter Anwendung der Elastizitäts-, der Viskoelastizitäts- und der Plastizitätstheorie behandelt. Das Buch eignet sich gleichermaßen zur Vertiefung des theoretischen Wissens wie auch zur Unterstützung von Studierenden mit Neigung zur induktiven Art der Wissensaneignung. Neulinge auf dem Gebiet der Festigkeitslehre werden durch detailliert ausgearbeitete und kommentierte Beispiele Schritt für Schritt durch die Berechnung geführt und mit der Materie vertraut gemacht.

Dieses Buch ist als Ergänzung und zur Vertiefung zum Buch „Festigkeitslehre“, Mang und Hofstetter ([MH04]), konzipiert. Die inhaltliche Ausrichtung dieses Buches am Theorieband [MH04] ist somit ein wesentliches und gewünschtes Element. Durch den Aufbau der Inhalte kann dieses Buch aber auch für sich allein verwendet werden. Jedem Thema bzw. jeder Aufgabenstellung geht eine kurze Zusammenfassung der für die Bearbeitung der aktuellen Problemstellung erforderlichen Theorie voraus. Es werden die Ausgangsgleichungen wiederholt und die darin enthaltenen neuen Symbole und Bezeichnungen erläutert. Überschriften markieren die wesentlichen Berechnungsabschnitte und erleichtern dem Leser die Orientierung. Die einzelnen Rechenschritte werden ausführlich dargestellt und kommentiert, sodass jeder Schritt nachvollzogen werden kann. Vielfach werden mehrere Berechnungsvarianten aufgezeigt und mögliche Kontrollrechnungen vorgeführt.

Die inhaltliche Nähe dieses Buches zum Theorieband [MH04] wird neben den gleichlautenden Kapitelüberschriften auch durch die Referenzierung auf Gleichungsnummern des Theoriebandes deutlich. Bei der Referenzierung auf Gleichungen verweisen Zahlentripel in runden Klammern, die durch Punkt und Bindestrich voneinander getrennt sind, auf Gleichungsnummern in diesem Band, während sich durch Punkt getrennte Zahlenpaare in runden Klammern auf den Theorieband beziehen.

Der inhaltliche Aufbau des Buches erfolgt in enger Anlehnung an [MH04]. Zu jedem der dort behandelten Kapitel (mit Ausnahme des experimentellen Teils) enthält dieses Buch zumindest ein Anwendungsbeispiel.

Das Buch umfasst dreizehn weitere Kapitel, wobei sich diese thematisch wie folgt gliedern:

Kapitel 2 beschäftigt sich mit mathematischen Grundlagen, die für das Verständnis der Festigkeitslehre notwendig sind. In den hier vorgestellten Beispielen werden die Ermittlung der Richtungskosinus eines Vektors und die Koordinatentransformation vorgeführt. Dabei wird auch die Indexschreibweise angewendet.

Kapitel 3 behandelt die Grundlagen der Elastizitätstheorie und ist in drei Themenschwerpunkte – kinematische Beziehungen, kinetische Beziehungen und konstitutive Beziehungen – gegliedert. Es wird die Anwendung des GREEN'schen und des linearisierten Verzerrungstensors demonstriert. Weiters werden die Transformationsbeziehungen für den räumlichen und ebenen Verzerrungs- und Spannungszustand an unterschiedlichen Aufgabenstellungen vorgeführt und die Ermittlung von Hauptverzerrungen, Hauptspannungen und deren Hauptrichtungen behandelt. Es wird das verallgemeinerte HOOKE'sche Gesetz in Aufgabenstellungen für dreidimensionale Probleme, für den ebenen Verzerrungszustand und den ebenen Spannungszustand angewendet. Die Anwendungen beziehen sich sowohl auf isotrope als auch auf orthotrope Werkstoffe.

Kapitel 4 führt in die Prinzipien der virtuellen Arbeiten ein. Mit der Anwendung des Reziprozitätssatzes von MAXWELL wird ein Ausblick auf ein in der Baustatik bei der Ermittlung von Einflusslinien häufig verwendetes Verfahren gegeben.

Kapitel 5 behandelt Energieprinzipien. Als Anwendung der Stationäritätsprinzipien wird der Satz von CASTIGLIANO an Hand eines statisch unbestimmten Problems mit einer nichtlinearen Feder vorgeführt.

Kapitel 6 ist der linearen Stabtheorie gewidmet. Im Abschnitt zur Ermittlung der Normalspannungen zufolge axialer Beanspruchung werden statisch bestimmte und statisch unbestimmte Problemstellungen behandelt. Der zweite Abschnitt beschäftigt sich mit der Ermittlung der Normalspannungen zufolge Biege- und Normalkraftbeanspruchung. Neben der Ermittlung von Querschnittskennwerten und des Kerns für einen unsymmetrischen Querschnitt wird auf die schiefe Biegung, das Problem der versagenden Zugzone und die Biegung von Verbundstäben eingegangen. Weiters werden Anwendungen zu Querkraftschubspannungen in dünnwandigen offenen, Torsionsschubspannungen in dünnwandigen geschlossenen und Querkraftschubspannungen in dünnwandigen geschlossenen Querschnitten präsentiert. Einen weiteren Schwerpunkt bildet die Ermittlung der Biegelinie, wobei auch auf den Fall der Berücksichtigung des Einflusses der Querkraft auf die Durchbiegung eingegangen wird.

Kapitel 7 widmet sich den Prinzipien der virtuellen Arbeiten in der linearen Stabtheorie. Hier werden Anwendungen des Prinzips der virtuellen Verschiebungen für Fachwerke und des Prinzips der virtuellen Kräfte sowohl für reine Biegebeanspruchung sowie für Biege- und Axialbeanspruchung vorgeführt.

Kapitel 8 behandelt Stabilitätsprobleme. Die Anwendungen befassen sich mit dem Biegeknicken bei linear elastischem Materialverhalten und dem Traglastproblem im Zusammenhang mit Imperfektionen.

Kapitel 9 handelt von Anstrengungshypothesen. In den hier vorgestellten Beispielen werden die Fließhypothesen nach TRESCA und VON MISES sowie die Versagenshypothesen nach MOHR-COULOMB und DRUCKER-PRAGER angewendet.

Kapitel 10 führt in das nichtlinear elastische und anelastische Materialverhalten ein. Die Anwendungen zeigen die Ermittlung der elastischen Grenzlast und der Traglast eines Stabsystems auf der Grundlage eines bilinearen Spannungs-Dehnungs-Diagramms sowie die Erfassung von zeitabhängigem Materialverhalten im Falle des einaxialen Spannungszustandes unter Verwendung der Modelle von MAXWELL und KELVIN-VOIGT.

Kapitel 11 behandelt elasto-plastisches Materialverhalten bei Stäben. Es werden Anwendungen für die Fälle reine Biegung sowie für Normalkraft und Biegung bei doppelt symmetrischen und einfach symmetrischen Querschnitten präsentiert.

Kapitel 12 bringt Grundlagen der Plastizitätstheorie. Das hier vorgestellte Beispiel zeigt die Verwendung der wesentlichen Elemente eines elasto-plastischen Werkstoffmodells für die Anpassung der DRUCKER-PRAGER'schen Hypothese an die MOHR-COULOMB'sche Hypothese unter der Bedingung, dass für den Fall des ebenen Verzerrungszustandes beide Versagenshypothesen dieselbe Traglast liefern.

Kapitel 13 widmet sich der Ermittlung der Traglast. Es werden die Möglichkeiten der Traglastermittlung im Rahmen der Fließgelenktheorie I. Ordnung mittels der linearen Stabtheorie sowie der Anwendung der Traglastsätze der Plastizitätstheorie vorgeführt.

Kapitel 14 behandelt Näherungslösungen. Dabei wird die Anwendung des Verfahrens von RITZ anhand eines statisch unbestimmten Tragwerks demonstriert.

Da dieses Buch als Lehrbuch dienen soll, sind die einzelnen Kapitel in inhaltlich aufbauender Weise angeordnet. Ausnahmen bilden die Kapitel 4 und 5, für deren Bearbeitung sich das vorherige Studium einiger Abschnitte der Kapitel 6 und 7 empfiehlt. Diese Inkonsequenz ist darin begründet, dass sich im vorliegenden Buch die Nummerierung der Kapitel am Theorieband [MH04] orientiert, um damit den Bezug zwischen Aufgaben- und Theorieband zu erleichtern.

Kapitel 2

Mathematische Grundlagen

2.1 Koordinatensystem

Beispiel 2.1: Richtungskosinus eines Vektors

Abb. 2.1-1 zeigt einen Vektor $\mathbf{v}$ in einem rechtwinkligen kartesischen Koordinatensystem x_1, x_2, x_3 mit den Komponenten

$$\mathbf{v} = \left\{ \begin{array}{c} v_1 \\ v_2 \\ v_3 \end{array} \right\} = \left\{ \begin{array}{c} 2 \\ 4 \\ 3 \end{array} \right\} . \tag{2.1-1}$$

Nachfolgend sollen die Richtungskosinus dieses Vektors berechnet werden.

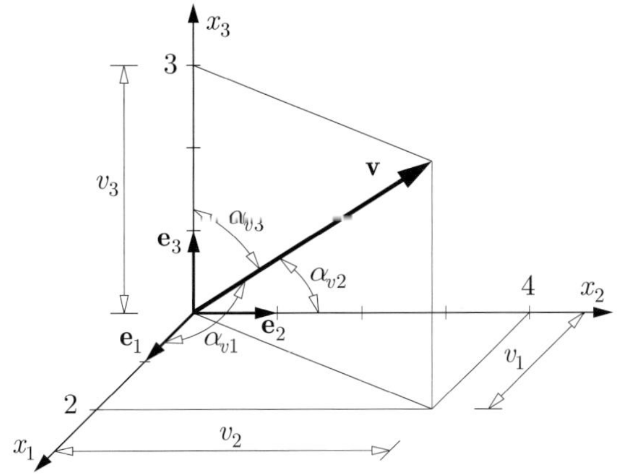

Abb. 2.1-1: Darstellung des Vektors $\mathbf{v}$ in einem rechtwinkligen kartesischen Koordinatensystem x_1, x_2, x_3

Als Richtungskosinus n_{v1}, n_{v2}, n_{v3} werden die Kosinus der vom Vektor $\mathbf{v}$ mit den Basisvektoren $\mathbf{e}_i$, $i = 1, 2, 3$, des Koordinatensystems x_1, x_2, x_3 eingeschlossenen Winkel $\alpha_{v1}, \alpha_{v2}, \alpha_{v3}$ bezeichnet. Somit gilt

$$n_{vi} = \cos(\angle(\mathbf{v}, \mathbf{e}_i)) = \cos \alpha_{vi} = \frac{\mathbf{v} \cdot \mathbf{e}_i}{|\mathbf{v}| \cdot |\mathbf{e}_i|} . \tag{2.1-2}$$

Der Betrag des Vektors $\mathbf{v}$, d.h. dessen Länge, ist gegeben durch

$$|\mathbf{v}| = v = \sqrt{v_1^2 + v_2^2 + v_3^2} = \sqrt{2^2 + 4^2 + 3^2} = \sqrt{29} \ . \tag{2.1-3}$$

Die Basisvektoren $\mathbf{e}_1, \mathbf{e}_2, \mathbf{e}_3$ der orthonormierten Basis sind zu

$$\mathbf{e}_1 = \begin{Bmatrix} 1 \\ 0 \\ 0 \end{Bmatrix} , \qquad \mathbf{e}_2 = \begin{Bmatrix} 0 \\ 1 \\ 0 \end{Bmatrix} , \qquad \mathbf{e}_3 = \begin{Bmatrix} 0 \\ 0 \\ 1 \end{Bmatrix} \tag{2.1-4}$$

gegeben und deren Längen betragen definitionsgemäß 1. Vektoren mit der Länge 1 werden als Einheitsvektoren bezeichnet. Somit kann (2.1-2) in der Form

$$n_{vi} = \cos\alpha_{vi} = \frac{1}{v}\,\mathbf{v}\cdot\mathbf{e}_i = \frac{v_i}{v} \tag{2.1-5}$$

geschrieben werden. Unter Verwendung des Ergebnisses von (2.1-3) erhält man nun die Richtungskosinus von $\mathbf{v}$ zu

$$\begin{aligned}
n_{v1} &= \cos\alpha_{v1} = \frac{1}{v}\,\mathbf{v}\cdot\mathbf{e}_1 = \frac{1}{\sqrt{29}}\begin{Bmatrix} 2 \\ 4 \\ 3 \end{Bmatrix}\cdot\begin{Bmatrix} 1 \\ 0 \\ 0 \end{Bmatrix} = \frac{2}{\sqrt{29}} = 0.37139 \ , \\
n_{v2} &= \cos\alpha_{v2} = \frac{1}{v}\,\mathbf{v}\cdot\mathbf{e}_2 = \frac{1}{\sqrt{29}}\begin{Bmatrix} 2 \\ 4 \\ 3 \end{Bmatrix}\cdot\begin{Bmatrix} 0 \\ 1 \\ 0 \end{Bmatrix} = \frac{4}{\sqrt{29}} = 0.74278 \ , \\
n_{v3} &= \cos\alpha_{v3} = \frac{1}{v}\,\mathbf{v}\cdot\mathbf{e}_3 = \frac{1}{\sqrt{29}}\begin{Bmatrix} 2 \\ 4 \\ 3 \end{Bmatrix}\cdot\begin{Bmatrix} 0 \\ 0 \\ 1 \end{Bmatrix} = \frac{3}{\sqrt{29}} = 0.55709 \ .
\end{aligned} \tag{2.1-6}$$

Die vom Vektor $\mathbf{v}$ mit den Koordinatenachsen eingeschlossenen Winkel α_{vi} im Gradmaß ergeben sich somit zu

$$\begin{aligned}
\alpha_{v1} &= \arccos 0.37139 = 68.199^\circ \ , \\
\alpha_{v2} &= \arccos 0.74278 = 42.031^\circ \ , \\
\alpha_{v3} &= \arccos 0.55709 = 56.145^\circ \ .
\end{aligned} \tag{2.1-7}$$

Als Rechenkontrolle kann die Bedingung (2.11) verwendet werden. Diese besagt, dass die Summe der Quadrate der Richtungskosinus sich zu eins ergeben muss, d.h. in unserem Fall

$$\cos^2\alpha_{v1} + \cos^2\alpha_{v2} + \cos^2\alpha_{v3} = \frac{4}{29} + \frac{16}{29} + \frac{9}{29} = 1 \ . \tag{2.1-8}$$

Normiert man den Vektor $\mathbf{v}$, so erhält man den Einheitsvektor $\mathbf{e}_v$, d.h. den Richtungsvektor von $\mathbf{v}$ mit der Länge 1, dessen Komponenten wegen $v_i = \mathbf{v}\cdot\mathbf{e}_i$ den Richtungskosinus (2.1-6) entsprechen, d.h.

$$\mathbf{e}_v = \frac{\mathbf{v}}{v} = \frac{1}{v}\begin{Bmatrix} v_1 \\ v_2 \\ v_3 \end{Bmatrix} = \frac{1}{\sqrt{29}}\begin{Bmatrix} 2 \\ 4 \\ 3 \end{Bmatrix} = \begin{Bmatrix} 0.37139 \\ 0.74278 \\ 0.55709 \end{Bmatrix} \ . \tag{2.1-9}$$

2.2 Koordinatentransformation

Beispiel 2.2: Transformation eines Vektors

In diesem Beispiel soll der Vektor $\mathbf{v}$ aus Beispiel 2.1, der im Koordinatensystem x_1, x_2, x_3 gegeben ist, in ein neues Koordinatensystem x'_1, x'_2, x'_3 transformiert werden, d.h. wir wollen dessen Komponenten bezogen auf ein neues, gedrehtes Koordinatensystem x'_1, x'_2, x'_3 ermitteln. Die Lage des neuen Koordinatensystems im Raum ist in Abb. 2.2-1 dargestellt und kann mit Hilfe der Durchstoßpunkte der Achsen x'_1, x'_2, x'_3 durch einen Hilfswürfel mit der Kantenlänge 1 ermittelt werden.

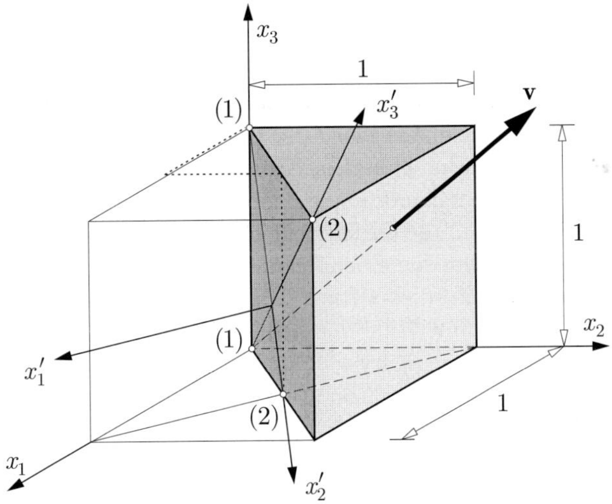

Abb. 2.2-1: Transformation des Vektors $\mathbf{v}$ in ein neues rechtwinkliges Koordinatensystem x'_1, x'_2, x'_3

• *Bestimmung der Richtungsvektoren des neuen Koordinatensystems*

Zuerst sind die Richtungsvektoren $\mathbf{x}'_i$ des neuen Koordinatensystems in Bezug auf das System x_1, x_2, x_3 zu ermitteln. Eine einfache Möglichkeit zur Bestimmung der Komponenten von $\mathbf{x}'_2$ und $\mathbf{x}'_3$ besteht darin, die Koordinatenachsen von x'_2 und x'_3 in beide Richtungen so weit zu verlängern, dass sich für die Koordinatenachsen jeweils zwei Durchstoßpunkte durch den Hilfswürfel ergeben. Der im Ursprung oder auf der negativen Seite der jeweiligen Achse gelegene Durchstoßpunkt wird als erster Durchstoßpunkt (1) oder als Ausgangspunkt bezeichnet, d.h. ein Vektor vom Ausgangspunkt zum zweiten Durchstoßpunkt (2) zeigt in Richtung der positiven Koordinatenachse. Schreibt man etwa für den Richtungsvektor $\mathbf{x}'_2$ die Koordinatendifferenz zwischen zweitem und erstem Durchstoßpunkt an, so erhält man die Komponenten von $\mathbf{x}'_2$ zu

$$\mathbf{x'}_2 = \left\{ \begin{array}{c} 1/2 \\ 1/2 \\ 0 \end{array} \right\} - \left\{ \begin{array}{c} 0 \\ 0 \\ 1 \end{array} \right\} = \left\{ \begin{array}{c} 1/2 \\ 1/2 \\ -1 \end{array} \right\} . \tag{2.2-1}$$

Das Bilden der Koordinatendifferenz entspricht den Komponenten des Weges, den man vom ersten Durchstoßpunkt zum zweiten Durchstoßpunkt zurücklegt. Dieser „Weg“ ist in Abb. 2.2-1 für die Ermittlung von $\mathbf{x}'_2$ durch einen punktierten Linienzug dargestellt. In diesem Falle „wandert“ man vom Ausgangspunkt (1) um $+1/2$ in x_1-Richtung, dann um $+1/2$ in x_2-Richtung und schließlich um -1 in x_3-Richtung und gelangt so zum zweiten Durchstoßpunkt (2). Analog lässt sich der Richtungsvektor für die Koordinatenrichtung x'_3 bestimmen. Die Richtungsvektoren der Koordinatenachsen x'_2 und x'_3 ergeben sich damit zu

$$\mathbf{x}'_2 = \begin{Bmatrix} 1/2 \\ 1/2 \\ -1 \end{Bmatrix} = \frac{1}{2} \begin{Bmatrix} 1 \\ 1 \\ -2 \end{Bmatrix} , \quad \mathbf{x}'_3 = \begin{Bmatrix} 1 \\ 1 \\ 1 \end{Bmatrix} . \tag{2.2-2}$$

Da die Richtung eines Vektors nur vom Verhältnis der einzelnen Komponenten zueinander abhängt und für die Ermittlung der Richtungskosinus nur die Richtungen der einzelnen Vektoren maßgebend sind, wird der Faktor 1/2 des Richtungsvektors $\mathbf{x}'_2$ für die weitere Berechnung der Einfachheit halber weggelassen.

Der Richtungsvektor $\mathbf{x}'_1$ steht normal auf die durch die Vektoren $\mathbf{x}'_2$ und $\mathbf{x}'_3$ aufgespannte Ebene, die normal auf die Grundrissfläche des Würfels steht. Somit liegt $\mathbf{x}'_1$ in einer zu der von den Basisvektoren $\mathbf{e}_1$ und $\mathbf{e}_2$ aufgespannten parallelen Ebene. Daraus folgt, dass die x_3-Komponente dieses Richtungsvektors null ist und die beiden restlichen Komponenten können mit Hilfe der Abb. 2.2-1 unmittelbar angegeben werden und betragen $x_1 = 1$ und $x_2 = -1$.

Eine allgemein anwendbare Vorgangsweise zur Bestimmung des dritten Richtungsvektors ist die Verwendung des äußeren Produkts (Vektorprodukt, Exprodukt), d.h.

$$\begin{aligned} &\mathbf{x}'_2 \times \mathbf{x}'_3 = \mathbf{x}'_1 \\ &\mathbf{x}'_2 \times \mathbf{x}'_3 = \begin{vmatrix} \mathbf{e}_1 & \mathbf{e}_2 & \mathbf{e}_3 \\ 1 & 1 & -2 \\ 1 & 1 & 1 \end{vmatrix} = \mathbf{e}_1 \cdot 3 - \mathbf{e}_2 \cdot 3 + \mathbf{e}_3 \cdot 0 \, . \end{aligned} \tag{2.2-3}$$

Damit stellt sich der Richtungsvektor $\mathbf{x}'_1$ in der Form

$$\mathbf{x}'_1 = \begin{Bmatrix} 3 \\ -3 \\ 0 \end{Bmatrix} = 3 \begin{Bmatrix} 1 \\ -1 \\ 0 \end{Bmatrix} \tag{2.2-4}$$

dar. Analog zu oben wird auch hier aus den bereits angeführten Gründen der Faktor 3 weggelassen. Bei Verwendung des Exprodukts ist zu berücksichtigen, dass dieses nicht kommutativ ist, d.h. $\mathbf{x}'_2 \times \mathbf{x}'_3 \neq \mathbf{x}'_3 \times \mathbf{x}'_2$. Deshalb müssen die Vektoren in der Determinante in zyklischer Reihenfolge aufscheinen, da diese sonst kein Rechtssystem bilden und die x'_1-Achse in unserem Fall in die falsche Richtung zeigen würde. Die Richtungsvektoren und deren Längen sind somit zu

$$\begin{aligned} \mathbf{x}'_1 &= \lfloor 1 \;\; -1 \;\; 0 \rfloor^T , \quad & x'_1 &= \sqrt{1^2 + (-1)^2 + 0} = \sqrt{2} \, , \\ \mathbf{x}'_2 &= \lfloor 1 \;\; 1 \;\; -2 \rfloor^T , \quad & x'_2 &= \sqrt{1^2 + 1^2 + (-2)^2} = \sqrt{6} \, , \\ \mathbf{x}'_3 &= \lfloor 1 \;\; 1 \;\; 1 \rfloor^T , \quad & x'_3 &= \sqrt{1^2 + 1^2 + 1^2} = \sqrt{3} \end{aligned} \tag{2.2-5}$$

gegeben. Bevor diese Richtungsvektoren für die weitere Berechnung verwendet werden, sollte deren Orthogonalität überprüft werden, d.h. das Skalarprodukt je zweier Vektoren muss sich zu null ergeben. Dies trifft im gegenständlichen Fall zu, denn

$$\begin{aligned} \mathbf{x'}_1 \cdot \mathbf{x'}_2 &= 1 \cdot 1 + (-1) \cdot 1 + 0 \cdot (-2) = 0 \;, \\ \mathbf{x'}_1 \cdot \mathbf{x'}_3 &= 1 \cdot 1 + (-1) \cdot 1 + 0 \cdot 1 = 0 \;, \\ \mathbf{x'}_2 \cdot \mathbf{x'}_3 &= 1 \cdot 1 + 1 \cdot 1 + (-2) \cdot 1 = 0 \;. \end{aligned} \tag{2.2-6}$$

- ***Ermittlung der Richtungskosinus***

Im Beispiel 2.1 wurden die Richtungskosinus des Vektors $\mathbf{v}$ bezogen auf das Koordinatensystem x_1, x_2, x_3 berechnet. Hier liegt prinzipiell die gleiche Aufgabenstellung vor, mit dem einzigen Unterschied, dass an die Stelle des Vektors $\mathbf{v}$ die Richtungsvektoren $\mathbf{x}'_1, \mathbf{x}'_2, \mathbf{x}'_3$ treten.

Üblicherweise werden die Kosinus der von den Basisvektoren $\mathbf{e}'_i$ und $\mathbf{e}_j$ eingeschlossenen Winkel α_{ij} kürzer mit n_{ij} bezeichnet, sodass im gegenständlichen Fall (2.1-2) bzw. (2.1-6) in der Form

$$n_{ij} = \cos\alpha_{ij} = \frac{\mathbf{x'}_i \cdot \mathbf{e}_j}{|\mathbf{x'}_i| \cdot |\mathbf{e}_j|} = \frac{\mathbf{x}'_i}{x'_i} \cdot \mathbf{e}_j = \mathbf{e}'_i \cdot \mathbf{e}_j \tag{2.2-7}$$

geschrieben wird. Die Richtungskosinus n_{1j} der von den Basisvektoren $\mathbf{e}'_1$ und $\mathbf{e}_j$ eingeschlossenen Winkel ergeben sich zu

$$\begin{aligned} n_{11} &= \mathbf{e}'_1 \cdot \mathbf{e}_1 = \frac{\mathbf{x}'_1}{x'_1} \cdot \mathbf{e}_1 = \frac{1}{\sqrt{2}} \;, \\ n_{12} &= \mathbf{e}'_1 \cdot \mathbf{e}_2 = \frac{\mathbf{x}'_1}{x'_1} \cdot \mathbf{e}_2 = \frac{-1}{\sqrt{2}} \;, \\ n_{13} &= \mathbf{e}'_1 \cdot \mathbf{e}_3 = \frac{\mathbf{x}'_1}{x'_1} \cdot \mathbf{e}_3 = 0 \;. \end{aligned} \tag{2.2-8}$$

Analog folgen die Richtungskosinus n_{2j} der von den Basisvektoren $\mathbf{e}'_2$ und $\mathbf{e}_j$ eingeschlossenen Winkel zu

$$\begin{aligned} n_{21} &= \mathbf{e}'_2 \cdot \mathbf{e}_1 = \frac{\mathbf{x}'_2}{x'_2} \cdot \mathbf{e}_1 = \frac{1}{\sqrt{6}} \;, \\ n_{22} &= \mathbf{e}'_2 \cdot \mathbf{e}_2 = \frac{\mathbf{x}'_2}{x'_2} \cdot \mathbf{e}_2 = \frac{1}{\sqrt{6}} \;, \\ n_{23} &= \mathbf{e}'_2 \cdot \mathbf{e}_3 = \frac{\mathbf{x}'_2}{x'_2} \cdot \mathbf{e}_3 = \frac{-2}{\sqrt{6}} \end{aligned} \tag{2.2-9}$$

und jene der von den Basisvektoren $\mathbf{e}'_3$ und $\mathbf{e}_j$ eingeschlossenen Winkel zu

$$\begin{aligned} n_{31} &= \mathbf{e}'_3 \cdot \mathbf{e}_1 = \frac{\mathbf{x}'_3}{x'_3} \cdot \mathbf{e}_1 = \frac{1}{\sqrt{3}} \;, \\ n_{32} &= \mathbf{e}'_3 \cdot \mathbf{e}_2 = \frac{\mathbf{x}'_3}{x'_3} \cdot \mathbf{e}_2 = \frac{1}{\sqrt{3}} \;, \\ n_{33} &= \mathbf{e}'_3 \cdot \mathbf{e}_3 = \frac{\mathbf{x}'_3}{x'_3} \cdot \mathbf{e}_3 = \frac{1}{\sqrt{3}} \;. \end{aligned} \tag{2.2-10}$$

• ***Bestimmung der Komponenten des Vektors* v *im gedrehten System***

Unter Verwendung von Gleichung (2.21) entsprechend

$$\mathbf{v}' = \mathbf{Q} \cdot \mathbf{v} \tag{2.2-11}$$

bzw. (2.19) ergeben sich die Komponenten v'_1, v'_2, v'_3 des Vektors $\mathbf{v}$ in Matrizenschreibweise zu

$$\begin{Bmatrix} v'_1 \\ v'_2 \\ v'_3 \end{Bmatrix} = \begin{bmatrix} n_{11} & n_{12} & n_{13} \\ n_{21} & n_{22} & n_{23} \\ n_{31} & n_{32} & n_{33} \end{bmatrix} \cdot \begin{Bmatrix} v_1 \\ v_2 \\ v_3 \end{Bmatrix}$$

$$\begin{Bmatrix} v'_1 \\ v'_2 \\ v'_3 \end{Bmatrix} = \begin{bmatrix} \frac{1}{\sqrt{2}} & \frac{-1}{\sqrt{2}} & 0 \\ \frac{1}{\sqrt{6}} & \frac{1}{\sqrt{6}} & \frac{-2}{\sqrt{6}} \\ \frac{1}{\sqrt{3}} & \frac{1}{\sqrt{3}} & \frac{1}{\sqrt{3}} \end{bmatrix} \cdot \begin{Bmatrix} 2 \\ 4 \\ 3 \end{Bmatrix} = \begin{Bmatrix} -\sqrt{2} \\ 0 \\ 3\sqrt{3} \end{Bmatrix} . \tag{2.2-12}$$

Im Allgemeinen ist die Transformationsmatrix $\mathbf{Q}$ nicht symmetrisch, wie (2.2-12) bestätigt. Alternativ zu (2.2-11) erhält man das Ergebnis in Indexschreibweise unter Verwendung der gemäß (2.43) zu

$$v'_i = n_{ij} v_j \tag{2.2-13}$$

gegebenen Beziehung. Unter Beachtung der EINSTEIN'schen Summationskonvention ergeben sich damit die Komponenten v'_i zu

$$\begin{aligned} v'_1 &= n_{11}\, v_1 + n_{12}\, v_2 + n_{13}\, v_3 = \frac{1}{\sqrt{2}} \cdot 2 - \frac{1}{\sqrt{2}} \cdot 4 + \ 0 \ \cdot 3 = \frac{-2}{\sqrt{2}} = -\sqrt{2}\,, \\ v'_2 &= n_{21}\, v_1 + n_{22}\, v_2 + n_{23}\, v_3 = \frac{1}{\sqrt{6}} \cdot 2 + \frac{1}{\sqrt{6}} \cdot 4 - \frac{2}{\sqrt{6}} \cdot 3 = 0\,, \\ v'_3 &= n_{31}\, v_1 + n_{32}\, v_2 + n_{33}\, v_3 = \frac{1}{\sqrt{3}} \cdot 2 + \frac{1}{\sqrt{3}} \cdot 4 + \frac{1}{\sqrt{3}} \cdot 3 = \frac{9}{\sqrt{3}} = 3\sqrt{3}\,. \end{aligned} \tag{2.2-14}$$

Hinweis zur Auswertung mittels (2.2-13):
In (2.2-13) tritt der Index j im Term auf der rechten Seite zweifach auf und ist nicht durch die linke Seite festgelegt. Somit ist j ein stummer Index (Dummy-Index), über welchen zu summieren ist. i ist ein freier Index, der die Werte $1, 2, 3$ annimmt.

Aus $v'_2 = 0$ folgt, dass der Vektor $\mathbf{v}$ in der von $\mathbf{x}'_1$ und $\mathbf{x}'_3$ aufgespannten Ebene liegt. Es muss daher das Skalarprodukt $\mathbf{v} \cdot \mathbf{x}'_2$ verschwinden, d.h.

$$\mathbf{v} \cdot \mathbf{x}'_2 = \begin{bmatrix} 2 & 4 & 3 \end{bmatrix}^T \cdot \begin{bmatrix} 1 & 1 & -2 \end{bmatrix}^T = 2 + 4 - 6 = 0\,. \tag{2.2-15}$$

Die Berechnung des Skalarprodukts in (2.2-15) wurde in Bezug auf das System x_1, x_2, x_3 durchgeführt und kann deshalb als Kontrolle für die Berechnung angesehen werden.

Kapitel 3

Grundlagen der Elastizitätstheorie

3.1 Kinematische Beziehungen

Beispiel 3.1: Zugstab: GREEN'scher und linearisierter Verzerrungstensor

Der in Abb. 3.1-1 dargestellte homogene Stab (Werkstoffeigenschaften sind ortsunabhängig) wird in Längsrichtung (Richtung X_1, x_1) durch die Kraft F beansprucht. Die Länge des unverformten Stabes ist mit $L = 30$ mm gegeben. Zwei Fälle sind zu untersuchen: Im Fall 1 beträgt die Länge des verformten Stabes $l = 50$ mm, im Fall 2 beträgt diese $l = 31$ mm. Für nachstehende Berechnung soll näherungsweise angenommen werden, dass die Verformungen in Querrichtung, d.h. in den Richtungen X_2, x_2 und X_3, x_3, vernachlässigt werden können. Für die beiden Fälle sind die Komponenten des GREEN'schen und des linearisierten Verzerrungstensors zu ermitteln.

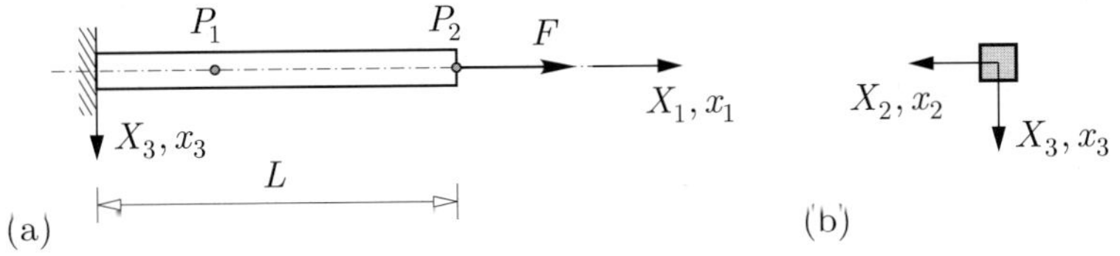

Abb. 3.1-1: Zugstab: (a) Ansicht; (b) Querschnitt

Der GREEN'sche Verzerrungstensor (Verzerrungstensor in LAGRANGE'schen Koordinaten) E_{ij} ist ein Tensor 2. Stufe und gemäß (3.14) zu

$$E_{ij} = \frac{1}{2}\left[\frac{\partial u_i}{\partial X_j} + \frac{\partial u_j}{\partial X_i} + \frac{\partial u_k}{\partial X_i}\frac{\partial u_k}{\partial X_j}\right] \tag{3.1-1}$$

gegeben. Im Falle, dass die Verschiebungsableitungen $\partial u_i/\partial X_j$ klein gegen eins sind, dürfen die quadratischen Glieder in (3.1-1) vernachlässigt werden und es darf entsprechend (3.31) näherungsweise $\partial u_i/\partial X_j \approx \partial u_i/\partial x_j$ gesetzt werden. In diesem Sinne wird bei Vorliegen kleiner Verschiebungsableitungen grundsätzlich x_j statt X_j geschrieben. Somit folgt aus (3.1-1) der linearisierte Verzerrungstensor in Indexschreibweise zu

$$\varepsilon_{ij} = \frac{1}{2}\left(\frac{\partial u_i}{\partial x_j} + \frac{\partial u_j}{\partial x_i}\right) \ . \tag{3.1-2}$$

Der linearisierte Verzerrungstensor ist ebenfalls ein Tensor 2. Stufe, dessen Komponenten in ausführlicher Schreibweise gemäß (3.34) lauten:

$$\begin{aligned}
\varepsilon_{11} &= \frac{\partial u_1}{\partial x_1}\,, & \varepsilon_{12} &= \frac{1}{2}\left(\frac{\partial u_1}{\partial x_2}+\frac{\partial u_2}{\partial x_1}\right), & \varepsilon_{13} &= \frac{1}{2}\left(\frac{\partial u_1}{\partial x_3}+\frac{\partial u_3}{\partial x_1}\right),\\
\varepsilon_{21} &= \frac{1}{2}\left(\frac{\partial u_2}{\partial x_1}+\frac{\partial u_1}{\partial x_2}\right), & \varepsilon_{22} &= \frac{\partial u_2}{\partial x_2}\,, & \varepsilon_{23} &= \frac{1}{2}\left(\frac{\partial u_2}{\partial x_3}+\frac{\partial u_3}{\partial x_2}\right),\\
\varepsilon_{31} &= \frac{1}{2}\left(\frac{\partial u_3}{\partial x_1}+\frac{\partial u_1}{\partial x_3}\right), & \varepsilon_{32} &= \frac{1}{2}\left(\frac{\partial u_3}{\partial x_2}+\frac{\partial u_2}{\partial x_3}\right), & \varepsilon_{33} &= \frac{\partial u_3}{\partial x_3}\,.
\end{aligned} \tag{3.1-3}$$

- ***Verschiebungen als Funktion der materiellen Koordinaten***

Aufgrund der Vorgabe, dass die Querverformungen in X_2, x_2- und X_3, x_3-Richtung zu vernachlässigen sind, verschwinden die Verschiebungskomponenten u_2 und u_3 und deren Ableitungen. Darüber hinaus wird angenommen, dass sich der rechte Endquerschnitt des Stabes auch an der Lasteinleitungsstelle gleichmäßig verformt (Lasteintragung mittels starrer Platte). Somit ist $u_1 = u_1(X_1)$, d.h. die Verschiebung u_1 ist konstant für ein festes X_1 und somit unabhängig von X_2 und X_3. Als einzige von null verschiedene Komponente von E_{ij} bzw. ε_{ij} verbleibt

$$E_{11} = \frac{1}{2}\left[\frac{\partial u_1}{\partial X_1}+\frac{\partial u_1}{\partial X_1}+\left(\frac{\partial u_1}{\partial X_1}\right)^2\right] \tag{3.1-4}$$

bzw.

$$\varepsilon_{11} = \frac{1}{2}\left(\frac{\partial u_1}{\partial X_1}+\frac{\partial u_1}{\partial X_1}\right) = \frac{\partial u_1}{\partial x_1}\,. \tag{3.1-5}$$

Zur Auswertung von (3.1-4) muss die Verschiebung u_1 als Funktion der materiellen oder LAGRANGE'schen Koordinaten ausgedrückt werden. Für den homogenen Stab ist

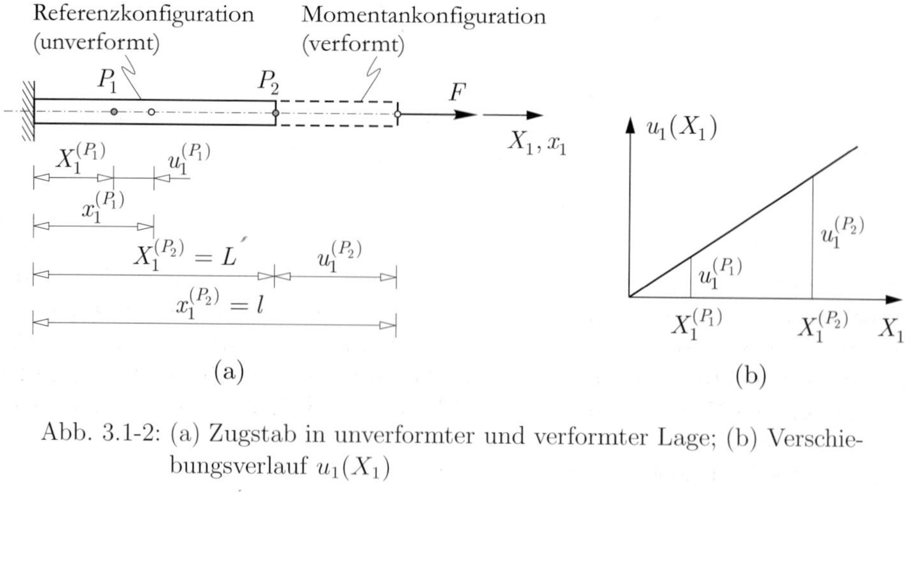

Abb. 3.1-2: (a) Zugstab in unverformter und verformter Lage; (b) Verschiebungsverlauf $u_1(X_1)$

die Verschiebung eines Punktes P_i proportional zu dessen Abstand von der Einspannstelle, wie in Abb. 3.1-2 dargestellt, d.h.

$$\frac{u_1^{(P_1)}}{X_1^{(P_1)}} = \frac{u_1^{(P_2)}}{X_1^{(P_2)}}$$

$$\frac{u_1(X_1)}{X_1} = \frac{u_1(L)}{L} \qquad \rightarrow \qquad u_1(X_1) = \frac{u_1(L)}{L} \cdot X_1 \; . \tag{3.1-6}$$

Da bei kleinen Verschiebungsableitungen x_j statt X_j geschrieben werden darf, kann im Fall kleiner Verschiebungsableitungen für die Auswertung von (3.1-5) ebenfalls die Beziehung (3.1-6) verwendet werden.

- **GREEN*'scher und linearisierter Verzerrungstensor für Fall 1***

Aus der Differenz zwischen unverformter und verformter Lage des Lastangriffspunktes P_2 ergibt sich die Verschiebungsfunktion zu

$$u_1(L) = 50 - 30 = 20 \text{ mm} \qquad \rightarrow \qquad u_1(X_1) = \frac{20}{30} X_1 \; . \tag{3.1-7}$$

Mit den Verschiebungsableitungen nach der materiellen Koordinate X_1

$$\frac{\partial u_1}{\partial X_1} = \frac{2}{3} \, , \qquad \frac{\partial u_2}{\partial X_1} = 0 \, , \qquad \frac{\partial u_3}{\partial X_1} = 0 \tag{3.1-8}$$

folgt nach Einsetzen in (3.1-4) die einzige von null verschiedene Komponente des GREEN'sche Verzerrungstensor zu

$$E_{11} = \frac{2}{3} + \frac{1}{2}\left(\frac{2}{3}\right)^2 = 0.667 + 0.222 = 0.889 \; . \tag{3.1-9}$$

Unter der Annahme kleiner Verschiebungsableitungen folgt ebenfalls unter Verwendung von (3.1-8) die Komponente ε_{11} des linearisierten Verzerrungstensors aus (3.1-5) zu

$$\varepsilon_{ij} = \frac{2}{3} = 0.667 \; . \tag{3.1-10}$$

Der relative Fehler e_r bei Verwendung des linearisierten Verzerrungstensors gegenüber dem GREEN'schen Verzerrungstensor ergibt sich somit zu

$$e_r = \frac{0.889 - 0.667}{0.889} \cdot 100 = 25\% \; . \tag{3.1-11}$$

Wie zu erwarten, ist im Fall 1 der Fehler bei Anwendung des linearisierten Verzerrungstensors nicht vernachlässigbar. In diesem Fall sind nämlich wegen der im Vergleich zu den Abmessungen des Körpers großen Verschiebungen die Verschiebungsableitungen nicht klein gegenüber eins. Damit ist aber die Voraussetzung für die Anwendbarkeit des linearisierten Verzerrungstensors nicht gegeben. Im Rahmen der linearen Elastizitätstheorie wird u.a. auch noch die Kleinheit der Verschiebungen gegenüber den Abmessungen des Körpers vorausgesetzt.

• **GREEN*'scher und linearisierter Verzerrungstensor für Fall 2***

In diesem Fall ergibt sich die Verschiebungsfunktion zu

$$u_1(L) = 31 - 30 = 1 \text{ mm} \qquad \rightarrow \qquad u_1(X_1) = \frac{1}{30} X_1 \; . \tag{3.1-12}$$

Mit den Verschiebungsableitungen nach der materiellen Koordinate X_1

$$\frac{\partial u_1}{\partial X_1} = \frac{1}{30}, \qquad \frac{\partial u_2}{\partial X_1} = 0 \; , \qquad \frac{\partial u_3}{\partial X_1} = 0 \tag{3.1-13}$$

ergibt sich mit (3.1-4) bzw. (3.1-5) die erste Komponente des GREEN'schen Verzerrungstensors bzw. des linearisierten Verzerrungstensors zu

$$E_{11} = \frac{1}{30} + \frac{1}{2}\left(\frac{1}{30}\right)^2 = 0.0333 + 0.0006 = 0.0339 \; , \tag{3.1-14}$$

$$\varepsilon_{ij} = \frac{1}{30} = 0.0333 \; . \tag{3.1-15}$$

Der relative Fehler e_r bei Verwendung des linearisierten Verzerrungstensors gegenüber dem GREEN'schen Verzerrungstensor ergibt sich im Fall 2 zu

$$e_r = \frac{0.0339 - 0.0333}{0.0339} \cdot 100 = 1.77\% \tag{3.1-16}$$

und ist somit vernachlässigbar klein. Dies überrascht nicht, da im Fall 2 sowohl die Kleinheit der Verschiebungen im Verhältnis zu den Abmessungen des Körpers als auch die Kleinheit der Verschiebungsableitungen gegen eins gegeben ist.

Da einerseits die Verschiebungsfunktion u_1 eine lineare Funktion in X_1 ist (vgl. (3.1-6)) und andererseits sich die verbleibenden Komponenten der Verzerrungstensoren E_{ij} bzw. ε_{ij} durch Differentiation der Verschiebung u_1 nach X_1 ergeben, folgt, dass E_{11} bzw. ε_{11} im gesamten Zugstab einen konstanten Wert annehmen müssen. Einem linearen Verschiebungsfeld ist somit ein konstantes Verzerrungsfeld zugeordnet.

Beispiel 3.2: Würfel: GREEN'scher und linearisierter Verzerrungstensor

Ein Würfel mit der Kantenlänge L bestehend aus homogenem, isotropem (die mechanischen Eigenschaften sind richtungsunabhängig) Material wird einer Schubbeanspruchung unterworfen, sodass sich jeder zur X_1X_2-Ebene parallele Querschnitt gleich verformt. Abb. 3.2-1 zeigt einen solchen Querschnitt des Würfels in unverformter und verformter Lage. Der Würfel ist zwar ein dreidimensionaler Körper, aufgrund der speziellen Beanspruchung ist das zu lösende Problem allerdings nur zweidimensional – man spricht auch von einem ebenen Problem. Gesucht sind die Komponenten des GREEN'schen und des linearisierten Verzerrungstensors.

• ***Verschiebungen als Funktion der materiellen Koordinaten***

Zuerst bestimmen wir die Lage eines Punktes P in der Momentankonfiguration als Funktion der LAGRANGE'schen (materiellen) Koordinaten zu

$$\begin{aligned} x_1 &= X_1 + X_2 \tan\theta \; , \\ x_2 &= X_2 \; , \\ x_3 &= X_3 \; . \end{aligned} \tag{3.2-1}$$

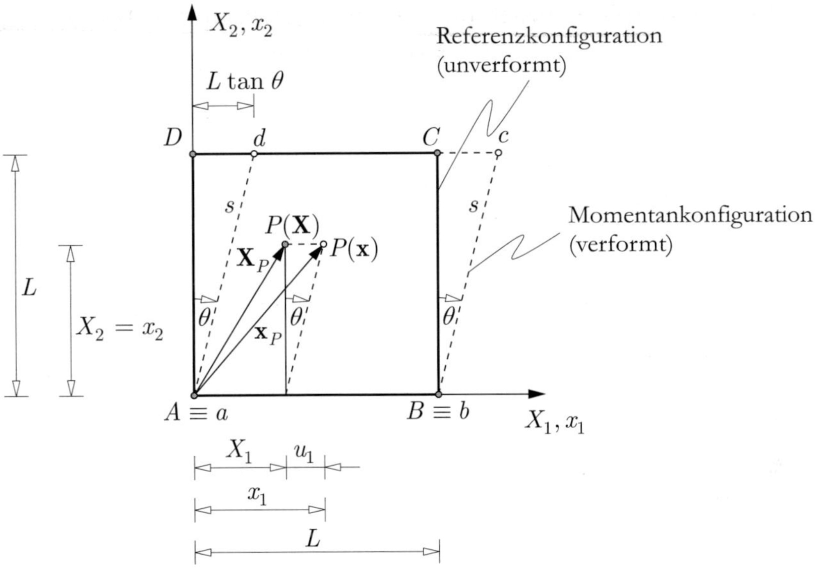

Abb. 3.2-1: Schubbeanspruchter Würfel (Ansicht)

Die Verschiebungen als Funktion der materiellen Koordinaten ergeben sich unter Verwendung von (3.4) zu

$$\begin{aligned} u_1 &= x_1 - X_1 = X_1 + X_2 \tan\theta - X_1 = X_2 \tan\theta \ , \\ u_2 &= x_2 - X_2 = 0 \ , \\ u_3 &= x_3 - X_3 = 0 \ . \end{aligned} \tag{3.2-2}$$

• **GREEN*'scher und linearisierter Verzerrungstensor***

Zur Ermittlung des GREEN'schen Verzerrungstensors E_{ij}, gegeben durch (3.14) bzw.

$$E_{ij} = \frac{1}{2}\left[\frac{\partial u_j}{\partial X_i} + \frac{\partial u_i}{\partial X_j} + \frac{\partial u_k}{\partial X_i}\frac{\partial u_k}{\partial X_j}\right] \ , \tag{3.2-3}$$

benötigen wir die Verschiebungsableitungen von (3.2-2), die wie folgt gegeben sind:

$$\frac{\partial u_1}{\partial X_1} = 0 \, , \quad \frac{\partial u_1}{\partial X_2} = \tan\theta \, , \quad \frac{\partial u_1}{\partial X_3} = 0 \, , \quad \frac{\partial u_2}{\partial X_i} = \frac{\partial u_3}{\partial X_i} = 0 \quad \text{für } i = 1, 2, 3 \ . \tag{3.2-4}$$

Damit folgen die Komponenten des GREEN'schen Verzerrungstensors zu

$$\begin{aligned} E_{11} &= \frac{\partial u_1}{\partial X_1} + \frac{1}{2}\left[\left(\frac{\partial u_1}{\partial X_1}\right)^2 + \left(\frac{\partial u_2}{\partial X_1}\right)^2 + \left(\frac{\partial u_3}{\partial X_1}\right)^2\right] = 0 \ , \\ E_{12} &= \frac{1}{2}\left[\frac{\partial u_2}{\partial X_1} + \frac{\partial u_1}{\partial X_2} + \frac{\partial u_1}{\partial X_1}\frac{\partial u_1}{\partial X_2} + \frac{\partial u_2}{\partial X_1}\frac{\partial u_2}{\partial X_2} + \frac{\partial u_3}{\partial X_1}\frac{\partial u_3}{\partial X_2}\right] = \frac{1}{2}\tan\theta \ , \\ E_{22} &= \frac{\partial u_2}{\partial X_2} + \frac{1}{2}\left[\left(\frac{\partial u_1}{\partial X_2}\right)^2 + \left(\frac{\partial u_2}{\partial X_2}\right)^2 + \left(\frac{\partial u_3}{\partial X_2}\right)^2\right] = \frac{1}{2}\tan^2\theta \ , \\ E_{13} &= E_{23} = E_{33} = 0 \ . \end{aligned} \tag{3.2-5}$$

Aufgrund der Symmetrieeigenschaft $E_{ij} = E_{ji}$ sind mit (3.2-5) bereits alle Komponenten des GREEN'schen Verzerrungstensors bekannt und E_{ij} kann in Matrixform zu

$$\mathbf{E} = \frac{1}{2} \begin{bmatrix} 0 & \tan\theta & 0 \\ \tan\theta & \tan^2\theta & 0 \\ 0 & 0 & 0 \end{bmatrix} \tag{3.2-6}$$

angeschrieben werden. Da es sich um ein ebenes Problem handelt, sind die Elemente der dritten Zeile und Spalte null. Für den Fall, dass die Verschiebungsableitungen klein sind gegenüber eins, dürfen die quadratischen Terme in (3.2-3) vernachlässigt werden. Der linearisierte Verzerrungstensor für unser Beispiel ergibt sich dann zu

$$\boldsymbol{\varepsilon} = \frac{1}{2} \begin{bmatrix} 0 & \tan\theta & 0 \\ \tan\theta & 0 & 0 \\ 0 & 0 & 0 \end{bmatrix} . \tag{3.2-7}$$

- ***Diskussion der Ergebnisse***

Das Verschwinden der Normalverzerrungskomponente ε_{22} im Falle der Gültigkeit des linearisierten Verzerrungstensors ergibt sich auch aus nachfolgenden geometrischen Überlegungen. Aus Abb. 3.2-1 folgt

$$s^2 = L^2 + (L\tan\theta)^2 \ . \tag{3.2-8}$$

Damit ist die Kantenlänge s des verformten Würfels zu

$$s = L\sqrt{1+\tan^2\theta} \tag{3.2-9}$$

gegeben. Für kleine Verschiebungen ist aber θ klein und daraus folgt

$$\tan\theta \ll 1 \quad \rightarrow \quad \tan^2\theta \approx 0 \ . \tag{3.2-10}$$

Da im aktuellen Beispiel zufolge der kleinen Verschiebungen $s \approx L$ gilt, darf im vorliegenden Fall die Normalverzerrung $\varepsilon_{22} = 0$ gesetzt werden, d.h. neben den Verschiebungen, die klein gegenüber den Abmessungen des Körpers sind, sind hier auch die Verschiebungsableitungen klein gegenüber eins und es kann der GREEN'sche Verzerrungstensor $\mathbf{E}$ näherungsweise durch den linearisierten Verzerrungstensor $\boldsymbol{\varepsilon}$ ersetzt werden.

Beispiel 3.3: Blattfeder: GREEN'scher Verzerrungstensor

Abb. 3.3-1 zeigt eine Blattfeder der Länge L und der Dicke t, die aus der unverformten Lage (Referenzkonfiguration) verbogen wird. In der verformten Lage (Momentankonfiguration) bildet die Mittelfläche der Blattfeder einen Halbzylinder mit dem Radius R. Die Abmessungen der Blattfeder sind zu

$$\begin{aligned} R &= 100 \ \text{mm} \ , \\ t &= 3 \ \text{mm} \ , \\ h &= 1 \ \text{mm} \end{aligned} \tag{3.3-1}$$

gegeben. Es sind die Komponenten des GREEN'schen Verzerrungstensors in allgemeiner Form zu ermitteln und anschließend für die in (3.3-1) gegebenen Zahlenwerte auszuwerten.

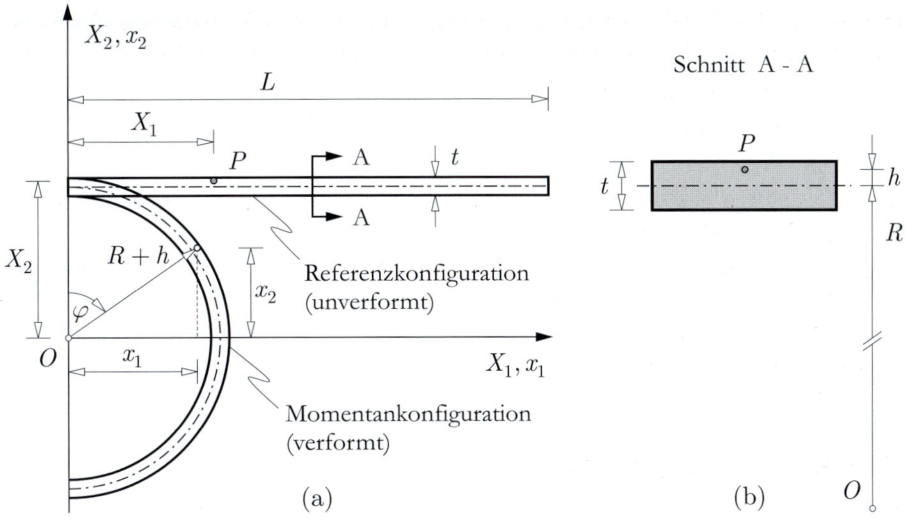

Abb. 3.3-1: Blattfeder: (a) Ansicht im unverformten und verformten Zustand; (b) Querschnitt

- ***Verschiebungen als Funktion der materiellen Koordinaten***

Die Länge der Blattfeder in unverformter Lage folgt aus dem Radius des Halbzylinders zu

$$L = R \cdot \pi \; . \tag{3.3-2}$$

Mit Bezug auf (3.3-2) und unter Verwendung der Bezeichnungen in Abb. 3.3-1 ist die Lage eines beliebigen Punktes in der Referenzkonfiguration zu

$$X_1 = R \cdot \varphi, \quad X_2 = R + h, \quad \text{mit } \varphi = \frac{X_1}{R} \tag{3.3-3}$$

gegeben, wobei φ im Bogenmaß gemessen wird. Die Lage eines Punktes in der Momentankonfiguration, ausgedrückt in den materiellen Koordinaten (LAGRANGE'sche Koordinaten), folgt mit Abb. 3.3-1 und unter Verwendung von (3.3-3) zu

$$\begin{aligned} x_1 &= (R+h) \cdot \sin\varphi = X_2 \cdot \sin\left(\frac{X_1}{R}\right) \; , \\ x_2 &= (R+h) \cdot \cos\varphi = X_2 \cdot \cos\left(\frac{X_1}{R}\right) \; . \end{aligned} \tag{3.3-4}$$

In der LAGRANGE'schen Darstellung werden die Verschiebungen auf die Referenzkonfiguration (unverformte Lage) bezogen. Der Verzerrungstensor in LAGRANGE'schen Koordinaten wird GREEN'scher Verzerrungstensor genannt und ist entsprechend (3.14) zu

$$E_{ij} = \frac{1}{2}\left[\frac{\partial u_j}{\partial X_i} + \frac{\partial u_i}{\partial X_j} + \frac{\partial u_k}{\partial X_i}\frac{\partial u_k}{\partial X_j}\right] \tag{3.3-5}$$

gegeben. Um in (3.3-5) einsetzen zu können, müssen die Verschiebungsfunktionen durch die materiellen Koordinaten (Koordinaten im Referenzsystem) ausgedrückt werden. Da es sich bei der gegebenen Aufgabenstellung um ein ebenes Problem handelt, folgen aus der vektoriellen Beziehung (3.4) nur zwei Komponentengleichungen zu

$$\begin{aligned} u_1 &= x_1 - X_1 \ , \\ u_2 &= x_2 - X_2 \end{aligned} \tag{3.3-6}$$

und mit (3.3-4) ergeben sich diese zu

$$\begin{aligned} u_1 &= X_2 \cdot \sin\left(\frac{X_1}{R}\right) - X_1 \ , \\ u_2 &= X_2 \cdot \cos\left(\frac{X_1}{R}\right) - X_2 \ . \end{aligned} \tag{3.3-7}$$

- **GREEN'*scher Verzerrungstensor***

Die aus (3.3-7) folgenden Verschiebungsableitungen lauten:

$$\begin{aligned} \frac{\partial u_1}{\partial X_1} &= \frac{X_2}{R}\cos\left(\frac{X_1}{R}\right) - 1 \ , & \frac{\partial u_1}{\partial X_2} &= \sin\left(\frac{X_1}{R}\right) \ , \\ \frac{\partial u_2}{\partial X_1} &= -\frac{X_2}{R}\sin\left(\frac{X_1}{R}\right) \ , & \frac{\partial u_2}{\partial X_2} &= \cos\left(\frac{X_1}{R}\right) - 1 \ . \end{aligned} \tag{3.3-8}$$

Ausführlich geschrieben lautet die Beziehung zur Ermittlung der Komponente E_{11}

$$E_{11} = \frac{\partial u_1}{\partial X_1} + \frac{1}{2}\left[\left(\frac{\partial u_1}{\partial X_1}\right)^2 + \left(\frac{\partial u_2}{\partial X_1}\right)^2 + \left(\frac{\partial u_3}{\partial X_1}\right)^2\right] \ . \tag{3.3-9}$$

Einsetzen von (3.3-8) in (3.3-9) liefert

$$\begin{aligned} E_{11} &= \frac{X_2}{R}\cos\left(\frac{X_1}{R}\right) - 1 + \\ &\quad + \frac{1}{2}\left[\left(\frac{X_2}{R}\right)^2 \cos^2\left(\frac{X_1}{R}\right) - 2 \cdot \frac{X_2}{R}\cos\left(\frac{X_1}{R}\right) + 1 + \left(\frac{X_2}{R}\right)^2 \sin^2\left(\frac{X_1}{R}\right)\right] \\ E_{11} &= -\frac{1}{2} + \frac{1}{2}\left(\frac{X_2}{R}\right)^2 \end{aligned} \tag{3.3-10}$$

und unter Verwendung von (3.3-3) ergibt sich die erste Komponente des GREEN'schen Verzerrungstensors zu

$$E_{11} = \frac{1}{2}\left[\frac{(R+h)^2}{R^2} - 1\right] \ . \tag{3.3-11}$$

Die Komponente E_{12} folgt zu

$$\begin{aligned} E_{12} &= \frac{1}{2}\left[\frac{\partial u_2}{\partial X_1} + \frac{\partial u_1}{\partial X_2} + \left(\frac{\partial u_1}{\partial X_1} \cdot \frac{\partial u_1}{\partial X_2}\right) + \left(\frac{\partial u_2}{\partial X_1} \cdot \frac{\partial u_2}{\partial X_2}\right) + \left(\frac{\partial u_3}{\partial X_1} \cdot \frac{\partial u_3}{\partial X_2}\right)\right] \\ &= \frac{1}{2}\left[-\frac{X_2}{R}\sin\left(\frac{X_1}{R}\right) + \sin\left(\frac{X_1}{R}\right) + \frac{X_2}{R}\cos\left(\frac{X_1}{R}\right) \cdot \sin\left(\frac{X_1}{R}\right) - \sin\left(\frac{X_1}{R}\right)\right] + \\ &\quad + \frac{1}{2}\left[-\frac{X_2}{R}\sin\left(\frac{X_1}{R}\right) \cdot \cos\left(\frac{X_1}{R}\right) + \frac{X_2}{R}\sin\left(\frac{X_1}{R}\right) + 0\right] \\ E_{12} &= 0 \end{aligned} \tag{3.3-12}$$

und E_{22} ergibt sich zu

$$
\begin{aligned}
E_{22} &= \frac{\partial u_2}{\partial X_2} + \frac{1}{2}\left[\left(\frac{\partial u_1}{\partial X_2}\right)^2 + \left(\frac{\partial u_2}{\partial X_2}\right)^2 + \left(\frac{\partial u_3}{\partial X_2}\right)^2\right] \\
E_{22} &= \cos\left(\frac{X_1}{R}\right) - 1 + \frac{1}{2}\left[\sin^2\left(\frac{X_1}{R}\right) + \cos^2\left(\frac{X_1}{R}\right) - 2\cos\left(\frac{X_1}{R}\right) + 1\right] \\
E_{22} &= 0\ . \qquad (3.3\text{-}13)
\end{aligned}
$$

Damit erhält man den GREEN'schen Verzerrungstensor zu

$$
\mathbf{E} = \begin{bmatrix} \frac{1}{2}\left(\frac{R+h}{R}\right)^2 - 1 & 0 \\ 0 & 0 \end{bmatrix}\ . \qquad (3.3\text{-}14)
$$

• ***Diskussion der Ergebnisse***

Mit den Zahlenwerten entsprechend (3.3-1) ergibt sich die einzig verbleibende Verzerrungskomponente E_{11} zu

$$
E_{11} = \frac{1}{2}\left[\left(\frac{101}{100}\right)^2 - 1\right] = 0.01005\ . \qquad (3.3\text{-}15)
$$

Wie aus (3.3-11) zu erkennen, ist E_{11} nur vom Abstand h des betrachteten Punktes von der Mittelfläche abhängig. In der Mittelfläche folgt mit $h = 0 \rightarrow E_{11} = 0$, d.h. die Mittelfläche ist verzerrungsfrei.

Betrachtet man den in der Mitte der Blattfeder gelegenen Punkt der Mittelfläche, so sind dessen Koordinaten zu

$$
X_1 = \frac{L}{2}, \quad X_2 = R \qquad (3.3\text{-}16)
$$

gegeben. Mit (3.3-2) folgt

$$
\frac{X_1}{R} = \frac{\pi}{2}\ . \qquad (3.3\text{-}17)
$$

Einsetzen von (3.3-17) in (3.3-8) liefert die Werte für die Verschiebungsableitungen zu

$$
\begin{aligned}
&\frac{\partial u_1}{\partial X_1} = \frac{R}{R}\cos\frac{\pi}{2} - 1 = -1\ , \qquad &&\frac{\partial u_1}{\partial X_2} = \sin\frac{\pi}{2} = 1\ , \\
&\frac{\partial u_2}{\partial X_1} = -\frac{R}{R}\sin\frac{\pi}{2} = -1\ , \qquad &&\frac{\partial u_2}{\partial X_2} = \cos\frac{\pi}{2} - 1 = -1\ .
\end{aligned} \qquad (3.3\text{-}18)
$$

Dieses Beispiel zeigt deutlich, dass kleine Verzerrungen nicht notwendigerweise mit Verschiebungen einhergehen, die klein sind gegenüber den Abmessungen des Körpers, und dass kleine Verzerrungen nicht zwangsläufig mit Verschiebungsableitungen gekoppelt sind, die klein gegenüber eins sind. Vielmehr ist dies ein anschauliches Beispiel für kleine Verzerrungen bei großen Verschiebungen und großen Verschiebungsableitungen. Das maßgebende Kriterium für die Verwendung des linearisierten Verzerrungstensors an Stelle des GREEN'schen Verzerrungstensors – die Kleinheit der Verschiebungsableitungen gegen eins – ist im vorliegenden Beispiel nicht gegeben, weshalb im aktuellen Fall die Verwendung des linearisierten Verzerrungstensors nicht zulässig wäre.

Beispiel 3.4: Scheibe mit linearem Verschiebungsfeld

In der Mechanik werden Scheiben zur Gruppe der Flächentragwerke gezählt. Von einem Flächentragwerk spricht man dann, wenn die Dicke des Tragwerks im Verhältnis zu den Abmessungen in den anderen beiden Richtungen sehr viel kleiner ist. Darüber hinaus beinhaltet der Ausdruck Scheibe neben der geometrischen auch eine mechanische Information und bezeichnet ein Flächentragwerk, dessen Mittelfläche eine Ebene ist und bei dem die Lastebene mit der Mittelebene des Tragwerks zusammenfällt. Daraus folgt, dass die Mittelfläche auch im verformten Zustand eben bleibt, d.h. keine Verkrümmung erfährt. In dünnen Scheiben kann in guter Näherung ein ebener Spannungszustand (ESZ) angenommen werden.

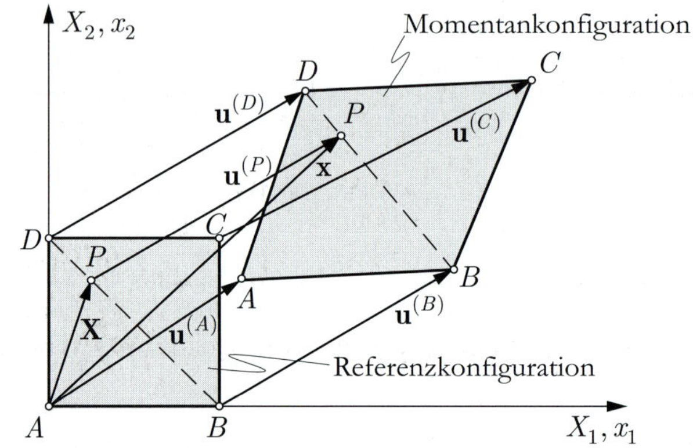

Abb. 3.4-1: Scheibe in Referenz- und Momentankonfiguration bzw. in unverformter und verformter Lage

Abb. 3.4-1 zeigt die Mittelebene einer Scheibe in unverformtem und verformtem Zustand, die mit der X_1X_2- bzw. x_1x_2-Ebene zusammenfällt. Den unverformten Zustand bezeichnet man oft als Referenzkonfiguration und den verformten Zustand als Momentankonfiguration, d.h. Verformungen zufolge äußerer Einwirkungen werden auf den Ausgangszustand bezogen. Im unverformten Zustand sind die vier Eckpunkte und ein Punkt P im Inneren der Mittelebene der quadratischen Scheibe zu

$$A(0,0)\,, \quad B(1,0)\,, \quad C(1,1)\,, \quad D(0,1)\,, \quad P(1/4, 3/4) \tag{3.4-1}$$

gegeben. Der Verschiebungszustand der Scheibenmittelebene ist durch nachstehende Funktionen (in LAGRANGE'schen Koordinaten) gegeben:

$$\begin{aligned} u_1(X_1, X_2) &= (2 + 2X_1 + 3X_2) \cdot 10^{-4}\,, \\ u_2(X_1, X_2) &= (3 + 0.5X_1 + X_2) \cdot 10^{-4} \\ u_3(X_1, X_2) &= 0 \end{aligned} \tag{3.4-2}$$

Für die Mittelebene der Scheibe sind gesucht:

(a) die Verschiebungen der Punkte A, B, C, D und P,

(b) der Verzerrungszustand in den Punkten A, B, C, D und P,

(c) die graphische Darstellung im verformten Zustand (Momentankonfiguration).

(a) Ermittlung der Verschiebungen und der verformten Lage der Scheibe

Die Beziehungen (3.4-2) definieren das Verschiebungsfeld der Scheibenmittelebene. Durch Einsetzen der entsprechenden Koordinaten des jeweiligen Punktes in (3.4-2) erhält man die Verschiebungen einzelner Punkte, wie in Tab. 3.4-1 gegeben. Die Lage eines Punktes $\mathbf{x}$ der Scheibe im verformten Zustand (Momentankonfiguration) ist aus Abb. 3.4-1 zu entnehmen und als Funktion der LAGRANGE'schen Koordinaten entsprechend (3.4) gegeben, d.h.

$$\mathbf{x} = \mathbf{X} + \mathbf{u}(\mathbf{X}) \ . \tag{3.4-3}$$

Somit folgt die Momentankonfiguration durch Auswerten von (3.4-3) mit den Daten aus (3.4-1) und den ermittelten Verschiebungen (vgl. Tab. 3.4-1).

Punkt	u_1 $[10^{-4}]$	u_2 $[10^{-4}]$	x_1	x_2
A	2.000	3.000	0.000 200	0.000 300
B	4.000	3.500	1.000 400	0.000 350
C	7.000	4.500	1.000 700	1.000 450
D	5.000	4.000	0.000 500	1.000 400
P	4.750	3.875	0.250 475	0.750 388

Tabelle 3.4-1: Verschiebungen und Momentankonfiguration der Punkte

(b) Ermittlung der Verzerrungen

Aus (3.4-2) erkennt man, dass die Verschiebungsableitungen $\partial u_i / \partial X_j$ klein gegen eins sind. Somit dürfen die quadratischen Glieder von $\mathbf{E}$ in (3.1-1) vernachlässigt und die Verschiebungsableitungen näherungsweise gemäß (3.31) zu

$$\frac{\partial u_i}{\partial X_j} \approx \frac{\partial u_i}{\partial x_j} \tag{3.4-4}$$

geschrieben werden. Statt des GREEN'schen Verzerrungstensor $\mathbf{E}$ darf der linearisierte Verzerrungstensor $\boldsymbol{\varepsilon}$ verwendet werden. Weiters wird bei vorliegen kleiner Verschiebungsableitungen grundsätzliche x_i statt X_i geschrieben.

Falls die Dehnung der Scheibe in Dickenrichtung (x_3-Richtung) unbehindert ist, herrscht in der Scheibe ein ebener Spannungszustand (ESZ). Ist außerdem die Belastung je Scheibenrand konstant (homogener Spannungszustand), so ist die Dickenänderung unabhängig von x_1, x_2 und für die Verschiebung in x_3-Richtung gilt $u_3 = u(x_3) =$ konst. für $x_3 =$ konst. Somit liegt ein ebener Formänderungszustand vor ([Gir63]). Im Falle, dass die Mittelebene der Scheibe parallel zur x_1x_2-Ebene verläuft, ist dieser ebene Formänderungszustand durch

$$\frac{\partial u_1}{\partial x_3} = 0 \ , \qquad \frac{\partial u_2}{\partial x_3} = 0 \ , \qquad \frac{\partial u_3}{\partial x_3} = \text{konst.} \ , \qquad \frac{\partial u_3}{\partial x_1} = 0 \ , \qquad \frac{\partial u_3}{\partial x_2} = 0 \tag{3.4-5}$$

charakterisiert. Da im gegenständlichen Fall nur die Verzerrungen in der Mittelebene gesucht sind, verbleiben von den neun Komponenten des linearisierten Verzerrungstensors entsprechend (3.1-3) lediglich vier, wobei aufgrund der Symmetrie des Verzerrungstensors nur drei Komponenten zu berechnen sind. Diese ergeben sich aus den

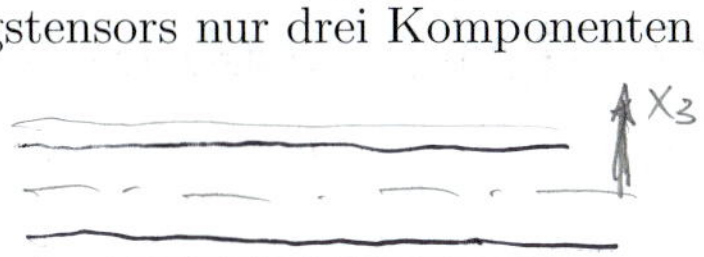

ersten partiellen Ableitungen der Verschiebungskomponenten nach den entsprechenden Koordinatenrichtungen:

$$\varepsilon_{11} = \frac{\partial u_1}{\partial x_1}\,, \qquad \varepsilon_{22} = \frac{\partial u_2}{\partial x_2}\,, \qquad \varepsilon_{12} = \frac{1}{2}\left(\frac{\partial u_1}{\partial x_2} + \frac{\partial u_2}{\partial x_1}\right)\,, \qquad \varepsilon_{21} = \varepsilon_{12}\;. \tag{3.4-6}$$

ε_{11} und ε_{22} werden als Normalverzerrungen (Dehnungen bzw. Stauchungen je nach Vorzeichen) und ε_{12} als Schubverzerrung bezeichnet. Die partiellen Ableitungen des Verschiebungsfeldes (3.4-2) nach den einzelnen Koordinatenrichtungen folgen zu

$$\frac{\partial u_1}{\partial x_1} = 2\cdot 10^{-4}\,, \quad \frac{\partial u_1}{\partial x_2} = 3\cdot 10^{-4}\,, \quad \frac{\partial u_2}{\partial x_1} = 0.5\cdot 10^{-4}\,, \quad \frac{\partial u_2}{\partial x_2} = 1\cdot 10^{-4}\;. \tag{3.4-7}$$

Unter Verwendung von (3.4-6) lässt sich aus (3.4-7) das Verzerrungsfeld der Scheibenmittelebene wie folgt anschreiben:

$$\varepsilon_{11} = 2\cdot 10^{-4}\,, \quad \varepsilon_{22} = 1\cdot 10^{-4}\,, \quad \varepsilon_{12} = \frac{1}{2}(3+0.5)\cdot 10^{-4} = 1.75\cdot 10^{-4}\;. \tag{3.4-8}$$

Das Doppelte der Schubverzerrung ε_{12} wird auch Gleitung γ_{12} genannt ($\gamma_{12} = 2\varepsilon_{12}$) und entspricht der Änderung des rechten Winkels, der vor der Verformung von zwei zu den betreffenden Koordinatenachsen parallelen Linienelementen mit gemeinsamem Anfangspunkt eingeschlossen wurde. Ein positiver Wert von γ_{12} entspricht der Änderung von einem rechten Winkel zu einem spitzen Winkel. In unserem Beispiel ergibt sich die Gleitung zu

$$\gamma_{12} = 2\varepsilon_{12} = 3.5\cdot 10^{-4}\;. \tag{3.4-9}$$

Die Beziehungen (3.4-8) zeigen keine Abhängigkeit der Verzerrungen von den Ortskoordinaten x_1, x_2, d.h. in allen Punkten der Scheibenmittelebene herrscht der gleiche Verzerrungszustand, der in Matrizenschreibweise zu

$$\boldsymbol{\varepsilon}^{(A)} = \boldsymbol{\varepsilon}^{(B)} = \boldsymbol{\varepsilon}^{(C)} = \boldsymbol{\varepsilon}^{(D)} = \boldsymbol{\varepsilon}^{(P)} = \begin{bmatrix} 2.00 & 1.75 \\ 1.75 & 1.00 \end{bmatrix}\cdot 10^{-4} \tag{3.4-10}$$

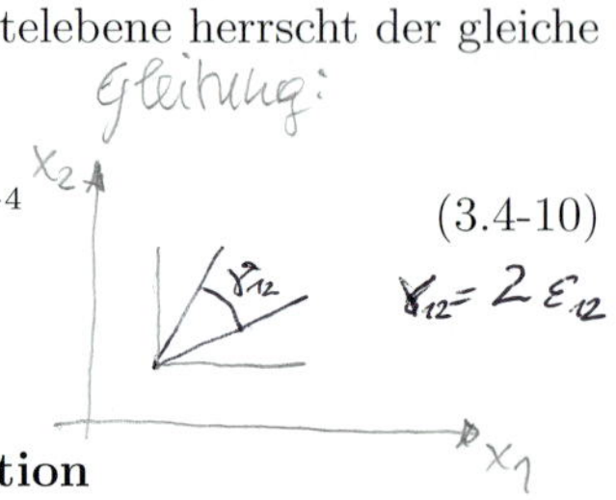

gegeben ist.

(c) Skizze der Scheibe in der Momentankonfiguration

Wie man aus (3.4-8) erkennen kann, ist der Verzerrungszustand in der Scheibenmittelebene konstant. Dies ist leicht einsichtig, denn im gegebenen Beispiel wird der Verschiebungszustand durch lineare Funktionen beschrieben, woraus sich nach Ableitung die Verzerrungen zu Konstanten ergeben. Die Linearität in den Verschiebungen äußert sich dadurch, dass Verbindungslinien von Punkten der Scheibe, die vor der Verformung (in der Referenzkonfiguration) Geraden waren, auch nach der Verformung (in der Momentankonfiguration) Geraden sind, wie in der in Abb. 3.4-1 dargestellten Prinzipskizze durch die Berandung der Scheibe und durch die gestrichelten Linien $\overline{BD}$ zum Ausdruck kommt. In der graphischen Darstellung der verformten Scheibe ist ein konstanter Verzerrungszustand mit von null verschiedenen Gleitungen durch ein Parallelogramm gekennzeichnet (vgl. Abb. 3.4-1). Im Falle des Fehlens von Schubverzerrungen würde die Form der Scheibe erhalten bleiben und die verformte Scheibe wäre im Allgemeinen rechteckig. Falls sich die Scheibe in der Momentankonfiguration hinsichtlich Größe und Form von jener in der Referenzkonfiguration nicht unterscheidet, handelt es sich um eine Starrkörperbewegung (Translation und/oder Rotation).

Beispiel 3.5: Scheibe mit quadratischem Verschiebungsfeld

Im folgenden Beispiel ist dieselbe Scheibe wie im Beispiel 3.4 gegeben, d.h.

$$A(0,0)\ , \quad B(1,0)\ , \quad C(1,1)\ , \quad D(0,1)\ , \quad P(1/4,3/4)\ . \tag{3.5-1}$$

Das Verschiebungsfeld der Scheibenmittelebene ist durch den quadratischen Verschiebungszustand entsprechend

$$\begin{aligned} u_1(X_1,X_2) &= (2+2X_1^2+X_1X_2+4X_2^2-3X_2)\cdot 10^{-4}\ , \\ u_2(X_1,X_2) &= (2+X_1^2-0.5X_1+X_1X_2+6X_2^2-5X_2)\cdot 10^{-4} \\ u_3(X_1,X_2) &= 0 \end{aligned} \tag{3.5-2}$$

festgelegt. Für die Punkte A, B, C, D und P der Scheibenmittelebene sind die Verschiebungen, die Lage in der Momentankonfiguration und die Verzerrungen gesucht.

(a) Ermittlung der Verschiebungen und der verformten Lage der Scheibe

Die Verschiebungen der Punkte A, B, C, D, P und deren Lage in der Momentankonfiguration ergeben sich durch Auswerten der Beziehungen (3.5-2) und (3.4-3) unter Verwendung der Daten gemäß (3.5-1) und sind in Tab. 3.5-1 zusammengefasst.

Punkt	u_1 [10^{-4}]	u_2 [10^{-4}]	x_1	x_2
A	2.000	2.000	0.000 200	0.000 200
B	4.000	2.500	1.000 400	0.000 250
C	6.000	4.500	1.000 600	1.000 450
D	3.000	3.000	0.000 300	1.000 300
P	2.313	1.750	0.250 231	0.750 175

Tabelle 3.5-1: Verschiebungen und Momentankonfiguration der Punkte

(b) Ermittlung der Verzerrungen

Da aus (3.5-2) folgt, dass die Verschiebungsableitungen $\partial u_i/\partial X_j$ klein gegen eins sind, darf der linearisierte Verzerrungstensor verwendet und nachfolgend x_i statt X_i geschrieben werden.

Zur Ermittlung der Verzerrungen werden die ersten partiellen Ableitungen der Verschiebungskomponenten nach den entsprechenden Koordinatenrichtungen benötigt. Diese ergeben sich zu:

$$\begin{aligned} \frac{\partial u_1}{\partial x_1} &= (4x_1+x_2)\cdot 10^{-4}\ , & \frac{\partial u_1}{\partial x_2} &= (-3+x_1+8x_2)\cdot 10^{-4}\ , \\ \frac{\partial u_2}{\partial x_1} &= (-0.5+2x_1+x_2)\cdot 10^{-4}\ , & \frac{\partial u_2}{\partial x_2} &= (-5+x_1+12x_2)\cdot 10^{-4}\ . \end{aligned} \tag{3.5-3}$$

Aus (3.5-3) lässt sich unter Verwendung von (3.4-6) das Verzerrungsfeld der Scheibenmittelebene zu

$$\begin{aligned} \varepsilon_{11} &= (4x_1 + x_2) \cdot 10^{-4} \,, \\ \varepsilon_{22} &= (-5 + x_1 + 12x_2) \cdot 10^{-4} \,, \\ \varepsilon_{12} &= 0.5\,(-3.5 + 3x_1 + 9x_2) \cdot 10^{-4} \end{aligned} \tag{3.5-4}$$

anschreiben. Im gegenständlichen Fall handelt es sich entsprechend (3.5-4) um ein lineares Verzerrungsfeld. Die Verzerrungen in den gegebenen Punkten erhält man durch Auswertung der Beziehungen (3.5-4) mit den Koordinaten der entsprechenden Punkte. Für den Punkt $P(0.25, 0.75)$ ergibt sich somit

$$\begin{aligned} \varepsilon_{11}^{(P)} &= (4 \cdot 0.25 + 0.75) \cdot 10^{-4} = 1.75 \cdot 10^{-4} \,, \\ \varepsilon_{22}^{(P)} &= (-5 + 0.25 + 12 \cdot 0.75) \cdot 10^{-4} = 4.25 \cdot 10^{-4} \,, \\ \varepsilon_{12}^{(P)} &= 0.5 \cdot (-3.5 + 3 \cdot 0.25 + 9 \cdot 0.75) \cdot 10^{-4} = 2 \cdot 10^{-4} \end{aligned} \tag{3.5-5}$$

und der den Verzerrungszustand im Punkt P der Scheibenmittelebene beschreibende Verzerrungstensor lautet

$$P(0.25, 0.75): \quad \varepsilon_{ij}^{(P)} = \begin{bmatrix} 1.75 & 2.00 \\ 2.00 & 4.25 \end{bmatrix} \cdot 10^{-4} \,. \tag{3.5-6}$$

Analog erhält man für Eckpunkte der Scheibenmittelebene die Verzerrungstensoren zu

$$A(0,0): \quad \varepsilon_{ij}^{(A)} = \begin{bmatrix} 0.00 & -1.75 \\ -1.75 & -5.00 \end{bmatrix} \cdot 10^{-4} \,, \tag{3.5-7}$$

$$B(1,0): \quad \varepsilon_{ij}^{(B)} = \begin{bmatrix} 4.00 & -0.25 \\ -0.25 & -4.00 \end{bmatrix} \cdot 10^{-4} \,, \tag{3.5-8}$$

$$C(1,1): \quad \varepsilon_{ij}^{(C)} = \begin{bmatrix} 5.00 & 4.25 \\ 4.25 & 8.00 \end{bmatrix} \cdot 10^{-4} \,, \tag{3.5-9}$$

$$D(0,1): \quad \varepsilon_{ij}^{(D)} = \begin{bmatrix} 1.00 & 2.75 \\ 2.75 & 7.00 \end{bmatrix} \cdot 10^{-4} \,. \tag{3.5-10}$$

Beispiel 3.6: Transformation eines räumlichen Verzerrungszustandes

In einem Punkt eines Körpers ist der Verzerrungszustand bekannt und durch den linearisierten Verzerrungstensor ε_{ij} bezogen auf das Koordinatensystem x_1, x_2, x_3 zu

$$\varepsilon_{ij} = \begin{bmatrix} 6.0 & 0.7 & 1.0 \\ 0.7 & 0.4 & 4.0 \\ 1.0 & 4.0 & 3.0 \end{bmatrix} \cdot 10^{-4} \tag{3.6-1}$$

gegeben. Es soll der linearisierte Verzerrungstensor ε'_{kl} bezogen auf das Koordinatensystem x'_1, x'_2, x'_3 ermittelt werden. Die Lage des neuen Koordinatensystems x'_1, x'_2, x'_3 ist der Abb. 3.6-1 zu entnehmen.

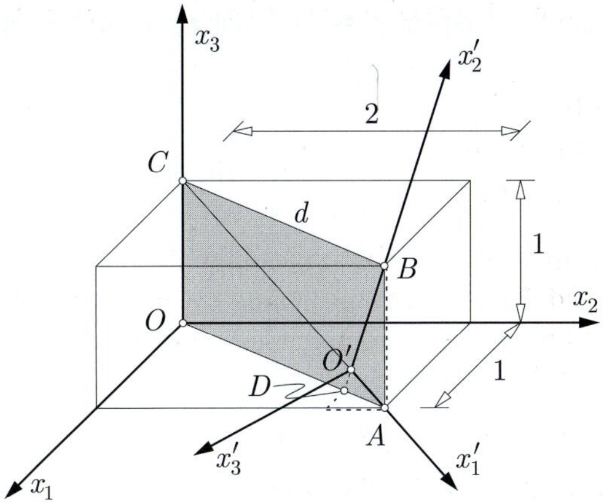

Abb. 3.6-1: Festlegung des gedrehten Koordinatensystems x_1', x_2', x_3'

(a) Bestimmung der Richtungsvektoren des neuen Koordinatensystems

Wie im Beispiel 2.2 gezeigt, lassen sich die Komponenten des Richtungsvektors $\mathbf{x}_1'$ dadurch bestimmen, dass die Komponenten der Verbindungslinie zweier bekannter Punkte – etwa erster und zweiter Durchstoßpunkt der x_1'-Achse durch den Quader (Punkte C und A) – angeschrieben werden. Daraus folgt

$$\mathbf{x'}_1 = \left\lfloor \begin{matrix} 1 & 2 & -1 \end{matrix} \right\rfloor^T . \tag{3.6-2}$$

Die Richtungsvektoren $\mathbf{x}_1'$ und $\mathbf{x}_2'$ liegen in der grau gefärbten Ebene. Diese ist parallel zur x_3-Achse und verläuft durch den Ursprung. Die allgemeine Gleichung einer Ebene im Raum ist zu

$$Ax_1 + Bx_2 + Cx_3 + D = 0 \tag{3.6-3}$$

gegeben, wobei A, B, C, D Konstanten darstellen. Verläuft die Ebene durch den Koordinatenursprung, so gilt $D = 0$ und (3.6-3) vereinfacht sich zu

$$Ax_1 + Bx_2 + Cx_3 = 0 \, . \tag{3.6-4}$$

Im Falle, dass eine der Konstanten A, B oder C null ist, liegt keine Abhängigkeit von der entsprechenden Koordinate x_i vor und die Ebene verläuft dann parallel zur entsprechenden Achse x_i. In unserem Beispiel ist die grau schraffierte Ebene parallel zur x_3-Achse und verläuft durch den Ursprung. Somit gilt $C = D = 0$ und die Gleichung der Ebene ist zu

$$Ax_1 + Bx_2 = 0 \tag{3.6-5}$$

gegeben. Aus (3.6-5) folgt, dass jeder Punkt der grauen Ebene durch ein konstantes Verhältnis der Koordinaten x_1 und x_2 zueinander gekennzeichnet ist ($x_1/x_2 = 1/2$). Da der gesuchte Richtungsvektor $\mathbf{x}_2'$ in der grau gefärbten Ebene liegt und diese den

Ursprung enthält, kann der Ursprung als einer der zwei zur Festlegung des Richtungsvektors $\mathbf{x}'_2$ erforderlichen Punkte gewählt werden. Vom Richtungsvektor $\mathbf{x}'_2$ ist zu fordern, dass er einerseits in der grauen Ebene liegt und andererseits normal auf den Richtungsvektor $\mathbf{x}'_1$ steht, d.h. das Skalarprodukt dieser beiden Vektoren muss verschwinden. Wählt man für den zweiten Punkt die Koordinaten $x_1 = 1$ und $x_2 = 2$ (wie oben dargelegt, ist nur das Verhältnis x_1/x_2 maßgebend), so folgt die dritte Koordinate des zweiten zur Festlegung des Richtungsvektors $\mathbf{x}'_2$ erforderlichen Punktes zu

$$\begin{aligned} \mathbf{x}'_1 \cdot \mathbf{x}'_2 &= 0 \\ \lfloor\, 1 \;\; 2 \;\; -1 \,\rfloor^T \cdot \lfloor\, 1 \;\; 2 \;\; \gamma \,\rfloor^T &= 0 \\ 1 + 4 - \gamma &= 0 \quad \rightarrow \quad \gamma = 5\,. \end{aligned} \tag{3.6-6}$$

Damit ist der Richtungsvektor der x'_2-Achse zu

$$\mathbf{x}'_2 = \lfloor\, 1 \;\; 2 \;\; 5 \,\rfloor^T \tag{3.6-7}$$

bestimmt.

Alternativ zu der eben beschriebenen Vorgangsweise lässt sich $\mathbf{x}'_2$ durch geometrische Überlegungen ermitteln. Aus Abb. 3.6-1 kann die Länge der Diagonale zu $d = \sqrt{5}$ abgelesen werden. Wie Abb. 3.6-2(a) zeigt, tritt der Winkel α sowohl im Dreieck (BCA) als auch im Dreieck (ABD) auf. Aus der Ähnlichkeit dieser beiden Dreiecke ergibt sich der Abstand c zwischen dem Eckpunkt A des Quaders und dem Durchstoßpunkt D der x'_2-Achse durch die Grundfläche des Quaders zu

$$\tan\alpha = \frac{1}{d} = \frac{1}{\sqrt{5}} = \frac{c}{1} \quad \rightarrow \quad c = \frac{1}{\sqrt{5}}\,. \tag{3.6-8}$$

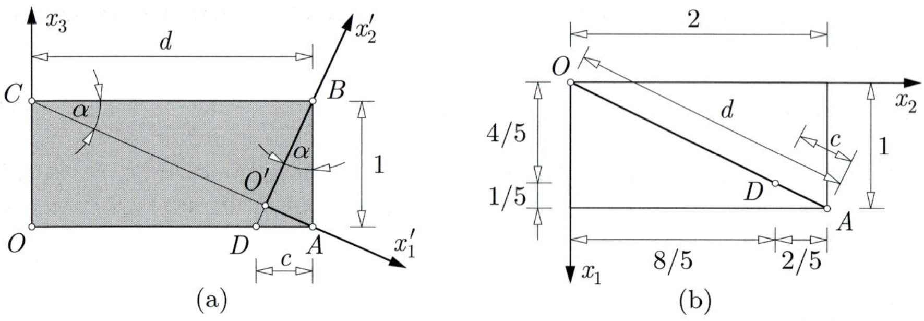

Abb. 3.6-2: (a) Vertikalschnitt durch OD; (b) Grundfläche des Quaders

Die Koordinaten des Durchstoßpunktes D erhält man durch Berücksichtigung der Tatsache, dass alle Punkte der grau markierten Ebene ein konstantes Verhältnis der Koordinaten x_1 zu x_2 aufweisen (vgl. (3.6-5)) oder mit Hilfe des Strahlensatzes gemäß Abb. 3.6-2(b) zu $(4/5, 8/5, 0)$. Somit kann der Richtungsvektor $\mathbf{x}'_2$, wie in Abb. 3.6-1 durch die parallel zu den Koordinatenachsen x_1, x_2, x_3 verlaufenden punktierten Linien angedeutet, zu

$$\mathbf{x}'_2 = \lfloor\, 1/5 \;\; 2/5 \;\; 1 \,\rfloor^T \tag{3.6-9}$$

geschrieben werden.

Alternativ zur Ermittlung des Durchstoßpunktes der x'_2-Achse durch die Grundfläche des Quaders kann die x'_2-Achse bis zum Schnittpunkt E (in Abb. 3.6-2(a) nicht eingezeichnet) mit der x_3-Achse verlängert werden. Aus der Ähnlichkeit des dadurch entstehenden Dreiecks (CEB) zum Dreieck (BCA) ergeben sich die Koordinaten des Schnittpunkts E zu $(0, 0, -4)$ und damit folgt der Richtungsvektor $\mathbf{x}'_2$ entsprechend (3.6-7).

Wie im Beispiel 2.1 gezeigt, erhält man den dritten Richtungsvektor $(\mathbf{x}'_3)$ aus dem Exprodukt der beiden bereits bekannten Richtungsvektoren, d.h.

$$\mathbf{x}'_1 \times \mathbf{x}'_2 = \mathbf{x}'_3$$

$$\mathbf{x}'_1 \times \mathbf{x}'_2 = \begin{vmatrix} 1 & 2 & -1 \\ 1 & 2 & 5 \\ \mathbf{e}_1 & \mathbf{e}_2 & \mathbf{e}_3 \end{vmatrix} = \mathbf{e}_1(10+2) - \mathbf{e}_2(5+1) + \mathbf{e}_3(2-2) = 12\mathbf{e}_1 - 6\mathbf{e}_2 \ . \qquad (3.6\text{-}10)$$

Da die Länge eines Richtungsvektors nicht von Bedeutung ist, folgt aus (3.6-10) der Richtungsvektor x'_3 zu

$$\mathbf{x'}_3 = \begin{bmatrix} 2 & -1 & 0 \end{bmatrix}^T \ . \qquad (3.6\text{-}11)$$

Wichtig: Das Exprodukt ist nicht kommutativ, d.h. $\mathbf{x}'_2 \times \mathbf{x}'_3 \neq \mathbf{x}'_3 \times \mathbf{x}'_2$; deshalb müssen die Vektoren in der Determinante in zyklischer Reihenfolge aufscheinen, da sonst x'_1, x'_2, x'_3 kein Rechtssystem bilden und die x'_3-Achse in die falsche Richtung zeigen würde.

(b) Ermittlung der Richtungskosinus

Die Richtungskosinus n_{ij} der von den Basisvektoren $\mathbf{e}'_i$ und $\mathbf{e}_j$ eingeschlossenen Winkel entsprechen dem Skalarprodukt der beiden Basisvektoren und sind entsprechend (2.2-7) zu

$$n_{ij} = \cos\alpha_{ij} = \frac{\mathbf{x'}_i \cdot \mathbf{e}_j}{|\mathbf{x'}_i| \cdot |\mathbf{e}_j|} = \frac{\mathbf{x}'_i}{r'_i} \cdot \mathbf{e}_j = \mathbf{e}'_i \cdot \mathbf{e}_j \qquad (3.6\text{-}12)$$

gegeben. Durch Normierung der Richtungsvektoren $\mathbf{x}'_i$ – dies entspricht der Division der einzelnen Vektoren durch die jeweilige Länge – erhält man die Basisvektoren $\mathbf{e}'_i$ aus den Beziehungen (3.6-2), (3.6-7) und (3.6-11) zu

$$\begin{aligned} \mathbf{e'}_1 &= \frac{1}{\sqrt{6}} \begin{bmatrix} 1 & 2 & -1 \end{bmatrix}^T, \\ \mathbf{e'}_2 &= \frac{1}{\sqrt{30}} \begin{bmatrix} 1 & 2 & 5 \end{bmatrix}^T, \\ \mathbf{e'}_3 &= \frac{1}{\sqrt{5}} \begin{bmatrix} 2 & -1 & 0 \end{bmatrix}^T. \end{aligned} \qquad (3.6\text{-}13)$$

Die einzelnen Richtungskosinus folgen damit zu

$$\begin{aligned} &n_{11} = \mathbf{e'}_1 \cdot \mathbf{e}_1 = 1/\sqrt{6} \ , && n_{12} = \mathbf{e'}_1 \cdot \mathbf{e}_2 = 2/\sqrt{6} \ , && n_{13} = \mathbf{e'}_1 \cdot \mathbf{e}_3 = -1/\sqrt{6} \ , \\ &n_{21} = \mathbf{e'}_2 \cdot \mathbf{e}_1 = 1/\sqrt{30} \ , && n_{22} = \mathbf{e'}_2 \cdot \mathbf{e}_2 = 2/\sqrt{30} \ , && n_{23} = \mathbf{e'}_2 \cdot \mathbf{e}_3 = 5/\sqrt{30} \ , \\ &n_{31} = \mathbf{e'}_3 \cdot \mathbf{e}_1 = 2/\sqrt{5} \ , && n_{32} = \mathbf{e'}_3 \cdot \mathbf{e}_2 = -1/\sqrt{5} \ , && n_{33} = \mathbf{e'}_3 \cdot \mathbf{e}_3 = 0 \end{aligned} \qquad (3.6\text{-}14)$$

und die die Richtungskosinus n_{ij} beinhaltende Transformationsmatrix $\mathbf{Q}$ lautet

$$\mathbf{Q} = \begin{bmatrix} 1/\sqrt{6} & 2/\sqrt{6} & -1/\sqrt{6} \\ 1/\sqrt{30} & 2/\sqrt{30} & 5/\sqrt{30} \\ 2/\sqrt{5} & -1/\sqrt{5} & 0 \end{bmatrix} . \tag{3.6-15}$$

Wie (3.6-15) zeigt, ist die Transformationsmatrix im Allgemeinen nicht symmetrisch.

(c) Ermittlung der Komponenten des Verzerrungstensors ε'

Die Komponenten des Verzerrungstensors ε'_{kl} erhält man unter Anwendung der Transformationsbeziehung (3.43), die zu

$$\varepsilon'_{kl} = \varepsilon_{ij}\, n_{ki}\, n_{lj} \tag{3.6-16}$$

gegeben ist. Aufgrund der Symmetrie des Verzerrungstensors sind nur 6 Komponenten zu berechnen. Aus (3.6-16) sieht man, dass im Term auf der rechten Seite die Indizes i und j zweimal aufscheinen. Deshalb ist über diese beiden Indizes zu summieren (stumme Indizes). Für jedes feste i ergeben sich drei Summanden entsprechend $j = 1, 2, 3$. Da auch i die Werte $1, 2, 3$ annimmt, erhält man für ein festes kl jeweils 9 Summanden. Die einzelnen Komponenten des Verzerrungstensors folgen somit zu:

$$\begin{aligned}
\varepsilon'_{11} = {} & \varepsilon_{11}\, n_{11}\, n_{11} + \varepsilon_{12}\, n_{11}\, n_{12} + \varepsilon_{13}\, n_{11}\, n_{13} + \\
& \varepsilon_{21}\, n_{12}\, n_{11} + \varepsilon_{22}\, n_{12}\, n_{12} + \varepsilon_{23}\, n_{12}\, n_{13} + \\
& \varepsilon_{31}\, n_{13}\, n_{11} + \varepsilon_{32}\, n_{13}\, n_{12} + \varepsilon_{33}\, n_{13}\, n_{13} \\
= {} & [\,6.0 \cdot 1 \cdot 1 \,+\, 0.7 \cdot 1 \cdot 2 \,+\, 1.0 \cdot 1 \cdot (-1)\,] \cdot \frac{1}{6} \cdot 10^{-4} + \\
& [\,0.7 \cdot 2 \cdot 1 \,+\, 0.4 \cdot 2 \cdot 2 \,+\, 4.0 \cdot 2 \cdot (-1)\,] \cdot \frac{1}{6} \cdot 10^{-4} + \\
& [\,1.0 \cdot (-1) \cdot 1 \,+\, 4.0 \cdot (-1) \cdot 2 \,+\, 3.0 \cdot (-1) \cdot (-1)\,] \cdot \frac{1}{6} \cdot 10^{-4} \\
\varepsilon'_{11} = {} & -4.6 \cdot \frac{1}{6} \cdot 10^{-4} = -0.76667 \cdot 10^{-4} \ ,
\end{aligned} \tag{3.6-17}$$

$$\begin{aligned}
\varepsilon'_{12} = {} & \varepsilon_{11}\, n_{11}\, n_{21} + \varepsilon_{12}\, n_{11}\, n_{22} + \varepsilon_{13}\, n_{11}\, n_{23} + \\
& \varepsilon_{21}\, n_{12}\, n_{21} + \varepsilon_{22}\, n_{12}\, n_{22} + \varepsilon_{23}\, n_{12}\, n_{23} + \\
& \varepsilon_{31}\, n_{13}\, n_{21} + \varepsilon_{32}\, n_{13}\, n_{22} + \varepsilon_{33}\, n_{13}\, n_{23} \\
= {} & [\,6.0 \cdot 1 \cdot 1 \,+\, 0.7 \cdot 1 \cdot 2 \,+\, 1.0 \cdot 1 \cdot 5\,] \cdot \frac{1}{\sqrt{180}} \cdot 10^{-4} + \\
& [\,0.7 \cdot 2 \cdot 1 \,+\, 0.4 \cdot 2 \cdot 2 \,+\, 4.0 \cdot 2 \cdot 5\,] \cdot \frac{1}{\sqrt{180}} \cdot 10^{-4} + \\
& [\,1.0 \cdot (-1) \cdot 1 \,+\, 4.0 \cdot (-1) \cdot 2 \,+\, 3.0 \cdot (-1) \cdot 5\,] \cdot \frac{1}{\sqrt{180}} \cdot 10^{-4} \\
\varepsilon'_{12} = {} & 31.4 \cdot \frac{1}{\sqrt{180}} \cdot 10^{-4} = 2.3404 \cdot 10^{-4} \ ,
\end{aligned} \tag{3.6-18}$$

$$\begin{aligned}
\varepsilon'_{13} = {} & \varepsilon_{11}\, n_{11}\, n_{31} + \varepsilon_{12}\, n_{11}\, n_{32} + \varepsilon_{13}\, n_{11}\, n_{33} + \\
& \varepsilon_{21}\, n_{12}\, n_{31} + \varepsilon_{22}\, n_{12}\, n_{32} + \varepsilon_{23}\, n_{12}\, n_{33} + \\
& \varepsilon_{31}\, n_{13}\, n_{31} + \varepsilon_{32}\, n_{13}\, n_{32} + \varepsilon_{33}\, n_{13}\, n_{33} \\
= {} & [\,6.0 \cdot 1 \cdot 2 \,+\, 0.7 \cdot 1 \cdot (-1) \,+\, 1.0 \cdot 1 \cdot 0\,] \cdot \frac{1}{\sqrt{30}} \cdot 10^{-4} + \\
& [\,0.7 \cdot 2 \cdot 2 \,+\, 0.4 \cdot 2 \cdot (-1) \,+\, 4.0 \cdot 2 \cdot 0\,] \cdot \frac{1}{\sqrt{30}} \cdot 10^{-4} + \\
& [\,1.0 \cdot (-1) \cdot 2 \,+\, 4.0 \cdot (-1) \cdot (-1) \,+\, 3.0 \cdot (-1) \cdot 0\,] \cdot \frac{1}{\sqrt{30}} \cdot 10^{-4}
\end{aligned}$$

$$\varepsilon'_{13} = 15.3 \cdot \frac{1}{\sqrt{30}} \cdot 10^{-4} = 2.7934 \cdot 10^{-4}\ , \tag{3.6-19}$$

$$\begin{aligned}
\varepsilon'_{22} = {} & \varepsilon_{11}\, n_{21}\, n_{21} + \varepsilon_{12}\, n_{21}\, n_{22} + \varepsilon_{13}\, n_{21}\, n_{23} + \\
& \varepsilon_{21}\, n_{22}\, n_{21} + \varepsilon_{22}\, n_{22}\, n_{22} + \varepsilon_{23}\, n_{22}\, n_{23} + \\
& \varepsilon_{31}\, n_{23}\, n_{21} + \varepsilon_{32}\, n_{23}\, n_{22} + \varepsilon_{33}\, n_{23}\, n_{23} \\
= {} & [\,6.0 \cdot 1 \cdot 1 \,+\, 0.7 \cdot 1 \cdot 2 \,+\, 1.0 \cdot 1 \cdot 5\,] \cdot \frac{1}{30} \cdot 10^{-4} + \\
& [\,0.7 \cdot 2 \cdot 1 \,+\, 0.4 \cdot 2 \cdot 2 \,+\, 4.0 \cdot 2 \cdot 5\,] \cdot \frac{1}{30} \cdot 10^{-4} + \\
& [\,1.0 \cdot 5 \cdot 1 \,+\, 4.0 \cdot 5 \cdot 2 \,+\, 3.0 \cdot 5 \cdot 5\,] \cdot \frac{1}{30} \cdot 10^{-4}
\end{aligned}$$

$$\varepsilon'_{22} = 175.4 \cdot \frac{1}{30} \cdot 10^{-4} = 5.8467 \cdot 10^{-4}\ , \tag{3.6-20}$$

$$\begin{aligned}
\varepsilon'_{23} = {} & \varepsilon_{11}\, n_{21}\, n_{31} + \varepsilon_{12}\, n_{21}\, n_{32} + \varepsilon_{13}\, n_{21}\, n_{33} + \\
& \varepsilon_{21}\, n_{22}\, n_{31} + \varepsilon_{22}\, n_{22}\, n_{32} + \varepsilon_{23}\, n_{22}\, n_{33} + \\
& \varepsilon_{31}\, n_{23}\, n_{31} + \varepsilon_{32}\, n_{23}\, n_{32} + \varepsilon_{33}\, n_{23}\, n_{33} \\
= {} & [\,6.0 \cdot 1 \cdot 2 \,+\, 0.7 \cdot 1 \cdot (-1) \,+\, 1.0 \cdot 1 \cdot 0\,] \cdot \frac{1}{\sqrt{150}} \cdot 10^{-4} + \\
& [\,0.7 \cdot 2 \cdot 2 \,+\, 0.4 \cdot 2 \cdot (-1) \,+\, 4.0 \cdot 2 \cdot 0\,] \cdot \frac{1}{\sqrt{150}} \cdot 10^{-4} + \\
& [\,1.0 \cdot 5 \cdot 2 \,+\, 4.0 \cdot 5 \cdot (-1) \,+\, 3.0 \cdot 5 \cdot 0\,] \cdot \frac{1}{\sqrt{150}} \cdot 10^{-4}
\end{aligned}$$

$$\varepsilon'_{23} = 3.3 \cdot \frac{1}{\sqrt{150}} \cdot 10^{-4} = 0.26944 \cdot 10^{-4}\ , \tag{3.6-21}$$

$$\begin{aligned}
\varepsilon'_{33} = {} & \varepsilon_{11}\, n_{31}\, n_{31} + \varepsilon_{12}\, n_{31}\, n_{32} + \varepsilon_{13}\, n_{31}\, n_{33} + \\
& \varepsilon_{21}\, n_{32}\, n_{31} + \varepsilon_{22}\, n_{32}\, n_{32} + \varepsilon_{23}\, n_{32}\, n_{33} + \\
& \varepsilon_{31}\, n_{33}\, n_{31} + \varepsilon_{32}\, n_{33}\, n_{32} + \varepsilon_{33}\, n_{33}\, n_{33} \\
= {} & [\,6.0 \cdot 2 \cdot 2 \,+\, 0.7 \cdot 2 \cdot (-1) \,+\, 1.0 \cdot 2 \cdot 0\,] \cdot \frac{1}{5} \cdot 10^{-4} + \\
& [\,0.7 \cdot (-1) \cdot 2 \,+\, 0.4 \cdot (-1) \cdot (-1) \,+\, 4.0 \cdot (-1) \cdot 0\,] \cdot \frac{1}{5} \cdot 10^{-4} + \\
& [\,1.0 \cdot 0 \cdot 2 \,+\, 4.0 \cdot 0 \cdot (-1) \,+\, 3.0 \cdot 0 \cdot 0\,] \cdot \frac{1}{5} \cdot 10^{-4}
\end{aligned}$$

$$\varepsilon'_{33} = 21.6 \cdot \frac{1}{5} \cdot 10^{-4} = 4.3200 \cdot 10^{-4}\ . \tag{3.6-22}$$

Somit lässt sich der Verzerrungstensor bezogen auf das Koordinatensystem x'_1, x'_2, x'_3 nun wie folgt anschreiben:

$$\varepsilon'_{kl} = \begin{bmatrix} -0.7667 & 2.3404 & 2.7934 \\ 2.3404 & 5.8467 & 0.2694 \\ 2.7934 & 0.2694 & 4.3200 \end{bmatrix} \cdot 10^{-4} \,. \tag{3.6-23}$$

Im Beispiel 3.7 wird gezeigt, wie durch Berechnung der Invarianten der Verzerrungstensoren ε_{ij} und ε'_{kl} eine Rechenkontrolle durchgeführt werden kann.

Beispiel 3.7: Räumlicher Verzerrungszustand – Hauptverzerrungen und Verzerrungshauptrichtungen

In einem Punkt eines Körpers ist der Verzerrungszustand bekannt und durch den linearisierten Verzerrungstensor ε_{ij} bezogen auf das Koordinatensystem x_1, x_2, x_3 zu

$$\varepsilon_{ij} = \begin{bmatrix} 6.0 & 0.7 & 1.0 \\ 0.7 & 0.4 & 4.0 \\ 1.0 & 4.0 & 3.0 \end{bmatrix} \cdot 10^{-4} \tag{3.7-1}$$

gegeben. Wie der Vergleich von (3.7-1) mit (3.6-1) zeigt, handelt es sich um denselben Verzerrungszustand wie in Beispiel 3.6. In diesem Beispiel sollen nun die Hauptverzerrungen (Hauptnormalverzerrungen) und die Verzerrungshauptrichtungen (Normalverzerrungshauptrichtungen) bestimmt werden, d.h. es sind jene Richtungen x'_i gesucht, für welche die Normalverzerrungen Extremwerte annehmen. Die Ermittlung der Hauptverzerrungen entspricht der Lösung einer Extremwertaufgabe mit Nebenbedingung. Diese Aufgabe ist ähnlich zum Beispiel 3.6. Auch hier ist der Verzerrungszustand in ein gedrehtes Koordinatensystem zu transformieren und zwar so, dass die Normalverzerrungen Extremwerte annehmen. Dabei sind nur die Richtungskosinus bezüglich einer Achse (z.B. der x'_1-Achse) zu bestimmen, weshalb der erste, die x'_1-Achse bezeichnende Index beim Richtungskosinus weggelassen werden kann, d.h. $n_{1j} \rightarrow n_j$. Zur Lösung wird die Methode der LAGRANGE'schen Multiplikatoren verwendet. Ausgangspunkt der Berechnung sind (3.50) und (3.51), d.h.

$$(\varepsilon_{ij} - \lambda\delta_{ij})\, n_j = 0 \,, \tag{3.7-2}$$

$$n_k n_k = 1 \,. \tag{3.7-3}$$

(3.7-2) beschreibt ein Eigenwertproblem mit λ als Eigenwert und δ_{ij} bezeichnet das Kroneckersymbol, das wie folgt definiert ist:

$$\delta_{ij} = \begin{cases} 1 & \text{für} \quad i = j \\ 0 & \text{für} \quad i \neq j \end{cases} \,. \tag{3.7-4}$$

(a) Ermittlung der Hauptverzerrungen

Die triviale Lösung von (3.7-2), $n_j = 0$, ist wegen der Nebenbedingung (3.7-3) auszuscheiden, sodass für eine nichttriviale Lösung von (3.7-2) die Koeffizientendeterminante verschwinden muss, woraus

$$\begin{vmatrix} \varepsilon_{11}-\lambda & \varepsilon_{12} & \varepsilon_{13} \\ \varepsilon_{21} & \varepsilon_{22}-\lambda & \varepsilon_{23} \\ \varepsilon_{31} & \varepsilon_{32} & \varepsilon_{33}-\lambda \end{vmatrix} = -\lambda^3 + I_1^\varepsilon \lambda^2 - I_2^\varepsilon \lambda + I_3^\varepsilon = 0 \tag{3.7-5}$$

folgt. Die kubische Gleichung in λ wird als charakteristische Gleichung des vorliegenden Eigenwertproblems bezeichnet. $I_1^\varepsilon, I_2^\varepsilon, I_3^\varepsilon$ sind die drei Invarianten des linearisierten Verzerrungstensors (3.7-1) und ergeben sich zu

$$\begin{aligned} I_1^\varepsilon &= \varepsilon_{11} + \varepsilon_{22} + \varepsilon_{33} \\ &= (6 + 0.4 + 3) \cdot 10^{-4} \\ I_1^\varepsilon &= 9.4 \cdot 10^{-4} \,, \end{aligned} \tag{3.7-6}$$

$$\begin{aligned} I_2^\varepsilon &= \begin{vmatrix} \varepsilon_{22} & \varepsilon_{23} \\ \varepsilon_{32} & \varepsilon_{33} \end{vmatrix} + \begin{vmatrix} \varepsilon_{11} & \varepsilon_{13} \\ \varepsilon_{31} & \varepsilon_{33} \end{vmatrix} + \begin{vmatrix} \varepsilon_{11} & \varepsilon_{12} \\ \varepsilon_{21} & \varepsilon_{22} \end{vmatrix} \\ &= \varepsilon_{22} \cdot \varepsilon_{33} - \varepsilon_{23}^2 + \varepsilon_{11} \cdot \varepsilon_{33} - \varepsilon_{13}^2 + \varepsilon_{11} \cdot \varepsilon_{22} - \varepsilon_{12}^2 \\ &= \left(0.4 \cdot 3 - 4^2 + 6 \cdot 3 - 1^2 + 6 \cdot 0.4 - 0.7^2\right) \cdot 10^{-8} \\ I_2^\varepsilon &= 4.11 \cdot 10^{-8} \,, \end{aligned} \tag{3.7-7}$$

$$\begin{aligned} I_3^\varepsilon &= \begin{vmatrix} \varepsilon_{11} & \varepsilon_{12} & \varepsilon_{13} \\ \varepsilon_{21} & \varepsilon_{22} & \varepsilon_{23} \\ \varepsilon_{31} & \varepsilon_{32} & \varepsilon_{33} \end{vmatrix} \\ &= \varepsilon_{11} \cdot \varepsilon_{22} \cdot \varepsilon_{33} + \varepsilon_{12} \cdot \varepsilon_{23} \cdot \varepsilon_{31} + \varepsilon_{13} \cdot \varepsilon_{21} \cdot \varepsilon_{32} \\ &\quad - \left(\varepsilon_{13}^2 \cdot \varepsilon_{22} + \varepsilon_{23}^2 \cdot \varepsilon_{11} + \varepsilon_{12}^2 \cdot \varepsilon_{33}\right) \\ &= (6 \cdot 0.4 \cdot 3 + 0.7 \cdot 4 \cdot 1 + 1 \cdot 0.7 \cdot 4) \cdot 10^{-12} \\ &\quad - \left(1^2 \cdot 0.4 + 4^2 \cdot 6 + 0.7^2 \cdot 3\right) \cdot 10^{-12} \\ I_3^\varepsilon &= -85.070 \cdot 10^{-12} \,. \end{aligned} \tag{3.7-8}$$

Einsetzen der Zahlenwerte für die Invarianten in (3.7-5) ergibt die kubische Bestimmungsgleichung zur Ermittlung der LAGRANGE'schen Multiplikatoren λ in der Form

$$-\lambda^3 + 9.4 \cdot 10^{-4} \lambda^2 - 4.11 \cdot 10^{-8} \lambda - 85.07 \cdot 10^{-12} = 0 \,. \tag{3.7-9}$$

Gleichung (3.7-9) stellt die charakteristische Gleichung des vorliegenden Eigenwertproblems dar, ihre drei Lösungen – die Eigenwerte $\lambda^{(1)}, \lambda^{(2)}, \lambda^{(3)}$ – müssen reell sein, da die Matrix der Komponenten des Verzerrungstensors reell und symmetrisch ist. Diese Eigenwerte entsprechen den gesuchten Hauptnormalverzerrungen und lauten

$$\begin{aligned} \lambda^{(1)} &= 7.1744 \cdot 10^{-4} = \varepsilon_1 \\ \lambda^{(2)} &= 4.7316 \cdot 10^{-4} = \varepsilon_2 \qquad \varepsilon_1 \ge \varepsilon_2 \ge \varepsilon_3 \,. \\ \lambda^{(3)} &= -2.5060 \cdot 10^{-4} = \varepsilon_3 \end{aligned} \tag{3.7-10}$$

Hinsichtlich der Lösung der kubischen Gleichung entsprechend (3.7-9) wird auf Beispiel 3.11 verwiesen. In (3.7-10) sind die Hauptnormalverzerrungen bereits ihrer Größe nach geordnet dargestellt. Die Hauptnormalverzerrungen treten in zueinander senkrecht stehenden Ebenen auf und in diesen Ebenen – den Verzerrungshauptebenen – verschwinden die Schubverzerrungen. Somit ergibt sich der auf das Koordinatensystem x'_1, x'_2, x'_3 bezogene Verzerrungstensor zu

$$\varepsilon'_{kl} = \begin{bmatrix} \varepsilon_1 & 0 & 0 \\ 0 & \varepsilon_2 & 0 \\ 0 & 0 & \varepsilon_3 \end{bmatrix} = \begin{bmatrix} 7.1744 & 0 & 0 \\ 0 & 4.7316 & 0 \\ 0 & 0 & -2.5060 \end{bmatrix} \cdot 10^{-4} \, . \qquad (3.7\text{-}11)$$

Die Orientierung des Koordinatensystems x'_1, x'_2, x'_3 ist durch die noch unbekannten Verzerrungshauptrichtungen festgelegt, deren Bestimmung anschließend erfolgt. Als Kontrolle empfiehlt sich zuvor die Ermittlung der Invarianten dieses „transformierten" Verzerrungstensors (3.7-11). Die Invarianten ergeben sich zu

$$\begin{aligned} I_1^{\varepsilon'} &= \varepsilon_1 + \varepsilon_2 + \varepsilon_3 = (7.1744 + 4.7316 - 2.5060) \cdot 10^{-4} = 9.4000 \cdot 10^{-4} \, , \\ I_2^{\varepsilon'} &= \varepsilon_2\,\varepsilon_3 + \varepsilon_3\,\varepsilon_1 + \varepsilon_1\,\varepsilon_2 = 4.1100 \cdot 10^{-8} \, , \\ I_3^{\varepsilon'} &= \varepsilon_1\,\varepsilon_2\,\varepsilon_3 = -85.0670 \cdot 10^{-12} \end{aligned} \qquad (3.7\text{-}12)$$

und sind damit (bis auf numerische Ungenauigkeiten) identisch mit den in (3.7-6) bis (3.7-8) ermittelten Werten. Die Hauptverzerrungen sind physikalische Größen, die von der Wahl des Koordinatensystems unabhängig und deshalb invariant bezüglich einer Koordinatentransformation sind. Deshalb müssen auch die in die Gleichung (3.7-5) zur Bestimmung der Hauptverzerrungen eingehenden Koeffizienten I_1^ε, I_2^ε, I_3^ε invariante Größen sein.

(b) Ermittlung der Verzerrungshauptrichtungen

Jeder der drei Lösungen (3.7-10) der kubischen Gleichung (3.7-9) ist ein bestimmter Normalenvektor zugeordnet, der jene Ebene festlegt, in welcher die betrachtete Normalverzerrung diesen Extremwert annimmt, d.h. jedem der drei Eigenwerte ist ein bestimmter Eigenvektor zugeordnet. Zur Ermittlung der Richtungen der Eigenvektoren werden der Reihe nach die Lösungen von (3.7-10) in (3.7-2) eingesetzt und die Komponenten des zugehörigen Eigenvektors ermittelt.

- ***Erster Eigenvektor***

Setzt man den ersten Eigenwert $\lambda^{(1)} = 7.1744 \cdot 10^{-4}$ zusammen mit (3.7-1) in (3.7-2) ein, so lautet letztere in ausführlicher Form:

$$10^{-4} \cdot \begin{bmatrix} 6.0 - 7.1744 & 0.7 & 1.0 \\ 0.7 & 0.4 - 7.1744 & 4.0 \\ 1.0 & 4.0 & 3.0 - 7.1744 \end{bmatrix} \cdot \begin{Bmatrix} n_1^{(1)} \\ n_2^{(1)} \\ n_3^{(1)} \end{Bmatrix} = \begin{Bmatrix} 0 \\ 0 \\ 0 \end{Bmatrix} \, . \qquad (3.7\text{-}13)$$

Da λ unter der Bedingung, dass die Koeffizientendeterminante von (3.7-2) verschwindet, ermittelt worden war, müssen die drei Gleichungen von (3.7-13) linear abhängig sein. Streicht man etwa die dritte Gleichung und dividiert man durch den gemeinsamen Faktor 10^{-4}, so erhält man

$$\begin{aligned} -1.1744\, n_1^{(1)} \; + \; 0.7\, n_2^{(1)} \; + \; 1.0\, n_3^{(1)} &= 0 \, , \\ 0.7\, n_1^{(1)} \; - \; 6.7744\, n_2^{(1)} \; + \; 4.0\, n_3^{(1)} &= 0 \, . \end{aligned} \qquad (3.7\text{-}14)$$

(3.7-14) stellt ein System von zwei Gleichungen mit drei Unbekannten dar. Daraus lassen sich zwei der Unbekannten durch die dritte ausdrücken. $n_2^{(1)}$ erhält man etwa durch Division der ersten Gleichung durch 1.1744 und der zweiten durch 0.7 und anschließender Addition, d.h.

$$\begin{aligned}
-n_1^{(1)} + 0.5961\, n_2^{(1)} + 0.8515\, n_3^{(1)} &= 0 \\
n_1^{(1)} - 9.6779\, n_2^{(1)} + 5.7144\, n_3^{(1)} &= 0 \\
n_2^{(1)} = \frac{-6.5659}{-9.0818}\, n_3^{(1)} = 0.7230\, n_3^{(1)}\ . & \qquad (3.7\text{-}15)
\end{aligned}$$

Analog erhält man $n_1^{(1)}$ nach Division der ersten Gleichung durch 0.7 und der zweiten durch 6.7744 und anschließender Addition, d.h.

$$\begin{aligned}
-1.6777\, n_1^{(1)} + n_2^{(1)} + 1.4286\, n_3^{(1)} &= 0 \\
0.1033\, n_1^{(1)} - n_2^{(1)} + 0.5904\, n_3^{(1)} &= 0 \\
n_1^{(1)} = \frac{-2.0190}{-1.5744}\, n_3^{(1)} = 1.2825\, n_3^{(1)}\ . & \qquad (3.7\text{-}16)
\end{aligned}$$

Somit sind die Komponenten des ersten Eigenvektors bis auf einen Faktor bestimmt, d.h.

$$\mathbf{n}^{(1)} = \left\lfloor\ 1.2825\, n_3^{(1)} \quad 0.7230\, n_3^{(1)} \quad n_3^{(1)}\ \right\rfloor^T . \qquad (3.7\text{-}17)$$

Die dritte Gleichung erhalten wir aus der Nebenbedingung (3.7-3) zu

$$\begin{aligned}
\left(n_3^{(1)}\right)^2 \left[1.2825^2 + 0.7230^2 + 1^2\right] &= 1 \\
n_3^{(1)} = \pm\frac{1}{\sqrt{3.1674}} = \pm 0.5619\ . & \qquad (3.7\text{-}18)
\end{aligned}$$

Setzt man (3.7-18) in (3.7-17) ein, so erhält man den zum ersten Eigenwert $\lambda^{(1)}$ gehörenden Eigenvektor $\mathbf{n}^{(1)}$ zu

$$\mathbf{n}^{(1)} = \pm \left\{ \begin{array}{c} 0.7206 \\ 0.4062 \\ 0.5619 \end{array} \right\} . \qquad (3.7\text{-}19)$$

Zur Kontrolle kann man (3.7-19) in die noch nicht verwendete dritte Gleichung des Systems (3.7-13) einsetzen und überprüfen, ob die gefundene Lösung die Gleichung erfüllt, d.h.

$$\begin{aligned}
&\varepsilon_{31} n_1^{(1)} + \varepsilon_{32} n_2^{(1)} + \left(\varepsilon_{33} - \lambda^{(1)}\right) n_3^{(1)} = \\
&\quad = [\,1 \cdot 0.7206 + 4 \cdot 0.4062 + (3 - 7.1744) \cdot 0.5619\,] \cdot 10^{-4} = \\
&\quad = -0.0002 \approx 0\ . \qquad (3.7\text{-}20)
\end{aligned}$$

• ***Zweiter Eigenvektor***

Setzt man den zweiten Eigenwert $\lambda^{(2)} = 4.7316 \cdot 10^{-4}$ zusammen mit (3.7-1) in (3.7-2) ein, so lautet letztere unter Weglassung des multiplikativen Faktors 10^{-4} in ausführlicher Form:

$$\begin{bmatrix} 6.0 - 4.7316 & 0.7 & 1.0 \\ 0.7 & 0.4 - 4.7316 & 4.0 \\ 1.0 & 4.0 & 3.0 - 4.7316 \end{bmatrix} \cdot \begin{Bmatrix} n_1^{(2)} \\ n_2^{(2)} \\ n_3^{(2)} \end{Bmatrix} = \begin{Bmatrix} 0 \\ 0 \\ 0 \end{Bmatrix} . \tag{3.7-21}$$

Unter Verwendung der zweiten und dritten Gleichung von (3.7-21) erhält man zwei voneinander unabhängige Gleichungen zu

$$\begin{aligned} 0.7\, n_1^{(2)} &- 4.3316\, n_2^{(2)} + 4.0\, n_3^{(2)} = 0 , \\ 1.0\, n_1^{(2)} &+ 4.0\, n_2^{(2)} - 1.7316\, n_3^{(2)} = 0 . \end{aligned} \tag{3.7-22}$$

Aus diesen kann man den zweiten Eigenvektor bis auf einen Faktor bestimmen, d.h. man erhält

$$\mathbf{n}^{(2)} = \lfloor\, n_1^{(2)} \quad -0.6132\, n_1^{(2)} \quad -0.8391\, n_1^{(2)} \,\rfloor^T . \tag{3.7-23}$$

Unter Verwendung der Nebenbedingung (3.7-3) ergibt sich dieser Faktor zu

$$\begin{aligned} &\left(n_1^{(2)}\right)^2 \left[1^2 + (-0.6132)^2 + (-0.8391)^2\right] = 1 \\ &n_1^{(2)} = \pm \frac{1}{\sqrt{2.0802}} = \pm 0.6934 . \end{aligned} \tag{3.7-24}$$

Somit lautet der zum zweiten Eigenwert $\lambda^{(2)}$ gehörende Eigenvektor $\mathbf{n}^{(2)}$

$$\mathbf{n}^{(2)} = \pm \begin{Bmatrix} 0.6934 \\ -0.4252 \\ -0.5818 \end{Bmatrix} . \tag{3.7-25}$$

• ***Dritter Eigenvektor***

Setzt man den dritten Eigenwert $\lambda^{(3)} = -2.5060 \cdot 10^{-4}$ zusammen mit (3.7-1) in (3.7-2) ein, so lautet letztere unter Weglassung des multiplikativen Faktors 10^{-4} in ausführlicher Form:

$$\begin{bmatrix} 6.0 + 2.5060 & 0.7 & 1.0 \\ 0.7 & 0.4 + 2.5060 & 4.0 \\ 1.0 & 4.0 & 3.0 + 2.5060 \end{bmatrix} \cdot \begin{Bmatrix} n_1^{(3)} \\ n_2^{(3)} \\ n_3^{(3)} \end{Bmatrix} = \begin{Bmatrix} 0 \\ 0 \\ 0 \end{Bmatrix} . \tag{3.7-26}$$

Unter Verwendung der ersten und dritten Gleichung von (3.7-26) erhält man zwei voneinander unabhängige Gleichungen zu

$$\begin{aligned} 8.506\, n_1^{(3)} &+ 0.7\, n_2^{(3)} + 1.0\, n_3^{(3)} = 0 , \\ 1.0\, n_1^{(3)} &+ 4.0\, n_2^{(3)} + 5.506\, n_3^{(3)} = 0 . \end{aligned} \tag{3.7-27}$$

Aus diesen kann man den dritten Eigenvektor bis auf einen Faktor zu

$$\mathbf{n}^{(3)} = \lfloor\, n_1^{(3)} \quad 314.37\, n_1^{(3)} \quad -228.45\, n_1^{(3)} \,\rfloor^T \tag{3.7-28}$$

bestimmen. Unter Verwendung der Nebenbedingung (3.7-3) erhält man diesen Faktor zu

$$\left(n_1^{(3)}\right)^2 \left[1^2 + 314.37^2 + (-228.45)^2\right] = 1$$

$$n_1^{(3)} = \pm\frac{1}{\sqrt{151\,018.9}} = \pm 2.5733 \cdot 10^{-3} \; . \qquad (3.7\text{-}29)$$

Somit ergibt sich der zum dritten Eigenwert $\lambda^{(3)}$ gehörende Eigenvektor $\mathbf{n}^{(3)}$ zu

$$\mathbf{n}^{(3)} = \pm \left\{ \begin{array}{r} 2.5733 \cdot 10^{-3} \\ 0.8090 \\ -0.5879 \end{array} \right\} . \qquad (3.7\text{-}30)$$

(c) Kontrollen

• ***Orthogonalität der ermittelten Eigenvektoren***

Die drei Eigenvektoren legen die Verzerrungshauptrichtungen fest. Da die Matrix der Komponenten des Verzerrungstensors reell und symmetrisch ist, folgt, dass die Eigenvektoren und somit die Verzerrungshauptrichtungen zueinander normal sind. Es muss somit gelten:

$$\mathbf{n}^{(i)} \cdot \mathbf{n}^{(j)} = \left(\mathbf{n}^{(i)}\right)^T \mathbf{n}^{(j)} = 0 \qquad \text{für } i \neq j \; , \qquad (3.7\text{-}31)$$

$$\begin{aligned} \mathbf{n}^{(1)} \cdot \mathbf{n}^{(2)} &= \lfloor\, 0.7206 \quad 0.4062 \quad 0.5619 \,\rfloor^T \cdot \left\{ \begin{array}{r} 0.6934 \\ -0.4252 \\ -0.5818 \end{array} \right\} \\ &= 0.00003 \approx 0 \; , \qquad (3.7\text{-}32) \end{aligned}$$

$$\begin{aligned} \mathbf{n}^{(1)} \cdot \mathbf{n}^{(3)} &= \lfloor\, 0.7206 \quad 0.4062 \quad 0.5619 \,\rfloor^T \cdot \left\{ \begin{array}{r} 2.5733 \cdot 10^{-3} \\ 0.8090 \\ -0.5879 \end{array} \right\} \\ &= 0.0001 \approx 0 \; , \qquad (3.7\text{-}33) \end{aligned}$$

$$\begin{aligned} \mathbf{n}^{(2)} \cdot \mathbf{n}^{(3)} &= \lfloor\, 0.6934 \quad -0.4252 \quad -0.5818 \,\rfloor^T \cdot \left\{ \begin{array}{r} 2.5733 \cdot 10^{-3} \\ 0.8090 \\ -0.5879 \end{array} \right\} \\ &= -0.0002 \approx 0 \; . \qquad (3.7\text{-}34) \end{aligned}$$

Die Normalenvektoren $\mathbf{n}^{(1)}, \mathbf{n}^{(2)}, \mathbf{n}^{(3)}$ bilden somit ein orthonormiertes System (Basis).

• ***Überprüfen der Drehrichtung des Verzerrungshauptachsensystems***

Da sich für jeden Vektor zwei Lösungen ergaben, ist zu überprüfen, welche der jeweiligen Lösungen für ein rechtsdrehendes System zu verwenden sind. Dies geschieht am einfachsten etwa durch Berechnen des dritten Vektors aus den ersten beiden unter Verwendung des Exprodukts in der Form

$$\begin{aligned} \mathbf{n}^{(3)} &= \mathbf{n}^{(1)} \times \mathbf{n}^{(2)} \\ &= \left| \begin{array}{ccc} 0.7206 & 0.4062 & 0.5619 \\ 0.6934 & -0.4252 & -0.5818 \\ \mathbf{e}_1 & \mathbf{e}_2 & \mathbf{e}_3 \end{array} \right| \end{aligned}$$

$$\begin{aligned}
&= \mathbf{e}_1 \left[0.4062 \cdot (-0.5818) - 0.5619 \cdot (-0.4252) \right] - \\
&\quad \mathbf{e}_2 \left[0.7206 \cdot (-0.5818) - 0.5619 \cdot 0.6934 \right] + \\
&\quad \mathbf{e}_3 \left[0.7206 \cdot (-0.4252) - 0.4062 \cdot 0.6934 \right] \\
\mathbf{n}^{(3)} &= 2.5927 \cdot 10^{-3}\, \mathbf{e}_1 + 0.8089\, \mathbf{e}_2 - 0.5881\, \mathbf{e}_3 \; . \qquad (3.7\text{-}35)
\end{aligned}$$

Da (3.7-35) bis auf numerische Ungenauigkeiten identisch ist mit der positiven Lösung von (3.7-30), stellen die positiven Lösungen von (3.7-19), (3.7-25) und (3.7-30) bereits ein Rechtssystem dar. Außerdem wurde mit der Berechnung des dritten Eigenvektors $\mathbf{n}^{(3)}$ aus $\mathbf{n}^{(1)}$ und $\mathbf{n}^{(2)}$ eine weitere Kontrollmöglichkeit aufgezeigt.

- ***Transformation von ε in das Verzerrungshauptachsensystem***

Abschließend wird der Verzerrungstensor (3.7-1) in das durch die Verzerrungshauptachsen definierte Koordinatensystem x_1', x_2', x_3' (Hauptachsensystem) transformiert. Als Kontrolle muss sich dabei ein Verzerrungstensor ε_{kl}' mit verschwindenden Schubverzerrungen ergeben. Die Transformationsbeziehung lautet in Indexschreibweise

$$\varepsilon_{kl}' = \varepsilon_{ij}\, n_{ki}\, n_{lj} \; , \qquad (3.7\text{-}36)$$

bzw. in Matrizenschreibweise

$$\boldsymbol{\varepsilon}' = \mathbf{Q} \cdot \boldsymbol{\varepsilon} \cdot \mathbf{Q}^T \; , \qquad (3.7\text{-}37)$$

wobei $\boldsymbol{\varepsilon}$ durch (3.7-1) gegeben ist und die Transformationsmatrix $\mathbf{Q}$ aus (3.7-19), (3.7-25) und (3.7-30) zu

$$\mathbf{Q} = \begin{bmatrix} 0.7206 & 0.4062 & 0.5619 \\ 0.6934 & -0.4252 & -0.5818 \\ 2.5733 \cdot 10^{-3} & 0.8090 & -0.5879 \end{bmatrix} \qquad (3.7\text{-}38)$$

folgt. $\mathbf{Q}$ ist im Allgemeinen nicht symmetrisch und enthält als Elemente die Richtungskosinus n_{ij}. In der ersten Zeile von $\mathbf{Q}$ stehen somit die Kosinus der zwischen dem Normalenvektor $\mathbf{n}^{(1)}$ und den Einheitsvektoren $\mathbf{e}_j$, $j = 1, 2, 3$, des Koordinatensystems x_1, x_2, x_3 eingeschlossenen Winkel. Somit ergibt sich der transformierte Verzerrungstensor zu

$$\varepsilon_{kl}' = \begin{bmatrix} 7.1743 & 0.0002 & 0.0013 \\ 0.0002 & 4.7321 & -0.0008 \\ 0.0013 & -0.0008 & -2.5063 \end{bmatrix} \cdot 10^{-4} \; . \qquad (3.7\text{-}39)$$

Wie man aus (3.7-39) sieht, entsprechen die Elemente in der Hauptdiagonale bis auf numerische Ungenauigkeiten den in (3.7-11) ermittelten Hauptverzerrungen und die Schubverzerrungen sind tatsächlich verschwindend klein. Letzteres beweist die Richtigkeit der Berechnung, da die von den Verzerrungshauptrichtungen festgelegten Ebenen – die Verzerrungshauptebenen – schubverzerrungsfrei sein müssen. Würden die zur Ermittlung der Transformationsmatrix $\mathbf{Q}$ verwendeten Normalenvektoren $\mathbf{n}^{(1)}$, $\mathbf{n}^{(2)}$, $\mathbf{n}^{(3)}$ kein Rechtssystem bilden, wäre dies für den vorliegenden Beweis nicht relevant, da in diesem Falle nur einzelne (verschwindend kleine) Schubverzerrungen ein entgegengesetztes Vorzeichen hätten. Die Diagonalglieder ε_{kk}' der Matrix (3.7-39) wären davon nicht berührt, da zu deren Berechnung beide Richtungskosinus aus derselben Zeile der Matrix stammen, denn es gilt

$$\varepsilon_{kk}' = \varepsilon_{ij}\, n_{ki}\, n_{kj} \; . \qquad (3.7\text{-}40)$$

Beispiel 3.8: Volumenänderung eines Quaders

Abb. 3.8-1 zeigt einen Quader, der im unverformten Zustand durch die Kantenlängen a, b, c festgelegt ist. Der Quader wird derart verformt, dass die Begrenzungsflächen im verformten Zustand parallel zur unverformten Lage bleiben. Die Kantenlängen und deren Längenänderungen sind wie folgt gegeben:

$$\begin{aligned} a &= 1\ \text{m}\ , & \Delta a &= 2\ \text{mm}\ , \\ b &= 3\ \text{m}\ , & \Delta b &= 5\ \text{mm}\ , \\ c &= 2\ \text{m}\ , & \Delta c &= -1\ \text{mm}\ . \end{aligned} \tag{3.8-1}$$

Gesucht sind:

(a) Längenänderung der Diagonale $\overline{OA}$,
- mit Hilfe geometrischer Überlegungen ,
- unter der Annahme der Gültigkeit des linearisierten Verzerrungstensors,

(b) Volumenänderung,

(c) mittlere Normalverzerrung.

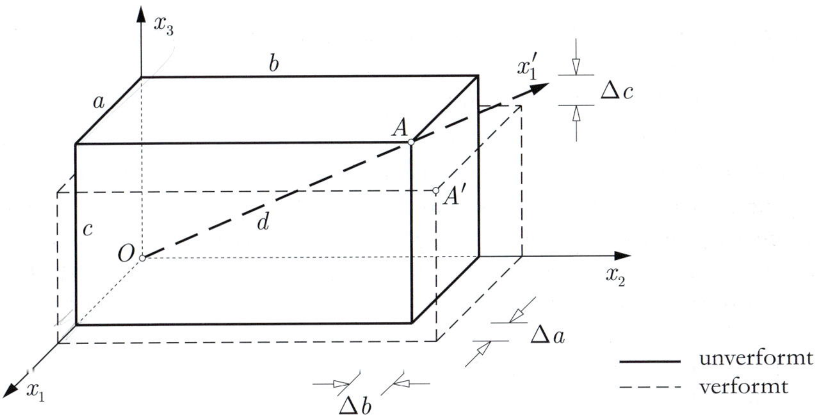

Abb. 3.8-1: Quader in unverformtem und verformtem Zustand

(a) Längenänderung der Diagonale

• ***Mittels geometrischer Überlegungen***

Aus der Abb. 3.8-1 ist unmittelbar ablesbar:

$$\begin{aligned} \Delta d &= \sqrt{(a+\Delta a)^2 + (b+\Delta b)^2 + (c+\Delta c)^2} - \sqrt{a^2+b^2+c^2} \\ &= \sqrt{1.002^2 + 3.005^2 + 1.999^2} - \sqrt{1.0^2 + 3.0^2 + 2.0^2} \\ &= \sqrt{14.0300} - \sqrt{14.0} \\ \Delta d &= 4.0108 \cdot 10^{-3}\ \text{m}\ . \end{aligned} \tag{3.8-2}$$

• ***Unter Verwendung der Transformationsbeziehungen***

Die Form des Quaders in der Momentankonfiguration (verformte Lage) impliziert, dass (i) im Quader ein konstanter, räumlicher Verzerrungszustand herrscht, denn gerade Kanten sind auch nach Verformung gerade, und dass (ii) die Schubverzerrungen im Quader null sind, denn Kanten, die vor der Verformung einen rechten Winkel miteinander eingeschlossen haben, tun dies auch nach der Verformung. Dies lässt sich in Analogie zum Beispiel 3.4(c) folgern. Die Normalverzerrungen können somit zu

$$\begin{aligned}
\varepsilon_{11} &= \frac{\Delta a}{a} = \frac{2}{1000} = 0.0020\ , \\
\varepsilon_{22} &= \frac{\Delta b}{b} = \frac{5}{3000} = 1.6667 \cdot 10^{-3}\ , \\
\varepsilon_{33} &= \frac{\Delta c}{c} = \frac{-1}{2000} = -0.0005
\end{aligned} \tag{3.8-3}$$

angeschrieben werden und der dem gegebenen Verformungszustand zugeordnete Verzerrungstensor lautet deshalb

$$\varepsilon_{ij} = \begin{bmatrix} 0.0020 & 0 & 0 \\ 0 & 1.6667 \cdot 10^{-3} & 0 \\ 0 & 0 & -0.0005 \end{bmatrix} . \tag{3.8-4}$$

Somit lässt sich die Längenänderung der Raumdiagonale aus deren Normalverzerrung zu

$$\Delta d = \varepsilon'_{11} \cdot d \tag{3.8-5}$$

ermitteln, wobei ε'_{11} die Normalverzerrung in Richtung einer die Punkte $\overline{OA}$ verbindenden x'_1-Achse darstellt. Da im gesamten Quader ein konstanter Verzerrungszustand herrscht, kann bei bekannter Normalverzerrung ε'_{11} in Richtung der x'_1-Achse die Längenänderung in dieser Richtung durch Multiplikation mit der ursprünglichen Länge d der Diagonale ermittelt werden, wie in (3.8-5) dargestellt. Aus der Transformationsbeziehung für den Verzerrungstensor

$$\varepsilon'_{kl} = \varepsilon_{ij}\, n_{ki}\, n_{lj} \tag{3.8-6}$$

folgt für die Komponente ε'_{11} die Beziehung

$$\begin{aligned}
\varepsilon'_{11} = \ & \varepsilon_{11}\, n_{11}\, n_{11} + \varepsilon_{12}\, n_{11}\, n_{12} + \varepsilon_{13}\, n_{11}\, n_{13} + \\
& \varepsilon_{21}\, n_{12}\, n_{11} + \varepsilon_{22}\, n_{12}\, n_{12} + \varepsilon_{23}\, n_{12}\, n_{13} + \\
& \varepsilon_{31}\, n_{13}\, n_{11} + \varepsilon_{32}\, n_{13}\, n_{12} + \varepsilon_{33}\, n_{13}\, n_{13} \quad .
\end{aligned} \tag{3.8-7}$$

Mit Abb. 3.8-1 und den Zahlenwerten entsprechend (3.8-1) erhält man den Basisvektor $\mathbf{e}'_1$ in Richtung x'_1 zu

$$\mathbf{e}'_1 = \frac{1}{\sqrt{14}} \begin{Bmatrix} 1 \\ 3 \\ 2 \end{Bmatrix} \tag{3.8-8}$$

und die Richtungskosinus ergeben sich zu

$$n_{11} = \mathbf{e}'_1 \cdot \mathbf{e}_1 = \frac{1}{\sqrt{14}}\ , \quad n_{12} = \mathbf{e}'_1 \cdot \mathbf{e}_2 = \frac{3}{\sqrt{14}}\ , \quad n_{13} = \mathbf{e}'_1 \cdot \mathbf{e}_3 = \frac{2}{\sqrt{14}}\ . \tag{3.8-9}$$

Setzt man die Dehnungen (3.8-3) und die Richtungskosinus (3.8-9) in (3.8-7) ein, so erhält man

$$\begin{aligned}
\varepsilon'_{11} &= \varepsilon_{11}\, n_{11}^2 + \varepsilon_{22}\, n_{12}^2 + \varepsilon_{33}\, n_{13}^2 \\
&= \left(0.0020 \cdot 1^2 + 1.6667 \cdot 10^{-3} \cdot 3^2 - 0.0005 \cdot 2^2\right) \cdot \frac{1}{14} \\
\varepsilon'_{11} &= 1.0714 \cdot 10^{-3} \; . \qquad (3.8\text{-}10)
\end{aligned}$$

Einsetzen von (3.8-10) in (3.8-5) führt schließlich auf die gesuchte Längenänderung der Diagonale entsprechend

$$\Delta d = \varepsilon'_{11} \cdot d = 1.0714 \cdot 10^{-3} \cdot \sqrt{14} = 4.0088 \cdot 10^{-3}\ \mathrm{m} \; . \qquad (3.8\text{-}11)$$

Die Differenz zwischen der exakten Lösung (3.8-2) und der Näherungslösung (3.8-11) ist durch die Verwendung des linearisierten Verzerrungstensors zu erklären, welcher die quadratischen Terme der Verschiebungsableitungen vernachlässigt. Aus diesem Grund ist der numerische Wert der Näherungslösung auch etwas zu klein. Bei der linearen Theorie erfolgt der Bezug auf das Referenzsystem und es wird keine Unterscheidung zwischen den Ableitungen der Verschiebungen nach den LAGRANGE'schen Koordinaten X_i und den EULER'schen Koordinaten x_i, $i = 1, 2, 3$ gemacht, während letzteres bei Verwendung der nichtlinearen Theorie sehr wohl erforderlich ist.

(b) Ermittlung der Volumenänderung

Die Volumenänderung kann unmittelbar aus der Geometrie bestimmt werden und ergibt sich zu

$$\begin{aligned}
V_0 &= a \cdot b \cdot c = 1.0 \cdot 3.0 \cdot 2.0 = 6.0\ \mathrm{m}^3 \\
V &= (a + \Delta a) \cdot (b + \Delta b) \cdot (c + \Delta c) = 1.002 \cdot 3.005 \cdot 1.999 = 6.0190\ \mathrm{m}^3 \\
\Delta V &= V - V_0 = 0.0190\ \mathrm{m}^3 \; . \qquad (3.8\text{-}12)
\end{aligned}$$

Alternativ dazu kann die Volumenänderung auch unter Verwendung der spezifischen Volumenänderung ε^{vol} (Volumenänderung bezogen auf das unverformte Volumen) ermittelt werden. Diese ist gemäß (3.69) zu

$$\begin{aligned}
\varepsilon^{vol} &\approx \varepsilon_1 + \varepsilon_2 + \varepsilon_3 = I_1^\varepsilon = \varepsilon_{11} + \varepsilon_{22} + \varepsilon_{33} \\
\varepsilon^{vol} &\approx 0.0020 + 1.6667 \cdot 10^{-3} - 0.0005 = 3.1667 \cdot 10^{-3} \qquad (3.8\text{-}13)
\end{aligned}$$

gegeben. ε^{vol} wird auch als volumetrische Verzerrung bezeichnet. Somit ergibt sich die Volumenänderung des Quaders zu

$$\Delta V = V_0\, \varepsilon^{vol} = 6.0 \cdot 3.1667 \cdot 10^{-3} = 0.0190\ \mathrm{m}^3 \; . \qquad (3.8\text{-}14)$$

(c) Berechnung der mittleren Normalverzerrung

Die mittlere Normalverzerrung ε^m folgt aus der Beziehung (3.71), d.h.:

$$\varepsilon^m = \frac{1}{3}\,\varepsilon^{vol} = \frac{1}{3}\, I_1^\varepsilon \qquad (3.8\text{-}15)$$

$$\varepsilon^m = \frac{1}{3}\, 3.1667 \cdot 10^{-3} = 1.0556 \cdot 10^{-3} \; . \qquad (3.8\text{-}16)$$

Die mittlere Normalverzerrung wird oft dazu verwendet, um einen gegebenen Verzerrungstensor in dessen volumetrischen (volumenändernden) und deviatorischen (gestaltändernden) Anteil aufzuspalten, d.h.

$$\varepsilon_{ij} = \varepsilon^m \delta_{ij} + e_{ij} \; . \tag{3.8-17}$$

Vol. änd. Anteil — der./gestaltsän. Anteil — $e_{ij} = \varepsilon_{ij} - \varepsilon^m \delta_{ij}$, $e_{ij} = \begin{bmatrix} \varepsilon_{11} - \varepsilon^m & \varepsilon_{12} & \varepsilon_{13} \\ \text{sym} & \varepsilon_{22} - \varepsilon^m & \varepsilon_{23} \end{bmatrix}$

Beispiel 3.9: Ebener Verzerrungszustand – Dehnmessstreifen

Abb. 3.9-1 zeigt die Systemskizze einer auf die Oberfläche eines Bauteils angebrachten Dehnmessrosette, mit der die Dehnungen $\varepsilon^{(1)}, \varepsilon^{(2)}, \varepsilon^{(3)}$ in den entsprechenden Richtungen $\alpha^{(1)}, \alpha^{(2)}, \alpha^{(3)}$ bezogen auf die x_1-Achse des Koordinatensystems x_1, x_2 gemessen wurden. Die Messwerte betragen:

$$\begin{aligned} \varepsilon^{(1)} &= 12 \cdot 10^{-4} & \alpha^{(1)} &= 30^\circ \; , \\ \varepsilon^{(2)} &= 2 \cdot 10^{-4} & \alpha^{(2)} &= 90^\circ \; , \\ \varepsilon^{(3)} &= -2 \cdot 10^{-4} & \alpha^{(3)} &= 150^\circ \; . \end{aligned} \tag{3.9-1}$$

Es sind die Hauptnormalverzerrungen und deren Richtungen bezogen auf das Koordinatensystem x_1, x_2 gesucht.

Die Dehnungsmessstreifentechnik zählt wegen ihrer Vielseitigkeit und Genauigkeit zu den am weitesten verbreiteten Punktmessverfahren der experimentellen Verzerrungsanalyse. Die Wirkungsweise eines Dehnmessstreifens (DMS) beruht darauf, dass sich der OHM'sche Widerstand eines elektrischen Leiters ändert, wenn sich dessen Länge ändert. Wird ein DMS auf die Oberfläche eines Bauteils aufgebracht und der Bauteil verformt sich unter Belastung, so ändert sich gleichzeitig die Länge des Leiters. Der Leiter besteht aus dem Werkstoff Konstantan – einer Cu-Ni-Legierung – und ist in eine Kunststoffträgerschicht eingebettet.

DMS-Messungen erfolgen stets an unbelasteten Teilen der Bauteiloberfläche. Diese Bereiche der Oberfläche sind durch ebene Spannungszustände und eine zu ihr normal stehende Normalspannungshauptrichtung bzw. Normalverzerrungshauptrichtung gekennzeichnet. Daraus folgt, dass in solchen Bereichen mit ebenen Spannungszuständen die restlichen zwei Verzerrungshauptrichtungen in der Tangentialebene der Oberfläche

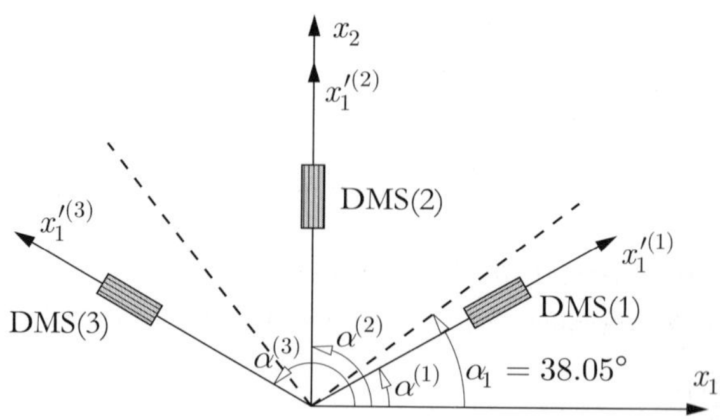

Abb. 3.9-1: Lage der Dehnmessrosette im Koordinatensystem x_1, x_2

liegen. Deshalb kann zur Ermittlung der in dieser Ebene auftretenden Hauptverzerrungen der Formelapparat für den ebenen Verzerrungszustand (EVZ) verwendet werden. Ein zur x_1x_2-Ebenen paralleler ebener Verzerrungszustand ist gemäß (3.79) durch

$$\varepsilon_{33} = \varepsilon_{31} = \varepsilon_{32} = 0 \tag{3.9-2}$$

gekennzeichnet. Mit Hilfe von DMS können Verzerrungskomponenten in dieser Tangentialebene in beliebiger Richtung gemessen werden. Da wegen (3.9-2) ein EVZ durch drei Komponenten bestimmt ist – etwa durch die Verzerrungen $\varepsilon_{11}, \varepsilon_{12}, \varepsilon_{22}$ oder die beiden Hauptnormalverzerrungen $\varepsilon_1, \varepsilon_2$ und den Winkel α_1, der die Verzerrungshauptrichtungen festlegt –, sind zur Ermittlung des Verzerrungszustands in einem Punkt der Oberfläche die Verzerrungen in drei Richtungen zu messen. Aus diesen Verzerrungen lassen sich dann mittels der Transformationsbeziehungen für den EVZ der Verzerrungstensor und in weiterer Folge die Hauptnormalverzerrungen ermitteln.

(a) Ermittlung des Verzerrungstensors

Bevor die gesuchten Hauptnormalverzerrungen ermittelt werden können, muss der Verzerrungszustand berechnet werden. Es handelt es sich dabei um eine Transformationsaufgabe. Die entsprechenden Beziehungen sind gemäß (3.82) zu

$$\begin{aligned}
\varepsilon'_{11} &= \varepsilon_{11}\cos^2\alpha + \varepsilon_{22}\sin^2\alpha + 2\varepsilon_{12}\sin\alpha\cos\alpha\ , \\
\varepsilon'_{22} &= \varepsilon_{11}\sin^2\alpha + \varepsilon_{22}\cos^2\alpha - 2\varepsilon_{12}\sin\alpha\cos\alpha\ , \\
\varepsilon'_{12} &= (-\varepsilon_{11} + \varepsilon_{22})\sin\alpha\cos\alpha + \varepsilon_{12}(\cos^2\alpha - \sin^2\alpha)
\end{aligned} \tag{3.9-3}$$

gegeben. Im Gegensatz zu früheren Transformationsaufgaben ist hier jeweils eine Verzerrungskomponente in dem um den Winkel $\alpha^{(i)}$ gedrehten Koordinatensystem x'_i aus der DMS-Messung bekannt (vgl. Abb. 3.9-1). Zwei Berechnungsvarianten sind möglich:

- ***Variante 1***

Man nimmt an, dass die gemessenen Normalverzerrungen $\varepsilon^{(i)}$ jeweils die Verzerrungen ε'_{11} darstellen. Demzufolge hat man die erste Gleichung von (3.9-3) zu verwenden, d.h.

$$\varepsilon'_{11} = \varepsilon^{(i)} = \varepsilon_{11}\cos^2\alpha^{(i)} + \varepsilon_{22}\sin^2\alpha^{(i)} + 2\varepsilon_{12}\sin\alpha^{(i)}\cos\alpha^{(i)} \quad \text{für } i = 1, 2, 3\ . \tag{3.9-4}$$

Mit den gemessenen Dehnungen $\varepsilon^{(i)}$ und den bekannten Winkeln $\alpha^{(i)}$ gemäß (3.9-1) ergeben sich drei Gleichungen für die unbekannten Verzerrungskomponenten:

$$\begin{aligned}
\varepsilon'_{11} &= \varepsilon^{(1)} = \varepsilon_{11}\cos^2 30^\circ + \varepsilon_{22}\sin^2 30^\circ + 2\varepsilon_{12}\sin 30^\circ\cos 30^\circ\ , \\
\varepsilon'_{11} &= \varepsilon^{(2)} = \varepsilon_{11}\cos^2 90^\circ + \varepsilon_{22}\sin^2 90^\circ + 2\varepsilon_{12}\sin 90^\circ\cos 90^\circ\ , \\
\varepsilon'_{11} &= \varepsilon^{(3)} = \varepsilon_{11}\cos^2 150^\circ + \varepsilon_{22}\sin^2 150^\circ + 2\varepsilon_{12}\sin 150^\circ\cos 150^\circ\ .
\end{aligned} \tag{3.9-5}$$

Aus der zweiten Gleichung von (3.9-5) folgt wegen $\cos 90^\circ = 0$, $\sin 90^\circ = 1$ unmittelbar

$$\varepsilon^{(2)} = 2.000 \cdot 10^{-4} = \varepsilon_{22}\ . \tag{3.9-6}$$

Mit den trigonometrischen Identitäten

$$\begin{aligned}
&\cos^2 30^\circ = \cos^2 150^\circ = 3/4\ , \\
&\sin^2 30^\circ = \sin^2 150^\circ = 1/4\ , \\
&\sin 30^\circ\cos 30^\circ = -\sin 150^\circ\cos 150^\circ = \sqrt{3}/4
\end{aligned} \tag{3.9-7}$$

und dem Ergebnis (3.9-6) folgen aus (3.9-5) zwei Gleichungen für die noch unbekannten Verzerrungen ε_{11} und ε_{12} zu

$$\varepsilon^{(1)} = \frac{3}{4}\varepsilon_{11} + \frac{1}{4}\varepsilon^{(2)} + 2\varepsilon_{12}\frac{\sqrt{3}}{4} \; , \tag{3.9-8}$$

$$\varepsilon^{(3)} = \frac{3}{4}\varepsilon_{11} + \frac{1}{4}\varepsilon^{(2)} - 2\varepsilon_{12}\frac{\sqrt{3}}{4} \; . \tag{3.9-9}$$

Addiert man beide Gleichungen (3.9-8) und (3.9-9), so ergibt sich ε_{11} unter Verwendung von (3.9-1) zu

$$\varepsilon_{11} = \frac{2}{3}\left(\varepsilon^{(1)} + \varepsilon^{(3)} - \frac{1}{2}\varepsilon^{(2)}\right) = \frac{2}{3}\left(12 - 2 - \frac{1}{2}\cdot 2\right)\cdot 10^{-4}$$

$$\varepsilon_{11} = 6.000 \cdot 10^{-4} \; , \tag{3.9-10}$$

Subtrahiert man (3.9-9) von (3.9-8), so erhält man ε_{12} unter Berücksichtigung von (3.9-1) zu

$$\varepsilon_{12} = \frac{1}{\sqrt{3}}\left(\varepsilon^{(1)} - \varepsilon^{(3)}\right) = \frac{1}{\sqrt{3}}\,(12 + 2)\cdot 10^{-4}$$

$$\varepsilon_{12} = 8.083 \cdot 10^{-4} \; . \tag{3.9-11}$$

Der im Messpunkt (Ort, wo die DMS-Rosette angebracht wird) herrschende EVZ folgt somit zu

$$\varepsilon_{ij} = \begin{bmatrix} 6.000 & 8.083 \\ 8.083 & 2.000 \end{bmatrix} \cdot 10^{-4} \; . \tag{3.9-12}$$

- ***Variante 2***

Nimmt man an, dass die Messwerte $\varepsilon^{(i)}$ jeweils die Normalverzerrungen ε'_{22} darstellen, dann hat man die zweite Gleichung von (3.9-3) zu verwenden, d.h.

$$\varepsilon'_{22} = \varepsilon^{(i)} = \varepsilon_{11}\sin^2\bar{\alpha}^{(i)} + \varepsilon_{22}\cos^2\bar{\alpha}^{(i)} - 2\varepsilon_{12}\sin\bar{\alpha}^{(i)}\cos\bar{\alpha}^{(i)} \quad \text{für } i = 1,2,3\,. \tag{3.9-13}$$

Das Koordinatensystem x'_1, x'_2 ist dann so orientiert, dass jetzt die x'_2-Achse mit der Richtung des betreffenden Dehnmessstreifens übereinstimmt. Der Winkel $\bar{\alpha}$ kann dann entweder zwischen der x_1- und x'_1-Achse oder zwischen der x_2- und x'_2-Achse gemessen werden. Aus Abb. 3.9-1 und (3.9-1) folgen die Winkel $\bar{\alpha}^{(i)}$ zu

$$\begin{aligned} \bar{\alpha}^{(1)} &= 270^\circ + \alpha^{(1)} = 300^\circ \equiv -60^\circ \; , \\ \bar{\alpha}^{(2)} &= 270^\circ + \alpha^{(2)} = 360^\circ \equiv \quad 0^\circ \; , \\ \bar{\alpha}^{(3)} &= 270^\circ + \alpha^{(3)} = 420^\circ \equiv \quad 60^\circ \end{aligned} \tag{3.9-14}$$

und die trigonometrischen Identitäten zu

$$\begin{aligned} \cos^2 300^\circ &= \cos^2 60^\circ = 1/4 \; , \\ \sin^2 300^\circ &= \sin^2 60^\circ = 3/4 \; , \\ \sin 300^\circ \cos 300^\circ &= -\sin 60^\circ \cos 60^\circ = -\sqrt{3}/4 \; . \end{aligned} \tag{3.9-15}$$

Wie man leicht nachprüfen kann, ergeben sich damit wiederum die Beziehungen (3.9-6), (3.9-8) und (3.9-9) und somit der Verzerrungstensor gemäß (3.9-12).

(b) Ermittlung der Hauptverzerrungen

Unter Verwendung der Gleichung (3.90) folgen aus (3.9-12) die Hauptnormalverzerrungen zu

$$
\begin{aligned}
\varepsilon_{1(2)} &= \frac{\varepsilon_{11}+\varepsilon_{22}}{2} \,{}_{(}\pm_{)} \sqrt{\left(\frac{\varepsilon_{11}-\varepsilon_{22}}{2}\right)^2 + \varepsilon_{12}^2} \\
&= \left[\frac{6+2}{2} \,{}_{(}\pm_{)} \sqrt{\left(\frac{6-2}{2}\right)^2 + 8.083^2}\,\right] \cdot 10^{-4} = (4 \,{}_{(}\pm_{)}\, 8.327) \cdot 10^{-4} \\
\varepsilon_1 &= 12.327 \cdot 10^{-4} \;, \qquad \varepsilon_2 = -4.327 \cdot 10^{-4} \;.
\end{aligned}
\tag{3.9-16}
$$

(c) Ermittlung der Verzerrungshauptrichtungen

Gemäß Gleichung (3.87) ergibt sich der Winkel α_1, der die Verzerrungshauptrichtungen festlegt, zu

$$
\begin{aligned}
\tan 2\alpha_1 &= \frac{2\varepsilon_{12}}{\varepsilon_{11}-\varepsilon_{22}} = \frac{2 \cdot 8.083 \cdot 10^{-4}}{(6-2) \cdot 10^{-4}} = 4.041 \\
2\alpha_1 &= \arctan 4.041 \quad \rightarrow \quad 2\alpha_1^{(1)} = 76.101^\circ, \quad 2\alpha_1^{(2)} = 256.101^\circ \\
\alpha_1^{(1)} &= 38.05^\circ, \quad \alpha_1^{(2)} = 128.05^\circ \;.
\end{aligned}
\tag{3.9-17}
$$

Zur Klärung der Frage, welcher der beiden Winkel $\alpha_1^{(1)}$ oder $\alpha_1^{(2)}$ die Normalenrichtung jener Ebene festlegt, in der die größere der beiden Hauptnormalverzerrungen wirkt, ist zumindest eine der beiden Lösungen von (3.9-17) in die erste der drei Gleichungen von (3.9-3) bzw. (3.9-19) einzusetzen. Wertet man die Transformationsbeziehung $(3.9\text{-}19)_1$ mit $(3.9\text{-}17)_1$ und (3.9-12) aus, so erhält man die in der betreffenden Ebene wirkende Normalverzerrung zu

$$
\begin{aligned}
\varepsilon'_{11} &= \frac{\varepsilon_{11}+\varepsilon_{22}}{2} + \frac{\varepsilon_{11}-\varepsilon_{22}}{2}\cos 2\alpha + \varepsilon_{12}\sin 2\alpha \\
\varepsilon'_{11} &= \left(\frac{8.0}{2} + \frac{4.0}{2}\cos 76.10^\circ + 8.083 \sin 76.10^\circ\right) \cdot 10^{-4} = 12.327 \cdot 10^{-4} \;.
\end{aligned}
\tag{3.9-18}
$$

Somit entspricht $(3.9\text{-}17)_1$ der Richtung der größten Hauptnormalverzerrung ε_1.

Kontrolle

Als Kontrolle kann man mit den Ergebnissen (3.9-12) und (3.9-17) die Hauptverzerrungen unter Verwendung der Transformationsbeziehungen erneut berechnen. Verwendet man dazu etwa die alternative Formulierung der Transformationsbeziehungen für den EVZ (3.84), d.h.

$$
\begin{aligned}
\varepsilon'_{11} &= \frac{\varepsilon_{11}+\varepsilon_{22}}{2} + \frac{\varepsilon_{11}-\varepsilon_{22}}{2}\cos 2\alpha + \varepsilon_{12}\sin 2\alpha \;, \\
\varepsilon'_{22} &= \frac{\varepsilon_{11}+\varepsilon_{22}}{2} - \frac{\varepsilon_{11}-\varepsilon_{22}}{2}\cos 2\alpha - \varepsilon_{12}\sin 2\alpha \;, \\
\varepsilon'_{12} &= -\frac{\varepsilon_{11}-\varepsilon_{22}}{2}\sin 2\alpha + \varepsilon_{12}\cos 2\alpha \;,
\end{aligned}
\tag{3.9-19}
$$

so erhält man

$$
\begin{aligned}
\varepsilon'_{11} &= \left[\frac{6+2}{2} + \frac{6-2}{2}\cos(2\cdot 38.05^\circ) + 8.083\cdot\sin(2\cdot 38.05^\circ)\right]\cdot 10^{-4} \\
\varepsilon'_{11} &= 12.327\cdot 10^{-4} = \varepsilon_1\ , && (3.9\text{-}20) \\
\varepsilon'_{22} &= \left[\frac{6+2}{2} - \frac{6-2}{2}\cos 76.10^\circ - 8.083\cdot\sin 76.10^\circ\right]\cdot 10^{-4} \\
\varepsilon'_{22} &= -4.327\cdot 10^{-4} = \varepsilon_2\ , && (3.9\text{-}21) \\
\varepsilon'_{12} &= \left[-\frac{6-2}{2}\sin 76.10^\circ + 8.083\cdot\cos 76.10^\circ\right]\cdot 10^{-4} \\
\varepsilon'_{12} &= 0\ . && (3.9\text{-}22)
\end{aligned}
$$

Würde man für die Kontrolle die zweite Lösung von (3.9-17) verwenden, so würde sich bei jedem Term, der mit Sinus oder Kosinus multipliziert ist, das Vorzeichen ändern. ε'_{11} würde dann der kleinsten und ε'_{22} der größten Normalverzerrung entsprechen.

3.2 Kinetische Beziehungen

Beispiel 3.10: Räumlicher Spannungszustand – CAUCHY'sche Formeln

Der räumliche Spannungszustand in einem Punkt eines Körpers sei durch den Spannungstensor σ_{ij} (Tensor 2. Stufe) zu

$$
\sigma_{ij} = \begin{bmatrix} 200 & 50 & 150 \\ 50 & 75 & 75 \\ 150 & 75 & 150 \end{bmatrix} \ \mathrm{N/mm^2} \qquad (3.10\text{-}1)
$$

gegeben. Mittels der CAUCHY'schen Formeln soll der resultierende Spannungsvektor $\mathbf{t}^{(n)}$ in diesem Punkt bezogen auf die durch den Normalenvektor $\mathbf{n}$ festgelegte Ebene (dunkelgraue Fläche der Abb. 3.10-1) ermittelt werden. Weiters sind die in dieser Ebene wirkende Normalspannung σ_{nn} und Schubspannung σ_{nt} zu berechnen. Die Orientierung des Flächenelements ist Abb. 3.10-1 zu entnehmen.

Gemäß (3.119) sind die CAUCHY'schen Bewegungsgleichungen in Indexnotation zu

$$
\sigma_{ji,j} + f_i = \rho\, b_i\ , \qquad i,j = 1,2,3 \qquad (3.10\text{-}2)
$$

gegeben, wobei f_i den Volumenkraftvektor, ρ die Dichte und b_i den Beschleunigungsvektor darstellt. Bei statischer Beanspruchung ist die rechte Seite von (3.10-2) null und die entsprechenden Beziehungen werden Gleichgewichtsbedingungen genannt.

(a) Resultierender Spannungsvektor mittels der CAUCHY'schen Formeln

Mit Hilfe der CAUCHY'schen Formeln kann bei bekanntem Spannungstensor σ_{ij} der resultierende Spannungsvektor $\mathbf{t}^{(n)}$ für ein beliebig orientiertes infinitesimales Flächenelement im betreffenden Punkt ermittelt werden. Der resultierende Spannungsvektor selbst kann dann in eine normal zur Ebene wirkende Normalspannungskomponente σ_{nn} und eine in der Ebene wirkende Schubspannungskomponente σ_{nt} zerlegt werden.

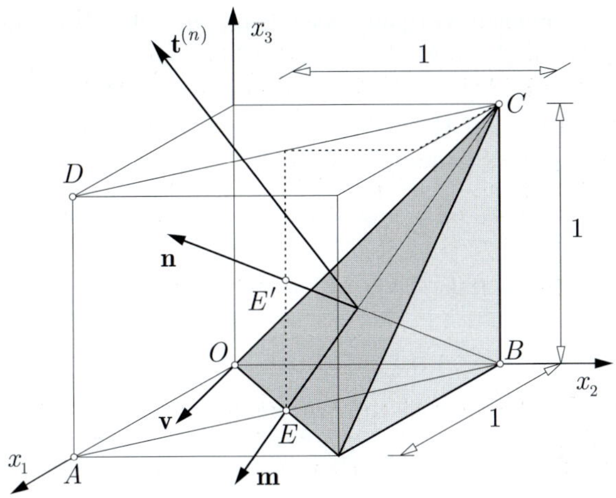

Abb. 3.10-1: Resultierender Spannungsvektor $\mathbf{t}^{(n)}$ in der durch den Normalenvektor **n** definierten Ebene

In Indexschreibweise sind die CAUCHY'schen Formeln gemäß (3.129) zu

$$t_i^{(n)} = \sigma_{ji}\, n_j \quad \text{bzw.} \quad t_i^{(n)} = \sigma_{ij}\, n_j \tag{3.10-3}$$

gegeben. Zur Ermittlung der Richtungskosinus n_j ist zuerst der Normalenvektor **n** der dunkelgrauen Fläche zu berechnen. Wie aus Abb. 3.10-1 zu erkennen, ist die Ebene $(ABCD)$ Symmetrieebene der dunkelgrauen Fläche und steht somit normal auf diese. **n** muss deshalb in der Ebene $(ABCD)$ liegen und außerdem muss das Skalarprodukt aus **n** und einem in der Schnittlinie von Symmetrieebene und dunkelgrauer Fläche liegenden Vektor **m** verschwinden. Der Richtungsvektor **m** kann, wie im Beispiel 2.2 beschrieben, unmittelbar aus der Abb. 3.10-1 (siehe punktierte Linien) zu

$$\mathbf{m} = \begin{bmatrix} 1/2 & 1/2 & 1 \end{bmatrix}^T \tag{3.10-4}$$

abgelesen werden. Wählt man zur Festlegung des Vektors **n** den Punkt B und den auf dem Normalenvektor im noch unbekannten Abstand x_3 über E liegenden Punkt E' (beide Punkte liegen in der Ebene $(ABCD)$), so folgt x_3 wegen der Orthogonalität zwischen **m** und **n** zu

$$\begin{aligned} &\mathbf{m} \cdot \mathbf{n} = 0 \\ &\begin{bmatrix} 1/2 & -1/2 & -1 \end{bmatrix}^T \cdot \begin{bmatrix} 1/2 & -1/2 & x_3 \end{bmatrix}^T = 0 \quad \rightarrow \quad x_3 = 1/2\,. \end{aligned} \tag{3.10-5}$$

Damit kann der Normalenvektor **n** zu

$$\mathbf{n} = \frac{1}{\sqrt{3}} \begin{bmatrix} 1 & -1 & 1 \end{bmatrix}^T \tag{3.10-6}$$

geschrieben werden und es folgen die Richtungskosinus n_j zu

$$n_1 = \frac{1}{\sqrt{3}}\,, \quad n_2 = \frac{-1}{\sqrt{3}}\,, \quad n_3 = \frac{1}{\sqrt{3}}\,. \tag{3.10-7}$$

Alternativ zur beschriebenen Vorgangsweise kann man den Normalenvektor $\mathbf{n}$ durch Berechnung des äußeren Produkts zweier die Ebene aufspannenden Vektoren – z.B. $\mathbf{v} = \lfloor 0 \; -1 \; -1 \rfloor^T$ und $\mathbf{m}$ (vgl. Abb. 3.10-1) – ermitteln. Dabei ist zu beachten, dass die drei Vektoren $\mathbf{v}, \mathbf{m}, \mathbf{n}$ ein Rechtssystem bilden. Mit (3.10-1) und (3.10-6) erhält man die Komponenten des Spannungsvektors $\mathbf{t}^{(n)}$ zu

$$\begin{aligned} t_1^{(n)} &= \sigma_{11}\, n_1 + \sigma_{21}\, n_2 + \sigma_{31}\, n_3 = \frac{1}{\sqrt{3}}\,[\,200 \cdot 1 + 50 \cdot (-1) + 150 \cdot 1\,] = \frac{300}{\sqrt{3}}\,, \\ t_2^{(n)} &= \sigma_{12}\, n_1 + \sigma_{22}\, n_2 + \sigma_{32}\, n_3 = \frac{1}{\sqrt{3}}\,[\,50 \cdot 1 + 75 \cdot (-1) + 75 \cdot 1\,] = \frac{50}{\sqrt{3}}\,, \\ t_3^{(n)} &= \sigma_{13}\, n_1 + \sigma_{23}\, n_2 + \sigma_{33}\, n_3 = \frac{1}{\sqrt{3}}\,[\,150 \cdot 1 + 75 \cdot (-1) + 150 \cdot 1\,] = \frac{225}{\sqrt{3}} \end{aligned} \tag{3.10-8}$$

und der resultierende Spannungsvektor folgt somit zu

$$\mathbf{t}^{(n)} = \frac{1}{\sqrt{3}} \begin{Bmatrix} 300 \\ 50 \\ 225 \end{Bmatrix} \text{N/mm}^2 \,. \tag{3.10-9}$$

Alternativ zu der in (3.10-8) verwendeten Indexschreibweise kann der resultierende Spannungsvektor auch unter Verwendung der Matrizenschreibweise der CAUCHY'schen Formeln erhalten werden, d.h.

$$\begin{aligned} \mathbf{t}^{(n)} &= \boldsymbol{\sigma} \cdot \mathbf{n} \\ \mathbf{t}^{(n)} &= \begin{bmatrix} 200.0 & 50.0 & 150.0 \\ 50.0 & 75.0 & 75.0 \\ 150.0 & 75.0 & 150.0 \end{bmatrix} \cdot \begin{Bmatrix} 1 \\ -1 \\ 1 \end{Bmatrix} \frac{1}{\sqrt{3}} = \frac{1}{\sqrt{3}} \begin{Bmatrix} 300 \\ 50 \\ 225 \end{Bmatrix} \text{N/mm}^2 \,. \end{aligned} \tag{3.10-10}$$

(b) Ermittlung der Normalspannung und Schubspannung

Die in der durch $\mathbf{n}$ definierten Ebene wirkende Normalspannung entspricht der Projektion des Vektors $t_i^{(n)}$ auf die Normale n_i und ist gemäß (3.131) durch das Skalarprodukt der beiden Vektoren zu

$$\begin{aligned} \sigma_{nn} &= t_i^{(n)}\, n_i = t_1^{(n)}\, n_1 + t_2^{(n)}\, n_2 + t_3^{(n)}\, n_3 \\ &= \frac{1}{3}\,[\,300 \cdot 1 + 50 \cdot (-1) + 225 \cdot 1\,] \\ \sigma_{nn} &= 158.3\dot{3}\ \text{N/mm}^2 \end{aligned} \tag{3.10-11}$$

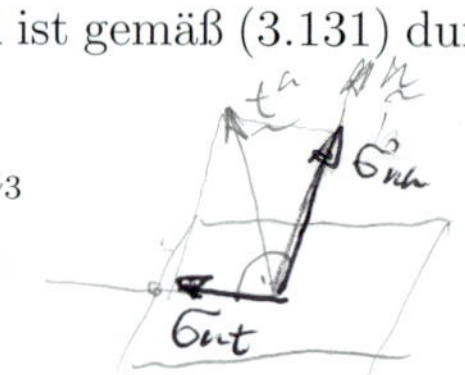

gegeben. Alternativ zur Indexschreibweise in (3.10-11) kann die Normalspannungskomponente durch Vektormultiplikation von $\mathbf{t}^{(n)}$ und $\mathbf{n}$ zu

$$\begin{aligned} \sigma_{nn} &= \mathbf{t}^{(n)} \cdot \mathbf{n} \\ \sigma_{nn} &= \frac{1}{\sqrt{3}} \lfloor\, 300 \quad 50 \quad 225 \,\rfloor^T \cdot \frac{1}{\sqrt{3}} \begin{Bmatrix} 1 \\ -1 \\ 1 \end{Bmatrix} = 158.3\dot{3}\ \text{N/mm}^2 \end{aligned} \tag{3.10-12}$$

erhalten werden. Die in der Ebene wirkende Schubspannung σ_{nt} folgt aus (3.132) zu

$$\begin{aligned} \sigma_{nt} &= (\pm)\sqrt{\mathbf{t}^{(n)} \cdot \mathbf{t}^{(n)} - \sigma_{nn}^2} \\ &= (\pm)\sqrt{\frac{1}{3}\,(300^2 + 50^2 + 225^2) - 158.3\dot{3}^2} \\ \sigma_{nt} &= (\pm)\, 150.46\ \text{N/mm}^2 \,. \end{aligned} \tag{3.10-13}$$

Das Symbol ($\pm$) bringt zum Ausdruck, dass σ_{nt} je nach Zweckmäßigkeit als Betrag oder vorzeichenbehaftete Größe definiert wird, wobei im letzteren Fall eine Vorzeichenkonvention erforderlich ist.

Beispiel 3.11: Räumlicher Spannungszustand – Hauptnormalspannungen, Hauptschubspannungen und Spannungshauptrichtungen

In einem Punkt eines Körpers ist der Spannungszustand bekannt und durch den Spannungstensor gemäß Beispiel 3.10 zu

$$\sigma_{ij} = \begin{bmatrix} 200 & 50 & 150 \\ 50 & 75 & 75 \\ 150 & 75 & 150 \end{bmatrix} \ \mathrm{N/mm^2} \tag{3.11-1}$$

gegeben. Gesucht sind:

(a) Haupt(normal)spannungen
(b) Spannungshauptrichtungen
(c) Hauptschubspannungen

(a) Hauptspannungen

Die Ermittlung der Haupt(normal)spannungen kann – formal völlig gleich wie die Ermittlung der Hauptverzerrungen in Beispiel 3.7 – als Lösung einer Extremwertaufgabe mit Nebenbedingungen erfolgen. Es lässt sich zeigen, dass die Ebenen, in denen die Hauptspannungen auftreten, schubspannungsfrei sind. Unter Berücksichtigung der Tatsache, dass für solche Ebenen die Richtung des resultierenden Spannungsvektors mit jener des Normalenvektors dieser Ebene zusammenfällt, folgt

$$\mathbf{t}^{(n)} = \sigma\, \mathbf{n} \quad \text{bzw.} \quad t_i^{(n)} = \sigma\, n_i \ . \tag{3.11-2}$$

In (3.11-2) stellt σ somit eine skalare Größe dar. Unter Verwendung der CAUCHY'schen Formeln (3.10-3) und nach Ausdrücken von n_i durch n_j entsprechend

$$\begin{aligned} t_i^{(n)} &= \sigma_{ij}\, n_j \\ n_i &= \delta_{ij}\, n_j \end{aligned} \tag{3.11-3}$$

erhält man durch Einsetzen von (3.11-3) in (3.11-2) die Bestimmungsgleichung für die Ermittlung des multiplikativen Faktors σ zu

$$(\sigma_{ij} - \sigma\, \delta_{ij})\, n_j = 0 \ . \tag{3.11-4}$$

Außerdem ist die Bedingung, dass die Summe der Quadrate der Richtungskosinus sich zu eins ergeben muss, d.h.

$$n_k\, n_k = 1 \ , \tag{3.11-5}$$

einzuhalten. Aufgrund der Symmetrie von σ_{ij} und δ_{ij} entspricht (3.11-4) der Beziehung (3.139). Für die nichttriviale Lösung des homogenen linearen Gleichungssystems (3.11-4) muss die Koeffizientendeterminante verschwinden, d.h.

$$|\sigma_{ij} - \sigma\, \delta_{ij}| = 0 \ , \tag{3.11-6}$$

woraus für die Bestimmung von σ die kubische Gleichung gemäß (3.142) zu

$$-\sigma^3 + I_1^\sigma \sigma^2 - I_2^\sigma \sigma + I_3^\sigma = 0 \tag{3.11-7}$$

folgt. (3.11-7) stellt die charakteristische Gleichung des vorliegenden Eigenwertproblems dar. Mit den Spannungen gemäß (3.11-1) ergeben sich die Invarianten des Spannungstensors zu

$$I_1^\sigma = \sigma_{11} + \sigma_{22} + \sigma_{33} = 425.0\ \mathrm{N/mm^2}\ , \tag{3.11-8}$$

$$I_2^\sigma = \sigma_{22}\,\sigma_{33} - \sigma_{23}^2 + \sigma_{33}\,\sigma_{11} - \sigma_{31}^2 + \sigma_{11}\,\sigma_{22} - \sigma_{12}^2 = 25\,625.0\ \mathrm{N^2/mm^4}\ , \tag{3.11-9}$$

$$\begin{aligned} I_3^\sigma = {} & \sigma_{11}\,\sigma_{22}\,\sigma_{33} + \sigma_{12}\,\sigma_{23}\,\sigma_{31} + \sigma_{23}\,\sigma_{31}\,\sigma_{12} - \\ & -\sigma_{13}^2\,\sigma_{22} - \sigma_{21}^2\,\sigma_{33} - \sigma_{32}^2\,\sigma_{11} = 187\,500.0\ \mathrm{N^3/mm^6}\ . \end{aligned} \tag{3.11-10}$$

Die drei Lösungen der kubischen Gleichung

$$-\sigma^3 + 425\,\sigma^2 - 25\,625\,\sigma + 187\,500 = 0 \tag{3.11-11}$$

sind die gesuchten Hauptspannungen, die der Größe nach geordnet ($\sigma_1 \geq \sigma_2 \geq \sigma_3$) zu

$$\begin{aligned} \sigma_1 &= 354.136\ \mathrm{N/mm^2}\,, \\ \sigma_2 &= \ \ 62.376\ \mathrm{N/mm^2}\,, \\ \sigma_3 &= \ \ \ 8.488\ \mathrm{N/mm^2} \end{aligned} \tag{3.11-12}$$

folgen. Zur Berechnung dieser Lösungen stehen mehrere Möglichkeiten zur Verfügung (vgl. [BS75]). Ein Lösungsweg für eine in Normalform gegebene kubische Gleichung $f(x)$ entsprechend

$$f(x) = ax^3 + bx^2 + cx + d = 0 \tag{3.11-13}$$

besteht im Zerlegen in Faktoren, d.h.

$$ax^3 + bx^2 + cx + d = a(x - \alpha)(x - \beta)(x - \gamma)\ , \tag{3.11-14}$$

wobei $x_1 = \alpha$, $x_2 = \beta$ und $x_3 = \gamma$ die Nullstellen der Gleichung (3.11-13) darstellen. Falls dies nicht gelingt, aber eine Lösung bekannt ist, kann mittels Polynomdivision der Grad der Gleichung um eins reduziert werden und man erhält dann eine quadratische Gleichung.

Für das Auffinden einer Nullstelle bietet sich das NEWTON-Verfahren an. Die grundlegende Idee dieses Verfahrens besteht darin, die Funktion, deren Nullstellen gesucht sind, an einer geschätzten Nullstelle x_0 zu linearisieren, d.h. im Falle einer Gleichung mit einer Variablen, die Tangente in x_0 zu bestimmen und die Nullstelle dieser Tangente als verbesserter Näherung der gesuchten Nullstelle der Funktion zu verwenden (Tangentennäherungsverfahren). Das Verfahren eignet sich zur Lösung von nichtlinearen Gleichungen und Gleichungssystemen. Im allgemeinen Fall besteht die Schwierigkeit in der Wahl eines geeigneten Startwerts x_0. Der Vorteil des Verfahrens liegt in dessen Konvergenzrate (bei geeignetem Startwert) und der erzielbaren Genauigkeit der Lösung. Im Falle eines Polynoms 3. Grades konvergiert das Verfahren unabhängig vom Startwert zu einer der drei Lösungen. Mit dem Startwert x_0 erhält man mittels

$$x_1 = x_0 - \frac{f(x_0)}{f'(x_0)} \tag{3.11-15}$$

einen Näherungswert der Nullstelle α, der als Eingangsparameter für einen noch besseren Näherungswert verwendet werden kann. Durch wiederholtes Anwenden von (3.11-15) lässt sich α mit beliebiger Genauigkeit bestimmen.

Im gegenständlichen Fall sind die Funktion $f(\sigma)$ und deren erste Ableitung nach σ zu

$$\begin{aligned} f(\sigma) &= \sigma^3 - I_1^\sigma \sigma^2 + I_2^\sigma \sigma - I_3^\sigma = \sigma^3 - 425\,\sigma^2 + 25\,625\,\sigma - 187\,500\;, \\ f'(\sigma) &= 3\,\sigma^2 - 2I_1^\sigma \sigma + I_2^\sigma \qquad\quad = 3\,\sigma^2 - 850\,\sigma + 25\,625 \end{aligned} \tag{3.11-16}$$

gegeben. Mit dem Startwert $\sigma_0 = 0$ erhält man die erste Näherungslösung entsprechend

$$\sigma_1 = \sigma_0 - \frac{-I_3^\sigma}{I_2^\sigma} = \frac{187\,500}{25\,625} = 7.317\ \mathrm{N/mm^2} \tag{3.11-17}$$

und daraus eine verbesserte Näherungslösung zu

$$\sigma_2 = \sigma_1 - \frac{f(\sigma_1)}{f'(\sigma_1)} = 7.317 - \frac{-22\,362.560}{19\,566.107} = 8.460\ \mathrm{N/mm^2}\;. \tag{3.11-18}$$

Mit dem Ergebnis (3.11-18) kann wiederum eine verbesserte Lösung entsprechend

$$\sigma_3 = \sigma_2 - \frac{f(\sigma_2)}{f'(\sigma_2)} = 8.460 - \frac{-524.999}{18\,648.718} = 8.488\ \mathrm{N/mm^2} \tag{3.11-19}$$

gefunden werden. Wie weitere Iterationen zeigen, ändert sich die dritte Nachkommastelle nicht mehr.

Mit der nun bekannten ersten Nullstelle können die restlichen Lösungen von (3.11-11) nach Polynomdivision und anschließendem Lösen der sich ergebenden quadratischen Gleichung gefunden werden. Die Polynomdivision von (3.11-11) durch die bekannte Nullstelle (3.11-19) liefert:

$$\begin{array}{l} (\ \ \sigma^3 - 425.000\,\sigma^2 + 25\,625\,\sigma - 187\,500) : (\sigma - 8.488) = (\sigma^2 - 416.512\,\sigma + 22\,090) \\ \ \pm\sigma^3 \mp\ \ 8.488\,\sigma^2 \\ \qquad\quad - 416.512\,\sigma^2 + 25\,625\,\sigma \\ \qquad\quad \underline{\mp 416.512\,\sigma^2 \pm\ \ 3\,535\,\sigma} \\ \qquad\qquad\qquad\qquad + 22\,090\,\sigma - 187\,500 \\ \qquad\qquad\qquad\qquad \underline{\pm 22\,090\,\sigma \mp 187\,500} \\ \qquad\qquad\qquad\qquad\qquad\qquad\quad 0\ \mathrm{Rest} \end{array} \tag{3.11-20}$$

Mit dem Ergebnis aus (3.11-20) erhält man die zwei fehlenden Hauptspannungen durch Lösen der quadratischen Gleichung

$$\sigma^2 - 416.512\,\sigma + 22\,089.646 = 0 \tag{3.11-21}$$

zu

$$\begin{aligned} &\sigma_{1(2)} = \frac{416.512}{2}\,{}_{(}\pm_{)}\sqrt{\left(\frac{416.512}{2}\right)^2 - 22\,089.646} = 208.256\,{}_{(}\pm_{)}\,145.880 \\ &\sigma_1 = 354.136\ \mathrm{N/mm^2}\;, \qquad \sigma_2 = 62.376\ \mathrm{N/mm^2}\;. \end{aligned} \tag{3.11-22}$$

(b) Spannungshauptrichtungen

Da die Lösung (3.11-12) die drei Eigenwerte des Eigenwertproblems darstellt, ist jedem dieser Eigenwerte ein Eigenvektor zugeordnet, welcher die Richtung der Ebene festlegt, in der die dem jeweiligen Eigenwert entsprechende Hauptnormalspannung wirkt.

- ***Erster Eigenvektor***

Setzt man den ersten Eigenwert $\sigma_1 = 354.136$ zusammen mit (3.11-1) in (3.11-4) ein, so lautet letztere:

$$\begin{bmatrix} -154.136 & 50.000 & 150.000 \\ 50.000 & -279.136 & 75.000 \\ 150.000 & 75.000 & -204.136 \end{bmatrix} \cdot \begin{Bmatrix} n_1^{(1)} \\ n_2^{(1)} \\ n_3^{(1)} \end{Bmatrix} = \begin{Bmatrix} 0 \\ 0 \\ 0 \end{Bmatrix} . \tag{3.11-23}$$

Unter Verwendung der zweiten und dritten Gleichung von (3.11-23) erhält man zwei voneinander unabhängige Gleichungen zu

$$\begin{aligned} 50.0\, n_1^{(1)} - 279.136\, n_2^{(1)} + 75.0\, n_3^{(1)} &= 0 , \\ 150.0\, n_1^{(1)} + 75.0\, n_2^{(1)} - 204.136\, n_3^{(1)} &= 0 . \end{aligned} \tag{3.11-24}$$

Aus diesen kann man den ersten Eigenvektor bis auf einen Parameter (Faktor) bestimmen, d.h. man erhält

$$\mathbf{n}^{(1)} = \lfloor\, n_1^{(1)} \quad 0.4178\, n_1^{(1)} \quad 0.8883\, n_1^{(1)} \,\rfloor^T . \tag{3.11-25}$$

Unter Verwendung der Nebenbedingung (3.11-5) ergibt sich dieser Faktor zu

$$\begin{aligned} \left(n_1^{(1)}\right)^2 \left[1^2 + 0.4178^2 + 0.8883^2\right] &= 1 \\ n_1^{(1)} = \pm \frac{1}{\sqrt{1.9636}} &= \pm 0.7136 . \end{aligned} \tag{3.11-26}$$

Somit lautet der zum ersten Eigenwert σ_1 gehörende Eigenvektor $\mathbf{n}^{(1)}$

$$\mathbf{n}^{(1)} = \pm \begin{Bmatrix} 0.7136 \\ 0.2982 \\ 0.6339 \end{Bmatrix} . \tag{3.11-27}$$

Als Kontrolle kann (3.11-27) in die noch nicht verwendete (erste) Gleichung von (3.11-24) eingesetzt werden. Diese sollte sich dann zu null ergeben.

- ***Zweiter Eigenvektor***

Setzt man den zweiten Eigenwert $\sigma_2 = 62.376$ zusammen mit (3.11-1) in (3.11-4) ein, so lautet letztere:

$$\begin{bmatrix} 137.624 & 50.000 & 150.000 \\ 50.000 & 12.624 & 75.000 \\ 150.000 & 75.000 & 87.624 \end{bmatrix} \cdot \begin{Bmatrix} n_1^{(2)} \\ n_2^{(2)} \\ n_3^{(2)} \end{Bmatrix} = \begin{Bmatrix} 0 \\ 0 \\ 0 \end{Bmatrix} . \tag{3.11-28}$$

Unter Verwendung der ersten und zweiten Gleichung von (3.11-28) erhält man zwei voneinander unabhängige Gleichungen zu

$$\begin{aligned} 137.624\, n_1^{(2)} &+ 50.0\, n_2^{(2)} + 150.0\, n_3^{(2)} = 0\ , \\ 50.0\, n_1^{(2)} &+ 12.624\, n_2^{(2)} + 75.0\, n_3^{(2)} = 0\ . \end{aligned} \qquad (3.11\text{-}29)$$

Aus diesen kann man den zweiten Eigenvektor bis auf einen Faktor zu

$$\mathbf{n}^{(2)} = \lfloor\ -0.6579\, n_2^{(2)} \quad n_2^{(2)} \quad 0.2703\, n_2^{(2)}\ \rfloor^T \qquad (3.11\text{-}30)$$

bestimmen. Mittels der Nebenbedingung (3.11-5) ergibt sich dieser Faktor zu

$$\begin{aligned} &\left(n_2^{(2)}\right)^2 \left[(-0.6579)^2 + 1^2 + 0.2703^2\right] = 1 \\ &n_2^{(2)} = \pm\frac{1}{\sqrt{1.5058}} = \pm 0.8149\ . \end{aligned} \qquad (3.11\text{-}31)$$

Somit lautet der zum zweiten Eigenwert σ_2 gehörende Eigenvektor $\mathbf{n}^{(2)}$

$$\mathbf{n}^{(2)} = \pm \begin{Bmatrix} -0.5361 \\ 0.8149 \\ 0.2202 \end{Bmatrix}\ . \qquad (3.11\text{-}32)$$

- ***Dritter Eigenvektor***

Setzt man den dritten Eigenwert $\sigma_3 = 8.488$ zusammen mit (3.11-1) in (3.11-4) ein, so lautet letztere:

$$\begin{bmatrix} 191.512 & 50.000 & 150.000 \\ 50.000 & 66.512 & 75.000 \\ 150.000 & 75.000 & 141.512 \end{bmatrix} \cdot \begin{Bmatrix} n_1^{(3)} \\ n_2^{(3)} \\ n_3^{(3)} \end{Bmatrix} = \begin{Bmatrix} 0 \\ 0 \\ 0 \end{Bmatrix}\ . \qquad (3.11\text{-}33)$$

Unter Verwendung der ersten und dritten Gleichung von (3.11-33) erhält man zwei voneinander unabhängige Gleichungen zu

$$\begin{aligned} 191.512\, n_1^{(3)} &+ 50.0\, n_2^{(3)} + 150.0\, n_3^{(3)} = 0\ , \\ 150.0\, n_1^{(3)} &+ 75.0\, n_2^{(3)} + 141.512\, n_3^{(3)} = 0\ . \end{aligned} \qquad (3.11\text{-}34)$$

Aus diesen folgt der dritte Eigenvektor in Abhängigkeit eines noch zu bestimmenden Parameters zu

$$\mathbf{n}^{(3)} = \lfloor\ -0.6082\, n_3^{(3)} \quad -0.6704\, n_3^{(3)} \quad n_3^{(3)}\ \rfloor^T\ . \qquad (3.11\text{-}35)$$

Unter Verwendung der Nebenbedingung (3.11-5) ergibt sich dieser Parameter zu

$$\begin{aligned} &\left(n_3^{(3)}\right)^2 \left[(-0.6579)^2 + 1^2 + 0.2703^2\right] = 1 \\ &n_3^{(3)} = \pm\frac{1}{\sqrt{1.8194}} = \pm 0.7414\ . \end{aligned} \qquad (3.11\text{-}36)$$

Somit lautet der zum ~~zweiten~~ Eigenwert σ_3 gehörende Eigenvektor $\mathbf{n}^{(3)}$

$$\mathbf{n}^{(3)} = \pm \begin{Bmatrix} -0.4509 \\ -0.4970 \\ 0.7414 \end{Bmatrix}\ . \qquad (3.11\text{-}37)$$

(c) Kontrollen

• ***Orthogonalität der ermittelten Eigenvektoren***

Die Normalenvektoren der Spannungshauptebenen müssen zueinander senkrecht stehen. Dies folgt aus der Tatsache, dass die Matrix der Komponenten des Spannungstensors reell und symmetrisch ist. Es muss somit $\mathbf{n}^{(i)} \cdot \mathbf{n}^{(j)} = 0$ für $i \neq j$ gelten, d.h.

$$\begin{aligned}
\mathbf{n}^{(1)} \cdot \mathbf{n}^{(2)} &= \lfloor\, 0.7136 \quad 0.2982 \quad 0.6339 \,\rfloor^T \cdot \begin{Bmatrix} -0.5361 \\ 0.8149 \\ 0.2202 \end{Bmatrix} \\
&= 2.7 \cdot 10^{-5} \approx 0 \;, \\
\mathbf{n}^{(1)} \cdot \mathbf{n}^{(3)} &= \lfloor\, 0.7136 \quad 0.2982 \quad 0.6339 \,\rfloor^T \cdot \begin{Bmatrix} -0.4509 \\ -0.4970 \\ 0.7414 \end{Bmatrix} \\
&= 5.8 \cdot 10^{-6} \approx 0 \;, \\
\mathbf{n}^{(2)} \cdot \mathbf{n}^{(3)} &= \lfloor\, -0.5361 \quad 0.8149 \quad 0.2202 \,\rfloor^T \cdot \begin{Bmatrix} -0.4509 \\ -0.4970 \\ 0.7414 \end{Bmatrix} \\
&= -2.2 \cdot 10^{-5} \approx 0 \;.
\end{aligned} \tag{3.11-38}$$

• ***Überprüfen der Drehrichtung des Spannungshauptachsensystems***

Da sich für jeden Vektor $\mathbf{n}^{(1)}, \mathbf{n}^{(2)}, \mathbf{n}^{(3)}$ zwei Lösungen ergaben, ist zu überprüfen, welche der jeweiligen Lösungen für ein Rechtssystem zu verwenden sind. Dies geschieht am einfachsten etwa durch Berechnen eines Vektors aus den übrigen beiden unter Verwendung des Exprodukts. Zur Kontrolle wird etwa der Eigenvektor $\mathbf{n}^{(2)}$ bestimmt, d.h.

$$\begin{aligned}
\mathbf{n}^{(2)} &= \mathbf{n}^{(3)} \times \mathbf{n}^{(1)} \\
&= \begin{vmatrix} -0.4509 & -0.4970 & 0.7414 \\ 0.7136 & 0.2982 & 0.6339 \\ \mathbf{e}_1 & \mathbf{e}_2 & \mathbf{e}_3 \end{vmatrix} \\
&= \mathbf{e}_1 \left[(-0.4970) \cdot 0.6339 - 0.7414 \cdot 0.2982 \right] - \\
&\quad\; \mathbf{e}_2 \left[(-0.4509) \cdot 0.6339 - 0.7414 \cdot 0.7136 \right] + \\
&\quad\; \mathbf{e}_3 \left[(-0.4509) \cdot 0.2982 - (-0.4970) \cdot 0.7136 \right] \\
&= -0.5361\, \mathbf{e}_1 + 0.8149\, \mathbf{e}_2 + 0.2202\, \mathbf{e}_3 \;.
\end{aligned} \tag{3.11-39}$$

Bei obiger Berechnung ist darauf zu achten, dass die bekannten Vektoren (hier $\mathbf{n}^{(1)}$ und $\mathbf{n}^{(3)}$) in der Gleichung des Exprodukts und in weiterer Folge in der Determinante in zyklischer Reihenfolge hintereinander stehen. Da (3.11-39) identisch ist mit der positiven Lösung von (3.11-32), stellen die positiven Lösungen von (3.11-27), (3.11-32) und (3.11-37) bereits ein rechtsdrehendes System dar.

• ***Transformation von σ in das Spannungshauptachsensystem***

Abschließend wird der Spannungstensor (3.11-1) in das durch die Eigenvektoren $\mathbf{n}^{(1)}, \mathbf{n}^{(2)}, \mathbf{n}^{(3)}$ (Spannungshauptrichtungen) definierte Koordinatensystem x'_1, x'_2, x'_3

transformiert. Als Kontrolle muss sich dabei ein Spannungstensor σ'_{kl} mit verschwindenden Schubspannungen ergeben. Die Transformationsbeziehung lautet in Indexschreibweise

$$\sigma'_{kl} = \sigma_{ij}\, n_{ki}\, n_{lj} \ , \tag{3.11-40}$$

bzw. in Matrizenschreibweise

$$\boldsymbol{\sigma}' = \mathbf{Q} \cdot \boldsymbol{\sigma} \cdot \mathbf{Q}^T \ , \tag{3.11-41}$$

wobei $\boldsymbol{\sigma}$ durch (3.11-1) gegeben ist und die Transformationsmatrix $\mathbf{Q}$ aus (3.11-27), (3.11-32) und (3.11-37) zu

$$\mathbf{Q} = \begin{bmatrix} 0.7136 & 0.2982 & 0.6339 \\ -0.5361 & 0.8149 & 0.2202 \\ -0.4509 & -0.4970 & 0.7414 \end{bmatrix} \tag{3.11-42}$$

folgt. Die Transformationsmatrix enthält als Elemente die Richtungskosinus n_{ij} und ist im Allgemeinen nicht symmetrisch. In der ersten Zeile von $\mathbf{Q}$ stehen somit die Kosinus der zwischen dem Normalenvektor $\mathbf{n}^{(1)}$ und den Einheitsvektoren $\mathbf{e}_j$ des Koordinatensystems x_1, x_2, x_3 eingeschlossenen Winkel. Somit ergibt sich der transformierte Spannungstensor zu

$$\boldsymbol{\sigma}' = \begin{bmatrix} 354.1278 & -0.0045 & 0.0107 \\ -0.0045 & 62.3731 & 0.0004 \\ 0.0107 & 0.0004 & 8.4881 \end{bmatrix} . \tag{3.11-43}$$

Wie man aus (3.11-43) sieht, sind in den Spannungshauptebenen die numerischen Werte der Schubspannungen tatsächlich verschwindend klein, was die Richtigkeit der Berechnung beweist.

(d) Hauptschubspannungen

Neben den Hauptnormalspannungen ist oft auch die Kenntnis der Hauptschubspannungen (Extremwerte der Schubspannungen) und die Lage der Ebenen, in denen diese wirken, von Interesse. Die Hauptschubspannungen, die die resultierenden Schubspannungen in ihren Wirkungsebenen darstellen, folgen gemäß (3.152) zu

$$\begin{aligned} \tau_1 &= \left|\frac{\sigma_2 - \sigma_3}{2}\right| = \left|\frac{62.376 - 8.488}{2}\right| = 26.944\ \mathrm{N/mm^2}\ , \\ \tau_2 &= \left|\frac{\sigma_3 - \sigma_1}{2}\right| = \left|\frac{8.488 - 354.136}{2}\right| = 172.824\ \mathrm{N/mm^2}\ , \\ \tau_3 &= \left|\frac{\sigma_1 - \sigma_2}{2}\right| = \left|\frac{354.136 - 62.376}{2}\right| = 145.880\ \mathrm{N/mm^2}\ . \end{aligned} \tag{3.11-44}$$

Entsprechend (3.151) treten diese Hauptschubspannungen in Ebenen auf, deren Normalenvektoren jeweils mit zwei Normalspannungshauptrichtungen einen Winkel von 45° bzw. 135° und mit der dritten Normalspannungshauptrichtung einen Winkel von 90° einschließen. Sie sind somit zueinander nicht orthogonal. Diese Ebenen werden als

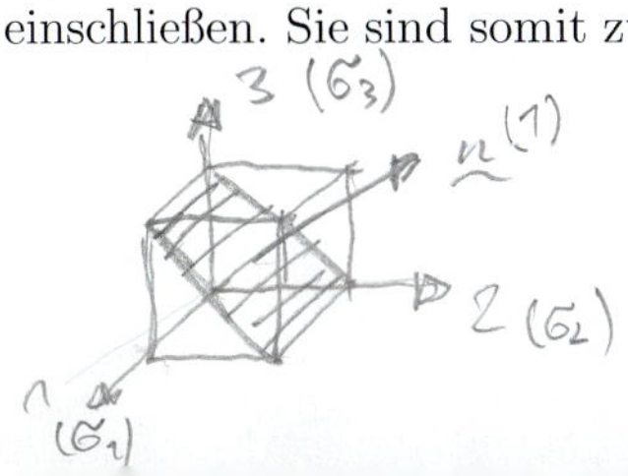

$\underset{\sim}{n}^{(1)} = \pm\frac{1}{\sqrt{2}}\begin{pmatrix}0\\1\\1\end{pmatrix}$ … 1. Eigenvektor zu $\lambda^{(1)}$

(3.151)

Hauptschubspannungsebenen bezeichnet und sind im Allgemeinen nicht normalspannungsfrei. Im vorliegenden Fall sind die in diesen Ebenen auftretenden Normalspannungen gemäß (3.154) zu

$$\begin{aligned}
\sigma_{nn}^{(1)} &= \frac{\sigma_2+\sigma_3}{2} = \frac{62.376+8.488}{2} = 35.432\ \mathrm{N/mm^2}\ , \\
\sigma_{nn}^{(2)} &= \frac{\sigma_1+\sigma_3}{2} = \frac{354.136+8.488}{2} = 181.312\ \mathrm{N/mm^2}\ , \\
\sigma_{nn}^{(3)} &= \frac{\sigma_1+\sigma_2}{2} = \frac{354.136+62.376}{2} = 208.256\ \mathrm{N/mm^2}
\end{aligned} \qquad (3.11\text{-}45)$$

gegeben.

6.UE

Beispiel 3.12: Ebener Spannungszustand – Scheibe mit Leimfuge

Abb. 3.12-1 zeigt ein Holzpaneel mit einer Leimfuge (LF). Das Holzpaneel ist aus einer Spanplatte gefertigt, die näherungsweise als homogen und isotrop angesehen werden kann. Aus mechanischer Sicht kann das Paneel als Scheibe behandelt werden und aufgrund der Art der Belastung sei der in dieser Scheibe herrschende ebene Spannungszustand konstant, wie in Abb. 3.12-1 dargestellt. Da Paneele nicht in beliebiger Größe gefertigt werden können, müssen fallweise Leimfugen angeordnet werden, wobei die zulässige Schubspannung in einer solchen Leimfuge zu

$$\sigma_{12}^{(LF)} = \pm 5.5\mathrm{N/mm^2} \qquad (3.12\text{-}1)$$

gegeben ist. Der Spannungszustand in der Scheibe beträgt

$$\begin{aligned}
\sigma_{11} &= 6.0\ \mathrm{N/mm^2}\ , \\
\sigma_{22} &= -4.0\ \mathrm{N/mm^2}\ , \\
\sigma_{12} &= 4.0\ \mathrm{N/mm^2}\ .
\end{aligned} \qquad (3.12\text{-}2)$$

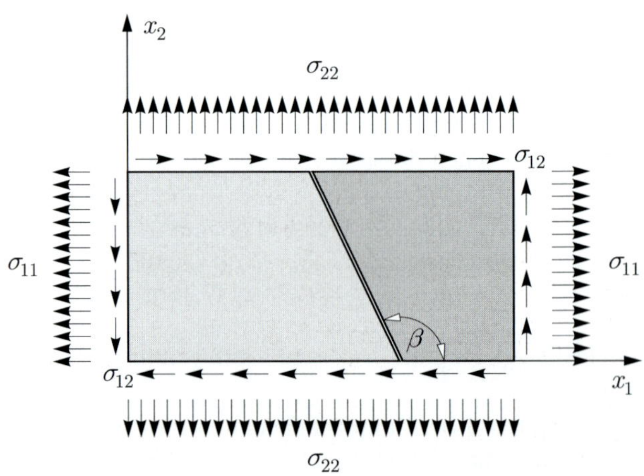

Abb. 3.12-1: Isotropes Holzpaneel mit Leimfuge

Die nachfolgenden Aufgaben sind analytisch zu lösen und graphisch unter Verwendung des MOHR'schen Kreises zu kontrollieren:

(a) Hauptnormalspannungen und Spannungshauptrichtungen, Hauptschubspannungen und Hauptschubspannungsebenen

(b) Transformation der Komponenten des ebenen Spannungszustandes für $\alpha = 45°$ und $\alpha = -15°$

(c) Auszuschließende Bereiche für den Winkel β, damit die zulässige Schubspannung in der Leimfuge nicht überschritten wird.

(a) Hauptnormalspannungen und Spannungshauptrichtungen, Hauptschubspannungen und Hauptschubspannungsebenen

• *Analytisch*

⋆ `Hauptnormalspannungen`

Gemäß (3.160) ist ein zur x_1x_2-Ebene paralleler ebener Spannungszustand (ESZ) durch

$$\sigma_{33} = \sigma_{31} = \sigma_{32} = 0 \tag{3.12-3}$$

gekennzeichnet. Unter Verwendung von (3.167) ergeben sich die Hauptspannungen des vorliegenden ebenen Spannungszustandes zu

$$\begin{aligned} \sigma_{1(2)} &= \frac{\sigma_{11}+\sigma_{22}}{2} \,{}_{(}\pm_{)} \sqrt{\left(\frac{\sigma_{11}-\sigma_{22}}{2}\right)^2 + \sigma_{12}^2} && (3.12\text{-}4)\\ &= \frac{6.0-4.0}{2} \,{}_{(}\pm_{)} \sqrt{\left(\frac{6.0+4.0}{2}\right)^2 + 4.0^2} = 1.0 \,{}_{(}\pm_{)}\, 6.403 \\ \sigma_1 &= 7.403\ \mathrm{N/mm^2}\,, \quad \sigma_2 = -5.403\ \mathrm{N/mm^2}\ . && (3.12\text{-}5) \end{aligned}$$

⋆ `Spannungshauptrichtungen`

Den Tangens der von der x_1-Achse und den Spannungshauptrichtungen eingeschlossenen Winkel erhält man unter Verwendung von (3.166) zu

$$\tan 2\alpha_1 = \frac{2\sigma_{12}}{\sigma_{11}-\sigma_{22}} = \frac{2\cdot 4.0}{6.0+4.0} = 0.8\ . \tag{3.12-6}$$

Da einem Tangens jeweils zwei sich um 180° unterscheidende Winkel zugeordnet sind, d.h.

$$\arctan 0.8 = 2\alpha_1,\ (2\alpha_1 \pm \pi)\ , \tag{3.12-7}$$

ergeben sich für α_1 zwei Lösungen, die sich um 90° unterscheiden:

$$\begin{aligned} 2\alpha_1 &= \arctan 0.8 \;\rightarrow\; \alpha_1^{(1)} = 19.33°\ ,\\ 2\alpha_1 \pm \pi &= \arctan 0.8 \;\rightarrow\; \alpha_1^{(2)} = 109.33°\ . \end{aligned} \tag{3.12-8}$$

Zur Klärung der Frage, welcher der beiden Winkel $\alpha_1^{(1)}$ oder $\alpha_1^{(2)}$ die Normalenrichtung jener Ebene festlegt, in der die größere der beiden Hauptnormalspannungen wirkt, ist zumindest eine der beiden Lösungen von (3.12-8) in die erste der drei Gleichungen von (3.12-24) bzw. (3.162) oder (3.12-26) bzw. (3.163) einzusetzen. Wertet man die Transformationsbeziehung $(3.12\text{-}24)_1$ mit $(3.12\text{-}8)_1$ aus, so erhält man unter Verwendung von (3.12-2) die in der betreffenden Ebene wirkende Normalspannung zu

$$\begin{aligned} \sigma'_{11} &= \sigma_{11} \cos^2 \alpha + \sigma_{22} \sin^2 \alpha + 2\sigma_{12} \sin \alpha \cos \alpha \\ \sigma'_{11} &= 6.0 \cdot \cos^2 19.33° - 4.0 \cdot \sin^2 19.33° + 8.0 \cdot \sin 19.33° \cos 19.33° \\ \sigma'_{11} &= 7.403 \text{ N/mm}^2 = \sigma_1 \ . \end{aligned} \tag{3.12-9}$$

Somit entspricht $(3.12\text{-}8)_1$ der Wirkungsrichtung der größten Hauptnormalspannung σ_1.

⋆ `Hauptschubspannungen`

Die Hauptschubspannungen ergeben sich durch Einsetzen der in (3.12-2) gegebenen Spannungen in Gleichung (3.172) zu

$$\tau_{\max(\min)} = {}_{(}\pm_{)} \sqrt{\left(\frac{\sigma_{11} - \sigma_{22}}{2}\right)^2 + \sigma_{12}^2} \tag{3.12-10}$$

$$\tau_{\max(\min)} = {}_{(}\pm_{)} \sqrt{\left(\frac{6.0 + 4.0}{2}\right)^2 + 4.0^2} = {}_{(}\pm_{)}\ 6.403 \text{ N/mm}^2 \ . \tag{3.12-11}$$

Alternativ zu (3.12-11) können die Hauptschubspannungen aus den zuvor berechneten Hauptnormalspannungen ermittelt werden, d.h.

$$\begin{aligned} \tau &= \left|\frac{\sigma_1 - \sigma_2}{2}\right| = \left|\frac{7.403 + 5.403}{2}\right| = 6.403 \text{ N/mm}^2 \\ \tau_{\max(\min)} &= {}_{(}\pm_{)}\ 6.403 \text{ N/mm}^2 \ . \end{aligned} \tag{3.12-12}$$

⋆ `Hauptschubspannungsebenen`

Die Winkel, die die Hauptschubspannungsebenen mit der x_1-Achse einschließen, erhält man aus (3.171), d.h.

$$\tan 2\alpha_2 = -\frac{\sigma_{11} - \sigma_{22}}{2\sigma_{12}} = -\frac{6.0 + 4.0}{2 \cdot 4.0} = -\frac{10}{8} = -1.25 \ . \tag{3.12-13}$$

Wie oben dargelegt, ergeben sich auch hier zwei Lösungen für α_2, und zwar

$$\begin{aligned} 2\alpha_2 &= \arctan(-1.25) \rightarrow \alpha_2^{(1)} = -25.67° \ , \\ 2\alpha_2 \pm \pi &= \arctan(-1.25) \rightarrow \alpha_2^{(2)} = \ \ 64.33° \ . \end{aligned} \tag{3.12-14}$$

Analog zur Vorgehensweise bei den Spannungshauptrichtungen ist zur Bestimmung jener Ebene, in der $\tau_{\max}$ bzw. $\tau_{\min}$ wirkt, die entsprechende Transformationsbeziehung auszuwerten. Einsetzen von $(3.12\text{-}14)_1$ und (3.12-2) in $(3.12\text{-}24)_3$ bzw. $(3.162)_3$ liefert

$$\begin{aligned} \sigma'_{12} &= (-\sigma_{11} + \sigma_{22}) \sin \alpha \cos \alpha + \sigma_{12} \left(\cos^2 \alpha - \sin^2 \alpha\right) \\ \sigma'_{12} &= 6.403 \text{ N/mm}^2 = \tau_{\max} \ . \end{aligned} \tag{3.12-15}$$

Somit legt $(3.12\text{-}14)_1$ die Normalenrichtung jener Ebene fest, in der $\tau_{\max}$ wirkt.

Die Tatsache, dass die Hauptebenen der Normalspannungen mit jenen der Schubspannungen einen Winkel von 45° bzw. 135° einschließen, kann als Kontrolle verwendet werden, d.h.

$$\begin{aligned} \left|\alpha_2^{(1)} - \alpha_1^{(1)}\right| &= \left|-25.67^\circ - 19.33^\circ\right| = 45.0^\circ \ , \\ \left|\alpha_2^{(2)} - \alpha_1^{(2)}\right| &= \left|64.33^\circ - 109.33^\circ\right| = 45.0^\circ \ . \end{aligned} \tag{3.12-16}$$

- ***Graphisch***

Zur graphischen Lösung mit Hilfe des MOHR'schen Kreises müssen drei Bestimmungsstücke bekannt sein: im Falle eines ebenen Spannungszustandes z.B. $\sigma_{11}, \sigma_{12}, \sigma_{22}$. Außerdem ist die Einführung eines Maßstabes für die Spannungen erforderlich (vgl. Abb. 3.12-2). Zur Konstruktion des MOHR'schen Kreises für den gegebenen Spannungszustand (3.12-2) werden im rechtwinkligen Koordinatensystem σ_{nn}, σ_{nt} zwei (Spannungs)punkte $A(\sigma_{11}, \sigma_{12}), B(\sigma_{22}, -\sigma_{12})$ benötigt, d.h.

$$\begin{aligned} A(\sigma_{11}, \sigma_{12}) &= A(6.0, 4.0) \ \left[\mathrm{N/mm^2}\right] \ , \\ B(\sigma_{22}, -\sigma_{12}) &= B(-4.0, -4.0) \ \left[\mathrm{N/mm^2}\right] \ , \end{aligned} \tag{3.12-17}$$

wobei die Komponenten der Punkte A, B mit Vorzeichen einzusetzen sind. Der Punkt A – das ist jener Punkt, dessen Koordinaten den gegebenen Normal- und Schubspannungskomponenten σ_{11}, σ_{12} entsprechen – wird oft auch als Pol bezeichnet. In der Darstellung nach MOHR liegen die Punkte A, B auf einem Kreis – dem MOHR'schen Spannungskreis. Da der MOHR'sche Kreis symmetrisch bezüglich der σ_{nn}-Achse liegt, ergibt sich die Lage des Mittelpunkts C als Schnittpunkt der Verbindungslinie der Spannungspunkte A und B mit der σ_{nn}-Achse. Somit lässt sich der Spannungskreis zeichnen. Die Koordinaten des Mittelpunkts C mit a als Normalspannungskomponente gemäß (3.177) sind zu

$$C\,(a, 0) = C\left(\frac{\sigma_{11} + \sigma_{22}}{2}, 0\right) = C\,(1.0, 0.0) \ \left[\mathrm{N/mm^2}\right] \tag{3.12-18}$$

gegeben und der Radius $|b|$ des MOHR'schen Spannungskreises ist, wie aus Abb. 3.12-2 abzulesen, durch den Abstand der Punkte $\overline{AC}$ bzw. $\overline{BC}$ bestimmt, d.h.

$$\begin{aligned} |b| &= \sqrt{\left(\sigma_{11} - \frac{\sigma_{11} + \sigma_{22}}{2}\right)^2 + \sigma_{12}^2} = \sqrt{\left(\frac{\sigma_{11} - \sigma_{22}}{2}\right)^2 + \sigma_{12}^2} \\ |b| &= 6.403 \ \mathrm{N/mm^2} \ . \end{aligned} \tag{3.12-19}$$

Die Schnittpunkte S_1, S_2 des MOHR'schen Spannungskreises mit der σ_{nn}-Achse sind durch verschwindende Schubspannungskomponenten gekennzeichnet, woraus folgt, dass diese Spannungspunkte die beiden Hauptnormalspannungen darstellen, d.h.

$$\begin{aligned} \sigma_{1(2)} &= a \ {}_{(}\pm_{)} \ |b| = \frac{\sigma_{11} + \sigma_{22}}{2} \ {}_{(}\pm_{)} \sqrt{\left(\frac{\sigma_{11} - \sigma_{22}}{2}\right)^2 + \sigma_{12}^2} = 1.0 \ {}_{(}\pm_{)} \ 6.403 \\ \sigma_1 &= 7.403 \ \mathrm{N/mm^2} \ , \quad \sigma_2 = -5.403 \ \mathrm{N/mm^2} \ . \end{aligned} \tag{3.12-20}$$

Die Verbindungslinie CA stellt die Bezugslinie dar, die jener Ebene durch den Körper entspricht, deren Normale mit der positiven x_1-Richtung zusammenfällt (vgl.

Abb. 3.12-2). Die Linien CA und CS_1 schließen miteinander den Winkel $2\alpha_1$ ein. Da S_1 den zur Hauptnormalspannung σ_1 zugehörigen Spannungspunkt im MOHR'schen Kreis darstellt, ist der Winkel zwischen der Normalen jener Ebene, in der σ_1 wirkt, und der x_1-Achse durch α_1 gegeben. Ein zum Zentriwinkel $2\alpha_1$ gehörender Peripheriewinkel α_1 wird von der Verbindungslinie S_2A und der σ_{nn}-Achse eingeschlossen. Da die x_1-Achse parallel zur σ_{nn}-Achse verläuft, ist die Spannungshauptrichtung bezogen auf das Koordinatensystem x_1, x_2, in dem der Spannungszustand gegeben ist, mit α_1 bekannt. Ein Element, dessen Kanten mit den Spannungshauptrichtungen zusammenfallen, ist in Abb. 3.12-2 dargestellt. Der Zentriwinkel $2\alpha_1$ (ACS_1) folgt aus der Zeichnung zu

$$2\alpha_1 = \arctan\left(\frac{\sigma_{12}}{(\sigma_{11} - \sigma_{22})/2}\right) = \arctan 0.8 = 38.66° \ . \tag{3.12-21}$$

Die zur Verbindungslinie S_2A durch den Pol A und S_1 verlaufende Normale (Satz von THALES) legt die zweite Spannungshauptrichtung fest. Als Merkhilfe für die Festlegung der Hauptachsen kann somit Abb. 3.12-2 entnommen werden, dass die Verbindungslinie S_1A parallel ist zu jener Ebene, in der σ_1 wirkt, während die Verbindungslinie S_2A parallel zur Ebene verläuft, in der σ_2 wirkt.

Orientierung (der Ebene) entspr. jener Ebene, auf der σ_2 wirkt

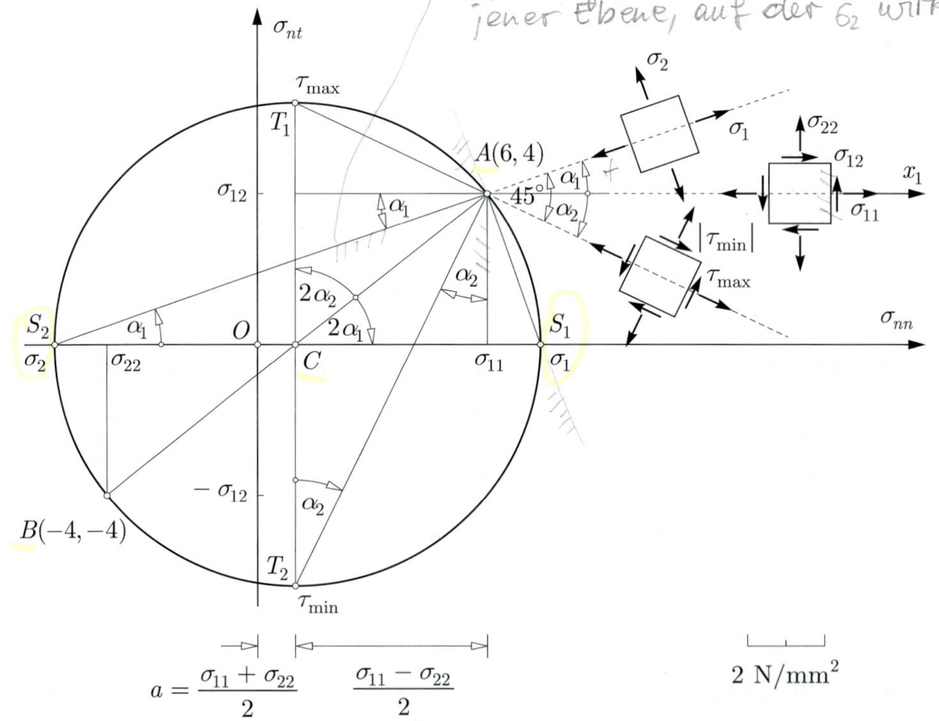

Abb. 3.12-2: MOHR'scher Spannungskreis zur Ermittlung von Hauptnormalspannungen und Spannungshauptrichtungen sowie Hauptschubspannungen und Hauptschubspannungsebenen

Der die Hauptschubspannungsebene festlegende Winkel α_2 folgt in analoger Weise aus der Zeichnung zu

$$2\alpha_2 = \arctan\left(\frac{-(\sigma_{11} - \sigma_{22})/2}{\sigma_{12}}\right) = \arctan(-1.25) = -51.34^\circ \; . \tag{3.12-22}$$

Einen Peripheriewinkel zu diesem Zentriwinkel $2\alpha_2$ (ACT_1) stellt AT_2T_1 dar. Somit legt die Gerade T_2A die Normalenrichtung für eine Ebene fest, in der die Hauptschubspannung $\tau_{\min} = \tau_2 = -6.403\ \mathrm{N/mm^2}$ wirkt. Senkrecht dazu legt die Gerade T_1A (Satz von THALES) die Normalenrichtung für eine Ebene fest, in der die Hauptschubspannung $\tau_{\max} = \tau_1 = 6.403\ \mathrm{N/mm^2}$ wirkt. Wie aus der Abb. 3.12-2 ersichtlich, folgt aus der Summe der beiden Zentriwinkel

$$2\alpha_1 + 2\alpha_2 = \frac{\pi}{2} \quad \rightarrow \quad \alpha_1 + \alpha_2 = \frac{\pi}{4} \; , \tag{3.12-23}$$

d.h. Hauptnormal- und Hauptschubspannungsebenen schließen miteinander einen Winkel von 45° ein. Die Extremwerte der Schubspannungen $\tau_{\max}$ und $\tau_{\min}$ stellen die Hauptschubspannungen dar, deren Beträge dem Radius $|b|$ des MOHR'schen Spannungskreises gemäß (3.12-19) entsprechen. Die zugehörige Normalspannung entspricht dem Abstand a des MOHR'schen Spannungskreises vom Ursprung O – daraus ist ersichtlich, dass Hauptschubspannungsebenen im Allgemeinen nicht normalspannungsfrei sind.

(b) Transformation der Komponenten des ebenen Spannungszustandes

• ***Analytisch***

Zur Berechnung der Spannungen in Bezug auf ein zum Koordinatensystem x_1, x_2 um den Winkel α gedrehtes Koordinatensystem x_1', x_2' können die Transformationsbeziehungen gemäß (3.162) oder (3.163) verwendet werden.

⋆ `Spannungen in einem um` $\alpha = 45^\circ$ `gedrehten Koordinatensystem`

Mit dem Rotationswinkel $\alpha = 45^\circ$ ergeben sich die Spannungen mit der Transformationsbeziehung gemäß (3.162) bzw. (3.12-24) unter Verwendung von (3.12-2) zu

$$\begin{aligned} \sigma_{11}' &= \sigma_{11}\cos^2\alpha + \sigma_{22}\sin^2\alpha + 2\sigma_{12}\sin\alpha\cos\alpha \; , \\ \sigma_{22}' &= \sigma_{11}\sin^2\alpha + \sigma_{22}\cos^2\alpha - 2\sigma_{12}\sin\alpha\cos\alpha \; , \\ \sigma_{12}' &= (-\sigma_{11} + \sigma_{22})\sin\alpha\cos\alpha + \sigma_{12}(\cos^2\alpha - \sin^2\alpha) \; , \end{aligned} \tag{3.12-24}$$

$$\begin{aligned} \sigma_{11}' &= 6.0\cos^2 45^\circ - 4.0\sin^2 45^\circ + 8.0\sin 45^\circ\cos 45^\circ = 5.0\ \mathrm{N/mm^2} \; , \\ \sigma_{22}' &= 6.0\sin^2 45^\circ - 4.0\cos^2 45^\circ - 8.0\sin 45^\circ\cos 45^\circ = -3.0\ \mathrm{N/mm^2} \; , \\ \sigma_{12}' &= -10.0\sin 45^\circ\cos 45^\circ + 4.0(\cos^2 45^\circ - \sin^2 45^\circ) = -5.0\ \mathrm{N/mm^2} \; . \end{aligned} \tag{3.12-25}$$

⋆ `Spannungen in einem um` $\alpha = -15^\circ$ `gedrehten Koordinatensystem`

Unter Verwendung der Transformationsbeziehungen in der Form (3.163) bzw. (3.12-26) folgen mit dem Rotationswinkel $\alpha = -15°$ und dem Spannungszustand gemäß (3.12-2) die Spannungen im System x_1', x_2' zu

$$\begin{aligned}
\sigma_{11}' &= \frac{\sigma_{11}+\sigma_{22}}{2} + \frac{\sigma_{11}-\sigma_{22}}{2}\cos 2\alpha + \sigma_{12}\sin 2\alpha \ , \\
\sigma_{22}' &= \frac{\sigma_{11}+\sigma_{22}}{2} - \frac{\sigma_{11}-\sigma_{22}}{2}\cos 2\alpha - \sigma_{12}\sin 2\alpha \ , \\
\sigma_{12}' &= -\frac{\sigma_{11}-\sigma_{22}}{2}\sin 2\alpha + \sigma_{12}\cos 2\alpha \ ,
\end{aligned} \tag{3.12-26}$$

$$\begin{aligned}
\sigma_{11}' &= \frac{2.0}{2} + \frac{10.0}{2}\cos(-30°) + 4.0\sin(-30°) = 3.330\ \mathrm{N/mm^2} \ , \\
\sigma_{22}' &= \frac{2.0}{2} - \frac{10.0}{2}\cos(-30°) - 4.0\sin(-30°) = -1.330\ \mathrm{N/mm^2} \ , \\
\sigma_{12}' &= -\frac{10.0}{2}\sin(-30°) + 4.0\cos(-30°) = 5.964\ \mathrm{N/mm^2} \ .
\end{aligned} \tag{3.12-27}$$

• ***Graphisch***

Mit Hilfe des MOHR'schen Kreises kann die Transformationsaufgabe auch graphisch gelöst werden. Da es sich hier um die Transformation eines Tensors 2. Stufe für den ebenen Fall handelt, sind nachfolgende Betrachtungen nicht auf den ebenen Spannungszustand beschränkt, sondern gelten in gleicher Weise für den ebenen Verzerrungszustand (vgl. Beispiel 3.14) und bei Verwendung einer entsprechenden Vorzeichenkonvention auch für die Transformation der Flächenmomente 2. Ordnung.

Für die graphische Ermittlung nach MOHR sind zwei Vorzeichenkonventionen gebräuchlich ([Mal69]), wovon hier nur eine zur Anwendung kommt. Im Falle, dass die x_1'-Achse des neuen Koordinatensystems mit der x_1-Achse des Ausgangssystem einen positiven Drehwinkel α einschließt, ist der Zentriwinkel 2α von der Bezugslinie CA im Uhrzeigersinn abzutragen (vgl. Abb. 3.12-3). Ist der Drehwinkel α negativ, so ist der Zentriwinkel 2α von der Bezugslinie CA im Gegenuhrzeigersinn abzutragen (vgl. Abb. 3.12-4). Wie bereits erwähnt, entspricht die Bezugslinie jener Ebene durch den Körper, deren Normale mit der positiven x_1-Richtung zusammenfällt. Hinsichtlich der Schubspannungen gilt, dass σ_{12} bzw. σ_{12}' positiv gezählt wird, wenn an der positiven Seite des Elements die Schubspannung in die Richtung der positiven x_2- bzw. x_2'-Achse zeigt.

⋆ `Spannungen in einem um` $\alpha = 45°$ `gedrehten Koordinatensystem`

Die Konstruktion des MOHR'schen Kreises wurde bereits erläutert. Für die Transformation des gegebenen Spannungszustandes wird nun der doppelte Winkel 2α von CA im Uhrzeigersinn ($\alpha > 0$) abgetragen. Damit erhält man den Spannungspunkt X auf dem MOHR'schen Kreis, dessen Koordinaten zu $\sigma_{11}' > 0$ und $\sigma_{12}' < 0$ aus der Zeichnung abgelesen werden können. Der negative Wert für die Schubspannung bedeutet, dass diese Spannung auf der positiven Seite des Elements in Richtung der negativen x_1'-Achse wirkt (vgl. Abb. 3.12-3). Die Spannung σ_{22}' tritt an der durch $\alpha + \pi/2$ festgelegten Ebene auf. Dieser Ebene entspricht im MOHR'schen Diagramm die Verbindungslinie CY, die mit der Bezugslinie CA den doppelten Winkel, d.h. $2\alpha + \pi$, einschließt. Dem Spannungspunkt Y ist somit ein negativer Wert für die Spannung

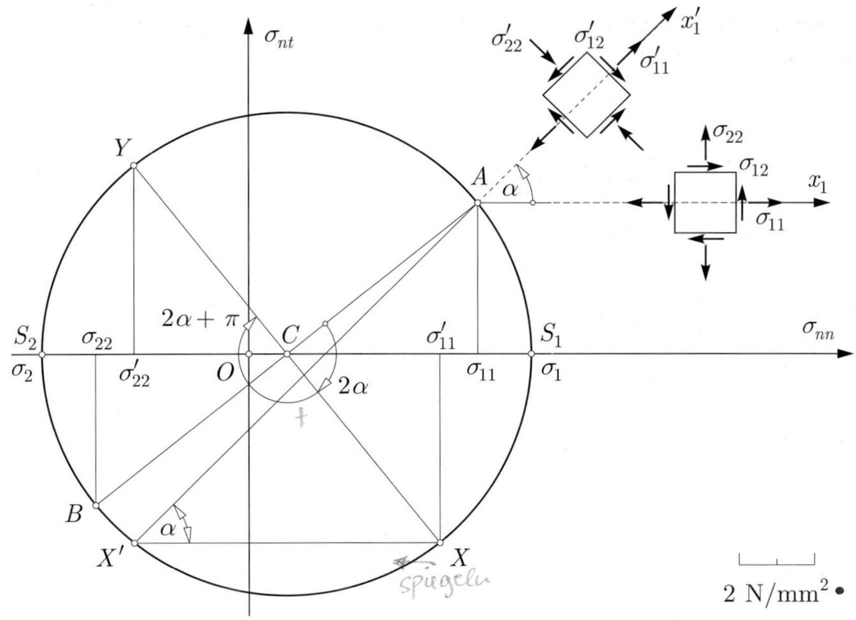

Abb. 3.12-3: Transformation des Spannungszustandes mittels MOHR'schem Kreis für einen positiven Winkel α

σ'_{22} zugeordnet. Wie aus Abb. 3.12-3 ersichtlich ist, tritt ein zum Zentriwinkel 2α gehörender Peripheriewinkel α am Punkt X' $(AX'X)$ auf, wobei X' durch Spiegelung von X am vertikalen Halbmesser durch C (in Abb. 3.12-3 nicht eingezeichnet) erhalten wird. Unter Berücksichtigung des gewählten Maßstabs für die Spannungen können somit die auf graphische Weise ermittelten Spannungskomponenten mit den numerischen Ergebnissen (3.12-25) verglichen werden. Die an den Rändern des durch x'_1 festgelegten Elements wirkenden Spannungskomponenten sind in Abb. 3.12-3 entsprechend ihrer physikalischen Wirkungsrichtung eingetragen.

⋆ `Spannungen in einem um` $\alpha = -15°$ `gedrehten Koordinatensystem`

Da α im vorliegenden Fall negativ ist, muss 2α von der Bezugslinie CA im Gegenuhrzeigersinn abgetragen werden. Dem damit sich ergebenden Spannungspunkt X sind die Spannungskomponenten $\sigma'_{11} > 0$ und $\sigma'_{12} > 0$ zugeordnet. Die fehlende Normalspannungskomponente σ'_{22} erhält man durch Abtragen des Winkels $2\alpha + \pi$ von CA im Gegenuhrzeigersinn. Die mit Y festgelegte Spannungskomponente σ'_{22} ist negativ. In X' tritt wiederum ein zum Zentriwinkel 2α gehörender Peripheriewinkel α auf. In Abb. 3.12-4 sind die gesuchten Spannungskomponenten entsprechend ihrer physikalischen Wirkungsrichtung an einem unter dem Winkel α gegen die x_1-Achse geneigten Element dargestellt. Mit dem verwendeten Maßstab für die Spannungen können die aus der Zeichnung abgemessenen Ergebnisse mit den numerischen Werten entsprechend (3.12-27) verglichen werden.

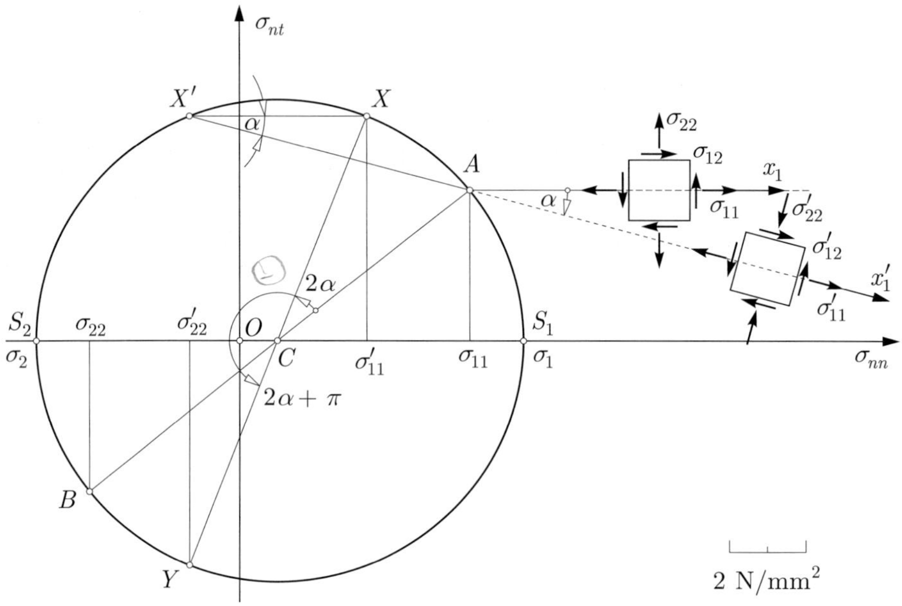

Abb. 3.12-4: Transformation des Spannungszustandes mittels MOHR'schem Kreis für einen negativen Winkel α

(c) Ermittlung der auszuschließenden Bereiche für die Lage der Leimfuge

- ***Analytisch***

Zur Bestimmung der zulässigen Bereiche für den Winkel β, den die Leimfuge mit der x_1-Achse einschließen darf, ohne die zulässige Schubspannung in der Leimfuge zu überschreiten, wird mittels der Transformationsbeziehung für den ESZ $(3.12\text{-}26)_3$ die Schubspannung in der Leimfuge als Funktion des Winkels α ermittelt, d.h.

$$\sigma'_{12} = -\frac{\sigma_{11} - \sigma_{22}}{2} \sin 2\alpha + \sigma_{12} \cos 2\alpha \ . \tag{3.12-28}$$

Wie aus Abb. 3.12-5(a) ersichtlich, bezeichnet α den Winkel, den die Normale auf die Leimfuge mit der x_1-Achse einschließt, d.h. $\beta = \alpha + 90°$. Im gegenständlichen Fall ist die Schubspannung entsprechend (3.12-1) gegeben und der Winkel α ist gesucht. Mit den trigonometrischen Identitäten

$$\sin 2\alpha = \frac{2\tan\alpha}{1+\tan^2\alpha} \ , \quad \cos 2\alpha = \frac{1-\tan^2\alpha}{1+\tan^2\alpha} \tag{3.12-29}$$

folgt aus (3.12-28) nach Multiplikation mit dem gemeinsamen Nenner $(1+\tan^2\alpha)$ und Einsetzen der durch (3.12-1) und (3.12-2) gegebenen Zahlenwerte

$$\begin{aligned} \pm 5.50\left(1+\tan^2\alpha\right) &= -\frac{6.0+4.0}{2}\cdot 2\tan\alpha + 4.0\left(1-\tan^2\alpha\right) \\ \pm 5.50\left(1+\tan^2\alpha\right) &= -10\tan\alpha + 4 - 4\tan^2\alpha \ . \end{aligned} \tag{3.12-30}$$

Entsprechend der Wirkungsrichtung (Vorzeichen) der Schubspannung sind zwei Fälle zu unterscheiden:

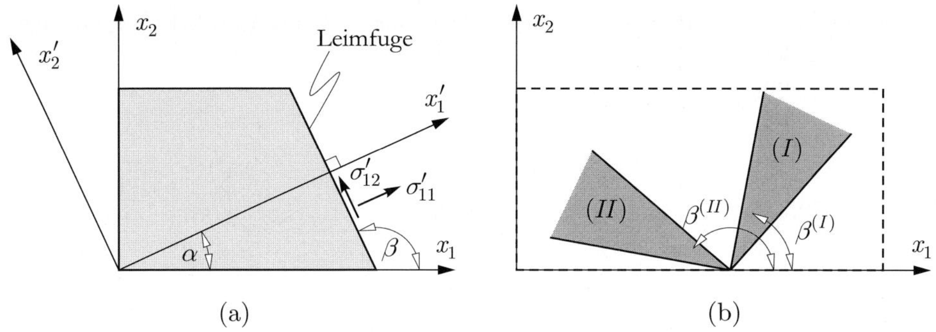

Abb. 3.12-5: (a) Bestimmung des Winkels α in Bezug auf die Richtung der Leimfuge; (b) auszuschließende Bereiche für die Richtung der Leimfuge

$\star$ `Fall 1:` $\sigma_{12}^{(LF)} = +5.5 \text{ N/mm}^2$

Damit ergibt sich aus (3.12-30) die quadratische Bestimmungsgleichung zu

$$9.5 \tan^2 \alpha + 10 \tan \alpha + 1.5 = 0 \qquad (3.12\text{-}31)$$

und daraus folgen die Lösungen

$$\begin{aligned}
\tan \alpha^{(1),(2)} &= -\frac{5}{9.5} \pm \sqrt{\left(\frac{5}{9.5}\right)^2 - \frac{1.5}{9.5}} \\
\tan \alpha^{(1)} &= -0.18119 \quad \rightarrow \quad \alpha^{(1)} = -10.27^\circ \,, && (3.12\text{-}32) \\
\tan \alpha^{(2)} &= -0.87144 \quad \rightarrow \quad \alpha^{(2)} = -41.07^\circ \,. && (3.12\text{-}33)
\end{aligned}$$

Jeder der obigen Lösungen entsprechen wieder zwei Winkel $\alpha^{(i)}$ und $\alpha^{(i)} + \pi$, die aber jeweils die gleiche Richtung festlegen.

$\star$ `Fall 2:` $\sigma_{12}^{(LF)} = -5.5 \text{ N/mm}^2$

In diesem Fall ergibt sich die quadratische Bestimmungsgleichung zu

$$-1.5 \tan^2 \alpha + 10 \tan \alpha - 9.5 = 0 \qquad (3.12\text{-}34)$$

und die Lösungen folgen zu

$$\begin{aligned}
\tan \alpha^{(3),(4)} &= \frac{5}{1.5} \pm \sqrt{\left(\frac{5}{1.5}\right)^2 - \frac{9.5}{1.5}} \\
\tan \alpha^{(3)} &= 1.1475 \quad \rightarrow \quad \alpha^{(3)} = 48.93^\circ \,, && (3.12\text{-}35) \\
\tan \alpha^{(4)} &= 5.5191 \quad \rightarrow \quad \alpha^{(4)} = 79.73^\circ \,. && (3.12\text{-}36)
\end{aligned}$$

Mit den Lösungen (3.12-32) bis (3.12-35) lassen sich zwei um 90° zueinander gedrehte Bereiche angeben, in welchen die Leimfuge nicht liegen darf, wenn die zulässige Schubspannung in der Leimfuge eingehalten werden soll. Diese unzulässigen Bereiche sind zu

$$\begin{aligned}
&\text{Bereich I}: && -41.07^\circ \le \alpha^{(I)} \le -10.27^\circ && \rightarrow && 48.93^\circ \le \beta^{(I)} \le 79.73^\circ, \\
&\text{Bereich II}: && 48.93^\circ \le \alpha^{(II)} \le 79.73^\circ && \rightarrow && 138.93^\circ \le \beta^{(II)} \le 169.73^\circ
\end{aligned} \qquad (3.12\text{-}37)$$

gegeben und in Abb. 3.12-5(b) eingetragen. Der Umstand, dass die Mitte des jeweiligen unzulässigen Bereichs mit der Richtung einer Hauptschubspannungsebene zusammenfallen muss, kann als Kontrolle herangezogen werden, d.h.

$$\begin{aligned} \frac{-10.27-41.07}{2} &= -25.67^\circ \ , \\ \frac{48.93+79.73}{2} &= \ \ 64.33^\circ \ . \end{aligned} \tag{3.12-38}$$

Wie ein Vergleich mit (3.12-14) zeigt, stimmen die entsprechenden Werte überein, was die Richtigkeit der Berechnung bestätigt.

• ***Graphisch***

Aus Gründen der Übersichtlichkeit wird die zur Lösung dieser Aufgabe erforderliche Transformation des Spannungszustandes in einer neuen Abbildung dargestellt (vgl. Abb. 3.12-6). Nach Konstruktion des MOHR'schen Spannungskreises für den gemäß (3.12-2) gegebenen Spannungszustand wird die in der Leimfuge zulässige Schubspannung sowohl mit positivem als auch mit negativem Wert auf der σ_{nt}-Achse aufgetragen. Zeichnet man jeweils eine zur σ_{nn}-Achse parallele Gerade durch diese Punkte auf der

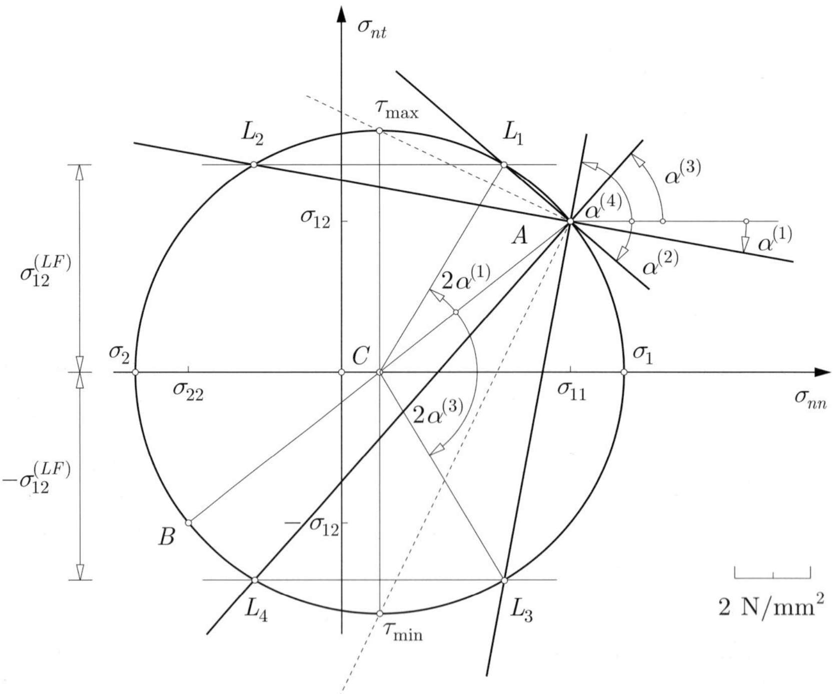

Abb. 3.12-6: Ermittlung des unzulässigen Bereichs für die Lage der Leimfuge mittels MOHR'schem Spannungskreis

σ_{nt}-Achse, so ergeben sich insgesamt vier Schnittpunkte L_1, L_2 und L_3, L_4 mit dem MOHR'schen Spannungskreis, für die die Bedingung

$$|\sigma_{12}| = 5.5 \text{ N/mm}^2 \tag{3.12-39}$$

gerade erfüllt ist. Diesen Lösungen sind vier Zentriwinkel $2\alpha^{(i)}$, $i = 1, \ldots, 4$ zugeordnet, von denen nur $2\alpha^{(1)}$ und $2\alpha^{(3)}$ in Abb. 3.12-6 eingezeichnet sind. Zu diesen beiden Zentriwinkeln zugehörige Peripheriewinkel $\alpha^{(1)}$ bzw. $\alpha^{(3)}$ treten in L_2 bzw. L_4 auf (in Abb. 3.12-6 nicht dargestellt). Wie aus der Abb. 3.12-6 leicht zu erkennen ist, begrenzen jeweils zwei Verbindungsgeraden AL_1, AL_2 bzw. AL_3, AL_4 einen Bereich, in den die Leimfuge nicht gelegt werden darf, da sonst in der Leimfuge größere Schubspannungen auftreten würden. Wie aus der Abb. 3.12-6 zu sehen, ergibt sich aus der Geometrie, dass die Grenzen zwischen zulässigen und unzulässigen Bereichen jeweils symmetrisch zur Richtung der Hauptschubspannungsebene angeordnet sein müssen.

3.3 Konstitutive Beziehungen

Beispiel 3.13: Volumenänderung eines isotropen Würfels (3D) – Verallgemeinertes HOOKE'sches Gesetz

In einem Würfel aus Stahl, der im unverformten Zustand eine Kantenlänge $a = 20$ mm besitzt, herrscht ein konstanter Spannungszustand. Der Würfel besteht aus homogenem, isotropem Material mit linear elastischem Materialverhalten. Die elastischen Konstanten – Elastizitätsmodul E und POISSON'sche Zahl ν – sind zu

$$E = 2.1 \cdot 10^5 \text{ N/mm}^2, \qquad \nu = 0.3 \tag{3.13-1}$$

gegeben und die Normal- und Schubspannungskomponenten betragen:

$$\begin{aligned} \sigma_{11} &= 170 \text{ N/mm}^2 , \quad \sigma_{22} = \ \ 0 \text{ N/mm}^2 , \\ \sigma_{12} &= \ \ 50 \text{ N/mm}^2 , \quad \sigma_{23} = 75 \text{ N/mm}^2 , \quad \sigma_{31} = 150 \text{ N/mm}^2 . \end{aligned} \tag{3.13-2}$$

Die Normalspannungskomponente σ_{33} ist so zu bestimmen, dass keine Volumenänderung des Würfels stattfindet. Wie groß sind die Längenänderungen der Würfelkanten?

Zur Bestimmung der Spannungen aus den Verzerrungen (oder umgekehrt) benötigt man ein Werkstoffgesetz (konstitutives Gesetz). Werkstoffgesetze stellen Beziehungen zwischen den Spannungen und Verzerrungen dar. Mit dem verallgemeinerten HOOKE'schen Gesetz für isotrope Werkstoffe, das in Indexschreibweise gemäß (3.278) bzw. (3.280) zu

$$\varepsilon_{ij} = \frac{1+\nu}{E}\sigma_{ij} - \frac{\nu}{E}\delta_{ij}\sigma_{kk} , \tag{3.13-3}$$

$$\sigma_{ij} = \frac{E}{1+\nu}\left(\varepsilon_{ij} + \frac{\nu}{1-2\nu}\varepsilon_{kk}\,\delta_{ij}\right) \tag{3.13-4}$$

gegeben ist, steht ein lineares konstitutives Gesetz zur Verfügung.

(a) Ermittlung der Normalspannung

- ***Variante 1***

Die Volumenänderung ΔV eines Körpers kann aus der spezifischen Volumenänderung (volumetrische Verzerrung), die gemäß (3.8-13) bzw. (3.70) zu

$$\varepsilon^{vol} = \varepsilon_{ij}\delta_{ij} = \varepsilon_{11} + \varepsilon_{22} + \varepsilon_{33} \tag{3.13-5}$$

gegeben ist, ermittelt werden, d.h.

$$\Delta V = V - V_0 = \varepsilon^{vol} V_0 \ . \tag{3.13-6}$$

Wie aus (3.13-5) ersichtlich, sind für die spezifische Volumenänderung nur die Normalverzerrungen maßgebend. Mit (3.13-3) folgen die Normalverzerrungen zu

$$\begin{aligned} \varepsilon_{11} &= \frac{1}{E}\left[\sigma_{11} - \nu\left(\sigma_{22} + \sigma_{33}\right)\right] \ , \\ \varepsilon_{22} &= \frac{1}{E}\left[\sigma_{22} - \nu\left(\sigma_{33} + \sigma_{11}\right)\right] \ , \\ \varepsilon_{33} &= \frac{1}{E}\left[\sigma_{33} - \nu\left(\sigma_{11} + \sigma_{22}\right)\right] \ . \end{aligned} \tag{3.13-7}$$

Aus (3.13-7) sieht man, dass die Normalverzerrungen nur mit den Normalspannungen gekoppelt sind und die Schubspannungen keinen Einfluss auf die Normalverzerrungen haben. Dies trifft allerdings nur bei isotropen und orthogonal anisotropen (orthotropen) Werkstoffen zu. Im Gegensatz dazu tragen bei allgemein anisotropem Werkstoffverhalten die Schubspannungen auch zu den Normalverzerrungen und Normalspannungen zu den Schubverzerrungen bei.

Addiert man unter Berücksichtigung der gegebenen Normalspannung $\sigma_{22} = 0$ die drei Gleichungen (3.13-7) und verwendet man die aus der Bedingung, dass keine Volumenänderung stattfinden darf, folgende Beziehung $\varepsilon^{vol} = 0$, so ergibt sich

$$\begin{aligned} &\varepsilon^{vol} = \varepsilon_{11} + \varepsilon_{22} + \varepsilon_{33} = \frac{1}{E}\left[\sigma_{11} + \sigma_{33} - 2\nu\left(\sigma_{11} + \sigma_{33}\right)\right] = 0 \\ &\left(\sigma_{11} + \sigma_{33}\right)\left(1 - 2\nu\right) = 0 \ . \end{aligned} \tag{3.13-8}$$

Unter den gegebenen Verhältnissen, d.h. mit $\nu = 0.3 \rightarrow 1 - 2\nu \neq 0$, ergibt sich die gesuchte Normalspannung zu

$$\begin{aligned} &\left(\sigma_{11} + \sigma_{33}\right) = 0 \\ &\sigma_{33} = -\sigma_{11} = -170 \text{ N/mm}^2 \ . \end{aligned} \tag{3.13-9}$$

- ***Variante 2***

Im Falle eines isotropen Materials kann das verallgemeinerte HOOKE'sche Gesetze in der alternativen Formulierung (3.291) gemäß

$$\varepsilon^{vol} = \frac{\sigma^m}{K} \ , \quad e_{ij} = \frac{s_{ij}}{2G} \tag{3.13-10}$$

verwendet werden. In diesem Falle ist der Spannungstensor σ_{ij} gemäß (3.155) in einen hydrostatischen Anteil $\sigma^m \delta_{ij}$ und einen deviatorischen Anteil s_{ij} bzw. der Verzerrungstensor ε_{ij} entsprechend (3.72) in einen volumenändernden Anteil $\varepsilon^m \delta_{ij}$ und gestaltändernden Anteil e_{ij} aufzuteilen, d.h.

$$\sigma_{ij} = \sigma^m \delta_{ij} + s_{ij} \,, \qquad \varepsilon_{ij} = \varepsilon^m \delta_{ij} + e_{ij} \,. \tag{3.13-11}$$

Dabei sind σ^m bzw. ε^m zu

$$\sigma^m = \frac{1}{3}(\sigma_{11} + \sigma_{22} + \sigma_{33}) = \frac{1}{3} I_1^\sigma \,, \quad \varepsilon^m = \frac{1}{3}(\varepsilon_{11} + \varepsilon_{22} + \varepsilon_{33}) = \frac{1}{3} I_1^\varepsilon \tag{3.13-12}$$

gegeben und bezeichnen die mittlere Normalspannung bzw. die mittlere Normalverzerrung. Statt des Elastizitätsmoduls E und der POISSON'schen Zahl ν werden in diesem Fall der Kompressionsmodul K und der Schubmodul G (vgl. [MH04] Tabelle 3.2), d.h.

$$K = \frac{E}{3(1-2\nu)} \,, \qquad G = \frac{E}{2(1+\nu)} \,, \tag{3.13-13}$$

für die Formulierung des verallgemeinerten HOOKE'schen Gesetzes verwendet. Die Formulierung des verallgemeinerten HOOKE'schen Gesetzes in K und G wird insbesondere in der Bodenmechanik verwendet. Wie (3.13-10) zeigt, sind in dieser Formulierung des Werkstoffgesetzes der hydrostatische Anteil des Spannungszustandes ausschließlich mit der volumetrischen Verzerrung ε^{vol} und der deviatorische Spannungszustand ausschließlich mit dem deviatorischen Verzerrungszustand verknüpft. Es ist wichtig darauf hinzuweisen, dass die Formulierung gemäß (3.13-10) nur unter der Bedingung der Isotropie des Materials möglich ist.

Für den gegebenen Wert der POISSON'schen Zahl $\nu = 0.3 \rightarrow 1 - 2\nu \neq 0$ bleibt der Kompressionsmodul endlich und die gesuchte Normalspannung ergibt sich für die gegebene Problemstellung unter Verwendung von $(3.13\text{-}10)_1$ aus $\varepsilon^{vol} = 0$ zu

$$\begin{aligned} \sigma^m &= K \cdot \varepsilon^{vol} = 0 \\ \sigma^m &= \frac{1}{3}(\sigma_{11} + 0 + \sigma_{33}) = 0 \\ \sigma_{33} &= -\sigma_{11} = -170 \text{ N/mm}^2 \,. \end{aligned} \tag{3.13-14}$$

(b) Ermittlung der Längenänderungen der Würfelkanten

Mit den nun bekannten Spannungen folgen die Normalverzerrungen durch Einsetzen in (3.13-7) zu

$$\begin{aligned} \varepsilon_{11} &= \frac{1}{E}(\sigma_{11} + \nu\sigma_{11}) = \frac{\sigma_{11}}{E}(1+\nu) = \frac{170}{2.1 \cdot 10^5} 1.3 = 1.052 \cdot 10^{-3} \,, \\ \varepsilon_{22} &= 0 \,, \\ \varepsilon_{33} &= \frac{-\sigma_{11}}{E}(1+\nu) = -1.052 \cdot 10^{-3} \,. \end{aligned} \tag{3.13-15}$$

Da zufolge des konstanten Spannungszustandes im Würfel auch der Verzerrungszustand konstant ist, lassen sich die Längenänderungen der Würfelkanten zu

$$\begin{aligned} \Delta a_1 &= a\,\varepsilon_{11} = 1.052 \cdot 10^{-3} \cdot 20 = 0.021 \text{ mm} \,, \\ \Delta a_2 &= a\,\varepsilon_{22} = 0.00 \text{ mm} \,, \\ \Delta a_3 &= a\,\varepsilon_{33} = -0.021 \text{ mm} \end{aligned} \tag{3.13-16}$$

anschreiben.

Beispiel 3.14: Staumauer (EVZ) – Verallgemeinertes HOOKE'sches Gesetz

Abb. 3.14-1(a) zeigt den Querschnitt einer Betonstaumauer eines Stausees. Die wasserseitige Oberfläche der Mauer schließt mit der Horizontalen den Winkel $\alpha = 75°$ ein. Das mechanische Verhalten des Betons lasse sich mit dem verallgemeinerten HOOKE'schen Gesetz beschreiben und die entsprechenden elastischen Konstanten sind zu

$$\begin{aligned} E &= 24\,000 \text{ MN/m}^2 \,, \\ \nu &= 0.18 \end{aligned} \tag{3.14-1}$$

gegeben. In einem in der Tiefe $h = 145$ m unter der Wasseroberfläche liegenden Punkt A wurde mittels DMS in Richtung der Falllinie der Mauer die Verzerrung

$$\varepsilon_t = -0.013\% \tag{3.14-2}$$

gemessen. Für den Punkt A sollen nachstehende Größen ermittelt werden:

(a) Hauptspannungen und Hauptverzerrungen sowie Spannungs- und Verzerrungshauptrichtungen,

(b) Spannungen und Verzerrungen bezüglich eines Koordinatensystems x_1', x_2', x_3', wobei x_1' parallel zur Wasseroberfläche orientiert ist und x_2' nach oben zeigt,

(c) Graphische Kontrolle mittels MOHR'schem Kreis.

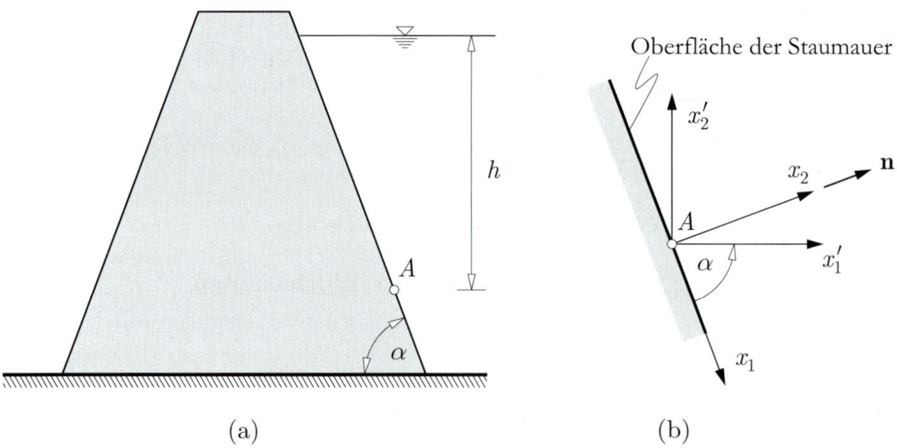

Abb. 3.14-1: (a) Querschnitt einer Staumauer mit Messpunkt A;
(b) Festlegung des Koordinatensystems im Messpunkt A

(a) Ermittlung der Hauptspannungen und Hauptverzerrungen sowie der Spannungs- und Verzerrungshauptrichtungen

Unter der Annahme, dass die Endquerschnitte der Betonmauer des Stausees in Längs- bzw. x_3-Richtung unverschieblich in den Talflanken eingespannt sind, kann das vorliegende Problem als ebener Verzerrungszustand parallel zur x_1x_2-Ebene behandelt werden. Zweckmäßigerweise wird – wie in Abb. 3.14-1(b) dargestellt – das Koordinatensystem in der Querschnittsebene der Staumauer so ausgerichtet, dass die Richtung der gemessenen Dehnung ε_t mit der x_1-Achse und der Normalenvektor $\mathbf{n}$ auf die wasserseitige Maueroberfläche mit der x_2-Achse übereinstimmen. Somit gilt weiterhin $\varepsilon_{11} \equiv \varepsilon_t$.

Im Falle eines leeren Stausees wäre der Punkt A ein Punkt einer belastungsfreien Oberfläche und die Spannungen σ_{22}, σ_{21} und σ_{23} würden in A deshalb verschwinden. Bei eingestautem See ist die Maueroberfläche zwar nicht mehr unbelastet und somit auch nicht mehr spannungsfrei, da aber der resultierende Vektor der Oberflächenkräfte zufolge Wasserdruck stets normal auf die Wand gerichtet ist, folgt

$$\sigma_{22} = -p\,, \quad \sigma_{21} = 0\,, \quad \sigma_{23} = 0\,, \tag{3.14-3}$$

wobei der Wasserdruck im Punkt A sich aus der Erdbeschleunigung g, der Dichte ρ des Wassers und der Höhenlage h von A unter dem Wasserspiegel zu

$$p = \rho \cdot g \cdot h = 1.0 \cdot 9.81 \cdot 145 = 1422.45 \text{ kN/m}^2 \tag{3.14-4}$$

ergibt. Aufgrund des vorliegenden ebenen Verzerrungszustandes parallel zu der den Querschnitt der Mauer beinhaltenden x_1x_2-Ebene sind gemäß (3.9-2) die Verzerrungen

$$\varepsilon_{33} = \varepsilon_{31} = \varepsilon_{32} = 0 \tag{3.14-5}$$

und das verallgemeinerte HOOKE'sche Gesetz für den ebenen Verzerrungszustand ohne Berücksichtigung des Temperaturterms folgt aus (3.308) zu

$$\begin{Bmatrix} \varepsilon_{11} \\ \varepsilon_{22} \\ 2\varepsilon_{12} \end{Bmatrix} = \frac{1-\nu^2}{E} \begin{bmatrix} 1 & \dfrac{-\nu}{1-\nu} & 0 \\ & 1 & 0 \\ symm. & & \dfrac{2}{1-\nu} \end{bmatrix} \cdot \begin{Bmatrix} \sigma_{11} \\ \sigma_{22} \\ \sigma_{12} \end{Bmatrix} . \tag{3.14-6}$$

Damit ergibt sich die unbekannte Normalspannung σ_{11} zu

$$\begin{aligned} \varepsilon_{11} &= \frac{1-\nu^2}{E}\left(\sigma_{11} - \frac{\nu}{1-\nu}\,\sigma_{22}\right) \\ \sigma_{11} &= \frac{E}{1-\nu^2}\,\varepsilon_{11} + \frac{\nu}{1-\nu}\,\sigma_{22}\,. \end{aligned} \tag{3.14-7}$$

Einsetzen von (3.14-1) bis (3.14-4) in (3.14-7) liefert

$$\begin{aligned} \sigma_{11} &= \frac{2.4 \cdot 10^7}{1-0.18^2}(-0.00013) + \frac{0.18}{1-0.18}(-1422.45) \\ \sigma_{11} &= -3536.72 \text{ kN/m}^2\,. \end{aligned} \tag{3.14-8}$$

Mit der nun bekannten Normalspannung σ_{11} folgt aus (3.14-6) die Verzerrung ε_{22} zu

$$\begin{aligned} \varepsilon_{22} &= \frac{1-\nu^2}{E}\left(\frac{-\nu}{1-\nu}\,\sigma_{11} + \sigma_{22}\right) \\ &= \frac{1-0.18^2}{2.4 \cdot 10^7}\left(\frac{-0.18}{1-0.18}(-3536.72) - 1422.45\right) \\ \varepsilon_{22} &= -2.605 \cdot 10^{-5}\,. \end{aligned} \tag{3.14-9}$$

Da einem ebenen Verzerrungszustand ein räumlicher Spannungszustand entspricht, fehlt noch die dritte Normalspannung. Sie ergibt sich gemäß (3.307) bei Vernachlässigung des Temperaturterms zu

$$\begin{aligned}\sigma_{33} &= \nu\,(\sigma_{11}+\sigma_{22}) = 0.18\,(-3536.72-1422.45)\\ \sigma_{33} &= -892.65\ \mathrm{kN/m^2}\ .\end{aligned} \tag{3.14-10}$$

Wie bereits früher dargelegt, sind Normalspannungshauptebenen dadurch ausgezeichnet, dass diese frei von Schubspannungen sind. Da im Punkt A die wasserseitige Oberfläche frei von Schubspannungen ist, d.h. $\sigma_{21}=\sigma_{23}=0$ gilt, muss σ_{22} eine Hauptnormalspannung sein.

Im Falle von isotropen Werkstoffen tragen die Normalspannungen nicht zu Schubverzerrungen und die Schubspannungen nicht zu den Normalverzerrungen bei. Folglich sind Normalspannungshauptebenen frei von Schubverzerrungen und somit fallen die Spannungshauptrichtungen mit den Verzerrungshauptrichtungen zusammen (Koaxialität von Spannungs- und Verzerrungshauptrichtungen). Diese Aussage gilt auch für orthotrope Werkstoffe, wenn die Spannungshauptrichtungen mit den Materialhauptrichtungen zusammenfallen. Die in Abb. 3.14-1(b) eingetragenen Richtungen der x_1- und x_2-Achse stimmen somit mit den entsprechenden Spannungs- und Verzerrungshauptrichtungen überein und die berechneten Spannungen und Verzerrungen stellen bereits die gesuchten Hauptnormalspannungen bzw. Hauptnormalverzerrungen dar. Als Bestätigung dieses Ergebnisses erhält man $\varepsilon_{12}=0$ durch Auswerten von (3.14-6) unter Berücksichtigung von $\sigma_{12}=0$.

Ordnet man die Hauptnormalspannungen und Hauptnormalverzerrungen der Größe nach, so ergeben sich folgende Ergebnisse:

$$\begin{aligned}\sigma_1 = \sigma_{33} &= -892.65\ \mathrm{kN/m^2}\ , & \varepsilon_1 = \varepsilon_{33} &= 0.000\ ,\\ \sigma_2 = \sigma_{22} &= -1422.45\ \mathrm{kN/m^2}\ , & \varepsilon_2 = \varepsilon_{22} &= -2.605\cdot 10^{-5}\ ,\\ \sigma_3 = \sigma_{11} &= -3536.72\ \mathrm{kN/m^2}\ , & \varepsilon_3 = \varepsilon_{11} &= -1.300\cdot 10^{-4}\ .\end{aligned} \tag{3.14-11}$$

(b) Spannungen und Verzerrungen im gedrehten Koordinatensystem

Aufgrund der Tatsache, dass die x_3'- mit der x_3-Achse zusammenfällt, ist nur eine Transformation in der Ebene erforderlich und es können deshalb die Transformationsbeziehungen für den ebenen Spannungs- bzw. Verzerrungszustand verwendet werden. Spezialisiert man die Transformationsbeziehungen für den ebenen Spannungszustand (3.12-24) bzw. (3.162) für den vorliegenden Fall, so erhält man unter Bedachtnahme auf Abb. 3.14-1(b)

$$\begin{aligned}\sigma'_{11} &= \sigma_{11}\cos^2\alpha+\sigma_{22}\sin^2\alpha+2\sigma_{12}\sin\alpha\cos\alpha\\ &= \sigma_3\cos^2\alpha+\sigma_2\sin^2\alpha = -3536.72\cos^2 75^\circ-1422.45\sin^2 75^\circ\\ \sigma'_{11} &= -1564.08\ \mathrm{kN/m^2}\ ,\end{aligned} \tag{3.14-12}$$

$$\begin{aligned}\sigma'_{22} &= \sigma_{11}\sin^2\alpha+\sigma_{22}\cos^2\alpha-2\sigma_{12}\sin\alpha\cos\alpha\\ &= \sigma_3\sin^2\alpha+\sigma_2\cos^2\alpha = -3536.72\sin^2 75^\circ-1422.45\cos^2 75^\circ\\ \sigma'_{22} &= -3395.09\ \mathrm{kN/m^2}\ ,\end{aligned} \tag{3.14-13}$$

$$\begin{aligned}
\sigma'_{12} &= (-\sigma_{11} + \sigma_{22}) \sin\alpha \cos\alpha + \sigma_{12} \left(\cos^2\alpha - \sin^2\alpha\right) \\
&= (-\sigma_3 + \sigma_2) \sin\alpha \cos\alpha = (3536.72 - 1422.45) \sin 75^\circ \cos 75^\circ \\
\sigma'_{12} &= 528.57 \text{ kN/m}^2 \ , && (3.14\text{-}14) \\
\sigma'_{33} &= \sigma_{33} = -892.65 \text{ kN/m}^2 \ . && (3.14\text{-}15)
\end{aligned}$$

Auf analoge Weise erhält man durch Anwendung der Transformationsbeziehungen für den ebenen Verzerrungszustand gemäß (3.9-3) bzw. (3.82) die Verzerrungen zu

$$\begin{aligned}
\varepsilon'_{11} &= \varepsilon_{11} \cos^2\alpha + \varepsilon_{22} \sin^2\alpha + 2\varepsilon_{12} \sin\alpha \cos\alpha \\
&= \varepsilon_3 \cos^2\alpha + \varepsilon_2 \sin^2\alpha = (-13.0 \cos^2 75^\circ - 2.605 \sin^2 75^\circ) \cdot 10^{-5} \\
\varepsilon'_{11} &= -3.301 \cdot 10^{-5} \ , && (3.14\text{-}16) \\
\varepsilon'_{22} &= \varepsilon_{11} \sin^2\alpha + \varepsilon_{22} \cos^2\alpha - 2\varepsilon_{12} \sin\alpha \cos\alpha \\
&= \varepsilon_3 \sin^2\alpha + \varepsilon_2 \cos^2\alpha = (-13.0 \sin^2 75^\circ - 2.605 \cos^2 75^\circ) \cdot 10^{-5} \\
\varepsilon'_{22} &= -12.304 \cdot 10^{-5} \ , && (3.14\text{-}17) \\
\varepsilon'_{12} &= (-\varepsilon_{11} + \varepsilon_{22}) \sin\alpha \cos\alpha + \varepsilon_{12}(\cos^2\alpha - \sin^2\alpha) \\
&= (-\varepsilon_3 + \varepsilon_2) \sin\alpha \cos\alpha = (13.0 - 2.605) \sin 75^\circ \cos 75^\circ \cdot 10^{-5} \\
\varepsilon'_{12} &= 2.599 \cdot 10^{-5} \ , && (3.14\text{-}18) \\
\varepsilon'_{33} &= \varepsilon_{33} = 0.0 \ . && (3.14\text{-}19)
\end{aligned}$$

Alternativ zur obigen Vorgangsweise könnten etwa die Verzerrungen im gedrehten Koordinatensystem x'_1, x'_2, x'_3 aus den transformierten Spannungen unter Verwendung des verallgemeinerten HOOKE'schen Gesetzes für den ebenen Verzerrungszustand ermittelt werden. Setzt man die transformierten Spannungen in (3.14-6) ein, d.h.

$$\left\{ \begin{array}{c} \varepsilon'_{11} \\ \varepsilon'_{22} \\ 2\varepsilon'_{12} \end{array} \right\} = \frac{1-\nu^2}{E} \begin{bmatrix} 1 & \dfrac{-\nu}{1-\nu} & 0 \\ & 1 & 0 \\ symm. & & \dfrac{2}{1-\nu} \end{bmatrix} \cdot \left\{ \begin{array}{c} -1564.08 \\ -3395.09 \\ 528.57 \end{array} \right\} , \qquad (3.14\text{-}20)$$

so erhält man unter Verwendung der elastischen Konstanten gemäß (3.14-1) die Verzerrungen im transformierten System zu

$$\begin{aligned}
\varepsilon'_{11} &= -3.301 \cdot 10^{-5}, \\
\varepsilon'_{22} &= -12.304 \cdot 10^{-5}, && (3.14\text{-}21) \\
\varepsilon'_{12} &= 2.598 \cdot 10^{-5}.
\end{aligned}$$

(c) Graphische Kontrolle mittels MOHR'schem Kreis

Die graphische Kontrolle wird nachstehend für die Verzerrungen durchgeführt, könnte aber für die Spannungen in gleicher Weise erfolgen. Der Verzerrungszustand ist durch die Hauptverzerrungen entsprechend (3.14-11) gegeben, wobei für den zu untersuchenden ebenen Verzerrungszustand ε_2 und ε_3 maßgebend sind. Da der Referenz-Verzerrungszustand ein Hauptverzerrungszustand ist, sind die zur Konstruktion des

MOHR'schen Kreises erforderlichen Punkte A, B und C durch ε_2 und ε_3 bestimmt und können zu

$$\begin{aligned} A(\varepsilon_3, 0) &= A(-13.000 \cdot 10^{-5}, 0) \left[\mathrm{N/mm^2}\right] , \\ B(\varepsilon_2, 0) &= B(-2.605 \cdot 10^{-5}, 0) \left[\mathrm{N/mm^2}\right] , \\ C\left(\frac{\varepsilon_2 + \varepsilon_3}{2}\right) &= C(-7.803 \cdot 10^{-5}, 0) \left[\mathrm{N/mm^2}\right] \end{aligned} \tag{3.14-22}$$

geschrieben werden. Entsprechend den oben angeführten Überlegungen hinsichtlich der Spannungs- und Verzerrungshauptrichtungen und unter Berücksichtigung von (3.14-11) fällt die x_1-Achse in Abb. 3.14-1(b) mit der Spannungs- bzw. Verzerrungshauptrichtung für σ_3 bzw. ε_3 zusammen. Mit Hinblick auf den MOHR'schen Kreis folgt daraus, dass der Pol A mit dem Punkt E_3 und die Verbindungslinie CA mit der ε_{nn}-Achse zusammenfällt. In der MOHR'schen Darstellung folgt weiters, dass die der Bezugslinie CA entsprechende x_1-Achse am Element in Richtung der negativen ε_{nn}-Achse zeigt. Da entsprechend Abb. 3.14-1(b) der zwischen x_1- und x_1'-Achse eingeschlossene

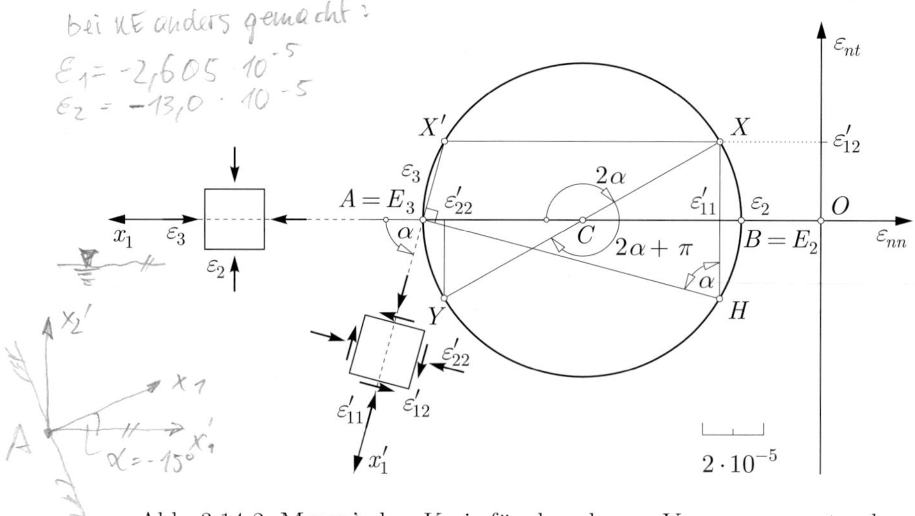

Abb. 3.14-2: MOHR'scher Kreis für den ebenen Verzerrungszustand

Winkel α positiv ist, wird im MOHR'schen Diagramm 2α von der Bezugslinie CA im Uhrzeigersinn abgetragen. Mit dem damit festgelegten Punkt X sind die Verzerrungen ε_{11}' (< 0) und ε_{12}' (> 0) bestimmt. Die Verzerrung ε_{22}' (< 0) erhält man aus dem bezüglich C zentralsymmetrisch zu X gelegenen Punkt Y. Der zu X an der Vertikalen durch C gespiegelte Punkt X' legt mit der Verbindungslinie durch A die Richtung der x_1'-Achse fest. Im Gegensatz zu den früheren Beispielen wird der zum Zentriwinkel 2α gehörende Peripheriewinkel hier nicht von den Verbindungslinien $X'X$ und $X'A$ eingeschlossen, sondern α tritt am Hilfspunkt H, den man durch Spiegelung von X an der ε_{nn}-Achse erhält, auf. Die Richtung von x_1' steht normal auf die Verbindungslinie AH. In Abb. 3.14-2 sind die Verzerrungskomponenten an dem unter α bezüglich der x_1-Achse geneigten Element entsprechend ihrer tatsächlichen Wirkungsrichtung eingetragen (die Richtung der Schubverzerrung fällt mit der positiven x_2'-Achse zusammen).

Beispiel 3.15: Isotrope Scheibe (ESZ) – Verallgemeinertes HOOKE'sches Gesetz

Abb. 3.15-1 zeigt einen Ausschnitt einer Scheibe mit einem unbelasteten Rand. Innerhalb bestimmter Beanspruchungsgrenzen kann das Werkstoffverhalten der Scheibe mit dem verallgemeinerten HOOKE'schen Gesetz beschrieben werden. Der Schubmodul G des Materials und die zulässige Gleitung $|\gamma^{(\mathrm{zul})}|$ im Punkt A sind zu

$$\begin{aligned} G &= 8000\ \mathrm{kN/cm^2}\ , \\ \left|\gamma_{12}^{(\mathrm{zul})}\right| &= 4.375 \cdot 10^{-4} \end{aligned} \tag{3.15-1}$$

gegeben. Die Lage des Scheibenrandes bezüglich des Koordinatensystems x_1', x_2' ist der Abb. 3.15-1 zu entnehmen. Für den Punkt A des unbelasteten Randes sind unter der Voraussetzung, dass in A gerade die zulässige Gleitung $\gamma^{(\mathrm{zul})}$ auftritt, die nachfolgenden Aufgaben analytisch zu lösen und graphisch unter Verwendung des MOHR'schen Kreises zu kontrollieren:

- Hauptnormalspannungen und Spannungshauptrichtungen,
- Spannungstensor σ_{ij}' bezogen auf das Koordinatensystem x_1', x_2'.

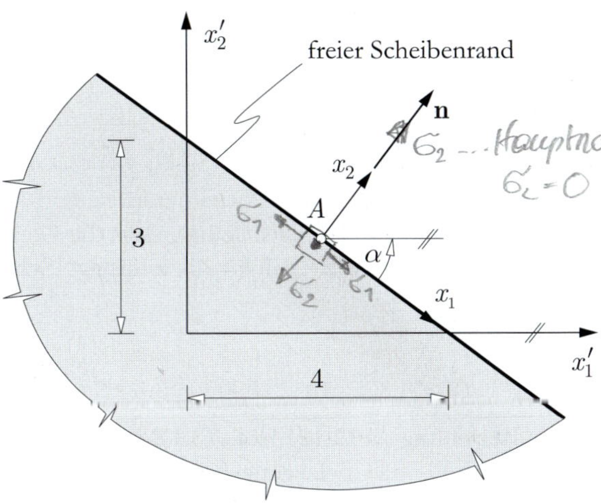

Abb. 3.15-1: Draufsicht auf einen Ausschnitt einer Scheibe mit Messpunkt A am freien Scheibenrand

Scheiben sind ebene Flächentragwerke, bei denen die Belastung ausschließlich in der Mittelfläche wirkt. Die Spannungskomponenten in Richtung der Normalen auf die Scheibenmittelfläche verschwinden, d.h. unter der Annahme, dass die Mittelfläche mit der x_1x_2-Ebene zusammenfällt, herrscht in dieser Ebene ein ebener Spannungszustand und es gilt $\sigma_{31} = \sigma_{32} = \sigma_{33} = 0$. Eine Dickenänderung zufolge der Belastung ist aber dennoch möglich.

Bei Auftreten der zulässigen Gleitung $|\gamma^{(\mathrm{zul})}|$ wirkt in der Scheibe die Schubspannung $|\tau^{(\mathrm{zul})}|$. Da definitionsgemäß keine größere Schubspannung auftreten darf, gilt $|\tau_{\max}| = |\tau^{(\mathrm{zul})}|$.

(a) Analytisch

• ***Hauptnormalspannungen und Spannungshauptrichtungen in A***

Greifen an einem Rand (Oberfläche) einer Struktur keine Oberflächenkräfte an, so verschwinden die Normalspannungskomponente normal zum Rand und die Schubspannungskomponente tangential zum Rand. Somit bleibt bei einem ebenen Spannungszustand bzw. einer Scheibe im Bereich des unbelasteten Randes nur die Normalspannungskomponente parallel zum Rand als einzige von null verschiedene Spannungskomponente übrig. Da schubspannungsfreie Ebenen Hauptnormalspannungsebenen sind, folgt daraus, dass der Normalenvektor auf den unbelasteten Rand die Richtung einer Hauptnormalspannung angibt. Somit sind im Punkt A die Hauptrichtungen bereits bekannt und der Winkel α, den die verbleibende Hauptspannung mit der x_1'-Achse einschließt, ergibt sich aus der Abb. 3.15-1 zu

$$\tan\alpha = \frac{3}{4} \quad \rightarrow \quad \alpha = 36.87^\circ \ . \tag{3.15-2}$$

Aus der gegebenen Gleitung $\gamma^{(\mathrm{zul})}$ kann die dieser Gleitung zugeordnete Schubspannung mittels des verallgemeinerten HOOKE'schen Gesetzes für den ebenen Spannungszustand, das gemäß (3.304) unter Vernachlässigung des Temperaturterms zu

$$\begin{Bmatrix} \varepsilon_{11} \\ \varepsilon_{22} \\ 2\varepsilon_{12} \end{Bmatrix} = \begin{bmatrix} \frac{1}{E} & \frac{-\nu}{E} & 0 \\ & \frac{1}{E} & 0 \\ \mathit{symm.} & & \frac{1}{G} \end{bmatrix} \cdot \begin{Bmatrix} \sigma_{11} \\ \sigma_{22} \\ \sigma_{12} \end{Bmatrix} \tag{3.15-3}$$

gegeben ist, ermittelt werden. Einsetzen der Daten entsprechend (3.15-1) in die letzte der Gleichungen (3.15-3) und unter Berücksichtigung, dass die Gleitung der doppelten Schubverzerrung entspricht, d.h. $\gamma_{12} = 2\varepsilon_{12}$, folgt die zulässige Schubspannung zu

$$\begin{aligned} \gamma_{12}^{(\mathrm{zul})} &= 2\varepsilon_{12}^{(\mathrm{zul})} = \frac{\sigma_{12}^{(\mathrm{zul})}}{G} \\ \sigma_{12}^{(\mathrm{zul})} &= \tau^{(\mathrm{zul})} = \gamma_{12}^{(\mathrm{zul})} \cdot G = 4.375 \cdot 10^{-4} \cdot 8000 = 3.5\ \mathrm{kN/cm}^2 \ . \end{aligned} \tag{3.15-4}$$

Unter Verwendung der Beziehung (3.12-12) bzw. (3.172) und unter Berücksichtigung, dass eine der Hauptspannungen eines belastungsfreien Randes verschwindet, lässt sich die gesuchte Hauptnormalspannung aus

$$\tau^{(\mathrm{zul})} = \tau_{\max} = \left|\frac{\sigma_1 - \sigma_2}{2}\right| \tag{3.15-5}$$

ermitteln. Unter der Annahme, dass die in tangentialer Richtung des freien Randes wirkende Hauptnormalspannung eine Zugspannung ist, folgen aus (3.15-5) die Hauptnormalspannungen im Falle ihrer Reihung der Größe nach ($\sigma_1 \geq \sigma_2$) zu

$$\begin{aligned} &\sigma_2 = 0\ \mathrm{kN/cm}^2 \ , \\ &\sigma_1 = 2\tau = 2 \cdot 3.5 = 7.0\ \mathrm{kN/cm}^2 \ . \end{aligned} \tag{3.15-6}$$

Analog ergäben sich die Hauptspannungen im Falle einer in tangentialer Richtung des freien Randes wirkenden Druckspannung zu

$$\sigma_1 = 0, \quad \sigma_2 = -7.0\ \mathrm{kN/cm}^2 \ . \tag{3.15-7}$$

$\tan\alpha = \frac{3}{4} \Rightarrow \alpha = 36{,}87^\circ$

• ***Spannungstensor bezogen auf das gedrehte Koordinatensystem***

Die Spannungen bezüglich des Koordinatensystem x_1', x_2' erhält man durch Anwendung der Transformationsbeziehungen (3.12-24) für den ebenen Fall. Dabei ist zu berücksichtigen, dass der Winkel α den Winkel von der x_1-Achse des alten Koordinatensystems zur x_1'-Achse des neuen Koordinatensystems misst (siehe Abb. 3.15-1). In den folgenden Transformationsbeziehungen ist α deshalb mit positivem Vorzeichen einzusetzen.

$$\begin{aligned}
\sigma_{11}' &= \sigma_{11}\cos^2\alpha + \sigma_{22}\sin^2\alpha + 2\sigma_{12}\sin\alpha\cos\alpha \\
&= \sigma_1\cos^2\alpha = 7\cos^2 36.87° = 4.48\ \mathrm{kN/cm^2}\ , \qquad (3.15\text{-}8)\\
\sigma_{22}' &= \sigma_{11}\sin^2\alpha + \sigma_{22}\cos^2\alpha - 2\sigma_{12}\sin\alpha\cos\alpha \\
&= \sigma_1\sin^2\alpha = 7\sin^2 36.87° = 2.52\ \mathrm{kN/cm^2}\ , \qquad (3.15\text{-}9)\\
\sigma_{12}' &= (-\sigma_{11}+\sigma_{22})\sin\alpha\cos\alpha + \sigma_{12}\left(\cos^2\alpha - \sin^2\alpha\right) \\
&= -\sigma_1\sin\alpha\cos\alpha = -7\sin 36.87°\cos 36.87° = -3.36\ \mathrm{kN/cm^2}\ . \qquad (3.15\text{-}10)
\end{aligned}$$

Zur Kontrolle können die Ergebnisse (3.15-8) bis (3.15-10) zur Ermittlung der Hauptspannungen mittels der Beziehung (3.12-4) bzw. (3.167) verwendet werden, d.h.

$$\begin{aligned}
\sigma_{1(2)} &= \frac{\sigma_{11}'+\sigma_{22}'}{2} \,{}_{(}\pm_{)} \sqrt{\left(\frac{\sigma_{11}'-\sigma_{22}'}{2}\right)^2 + (\sigma_{12}')^2} \\
&= \frac{4.48+2.52}{2} \,{}_{(}\pm_{)} \sqrt{\left(\frac{4.48-2.52}{2}\right)^2 + 3.36^2} = 3.5 \,{}_{(}\pm_{)}\, 3.5 \\
\sigma_1 &= 7.0\ \mathrm{kN/cm^2}, \quad \sigma_2 = 0.0\ \mathrm{kN/cm^2}\ . \qquad (3.15\text{-}11)
\end{aligned}$$

Weiters folgen die Spannungshauptrichtungen zu

$$\begin{aligned}
&\tan 2\alpha_1 = \frac{2\sigma_{12}'}{\sigma_{11}'-\sigma_{22}'} = \frac{2\cdot(-3.36)}{4.48-2.52} = -3.429 \\
&\alpha_1^{(1)} = \arctan(-3.429) = -36.87°\ , \quad \alpha_1^{(2)} = 53.13°\ . \qquad (3.15\text{-}12)
\end{aligned}$$

Einsetzen von $(3.15\text{-}12)_1$ in $(3.15\text{-}8)_1$ bestätigt, dass $\alpha_1^{(1)}$ tatsächlich die Richtung der Hauptspannung σ_1 bezogen auf die x_1'-Achse angibt. Der negative Wert von $\alpha_1^{(1)}$ stellt keinen Widerspruch dar, da α_1 jeweils den Winkel von der x_1-Achse eines beliebigen Koordinatensystem zur ersten Hauptachse misst. Da oben die Spannungen des Systems x_1', x_2' zur Ermittlung der Hauptspannungen verwendet wurden, misst $\alpha_1^{(1)}$ im gegenständlichen Fall den Winkel von der x_1'-Achse zur ersten Spannungshauptrichtung.

(b) Graphisch

Die Größe des MOHR'schen Spannungskreises ist durch die maximale Schubspannung festgelegt und dessen Lage folgt aus der Bedingung $\sigma_2 = 0$. Unter Verwendung von (3.15-5) folgt weiters $|\sigma_1| = 2\tau_{\max}$, womit sich die zur Konstruktion des MOHR'schen Spannungskreises erforderlichen Punkte zu

$$\begin{aligned}
A(\sigma_1,0) &= A(7.0,0)\ \left[\mathrm{kN/cm^2}\right]\ ,\\
B(\sigma_2,0) &= B(0,0)\ \left[\mathrm{kN/cm^2}\right]\ , \qquad (3.15\text{-}13)\\
C\left(\frac{\sigma_1+\sigma_2}{2}\right) &= C(3.5,0)\ \left[\mathrm{kN/cm^2}\right]
\end{aligned}$$

ergeben. Die Lösung der Aufgabe erfolgt durch Transformation des Spannungszustandes. Der Pol A fällt hier mit dem Punkt S_1 zusammen und die Verbindungslinie CA deckt sich mit der σ_{nn}-Achse. Somit fällt auch die der Bezugslinie CA entsprechende x_1-Achse an einem Element des Körpers mit der Richtung der σ_{nn}-Achse zusammen, wie in Abb. 3.15-2 dargestellt. Da entsprechend Abb. 3.15-1 der zwischen x_1- und

(*) entsprechend der phys. Wirkungsrichtung

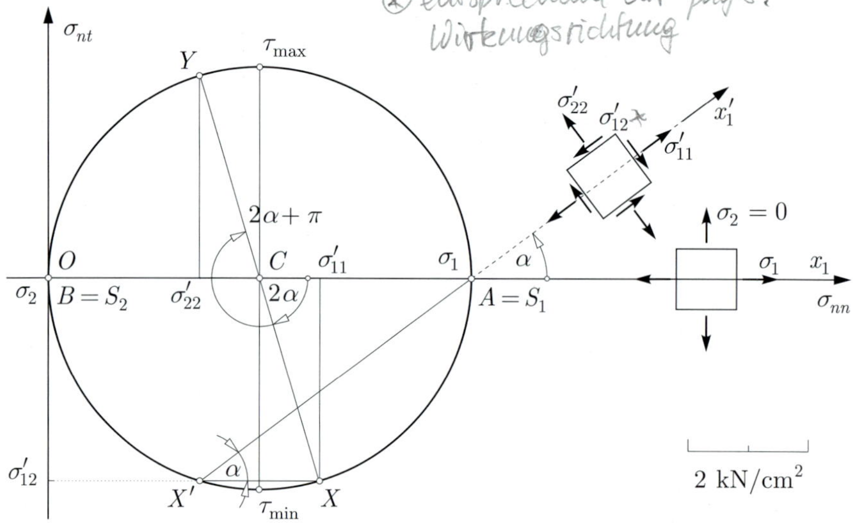

Abb. 3.15-2: MOHR'scher Kreis zur Ermittlung der Spannungen $\sigma'_{11}, \sigma'_{22}, \sigma'_{12}$

x'_1-Achse eingeschlossene Winkel α positiv ist, wird im MOHR'schen Diagramm 2α von der Bezugslinie CA im Uhrzeigersinn abgetragen. Mit dem damit festgelegten Punkt X sind die Spannungen σ'_{11} und σ'_{12} bestimmt. Die Spannung σ'_{22} erhält man aus dem bezüglich C zentralsymmetrisch zu X gelegenen Punkt Y. An dem zu X am Durchmesser $\tau_{\max}\tau_{\min}$ gespiegelten Punkt X' schließen die Verbindungslinien $X'X$ und $X'A$ einen zum Zentriwinkel 2α gehörenden Peripheriewinkel α ein. Somit legt die Verbindungslinie $X'A$ die Richtung der x'_1-Achse fest. In Abb. 3.15-2 sind die Spannungskomponenten an dem unter α bezüglich der x_1-Achse geneigten Element entsprechend ihrer tatsächlichen Wirkungsrichtung eingetragen. Wie daraus ersichtlich, fällt die Richtung der Schubspannung σ'_{12} mit der negativen x'_2-Achse zusammen. Unter Verwendung des Maßstabs für die Spannungen können die aus Abb. 3.15-2 abgelesenen Werte mit den numerischen Ergebnissen entsprechend (3.15-8) bis (3.15-10) verglichen werden.

Beispiel 3.16: Orthotrope Scheibe (ESZ) – Verallgemeinertes HOOKE'sches Gesetz

Abb. 3.16-1 zeigt eine Holzscheibe, deren Faserrichtung mit der x_1-Achse einen Winkel $\alpha = 25°$ einschließt. In der Scheibe herrscht ein ebener Spannungszustand. Die

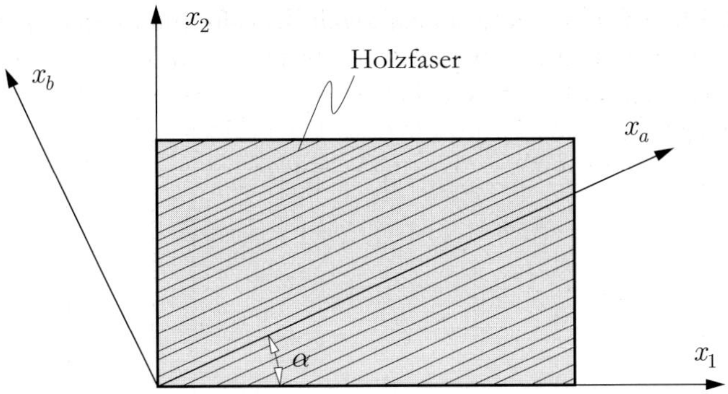

Abb. 3.16-1: Scheibe aus Holz mit Maserung unter α bezüglich x_1-Achse

Verzerrungen zufolge dieses Spannungszustandes wurden zu

$$\varepsilon_{11} = -2.4 \cdot 10^{-4} \,, \qquad \varepsilon_{22} = -3.9 \cdot 10^{-4} \,, \qquad \varepsilon_{12} = 8.8 \cdot 10^{-4} \tag{3.16-1}$$

gemessen. Die auf die Hauptrichtungen des orthotropen Materials bezogenen Materialkennwerte sind zu

$$\begin{aligned} E_{\parallel} &= 1000\,\mathrm{kN/cm^2} \,, & G &= 50\,\mathrm{kN/cm^2} \,, \\ E_{\perp} &= 30\,\mathrm{kN/cm^2} \,, & \nu_{\perp\parallel} &= 0.3 \end{aligned} \tag{3.16-2}$$

gegeben. Dabei bedeuten $E_{\parallel}$ bzw. $E_{\perp}$ die Elastizitätsmoduln parallel bzw. quer zur Faserrichtung und $\nu_{\perp\parallel}$ bezeichnet die Querdehnung normal zur Faserrichtung zufolge Beanspruchung parallel zur Faserrichtung. Die zulässigen Spannungen sind zu

$$\left|\sigma_{\parallel}^{(zul)}\right| = 1.0\,\mathrm{kN/cm^2} \,, \quad \left|\sigma_{\perp}^{(zul)}\right| = 0.2\,\mathrm{kN/cm^2} \,, \quad \left|\tau^{(zul)}\right| = 0.09\,\mathrm{kN/cm^2} \tag{3.16-3}$$

vorgegeben. Folgende Berechnungen sind durchzuführen:

(a) Nachweis, dass für den gegebenen Beanspruchungszustand die zulässigen Spannungen eingehalten werden,

(b) Spannungen im Koordinatensystem x_1, x_2.

Vorbemerkungen

Ein orthotroper Werkstoff ist durch drei zueinander orthogonale Symmetrieebenen des Materials gekennzeichnet. Diese stellen die Hauptrichtungen des Materials dar. Da Normalspannungen, die in diesen Richtungen wirken, keinen Beitrag zu den Schubverzerrungen leisten und die Schubspannungen, die in diesen Richtungen wirken, nicht zu den Normalverzerrungen beitragen, sind in der Formulierung des verallgemeinerten HOOKE'schen Gesetzes in den Hauptrichtungen des Materials – wie im Falle eines isotropen Materials – nur Normalverzerrungen mit Normalspannungen und Schubverzerrungen mit Schubspannungen gekoppelt. Außerdem ist eine bestimmte Schubverzerrung jeweils nur von der betreffenden Schubspannung abhängig, wie das verallgemeinerte HOOKE'sche Gesetz für die Hauptrichtungen des Materials gemäß (3.292)

$$\begin{Bmatrix} \varepsilon_{11} \\ \varepsilon_{22} \\ \varepsilon_{33} \\ 2\varepsilon_{12} \\ 2\varepsilon_{23} \\ 2\varepsilon_{31} \end{Bmatrix} = \begin{bmatrix} \frac{1}{E_1} & \frac{-\nu_{12}}{E_2} & \frac{-\nu_{13}}{E_3} & 0 & 0 & 0 \\ \frac{-\nu_{21}}{E_1} & \frac{1}{E_2} & \frac{-\nu_{23}}{E_3} & 0 & 0 & 0 \\ \frac{-\nu_{31}}{E_1} & \frac{-\nu_{32}}{E_2} & \frac{1}{E_3} & 0 & 0 & 0 \\ 0 & 0 & 0 & \frac{1}{G_{12}} & 0 & 0 \\ 0 & 0 & 0 & 0 & \frac{1}{G_{23}} & 0 \\ 0 & 0 & 0 & 0 & 0 & \frac{1}{G_{31}} \end{bmatrix} \cdot \begin{Bmatrix} \sigma_{11} \\ \sigma_{22} \\ \sigma_{33} \\ \sigma_{12} \\ \sigma_{23} \\ \sigma_{31} \end{Bmatrix} \tag{3.16-4}$$

zeigt. Für den ebenen Spannungszustand vereinfacht sich (3.16-4) durch Streichen der entsprechenden Zeilen und Spalten zu

$$\begin{Bmatrix} \varepsilon_{11} \\ \varepsilon_{22} \\ 2\varepsilon_{12} \end{Bmatrix} = \begin{bmatrix} \frac{1}{E_1} & \frac{-\nu_{12}}{E_2} & 0 \\ \frac{-\nu_{21}}{E_1} & \frac{1}{E_2} & 0 \\ 0 & 0 & \frac{1}{G_{12}} \end{bmatrix} \cdot \begin{Bmatrix} \sigma_{11} \\ \sigma_{22} \\ \sigma_{12} \end{Bmatrix} . \tag{3.16-5}$$

(a) Nachweis der zulässigen Spannungen

Da, wie (3.16-4) und (3.16-5) zeigen, das verallgemeinerte HOOKE'sche Gesetz für orthotrope Werkstoffe in den Hauptrichtungen des orthotropen Materials formuliert ist, müssen die gemessenen Verzerrungen in die Hauptrichtungen transformiert werden. Um Verwechslungen auszuschließen, werden diese Hauptrichtungen 1 und 2 wie folgt bezeichnet:

$$\begin{aligned} 1 &\equiv \parallel \text{ zur Faserrichtung} \quad \rightarrow \quad a \ , \\ 2 &\equiv \perp \text{ zur Faserrichtung} \quad \rightarrow \quad b \ . \end{aligned} \tag{3.16-6}$$

Unter Verwendung der Transformationsbeziehungen (3.9-3) bzw. (3.82) und der gemessenen Werte (3.16-1) ergeben sich die gesuchten Verzerrungen in den Hauptrichtungen des Materials ($\alpha = 25°$) zu

$$\begin{aligned} \varepsilon_a = \varepsilon'_{11} &= \varepsilon_{11}\cos^2\alpha + \varepsilon_{22}\sin^2\alpha + 2\varepsilon_{12}\sin\alpha\cos\alpha \\ &= \left[-2.4\cos^2 25° - 3.9\sin^2 25° + 17.6\sin 25°\cos 25°\right]\cdot 10^{-4} \\ &= 4.07\cdot 10^{-4} \ , \end{aligned} \tag{3.16-7}$$

$$\begin{aligned} \varepsilon_b = \varepsilon'_{22} &= \varepsilon_{11}\sin^2\alpha + \varepsilon_{22}\cos^2\alpha - 2\varepsilon_{12}\sin\alpha\cos\alpha \\ &= \left[-2.4\sin^2 25° - 3.9\cos^2 25° - 17.6\sin 25°\cos 25°\right]\cdot 10^{-4} \\ &= -10.37\cdot 10^{-4} \ , \end{aligned} \tag{3.16-8}$$

$$\begin{aligned} \varepsilon_{ab} = \varepsilon'_{12} &= (-\varepsilon_{11} + \varepsilon_{22})\sin\alpha\cos\alpha + \varepsilon_{12}\left(\cos^2\alpha - \sin^2\alpha\right) \\ &= \left[(2.4 - 3.9)\sin 25°\cos 25° + 17.6\left(\cos^2 25° - \sin^2 25°\right)\right]\cdot 10^{-4} \\ &= 5.08\cdot 10^{-4} \ . \end{aligned} \tag{3.16-9}$$

Mit den Bezeichnungen entsprechend (3.16-6) lässt sich (3.16-5) zu

$$\left\{ \begin{array}{c} \varepsilon_a \\ \varepsilon_b \\ \gamma_{ab} \end{array} \right\} = \left[\begin{array}{ccc} \dfrac{1}{E_a} & \dfrac{-\nu_{ab}}{E_b} & 0 \\ \dfrac{-\nu_{ba}}{E_a} & \dfrac{1}{E_b} & 0 \\ 0 & 0 & \dfrac{1}{G_{ab}} \end{array} \right] \cdot \left\{ \begin{array}{c} \sigma_a \\ \sigma_b \\ \sigma_{ab} \end{array} \right\} \tag{3.16-10}$$

anschreiben. Wegen der Symmetrie des Materialnachgiebigkeitstensors folgt ν_{ab}, dies ist die Querdehnung in Richtung a (in Faserrichtung) zufolge Beanspruchung in Richtung b (quer zur Faserrichtung), gemäß (3.293) zu

$$\begin{aligned} \frac{\nu_{ab}}{E_b} &= \frac{\nu_{ba}}{E_a} \\ \nu_{ab} &= \nu_{ba}\frac{E_b}{E_a} = 0.3\frac{30}{1000} = 0.009 \ . \end{aligned} \tag{3.16-11}$$

Einsetzen von (3.16-2), (3.16-7) bis (3.16-9) und (3.16-11) in (3.16-10) unter Berücksichtigung der im ebenen Fall gültigen Identität $G_{ab} \equiv G$ führt auf

$$\left\{ \begin{array}{r} 407 \\ -1037 \\ 1016 \end{array} \right\} \cdot 10^{-6} = \left[\begin{array}{ccc} 0.0010 & -0.0003 & 0 \\ -0.0003 & 0.033\dot{3} & 0 \\ 0 & 0 & 0.0200 \end{array} \right] \cdot \left\{ \begin{array}{c} \sigma_a \\ \sigma_b \\ \sigma_{ab} \end{array} \right\} . \tag{3.16-12}$$

Da, wie oben dargelegt, die Schubspannung keinen Beitrag zu den Normalverzerrungen liefert, ist im ebenen Fall zur Ermittlung der Normalspannungen lediglich ein Gleichungssystem mit zwei Unbekannten zu lösen und die Schubspannung kann unmittelbar angeschrieben werden. Aus (3.16-12) folgen die Spannungen in den Hauptrichtungen des Materials zu

$$\begin{aligned} \sigma_a &= \sigma_{\|} &= \quad 0.399\ \mathrm{kN/cm}^2 \ , \\ \sigma_b &= \sigma_{\perp} &= -0.028\ \mathrm{kN/cm}^2 \ , \\ \sigma_{ab} &= \tau &= \quad 0.051\ \mathrm{kN/cm}^2 \ . \end{aligned} \tag{3.16-13}$$

Der Vergleich der Absolutbeträge der ermittelten Spannungen mit den in (3.16-3) gegebenen Werten zeigt, dass unter der aktuellen Beanspruchung die zulässigen Spannungen in der Holzscheibe nicht überschritten werden.

(b) Normal- und Schubspannungen im Koordinatensystem x_1, x_2

Die Spannungen im Koordinatensystem x_1, x_2, in dem die Verzerrungen gemessen wurden, erhält man nun durch Anwendung der Transformationsbeziehung (3.12-24) bzw. (3.162). Spezialisiert man die Gleichungen (3.12-24) für den gegebenen Fall, so lautet diese $\alpha = -25^0$

$$\begin{aligned} \sigma_{11} &= \sigma_a \cos^2\alpha + \sigma_b \sin^2\alpha + 2\sigma_{ab}\sin\alpha\cos\alpha \ , \\ \sigma_{22} &= \sigma_a \sin^2\alpha + \sigma_b \cos^2\alpha - 2\sigma_{ab}\sin\alpha\cos\alpha \ , \\ \sigma_{12} &= (-\sigma_a + \sigma_b)\sin\alpha\cos\alpha + \sigma_{ab}(\cos^2\alpha - \sin^2\alpha) \ , \end{aligned} \tag{3.16-14}$$

wobei α den Winkel von der x_1-Achse des Ausgangssystems x_a, x_b – das ist jenes System, in welchem die Spannungen bekannt sind – zur x_1-Achse des neuen Systems

– das ist jenes System, in welchem die Spannungen gesucht sind – misst. Wie aus der Abb. 3.16-1 zu erkennen, gilt $\alpha = -25°$. Mit den Spannungen gemäß (3.16-13) ergeben sich die Spannungen im Koordinatensystem x_1, x_2 zu

$$\begin{aligned} \sigma_{11} &= 0.284\,\mathrm{kN/cm^2} \;, \\ \sigma_{22} &= 0.088\,\mathrm{kN/cm^2} \;, \\ \sigma_{12} &= 0.196\,\mathrm{kN/cm^2} \;. \end{aligned} \tag{3.16-15}$$

Zusammenfassung

Das vorliegende Beispiel zeigt, dass bei einem orthotropen Material die Spannungen im Allgemeinen nicht direkt mittels des verallgemeinerten HOOKE'schen Gesetzes aus den Verzerrungen berechnet werden können. Da das verallgemeinerte HOOKE'sche Gesetz für orthotrope Werkstoffe in den Hauptrichtungen des orthotropen Materials formuliert ist, müssen zuerst die Verzerrungen in die Hauptrichtungen des Materials transformiert werden, dann können die Spannungen mittels des verallgemeinerten HOOKE'schen Gesetzes für orthotrope Werkstoffe aus den Verzerrungen ermittelt werden. Falls wie im vorliegenden Beispiel erforderlich, sind die Spannungen anschließend wieder in das Ausgangssystem zu transformieren.

Beispiel 3.17: Dickwandiger Zylinder (Rotationssymmetrie) – Verallgemeinertes HOOKE'sches Gesetz

Abb. 3.17-1 zeigt einen Axialschnitt und einen Querschnitt des zu untersuchenden dickwandigen Zylinders mit dem Außenradius r_a, dem Innenradius r_i und der Höhe h. Der Zylinder, der durch gleichförmigen Außendruck p_a, Innendruck p_i und axialen Zug σ_0 beansprucht wird, besteht aus einem homogenen, isotropen Werkstoff mit linear elastischem Materialverhalten. Es sind die Verschiebungen, Verzerrungen und Spannungen zu ermitteln (vgl. auch [MH04]).

Zur Lösung einer allgemeinen elastizitätstheoretischen Aufgabe, d.h. zur Ermittlung der

- 3 Verschiebungskomponenten, der
- 6 Verzerrungskomponenten und der
- 6 Spannungskomponenten

eines beliebigen Punktes eines elastischen Körpers, stehen uns im Falle der Gültigkeit der linearen Elastizitätstheorie

- 6 kinematische Beziehungen (3.1-2) bzw. (3.313)

$$\varepsilon_{ij} = \frac{1}{2}\left(u_{i,j} + u_{j,i}\right) \;, \tag{3.17-1}$$

- 3 kinetische Beziehungen (3.10-2) bzw. (3.314)

$$\sigma_{ji,j} + f_i = \rho\, b_i \;, \tag{3.17-2}$$

- 6 konstitutive Beziehungen (3.13-4) (ohne Temperatureinfluss) bzw. (3.315)

$$\sigma_{ij} = C_{ijkl} \left[\varepsilon_{kl} - \alpha_{kl} (T - T_0) \right] \tag{3.17-3}$$

zur Verfügung.

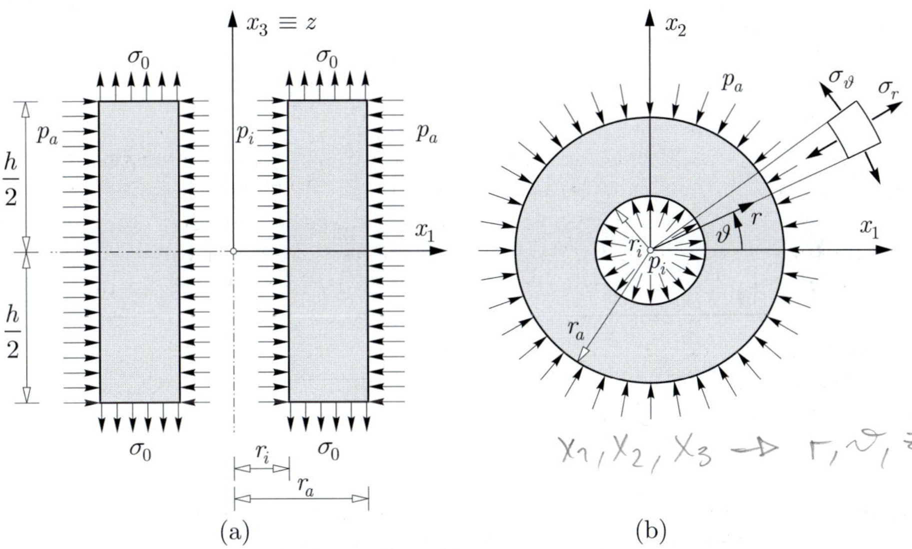

Abb. 3.17-1: Dickwandiger Zylinder unter gleichförmigem Innen- und Außendruck sowie gleichförmigem axialen Zug: (a) Längsschnitt; (b) Querschnitt

(a) Spezialisierung der kinematischen und kinetischen Beziehungen in Hinblick auf die vorliegende Problemstellung

Zur Lösung der vorliegenden Aufgabe erweisen sich Zylinderkoordinaten r, ϑ, z mit den zugehörigen Verschiebungskomponenten u, v, w als vorteilhaft. Darüber hinaus ergeben sich bei Ausnützung der Symmetrie wesentliche Vereinfachungen. Da jede die Rotationsachse beinhaltende Ebene eine Symmetrieebene des Zylinders ist, folgt, dass keine Abhängigkeit vom Winkel ϑ vorliegen kann. Besteht der Zylinder aus einem homogenen und isotropen Material, so liegt hinsichtlich der Struktur Rotationssymmetrie vor. Ist darüber hinaus auch die Belastung rotationssymmetrisch, so muss auch der Verschiebungs-, Verzerrungs- und Spannungszustand rotationssymmetrisch sein.

Liegt ein symmetrischer Verschiebungszustand vor, so impliziert dies, dass für alle Punkte der Symmetrieebene die Verschiebungskomponente normal zur Symmetrieebene verschwinden muss. Im Falle von Rotationssymmetrie folgt deshalb wegen der Unabhängigkeit von ϑ, dass die Verschiebungen in Umfangsrichtung null sein müssen, d.h.

$$v = 0 \,. \tag{3.17-4}$$

Weiters folgt wegen der Unabhängigkeit der Feldgrößen von ϑ, dass Ableitungen der Verschiebungen nach der Umfangskoordinate ϑ verschwinden, d.h.

$$\frac{\partial(\cdot)}{\partial\vartheta} = 0 \, . \tag{3.17-5}$$

Damit lassen sich die kinematischen Beziehungen ausgehend vom allgemeinen Fall der Formulierung in Zylinderkoordinaten entsprechend (3.97) für Rotationssymmetrie des Verzerrungszustandes gemäß (3.101) zu

$$\begin{array}{lcl}
\text{Allgemein} & & \text{Rotationssymmetrie} \\
\varepsilon_{rr} = \dfrac{\partial u}{\partial r} & \rightarrow & \varepsilon_{rr} = \dfrac{\partial u}{\partial r} \, , \\
\varepsilon_{\vartheta\vartheta} = \dfrac{u}{r} + \dfrac{1}{r}\dfrac{\partial v}{\partial\vartheta} & \rightarrow & \varepsilon_{\vartheta\vartheta} = \dfrac{u}{r} \, , \\
\varepsilon_{zz} = \dfrac{\partial w}{\partial z} & \rightarrow & \varepsilon_{zz} = \dfrac{\partial w}{\partial z} \, , \\
\varepsilon_{r\vartheta} = \dfrac{1}{2}\left(\dfrac{1}{r}\dfrac{\partial u}{\partial\vartheta} + \dfrac{\partial v}{\partial r} - \dfrac{v}{r}\right) & \rightarrow & \varepsilon_{r\vartheta} = 0 \, , \\
\varepsilon_{\vartheta z} = \dfrac{1}{2}\left(\dfrac{\partial v}{\partial z} + \dfrac{1}{r}\dfrac{\partial w}{\partial\vartheta}\right) & \rightarrow & \varepsilon_{\vartheta z} = 0 \, , \\
\varepsilon_{zr} = \dfrac{1}{2}\left(\dfrac{\partial w}{\partial r} + \dfrac{\partial u}{\partial z}\right) & \rightarrow & \varepsilon_{zr} = \dfrac{1}{2}\left(\dfrac{\partial w}{\partial r} + \dfrac{\partial u}{\partial z}\right)
\end{array} \tag{3.17-6}$$

spezialisieren. Wie ein Vergleich von (3.1-3) mit (3.17-6) zeigt, kann man die kinematischen Beziehungen für ε_{rr} und ε_{zz} formal aus jenen für ε_{11} und ε_{33} erhalten, wenn in (3.1-3) $x_1 \rightarrow r$, $u_1 \rightarrow u$ und $x_3 \rightarrow z$, $u_3 \rightarrow w$ gesetzt wird.

Die Normalverzerrung in Umfangsrichtung $\varepsilon_{\vartheta\vartheta}$ kann mit nachstehenden Überlegungen hergeleitet werden. Abb. 3.17-2 zeigt einen infinitesimalen Ausschnitt eines

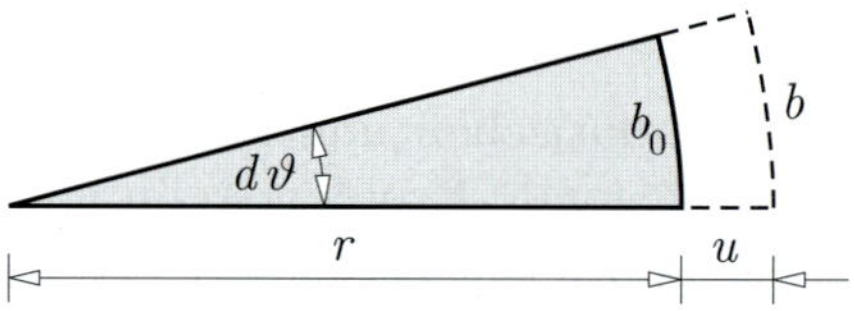

Abb. 3.17-2: Sektor eines rotationssymmetrischen Querschnitts mit infinitesimalem Mittelpunktswinkel $d\vartheta$ in unverformter und verformter Lage

rotationssymmetrischen Querschnitts (Kreis) mit dem Öffnungswinkel $d\vartheta$ in unverformter und verformter Lage. Die Bogenlänge des Kreissektors in der unverformten bzw. verformten Lage b_0 bzw. b beträgt:

$$\begin{aligned} b_0 &= r \cdot d\vartheta \, , \\ b &= (r+u) \cdot d\vartheta \, . \end{aligned} \tag{3.17-7}$$

Unter Verwendung der Definition der Normalverzerrung folgt $\varepsilon_{\vartheta\vartheta}$ aus (3.17-7) zu

$$\varepsilon_{\vartheta\vartheta} = \frac{\Delta l}{l} = \frac{b - b_0}{b_0} = \frac{[(r+u) - r] \cdot d\vartheta}{r \cdot d\vartheta} = \frac{u}{r} \, . \tag{3.17-8}$$

Wenn bezüglich einer Ebene hinsichtlich der Struktur und der Belastung Symmetrie vorliegt, ist die Verteilung der Normalspannungen symmetrisch bezüglich dieser Ebene. Die Verteilung der Schubspannungen ist in diesem Fall antimetrisch und hat einen Nulldurchgang in der Symmetrieebene. Somit folgen die Schubspannungen im Falle von Rotationssymmetrie wegen der Unabhängigkeit von ϑ zu

$$\sigma_{\vartheta r} = \sigma_{\vartheta z} = 0 \; . \tag{3.17-9}$$

Wie zuvor für die Verzerrungen gilt auch für die Spannungen, dass entsprechend (3.17-5) deren Ableitungen nach der Umfangskoordinate ϑ verschwinden.

Wegen der Unabhängigkeit der Radialbelastung von z und wegen der Unabhängigkeit der Axialbelastung von r folgt

$$\varepsilon_{zr} = 0 \; , \qquad \sigma_{zr} = 0 \; , \tag{3.17-10}$$

was sich mittels nachfolgender Modellvorstellung zeigen lässt. Denkt man sich den dickwandigen Zylinder aus vielen reibungsfrei ineinander passenden, dünnwandigen Rohren mit insgesamt der gleichen Querschnittsfläche aufgebaut, wobei zwischen den einzelnen Rohren keine Schubspannung übertragen werden kann, so ist leicht einzusehen, dass bei verschwindender Radialbelastung und bei Unabhängigkeit der Axialbelastung von r in jedem Rohr die gleiche Längsspannung herrscht und sich jedes Rohr um das gleiche Maß verformt. Somit herrscht bei diesem Belastungsfall auch im dickwandigen Rohr in zylindrischen Längsschnitten keine Schubspannung, d.h. $\sigma_{rz} = 0$. Eine analoge Modellvorstellung kann für den Lastfall einer verschwindenden Axial- und einer von z unabhängigen Radialbelastung verwendet werden. (3.17-10) kennzeichnet das Ebenbleiben der Querschnitte für $z =$ konst. und weist auf einen ebenen Formänderungszustand hin. Im Gegensatz zum ebenen Verzerrungszustand ändert sich hier allerdings die Lage der Querschnitte. Der ebene Verzerrungszustand ist somit ein Sonderfall des ebenen Formänderungszustands, wie nachstehende Gegenüberstellung zeigt:

ebener Formänderungszustand	ebener Verzerrungszustand	
$\varepsilon_{zz} =$ konst. für $z =$ konst. ,	$\varepsilon_{zz} = 0$,	
$\varepsilon_{zr} = 0$,	$\varepsilon_{zr} = 0$,	(3.17-11)
$\varepsilon_{z\vartheta} = 0$,	$\varepsilon_{z\vartheta} = 0$.	

Wie aus (3.17-6) und (3.17-10) ersichtlich ist, verschwinden im vorliegenden Fall alle Schubverzerrungen und damit, bei isotropem Material, auch alle Schubspannungen. Die Koordinatenrichtungen r, ϑ, z entsprechen folglich den Spannungs- und Verzerrungshauptrichtungen und die einzigen von null verschiedenen Spannungs- und Verzerrungskomponenten sind:

$$\begin{aligned} &\varepsilon_{rr} \equiv \varepsilon_r \; , \quad &&\varepsilon_{\vartheta\vartheta} \equiv \varepsilon_\vartheta \; , \quad &&\varepsilon_{zz} \equiv \varepsilon_z \; , \\ &\sigma_{rr} \equiv \sigma_r \; , \quad &&\sigma_{\vartheta\vartheta} \equiv \sigma_\vartheta \; , \quad &&\sigma_{zz} \equiv \sigma_z \; . \end{aligned} \tag{3.17-12}$$

Die linearen kinematischen Beziehungen (3.17-1) vereinfachen sich bei Rotationssymmetrie des Verzerrungszustandes entsprechend (3.17-6) und lauten für die Verzerrungshauptrichtungen r, ϑ, z:

$$\varepsilon_r = \frac{\partial u}{\partial r} \, , \quad \varepsilon_\vartheta = \frac{u}{r} \, , \quad \varepsilon_z = \frac{\partial w}{\partial z} \; . \tag{3.17-13}$$

Vereinf. zuf. Belastung:
$p_i \neq f(z)$ $\sigma_0 \neq f(r)$
$p_a \neq f(z)$

Die CAUCHY'schen Bewegungsgleichungen in Zylinderkoordinaten sind gemäß (3.192) zu

$$\begin{aligned}
&\frac{\partial \sigma_{rr}}{\partial r} + \frac{1}{r}\frac{\partial \sigma_{\vartheta r}}{\partial \vartheta} + \frac{\partial \sigma_{zr}}{\partial z} + \frac{1}{r}\left(\sigma_{rr} - \sigma_{\vartheta\vartheta}\right) + f_r = \rho\, b_r \\
&\frac{\partial \sigma_{r\vartheta}}{\partial r} + \frac{1}{r}\frac{\partial \sigma_{\vartheta\vartheta}}{\partial \vartheta} + \frac{\partial \sigma_{z\vartheta}}{\partial z} + \frac{2}{r}\sigma_{r\vartheta} + f_\vartheta = \rho\, b_\vartheta \qquad (3.17\text{-}14)\\
&\frac{\partial \sigma_{rz}}{\partial r} + \frac{1}{r}\frac{\partial \sigma_{\vartheta z}}{\partial \vartheta} + \frac{\partial \sigma_{zz}}{\partial z} + \frac{1}{r}\sigma_{rz} + f_z = \rho\, b_z
\end{aligned}$$

gegeben. Im Falle von Rotationssymmetrie vereinfacht sich (3.17-14) wegen (3.17-9) und aufgrund der Unabhängigkeit der Feldgrößen von der Umfangskoordinate ϑ zu (3.196), d.h.

$$\frac{\partial \sigma_{rr}}{\partial r} + \frac{\partial \sigma_{zr}}{\partial z} + \frac{1}{r}\left(\sigma_{rr} - \sigma_{\vartheta\vartheta}\right) + f_r = \rho\, b_r\ , \qquad (3.17\text{-}15)$$

$$\frac{\partial \sigma_{rz}}{\partial r} + \frac{\partial \sigma_{zz}}{\partial z} + \frac{1}{r}\sigma_{rz} + f_z = \rho\, b_z\ . \qquad (3.17\text{-}16)$$

Bei Vernachlässigung der Volumenkräfte ($f_r = 0$, $f_z = 0$) folgt für den statischen Fall ($b_r = 0$, $b_z = 0$) für die Spannungshauptrichtungen r, ϑ, z

$$\frac{\partial \sigma_r}{\partial r} + \frac{\sigma_r - \sigma_\vartheta}{r} = 0\ , \qquad (3.17\text{-}17)$$

$$\frac{\partial \sigma_z}{\partial z} = 0\ . \qquad (3.17\text{-}18)$$

Zum selben Ergebnis gelangt man, wie nachfolgend gezeigt, durch Gleichgewichtsbetrachtung am infinitesimalen Volumenelement. Dabei werden alle Kräfte (nicht Spannungen), die in die jeweilige Richtung wirken, aufsummiert. Wenn Gleichgewicht herrscht, müssen sich die einzelnen Summen der entsprechenden Kräfte zu null ergeben.

Summe aller Kräfte in r-Richtung

Abb. 3.17-3 zeigt die Draufsicht auf ein aus einem dickwandigen Zylinder herausgeschnittenes infinitesimales Volumenelement mit den Abmessungen $dr, d\vartheta, dz$ und die in Richtung r und ϑ wirkenden Komponenten der Hauptnormalspannungen. Unter Berücksichtigung der Tatsache, dass für $d\vartheta \ll 1$

$$\sin\frac{d\vartheta}{2} = \frac{d\vartheta}{2} \qquad (3.17\text{-}19)$$

gilt, folgt aus Abb. 3.17-3 für die Summe der Kräfte in Richtung r

$$dz \cdot \left[-\sigma_r r\, d\vartheta + \left(\sigma_r + \frac{\partial \sigma_r}{\partial r}\, dr\right)(r + dr)\, d\vartheta - 2\sigma_\vartheta \frac{d\vartheta}{2}\, dr\right] = 0\ . \qquad (3.17\text{-}20)$$

Nach Division durch dz und in weiterer Folge durch $dr\, d\vartheta$ und unter Vernachlässigung von Größen, die von höherer Ordnung klein sind, erhält man

$$\begin{aligned}
&-\sigma_r r\, d\vartheta + \sigma_r r\, d\vartheta + \frac{\partial \sigma_r}{\partial r} r\, dr\, d\vartheta + \sigma_r\, dr\, d\vartheta + \frac{\partial \sigma_r}{\partial r} dr^2\, d\vartheta - \sigma_\vartheta\, dr\, d\vartheta = 0 \\
&\frac{\partial \sigma_r}{\partial r} r + \sigma_r - \sigma_\vartheta = 0 \\
&\frac{\partial \sigma_r}{\partial r} + \frac{\sigma_r - \sigma_\vartheta}{r} = 0\ . \qquad (3.17\text{-}21)
\end{aligned}$$

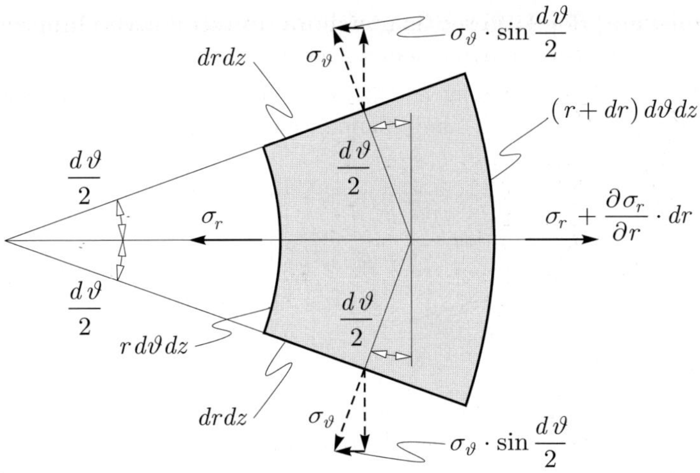

Abb. 3.17-3: Hauptspannungskomponenten in radialer Richtung an einem infinitesimalen sektoriellen Volumenelement eines dickwandigen Zylinders (Draufsicht)

(3.17-21) ist somit identisch mit (3.17-17).

`Summe aller Kräfte in` z`-Richtung`

Abb. 3.17-4 zeigt eine aus dem Zylinder herausgeschnittene Scheibe von infinitesimaler Dicke dz mit der Querschnittsfläche dA und die an den Schnittflächen in z-Richtung wirkenden Hauptnormalspannungskomponenten. Aus Abb. 3.17-4 folgt unmittelbar

$$\left(\sigma_z + \frac{\partial \sigma_z}{\partial z} dz\right) \cdot dA - \sigma_z \cdot dA = 0$$

$$\frac{\partial \sigma_z}{\partial z} = 0 \,. \qquad (3.17\text{-}22)$$

Somit entspricht (3.17-22) der Beziehung (3.17-18).

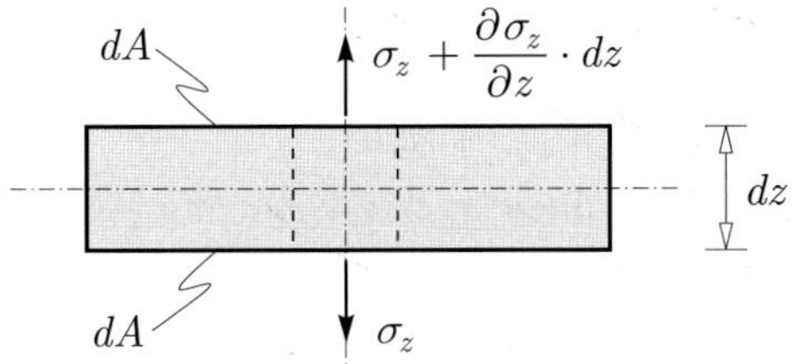

Abb. 3.17-4: Hauptspannungskomponenten in axialer Richtung an einer Scheibe von infinitesimaler Dicke dz eines dickwandigen Zylinders (Ansicht)

(b) Formulierung der Differentialgleichung unter Verwendung des verallgemeinerten HOOKE'schen Gesetzes

Aus den konstitutiven Beziehungen (3.312) für Rotationssymmetrie erhält man mit $T - T_0 = 0$ für die Verzerrungs- und Spannungshauptrichtungen r, ϑ, z (3.335), bzw.

$$\begin{aligned} \sigma_r &= \frac{E(1-\nu)}{(1+\nu)(1-2\nu)}\left[\varepsilon_r + \frac{\nu}{1-\nu}(\varepsilon_\vartheta + \varepsilon_z)\right], \\ \sigma_\vartheta &= \frac{E(1-\nu)}{(1+\nu)(1-2\nu)}\left[\varepsilon_\vartheta + \frac{\nu}{1-\nu}(\varepsilon_z + \varepsilon_r)\right], \\ \sigma_z &= \frac{E(1-\nu)}{(1+\nu)(1-2\nu)}\left[\varepsilon_z + \frac{\nu}{1-\nu}(\varepsilon_r + \varepsilon_\vartheta)\right]. \end{aligned} \tag{3.17-23}$$

Zur Lösung des Problems sind zusätzlich zu den Feldgleichungen Randbedingungen zu erfüllen. Für das vorliegende Problem lauten diese:

$$\sigma_r\big|_{r=r_a} = -p_a\ , \tag{3.17-24}$$

$$\sigma_r\big|_{r=r_i} = -p_i\ , \tag{3.17-25}$$

$$\sigma_z\big|_{z=\pm h/2} = \sigma_0\ . \tag{3.17-26}$$

Aus (3.17-18) bzw. (3.17-22) folgt, dass σ_z von z unabhängig ist. Mit der Randbedingung (3.17-26) folgt somit

$$\frac{\partial \sigma_z}{\partial z} = 0 \quad \rightarrow \quad \sigma_z = \text{konst.}\ , \qquad \sigma_z = \sigma_0\ . \tag{3.17-27}$$

Einsetzen von (3.17-13) in die ersten beiden Gleichungen von (3.17-23) ergibt

$$\sigma_r = \frac{E(1-\nu)}{(1+\nu)(1-2\nu)}\left[\frac{\partial u}{\partial r} + \frac{\nu}{1-\nu}\left(\frac{u}{r} + \frac{\partial w}{\partial z}\right)\right], \tag{3.17-28}$$

$$\sigma_\vartheta = \frac{E(1-\nu)}{(1+\nu)(1-2\nu)}\left[\frac{u}{r} + \frac{\nu}{1-\nu}\left(\frac{\partial w}{\partial z} + \frac{\partial u}{\partial r}\right)\right]. \tag{3.17-29}$$

Setzt man (3.17-28) und (3.17-29) bzw. die partielle Ableitung von (3.17-28) nach r in die Beziehung (3.17-17) bzw. (3.17-21) ein, so erhält man

$$\begin{aligned} \frac{\partial^2 u}{\partial r^2} + \frac{\nu}{1-\nu}\frac{(\partial u/\partial r)r - u}{r^2} + \frac{\nu}{1-\nu}\frac{\partial^2 w}{\partial z \partial r} &+ \\ + \frac{1}{r}\frac{\partial u}{\partial r} + \frac{\nu}{1-\nu}\frac{u}{r^2} + \frac{\nu}{1-\nu}\frac{1}{r}\frac{\partial w}{\partial z} &- \\ - \frac{u}{r^2} - \frac{\nu}{1-\nu}\frac{1}{r}\frac{\partial w}{\partial z} - \frac{\nu}{1-\nu}\frac{1}{r}\frac{\partial u}{\partial r} &= 0 \\ \frac{\partial^2 u}{\partial r^2} + \frac{1}{r}\frac{\partial u}{\partial r} - \frac{u}{r^2} &= 0\ . \end{aligned} \tag{3.17-30}$$

In (3.17-30) wurde von der Tatsache Gebrauch gemacht, dass $\partial w/\partial z$ hinsichtlich der Ableitung nach r eine Konstante darstellt und deshalb $\partial^2 w/(\partial z\, \partial r) = 0$ gilt.

(c) Lösung der Differentialgleichung

Sämtliche Terme in (3.17-30) sind lediglich Funktionen von r und (3.17-30) stellt in Wirklichkeit keine partielle Differentialgleichung dar und kann deshalb zu

$$\frac{d^2u}{dr^2} + \frac{1}{r}\frac{du}{dr} - \frac{u}{r^2} = 0 \tag{3.17-31}$$

geschrieben werden. (3.17-31) ist eine gewöhnliche Differentialgleichung 2. Ordnung, deren allgemeine Lösung zu

$$u = Ar + \frac{B}{r} \tag{3.17-32}$$

gegeben ist. Zur Bestimmung der Integrationskonstanten A und B werden die Verzerrungen (3.17-13) unter Verwendung von (3.17-32) ausgedrückt, d.h.

$$\varepsilon_r = \frac{\partial u}{\partial r} = A - \frac{B}{r^2}\,, \tag{3.17-33}$$

$$\varepsilon_\vartheta = \frac{u}{r} = A + \frac{B}{r^2}\,. \tag{3.17-34}$$

Setzt man (3.17-33) und (3.17-34) in die konstitutive Beziehung (3.17-28) ein und verwendet man die dritte Beziehung von (3.17-13), d.h. $\partial w/\partial z = \varepsilon_z$, so erhält man

$$\sigma_r = \frac{E\,(1-\nu)}{(1+\nu)\,(1-2\nu)}\left[\left(A - \frac{B}{r^2}\right) + \frac{\nu}{1-\nu}\left(A + \frac{B}{r^2} + \varepsilon_z\right)\right]\,. \tag{3.17-35}$$

Gleichung (3.17-35) beinhaltet neben den beiden unbekannten Integrationskonstanten A und B auch noch die Axialverzerrung ε_z als Unbekannte. Zur Bestimmung dieser drei Unbekannten verwendet man die zwei Randbedingungen (3.17-24) und (3.17-25) für die Radialspannung σ_r und die aus der dritten Randbedingung (3.17-26) folgende Beziehung (3.17-27) für die Axialspannung σ_z, d.h.

$$\begin{aligned}
r = r_i \quad &\rightarrow\ \sigma_r = -p_i = \frac{E\,(1-\nu)}{(1+\nu)\,(1-2\nu)}\left[\left(A - \frac{B}{r_i^2}\right) + \frac{\nu}{1-\nu}\left(A + \frac{B}{r_i^2} + \varepsilon_z\right)\right]\,,\\
r = r_a \quad &\rightarrow\ \sigma_r = -p_a = \frac{E\,(1-\nu)}{(1+\nu)\,(1-2\nu)}\left[\left(A - \frac{B}{r_a^2}\right) + \frac{\nu}{1-\nu}\left(A + \frac{B}{r_a^2} + \varepsilon_z\right)\right]\,,\\
z = \pm\frac{h}{2} \quad &\rightarrow\ \sigma_z = \sigma_0 = \frac{E\,(1-\nu)}{(1+\nu)\,(1-2\nu)}\left[\varepsilon_z + \frac{\nu}{1-\nu}\left(A - \frac{B}{r^2} + A + \frac{B}{r^2}\right)\right].
\end{aligned} \tag{3.17-36}$$

Als Lösung des Gleichungssystems (3.17-36) erhält man (3.341) bzw.

$$A = -\frac{1}{E}\left[(1-\nu)\,\frac{\left(\frac{r_a}{r_i}\right)^2 p_a - p_i}{\left(\frac{r_a}{r_i}\right)^2 - 1} + \nu\sigma_0\right]\,, \tag{3.17-37}$$

$$B = -\frac{1+\nu}{E}\,\frac{r_a^2\,(p_a - p_i)}{\left(\frac{r_a}{r_i}\right)^2 - 1}\,, \tag{3.17-38}$$

$$\varepsilon_z = \frac{1}{E}\left[2\nu\frac{\left(\frac{r_a}{r_i}\right)^2 p_a - p_i}{\left(\frac{r_a}{r_i}\right)^2 - 1} + \sigma_0\right]\,. \tag{3.17-39}$$

Durch Einsetzen von A und B in die aus (3.17-32) folgende Beziehung

$$u = r\left(A + \frac{B}{r^2}\right) \tag{3.17-40}$$

ergibt sich die Verschiebungskomponente u zu

$$u = -\frac{r}{E}\left\{\frac{\left[1-\nu+(1+\nu)\left(\frac{r_i}{r}\right)^2\right]\left(\frac{r_a}{r_i}\right)^2 p_a - \left[1-\nu+(1+\nu)\left(\frac{r_a}{r}\right)^2\right] p_i}{\left(\frac{r_a}{r_i}\right)^2 - 1} + \nu\sigma_0\right\}. \tag{3.17-41}$$

Die Verschiebungskomponente w in Axialrichtung folgt durch Integration der Axialverzerrung zu

$$\varepsilon_z = \frac{\partial w}{\partial z} = \frac{dw}{dz} \quad \to \quad \int dw = \int \varepsilon_z\, dz = \varepsilon_z \int dz \quad \to \quad w = z\,\varepsilon_z + C$$

$$w = \frac{z}{E}\left[2\nu\frac{\left(\frac{r_a}{r_i}\right)^2 p_a - p_i}{\left(\frac{r_a}{r_i}\right)^2 - 1} + \sigma_0\right] + C\,. \tag{3.17-42}$$

Fordert man $w = 0$ für $z = 0$, so ergibt sich die Integrationskonstante C zu null. Mit der bereits bekannten Verschiebungskomponente in Umfangsrichtung $v = 0$ (vgl. (3.17-4)) ist der Verschiebungszustand bekannt. Die Verzerrungskomponenten ε_r und ε_ϑ sind durch (3.17-33) und (3.17-34) festgelegt und ergeben sich zu

$$\varepsilon_r = -\frac{1}{E}\left\{\frac{\left[1-\nu-(1+\nu)\left(\frac{r_i}{r}\right)^2\right]\left(\frac{r_a}{r_i}\right)^2 p_a - \left[1-\nu-(1+\nu)\left(\frac{r_a}{r}\right)^2\right] p_i}{\left(\frac{r_a}{r_i}\right)^2 - 1} + \nu\sigma_0\right\}, \tag{3.17-43}$$

$$\varepsilon_\vartheta = -\frac{1}{E}\left\{\frac{\left[1-\nu+(1+\nu)\left(\frac{r_i}{r}\right)^2\right]\left(\frac{r_a}{r_i}\right)^2 p_a - \left[1-\nu+(1+\nu)\left(\frac{r_a}{r}\right)^2\right] p_i}{\left(\frac{r_a}{r_i}\right)^2 - 1} + \nu\sigma_0\right\}. \tag{3.17-44}$$

Einsetzen der nun bekannten Verzerrungen (3.17-39), (3.17-43) und (3.17-44) in das Werkstoffgesetz $(3.17\text{-}23)_1$ und $(3.17\text{-}23)_2$ liefert schließlich die Spannungen σ_r und σ_ϑ zu

$$\sigma_r = -\frac{\left[1-\left(\frac{r_i}{r}\right)^2\right]\left(\frac{r_a}{r_i}\right)^2 p_a + \left[\left(\frac{r_a}{r}\right)^2 - 1\right] p_i}{\left(\frac{r_a}{r_i}\right)^2 - 1}, \tag{3.17-45}$$

$$\sigma_\vartheta = -\frac{\left[1+\left(\frac{r_i}{r}\right)^2\right]\left(\frac{r_a}{r_i}\right)^2 p_a - \left[\left(\frac{r_a}{r}\right)^2 + 1\right] p_i}{\left(\frac{r_a}{r_i}\right)^2 - 1}. \tag{3.17-46}$$

Die Axialspannung σ_z ist bereits bekannt und durch (3.17-27) gegeben.

(d) Sonderfälle

Aus der allgemeinen Lösung des dickwandigen Zylinders lassen sich mehrere für die Praxis relevante Spezialfälle ableiten.

• ***Dickwandiger Zylinder unter Innendruck***

Für den Sonderfall $p_a = 0$ (siehe Abb. 3.17-5(a)) ist die Radialspannung σ_r eine Druckspannung (vgl. (3.17-45)) und die Umfangsspannung σ_ϑ eine Zugspannung (vgl. (3.17-46)). Die Extremwerte der Spannungen treten an den Rändern auf und betragen bei einem Verhältnis von Außen- zu Innenradius entsprechend $r_a/r_i = 2$:

$$\begin{aligned} p_i \neq 0,\ p_a = 0 \qquad & r = r_i: \quad \sigma_r^{(i)} = -p_i\,, \quad \sigma_\vartheta^{(i)} = \frac{5}{3}\,p_i\,, \\ & r = r_a: \quad \sigma_r^{(a)} = 0\,, \quad \sigma_\vartheta^{(a)} = \frac{2}{3}\,p_i\,. \end{aligned} \tag{3.17-47}$$

• ***Dickwandiger Zylinder unter Außendruck***

Für den Fall $p_i = 0$ (siehe Abb. 3.17-5(b)) sind die Radialspannung σ_r und die Umfangsspannung σ_ϑ Druckspannungen. Die Extremwerte der Spannungen treten an den Rändern auf und betragen bei einem Verhältnis $r_a/r_i = 2$:

$$\begin{aligned} p_i = 0,\ p_a \neq 0 \qquad & r = r_i: \quad \sigma_r^{(i)} = 0\,, \quad \sigma_\vartheta^{(i)} = -\frac{8}{3}\,p_a\,, \\ & r = r_a: \quad \sigma_r^{(a)} = -p_a\,, \quad \sigma_\vartheta^{(a)} = -\frac{5}{3}\,p_a\,. \end{aligned} \tag{3.17-48}$$

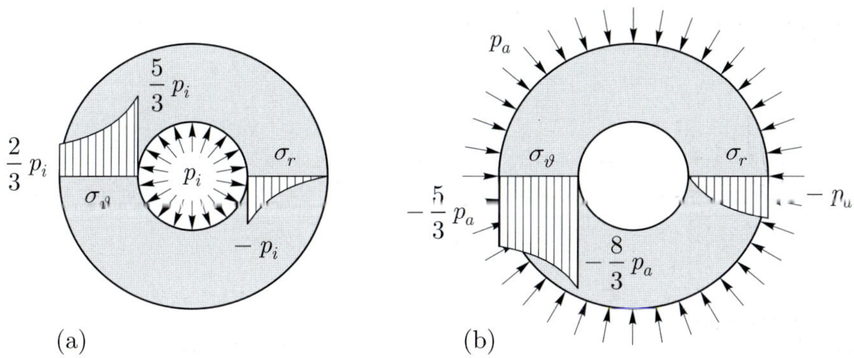

Abb. 3.17-5: Spannungsverteilungen in einem dickwandigen Zylinder entsprechend $r_a/r_i = 2$ unter: (a) Innendruck; (b) Außendruck

• ***Dickwandiger Zylinder unter gleich großem Außen- und Innendruck***

Dieser Lastfall entspricht einem hydrostatischen Druckzustand. Wegen $p_i = p_a = p$ folgt, dass die Radialspannung σ_r und die Umfangsspannung σ_ϑ Druckspannungen von gleicher Größe und unabhängig von r sind, d.h.

$$p_i = p_a = p \qquad r_i \le r \le r_a: \quad \sigma_r = \sigma_\vartheta = -p = \text{konst.} \tag{3.17-49}$$

Zu den gleichen Ergebnissen kommt man durch Überlagerung (Addition) der Spannungsverteilungen der beiden zuvor behandelten Fälle, wie sich für die Ränder r_i und r_a leicht überprüfen lässt.

• ***Dünnwandiger Zylinder unter Innendruck (Kesselformel)***

Bezeichnet man – wie in Abb. 3.17-6(a) dargestellt – die Wandstärke eines dünnwandigen Zylinders mit t und den mittleren Radius mit r_0, wobei

$$t = r_a - r_i \, , \qquad r_0 = \frac{r_a + r_i}{2} \tag{3.17-50}$$

gilt, so ist der Sonderfall des dünnwandigen Zylinders durch $t \ll r_0$ gekennzeichnet. Unter Verwendung von (3.17-50) kann der Radius zu

$$r = r_0 + \eta \, \frac{t}{2} \, , \qquad -1 \leq \eta \leq 1 \tag{3.17-51}$$

angeschrieben werden. Außen- und Innenradius sind dann zu

$$r_a = r_0 + \frac{t}{2} \, , \qquad r_i = r_0 - \frac{t}{2} \tag{3.17-52}$$

gegeben. Einsetzen von (3.17-51) und (3.17-52) in die für $p_a = 0$ spezialisierte Gleichung (3.17-46) ergibt

$$\begin{aligned} \sigma_\vartheta &= \frac{\left(\dfrac{r_a}{r}\right)^2 + 1}{\left(\dfrac{r_a}{r_i}\right)^2 - 1} \, p_i = \frac{r_a^2 + r^2}{r_a^2 - r_i^2} \, \frac{r_i^2}{r^2} \, p_i \\ &= \frac{\left[\left(r_0 + \dfrac{t}{2}\right)^2 + \left(r_0 + \dfrac{\eta t}{2}\right)^2\right]}{\left[\left(r_0 + \dfrac{t}{2}\right)^2 - \left(r_0 - \dfrac{t}{2}\right)^2\right]} \, \frac{\left(r_0 - \dfrac{t}{2}\right)^2}{\left(r_0 + \dfrac{\eta t}{2}\right)^2} \, p_i \\ \sigma_\vartheta &= \frac{r_0^2 \left[\left(1 + \dfrac{t}{2r_0}\right)^2 + \left(1 + \dfrac{\eta t}{2r_0}\right)^2\right]}{2 r_0 t} \, \frac{r_0^2 \left(1 - \dfrac{t}{2r_0}\right)^2}{r_0^2 \left(1 + \dfrac{\eta t}{2r_0}\right)^2} \, p_i \, . \end{aligned} \tag{3.17-53}$$

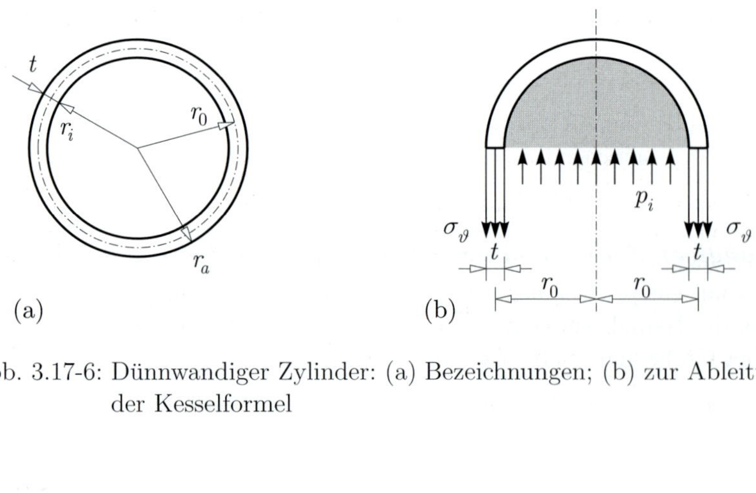

Abb. 3.17-6: Dünnwandiger Zylinder: (a) Bezeichnungen; (b) zur Ableitung der Kesselformel

Setzt man wegen $t/(2r_0) \ll 1$ näherungsweise $t/(2r_0) \approx 0$, so ergibt sich die Umfangsspannung aus (3.17-53) zu

$$\sigma_\vartheta \approx \frac{r_0}{t} p_i \,, \tag{3.17-54}$$

womit σ_ϑ näherungsweise konstant ist. (3.17-54) wird als Kesselformel bezeichnet. Man erhält diese sehr einfach auch aus einer Gleichgewichtsbetrachtung anhand von Abb. 3.17-6(b). Betrachtet man wegen der Symmetrie nur die rechte Hälfte, so liefert die Summe aller Kräfte in vertikaler Richtung

$$\begin{aligned} \sigma_\vartheta \cdot t\,dz &\approx p_i \cdot r_0\,dz \\ \sigma_\vartheta &\approx \frac{r_0}{t} p_i \,. \end{aligned} \tag{3.17-55}$$

Wie aus der Abb. 3.17-6(b) ersichtlich, wird der Wirkungsbereich des Innendrucks mit r_0 zu groß in Rechnung gestellt. Diese Näherung ist gleichbedeutend mit der zur Gewinnung von (3.17-54) verwendeten Näherung $t/(2r_0) \approx 0$. Aus diesem Grund führen beide Berechnungsmethoden auf die gleiche Näherungslösung.

Setzt man $p_a = 0$, so unterscheiden sich die Spannungen σ_r und σ_ϑ der Gleichungen (3.17-45) und (3.17-46) für den dickwandigen Zylinder nur durch das Vorzeichen des Terms $(r_a/r)^2$, d.h.

$$\sigma_r = \frac{\left[-\left(\dfrac{r_a}{r}\right)^2 + 1\right] p_i}{\left(\dfrac{r_a}{r_i}\right)^2 - 1} \,, \qquad \sigma_\vartheta = \frac{\left[\left(\dfrac{r_a}{r}\right)^2 + 1\right] p_i}{\left(\dfrac{r_a}{r_i}\right)^2 - 1} \,. \tag{3.17-56}$$

Folglich unterscheidet sich im Fall des dünnwandigen Zylinders die Gleichung für die Radialspannung σ_r von jener für die Umfangsspannung σ_ϑ (3.17-53) ebenfalls nur durch das Vorzeichen des entsprechenden Terms, d.h.

$$\sigma_r = \frac{r_0^2\left[-\left(1+\dfrac{t}{2r_0}\right)^2 + \left(1+\dfrac{\eta t}{2r_0}\right)^2\right]}{2r_0 t} \frac{\left(1-\dfrac{t}{2r_0}\right)^2}{\left(1+\dfrac{\eta t}{2r_0}\right)^2} p_i \,. \tag{3.17-57}$$

Unter Verwendung der Näherung $t/(2r_0) \approx 0$ ergibt sich somit für den dünnwandigen Zylinder unter Innendruck die Radialspannung aus (3.17-57) näherungsweise zu

$$\sigma_r \approx 0 \,. \tag{3.17-58}$$

• *Ebener Spannungszustand*

Für $\sigma_0 = 0$ ist laut (3.17-27) $\sigma_z = 0$. In diesem Fall herrscht somit ein ebener Spannungszustand. Wie aus (3.17-39) zu sehen, ist ε_z im Allgemeinen ungleich null, d.h. es liegt ein räumlicher Verzerrungszustand vor. Die Axialverzerrung verschwindet nur in folgenden Fällen:

$$\varepsilon_z = \frac{1}{E}\left[2\nu \frac{\left(\dfrac{r_a}{r_i}\right)^2 p_a - p_i}{\left(\dfrac{r_a}{r_i}\right)^2 - 1} + \sigma_0\right] = 0 \quad \text{für:} \left\{ \begin{array}{ll} \sigma_0 = 0, & \nu = 0 \,, \\ \sigma_0 = 0, & p_a\, r_a^2 = p_i\, r_i^2 \,. \end{array} \right. \tag{3.17-59}$$

• ***Ebener Verzerrungszustand***

Im vorliegenden Fall wird durch $\varepsilon_z = 0$ ein ebener Verzerrungszustand gekennzeichnet. Im Allgemeinen ist dabei die Axialspannung $\sigma_z = \sigma_0 \neq 0$. Aus (3.17-39) folgt, dass die Axialspannung σ_0 bei Vorliegen eines ebenen Verzerrungszustandes nur für folgende Fälle verschwindet:

$$\sigma_0 = -2\nu \frac{\left(\dfrac{r_a}{r_i}\right)^2 p_a - p_i}{\left(\dfrac{r_a}{r_i}\right)^2 - 1} = 0 \quad \text{für:} \begin{cases} \nu = 0 \ , \\ p_a\, r_a^2 = p_i\, r_i^2 \ . \end{cases} \tag{3.17-60}$$

• ***Zylinder mit kleiner zentrischer Bohrung unter Innendruck***

Für einen dickwandigen Zylinder, dessen Innenradius sehr viel kleiner als der Außenradius ist, gilt $r_i/r_a \ll 1$. Für den Fall, dass der Außendruck null ist, erhält man die Spannungen nach Nullsetzen von p_a in (3.17-45) bzw. (3.17-46) und anschließender Multiplikation von Zähler und Nenner mit $(r_i/r_a)^2$ zu

$$\sigma_r = -\frac{\left[\left(\dfrac{r_a}{r}\right)^2 - 1\right]\left(\dfrac{r_i}{r_a}\right)^2}{\left[\left(\dfrac{r_a}{r_i}\right)^2 - 1\right]\left(\dfrac{r_i}{r_a}\right)^2} p_i = -\frac{\dfrac{r_a^2}{r^2}\dfrac{r_i^2}{r_a^2} - \dfrac{r_i^2}{r_a^2}}{\dfrac{r_a^2}{r_i^2}\dfrac{r_i^2}{r_a^2} - \dfrac{r_i^2}{r_a^2}} p_i$$

$$\sigma_r = -\frac{\left(\dfrac{r_i}{r}\right)^2 - \left(\dfrac{r_i}{r_a}\right)^2}{1 - \left(\dfrac{r_i}{r_a}\right)^2} p_i \approx -\left(\frac{r_i}{r}\right)^2 p_i \ . \tag{3.17-61}$$

Auf analoge Weise erhält man die Umfangsspannung aus (3.17-46) zu

$$\sigma_\vartheta = -\frac{-\left[\left(\dfrac{r_a}{r}\right)^2 + 1\right]\left(\dfrac{r_i}{r_a}\right)^2}{\left[\left(\dfrac{r_a}{r_i}\right)^2 - 1\right]\left(\dfrac{r_i}{r_a}\right)^2} p_i = -\frac{-\dfrac{r_a^2}{r^2}\dfrac{r_i^2}{r_a^2} - \dfrac{r_i^2}{r_a^2}}{\dfrac{r_a^2}{r_i^2}\dfrac{r_i^2}{r_a^2} - \dfrac{r_i^2}{r_a^2}} p_i$$

$$\sigma_\vartheta = \frac{\left(\dfrac{r_i}{r}\right)^2 + \left(\dfrac{r_i}{r_a}\right)^2}{1 - \left(\dfrac{r_i}{r_a}\right)^2} p_i \approx \left(\frac{r_i}{r}\right)^2 p_i \ . \tag{3.17-62}$$

Die auftretenden Spannungen liegen zwischen folgenden Werten:

$$\begin{array}{llll} p_a = 0 \qquad & r = r_i : & \sigma_r^{(i)} = -p_i \ , & \sigma_\vartheta^{(i)} = p_i \ , \\ & r \gg r_i : & \sigma_r = 0 \ , & \sigma_\vartheta = 0 \ . \end{array} \tag{3.17-63}$$

Somit sind die Radialspannungen und Umfangsspannungen dem Betrag nach gleich, sie weisen jedoch unterschiedliche Vorzeichen auf. Wegen $r_i/r_a \ll 1$ klingen die Spannungen zufolge des Innendrucks mit wachsendem Abstand vom Lochrand rasch ab und sind in hinreichender Entfernung vom Loch vernachlässigbar klein, wie Abb. 3.17-7(a) zeigt.

- ***Zylinder mit kleiner zentrischer Bohrung unter Außendruck***

Für den Sonderfall eines dickwandigen Zylinders unter Außendruck, dessen Innenradius sehr viel kleiner als der Außenradius ist, für den also $r_i/r_a \ll 1$ gilt, erhält man die Spannungen nach Nullsetzen von p_i in (3.17-45) bzw. (3.17-46) und anschließender Multiplikation von Zähler und Nenner mit $(r_i/r_a)^2$ zu

$$\sigma_r = -\frac{\left[1-\left(\frac{r_i}{r}\right)^2\right]\left(\frac{r_a}{r_i}\right)^2\left(\frac{r_i}{r_a}\right)^2}{\left[\left(\frac{r_a}{r_i}\right)^2-1\right]\left(\frac{r_i}{r_a}\right)^2}\,p_a = -\frac{1-\left(\frac{r_i}{r}\right)^2}{\frac{r_a^2}{r_i^2}\frac{r_i^2}{r_a^2}-\frac{r_i^2}{r_a^2}}\,p_a$$

$$\sigma_r = -\frac{1-\left(\frac{r_i}{r}\right)^2}{1-\left(\frac{r_i}{r_a}\right)^2}\,p_a \approx -\left[1-\left(\frac{r_i}{r}\right)^2\right]p_a\,. \tag{3.17-64}$$

Auf analoge Weise erhält man die Umfangsspannung σ_ϑ aus (3.17-46) zu

$$\sigma_\vartheta = -\frac{\left[1+\left(\frac{r_i}{r}\right)^2\right]\left(\frac{r_a}{r_i}\right)^2\left(\frac{r_i}{r_a}\right)^2}{\left[\left(\frac{r_a}{r_i}\right)^2-1\right]\left(\frac{r_i}{r_a}\right)^2}\,p_a = -\frac{1+\left(\frac{r_i}{r}\right)^2}{\frac{r_a^2}{r_i^2}\frac{r_i^2}{r_a^2}-\frac{r_i^2}{r_a^2}}\,p_a$$

$$\sigma_\vartheta = -\frac{1+\left(\frac{r_i}{r}\right)^2}{1-\left(\frac{r_i}{r_a}\right)^2}\,p_a \approx -\left[1+\left(\frac{r_i}{r}\right)^2\right]p_a\,. \tag{3.17-65}$$

Die auftretenden Spannungen liegen zwischen folgenden Werten:

$$p_i = 0 \qquad \begin{array}{llll} r = r_i: & \sigma_r^{(i)} = 0\,, & \sigma_\vartheta^{(i)} = -2p_a\,, \\ r \gg r_i: & \sigma_r = -p_a\,, & \sigma_\vartheta = -p_a\,. \end{array} \tag{3.17-66}$$

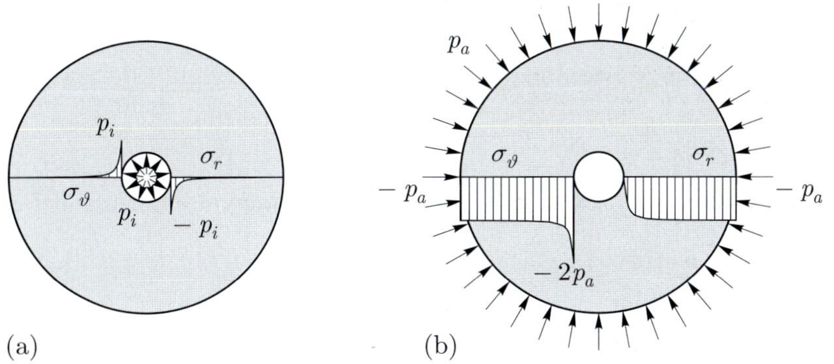

Abb. 3.17-7: Spannungsverteilungen in einem Zylinder mit kleiner zentrischer Bohrung ($r_a/r_i \ll 1$) unter: (a) Innendruck; (b) Außendruck

Wie Abb. 3.17-7(b) zeigt, nähern sich die Spannungen wegen $r_i/r_a \ll 1$ mit wachsendem r rasch einem gleichförmigen Spannungszustand $\sigma_r = \sigma_\vartheta = -p_a$ an. Dieser Spannungszustand herrscht in einem Zylinder ohne zentrische Bohrung unter Außendruck. Dies folgt unmittelbar aus (3.17-64) bzw. (3.17-65) für $r_i \to 0$. Bei einer kleinen Bohrung ist die Umfangsspannung am Lochrand also doppelt so groß wie beim vollen Zylinder. Das Verhältnis des Größtwertes der sich ergebenden Spannung zur Spannung, die ohne Bohrung auftreten würde, wird als Spannungskonzentrationsfaktor s_k bezeichnet. Im gegebenen Fall ist $s_k = 2$.

• *Zylinder mit kleiner zentrischer Bohrung unter Innen- und Außendruck*

Als weiterer Sonderfall soll noch die Verschiebung des Innenrandes eines Zylinders mit kleiner zentrischer Bohrung unter Innen- und Außendruck untersucht werden. Spezialisiert man (3.17-41) für den Fall $\sigma_0 = 0$ und $r = r_i$, so folgt für die Radialverschiebung am Innenrand

$$u\big|_{r=r_i} = -\frac{r_i}{E}\left\{\frac{2\left(\dfrac{r_a}{r_i}\right)^2 p_a - \left[1-\nu+(1+\nu)\left(\dfrac{r_a}{r_i}\right)^2\right] p_i}{\left(\dfrac{r_a}{r_i}\right)^2 - 1}\right\} . \tag{3.17-67}$$

Durch Multiplikation von Zähler und Nenner mit $(r_i/r_a)^2$ erhält man

$$u\big|_{r=r_i} = -\frac{r_i}{E}\left\{\frac{2p_a - \left[(1-\nu)\left(\dfrac{r_i}{r_a}\right)^2 + 1 + \nu\right] p_i}{1 - \left(\dfrac{r_i}{r_a}\right)^2}\right\} . \tag{3.17-68}$$

Da für den Fall eines dickwandigen Zylinders mit kleiner zentrischer Bohrung $(r_i/r_a)^2 \approx 0$ gesetzt werden kann, folgt aus (3.17-64) die Radialverschiebung des Innenrandes zu

$$u\big|_{r=r_i} = -\frac{r_i}{E}\left[\,2p_a - (1+\nu)p_i\,\right] \tag{3.17-69}$$

oder alternativ unter Verwendung des Schubmoduls gemäß $(3.13\text{-}13)_2$ bzw. (3.275) zu

$$u\big|_{r=r_i} = -\frac{r_i}{2G}\left(\frac{2p_a}{1+\nu} - p_i\right) . \tag{3.17-70}$$

Für den Sonderfall $p_a = p_i = p$ ergibt sich die Verschiebung des Innenrandes zu

$$u\big|_{r=r_i} = -\frac{r_i}{E}\cdot p\cdot(1-\nu) . \tag{3.17-71}$$

Kapitel 4

Prinzipien der virtuellen Arbeiten

4.1 Reziprozitätssätze

Beispiel 4.1: Zweifeldträger mit trapezförmig verteilter Linienlast (MAXWELL)

Die Problemstellung des nachfolgenden Beispiels fällt in den Bereich der linearen Stabtheorie. Diese wird jedoch erst im Kapitel 6 behandelt, sodass die Verwendung einiger Begriffe einen Vorgriff darstellt. Um eine Anwendungsmöglichkeit der in Kapitel 4 des Theoriebandes ([MH04]) behandelten Reziprozitätssätze zu demonstrieren, wird dieses Beispiel hier gebracht. Für das Studium wird empfohlen, zuerst Kapitel 6 und 7 zu bearbeiten.

Abb. 4.1-1(a) zeigt einen Durchlaufträger über zwei Felder mit linear elastischem Materialverhalten und konstanter Biegesteifigkeit, wobei das linke Feld durch eine trapezförmige Linienlast beansprucht wird. Die Systemdaten sind zu

$$\begin{aligned} a &= 4\,c\,, \qquad & q_\zeta^{(1)} &= q_0\,, \\ b &= 3\,c\,, \qquad & q_\zeta^{(2)} &= 2\,q_0 \end{aligned} \tag{4.1-1}$$

gegeben. Unter Verwendung des Satzes von MAXWELL soll die Auflagerreaktion der Mittelstütze bestimmt werden.

Im Falle linear elastischen Materialverhaltens ist gemäß dem Reziprozitätssatz von BETTI (vgl. (4.130)) die mechanische Arbeit der ersten Kräftegruppe an den von der zweiten Kräftegruppe hervorgerufenen Verschiebungen gleich der von der zweiten Kräftegruppe an den Verschiebungen der ersten geleisteten Arbeit. Durch Spezialisierung für zwei Kräftegruppen bestehend aus je einer Einzelkraft der Größe eins folgt der Reziprozitätssatz von MAXWELL, der entsprechend (4.131) zu

$$\mathbf{P}(\mathbf{x}) \cdot \mathbf{u}^*(\mathbf{x}) = \mathbf{P}^*(\mathbf{x}^*) \cdot \mathbf{u}(\mathbf{x}^*) \tag{4.1-2}$$

gegeben ist. (4.1-2) besagt, dass zwei Einzelkräfte $\mathbf{P} = \lfloor P_1 \;\, P_2 \;\, P_3 \rfloor^T$ und $\mathbf{P}^* = \lfloor P_1^* \;\, P_2^* \;\, P_3^* \rfloor^T$ vom Betrag eins gegenseitig gleiche Arbeitswege $\mathbf{u} = \lfloor u_1 \;\, u_2 \;\, u_3 \rfloor^T$ und $\mathbf{u}^* = \lfloor u_1^* \;\, u_2^* \;\, u_3^* \rfloor^T$ erzeugen. Alternativ zu (4.1-2) kann der Satz von MAXWELL entsprechend (4.134) auch zu

$$u_1^* \cos\alpha_1 + u_2^* \cos\alpha_2 + u_3^* \cos\alpha_3 = u_1 \cos\alpha_1^* + u_2 \cos\alpha_2^* + u_3 \cos\alpha_3^* \tag{4.1-3}$$

geschrieben werden. α_i bzw. α_i^*, $i = 1, 2, 3$ in (4.1-3) bezeichnen die Winkel, den die Vektoren $\mathbf{P}$ bzw. $\mathbf{P}^*$ mit der x_i-Achse einschließen. Auf der Basis dieser gegenseitigen Gleichheit lassen sich statische Probleme der linearen Elastizitätstheorie mit Hilfe bekannter Lösungen anderer Probleme derselben Kategorie lösen ([MH04]). Im vorliegenden Beispiel kann die Berechnung auf die Anwendung der Lösung für die Biegelinie eines durch eine Einzellast beanspruchten Einfeldträgers zurückgeführt werden.

(a) Arbeitswege am statisch bestimmten Grundsystem

Das gegebene System ist einfach statisch unbestimmt. Durch Entfernung der Mittelstütze erhält man als statisch bestimmtes Grundsystem einen Einfeldträger (vgl. Abschnitt 7.2). Zur Erfüllung der geometrischen Bedingung im Punkt 2 wird die Auflagerreaktion als statisch unbestimmte Größe X eingeführt, wie in Abb. 4.1-1(b) dargestellt.

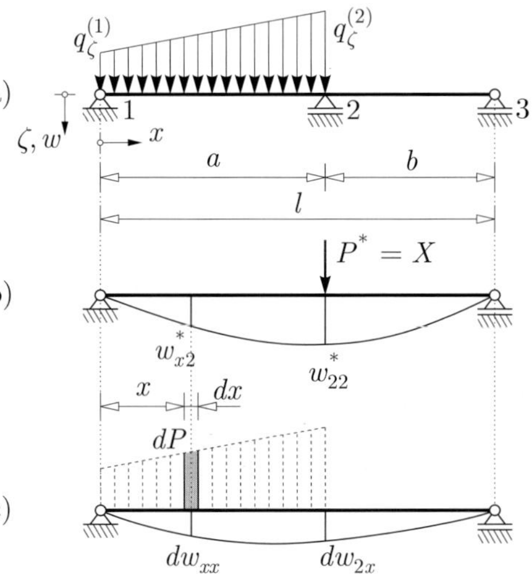

Abb. 4.1-1: (a) Statisches System; (b) Biegelinie $w^*(x)$ zufolge $P^* = 1$ am statisch bestimmten Grundsystem; (c) Biegelinie $dw(x)$ zufolge $dP = 1$ am statisch bestimmten Grundsystem

Betrachtet man die Linienlast in infinitesimale Einzellasten der Größe $d\mathbf{P}$ aufgelöst (Abb. 4.1-1(c)), so kann der Satz von Maxwell für die beiden Systeme $d\mathbf{P}$ und $\mathbf{P}^*$ angewendet werden, wobei $\mathbf{P}^*$ an die Stelle der statisch Unbestimmten X tritt. Da die Kräfte $d\mathbf{P}$ und $\mathbf{P}^*$ und die Verschiebungen $d\mathbf{u}$ und $\mathbf{u}^*$ in der x_1x_3-Ebene liegen, verschwinden jeweils zwei der Komponenten, d.h.

$$\begin{aligned} dP_1 &= dP_2 = 0 \ , \qquad u_1 = u_2 = 0 \ , \\ P_1^* &= P_2^* = 0 \ , \qquad u_1^* = u_2^* = 0 \ . \end{aligned} \tag{4.1-4}$$

Mit der in der Stabtheorie üblichen Festlegung für die Verschiebungskomponente in x_3- bzw. ζ-Richtung entsprechend $u_3 = w$ folgen unter Berücksichtigung der positiven

Koordinatenrichtungen gemäß Abb. 4.1-1(a) aus (4.1-3) die gegenseitigen Arbeitswege zufolge der Einzelkräfte $P_3^* = P^* = 1$ und $dP_3(x) = q_\zeta(x)\,dx = dP(x) = 1$ zu

$$w^* \cos 0 = dw \cos 0 \qquad \longrightarrow \qquad w^* = dw \ . \tag{4.1-5}$$

Da die Wirkungsrichtung von P^* bzw. X identisch mit jener der äußeren Belastung angesetzt wird (in Richtung der pos. ζ-Achse), sind auch die Richtungen der gegenseitigen Arbeitswege gleich, wie in (4.1-5) zum Ausdruck kommt. Für die weitere Berechnung wird die Durchbiegung w^* bzw. dw mit zwei Indizes versehen, wobei der erste Index die Stelle bezeichnet, wo die entsprechende Verschiebung auftritt, und der zweite Index die Stelle angibt, wo die Einzelkraft angreift, zufolge derer sich die betrachtete Durchbiegung ergibt. Somit ist w_{x2}^* die Durchbiegung an der Stelle x zufolge der im Punkt 2 angreifenden Einzelkraft $P^* = 1$ und dw_{2x} die Durchbiegung an der Stelle 2 zufolge der an der Stelle x angreifenden Einzelkraft $dP(x) = 1$. Somit kann Gleichung (4.1-3) unter Berücksichtigung von (4.1-5) für die aktuelle Problemstellung zu

$$\begin{array}{lcl} w^* & \rightarrow & w_{x2}^* \\ dw & \rightarrow & dw_{2x} \end{array} \qquad \longrightarrow \qquad w_{x2}^* = dw_{2x} \tag{4.1-6}$$

geschrieben werden. Diese Bezeichnungsweise wurde auch in Abb. 4.1-1(b) und (c) verwendet.

(b) Ermittlung der statisch Unbestimmten

Wie oben dargelegt, kann die Durchbiegung im Punkt 2 zufolge der trapezförmig verteilten Linienlast $q_\zeta(x)$ durch Superposition bzw. Integration der infinitesimalen Verschiebung dw_{2x} gefunden werden. Aufgrund des Satzes von MAXWELL ist die Verschiebung dw_{2x} gleich dem von der Einzellast $P^* = 1$ bewirkten Arbeitsweg w_{x2}^* (vgl. (4.1-6)), der durch Auswerten der Gleichung der Biegelinie eines mit einer Einzelkraft der Größe eins beanspruchten Einfeldträgers entsprechend Beispiel 6.17 bestimmt werden kann. Die Gleichung der Biegelinie wird im Beispiel 6.17 hergeleitet und aus (6.17-10) folgt w_{x2}^* zu

$$w_{x2}^* = \frac{1}{6EI_\eta l}\, xb\,(l^2 - b^2 - x^2) \ . \tag{4.1-7}$$

Aufgrund der Annahme der Gültigkeit der linearen Elastizitätstheorie kann die Ermittlung der statisch Unbestimmten auf die Superposition einzelner Lastfälle zurückgeführt werden. Da das gegebene System im Punkt 2 eine feste Lagerung aufweist, muss die Verschiebung zufolge aller Lastfälle an dieser Stelle verschwinden. Die von den infinitesimalen Einzellasten $dP(x)$ im Punkt 2 insgesamt verursachte Verschiebung w_{2x} muss deshalb von der im Punkt 2 wirkenden statisch Unbestimmten ausgeglichen werden. Die Bestimmungsgleichung für die Ermittlung der Größe der statisch Unbestimmten X folgt somit zu

$$w_{2x} + X \cdot w_{22}^* = 0 \ , \tag{4.1-8}$$

wobei w_{2x} die Verschiebung im Punkt 2 zufolge der Linienlast darstellt und zu

$$w_{2x} = \int_0^a dP(x)\, dw_{2x} = \int_0^a q_\zeta(x)\, dw_{2x}\, dx \tag{4.1-9}$$

- ***Ermittlung der Verzerrungsenergie des elastischen Stabes zufolge reiner Biegung***

Entsprechend (5.22) und (5.103) ist die Verzerrungsenergie zu

$$U = \int_V U_0 \, dV = \frac{1}{2} \int_V \sigma_{ij} \, \varepsilon_{ij} \, dV \tag{5.1-10}$$

gegeben, wobei U_0 die spezifische Verzerrungsenergie (Verzerrungsenergie pro Volumeneinheit) bzw. die Verzerrungsenergiedichte für linear elastisches Materialverhalten darstellt. In der Stabtheorie werden üblicherweise die Spannungskomponenten σ_{22}, σ_{33} und σ_{23} – bei Bezug auf Querschnittshauptachsen entsprechen diesen σ_η, σ_ζ und $\tau_{\eta\zeta}$ – als vernachlässigbar klein vorausgesetzt. Somit bleiben von den Komponenten des räumlichen Spannungstensors bei Bezug auf Querschnittshauptachsen lediglich die Spannungskomponenten $\sigma_{11} \equiv \sigma_x$, $\sigma_{12} \equiv \tau_{x\eta}$ und $\sigma_{13} \equiv \tau_{x\zeta}$ übrig. Außerdem darf bei schlanken Stäben der Einfluss der Schubdeformationen $2\varepsilon_{12} = \gamma_{x\eta}$ und $2\varepsilon_{13} = \gamma_{x\zeta}$ vernachlässigt werden, sodass die Schubspannungen σ_{12} und σ_{13} keinen Beitrag zur Verzerrungsenergie liefern. In (5.1-10) bleiben somit vom Spannungstensor σ_{ij} und Verzerrungstensor ε_{ij} lediglich die entsprechenden Komponenten in x-Richtung übrig. Drückt man ε_x durch σ_x aus, so folgt aus (5.1-10) die Verzerrungsenergie zu

$$U = \frac{1}{2} \int_l \left(\int_A \frac{\sigma_x^2}{E} \, dA \right) dx \; . \tag{5.1-11}$$

Drückt man nun die Spannung im Falle reiner Biegung um die η-Achse durch das entsprechende Biegemoment M_η aus, d.h. $\sigma_x = M_\eta / I_\eta \cdot \zeta$, so kann (5.1-11) zu

$$U = \frac{1}{2} \int_l \left[E \left(\frac{M_\eta}{E I_\eta} \right)^2 \int_A \zeta^2 \, dA \right] dx = \frac{1}{2} \int_l E \left(\frac{M_\eta}{E I_\eta} \right)^2 I_\eta \, dx$$

$$U = \frac{1}{2} \int_l \frac{M_\eta^2}{E I_\eta} \, dx \tag{5.1-12}$$

geschrieben werden. Je nach Belastung kann U weitere Terme (z.B. zufolge Normalkraft) beinhalten, deren Aufbau formal jeweils gleich ist und die entsprechende Schnittgröße und die zugehörige Steifigkeit enthält. Die Verzerrungsenergie ist nun nach der verallgemeinerten Kraft P_i abzuleiten und ergibt sich zu

$$\frac{\partial U}{\partial P_i} = \frac{1}{2 E I_\eta} \int_l 2 M_\eta \cdot \frac{\partial M_\eta}{\partial P_i} \, dx \; . \tag{5.1-13}$$

Mit der Festlegung der Koordinatenrichtung x entsprechend Abb. 5.1-1(a) nimmt die Funktion des Biegemomentenverlaufs die Form

$$M_\eta(x) = V_B \, x - \frac{q_\zeta \, x^2}{2} \tag{5.1-14}$$

an und die partielle Ableitung der Biegemomente nach der verallgemeinerten Kraft P_i folgt zu

$$\frac{\partial M_\eta}{\partial P_i} = \frac{\partial M_\eta}{\partial V_B} = x \; . \tag{5.1-15}$$

Einsetzen (5.1-14) und (5.1-15) in (5.1-13) liefert

$$\frac{\partial U_K}{\partial V_B} = \frac{1}{2 E I_\eta} \int_0^l 2 \left(V_B \, x - \frac{q_\zeta \, x^2}{2} \right) \cdot x \, dx = \frac{1}{E I_\eta} \left(V_B \frac{l^3}{3} - \frac{q_\zeta \, l^4}{8} \right) \; . \tag{5.1-16}$$

• *Ermittlung der Ergänzungsenergie der nichtlinearen Feder*

Im Falle der Feder erübrigt sich die Ermittlung der inneren Ergänzungsenergiedichte U_0^* (Ergänzungsenergie pro Volumeneinheit) und die innere Ergänzungsenergie U^* der nichtlinearen Feder ergibt sich durch Integration der zwischen der vertikalen Achse und der Federkennlinie eingeschlossenen Fläche (vgl. Abb. 5.1-1(b)), wobei aufgrund der statischen Unbestimmtheit des Systems die obere Integrationsgrenze nicht bekannt ist. Unter Berücksichtigung von (5.1-1) folgt die Ergänzungsenergie der nichtlinearen Feder zu

$$U_{c_w}^* = \int_{N_{c_w}=0}^{V_B} w \, dN_{c_w} = \int_0^{V_B} \left(\frac{N_{c_w}}{c_w}\right)^{1/n} dN_{c_w}$$

$$U_{c_w}^* = \frac{1}{c_w^{1/n}} \cdot \frac{n}{n+1} N_{c_w}^{(n+1)/n}\Bigg|_0^{V_B} = \frac{1}{c_w^{1/n}} \cdot \frac{n}{n+1} \cdot V_B^{(n+1)/n} \ . \tag{5.1-17}$$

In (5.1-17) wurde von der Tatsache Gebrauch gemacht, dass die Federkraft N_{c_w} der Auflagerkraft V_B entspricht. Die Ableitung der Ergänzungsenergie nach der Kraft V_B erhält man zu

$$\frac{\partial U_{c_w}^*}{\partial V_B} = \frac{1}{c_w^{1/n}} \cdot \frac{n}{n+1} \cdot \frac{n+1}{n} \cdot V_B^{-1+(n+1)/n} = \left(\frac{V_B}{c_w}\right)^{1/n} \ . \tag{5.1-18}$$

Zum gleichen Ergebnis für die Feder gelangt man, wenn man die Feder nicht als Bestandteil des gesamten statischen Systems, sondern für sich alleine betrachtet. Mit dem Satz von CASTIGLIANO (5.1-7) lässt sich die partielle Ableitung der Ergänzungsenergie nach dem unbekannten Auflagerdruck V_B durch die Verkürzung w_0 der Feder ausdrücken, d.h.

$$\frac{\partial U_{c_w}^*}{\partial V_B} = w_0 \ . \tag{5.1-19}$$

Unter Berücksichtigung von (5.1-1) ergibt sich die der Normalkraft N_{c_w} entsprechende Verkürzung der Feder zu

$$w = \left(\frac{N_{c_w}}{c_w}\right)^{1/n} \ . \tag{5.1-20}$$

Wenn für die Normalkraft in der Feder $N_{c_w} = V_B$ gilt, entspricht die Verkürzung der Feder $w = w_0$ und durch Einsetzen von (5.1-20) in (5.1-19) folgt

$$\frac{\partial U_{c_w}^*}{\partial V_B} = \left(\frac{V_B}{c_w}\right)^{1/n} \ . \tag{5.1-21}$$

(b) Auswertung

• *Ermittlung der Auflagerkraft im Punkt B*

Nach Einsetzen von (5.1-16) und (5.1-18) in (5.1-9) ergibt sich die Gleichung zur Bestimmung der statisch Unbestimmten $X = V_B = N_{c_w}$ zu

$$\frac{1}{EI_\eta}\left(\frac{l^3}{3} X - \frac{q_\zeta \, l^4}{8}\right) + \left(\frac{X}{c_w}\right)^{1/n} = 0 \ . \tag{5.1-22}$$

Für den Sonderfall einer linearen Feder gilt $n = 1$ und man erhält die statisch Unbestimmte zu

$$X \cdot \frac{c_w l^3 + 3EI_\eta}{3\, c_w EI_\eta} = \frac{q_\zeta\, l^4}{8EI_\eta}$$

$$X = \frac{3\, c_w\, q_\zeta\, l^4}{8\,(c_w l^3 + 3EI_\eta)} \; . \tag{5.1-23}$$

Wertet man Gleichung (5.1-22) mit den Daten entsprechend (5.1-2) aus, so ergibt sich die statisch Unbestimmte bzw. die Federkraft zu

$$\frac{1}{21\,000 \cdot 2770} \left(\frac{500^3}{3} X - \frac{0.1 \cdot 500^4}{8} \right) + \frac{X^{1/2}}{0.5^{1/2}} = 0$$

$$0.7163 \cdot X + 1.4142 \cdot \sqrt{X} - 13.4305 = 0$$

$$X = 11.93 \text{ kN} \; , \tag{5.1-24}$$

während man im Falle einer linearen Feder ($n = 1$) X zu

$$X = \frac{3 \cdot 0.5 \cdot 0.1 \cdot 500^4}{8\,(0.5 \cdot 500^3 + 3 \cdot 21000 \cdot 2770)} = 4.944 \text{ kN} \tag{5.1-25}$$

erhält. Für $c_w \to \infty$ folgt aus (5.1-23) die einer starren Lagerung des Stabendes entsprechende Auflagerkraft als Sonderfall zu

$$X = \lim_{c_w \to \infty} \frac{3\, c_w\, q_\zeta\, l^4}{8\,(c_w l^3 + 3EI_\eta)} = \frac{3\, q_\zeta\, l}{8} = \frac{3 \cdot 0.1 \cdot 500}{8} = 18.75 \text{ kN} \; . \tag{5.1-26}$$

• ***Ermittlung der Vertikalverschiebung im Punkt B***

Die den Federkräften entsprechenden Verschiebungen des Stabendes folgen für die lineare Feder ($n = 1$) und die nichtlineare Feder ($n = 2$) zu

$$\begin{aligned} n = 1: \quad w_0 &= \frac{X}{c_w} = \frac{4.944}{0.5} = 9.89 \text{ cm} \; , \\ n = 2: \quad w_0 &= \left(\frac{X}{c_w}\right)^{1/2} = \sqrt{\frac{11.93}{0.5}} = 4.88 \text{ cm} \; . \end{aligned} \tag{5.1-27}$$

• ***Ermittlung des Einspannmoments im Punkt A***

Einsetzen der Federkraft entsprechend (5.1-24), (5.1-25) oder (5.1-26) in (5.1-14) liefert die Momentenverteilung für den Fall der elastischen bzw. starren Lagerung. Das Einspannmoment $M_\eta^{(A)}$ ergibt sich für die einzelnen Fälle zu

$$\begin{aligned} &\text{elastisch} \quad n = 1: M_\eta^{(A)} = 4.944 \cdot 5 - \frac{10 \cdot 5^2}{2} = -100.03 \text{ kNm} \; , \\ &\text{elastisch} \quad n = 2: M_\eta^{(A)} = 11.93 \cdot 5 - \frac{10 \cdot 5^2}{2} = -65.35 \text{ kNm} \; , \\ &\text{starr}: \qquad\qquad M_\eta^{(A)} = 18.75 \cdot 5 - \frac{10 \cdot 5^2}{2} = -31.25 \text{ kNm} \; . \end{aligned} \tag{5.1-28}$$

Kapitel 6

Lineare Stabtheorie

6.1 Normalspannungen zufolge axialer Beanspruchung

Beispiel 6.1: Statisch bestimmt gelagerter Stab mit veränderlichem Querschnitt

Abb. 6.1-1 zeigt einen homogenen Stab aus Beton mit dem spezifischen Gewicht γ in Form eines geraden Kreiskegels mit der Höhe h. Es ist die Verkürzung des Kegels infolge Eigengewicht zu berechnen (vgl. auch [MH04]). Die Zahlenwerte sind zu

$$h = 5.0 \text{ m}, \quad E = 30\,000 \text{ MPa}, \quad \gamma = 25.0 \text{ kN/m}^3 \tag{6.1-1}$$

gegeben.

Aufgrund der statischen Bestimmtheit genügen zur Lösung dieser Aufgabe Gleichgewichtsbeziehung und Werkstoffgesetz.

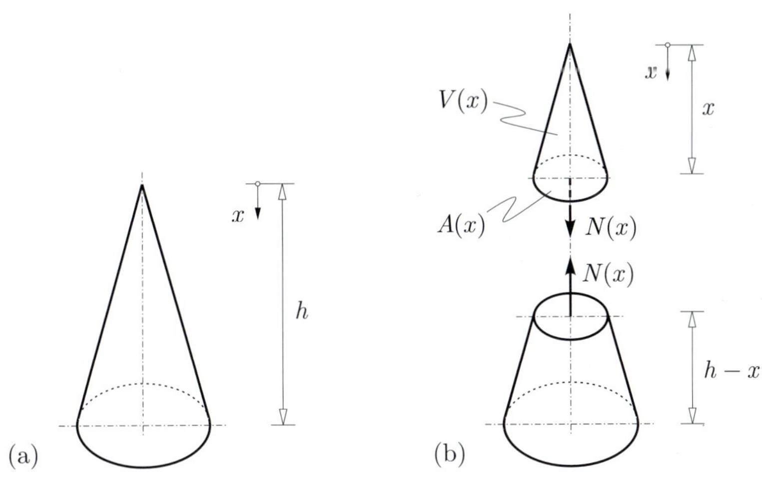

Abb. 6.1-1: (a) Kreiskegelförmiger Stab unter Eigengewicht; (b) Gleichgewichtsbetrachtung in x-Richtung

- ***Gleichgewichtsbeziehung***

Zur Ermittlung der Normalkraft $N(x)$ führt man einen Schnitt $x =$ konst. durch den Stab. Die auf den abgeschnittenen Stabteil (oberer Teil) einwirkenden Kräfte sind das Eigengewicht $\gamma V(x)$ (Volumenkraft) und die in Axialrichtung wirkende Schnittkraft $N(x)$. Unter der Annahme, dass der Vektor der Erdbeschleunigung mit der positiven x-Richtung zusammenfällt lautet die Gleichgewichtsbedingung gegen Verschieben des abgeschnitten gedachten oberen Stabteils als starren Körper in x-Richtung :

$$\sum F_x = 0 \quad \rightarrow \quad \gamma V(x) + N(x) = 0 \ . \tag{6.1-2}$$

Daraus folgt die im Schnitt $x =$ konst. wirkende Normalkraft zu

$$N(x) = -\gamma V(x) \ . \tag{6.1-3}$$

Das negative Vorzeichen bringt zum Ausdruck, dass N eine Druckkraft ist. Die in diesem Schnitt x wirkende Normalspannung ist zu

$$\sigma_x(x) = \frac{N(x)}{A(x)} \tag{6.1-4}$$

gegeben. Mit dem Volumen des abgeschnittenen Kegels der Höhe x, welches zu

$$V(x) = A(x)\,\frac{x}{3} \tag{6.1-5}$$

gegeben ist, folgt die im Schnitt $x =$ konst. wirkende Normalspannung durch Einsetzen von (6.1-3) und (6.1-5) in (6.1-4) zu

$$\sigma_x(x) = -\frac{\gamma V(x)}{A(x)} = -\gamma\,\frac{x}{3} \ . \tag{6.1-6}$$

- ***Werkstoffgesetz***

Unter Verwendung des HOOKE'schen Gesetzes sind die Verzerrungen proportional zu den Spannungen, d.h.

$$\varepsilon_x(x) = \frac{\sigma_x(x)}{E(x)} \ . \tag{6.1-7}$$

Für den vorliegenden Fall eines homogenen Stabes folgen die Verzerrungen unter Verwendung von (6.1-6) zu

$$\varepsilon_x(x) = \frac{\sigma_x(x)}{E} = -\frac{\gamma}{3E}\,x \ . \tag{6.1-8}$$

- ***Verkürzung des Stabs***

Die Verkürzung Δh des kegelförmigen Stabes erhält man durch Integration der Axialverzerrungen ε_x über die gesamte Höhe des Kegels zu

$$\Delta h = \int_h \varepsilon_x(x)\,dx = -\frac{\gamma}{3E}\int_0^h x\,dx = -\frac{\gamma h^2}{6E} \ . \tag{6.1-9}$$

Einsetzen der Zahlenwerte (6.1-1) in (6.1-9) führt auf

$$\Delta h = -\frac{25 \cdot 5^2}{6 \cdot 3 \cdot 10^7} = -0.0035 \cdot 10^{-3}\ \mathrm{m} = -0.0035\ \mathrm{mm} \ . \tag{6.1-10}$$

Das negative Vorzeichen in (6.1-10) bringt zum Ausdruck, dass die im Stab wirkende Normalkraft (entgegen der angesetzten Wirkungsrichtung in (6.1-2)) keine Zugkraft ist und es sich deshalb bei Δh um eine Verkürzung (Stauchung) des Stabes handelt.

Bemerkung

Die Mantelfläche ist frei von Spannungen. Daher sind die Tangentialebenen an den Kegel Spannungshauptebenen. Da die Ebenen $x =$ konst. zu diesen Tangentialebenen nicht normal stehen, treten in den Stabquerschnitten $x =$ konst. zufolge Eigengewicht auch Schubspannungen auf!

Beispiel 6.2: Statisch unbestimmt gelagerter Stab mit unveränderlichem Querschnitt Eigengew. vernachlässigt

Abb. 6.2-1(a) zeigt einen homogenen Stab, der im Punkt C durch eine Normalkraft N_0 belastet wird. Der Stab ist an beiden Enden fest eingespannt. Es sind die Reaktionskräfte R_A, R_B und die Verschiebung des Lastangriffspunkts C zufolge der Lastwirkung N_0 zu ermitteln (vgl. auch [MH04]).

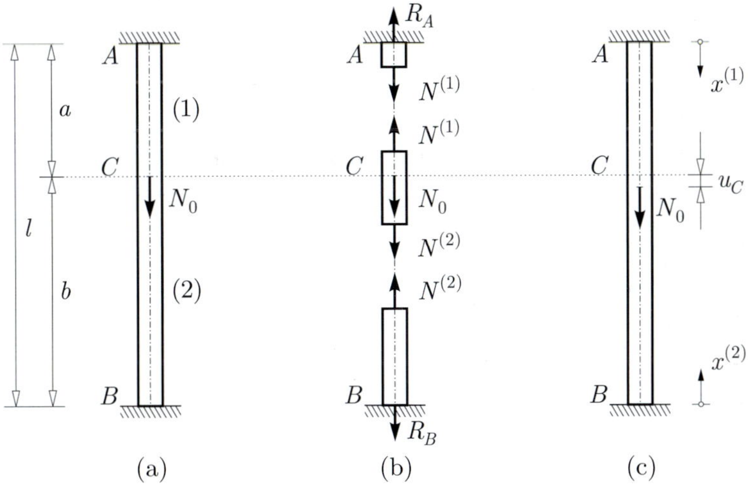

Abb. 6.2-1: Statisch unbestimmt gelagerter Stab: (a) System; (b) Gleichgewichtsbedingung; (c) geometrische Bedingung

(a) Ermittlung der Reaktionskräfte

Da der Stab statisch unbestimmt gelagert ist, reichen zur Berechnung der Auflagerkräfte die Gleichgewichtsbeziehungen nicht aus. Man benötigt zusätzlich eine geometrische Beziehung (Formänderungsbeziehung, Kompatibilitätsbeziehung).

- ***Gleichgewichtsbeziehung***

Da in den Bereichen (1) bzw. (2) des Stabes zwischen der Einspannstelle A bzw. B und dem Punkt C keine Kraft angreift und das Eigengewicht des Stabes vernachlässigt wird, ist im Bereich (1) bzw. (2) die Normalkraft konstant und entspricht der jeweiligen Auflagerkraft. Somit sind die Normalkräfte zu

$$N^{(1)} = R_A, \quad N^{(2)} = R_B \tag{6.2-1}$$

gegeben. Die Gleichgewichtsbedingung für alle in vertikaler Richtung wirkenden Kräfte liefert

$$\sum F_V = 0$$
$$N_0 + R_B - R_A = 0 \quad \rightarrow \quad N_0 = R_A - R_B \ . \tag{6.2-2}$$

- ***Formänderungsbeziehung***

Die Formänderungsbeziehung oder geometrische Beziehung erhält man aus der Bedingung, dass im Lastangriffspunkt C der Normalkraft N_0 (wie auch in jedem anderen Querschnitt des Stabes) keine Klaffung zweier benachbarter Querschnitte stattfindet, oder – anders formuliert – dass die Summe der Längenänderungen, d.h. Verkürzung und Verlängerung der beiden Stabteile (1) und (2), gleich null sein muss. Es gilt also

$$\Delta l^{(1)} + \Delta l^{(2)} = 0 \ . \tag{6.2-3}$$

- ***Werkstoffgesetz***

Die Längenänderung des Stabes erhält man durch Integration der Dehnungen und unter Verwendung des HOOKE'schen Gesetzes. Da die Normalkräfte $N^{(1)}$ und $N^{(2)}$ jeweils konstant sind und die Querschnittsfläche des Stabes sich nicht ändert, müssen auch die Spannungen und Dehnungen abschnittsweise konstant sein. Somit können die Längenänderungen für die einzelnen Stabteile (1) und (2) unter Verwendung einer (6.55) entsprechenden Beziehung aus

$$\Delta l^{(i)} = \varepsilon_x^{(i)} l^{(i)} = \frac{\sigma_x^{(i)}}{E^{(i)}}\, l^{(i)} = \frac{N^{(i)} l^{(i)}}{E^{(i)} A^{(i)}} \tag{6.2-4}$$

ermittelt werden. Setzt man (6.2-4) unter Verwendung von (6.2-1) in die Formänderungsbeziehung (6.2-3) ein, so folgt

$$\frac{R_A\, a}{EA} + \frac{R_B\, b}{EA} = 0 \quad \rightarrow \quad R_B = -\frac{a}{b}\, R_A \ . \tag{6.2-5}$$

Durch Einsetzen von (6.2-5) in die Gleichgewichtsbeziehung (6.2-2) folgen die Auflagerkräfte zu

$$N_0 = R_A + \frac{a}{b} R_A = R_A \left(1 + \frac{a}{b}\right) = R_A \frac{l}{b}$$
$$R_A = \frac{b}{l} N_0 \ , \tag{6.2-6}$$
$$R_B = -\frac{a}{b}\frac{b}{l} N_0 = -\frac{a}{l} N_0 \ . \tag{6.2-7}$$

Die Normalkraft N_0 wird entsprechend den Steifigkeiten der Stabteile (1) und (2) abgetragen. Die Steifigkeit ist direkt proportional zur Dehnsteifigkeit EA und verkehrt proportional zur Länge der Stäbe. Der steifere Teil der Struktur trägt mehr Last ab als der nachgiebigere. Da die Dehnsteifigkeit EA in beiden Stabteilen gleich ist, erfolgt die Aufteilung der Last in diesem Fall verkehrt proportional zu den Längen der Stabteile, wie (6.2-6) und (6.2-7) zum Ausdruck bringen.

(b) Verschiebung des Lastangriffspunkts

Die Verschiebung eines beliebigen Punktes erhält man durch Integration der Dehnungen, die unmittelbar aus $(3.1\text{-}3)_1$ zu

$$\varepsilon_x = \frac{\partial u}{\partial x} \tag{6.2-8}$$

folgen. Im gegenständlichen Fall ergibt sich die Verschiebung des Punktes C entweder durch Integration der Dehnungen des Stabteils (1) oder (2), d.h.

$$u_C = \int_a \varepsilon_x \, dx = \varepsilon_x^{(1)} \, a = \frac{N^{(1)} a}{EA} = \frac{N_0 \, ab}{EAl} , \qquad u_C = \int_b \varepsilon_x \, dx = -\frac{N_0 \, ab}{EAl} . \tag{6.2-9}$$

Das negative Vorzeichen in $(6.2\text{-}9)_2$ erklärt sich daraus, dass, im Gegensatz zum Stabteil (1), im Falle des Stabteils (2) die Integrationsrichtung entgegengesetzt zur Verschiebungsrichtung des Punktes C ist (vgl. Abb. 6.2-1(c)).

Beispiel 6.3: Vorgespanntes Stabsystem mit unterschiedlichen Materialien

Abb. 6.3-1 zeigt Längs- und Querschnitt eines Stabes, der konzentrisch von einer Hülse umgeben ist. Der Stab ist etwas kürzer als die Hülse. Stab und Hülse sind an der Unterseite an die Fußplatte angeschweißt, an der Oberseite der Hülse liegt eine Kopfplatte auf. Durch eine Bohrung in der Mitte der Kopfplatte wird eine Spannschraube geführt

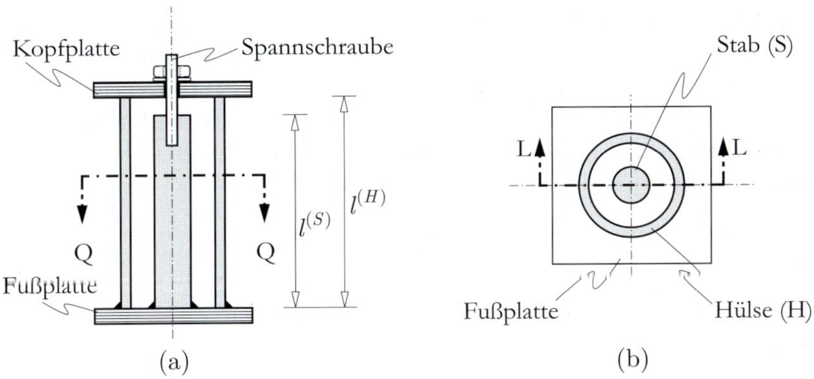

Abb. 6.3-1: (a) Längsschnitt L – L; (b) Querschnitt Q – Q

und in den Stab geschraubt. Durch Anziehen der Schraubenmutter werden Hülse und Stab nun soweit gegeneinander vorgespannt, bis der Stab mit der Kopfplatte in Kontakt kommt. Für die Berechnung sind Spannschraube, Kopf- und Fußplatte als starr anzunehmen. Die Materialkennwerte sind wie folgt gegeben, wobei die Zeiger (H) die Aluminiumhülse und (S) den Stahlstab kennzeichnen:

$$\begin{aligned} &\text{Hülse:} \quad E^{(H)} = 70\,000\ \text{N/mm}^2, &&\text{Stab:} \quad E^{(S)} = 206\,000\ \text{N/mm}^2, \\ &\phantom{\text{Hülse:}} \quad A^{(H)} = 100.0\ \text{cm}^2, &&\phantom{\text{Stab:}} \quad A^{(S)} = 5.0\ \text{cm}^2, \\ &\phantom{\text{Hülse:}} \quad l^{(H)} = 2.0\ \text{m}, &&\phantom{\text{Stab:}} \quad l^{(S)} = 1.998\ \text{m}. \end{aligned} \tag{6.3-1}$$

Gesucht sind:

(a) Die erforderliche Vorspannkraft V, damit der Stab die Kopfplatte gerade berührt,
(b) Lage der Kopfplatte nach erfolgter Vorspannung,
(c) Spannungen im Stab und in der Hülse nach erfolgter Vorspannung.

(a) Ermittlung der erforderlichen Vorspannkraft

Zur Lösung der Aufgabe werden nacheinander Gleichgewichtsbeziehung, Formänderungsbeziehung (Kompatibilitätsbeziehung) und Werkstoffgesetz benötigt.

- ***Gleichgewichtsbeziehung***

Man bringt, wie in Abb. 6.3-2(a) dargestellt, an einem gedachten Schnitt die Schnittkräfte als positiv wirkende Größen (Zugkräfte) an. Im vorliegenden Fall sind dies die in der Hülse und im Stab wirkenden Normalkräfte $N^{(H)}$ und $N^{(S)}$. Da Hülse und Stab konzentrisch zueinander angeordnet sind, decken sich die Lagen der Schwerpunkte der beiden Querschnittsflächen und die Normalkräfte $N^{(H)}$ und $N^{(S)}$ liegen auf derselben Wirkungslinie. Die Gleichgewichtsbedingung für den abgeschnitten gedachten Teil bezüglich aller in vertikaler Richtung wirkenden Kräfte ergibt:

$$\sum F_V = 0$$
$$N^{(H)} + N^{(S)} = 0 \quad \rightarrow \quad N^{(S)} = -N^{(H)} = V \; . \tag{6.3-2}$$

Wie (6.3-2) zeigt, entsprechen die in der Hülse und im Stab wirkenden Normalkräfte betragsmäßig der Vorspannkraft. Sie sind gleich groß, aber entgegengesetzt gerichtet und ergeben somit keine resultierende Reaktionskraft. Da entsprechend dem SAINT-VENANT'schen Prinzip die Normalspannungen ab einer gewissen Entfernung von der Lasteinleitungsstelle gleichförmig über den Stabquerschnitt verteilt sind, ergeben sich die Spannungen in der Hülse und im Stab gemäß (6.49) zu

$$\sigma_x^{(S)} = \frac{N^{(S)}}{A^{(S)}} \; , \quad \sigma_x^{(H)} = \frac{N^{(H)}}{A^{(H)}} \; . \tag{6.3-3}$$

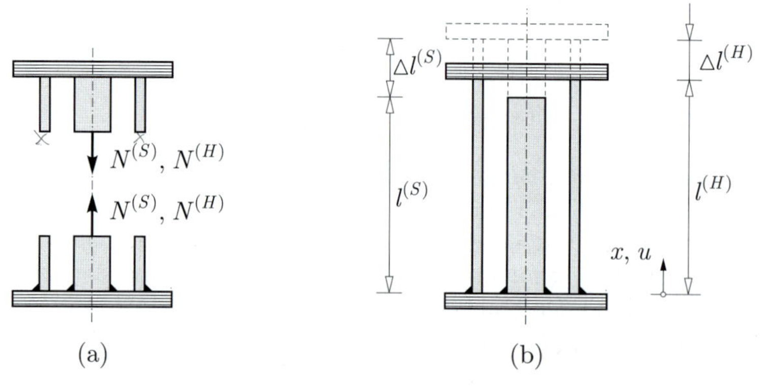

Abb. 6.3-2: Vorgespanntes Stabsystem: (a) Gleichgewichtsbetrachtung; (b) Kompatibilitätsbetrachtung

- ***Kompatibilitätsbeziehung***

Abb. 6.3-2(b) zeigt Stab und Hülse in einem verformten Zustand, wobei aus didaktischen Gründen für beide Teile positive Längenänderungen $\Delta l^{(i)}$ (Verlängerungen zufolge positiv angenommener Normalkräfte wie in Abb. 6.3-2(a) dargestellt) angesetzt wurden. Im Falle, dass sich für eine Längenänderung ein negatives Vorzeichen ergibt, bedeutet dies, dass der betreffende Bauteil in Wirklichkeit gestaucht bzw. verkürzt wird. Die Kompatibilitätsbedingung lautet:

$$l^{(S)} + \Delta l^{(S)} = l^{(H)} + \Delta l^{(H)}$$
$$\Delta l^{(S)} - \Delta l^{(H)} = l^{(H)} - l^{(S)} \,. \tag{6.3-4}$$

Bezeichnet man die Verschiebungen der Endquerschnitte der jeweiligen Bauteile mit $u^{(S)}$ und $u^{(H)}$, so sind diese Verschiebungen identisch mit den jeweiligen Längenänderungen, d.h.

$$u^{(S)} = \Delta l^{(S)}, \quad u^{(H)} = \Delta l^{(H)} \,. \tag{6.3-5}$$

- ***Werkstoffgesetz***

Die Längenänderungen von Hülse und Stab erhält man durch Integration der entsprechenden Dehnungen und unter Verwendung des HOOKE'schen Gesetzes zu

$$\Delta l^{(S)} = \int_{l^{(S)}} \varepsilon_x^{(S)}\,dx = \varepsilon_x^{(S)} l^{(S)} = \frac{\sigma_x^{(S)}}{E^{(S)}}\,l^{(S)} = \frac{N^{(S)}}{E^{(S)}A^{(S)}}\,l^{(S)} \,, \tag{6.3-6}$$

$$\Delta l^{(H)} = \int_{l^{(H)}} \varepsilon_x^{(H)}\,dx = \varepsilon_x^{(H)} l^{(H)} = \frac{\sigma_x^{(H)}}{E^{(H)}}\,l^{(H)} = \frac{N^{(H)}}{E^{(H)}A^{(H)}}\,l^{(H)} \,. \tag{6.3-7}$$

Einsetzen von (6.3-6) und (6.3-7) unter Berücksichtigung von (6.3-2) in die Kompatibilitätsbeziehung (6.3-4) ergibt schließlich eine Beziehung für die im Stab wirkende Normalkraft zu

$$\Delta l^{(S)} - \Delta l^{(H)} = V\left(\frac{l^{(S)}}{E^{(S)}A^{(S)}} + \frac{l^{(H)}}{E^{(H)}A^{(H)}}\right) = l^{(H)} - l^{(S)}$$
$$V = \frac{l^{(H)} - l^{(S)}}{\dfrac{l^{(S)}}{E^{(S)}A^{(S)}} + \dfrac{l^{(H)}}{E^{(H)}A^{(H)}}} \,. \tag{6.3-8}$$

Die Vorspannkraft V entspricht der Normalkraft im Stab und wird entsprechend den gegebenen Zahlenwerten (6.3-1) zu

$$N^{(S)} = V = \frac{2000 - 1998}{\dfrac{1998}{206\,000 \cdot 500} + \dfrac{2000}{70\,000 \cdot 10\,000}} = 89\,867 \text{ N} \tag{6.3-9}$$

erhalten.

(b) Lage der Kopfplatte nach erfolgter Vorspannung

Mit (6.3-9) ergeben sich die Längenänderungen der beiden Bauteile bzw. die Verschiebungen von Stab- und Hülsenende zu

$$\begin{aligned} \Delta l^{(S)} &= u^{(S)} = \frac{89\,867}{206\,000 \cdot 500} \cdot 1998 = 1.74 \text{ mm} , \\ \Delta l^{(H)} &= u^{(H)} = \frac{-89\,867}{70\,000 \cdot 10\,000} \cdot 2000 = -0.26 \text{ mm} . \end{aligned} \tag{6.3-10}$$

Als Kontrolle müssen die Verschiebungen die Kompatibilitätsbedingung (6.3-4) erfüllen. Aus dem Vergleich der ursprünglichen Längen von Stab und Hülse und dem Verschiebungswert $u^{(S)}$ sieht man, dass der Stab nicht um den gesamten Differenzbetrag der beiden Bauteile von 2 mm verlängert wird. Vielmehr sind – wie durch (6.3-10) zum Ausdruck kommt – die Verschiebungen proportional zur Länge $l^{(i)}$ und verkehrt proportional zur Dehnsteifigkeit $(EA)^{(i)}$. Die Verschiebungsrichtungen der Endquerschnitte der beiden Bauteile sind unterschiedlich, wie die Vorzeichen von (6.3-10) zeigen. Für die Hülse stimmt die Verschiebungsrichtung mit der Integrationsrichtung nicht zusammen, weshalb sich ein negatives Vorzeichen ergibt.

(c) Spannungen im Stab und in der Hülse zufolge der Vorspannung

Die Spannungen im Stab und in der Hülse ergeben sich schließlich durch Einsetzen in (6.3-3) zu

$$\begin{aligned} \sigma_x^{(S)} &= \frac{89\,867}{500} = 179.73 \text{ N/mm}^2 , \\ \sigma_x^{(H)} &= \frac{-89\,867}{10\,000} = -8.99 \text{ N/mm}^2 . \end{aligned} \tag{6.3-11}$$

6.2 Normalspannungen zufolge Biegemoment und Normalkraft

Beispiel 6.4: Querschnittskennwerte für einen unsymmetrischen Querschnitt

Abb. 6.4-1(a) zeigt den L-förmigen Querschnitt eines Trägers. Die Schenkellängen bzw. Schenkelstärken betragen 70 mm bzw. 9 mm für den horizontalen Schenkel und 90 mm bzw. 7 mm für den vertikalen Schenkel (vgl. auch [MH04]). Zu berechnen sind:

(a) Querschnittsfläche,

(b) Flächenmomente 1. Ordnung,

(c) Schwerpunktskoordinaten,

(d) Flächenmomente 2. Ordnung,

(e) Trägheitshauptradien.

Je nach Aufgabenstellung der linearen Stabtheorie ist die Ermittlung entsprechender Querschnittskennwerte notwendig und zwar:

- Querschnittsfläche für die Berechnung der Normalspannungen zufolge axialer Beanspruchung (vgl. etwa Beispiele 6.1, 6.2, 6.3);
- Querschnittsfläche, Flächenmomente 1. Ordnung, Schwerpunktskoordinaten und Flächenmomente 2. Ordnung für die Berechnung der Normalspannungen zufolge Biegebeanspruchung (vgl. etwa Beispiel 6.5);
- Querschnittsfläche, Flächenmomente 1. Ordnung, Schwerpunktskoordinaten, Flächenmomente 2. Ordnung und Kern des Querschnitts für die Ermittlung der Lage der Nulllinie im Falle kombinierter Normalkraft- und Biegebeanspruchung (vgl. etwa Beispiel 6.6, 6.7);
- Querschnittsfläche, Flächenmomente 1. Ordnung, Schwerpunktskoordinaten, Flächenmomente 2. Ordnung und allenfalls Schubmittelpunkt für die Berechnung der Schubspannungen (vgl. etwa Beispiele 6.9, 6.12, 6.13).

In vielen Fällen ist für die Ermittlung der Querschnittskennwerte die Aufteilung des Querschnitts in einfache geometrische Formen wie Rechteck, Dreieck und Kreis vorteilhaft. In der vorliegenden Aufgabe wird das Winkelprofil in die beiden Rechtecke (1) und (2) unterteilt, wie in Abb. 6.4-1(b) dargestellt.

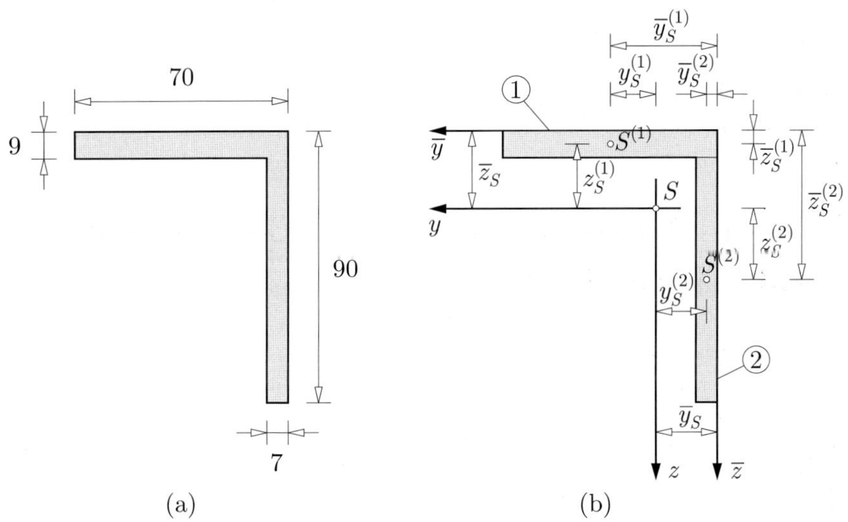

Abb. 6.4-1: L-förmiger Querschnitt: (a) Abmessungen; (b) verwendete Bezeichnungen und Lage des Schwerpunkts

(a) Querschnittsfläche

Mit der oben erwähnten Aufteilung des Querschnitts in zwei Rechtecke ergibt sich die

Querschnittsfläche zu

$$A = \sum_{i=1}^{2} A^{(i)} = A^{(1)} + A^{(2)}$$

$$A = 70 \cdot 9 + 81 \cdot 7 = 630 + 567 = 1197 \text{ mm}^2 . \qquad (6.4\text{-}1)$$

(b) Flächenmomente 1. Ordnung

Die Stabachse entspricht der Verbindungslinie der Schwerpunkte der Querschnittsflächen des Stabes. Definitionsgemäß ist die x-Achse Tangente an die Stabachse; deshalb fällt bei geraden Stäben die x-Achse mit der Stabachse zusammen. Somit liegen die y- und z-Achse in der Querschnittsebene. Es ist üblich, die positive z-Achse nach unten gerichtet anzunehmen. Die positive y-Achse zeigt dann bei Verwendung eines rechtsdrehenden Koordinatensystems nach links. Im gegenständlichen Fall verläuft somit die y-Achse parallel zum horizontal liegenden Schenkel (1) und die z-Achse parallel zum vertikal stehenden Schenkel (2), wie in Abb. 6.4-1(b) dargestellt.

Zur Ermittlung der Koordinaten des Schwerpunkts benötigt man die Flächenmomente 1. Ordnung oder statischen Momente bezogen auf ein beliebig wählbares Koordinatensystem $\bar{y}, \bar{z}$. Um Vorzeichenfehlern vorzubeugen, ist es zielführend, dieses Bezugssystem so zu wählen, dass alle Querschnittsteile im selben Quadranten liegen (vgl. Abb. 6.4-1(b)). Das Flächenmoment 1. Ordnung $S_{\bar{y}}$ bezogen auf die $\bar{y}$-Achse und das Flächenmoment 1. Ordnung $S_{\bar{z}}$ bezogen auf die $\bar{z}$-Achse sind gemäß (6.18) zu

$$S_{\bar{y}} = \int_A \bar{z}\, dA , \qquad S_{\bar{z}} = \int_A \bar{y}\, dA \qquad (6.4\text{-}2)$$

gegeben. Die physikalische Dimension der Flächenmomente 1. Ordnung ist [Länge^3]. Falls die Schwerpunktskoordinaten $\bar{y}_S$ und $\bar{z}_S$ der zu integrierenden Fläche bezogen auf das Koordinatensystem $\bar{y}, \bar{z}$ bekannt sind (oder unmittelbar angegeben werden können), erhält man das statische Moment auch ohne Integration gemäß (6.23) zu

$$S_{\bar{y}} = \bar{z}_S A , \qquad S_{\bar{z}} = \bar{y}_S A . \qquad (6.4\text{-}3)$$

Daraus wird unmittelbar ersichtlich, dass das statische Moment bezüglich beliebiger Achsen $\bar{y}$ und $\bar{z}$, die durch den Schwerpunkt des Querschnitts verlaufen (Schwerachsen des Querschnitts), null ist.

Falls der Querschnitt aus mehreren Teilflächen $A^{(i)}$ besteht, für die die Schwerpunktskoordinaten $\bar{y}_S^{(i)}$ und $\bar{z}_S^{(i)}$ bezogen auf das Koordinatensystem $\bar{y}, \bar{z}$ bekannt sind (oder unmittelbar angegeben werden können), sind die rechten Seiten von (6.4-3) durch entsprechende Summen zu ersetzen und man erhält die statischen Momente des Gesamtquerschnitts gemäß (6.25) zu

$$S_{\bar{y}} = \sum_{i=1}^{n} \bar{z}_S^{(i)} A^{(i)} = \bar{z}_S^{(1)} A^{(1)} + \bar{z}_S^{(2)} A^{(2)}$$

$$S_{\bar{y}} = 4.5 \cdot 630 + \left(\frac{81}{2} + 9\right) \cdot 567 = 30\,901.5 \text{ mm}^3 , \qquad (6.4\text{-}4)$$

$$S_{\bar{z}} = \sum_{i=1}^{n} \bar{y}_S^{(i)} A^{(i)} = \bar{y}_S^{(1)} A^{(1)} + \bar{y}_S^{(2)} A^{(2)}$$

$$S_{\bar{z}} = 35 \cdot 630 + 3.5 \cdot 567 = 24\,034.5 \text{ mm}^3 . \qquad (6.4\text{-}5)$$

(c) Schwerpunkt des Querschnitts

Durch Einsetzen von (6.4-4) und (6.4-5) in (6.4-3) folgen die Koordinaten des Schwerpunkts bezogen auf das Koordinatensystem $\bar{y}, \bar{z}$ (vgl. Abb. 6.4-1(b)) zu

$$\begin{aligned} \bar{y}_S &= \frac{S_{\bar{z}}}{A} = \frac{\sum\limits_{i=1}^{n} \bar{y}_S^{(i)} A^{(i)}}{\sum\limits_{i=1}^{n} A^{(i)}} = \frac{24\,034.5}{1197} = 20.08 \text{ mm} \;, \\ \bar{z}_S &= \frac{S_{\bar{y}}}{A} = \frac{\sum\limits_{i=1}^{n} \bar{z}_S^{(i)} A^{(i)}}{\sum\limits_{i=1}^{n} A^{(i)}} = \frac{30\,901.5}{1197} = 25.82 \text{ mm} \;. \end{aligned} \tag{6.4-6}$$

(d) Flächenmomente 2. Ordnung

Die Flächenmomente 2. Ordnung bezogen auf ein System $\bar{y}, \bar{z}$ sind gemäß (6.28) zu

$$I_{\bar{y}} = \int_A \bar{z}^2 \, dA, \quad I_{\bar{z}} = \int_A \bar{y}^2 \, dA, \quad I_{\bar{y}\bar{z}} = \int_A \bar{y}\bar{z} \, dA \tag{6.4-7}$$

gegeben. $I_{\bar{y}}$ und $I_{\bar{z}}$ sind stets positive Größen (> 0) und werden auch als Flächenträgheitsmomente bezeichnet, während $I_{\bar{y}\bar{z}}$ auch als Deviationsmoment bezeichnet wird und je nach Lage der Bezugsachsen Werte < 0, $= 0$, > 0 annehmen kann. Die physikalische Dimension der Flächenmomente 2. Ordnung ist [Länge^4]. Ist ein Querschnitt aus mehreren Teilflächen zusammengesetzt, so ergeben sich die Flächenmomente 2. Ordnung bezogen auf ein System $\bar{y}, \bar{z}$ als Summe der Flächenmomente der Teilflächen $A^{(i)}$ um die betreffende(n) Achse(n) gemäß (6.29) zu

$$I_{\bar{y}} = \sum_{i=1}^{n} \int_{A^{(i)}} \bar{z}^2 \, dA^{(i)}, \quad I_{\bar{z}} = \sum_{i=1}^{n} \int_{A^{(i)}} \bar{y}^2 \, dA^{(i)}, \quad I_{\bar{y}\bar{z}} = \sum_{i=1}^{n} \int_{A^{(i)}} \bar{y}\bar{z} \, dA^{(i)} \;. \tag{6.4-8}$$

• ***Flächenträgheitsmomente eines Rechtecks***

Da der vorliegende Querschnitt aus Rechtecken besteht, wollen wir zuerst die Flächenträgheitsmomente für ein Rechteck mit der Breite b und der Höhe h ermitteln (vgl. Abb. 6.4-2(a)).

⋆ `Flächenträgheitsmoment um die` y`-Achse durch den Schwerpunkt` S

Spezialisierung der ersten Gleichung von (6.4-7) für Achsen durch den Schwerpunkt, d.h. Übergang $\bar{y} \to y$ und $\bar{z} \to z$ liefert

$$\begin{aligned} I_y &= \int_A z^2 \, dA = \int_{-h/2}^{+h/2} z^2 b \, dz = b \left. \frac{z^3}{3} \right|_{-h/2}^{+h/2} \\ I_y &= \frac{b}{3} \left(\frac{h^3}{8} + \frac{h^3}{8} \right) = \frac{2bh^3}{24} = \frac{bh^3}{12} \;. \end{aligned} \tag{6.4-9}$$

Auf analoge Weise ergibt sich das Flächenträgheitsmoment um die zur Längsseite parallel verlaufende z-Achse durch den Schwerpunkt des Rechtecks zu

$$I_z = \frac{hb^3}{12} \;. \tag{6.4-10}$$

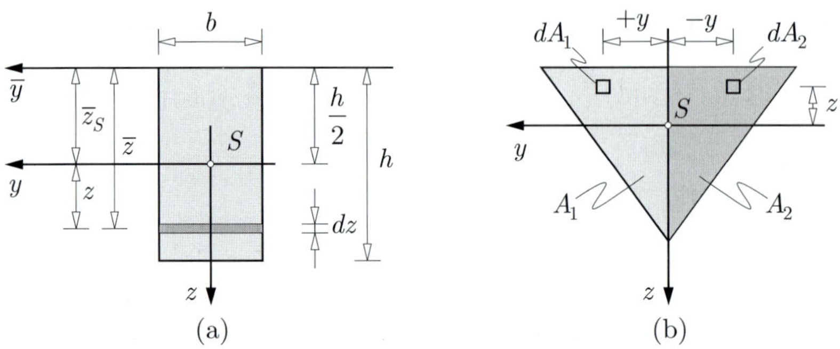

Abb. 6.4-2: (a) Doppeltsymmetrischer Querschnitt; (b) einfachsymmetrischer Querschnitt

⋆ `Flächenträgheitsmoment um die` $\bar{y}$`-Achse mittels Integration`

Für den Fall, dass die $\bar{y}$-Achse mit dem Querschnittsrand zusammenfällt, liefert die Integration der ersten Gleichung von (6.4-7)

$$I_{\bar{y}} = \int_A \bar{z}^2 \, dA = \int_0^h \bar{z}^2 b \, d\bar{z} = b \left. \frac{\bar{z}^3}{3} \right|_0^h = \frac{bh^3}{3} \,. \tag{6.4-11}$$

⋆ `Flächenträgheitsmoment um die` $\bar{y}$`-Achse mittels` STEINER`'schem Satz`

Für einen einzelnen Querschnitt lassen sich die Ausdrücke für die Flächenmomente 2. Ordnung bezogen auf ein System $\bar{y}, \bar{z}$ gemäß (6.31) zu

$$I_{\bar{y}} = \bar{z}_S^2 A + I_y , \quad I_{\bar{z}} = \bar{y}_S^2 A + I_z , \quad I_{\bar{y}\bar{z}} = \bar{y}_S \bar{z}_S A + I_{yz} \tag{6.4-12}$$

angeben. Aus $(6.4\text{-}12)_1$ ergibt sich das Flächenträgheitsmoment bezogen auf die $\bar{y}$-Achse am Querschnittsrand zu

$$I_{\bar{y}} = \bar{z}_S^2 A + I_y = \left(\frac{h}{2}\right)^2 \cdot bh + \frac{bh^3}{12} = \frac{bh^3}{4} + \frac{bh^3}{12} = \frac{bh^3}{3} \tag{6.4-13}$$

und ist somit identisch mit dem durch Integration erhaltenen Ergebnis (6.4-11).

- ***Flächenträgheitsmomente eines aus mehreren Rechtecken zusammengesetzten Querschnitts***

⋆ `Variante 1`

Im gegenständlichen Fall (Winkelprofil) kann bei der Bestimmung der Flächenmomente 2. Ordnung bezogen auf die durch den Schwerpunkt verlaufenden Koordinatenachsen y, z von der in (6.33) verwendeten Formulierung des Satzes von STEINER für zusammengesetzte Querschnitte ausgegangen werden. Während in (6.33) auf ein Koordinatensystem $\bar{y}, \bar{z}$ Bezug genommen wird, ergeben sich die entsprechenden Beziehungen bei Verwendung eines Bezugssystems y, z mit Ursprung im Schwerpunkt durch Austausch der entsprechenden Koordinaten $\bar{y} \rightarrow y$ und $\bar{z} \rightarrow z$ wie folgt

$$\begin{aligned} I_y &= \sum_{i=1}^{n} \left[\left(z_S^{(i)}\right)^2 A^{(i)} + I_y^{(i)} \right] , \\ I_z &= \sum_{i=1}^{n} \left[\left(y_S^{(i)}\right)^2 A^{(i)} + I_z^{(i)} \right] , \\ I_{yz} &= \sum_{i=1}^{n} \left[\left(y_S^{(i)} z_S^{(i)}\right) A^{(i)} + I_{yz}^{(i)} \right] . \end{aligned} \tag{6.4-14}$$

Beispielsweise stellt I_y das Flächenträgheitsmoment des Gesamtquerschnitts um die durch den Schwerpunkt S verlaufende y-Achse dar, $(z_S^{(i)})^2 A^{(i)}$ ist der so genannte STEINER-Anteil und $I_y^{(i)}$ ist das Flächenträgheitsmoment des jeweiligen Teilquerschnitts bezogen auf die zur y-Achse parallele Achse durch den Schwerpunkt $S^{(i)}$ der Teilfläche $A^{(i)}$ (vgl. Abb. 6.4-1(b)). $I_y^{(i)}$ wird auch als Eigenflächenträgheitsmoment oder als Eigenträgheitsmoment bzw. schwerpunktsbezogenes Trägheitsmoment der Teilfläche (i) bezeichnet. Für das Flächenträgheitsmoment I_y des Gesamtquerschnitts ergibt sich

$$I_y = \left(z_S^{(1)}\right)^2 A^{(1)} + I_y^{(1)} + \left(z_S^{(2)}\right)^2 A^{(2)} + I_y^{(2)} \tag{6.4-15}$$

$$\begin{aligned} I_y &= (25.82 - 4.5)^2 \cdot 630 + \frac{70 \cdot 9^3}{12} + \left(\frac{81}{2} + 9 - 25.82\right)^2 \cdot 567 + \frac{7 \cdot 81^3}{12} \\ I_y &= 918\,562 \text{ mm}^4 = 91.86 \text{ cm}^4 . \end{aligned} \tag{6.4-16}$$

Das Flächenträgheitsmoment I_z um die z-Achse durch den Schwerpunkt ist gemäß $(6.4\text{-}14)_2$ bestimmt und ergibt sich zu

$$\begin{aligned} I_z &= \left(y_S^{(1)}\right)^2 A^{(1)} + I_z^{(1)} + \left(y_S^{(2)}\right)^2 A^{(2)} + I_z^{(2)} \\ I_z &= (35 - 20.08)^2 \cdot 630 + \frac{9 \cdot 70^3}{12} + (20.08 - 3.5)^2 \cdot 567 + \frac{81 \cdot 7^3}{12} \\ I_z &= 555\,674 \text{ mm}^4 = 55.57 \text{ cm}^4 . \end{aligned} \tag{6.4-17}$$

Nachfolgend werden zwei weitere Berechnungsvarianten beispielhaft für die Ermittlung von I_y aufgezeigt. Die Ermittlung von I_z könnte analog erfolgen.

⋆ Variante 2

Eine alternative Möglichkeit der Berechnung von I_y besteht darin, das Flächenträgheitsmoment $I_{\bar{y}}$ bezüglich der $\bar{y}$-Achse zu bestimmen und davon den STEINER-Anteil des gesamten Querschnitts abzuziehen, d.h.

$$I_{\bar{y}} = \bar{z}_S^2 A + I_y \quad \rightarrow \quad I_y = I_{\bar{y}} - \bar{z}_S^2 A . \tag{6.4-18}$$

$I_{\bar{y}}$ ist entsprechend der aus (6.33) folgenden Beziehung zu

$$\begin{aligned} I_{\bar{y}} &= \left(\bar{z}_S^{(1)}\right)^2 A^{(1)} + I_y^{(1)} + \left(\bar{z}_S^{(2)}\right)^2 A^{(2)} + I_y^{(2)} \\ I_{\bar{y}} &= 4.5^2 \cdot 630 + \frac{70 \cdot 9^3}{12} + \left(\frac{81}{2} + 9\right)^2 567 + \frac{7 \cdot 81^3}{12} = 1\,716\,309 \text{ mm}^4 \end{aligned} \tag{6.4-19}$$

gegeben. Einsetzen von (6.4-19) bzw. von (6.4-1) und $(6.4\text{-}6)_2$ in (6.4-18) führt auf das gleiche Ergebnis wie oben, nämlich

$$I_y = I_{\bar{y}} - \bar{z}_S^2 A = 1\,716\,309 - 25.82^2 \cdot 1197 = 918\,562 \text{ mm}^4 \,. \tag{6.4-20}$$

Aus (6.4-18) ist ersichtlich, dass das Flächenträgheitsmoment um eine durch den Schwerpunkt S verlaufende Achse y stets kleiner ist als jedes Flächenträgheitsmoment um eine beliebige zu y parallele Achse.

⋆ `Variante 3`

Eine weitere Möglichkeit besteht darin, den L-förmigen Querschnitt als Differenz zweier Rechtecke zu betrachten, wie in Abb. 6.4-3 dargestellt. Für diesen Fall liefert die

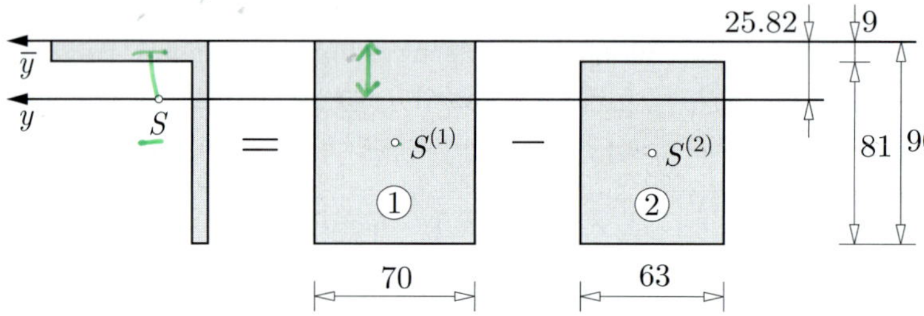

Abb. 6.4-3: L-förmiger Querschnitt als Differenz zweier Rechtecke

Auswertung von (6.4-6) mit den entsprechenden Daten der Rechtecke (1) und (2) die Schwerpunktskoordinate $\bar{z}_S$ zu

$$\bar{z}_S = \frac{S_{\bar{y}}}{A} = \frac{70 \cdot 90 \cdot 45 - 63 \cdot 81 \cdot \left(\dfrac{81}{2} + 9\right)}{70 \cdot 90 - 63 \cdot 81} = 25.82 \text{ mm} \tag{6.4-21}$$

und mittels (6.4-15) ergibt sich das Flächenträgheitsmoment um die durch den Schwerpunkt S verlaufende y-Achse zu

$$\begin{aligned} I_y &= (45 - 25.82)^2 \cdot 6300 + \frac{70 \cdot 90^3}{12} - \left[\left(\frac{81}{2} + 9 - 25.82\right)^2 \cdot 5103 + \frac{63 \cdot 81^3}{12}\right] \\ I_y &= 918\,562 \text{ mm}^4 \,. \end{aligned} \tag{6.4-22}$$

• ***Deviationsmoment***

Viele in der Praxis häufig verwendete Querschnitte sind symmetrische Querschnitte. Mit den Bezeichnungen gemäß Abb. 6.4-2(b) lässt sich für einen bezüglich der z-Achse symmetrischen Querschnitt das Deviationsmoment oder Zentrifugalmoment zu

$$I_{yz} = \int_A yz\,dA = \int_{A_1} yz\,dA_1 + \int_{A_2} (-y)z\,dA_2 = 0 \tag{6.4-23}$$

anschreiben. Wie aus (6.4-23) ersichtlich, heben sich bei paarweiser Betrachtung des Integranden für ein festes z die Integralbeiträge gegenseitig auf, da der y-Abstand einmal positiv und einmal negativ ist. Allgemein gilt, dass das Deviationsmoment einer Fläche bezüglich eines Achsensystems null ist, falls zumindest eine der beiden Achsen Symmetrieachse des Querschnitts ist.

Für den zusammengesetzten Querschnitt ist die Formel für das Deviationsmoment gemäß $(6.4\text{-}14)_3$ gegeben. Aufgrund der Symmetrieeigenschaften der einzelnen Teilflächen ergeben sich die Eigendeviationsmomente, d.h. die Deviationsmomente bezogen auf die Achsen durch den Schwerpunkt der jeweiligen Teilfläche $I_{yz}^{(i)}$ zu null. Somit bleiben lediglich die STEINER-Anteile übrig und das Deviationsmoment des Gesamtquerschnitts bezogen auf das Achsensystem y, z durch den Schwerpunkt ergibt sich zu

$$
\begin{aligned}
I_{yz} &= \left(y_S^{(1)} z_S^{(1)}\right) A^{(1)} + \left(y_S^{(2)} z_S^{(2)}\right) A^{(2)} \\
I_{yz} &= (35 - 20.08)\,[-(25.82 - 4.5)]\,630 + [-(20.08 - 3.5)]\left(\frac{81}{2} + 9 - 25.82\right) 567 \\
I_{yz} &= -423\,012\ \text{mm}^4 = -42.30\ \text{cm}^4\ . \qquad (6.4\text{-}24)
\end{aligned}
$$

Damit sind die Flächenmomente 2. Ordnung um die durch den Schwerpunkt verlaufenden Achsen y, z bestimmt. Es soll nochmals darauf hingewiesen werden, dass Flächenmomente 2. Ordnung um durch den Schwerpunkt S verlaufende Achsen stets kleiner sind als die entsprechenden Flächenmomente 2. Ordnung um zu y, z parallele Achsen $\bar{y}, \bar{z}$.

- ***Polares Flächenmoment 2. Ordnung***

Das polare Flächenmoment 2. Ordnung ergibt sich unter Verwendung von (6.46) zu

$$
\begin{aligned}
I_p &= \int_A r^2\, dA = \int_A \left(z^2 + y^2\right) dA = I_y + I_z \\
I_p &= 918\,562 + 555\,674 = 1\,474\,236\ \text{mm}^4 = 147.42\ \text{cm}^4\ ,
\end{aligned}
\qquad (6.4\text{-}25)
$$

wobei r in (6.4-25) den Abstand des Flächenelements dA vom Schwerpunkt bezeichnet.

- ***Flächenhauptmomente 2. Ordnung und Trägheitshauptachsen***

⋆ `Flächenhauptmomente 2. Ordnung`

Die Flächenhauptmomente 2. Ordnung oder Hauptflächenträgheitsmomente sind jene Flächenmomente 2. Ordnung um zwei durch den Querschnittsschwerpunkt verlaufende orthogonale Achsen – die Trägheitshauptachsen oder Hauptachsen des Querschnitts –, um die die Flächenmomente 2. Ordnung Extremwerte annehmen. Mit den entsprechenden Beziehungen gemäß (6.44) ergeben sich diese zu

$$
I_{\eta(\zeta)} = \frac{I_y + I_z}{2} \pm \sqrt{\left(\frac{I_y - I_z}{2}\right)^2 + I_{yz}^2} \qquad (6.4\text{-}26)
$$

$$
\begin{aligned}
I_{\eta(\zeta)} &= \frac{918\,562 + 555\,674}{2} \pm \sqrt{\left(\frac{918\,562 - 555\,674}{2}\right)^2 + (-423\,012)^2} \\
I_\eta &= 1\,197\,402\ \text{mm}^4 = 119.74\ \text{cm}^4\ , \quad I_\zeta = 276\,834\ \text{mm}^4 = 27.68\ \text{cm}^4\ . \qquad (6.4\text{-}27)
\end{aligned}
$$

Für das Deviationsmoment $I_{\eta\zeta}$ gilt gemäß (6.43)

$$
I_{\eta\zeta} = 0\ . \qquad (6.4\text{-}28)
$$

Als Kontrolle kann die Tatsache, dass die Summe der Flächenträgheitsmomente eine invariante Größe darstellt, verwendet werden, d.h.

$$\begin{aligned} I_y + I_z &= I_p &&= I_\eta + I_\zeta \\ 918\,562 + 555\,674 &= 1\,474\,236 &&= 1\,197\,402 + 276\,834\;. \end{aligned} \tag{6.4-29}$$

⋆ `Trägheitshauptachsen`

Der Tangens des Winkel α_H, um den die Trägheitshauptachsen η, ζ bezüglich des yz-Koordinatensystem gedreht sind, ergibt sich gemäß (6.42) zu

$$\tan 2\alpha_H = -\frac{2I_{yz}}{I_y - I_z} = -\frac{2 \cdot (-42.30)}{91.86 - 55.57} = 2.3312\;. \tag{6.4-30}$$

Da einem Tangens jeweils zwei sich um 180° unterscheidende Winkel zugeordnet sind, d.h.

$$\arctan 2.3312 = 2\alpha_H\;, (2\alpha_H \pm \pi)\;, \tag{6.4-31}$$

ergeben sich für α_H zwei Lösungen, die sich um 90° unterscheiden, zu

$$\begin{aligned} 2\alpha_H &= \arctan 2.3312 \;\rightarrow\; \alpha_H^{(1)} = 33.39^\circ\;, \\ 2\alpha_H \pm \pi &= \arctan 2.3312 \;\rightarrow\; \alpha_H^{(2)} = 123.39^\circ\;. \end{aligned} \tag{6.4-32}$$

Zur Klärung der Frage, welcher der beiden Winkel $\alpha_H^{(1)}$ oder $\alpha_H^{(2)}$ die Richtung der η-Achse – das ist jene Achse, um die das Flächenträgheitsmoment den Maximalwert annimmt – festlegt, ist zumindest eine der beiden Lösungen von (6.4-32) in die erste der drei Transformationsbeziehungen der Flächenmomente 2. Ordnung (6.4-33) einzusetzen. Gemäß (6.37) ergeben sich die Flächenmomente 2. Ordnung um Achsen y', z', die bezüglich des Achsensystems y, z um den Winkel α gedreht sind, zu

$$\begin{aligned} I_{y'} &= \frac{I_y + I_z}{2} + \frac{I_y - I_z}{2}\cos 2\alpha - I_{yz}\sin 2\alpha\;, \\ I_{z'} &= \frac{I_y + I_z}{2} - \frac{I_y - I_z}{2}\cos 2\alpha + I_{yz}\sin 2\alpha\;, \\ I_{y'z'} &= \frac{I_y - I_z}{2}\sin 2\alpha + I_{yz}\cos 2\alpha\;. \end{aligned} \tag{6.4-33}$$

Wertet man die Transformationsbeziehung $(6.4\text{-}33)_1$ mit $(6.4\text{-}32)_1$ aus, so erhält man unter Verwendung von (6.4-16), (6.4-17) und (6.4-24) das Flächenträgheitsmoment zu

$$\begin{aligned} I_{y'} &= \frac{918\,562 + 555\,674}{2} + \frac{918\,562 - 555\,674}{2}\cos 66.78^\circ + 423\,012\sin 66.78^\circ \\ I_{y'} &= 1\,197\,402\ \text{mm}^4 = I_\eta \end{aligned} \tag{6.4-34}$$

Somit kennzeichnet $(6.4\text{-}32)_1$ den Winkel α_H, der zwischen der y- und η-Achse eingeschlossen wird. Bezüglich einer dazu normal stehenden Achse ζ tritt das minimale Flächenträgheitsmoment I_ζ auf.

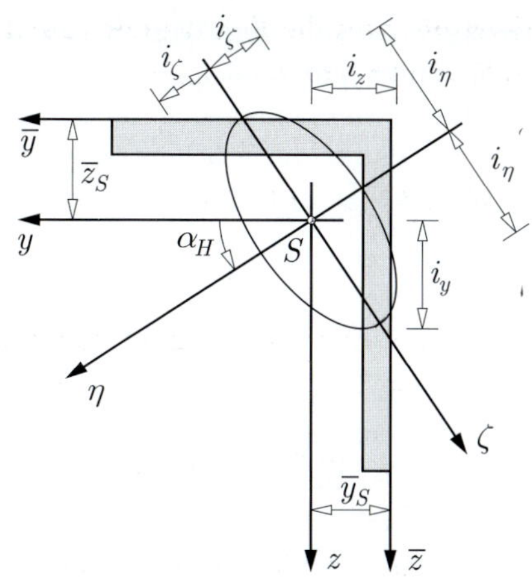

Abb. 6.4-4: Hauptachsen des Querschnitts und Trägheitsellipse

(e) Trägheitshauptradien

Die Trägheitshauptradien (Hauptträgheitsradien, Hauptradien des Querschnitts) sind gemäß (6.45) definiert und werden aus den Hauptträgheitsmomenten und der Querschnittsfläche zu

$$
\begin{aligned}
i_\eta &= \sqrt{\frac{I_\eta}{A}} = \sqrt{\frac{1\,197\,402}{1197}} = 31.63 \text{ mm} \;, \\
i_\zeta &= \sqrt{\frac{I_\zeta}{A}} = \sqrt{\frac{276\,834}{1197}} = 15.21 \text{ mm}
\end{aligned}
\tag{6.4-35}
$$

erhalten. Die Hauptträgheitsradien definieren die Halbachsen i_η, i_ζ der Trägheitsellipse. i_η wird auf der ζ-Achse und i_ζ wird auf der η-Achse abgetragen (vgl. Abb. 6.4-4). Die kleine Halbachse der Trägheitsellipse fällt mit jener Richtung zusammen, in die der Stab unter zentrisch einwirkender Druckkraft ausknicken würde. Bei Kenntnis der Trägheitsellipse lassen sich die Flächenträgheitsmomente bezogen auf ein zum Hauptachsensystem des Querschnitts beliebig gedrehtes System ermitteln. Legt man z.B. zu einer bezüglich y beliebig gedrehten, durch den Schwerpunkt S verlaufenden Achse y' eine parallele Tangente an die Ellipse, so ist der Normalabstand dieser Tangente von S gleich dem entsprechenden Trägheitsradius $i_{y'}$. Aus den zu (6.4-35) analogen Beziehungen

$$
i_{y'} = \sqrt{\frac{I_{y'}}{A}} \;, \qquad i_{z'} = \sqrt{\frac{I_{z'}}{A}}
\tag{6.4-36}
$$

können dann die Flächenträgheitsmomente bezüglich der entsprechenden Achsen ermittelt werden. Aus Abb. 6.4-4 lassen sich die Trägheitsradien $i_y = 2.75$ cm und $i_z = 2.15$ cm abmessen. Damit folgen unter Verwendung von (6.4-36) die entsprechenden Flächenträgheitsmomente zu

$$
\begin{aligned}
I_y &= i_y^2\, A \approx 2.75^2 \cdot 11.97 = 90.52 \text{ cm}^4 \;, \\
I_z &= i_z^2\, A \approx 2.15^2 \cdot 11.97 = 55.33 \text{ cm}^4
\end{aligned}
\tag{6.4-37}
$$

und stimmen damit näherungsweise mit den Werten gemäß (6.4-16) bzw. (6.4-17) überein. Man kann somit die Trägheitsradien $i_{y'}$ und $i_{z'}$ als Abstände jener Punkte von der Bezugsachse interpretieren, in die man sich die Gesamtfläche des Querschnitts konzentriert denken könnte, um damit die Flächenträgheitsmomente $I_{y'}$ bzw. $I_{z'}$ zu erhalten.

Beispiel 6.5: Schiefe Biegung – Kragträger unter Einzellasten

Abb. 6.5-1(a) zeigt einen linksseitig eingespannten Kragträger mit L-förmigem Querschnitt, dessen Querschnittsabmessungen denen des Beispiels 6.4 entsprechen. Der Träger wird entsprechend Abb. 6.5-1(b) in den Punkten B und C durch zwei Einzellasten beansprucht, deren Wirkungslinien in der jeweiligen Querschnittsebene liegen. Die in B angreifende Last $P^{(2)} = 1.9$ kN ist vertikal nach oben gerichtet und die am Trägerende in C wirkende Last $P^{(1)} = 1.5$ kN ist in der Querschnittsebene um 45° zur y-Achse geneigt, wie Abb. 6.5-1(c) zeigt. Es sind für den maximal beanspruchten Querschnitt des Trägers die Verteilung der Normalspannungen und deren Extremwerte $\sigma_x^{(\max)}$ und $\sigma_x^{(\min)}$ zu bestimmen und graphisch darzustellen (vgl. auch [MH04]).

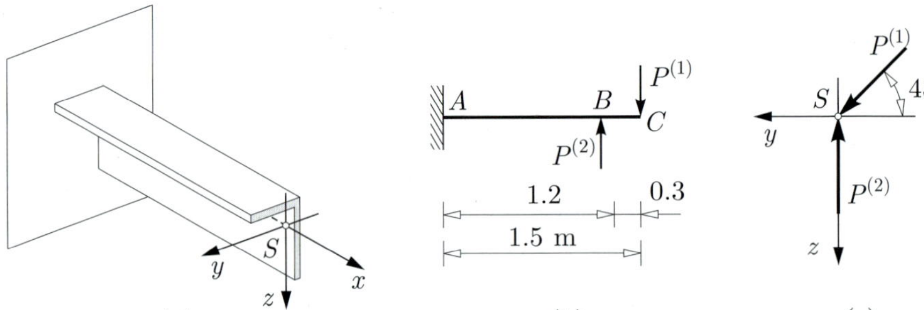

Abb. 6.5-1: Kragträger unter Einzellasten: (a) Kragträger; (b) statisches System mit Einzellasten entlang des Trägers; (c) Lastrichtungen in der Querschnittsebene

Zur Lösung der Aufgabe stehen zwei Lösungsmöglichkeiten zur Auswahl. Die eine basiert auf den Beziehungen für die Biegung um eine beliebige Schwerachse des Querschnitts, die andere auf jenen für die Biegung um eine Querschnittshauptachse.

(a) Schwerachsenbezug – Biegung um eine Schwerachse

Für einen Träger mit konstantem Querschnitt sind die Normalspannungen nicht nur von den Querschnittskoordinaten y und z abhängig, sondern sind im Allgemeinen, wegen der Veränderlichkeit der Schnittgrößen mit x, auch eine Funktion von x, d.h. $\sigma_x = \sigma_x(x, y, z)$. Wird deshalb (6.12) in der Form

$$\sigma_x(x,y,z) = \frac{N(x)}{A} - \frac{M_z(x)I_y + M_y(x)I_{yz}}{I_yI_z - I_{yz}^2} \cdot y + \frac{M_y(x)I_z + M_z(x)I_{yz}}{I_yI_z - I_{yz}^2} \cdot z \qquad (6.5\text{-}1)$$

angeschrieben, so erkennt man, dass zuerst die maßgebenden Schnittgrößen zu ermitteln sind.

• ***Bestimmung der maßgeblichen Schnittgrößen***

Zur Ermittlung der Extremwerte der Spannung in einem System ist es im Allgemeinen notwendig, jenen Querschnitt zu bestimmen, in welchem die Schnittgrößen Extremwerte annehmen.

Da die Einzellasten $P^{(1)}$ und $P^{(2)}$ normal auf die x-Achse stehen, bewirken diese keine Normalkraft, sodass im gesamten Träger

$$N(x) = 0 \tag{6.5-2}$$

gilt.

Zur Bestimmung der Momentenverläufe M_y und M_z werden, wie in Abb. 6.5-2(a) dargestellt, die gegebenen Kräfte in die entsprechenden Komponenten zerlegt, d.h.

$$\begin{aligned} P_y^{(1)} &= P^{(1)} \cdot \cos\beta = 1500 \cdot \cos 45° = 1060.7 \text{ N}, \qquad & P_y^{(2)} &= 0 \ , \\ P_z^{(1)} &= P^{(1)} \cdot \sin\beta = 1500 \cdot \sin 45° = 1060.7 \text{ N}, \qquad & P_z^{(2)} &= P^{(2)} = 1900 \text{ N} \ . \end{aligned} \tag{6.5-3}$$

Vereinbarungsgemäß ist, wie in Abb. 6.5-3(a) dargestellt, die positive z-Achse nach unten gerichtet und somit zeigt die positive y-Achse aus der Zeichenebene heraus. Weiters zeigt definitionsgemäß der Momentenvektor eines am positiven Schnittufer positiv drehenden Biegemoments M_y in Richtung der positiven y-Achse. Daraus folgt, dass M_y am abgeschnitten gedachten rechten Trägerteil (negatives Schnittufer) im Uhrzeigersinn dreht, wie in Abb. 6.5-3(a) dargestellt. Unter Verwendung der Ergebnisse von (6.5-3) folgen die Gleichungen für die Biegemomente M_y an einer beliebigen Stelle x durch Bildung des Momentengleichgewichts aller am abgeschnitten gedachten rechten Trägerteil in z-Richtung wirkenden Kräfte $P_z^{(i)}$ zu

$$\begin{aligned} 0 \ \leq x \leq 1.2: \quad & M_y(x) = -P_z^{(1)} \cdot (1.5 - x) + P_z^{(2)} \cdot (1.2 - x) \ , \\ 1.2 \leq x \leq 1.5: \quad & M_y(x) = -P_z^{(1)} \cdot (1.5 - x) \ . \end{aligned} \tag{6.5-4}$$

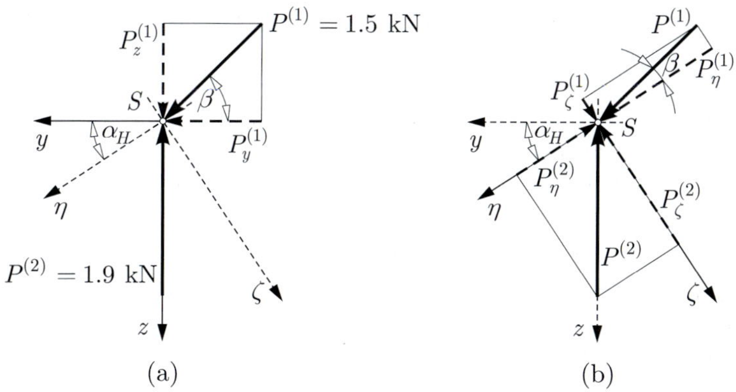

Abb. 6.5-2: Zerlegung der Einzellasten in ihre Komponenten in Bezug auf: (a) System y, z; (b) System η, ζ

Das Biegemoment an der Einspannstelle A wird mit $M_y^{(A)}$ und jenes im Querschnitt B mit $M_y^{(B)}$ bezeichnet und folgt durch Auswerten von (6.5-4) für $x = 0$ bzw. $x = 1.2$ unter Verwendung des Ergebnisses von (6.5-3) zu

$$\begin{aligned} x = 0: &\qquad M_y^{(A)} = -1060.7 \cdot 1.5 + 1900.0 \cdot 1.2 = 689.0 \text{ Nm} , \\ x = 1.2: &\qquad M_y^{(B)} = -1060.7 \cdot (1.5 - 1.2) = -318.2 \text{ Nm} . \end{aligned} \tag{6.5-5}$$

Die Belastung in y-Richtung bewirkt eine Biegung um die z-Achse. Aus Gründen der zeichnerischen Darstellung wird das Koordinatensystem um die x-Achse gedreht, sodass, wie in Abb. 6.5-3(b) dargestellt, die positive y-Achse nach unten gerichtet ist. Somit weist nun die positive z-Achse in die Zeichenebene hinein und definitionsgemäß zeigt der Momentenvektor eines am positiven Schnittufer positiv drehenden Biegemoments M_z in Richtung der positiven z-Achse. Daraus folgt, dass M_z am abgeschnitten gedachten rechten Trägerteil (negatives Schnittufer) im Gegenuhrzeigersinn dreht. Bildet man das Momentengleichgewicht aller am abgeschnitten gedachten rechten Trägerteil in y-Richtung wirkenden Kräfte $P_y^{(i)}$, so führt dies auf die Beziehung

$$0 \leq x \leq 1.5 \qquad M_z(x) = P_y^{(1)} \cdot (1.5 - x) , \tag{6.5-6}$$

woraus die Biegemomente an der Einspannstelle A bzw. im Querschnitt B durch Auswerten der Gleichung (6.5-6) für $x = 0$ bzw. $x = 1.2$ unter Verwendung von (6.5-3) zu

$$\begin{aligned} x = 0: &\qquad M_z^{(A)} = 1060.7 \cdot 1.5 = 1591.0 \text{ Nm} , \\ x = 1.2: &\qquad M_z^{(B)} = 1060.7 \cdot (1.5 - 1.2) = 318.2 \text{ Nm} \end{aligned} \tag{6.5-7}$$

folgen. Abb. 6.5-3(a) und Abb. 6.5-3 (b) zeigen die Biegemomentenverläufe M_y und M_z. Wie zu erwarten, ergeben sich die größten Biegemomente an der Einspannstelle.

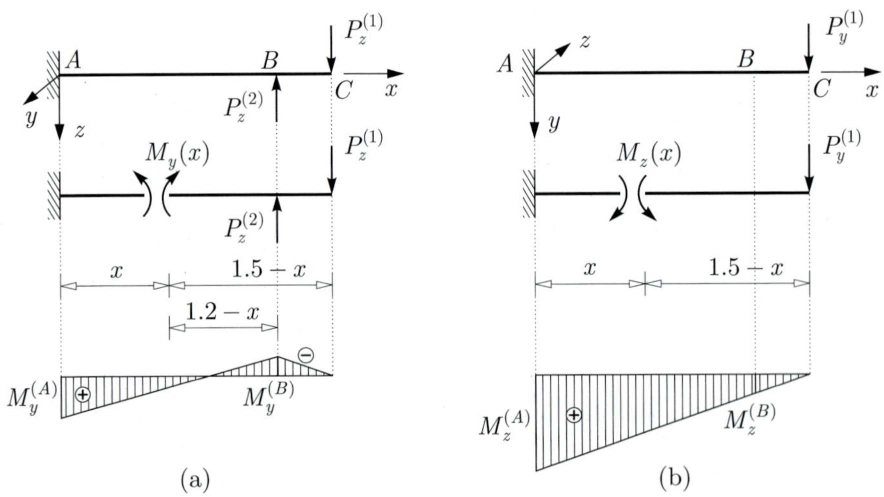

Abb. 6.5-3: Momentenlinien: (a) M_y zufolge Belastung in z-Richtung; (b) M_z zufolge Belastung in y-Richtung

Auf Basis dieser Momente wird nachfolgend die Spannungsermittlung für den Einspannquerschnitt durchgeführt, wobei zur Vereinfachung der Schreibweise $M_y = M_y^{(A)}$ bzw. $M_z = M_z^{(A)}$ gesetzt wird. Weiters wird angenommen, dass aufgrund der Schlankheit des Stabes der Einfluss der Querkraft unberücksichtigt bleiben kann, sodass zur Ermittlung der Normalspannungen näherungsweise die Beziehungen für den Fall „reine Biegung“ (in jeder Querschnittsfläche wirkt ausschließlich ein Biegemoment) verwendet werden dürfen.

• ***Bestimmung der Nulllinie***

Die Verteilung der Biegenormalspannungen in einem Querschnitt kann punktweise oder, einfacher, über die Bestimmung der Nulllinie ermittelt werden. Die Nulllinie ist dadurch ausgezeichnet, dass in den auf der Nulllinie liegenden Punkten des Querschnitts die Normalspannungen σ_x verschwinden. Der Winkel δ, den die Nulllinie mit der y-Achse einschließt, folgt gemäß (6.131) aus

$$\tan\delta = \frac{I_y \tan\gamma + I_{yz}}{I_z + I_{yz}\tan\gamma} \,, \tag{6.5-8}$$

wobei γ den vom Momentenvektor M mit der y-Achse eingeschlossenen Winkel bezeichnet. Gemäß Abb. 6.5-4(a) folgt dieser unter Berücksichtigung von $(6.5\text{-}5)_1$ und $(6.5\text{-}7)_1$ zu

$$\tan\gamma = \frac{M_z}{M_y} = \frac{1591}{689} = 2.309 \qquad \rightarrow \qquad \gamma = \arctan 2.309 = 66.58^\circ \,. \tag{6.5-9}$$

Durch Einsetzen von (6.5-9) in Gleichung (6.5-8) bei gleichzeitiger Verwendung der im Beispiel 6.4 ermittelten Flächenmomente 2. Ordnung (6.4-16), (6.4-17) und (6.4-24) ergibt sich der Winkel δ zu

$$\begin{aligned} \tan\delta &= \frac{918\,562 \cdot 2.309 + (-423\,012)}{555\,674 + (-423\,012)\cdot 2.309} = -4.033 \\ \delta &= -76.07^\circ, \quad \text{bzw.} \quad \delta = -76.07^\circ + 180^\circ = 103.93^\circ \,. \end{aligned} \tag{6.5-10}$$

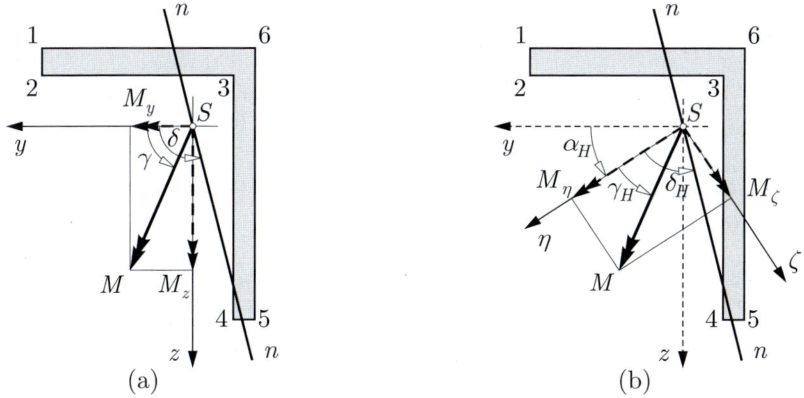

Abb. 6.5-4: Lage der Nulllinie im Einspannquerschnitt in Bezug auf:
(a) System y, z; (b) System η, ζ

Da nur die Neigung der Nulllinie (nicht die Richtung eines Vektors) interessiert, ist die Aussage der beiden Lösungen von (6.5-10) identisch.

- ***Ermittlung der Spannungen***

Gemäß der Hypothese von BERNOULLI (Ebenbleiben der Querschnitte) sind die Dehnungen ε_x linear über den Querschnitt verteilt. Im Falle eines homogenen Querschnitts und unter der Annahme der Gültigkeit des HOOKE'schen Gesetzes folgt, dass auch die Spannungen σ_x über den Querschnitt linear verteilt sein müssen. Somit müssen die Extremwerte der Spannungen in den von der Nulllinie am weitesten entfernten Punkten des Querschnitts auftreten. Wie man aus Abb. 6.5-4(a) leicht erkennt, sind dies die Punkte 2 und 6 des Winkelprofils. In einem bestimmten Querschnitt, d.h. für ein festes x, ist (6.5-1) eine Funktion der Koordinaten $y^{(i)}$ und $z^{(i)}$ des betrachteten Punktes (i). Somit kann (6.5-1) unter Berücksichtigung von (6.5-2) zu

$$\sigma_x^{(i)} = -C_1 \cdot y^{(i)} + C_2 \cdot z^{(i)} \tag{6.5-11}$$

geschrieben werden, wobei die für den betrachteten Einspannquerschnitt gültigen Konstanten C_1 und C_2 unter Verwendung der Ergebnisse für die Schnittgrößen $(6.5\text{-}5)_1$ und $(6.5\text{-}7)_1$ bzw. für die Querschnittskennwerte (6.4-16), (6.4-17) und (6.4-24) zu

$$\begin{aligned} C_1 &= \frac{M_z I_y + M_y I_{yz}}{I_y I_z - I_{yz}^2} = \frac{1\,591\,000 \cdot 918\,562 + 689\,000 \cdot (-423\,012)}{918\,562 \cdot 555\,674 - (-423\,012)^2} = 3.5295\ , \\ C_2 &= \frac{M_y I_z + M_z I_{yz}}{I_y I_z - I_{yz}^2} = \frac{689\,000 \cdot 555\,674 + 1\,591\,000 \cdot (-423\,012)}{918\,562 \cdot 555\,674 - (-423\,012)^2} = -0.8753 \end{aligned} \tag{6.5-12}$$

gegeben sind. Die Konstanten sind dimensionsbehaftet und in (6.5-12) in $\mathrm{N/mm^3}$ gegeben. Aus Abb. 6.4-1(b) folgen die Koordinaten der Eckpunkte des Querschnitts zu

$$y^{(i)} = \bar{y}^{(i)} - \bar{y}_S\ , \qquad z^{(i)} = \bar{z}^{(i)} - \bar{z}_S\ , \tag{6.5-13}$$

wobei $\bar{y}^{(i)}$ und $\bar{z}^{(i)}$ die Koordinaten der Eckpunkte (i) in Bezug auf das Koordinatensystem $\bar{y}$, $\bar{z}$ darstellen und $\bar{y}_S$, $\bar{z}_S$ durch (6.4-6) gegeben sind. Wie oben bereits ausgeführt, treten die Extremwerte der Spannungen in den von der Nulllinie am weitesten entfernt gelegenen Punkten des Querschnitts auf. Auswerten von (6.5-13) für die Punkte (2) und (6) ergibt

$$\begin{aligned} y^{(2)} &= 70 - 20.08 = 49.92\ \mathrm{mm}\ , & z^{(2)} &= 9 - 25.82 = -16.82\ \mathrm{mm}\ , \\ y^{(6)} &= 0 - 20.08 = -20.08\ \mathrm{mm}\ , & z^{(6)} &= 0 - 25.82 = -25.80\ \mathrm{mm} \end{aligned} \tag{6.5-14}$$

und damit folgen die Biegenormalspannungen durch Einsetzen von (6.5-12) und (6.5-14) in (6.5-11) zu

$$\begin{aligned} \sigma_x^{(2)} &= -3.5295 \cdot 49.92 + (-0.8753) \cdot (-16.82) = -161.47\ \mathrm{N/mm}^2\ , \\ \sigma_x^{(6)} &= -3.5295 \cdot (-20.08) + (-0.8753) \cdot (-25.82) = 93.47\ \mathrm{N/mm}^2\ . \end{aligned} \tag{6.5-15}$$

Somit tritt im Punkt (6) die größte Zugspannung $\sigma_x^{(\max)}$ und im Punkt (2) die größte Druckspannung $\sigma_x^{(\min)}$ auf. Die Spannungsverteilung über den Querschnitt ist in Abb. 6.5-5 dargestellt.

Der Vollständigkeit halber werden auch noch die Spannungen der restlichen Punkte der Querschnittsberandung in Tab. 6.5-1 angegeben.

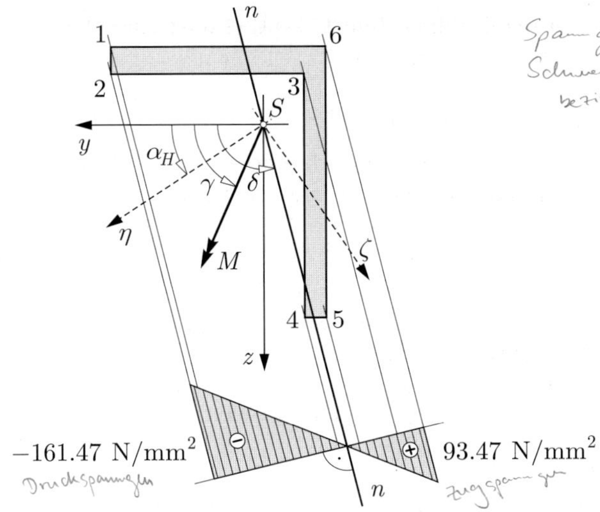

Abb. 6.5-5: Verlauf der Biegenormalspannungen im Einspannquerschnitt

(i)	$\bar{y}^{(i)}$ [mm]	$\bar{z}^{(i)}$ [mm]	$y^{(i)}$ [mm]	$z^{(i)}$ [mm]	$\sigma_x^{(i)}$ [N/mm^2]
1	70	0	49.92	−25.82	−153.59
2	70	9	49.92	−16.82	−161.47
3	7	9	−13.08	−16.82	60.89
4	7	90	−13.08	64.18	−10.01
5	0	90	−20.08	64.18	14.70
6	0	0	−20.08	−25.82	93.47

Tabelle 6.5-1: Normalspannungen in den Eckpunkten des Einspannquerschnitts

(b) Hauptachsenbezug – Biegung um eine Querschnittshauptachse

Alternativ zur oben beschriebenen Vorgangsweise kann auch mit Bezug auf die Hauptachsen η, ζ, d.h. unter Verwendung der Gleichung (6.15) gearbeitet werden.

• ***Bestimmung der maßgeblichen Schnittgrößen***

Analog zu (6.5-3) werden die Einzellasten $P^{(1)}$ und $P^{(2)}$ in die Komponenten $P_\eta^{(i)}, P_\zeta^{(i)}$ zerlegt (vgl. Abb. 6.5-2(b)). Gemäß (6.4-30) ist der zwischen y- und η-Achse eingeschlossene Winkel zu $\alpha_H = 33.39°$ gegeben. Damit folgen die einzelnen Komponenten zu

$$\begin{aligned}
P_\eta^{(1)} &= P^{(1)} \cdot \cos\beta = 1500 \cdot \cos(45° - 33.39°) = 1469.3 \text{ N} \;, \\
P_\zeta^{(1)} &= P^{(1)} \cdot \sin\beta = 1500 \cdot \sin 11.61° = 301.9 \text{ N} \;, \\
P_\eta^{(2)} &= P^{(2)} \cdot \sin\alpha_H = 1900 \cdot \sin 33.39° = 1045.6 \text{ N} \;, \\
P_\zeta^{(2)} &= P^{(2)} \cdot \cos\alpha_H = 1900 \cdot \cos 33.39° = 1586.4 \text{ N}
\end{aligned} \qquad (6.5\text{-}16)$$

und die Gleichungen für die Biegemomente M_η und M_ζ ergeben sich zu

$$\begin{aligned}
0 \le x \le 1.2: \quad & M_\eta(x) = -P_\zeta^{(1)} \cdot (1.5 - x) + P_\zeta^{(2)} \cdot (1.2 - x) \,, \\
& M_\zeta(x) = P_\eta^{(1)} \cdot (1.5 - x) - P_\eta^{(2)} \cdot (1.2 - x) \,, \\
1.2 \le x \le 1.5: \quad & M_\eta(x) = -P_\zeta^{(1)} \cdot (1.5 - x) \,, \\
& M_\zeta(x) = P_\eta^{(1)} \cdot (1.5 - x) \,.
\end{aligned} \tag{6.5-17}$$

Die Biegemomente in den Punkten (A) und (B) folgen durch Auswerten der entsprechenden Gleichungen (6.5-17) für $x = 0$ bzw. $x = 1.2$ zu

$$\begin{aligned}
x = 0: \quad & M_\eta^{(A)} = -301.9 \cdot 1.5 + 1586.4 \cdot 1.2 = 1450.8 \text{ Nm} \,, \\
& M_\zeta^{(A)} = 1469.3 \cdot 1.5 - 1045.6 \cdot 1.2 = 949.2 \text{ Nm} \,, \\
x = 1.2: \quad & M_\eta^{(B)} = -301.9 \cdot (1.5 - 1.2) = -90.6 \text{ Nm} \,, \\
& M_\zeta^{(B)} = 1469.3 \cdot (1.5 - 1.2) = 440.8 \text{ Nm} \,.
\end{aligned} \tag{6.5-18}$$

Abb. 6.5-6 zeigt die Verteilung der Biegemomente entlang des Kragträgers.

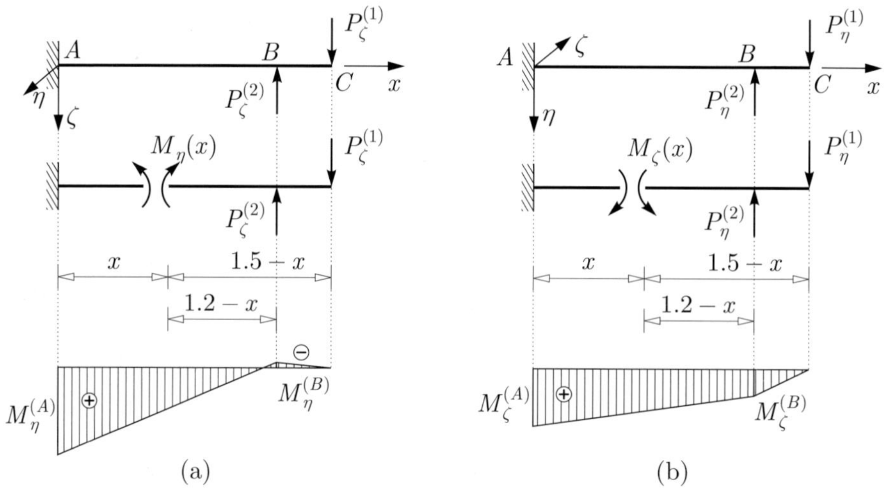

Abb. 6.5-6: Momentenlinien: (a) M_η zufolge Belastung in ζ-Richtung; (b) M_ζ zufolge Belastung in η-Richtung

`Kontrolle`

Falls die Ermittlung des Momentenverlaufs entlang der Stabachse nicht erforderlich ist und der resultierende Momentenvektor M bzw. die Komponenten M_y und M_z im zu untersuchenden Querschnitt bekannt sind, kann man die Momente M_η und M_ζ durch Komponentenzerlegung von M erhalten. Mit der für den Einspannquerschnitt verwendeten Schreibweise $M_\eta^{(A)} = M_\eta$ bzw. $M_\zeta^{(A)} = M_\zeta$ ist der resultierende Momentenvektor im Einspannquerschnitt (A) unter Verwendung von $(6.5\text{-}5)_1$ und $(6.5\text{-}7)_1$ zu

$$M^{(A)} = M = \sqrt{M_y^2 + M_z^2} = \sqrt{689.0^2 + 1591.0^2} = 1733.8 \text{ Nm} \tag{6.5-19}$$

gegeben. Entsprechend Abb. 6.5-4(b) und unter Verwendung des Ergebnisses (6.5-9) ergibt sich der vom Momentenvektor M und der η-Achse eingeschlossene Winkel γ_H zu

$$\gamma_H = \gamma - \alpha_H = 66.58° - 33.39° = 33.19° \ . \tag{6.5-20}$$

Damit folgen M_η und M_ζ zu

$$\begin{aligned} M_\eta &= M \cdot \cos\gamma_H = 1733.8 \cdot \cos 33.19° = 1450.9 \text{ Nm} \ , \\ M_\zeta &= M \cdot \sin\gamma_H = 1733.8 \cdot \sin 33.19° = 949.1 \text{ Nm} \ . \end{aligned} \tag{6.5-21}$$

- ***Bestimmung der Nulllinie***

Bei Bezug auf Querschnittshauptachsen ist die Lage der Nulllinie gemäß (6.128) zu

$$\tan\delta_H = \frac{I_\eta}{I_\zeta} \tan\gamma_H \tag{6.5-22}$$

gegeben, wobei der Index H auf Hauptachsenbezug hindeuten soll, d.h. δ_H ist der Winkel zwischen der η-Achse und der Nulllinie und γ_H misst den Winkel von der η-Achse zum Momentenvektor M. Unter Verwendung der Ergebnisse für die Flächenhauptmomente 2. Ordnung gemäß (6.4-27) und mit γ_H entsprechend (6.5-20) folgt die Lage der Nulllinie zu

$$\tan\delta_H = \frac{1\,197\,402}{276\,834}\, 0.6542 = 2.8290 \ \rightarrow \ \delta_H = 70.53°, \ \text{bzw.} \ \delta_H = 250.53° \ . \tag{6.5-23}$$

Da weder der resultierende Momentenvektor M noch die Nulllinie von der Wahl des Bezugssystems abhängig sein kann, muss – wie in Abb. 6.5-4(b) dargestellt –

$$\begin{aligned} \gamma &= \gamma_H + \alpha_H = 33.19° + 33.39° = 66.58° \ , \\ \delta &= \delta_H + \alpha_H = 70.53° + 33.39° = 103.92° \end{aligned} \tag{6.5-24}$$

gelten. (6.5-24) stellt eine Kontrolle dar und ist, wie ein Vergleich mit (6.5-9) und (6.5-10) zeigt, erfüllt.

- ***Ermittlung der Spannungen***

Die Spannungen σ_x im Einspannquerschnitt ergeben sich nun durch Verwendung der Beziehung (6.15), die zu

$$\sigma_x = \frac{N}{A} - \frac{M_\zeta}{I_\zeta} \cdot \eta + \frac{M_\eta}{I_\eta} \cdot \zeta \tag{6.5-25}$$

gegeben ist. Vergleicht man (6.5-1) mit (6.5-25), so fällt auf, dass letztere weniger Terme beinhaltet. Dieser vermeintliche Vorteil bei Verwendung von (6.5-25) wird allerdings durch zusätzlichen Rechenaufwand bei der Berechnung der Hauptträgheitsmomente und insbesondere durch die aufwendigere Ermittlung der Koordinaten der einzelnen Querschnittspunkte in Bezug auf das Hauptachsensystem egalisiert. Für einen Punkt (i) sind dessen $\eta\zeta$-Koordinaten aus den yz-Koordinaten gemäß

$$\begin{aligned} \eta^{(i)} &= \ \ y^{(i)} \cdot \cos\alpha_H + z^{(i)} \cdot \sin\alpha_H \ , \\ \zeta^{(i)} &= -y^{(i)} \cdot \sin\alpha_H + z^{(i)} \cdot \cos\alpha_H \end{aligned} \tag{6.5-26}$$

zu ermitteln. Analog zu (6.5-11) sind die Spannungen im untersuchten Querschnitt zu

$$\sigma_x^{(1)} = -C_1 \cdot \eta^{(i)} + C_2 \cdot \zeta^{(i)} \tag{6.5-27}$$

gegeben und die Konstanten C_1 und C_2 folgen zu

$$\begin{aligned} C_1 &= \frac{M_\zeta}{I_\zeta} = \frac{949\,100}{276\,834} = 3.4284\ \mathrm{N/mm^3}\ . \\ C_2 &= \frac{M_\eta}{I_\eta} = \frac{1\,450\,900}{1\,197\,402} = 1.2117\ \mathrm{N/mm^3}\ . \end{aligned} \tag{6.5-28}$$

Mit den in Tab. 6.5-1 bereits ermittelten Koordinaten $y^{(i)}$, $z^{(i)}$ ergeben sich unter Verwendung von (6.5-26) die Koordinaten der Eckpunkte des Querschnitts bezogen auf die Querschnittshauptachsen und mittels (6.5-27) und (6.5-28) die Biegenormalspannungen wie in Tab. 6.5-2 angegeben. Wie ein Vergleich der Spannungen der beiden Tabellen zeigt, stimmen die Ergebnisse bis auf numerische Ungenauigkeiten überein.

(i)	$y^{(i)}$ [mm]	$z^{(i)}$ [mm]	$\eta^{(i)}$ [mm]	$\zeta^{(i)}$ [mm]	$\sigma_x^{(i)}$ [N/mm^2]
1	49.92	−25.82	27.47	−49.03	−153.59
2	49.92	−16.82	32.42	−41.52	−161.47
3	−13.08	−16.82	−20.18	−6.85	60.88
4	−13.08	64.18	24.40	60.79	−10.00
5	−20.08	64.18	18.55	64.64	14.71
6	−20.08	−25.82	−30.98	−10.51	93.47

Tabelle 6.5-2: Normalspannungen in den Eckpunkten des Einspannquerschnitts

Beispiel 6.6: Kern eines L-Querschnitts

Für den in Abb. 6.4-1(a) gegebenen L-förmigen Querschnitt ist die Kernfläche auf zwei unterschiedliche Arten zu bestimmen.

Die Kernfläche ist als jener Bereich des Querschnitts definiert, innerhalb dessen der Angriffspunkt einer Normalkraft liegen muss, damit die durch diese Normalkraft verursachten Normalspannungen ausschließlich Zug- oder Druckspannungen sind. Ausgangspunkt der Berechnung bildet die Beziehung (6.144), welche die Gleichung der Nulllinie in Abschnittsform darstellt, d.h.

$$\frac{e_\eta}{i_\zeta^2}\eta + \frac{e_\zeta}{i_\eta^2}\zeta = -1\ . \tag{6.6-1}$$

In (6.6-1) bezeichnen e_η, e_ζ die Koordinaten des Angriffspunkts der Normalkraft bezogen auf die Hauptachsen η, ζ des Querschnitts und i_η, i_ζ bezeichnen die Trägheitshauptradien. Im Beispiel 6.4 wurden bereits die Querschnittskennwerte berechnet und die

Koordinaten des Schwerpunkts bezogen auf ein Koordinatensystem $\bar{y}, \bar{z}$ entsprechend Abb. 6.4-1(b) wurden gemäß (6.4-6) zu

$$\bar{y}_S = 20.08 \text{ mm} , \qquad \bar{z}_S = 25.82 \text{ mm} , \tag{6.6-2}$$

erhalten. Die Trägheitshauptradien ergaben sich gemäß (6.4-35) zu

$$i_\eta = 31.63 \text{ mm} , \qquad i_\zeta = 15.21 \text{ mm} . \tag{6.6-3}$$

Vorbemerkungen

Durch Nullsetzen von η bzw. ζ in (6.6-1) ergeben sich die mit η_N und ζ_N bezeichneten Koordinaten der Schnittpunkte der Nulllinie mit den Koordinatenachsen zu

$$\eta_N = 0 , \quad \zeta_N = -\frac{i_\eta^2}{e_\zeta} , \qquad \zeta_N = 0 , \quad \eta_N = -\frac{i_\zeta^2}{e_\eta} . \tag{6.6-4}$$

Vor der Ermittlung der Kernfläche für das gegebene Winkelprofil wird nachfolgend erläutert, wie die Spannungsverteilung zufolge einer Biege- und Normalkraftwirkung als Spannungsverteilung einer exzentrisch wirkenden Normalkraft interpretiert werden kann. Da die schiefe Biegung als Kombination entsprechender achsrechter Biegebeanspruchungen M_η und M_ζ aufgefasst werden kann, wird der Sachverhalt an Hand der achsrechten Biegung dargestellt und die in der Beziehung (6.6-1) enthaltenen Sonderfälle diskutiert. (Unter achsrechter Biegung wird die Biegung um eine der beiden Hauptachsen des Querschnitts verstanden.)

⋆ `Normalkraft und Biegung um die` η`-Achse` $(N + M_\eta)$

Die durch die kombinierte Wirkung einer im Schwerpunkt angreifenden Normalkraft N und eines Biegemoments M_η hervorgerufenen Normalspannungen σ_x lassen sich auch als Folge einer exzentrisch (außermittig, d.h. nicht im Querschnittsschwerpunkt) angreifenden Normalkraft deuten. Da im gegenständlichen Fall keine Biegung um die ζ-Achse auftritt, liegt keine Exzentrizität (Außermittigkeit) in η-Richtung vor und die Außermittigkeit bezüglich der ζ-Richtung folgt aus (6.6-1). Die Koordinaten des Angriffspunktes der außermittig wirkenden Normalkraft ergeben sich somit zu

$$e_\eta = 0, \quad e_\zeta = -\frac{i_\eta^2}{\zeta_N} . \tag{6.6-5}$$

Aus (6.6-5) lassen sich folgende Fälle unterscheiden:

$$\begin{array}{llllll} \text{(i)} & |\zeta_N| > 0 & \Leftrightarrow & |e_\zeta| > 0 & \Leftrightarrow & n-n \parallel \eta\text{–Achse} , \\ \text{(ii)} & |\zeta_N| \to \infty & \Leftrightarrow & |e_\zeta| \to 0 & \Leftrightarrow & n-n \parallel \eta\text{–Achse in } \infty , \\ \text{(iii)} & |\zeta_N| \to 0 & \Leftrightarrow & |e_\zeta| \to \infty & \Leftrightarrow & n-n \parallel \eta\text{–Achse durch } S . \end{array} \tag{6.6-6}$$

Ist die Exzentrizität e_ζ bekannt, so kann aus (6.6-5) ζ_N, d.i. die Koordinate des Schnittpunkts der Nulllinie mit der ζ-Achse, ermittelt werden. Somit können die Beziehungen (6.6-6) in beide Richtungen gelesen werden, was durch $\Leftrightarrow$ zum Ausdruck gebracht werden soll.

⋆ `Normalkraft und Biegung um die` ζ`-Achse (`$N + M_\zeta$`)`

Da im diesem Fall keine Biegung um die η-Achse auftritt, liegt keine Außermittigkeit in ζ-Richtung vor und die Außermittigkeit bezüglich der η-Richtung folgt aus (6.6-1). Die Koordinaten des Angriffspunktes der außermittig wirkenden Normalkraft ergeben sich somit zu

$$e_\zeta = 0, \quad e_\eta = -\frac{i_\zeta^2}{\eta_N} \; . \tag{6.6-7}$$

Aus (6.6-7) lassen sich folgende Fälle unterscheiden:

$$\begin{array}{llllll} \text{(i)} & |\eta_N| > 0 & \Leftrightarrow & |e_\eta| > 0 & \Leftrightarrow & n-n \parallel \zeta\text{−Achse} \; , \\ \text{(ii)} & |\eta_N| \to \infty & \Leftrightarrow & |e_\eta| \to 0 & \Leftrightarrow & n-n \parallel \zeta\text{−Achse in } \infty \; , \\ \text{(iii)} & |\eta_N| \to 0 & \Leftrightarrow & |e_\eta| \to \infty & \Leftrightarrow & n-n \parallel \zeta\text{−Achse durch } S \; . \end{array} \tag{6.6-8}$$

Wie oben können auch hier e_η und η_N in (6.6-7) vertauscht werden.

(a) Bestimmung des Kerns – Nulllinie tangiert Querschnitt

Aus der Definition des Kerns ergibt sich, dass zufolge einer Normalkraft Normalspannungen gleichen Vorzeichens im Querschnitt dann auftreten, wenn die Nulllinie den Querschnitt nicht schneidet. Die Nulllinie darf deshalb höchstens Tangente an den Querschnitt sein, falls nur Spannungen gleichen Vorzeichens auftreten sollen. Daraus ergibt sich eine der zwei möglichen Vorgangsweisen zur Bestimmung des Kerns, d.h. man bestimmt den Angriffspunkt der Normalkraft, deren zugehörige Nulllinie Tangente an den Querschnitt ist. Die Aufgabenstellung lautet somit: Ermittlung von (e_η, e_ζ), wenn (η_N, ζ_N) gegeben ist. Der Angriffspunkt der Normalkraft liegt dann gerade auf dem Rand der Kernfläche.

• ***Ermittlung von Nulllinien, die den Querschnittsrand tangieren***

Im allgemeinen Fall schneidet eine den Querschnitt tangierende Nulllinie beide Hauptachsen η und ζ, wie in Abb. 6.6-1 für die Nulllinie $n^{(5)} - n^{(5)}$ dargestellt. In diesem Fall ergeben sich die Schnittpunktskoordinaten $(\eta_N^{(5)}, 0)$ bzw. $(0, \zeta_N^{(5)})$. Die Ermittlung dieser Achsenabschnitte η_N und ζ_N (vgl. Gleichung (6.6-4)) kann etwa unter Verwendung der Geradengleichung in der „Zwei-Punkte-Form“ erfolgen. Da die Nulllinie (6.6-1) in den Querschnittshauptachsen formuliert ist, sind die Koordinaten der Eckpunkte des Querschnitts in das System η, ζ zu transformieren. Unter Bezugnahme auf Abb. 6.4-1(b) folgen diese entsprechend (6.5-13) und (6.5-26) zu

$$\left\{ \begin{array}{c} \eta^{(i)} \\ \zeta^{(i)} \end{array} \right\} = \left[\begin{array}{cc} \cos\alpha_H & \sin\alpha_H \\ -\sin\alpha_H & \cos\alpha_H \end{array} \right] \cdot \left\{ \begin{array}{c} \bar{y}^{(i)} - \bar{y}_S \\ \bar{z}^{(i)} - \bar{z}_S \end{array} \right\} . \tag{6.6-9}$$

Dabei bezeichnen $\bar{y}^{(i)}, \bar{z}^{(i)}$ bzw. $\eta^{(i)}, \zeta^{(i)}$ die Koordinaten des Eckpunkts (i) im System $\bar{y}, \bar{z}$ bzw. im Hauptachsensystem η, ζ. Unter der Bedingung, dass die Nulllinie den Querschnitt nicht schneiden darf, sind nur die Koordinaten der ausspringenden Ecken des Querschnitts zu transformieren. Die Koordinaten $\eta^{(i)}$, $\zeta^{(i)}$ wurden bereits in Tab. 6.5-2 ermittelt und sind auch in Tab. 6.6-1, Spalte 2 und 3 enthalten. Die

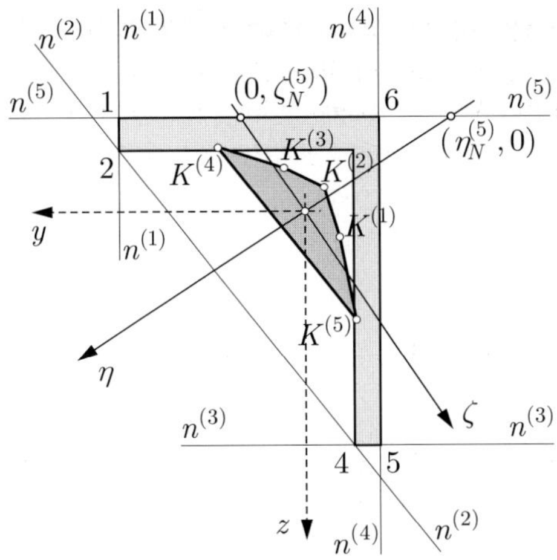

Abb. 6.6-1: Nulllinien als Tangenten an den Querschnitt mit zugehörigen Kraftangriffspunkten als Eckpunkte der Kernfläche

Geradengleichung der Tangente durch die Eckpunkte (i) und $(i+1)$ des Querschnitts ergibt sich in der „Zwei-Punkte-Form" zu

$$\frac{\zeta - \zeta^{(i)}}{\eta - \eta^{(i)}} = \frac{\zeta^{(i+1)} - \zeta^{(i)}}{\eta^{(i+1)} - \eta^{(i)}} = \frac{\Delta\zeta^{(i)}}{\Delta\eta^{(i)}} . \tag{6.6-10}$$

Auflösen von (6.6-10) nach ζ liefert die Gleichung der durch die Punkte (i) und $(i+1)$ verlaufenden Nulllinie zu

$$\zeta = \frac{\Delta\zeta^{(i)}}{\Delta\eta^{(i)}} \cdot \eta + \left(\zeta^{(i)} - \frac{\Delta\zeta^{(i)}}{\Delta\eta^{(i)}} \cdot \eta^{(i)} \right) , \tag{6.6-11}$$

wobei $\Delta\zeta^{(i)}/\Delta\eta^{(i)}$ den Anstieg der Nulllinie darstellt.

- ***Ermittlung der zu den Nulllinien gehörenden Kraftangriffspunkte***

Mit (6.6-11) und den Koordinaten der Eckpunkte (i) der Querschnittsberandung lassen sich die Achsenabschnitte $\eta_N^{(i)}$ und $\zeta_N^{(i)}$ der Nulllinie (i) wie folgt berechnen:

$$\eta = 0 \quad \rightarrow \quad \zeta_N^{(i)} = \zeta^{(i)} - \frac{\Delta\zeta^{(i)}}{\Delta\eta^{(i)}} \eta^{(i)} , \tag{6.6-12}$$

$$\zeta = 0 \quad \rightarrow \quad \eta_N^{(i)} = \eta^{(i)} - \frac{\Delta\eta^{(i)}}{\Delta\zeta^{(i)}} \zeta^{(i)} = -\zeta_N^{(i)} \frac{\Delta\eta^{(i)}}{\Delta\zeta^{(i)}} . \tag{6.6-13}$$

Einsetzen der Achsenabschnitten entsprechend (6.6-12), (6.6-13) in (6.6-1) liefert schließlich die Koordinaten des jeweiligen Angriffspunkts der Normalkraft – diese entsprechen den Eckpunkten (i) der Kernfläche – zu

$$(\eta_N^{(i)}, 0) : \quad e_\eta^{(i)} = -\frac{i_\zeta^2}{\eta_N^{(i)}} , \tag{6.6-14}$$

$$(0, \zeta_N^{(i)}) : \quad e_\zeta^{(i)} = -\frac{i_\eta^2}{\zeta_N^{(i)}} . \tag{6.6-15}$$

- ***Numerische Ermittlung der Eckpunkte der Kernfläche***

In Tab. 6.6-1 enthalten die Spalten 4 bis 9 Daten der entsprechenden Nulllinie, während die Spalten 1 bis 3 Daten der Eckpunkte beinhalten. Für die durch die Eckpunkte (1) und (2) verlaufende Nulllinie $n^{(1)} - n^{(1)}$ ergibt sich der Anstieg zu

$$\frac{\Delta\zeta^{(1)}}{\Delta\eta^{(1)}} = \frac{\zeta^{(2)} - \zeta^{(1)}}{\eta^{(2)} - \eta^{(1)}} = \frac{-41.52 + 49.03}{32.42 - 27.47} = 1.5172 \tag{6.6-16}$$

und die Gleichung der Nulllinie $n^{(1)} - n^{(1)}$ folgt durch Einsetzen von (6.6-16) in (6.6-11) zu

$$\zeta = 1.5172 \cdot \eta + (-49.03 - 1.5172 \cdot 27.47) = 1.5172 \cdot \eta - 90.71 \; . \tag{6.6-17}$$

Aus (6.6-17) ergeben sich die Koordinaten der Schnittpunkte der Nulllinie mit den Koordinatenachsen zu:

$$(\eta_N^{(1)}, 0): \quad \zeta_N^{(1)} = 0 \quad \rightarrow \quad \eta_N^{(1)} = \frac{90.71}{1.5172} = 59.79 \text{ mm} \; , \tag{6.6-18}$$

$$(0, \zeta_N^{(1)}): \quad \eta_N^{(1)} = 0 \quad \rightarrow \quad \zeta_N^{(1)} = -90.71 \text{ mm} \; . \tag{6.6-19}$$

Setzt man nacheinander (6.6-18), (6.6-19) zusammen mit (6.6-3) in (6.6-1) ein, so erhält man die Koordinaten $e_\eta^{(i)}$ und $e_\zeta^{(i)}$ des Angriffspunktes der Normalkraft zu

$$(\eta_N^{(1)}, 0): \quad e_\eta^{(1)} = -\frac{i_\zeta^2}{\eta_N^{(1)}} = -\frac{15.21^2}{59.79} = -3.87 \text{ mm} \; , \tag{6.6-20}$$

$$(0, \zeta_N^{(1)}): \quad e_\zeta^{(1)} = -\frac{i_\eta^2}{\zeta_N^{(1)}} = -\frac{31.63^2}{-90.71} = 11.03 \text{ mm} \; . \tag{6.6-21}$$

Die Berechnung der zu den Nulllinien (2) bis (5) gehörenden Angriffspunkte der Normalkraft gestalten sich analog und sind in der Tab. 6.6-1 zusammengefasst. Die durch die Koordinaten $e_\eta^{(i)}$ und $e_\zeta^{(i)}$ festgelegten Punkte stellen gleichzeitig die Eckpunkte $K^{(i)}$ der Kernfläche dar. Jeder Nulllinie, die Tangente an den Querschnitt ist, entspricht eine Normalkraft, deren Angriffspunkt auf dem Rand der Kernfläche liegt. Für einen polygonal begrenzten Querschnitt folgt daraus, dass jeder Geraden der Querschnittsberandung ein Eckpunkt der Kernfläche und jedem Eckpunkt der Querschnittsfläche eine Gerade der Kernfläche zugeordnet ist (vgl. Abb. 6.6-1).

1	2	3	4	5	6	7	8	9
(i)	$\eta^{(i)}$ [mm]	$\zeta^{(i)}$ [mm]	$\frac{\Delta\zeta^{(i)}}{\Delta\eta^{(i)}}$ [-]	$\zeta_N^{(i)}$ [mm]	$\eta_N^{(i)}$ [mm]	$e_\eta^{(i)}$ [mm]	$e_\zeta^{(i)}$ [mm]	$n^{(i)} - n^{(i)}$
1	27.47	−49.03						
			1.5172	−90.71	59.79	−3.87	11.03	1
2	32.42	−41.52						
			−12.7569	372.06	29.17	−7.93	−2.69	2
4	24.40	60.79						
			−0.6581	76.85	116.77	−1.98	−13.02	3
5	18.55	64.64						
			1.5173	36.49	−24.05	9.62	−27.42	4
6	−30.98	−10.51						
			−0.6590	−30.93	−46.93	4.93	32.35	5
1	27.47	−49.03						

Tabelle 6.6-1: Koordinaten der Eckpunkte der Kernfläche

(b) Bestimmung des Kerns – Nulllinie tangiert Kernfläche

Die zweite Möglichkeit zur Bestimmung der Kernfläche besteht darin, für einen gegebenen an der Querschnittsberandung liegenden Angriffspunkt der Normalkraft die dazugehörige Nulllinie zu bestimmen. Letztere ist dann gerade Tangente an die Kernfläche. Dass die Methoden (a) und (b) gleichwertig sind, folgt aus der Tatsache, dass in (6.6-1) e_η mit η und e_ζ mit ζ ohne Auswirkung vertauscht werden können, wie oben beschrieben.

- ***Ermittlung der zu Kraftangriffspunkten auf dem Querschnittsrand gehörenden Nulllinien***

Bei der hier vorgestellten Berechnungsmethode werden als Angriffspunkte $(e_\eta^{(i)}, e_\zeta^{(i)})$ die Eckpunkte des Querschnitts gewählt, deren Koordinaten bereits in Beispiel 6.5, Tab. 6.5-2 berechnet wurden. Wie in Abb. 6.6-2(a) dargestellt, erhält man für den

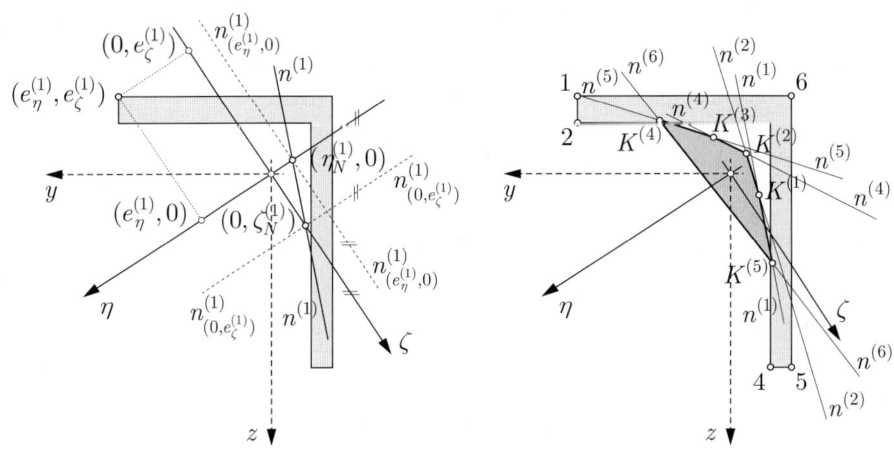

Abb. 6.6-2: Kraftangriffspunkte am Querschnittsrand mit zugehörigen Nulllinien als Tangenten an den Kern: (a) Nulllinie $n^{(1)} - n^{(1)}$ zufolge Einzellast in (1); (b) von den Nulllinien umschlossene Kernfläche

Eckpunkt (1) durch gesonderte Betrachtung der Exzentrizität in Form von zwei „Lastfällen" $(e_\eta^{(1)}, 0)$ und $(0, e_\zeta^{(1)})$, die jeweils einer achsrechten Biegung mit Normalkraft entsprechen, die Achsenabschnitte $(\eta_N^{(1)}, 0)$ bzw. $(0, \zeta_N^{(1)})$ der betreffenden parallel zu den Hauptachsen ζ und η verlaufenden Nulllinien zu

$$\begin{aligned} e_\eta^{(1)} &= 27.47\,, \quad e_\zeta = 0 \quad \rightarrow \quad \eta_N^{(1)} = -\frac{i_\zeta^2}{e_\eta^{(1)}} = -\frac{15.21^2}{27.47} = -8.42 \ \text{mm}\,, \\ e_\eta &= 0\,, \quad e_\zeta^{(1)} = -49.03 \quad \rightarrow \quad \zeta_N^{(1)} = -\frac{i_\eta^2}{e_\zeta^{(1)}} = -\frac{31.63^2}{-49.03} = 20.40 \ \text{mm}\,. \end{aligned} \qquad (6.6\text{-}22)$$

Die zum Lastangriffspunkt $(e_\eta^{(1)}, e_\zeta^{(1)})$ gehörende Nulllinie (1) folgt durch Überlagerung der beiden o.a. „Lastfälle". Ihre Lage ist somit durch deren Schnittpunkte mit den Koordinatenachsen $(0, \zeta_N^{(1)})$ und $(\eta_N^{(1)}, 0)$ festgelegt. In gleicher Weise erhält man für die Angriffspunkte der Normalkraft in den Eckpunkten (2), (4), (5) und (6) die Schnittpunkte der zugehörigen Nulllinie mit den Koordinatenachsen, wie in Tab. 6.6-2, Spalte 4 und 5 dargestellt.

- ***Ermittlung der Schnittpunkte der Nulllinien***

Die oben beschriebenen Nulllinien begrenzen gemeinsam eine Fläche – die Kernfläche, die im gegenständlichen Fall eine polygonale Form aufweist (siehe Abb. 6.6-2(b)). Die Eckpunktkoordinaten der Kernfläche erhält man, indem jeweils zwei aufeinander folgende Nulllinien zum Schnitt gebracht werden. Bei Vorliegen der Nulllinien in Abschnittsform entsprechend

$$\frac{\eta}{\eta_N^{(i)}} + \frac{\zeta}{\zeta_N^{(i)}} = 1, \qquad \frac{\eta}{\eta_N^{(i+1)}} + \frac{\zeta}{\zeta_N^{(i+1)}} = 1 \tag{6.6-23}$$

ergeben sich die Koordinaten $K_\eta^{(i)}, K_\zeta^{(i)}$ des Schnittpunktes der $P^{(i)}$ und $P^{(i+1)}$ zugeordneten Nulllinien zu

$$\begin{aligned} K_\eta^{(i)} &= \frac{-\left(\zeta_N^{(i)} - \zeta_N^{(i+1)}\right)}{\eta_N^{(i)}\zeta_N^{(i+1)} - \eta_N^{(i+1)}\zeta_N^{(i)}} \cdot \eta_N^{(i)}\eta_N^{(i+1)} \\ K_\eta^{(i)} &= \frac{-(20.40 - 24.10)\cdot(-8.42)\cdot(-7.14)}{(-8.42)\cdot 24.10 - (-7.14)\cdot 20.40} = \frac{222.44}{-57.27} = -3.88 \text{ mm}\,, \end{aligned} \tag{6.6-24}$$

$$\begin{aligned} K_\zeta^{(i)} &= \frac{\left(\eta_N^{(i)} - \eta_N^{(i+1)}\right)}{\eta_N^{(i)}\zeta_N^{(i+1)} - \eta_N^{(i+1)}\zeta_N^{(i)}} \zeta_N^{(i)}\zeta_N^{(i+1)} \\ K_\zeta^{(i)} &= \frac{-(-8.42 + 7.14)\cdot 20.40 \cdot 24.10}{-57.27} = \frac{-629.30}{-57.27} = 10.99 \text{ mm}\,. \end{aligned} \tag{6.6-25}$$

Analog lassen sich die Koordinaten der Eckpunkte der Kernfläche entsprechend der Spalte 6 und 7 in Tab. 6.6-2 ermitteln.

1	2	3	4	5	6	7	8
$P^{(i)}$	$e_\eta^{(i)}$ [mm]	$e_\zeta^{(i)}$ [mm]	$\eta_N^{(i)}$ [mm]	$\zeta_N^{(i)}$ [mm]	$K_\eta^{(i)}$ [mm]	$K_\zeta^{(i)}$ [mm]	$K^{(i)}$
1	27.47	−49.03	−8.42	20.40			
					−3.87	11.03	1
2	32.42	−41.52	−7.14	24.10			
					−7.93	−2.69	2
4	24.40	60.79	−9.48	−16.46			
					−1.98	−13.02	3
5	18.55	64.64	−12.47	−15.48			
					9.62	−27.42	4
6	−30.98	−10.51	7.47	95.19			
					4.93	32.35	5
1	27.47	−49.03	−8.42	20.40			

Tabelle 6.6-2: Koordinaten der Eckpunkte der Kernfläche

Beispiel 6.7: Versagende Zugzone – Arbeitsfuge

Eine außerhalb des Querschnittsschwerpunkts angreifende Normalkraft kann als kombinierte Lastwirkung einer im Schwerpunkt angreifenden Normalkraft und eines zusätzlich wirkenden Biegemoments interpretiert werden. Je nach Angriffspunkt der Normalkraft treten somit allenfalls trotz alleiniger Druckkraftwirkung Zugspannungen auf, und zwar dann, wenn die resultierende Druckkraft außerhalb des Kerns des Querschnitts angreift. Vielfach wird bei Baustoffen, die nur eine geringe Zugfestigkeit aufweisen, wie z.B. bei Mauerwerk oder unbewehrtem Beton, oder in Trennfugen und Fundamentsohlen die Aufnahme von Zugspannungen näherungsweise ausgeschlossen. In solchen Fällen ist die Kenntnis der für die Lastabtragung wirksamen Querschnittsfläche und der auftretenden Randspannungen von Interesse.

(a) Problembeschreibung

Abb. 6.7-1 zeigt Ansicht und Grundriss einer Beton-Fertigteilsäule der Höhe h, deren Querschnitt aus zwei quadratischen Parabeln gebildet wird, wobei die Parabel mit dem Scheitel an der linken Berandung den Beziehungen

$$\bar{z} = k\,(-\bar{y})^{1/2} \,, \qquad k = \frac{b}{\sqrt{a}} \tag{6.7-1}$$

genügt. Die Querschnittsabmessungen der Säule sind mit $2a$ und $2b$ gegeben. Es wird angenommen, dass sowohl die Fertigteilsäule als auch die Unterlage, auf der die Säule

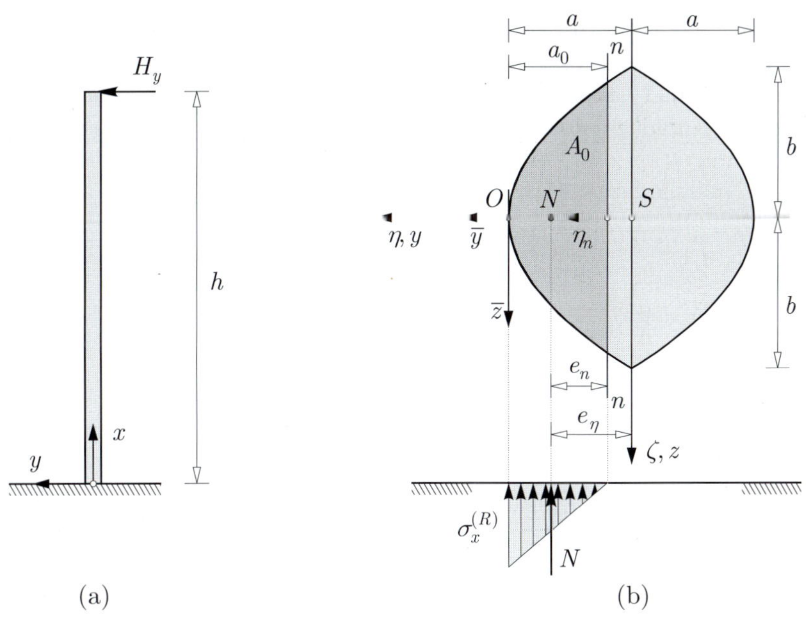

Abb. 6.7-1: (a) Betonsäule unter Eigengewicht und Horizontalkraft; (b) Querschnitt und Spannungsverteilung in der Aufstandsfläche

ruht, linear elastisches Materialverhalten zeigen und dass während des Montagezustands in der Fuge zwischen Säule und Unterlage keine Zugspannungen übertragen werden können. Da in diesem Beispiel in der untersuchten Fuge die Übertragung von Zugspannungen ausgeschlossen wird, werden Druckspannungen und Druckkräfte ausnahmsweise als positive Größen gezählt. Neben dem Eigengewicht wirke im Montagezustand am Säulenkopf in Richtung der mit der η-Achse zusammenfallenden y-Achse eine Horizontalkraft der Größe H_y, sodass zur Lastabtragung bei Ausschluss von Zugspannungen maximal 50% der Querschnittsfläche wirksam sind. Gesucht sind die Randspannung $\sigma_x^{(R)}$ und die für die Lastabtragung wirksame Querschnittsfläche A_0.

Zur numerischen Auswertung der herzuleitenden Beziehungen sind für die gegebenen Größen folgende Zahlenwerte anzunehmen:

$$\begin{aligned} a &= 40\text{ cm}, \quad h = 3.0\text{ m}, \\ b &= 50\text{ cm}, \quad H_y = 3.5\text{ kN}, \quad \gamma_{\text{Beton}} = 25\text{ kN/m}^3 . \end{aligned} \tag{6.7-2}$$

(b) Herleitung

Unter der Annahme, dass bei Ausschluss von Zugspannungen in der Kontaktfläche zur Lastabtragung maximal 50% der Gesamtquerschnittsfläche wirksam sind, verläuft die Nulllinie $n - n$ zufolge der gegebenen Belastung parallel zur ζ-Achse durch den Schwerpunkt S oder links von S, sodass zur mathematischen Beschreibung von A_0 (6.7-1) genügt. In der nachfolgenden Berechnung wird linear elastisches Materialverhalten und die Gültigkeit der BERNOULLI'schen Hypothese für die an der Lastübertragung beteiligten Querschnittsteile angenommen. Daraus folgt, dass in der Kontaktfläche A_0 zwischen Stütze und Unterlage eine lineare Spannungsverteilung vorherrscht. Wegen der zwischen Spannungen und Schnittgrößen bestehenden Äquivalenzbeziehungen folgen durch Integration der Normalspannungen die resultierende Normalkraft N und das auf die Nulllinie bezogene Moment M_n zu

$$N = \int_{A_0} \sigma_x \, dA_0 , \tag{6.7-3}$$

$$M_n = \int_{A_0} \sigma_x \eta_n \, dA_0 , \tag{6.7-4}$$

wobei η_n den Abstand von der Nulllinie bezeichnet, wie in Abb. 6.7-1(b) dargestellt. Bezeichnet man den Abstand der resultierenden Normalkraft von der Nulllinie mit e_n, so folgt weiters aus Abb. 6.7-1(b) die Beziehung für das Biegemoment zu

$$M_n = N \cdot e_n . \tag{6.7-5}$$

Aufgrund der linearen Spannungsverteilung in der Kontaktfläche A_0 ergibt sich mit den Bezeichnungen gemäß Abb. 6.7-1(b)

$$\sigma_x = \frac{\sigma_x^{(R)}}{a_0} \cdot \eta_n . \tag{6.7-6}$$

Unter Verwendung von (6.7-6) können (6.7-3) und (6.7-4) zu

$$N = \frac{\sigma_x^{(R)}}{a_0} \int_{A_0} \eta_n \, dA_0 \; , \tag{6.7-7}$$

$$M_n = \frac{\sigma_x^{(R)}}{a_0} \int_{A_0} \eta_n^2 \, dA_0 \tag{6.7-8}$$

geschrieben werden. Vergleicht man (6.7-7) und (6.7-8) mit den Gleichungen (6.4-2) bzw. (6.18) und (6.4-7) bzw. (6.28), so erkennt man, dass die Integranden von (6.7-7) und (6.7-8) das statische Moment S_n bzw. das Flächenträgheitsmoment I_n der Fläche A_0 bezogen auf die Nulllinie darstellen. Normalkraft N und Biegemoment M_n bzw. die Randspannung $\sigma_x^{(R)}$ lassen sich damit auch in der Form

$$N = \frac{\sigma_x^{(R)}}{a_0} \cdot S_n \quad \rightarrow \quad \sigma_x^{(R)} = \frac{N}{S_n} \cdot a_0 \; , \tag{6.7-9}$$

$$M_n = \frac{\sigma_x^{(R)}}{a_0} \cdot I_n \quad \rightarrow \quad \sigma_x^{(R)} = \frac{M_n}{I_n} \cdot a_0 \tag{6.7-10}$$

schreiben. Einsetzen von $(6.7\text{-}9)_1$ und $(6.7\text{-}10)_1$ in (6.7-5) liefert die Exzentrizität der resultierenden Normalkraft bezogen auf die Nulllinie zu

$$e_n = \frac{I_n}{S_n} \; . \tag{6.7-11}$$

Bei gegebenem Biegemoment um die ζ-Achse, M_ζ, ist der Angriffspunkt der Normalkraft als Exzentrizität e_η bezogen auf den Schwerpunkt unter Berücksichtigung der Vorzeichenkonvention (Druck positiv) zu

$$e_\eta = \frac{M_\zeta}{N} \tag{6.7-12}$$

gegeben. Somit kann die Lage der Nulllinie zu

$$a_0 = a - |e_\eta - e_n| \tag{6.7-13}$$

ermittelt werden und die Randspannung $\sigma_x^{(R)}$ folgt unmittelbar aus $(6.7\text{-}9)_2$ oder $(6.7\text{-}10)_2$. Durch Verwendung des Betrages der Differenz der Exzentrizitäten ist (6.7-13) auch für $H_y < 0$ gültig (vgl. Bemerkung am Ende des Beispiels).

(5) Lage der Nulllinie

Zur Berechnung der Flächenmomente 1. und 2. Ordnung sind die Integrale in (6.7-7) und (6.7-8) zu ermitteln. Dabei erweist es sich im vorliegenden Fall als vorteilhaft, eine Koordinatentransformation entsprechend Abb. 6.7-1(b) in der Form

$$\eta_n = \bar{y} + a_0 \tag{6.7-14}$$

vorzunehmen. Mit der entsprechend (6.7-1) gegebenen Funktion für die nach rechts offene Parabel ergibt sich das infinitesimale Flächenelement dA_0 zu

$$dA_0 = 2 \cdot k \, (-y)^{1/2} \, dy \tag{6.7-15}$$

und unter Verwendung von (6.7-14) lässt sich das statische Moment um die Nulllinie zu

$$S_n = \int_{\eta_n=0}^{a_0} \eta_n \, dA_0 = 2k \int_{\bar{y}=-a_0}^{0} (\bar{y} + a_0)\, (-\bar{y})^{1/2} \, d\bar{y} \tag{6.7-16}$$

anschreiben. Mit der Substitution und der entsprechenden Änderung der Integrationsgrenzen gemäß

$$\begin{aligned} \text{Substitution:} \quad & (-\bar{y})^{1/2} = u \; , & \text{Grenzen:} \quad & \bar{y} = 0 \quad \rightarrow u = 0 \; , \\ & \bar{y} = -u^2 \; , & & \bar{y} = -a_0 \quad \rightarrow u = {a_0}^{1/2} \\ & d\bar{y} = -2u \, du \; , & & \end{aligned} \tag{6.7-17}$$

ergibt sich S_n zu

$$S_n = 2k \int_{u={a_0}^{1/2}}^{0} \left(2u^4 - 2a_0 u^2\right) du = 2k \left[\frac{2}{5}\, u^5 - \frac{2}{3}\, a_0 u^3\right]_{{a_0}^{1/2}}^{0} = \frac{8}{15}\, k {a_0}^{5/2}. \tag{6.7-18}$$

Mit (6.7-14) und (6.7-15) und mit der Variablensubstitution gemäß (6.7-17) folgt das Flächenträgheitsmoment bezogen auf die Nulllinie zu

$$\begin{aligned} I_n &= \int_{\eta_n=0}^{a_0} \eta_n^2 \, dA_0 = 2k \int_{\bar{y}=-a_0}^{0} (\bar{y} + a_0)^2 \, (-\bar{y})^{1/2} \, d\bar{y} \\ &= 2k \int_{\bar{y}=-a_0}^{0} \left[a_0^2 \, (-\bar{y})^{1/2} + 2a_0 \bar{y} \, (-\bar{y})^{1/2} + \bar{y}^2 \, (-\bar{y})^{1/2} \right] d\bar{y} \\ &= 2k \int_{u={a_0}^{1/2}}^{0} \left(-2a_0^2 u^2 + 4a_0 u^4 - 2u^6\right) du \\ I_n &= 2k \left[-\frac{2}{3}\, a_0^2 u^3 + \frac{4}{5}\, a_0 u^5 - \frac{2}{7}\, u^7\right]_{(a_0)^{1/2}}^{0} = \frac{32}{105}\, k a_0^{7/2} \, . \end{aligned} \tag{6.7-19}$$

Eintragen der Ergebnisse von (6.7-18) und (6.7-19) in (6.7-11) führt auf die Exzentrizität der Normalkraft bezogen auf die Nulllinie entsprechend

$$e_n = \frac{I_n}{S_n} = \frac{32k\,(a_0)^{7/2} \cdot 15}{105 \cdot 8k\,(a_0)^{5/2}} = \frac{4}{7}\, a_0 \; . \tag{6.7-20}$$

(c) Numerische Auswertung

Nachfolgend werden die hergeleiteten Beziehungen mit den in (6.7-2) angegebenen Zahlen ausgewertet. Die aus dem Eigengewicht resultierende Normalkraft (Druck positiv) erhält man zu

$$N = \gamma_{Beton} \cdot h \cdot A = 25 \cdot 3 \cdot \frac{2}{3} 0.8 \cdot 1.0 = 40 \text{ kN} \; . \tag{6.7-21}$$

In (6.7-21) wurde von der Tatsache Gebrauch gemacht, dass die zwischen einer quadratischen Parabel und deren Parabelachse eingeschlossene Fläche 2/3 des Flächeninhalts eines die Parabel umschließenden Rechtecks mit Seiten parallel zur Parabelachse und Scheiteltangente beträgt. Zufolge der Horizontalkraft H_y ergibt sich das Moment bezogen auf den Fußquerschnitt der Säule zu

$$M_\zeta = H_y \cdot h = 3.5 \cdot 3 = 10.5 \text{ kNm} \; . \tag{6.7-22}$$

Dieser kombinierten Belastung aus Moment und Normalkraft entspricht eine bezüglich des Schwerpunkts exzentrisch angreifende Normalkraft. Durch Einsetzen von (6.7-21) und (6.7-22) in (6.7-12) folgt die Exzentrizität zu

$$e_\eta = \frac{M_\zeta}{N} = \frac{1050}{40} = 26.25 \text{ cm} . \tag{6.7-23}$$

Eintragen der Ergebnisse von (6.7-20) und (6.7-23) in (6.7-13) und Verwendung von (6.7-2) führt auf die wirksame Breite a_0 des Querschnitts entsprechend

$$a_0 = 40 - \left(26.25 - \frac{4}{7}\,a_0\right) = \frac{7}{3} \cdot (40 - 26.25) = 32.08 \text{ cm} . \tag{6.7-24}$$

Wie (6.7-24) zeigt, gilt $a_0 < a$ und somit sind für die Lastübertragung tatsächlich weniger als 50% der Querschnittsfläche wirksam. Dies war die Prämisse, unter der obige Beziehungen hergeleitet wurden. Die Auswertung von $(6.7\text{-}9)_2$ liefert schließlich die Randspannung zu

$$\sigma_x^{(R)} = \frac{15}{8}\,\frac{N}{k\,(a_0)^{3/2}} = \frac{15}{8}\,\frac{40 \cdot \sqrt{40}}{50 \cdot 32.08^{3/2}} = 0.052 \text{ kN/cm}^2 . \tag{6.7-25}$$

Zum Vergleich ergeben sich die Spannungen bei fehlender Horizontalkraft gleichförmig zu

$$\sigma_x = \frac{40}{(2/3) \cdot 80 \cdot 100} = 0.008 \text{ kN/cm}^2 . \tag{6.7-26}$$

Bemerkung

Die in diesem Beispiel hergeleiteten Beziehungen können auch für den Fall, dass die Horizontalkraft H_y in umgekehrter Richtung wirkt, angewendet werden. In diesem Fall ändert sich die Lage der Bezugspunkte. So liegt dann die Nulllinie und die belastete Fläche rechts von S und der Hebelarm η_n ist negativ. Außerdem liegt dann der Bezugspunkt O am rechten Rand und die nach links offene Parabel wird durch

$$z = k\,(y)^{1/2} \tag{6.7-27}$$

beschrieben. Als Folge davon ändern Größen wie S_n,e_n,e_η ihr Vorzeichen.

Beispiel 6.8: Achsrechte Biegung und Normalkraft – Verbundbrückenträger

Abb. 6.8-1(a) zeigt den Querschnitt eines Verbundstabes, bestehend aus einem geschweißten I-Profil aus Stahl und einem Obergurt aus Beton. Bezüglich der Abmessungen der Teilflächen des Querschnitts siehe Tab. 6.8-1, Spalte 3 und 4. Die Schnittgrößen im zu untersuchenden Querschnitt und die Elastizitätsmoduln der beiden Werkstoffe sind wie folgt gegeben:

$$\begin{aligned} &\text{Biegemoment: } M_\eta = 10 \text{ MNm} , \quad &&\text{Stahl: } E^{(S)} = 21\,000 \text{ kN/cm}^2 , \\ &\text{Normalkraft: } N = -5 \text{ MN} , &&\text{Beton: } E^{(C)} = 3\,000 \text{ kN/cm}^2 . \end{aligned} \tag{6.8-1}$$

Es sind die Verläufe der Spannungen σ_x und der Dehnungen ε_x über die Querschnittshöhe zu ermitteln.

Die Spannungsermittlung für einen aus mehreren unterschiedlichen Materialien bestehenden Verbundquerschnitt zufolge der in (6.8-1) gegebenen Belastung lässt sich formal gleich wie im Falle eines homogenen Querschnitts durchführen. Gemäß (6.174) sind die Spannungen im fiktiven homogenen Querschnitt zu

$$\sigma_x^* = \frac{N}{A^*} + \frac{M_\eta}{I_\eta^*}\zeta \qquad (6.8\text{-}2)$$

gegeben. Die mit * versehenen Größen stellen Größen eines fiktiven homogenen Querschnitts dar, den man erhält, wenn man die Breite $b^{(i)}$ des mit dem Material i belegten Teilquerschnitts mit dem Quotienten $n^{(i)}$ der Elastizitätsmoduln, der zu

$$n^{(i)} = \frac{E^{(i)}}{E^{(\mathrm{ref})}}\,, \qquad (6.8\text{-}3)$$

gegeben ist, multipliziert. Dabei bezeichnet $E^{(\mathrm{ref})}$ in (6.8-3) den Elastizitätsmodul eines beliebig wählbaren Referenzmaterials. Der erste Schritt zur Lösung der Aufgabe besteht in der Ermittlung der Querschnittskennwerte, die zweckmäßigerweise tabellarisch erfolgt.

(a) Querschnittswerte des fiktiven homogenen Querschnitts

Für die nachstehende Berechnung wird eine Bezugsachse $\bar{y}$ an die obere Berandung des Querschnitts gelegt (Abb. 6.8-1(a)). Die $\bar{z}$-Achse lässt man mit der z-Achse, die zugleich Symmetrieachse ist, zusammenfallen. Wählt man das Material mit dem kleinsten E-Modul als Referenzmaterial, so ergibt sich für alle Materialien $n^{(i)} \geq 1$. Durch

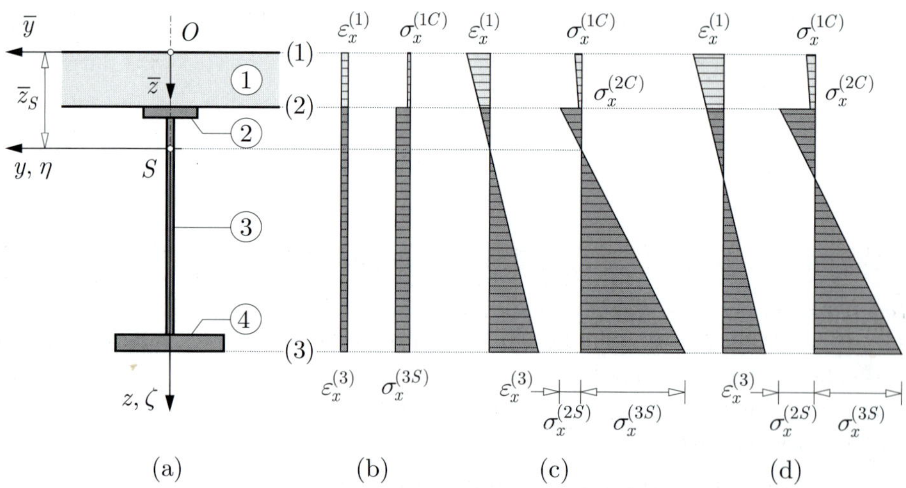

Abb. 6.8-1: Verbundstab: (a) Querschnitt; (b) Dehnungen und Spannungen zufolge N; (c) Dehnungen und Spannungen zufolge M_η; (d) Dehnungen und Spannungen zufolge $N + M_\eta$

Einsetzen von (6.8-1) in Gleichung (6.8-3) erhalten wir die Faktoren $n^{(i)}$ im gegenständlichen Fall mit $E^{(\mathrm{ref})} = E^{(C)}$ zu

$$\begin{aligned} n^{(i)} &= \frac{E^{(C)}}{E^{(C)}} = 1 && \text{für: } i = 1\ , \\ n^{(i)} &= \frac{E^{(S)}}{E^{(C)}} = \frac{21\,000}{3000} = 7 && \text{für: } i = 2,3,4\ . \end{aligned} \tag{6.8-4}$$

i bezeichnet die Nummer des jeweiligen Teilquerschnitts gemäß Abb. 6.8-1(a) bzw. Tab. 6.8-1, Spalte 1. Wie oben erwähnt, erhält man die Fläche des fiktiven homogenen Querschnitts zu

$$A^* = \sum_{i=1}^{m} A^{*(i)} = \sum_{i=1}^{m} n^{(i)} b^{(i)} h^{(i)} = \sum_{i=1}^{m} n^{(i)} A^{(i)} = 14\,760 \text{ cm}^2\ , \tag{6.8-5}$$

wobei m die Anzahl der Teilflächen darstellt. Unter Verwendung einer zu $(6.4\text{-}6)_2$ analogen Beziehung ergibt sich die Schwerpunktskoordinate $\bar{z}_S$ des fiktiven homogenen Querschnitts zu

$$\bar{z}_S = \frac{\sum\limits_{i=1}^{m} S_{\bar{y}}^{*(i)}}{\sum\limits_{i=1}^{m} A^{*(i)}} = \frac{\sum\limits_{i=1}^{m} \bar{z}_S^{(i)} \cdot A^{*(i)}}{\sum\limits_{i=1}^{m} A^{*(i)}} = \frac{S_{\bar{y}}^*}{A^*}\ . \tag{6.8-6}$$

Mit den Summen der Spalten 5 und 7 von Tab. 6.8-1 folgt der Schwerpunktsabstand des fiktiven homogenen Querschnitts von der $\bar{y}$-Achse zu

$$\bar{z}_S = \frac{644\,400}{14\,760} = 43.66 \text{ cm}\ . \tag{6.8-7}$$

Wegen der Symmetrie des Querschnitts liegt der Schwerpnkt auf der Symmetrieachse, es gilt $I_{yz} = 0$ und y- und z-Achse sind zugleich Hauptachsen. Für den vorliegenden Fall gilt somit nachfolgend $\zeta \equiv z$ (vgl. Abb. 6.8-1(a)). Das Flächenmoment 2. Ordnung um die η-Achse für einen aus mehreren Teilflächen mit unterschiedlichen Materialien zusammengesetzten Querschnitt ergibt sich analog zu $(6.4\text{-}14)_1$ bzw. (6.33) zu

$$I_\eta^* = I_y^* = \sum_{i=1}^{m} \left[\left(z_S^{(i)} \right)^2 A^{*(i)} + I_y^{*(i)} \right]\ . \tag{6.8-8}$$

In (6.8-8) bezeichnet $z_S^{(i)}$ den Abstand des Schwerpunkts der einzelnen Teilflächen von der Schwerachse des fiktiven homogenen Querschnitts und ist zu

$$z_S^{(i)} = \bar{z}_S^{(i)} - \bar{z}_S \tag{6.8-9}$$

gegeben. Deren numerische Werte sind für den gegenständlichen Fall in Tab. 6.8-1, Spalte 8 aufgelistet. Spalte 9 enthält die STEINER'schen Anteile des jeweiligen Flächenträgheitsmoments. $I_y^{*(i)}$ ist das Flächenträgheitsmoment der Teilfläche i um die durch den Schwerpunkt der entsprechenden Teilfläche verlaufende (zur y-Achse parallele) Achse und folgt zu

$$I_y^{*(i)} = n^{(i)} \frac{b^{(i)} \left(h^{(i)} \right)^3}{12} = n^{(i)} I_y^{(i)}\ . \tag{6.8-10}$$

Die numerische Auswertung von (6.8-10) ist in Spalte 10 dargestellt. Addiert man gemäß (6.8-8) die Summen der Spalten 9 und 10, so folgt das Flächenträgheitsmoment des Verbundträgers zu

$$I_y^* = 36\,448\,819 + 1\,238\,940 = 37\,687\,759 \text{ cm}^4\ . \tag{6.8-11}$$

1	2	3	4	5	6	7	8	9	10
(i)	$n^{(i)}$	$b^{(i)}$	$h^{(i)}$	$A^{*(i)}$	$\bar{z}_S^{(i)}$	$S_{\bar{y}}^{*(i)}$	$z_S^{(i)}$	$\left(z_S^{(i)}\right)^2 A^{*(i)}$	$I_y^{*(i)}$
		[cm]	[cm]	[cm^2]	[cm]	[cm^3]	[cm]	[cm^4]	[cm^4]
1	1	400	25	10 000	12.5	125 000	−31.16	9 708 544	520 833
2	7	40	2	560	26	14 560	−17.66	174 621	187
3	7	1.2	100	840	77	64 680	33.34	933 789	700 000
4	7	60	8	3 360	131	440 160	87.34	25 631 865	17 920
$\sum$				14 760		644 400		36 448 819	1 238 940

Tabelle 6.8-1: Ermittlung der Querschnittskennwerte des Verbundträgers

(b) Ermittlung der Spannungen

Mit der Belastung gemäß (6.8-1) und den Querschnittskennwerten des fiktiven homogenen Querschnitts entsprechend Tab. 6.8-1 und (6.8-11) erhält man aus (6.8-2) die Spannungen im Referenzwerkstoff in Abhängigkeit von z bzw. ζ zu

$$\sigma_x^* = \frac{N}{A^*} + \frac{M_\eta}{I_\eta^*} \cdot z = \frac{N}{A^*} + \frac{M_\eta}{I_\eta^*} \cdot \zeta = \frac{-5\,000}{14\,760} + \frac{1\,000\,000}{37\,687\,759} \cdot \zeta$$
$$\sigma_x^* = -0.33875 + 0.02653\,\zeta = C_1 + C_2\,\zeta\ . \tag{6.8-12}$$

Innerhalb eines bestimmten Werkstoffs verlaufen die Normalspannungen linear über die Querschnittshöhe. Somit sind die Spannungen jeweils für die oberen und unteren Randfasern des Beton- und Stahlquerschnitts zu bestimmen. Die Abstände der Fasern (1), (2) und (3) von der Schwerachse des fiktiven homogenen Querschnitts (vgl. Abb. 6.8-1) folgen zu

$$\begin{aligned} \zeta^{(1)} &= -\bar{z}_S = -43.66 \text{ cm}\ , \\ \zeta^{(2)} &= 25 - 43.66 = -18.66 \text{ cm}\ , \\ \zeta^{(3)} &= 135 - 43.66 = 91.34 \text{ cm}\ . \end{aligned} \tag{6.8-13}$$

Aus den Spannungen σ_x^* des fiktiven homogenen Querschnitts erhält man gemäß (6.175) die im jeweiligen Werkstoff i tatsächlich wirkenden Spannungen zu

$$\sigma_x^{(i)} = \sigma_x^* \cdot n^{(i)}\ . \tag{6.8-14}$$

Somit ergeben sich die wirksamen Spannungen abhängig vom Abstand ζ der betrachteten Faser vom Schwerpunkt des fiktiven Querschnitts einerseits und vom dort maßgebenden Quotienten $n^{(i)}$ der E-Moduln andererseits zu

$$\begin{aligned} \sigma_x^{(1C)} &= 1 \cdot [\, C_1 + C_2 \cdot (-43.66)\,] = -0.339 - 1.158 = -1.497 \text{ kN/cm}^2\ , \\ \sigma_x^{(2C)} &= 1 \cdot [\, C_1 + C_2 \cdot (-18.66)\,] = -0.339 - 0.495 = -0.834 \text{ kN/cm}^2\ , \\ \sigma_x^{(2S)} &= 7 \cdot [\, C_1 + C_2 \cdot (-18.66)\,] = 7 \cdot \sigma_x^{(2C)} = -5.837 \text{ kN/cm}^2\ , \\ \sigma_x^{(3S)} &= 7 \cdot [\, C_1 + C_2 \cdot 91.34\,] = -2.371 + 16.965 = 14.594 \text{ kN/cm}^2\ , \end{aligned} \tag{6.8-15}$$

wobei der hochgestellte Index bei den Spannungen auf die Faser und den Werkstoff hinweist.

(c) Ermittlung der Dehnungen

Da in der linearen Stabtheorie definitionsgemäß σ_x die einzige von null verschiedene Normalspannung darstellt, können die Dehnungen ε_x in den einzelnen Fasern unter Verwendung des HOOKE'schen Gesetzes wie folgt berechnet werden:

$$\text{zufolge } N: \quad \varepsilon_x^{(1)} = \frac{\sigma_x^{(1C)}}{E^{(C)}} = \frac{-0.339}{3000} = -1.129 \cdot 10^{-4} \,, \qquad \varepsilon_x^{(3)} = \frac{\sigma_x^{(3S)}}{E^{(S)}} = \frac{-2.371}{21\,000} = -1.129 \cdot 10^{-4} \,, \tag{6.8-16}$$

$$\text{zufolge } M_\eta: \quad \varepsilon_x^{(1)} = \frac{\sigma_x^{(1C)}}{E^{(C)}} = \frac{-1.158}{3000} = -3.862 \cdot 10^{-4} \,, \qquad \varepsilon_x^{(3)} = \frac{\sigma_x^{(3S)}}{E^{(S)}} = \frac{16.965}{21\,000} = 8.079 \cdot 10^{-4} \,, \tag{6.8-17}$$

$$\text{zufolge } N + M_\eta: \quad \varepsilon_x^{(1)} = \frac{\sigma_x^{(1C)}}{E^{(C)}} = \frac{-1.497}{3000} = -4.991 \cdot 10^{-4} \,, \qquad \varepsilon_x^{(3)} = \frac{\sigma_x^{(3S)}}{E^{(S)}} = \frac{14.594}{21\,000} = 6.949 \cdot 10^{-4} \,. \tag{6.8-18}$$

In Abb. 6.8-1(b) bis (d) sind die Berechnungsergebnisse für die beiden Lastfälle N und M_η getrennt und in Kombination graphisch dargestellt. Während die Dehnungen ε_x linear über die Querschnittshöhe verteilt sind (BERNOULLI'sche Hypothese), weisen die Spannungsverteilungen σ_x an der Trennfuge der beiden Materialien einen Sprung auf. Außerdem ist leicht zu erkennen, dass durch die zusätzliche Wirkung der Normalkraft die Nulllinie nicht mehr durch den Schwerpunkt verläuft.

6.3 Querkraftschubspannungen in dünnwandigen offenen Querschnitten

Vorbemerkungen

- Ein Querschnitt wird als dünnwandig bezeichnet, wenn die Dicke (Wandstärke) b im Verhältnis zu den übrigen Querschnittsabmessungen, wie Breite B oder Höhe H, klein ist, d.h. $b \ll B$ bzw. $b \ll H$.
- Bei dünnwandigen Querschnitten wird der Querschnitt selbst meist durch die Mittellinie oder Skelettlinie des Querschnitts dargestellt.
- Im Folgenden wird vorausgesetzt, dass der Querschnitt entlang der Stabachse x konstant ist.
- Die Wandstärke b ist im Allgemeinen nicht konstant, sondern $b = b(s)$, wobei s die Bogenlänge entlang der Skelettlinie bezeichnet.
- Aufgrund der Dünnwandigkeit können die Schubspannungen τ über die Wandstärke b in guter Näherung als konstant angenommen werden, wie Tabelle 6.2 ([MH04]) zeigt.

Beispiel 6.9: I-Querschnitt

In einem Träger mit dünnwandigem offenen Querschnitt entsprechend Abb. 6.9-1(a) wirkt in dem zu untersuchenden Querschnitt die Querkraft Q_z. Die Querschnittsabmessungen und die Belastung sind zu

$$B = 150\ \text{mm}, \quad b = 12\ \text{mm}, \quad Q_z = 250\ \text{kN}, \quad H = 300\ \text{mm}, \tag{6.9-1}$$

gegeben (vgl. auch [MH04]). Es ist die Schubspannungsverteilung entlang der Skelettlinie zufolge Q_z zu ermitteln.

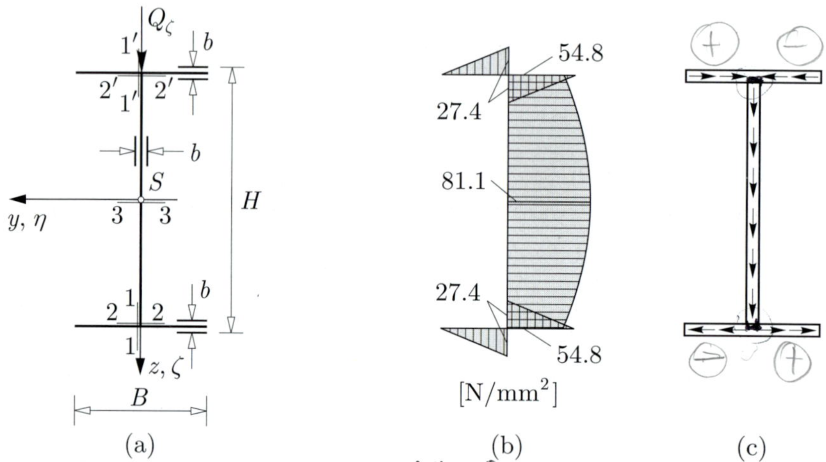

Abb. 6.9-1: I-Querschnitt: (a) Querschnittsabmessungen, Querkraft; (b) Schubspannungsverteilung entlang der Skelettlinie; (c) Wirkungsrichtung des Schubflusses bzw. der Schubspannungen

Wegen der Symmetrie des Querschnitts fallen die Koordinatenachsen mit den Querschnittshauptachsen zusammen, d.h. $Q_\zeta = Q_z$. Spezialisierung der Beziehung (6.216) oder (6.222) für die vorliegende Aufgabenstellung liefert die Beziehung zur Ermittlung der Schubspannungen in Hauptachsenformulierung zu

$$\tau(s) = -\frac{Q_\zeta}{I_\eta}\frac{S_\eta(s)}{b(s)} \tag{6.9-2}$$

und wegen der Dünnwandigkeit des Querschnitts können die Schubspannungen zum Schubfluss entsprechend

$$t(s) = \tau(s)\, b(s) = -\frac{Q_\zeta}{I_\eta}\, S_\eta(s) \tag{6.9-3}$$

zusammengesetzt werden. Der die Querkraft beinhaltende Quotient von (6.9-2) und (6.9-3) ist zwar im Allgemeinen eine Funktion der x-Koordinate ($Q = Q(x)$), geht aber bei der Ermittlung der Schubspannungsverteilung in einem Querschnitt als Konstante in die Berechnung ein. Im Gegensatz dazu ist der zweite Quotient von (6.9-2) stets eine Funktion der Bogenlänge s, selbst dann, wenn die Wandstärke b konstant ist, da das statische Moment S_η immer eine Funktion von s ist.

(a) Ermittlung des Flächenmoments 2. Ordnung

Das Flächenmoment 2. Ordnung um die η-Achse ergibt sich zu

$$I_\eta = \frac{150 \cdot 300^3}{12} - \frac{138 \cdot 276^3}{12} = 95.72 \cdot 10^6 \text{ mm}^4 \; . \tag{6.9-4}$$

Im Falle dünnwandiger Querschnitte genügt es meist, bei der Ermittlung des Flächenträgheitsmoments mit Skelettlinienlängen anstatt mit der exakten Querschnittskontur zu rechnen. In diesem Falle ist es zulässig, bei der Berechnung von I_η (I_ζ) die Eigenflächenträgheitsmomente um zur η-Achse (ζ-Achse) parallele Achsen zu vernachlässigen. Im gegenständlichen Fall ergibt sich dann mit

$$I_\eta = \frac{12 \cdot 288^3}{12} + 2 \cdot 150 \cdot 12 \cdot 144^2 = 98.54 \cdot 10^6 \text{ mm}^4 \tag{6.9-5}$$

ein um ca. 3% zu großer Wert.

(b) Ermittlung des Flächenmoments 1. Ordnung

Wie durch (6.9-3) zum Ausdruck kommt, ist der Schubfluss eine Funktion der Bogenlänge s und direkt proportional zum statischen Moment bezüglich der η-Achse des an der Stelle s abgeschnitten gedachten Querschnittsteils. Falls sich die Geometrie des Querschnitts nicht durch eine einzige mathematische Funktion beschreiben lässt – etwa wenn sich die Dicke oder die Neigung eines Querschnittsteils sprunghaft ändert –, erfolgt die Berechnung des statischen Moments abschnittsweise. Die Bogenlänge wird jeweils von einem Ende der Skelettlinie aus gezählt (vgl. Abb. 6.9-2(a)) und wächst bis zum nächstgelegenen Unstetigkeitspunkt oder Verzweigungspunkt des Querschnitts. Dieser bildet den Startpunkt für den nächsten Abschnitt (vgl. Abb. 6.9-2(b)). Das statische Moment an einer beliebigen Stelle s entspricht dann dem Produkt aus der durch einen gedachten Schnitt an der Stelle s abgetrennten Querschnittsfläche und dem Schwerpunktsabstand dieser Fläche von der entsprechenden Schwerachse. Für den linken unteren Flanschteil ergibt sich das statische Moment um die η-Achse als Funktion von s_1 zu

$$S_\eta(s_1) = s_1 b \cdot \zeta = s_1 \cdot 12 \cdot 144 = 1728 \cdot s_1 \; . \tag{6.9-6}$$

Für den rechten unteren Flanschteil folgt eine analoge Beziehung; lediglich die Bogenlänge s_1 ist durch s_2 zu ersetzen, welche nun vom rechten Flanschende nach links läuft, wie in der Abb. 6.9-2(a) dargestellt. Der Verzweigungspunkt am Anschluss des Flansches an den Steg ist der Startpunkt für die Bogenlänge s_3, die entlang des Steges anwächst. Bei der Bildung des statischen Moments für einen gedachten Schnitt an der Stelle s_3 ist zu berücksichtigen, dass auch die zuvor betrachteten Flanschteile der abgeschnittenen Fläche angehören. Für den Stegbereich ergibt sich das statische Moment zu

$$\begin{aligned} S_\eta(s_3) &= 1728 \cdot 75 \cdot 2 + s_3 b \cdot \left(144 - \frac{s_3}{2}\right) \\ S_\eta(s_3) &= 259.2 \cdot 10^3 + 1728 \cdot s_3 - 6 \cdot s_3^2 \; . \end{aligned} \tag{6.9-7}$$

Betrachtet man die Beziehungen für das statische Moment für Flansch und Steg, so erkennt man, dass (6.9-6) eine lineare und (6.9-7) eine quadratische Funktion von s

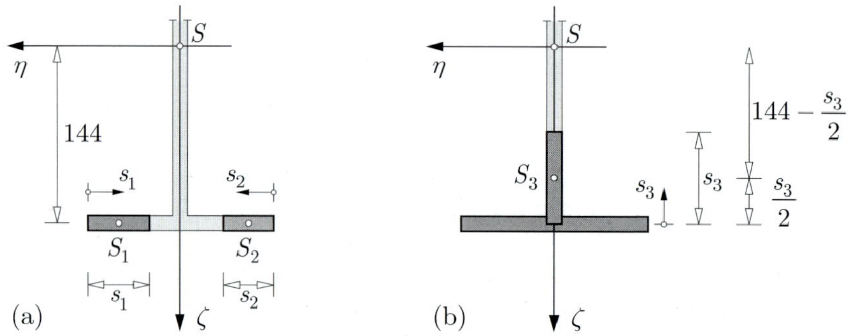

Abb. 6.9-2: Ermittlung des Flächenmoments 1. Ordnung als Funktion von s für die untere Querschnittshälfte: (a) s beginnend an den Querschnittsenden; (b) s beginnend an der Querschnittsverzweigung

darstellt. Der lineare Zusammenhang ist darin begründet, dass einerseits der Flansch horizontal liegt und andererseits die Dicke b des Flansches konstant ist. Zur Bestimmung der Schubspannungsverteilung genügt es aufgrund der im gegebenen Fall vorhandenen Symmetrien, die Berechnung für drei ausgezeichnete Punkte durchzuführen. Diese Punkte sind in Abb. 6.9-1(a) durch die Schnitte 1, 2 und 3 gekennzeichnet.

(c) Bestimmung des Schubflusses und der Schubspannungen

Mit dem Verlauf des statischen Moments entlang der Skelettlinie ist auch der Verlauf des Schubflusses $t(s)$ bzw. der Schubspannungen $\tau(s)$ bestimmt. Für einen beliebigen Punkt der Skelettlinie ergeben sich Schubfluss und Schubspannungen zu

$$t(s) = -\frac{Q_\zeta}{I_\eta}\, S_\eta(s) = -\frac{250\cdot 10^3}{98.54\cdot 10^6}\, S_\eta(s) = -2.537\cdot 10^{-3}\, S_\eta(s)\,, \tag{6.9-8}$$

$$\tau(s) = \frac{t(s)}{b(s)}\,. \tag{6.9-9}$$

Zur zahlenmäßigen Ermittlung genügt es, (6.9-8) bzw. (6.9-9) für 3 Schnitte auszuwerten.

$$\text{Schnitt 1:}\quad s_1 = 75 \rightarrow \quad \begin{aligned} S_\eta^{(1)} &= 1728\cdot 75 = 129.6\cdot 10^3\ \text{mm}^3,\\ t^{(1)} &= -2.537\cdot 10^{-3}\cdot 129.6\cdot 10^3 = -328.8\ \text{N/mm}\,,\\ \tau^{(1)} &= \frac{-328.8}{12} = -27.4\ \text{N/mm}^2\,, \end{aligned} \tag{6.9-10}$$

$$\text{Schnitt 2:}\quad s_3 = 0 \rightarrow \quad \begin{aligned} S_\eta^{(2)} &= 2\cdot S_\eta^{(1)} = 259.2\cdot 10^3\ \text{mm}^3\,,\\ t^{(2)} &= 2\cdot t^{(1)} = -657.6\ \text{N/mm}\,,\\ \tau^{(2)} &= 2\cdot \tau^{(1)} = -54.8\ \text{N/mm}^2\,, \end{aligned} \tag{6.9-11}$$

$$\text{Schnitt 3:}\quad s_3 = 144 \rightarrow \quad \begin{aligned} S_\eta^{(3)} &= 259.2\cdot 10^3 + 1728\cdot 144 - 6\cdot 144^2\\ S_\eta^{(3)} &= 383.6\cdot 10^3\ \text{mm}^3\,, \end{aligned}$$

$$\begin{aligned} t^{(3)} &= -2.537 \cdot 10^{-3} \cdot 383.6 \cdot 10^3 \\ t^{(3)} &= -973.2 \text{ N/mm} , \\ \tau^{(3)} &= \frac{-973.2}{12} = -81.1 \text{ N/mm}^2 . \end{aligned} \tag{6.9-12}$$

Wie aus (6.9-11) hervorgeht, entspricht der im Schnitt 2 auftretende Schubfluss der Summe der von den Flanschen in den Verzweigungspunkt strömenden Schubflüsse, es gilt somit: $\sum$(Zuflüsse) = $\sum$(Abflüsse). In allen drei Punkten ergeben sich negative Werte für Schubfluss und Schubspannungen. Dies bedeutet, dass die beiden Größen entgegen den angenommenen Richtungen s_1, s_2 und s_3 wirken.

Bislang wurde bei der Ermittlung des Schubflusses und der Schubspannungen lediglich die untere Hälfte des I-Profils betrachtet. Die gleiche Berechnung ist noch mit der oberen Hälfte durchzuführen. Auch hier zählt man die Bogenlängen s_4 und s_5 wieder von den Enden beginnend. Aufgrund der Symmetrie bezüglich der η-Achse ergeben sich bei der Ermittlung des statischen Moments dieselben Beträge, jedoch mit negativem Vorzeichen, da für diese Profilteile ζ jeweils negativ ist, wie in Abb. 6.9-3(a) und (b) dargestellt. Somit erhält man t und τ in der oberen Profilhälfte mit positiven Werten, d.h. in diesem Falle stimmen die angenommenen Richtungen von s_4, s_5 und s_6 mit der physikalischen Wirkungsrichtung des Schubflusses überein. Die Ausführungen zeigen, dass das Vorzeichen von t bzw. τ lediglich darüber Auskunft gibt, ob die gewählte Richtung von s mit der physikalischen Wirkungsrichtung der entsprechenden Größe übereinstimmt. Deshalb wird üblicherweise bei der graphischen Darstellung von t und τ das Vorzeichen unterdrückt und stattdessen die physikalische Wirkungsrichtung mittels Pfeilen gekennzeichnet, wie Abb. 6.9-1(c) zeigt. Bezüglich der Verteilung der Schubspannungen entlang der Skelettlinie siehe Abb. 6.9-1(b). Hier wurden nach rechts gerichtete Schubspannungen oberhalb und nach links gerichtete unterhalb der Skelettlinie dargestellt.

Da die Querkraft der Resultierenden der Schubspannungen im Querschnitt entspricht, muss das Integral der Schubspannungen $\tau_{x\zeta}$ über die Querschnittsfläche der

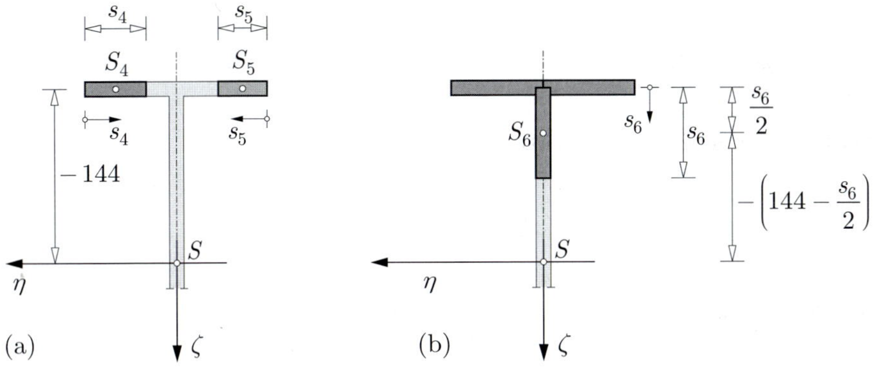

Abb. 6.9-3: Ermittlung des Flächenmoments 1. Ordnung als Funktion von s für die obere Querschnittshälfte: (a) s beginnend an den Querschnittsenden; (b) s beginnend an der Querschnittsverzweigung

Querkraft Q_ζ entsprechen. Integration der Schubspannungen $\tau_{x\zeta}$ über die Fläche des Steges ergibt

$$\int_{Steg} \tau_{x\zeta}\, dA = \left[54.8 + \frac{2}{3}(81.1 - 54.8)\right] \cdot 12 \cdot 288 \cdot 10^{-3} = 249.98 \text{ kN} . \qquad (6.9\text{-}13)$$

Das Integrationsergebnis stimmt relativ genau mit der gegebenen Querkraft von 250 kN überein. Dieses Ergebnis sollte allerdings nicht darüber hinwegtäuschen, dass mehrere Vereinfachungen in der Berechnung vorgenommen wurden, die sich in diesem Falle zum Teil gegenseitig kompensieren. So wurde das Flächenträgheitsmoment nur näherungsweise ermittelt und alle weiteren Berechnungen wurden mit Skelettlinienlängen durchgeführt.

6.4 Torsionsschubspannungen in dünnwandigen geschlossenen Querschnitten

Vorbemerkungen

- Von reiner Torsion spricht man, wenn in jedem Querschnitt das Torsionsmoment M_T die einzige Schnittgröße ist. Dies impliziert, dass die Querschnittsverwölbung nicht behindert ist und somit keine Längsspannungen σ_x auftreten. Im Falle unbehinderter Verwölbung spricht man auch von freier oder SAINT-VENANT'scher Torsion.

- Aufgrund der Dünnwandigkeit können die Schubspannungen zufolge reiner Torsion über die Wandstärke b des Hohlquerschnitts in guter Näherung als konstant angenommen werden.

- In dünnwandigen einzelligen Hohlquerschnitten ist der Schubfluss zufolge reiner Torsion konstant.

- Kreisrohre und alle Tangentenvielecke des Kreises sind wölbfrei, falls deren Wandstärke konstant ist.

Beispiel 6.10: Einzelliger Hohlquerschnitt

Ein einzelliger Hohlquerschnitt entsprechend Abb. 6.10-1 sei durch das Torsionsmoment M_T belastet. Querschnittsabmessungen, Schubmodul und Belastung sind wie folgt gegeben:

$$\begin{aligned} a &= 12.5 \text{ m} , \quad & b_1 &= 16 \text{ mm} , \quad & G &= 81\,000 \text{ N/mm}^2 , \\ h &= 5.0 \text{ m} , \quad & b_2 &= 8 \text{ mm} , \quad & M_T &= 50 \text{ MNm} . \end{aligned} \qquad (6.10\text{-}1)$$

Es sind die Schubspannungsverteilung, die Verwindung und die Verwölbung des Querschnitts unter der Annahme, dass die Drillruheachse mit der Stabachse zusammenfällt, gesucht. Außerdem bestimme man eine Beziehung für einen rechteckigen, wölbfreien, einzelligen Hohlquerschnitt.

(a) Bestimmung des Schubflusses und der Schubspannungen

Der Schubfluss zufolge reiner Torsion ist in dünnwandigen einzelligen Hohlquerschnitten entlang der Skelettlinie konstant und durch die 1. BREDT'sche Formel entsprechend (6.288) gegeben. Unter Verwendung der 1. BREDT'schen Formel ergibt sich der Schubfluss im gegenständlichen Fall zu

$$t = \frac{M_T}{2\,A_u} = \frac{M_T}{2\,a\,h} = \frac{50 \cdot 10^9}{2 \cdot 12.5 \cdot 5 \cdot 10^6} = 400 \text{ N/mm} \; . \tag{6.10-2}$$

In (6.10-2) bezeichnet A_u die von der Skelettlinie des einzelligen Hohlquerschnitts eingeschlossene Fläche. Wegen der Konstanz des Schubflusses in dünnwandigen einzelligen Hohlquerschnitten ist die Schubspannung proportional zur Dicke und ergibt sich zu

$$\begin{aligned} \text{Gurte:} \quad \tau^{(G)} &= \frac{t}{b_1} = \frac{400}{16} = 25 \text{ N/mm}^2 \; , \\ \text{Stege:} \quad \tau^{(S)} &= \frac{t}{b_2} = \frac{400}{8} = 50 \text{ N/mm}^2 \; . \end{aligned} \tag{6.10-3}$$

Abb. 6.10-1 zeigt die Wirkungsrichtung des Schubflusses und der Schubspannungen. Wegen der doppelten Symmetrie wurde die Verteilung der Schubspannungen entlang der Skelettlinie nur in einem Quadranten dargestellt.

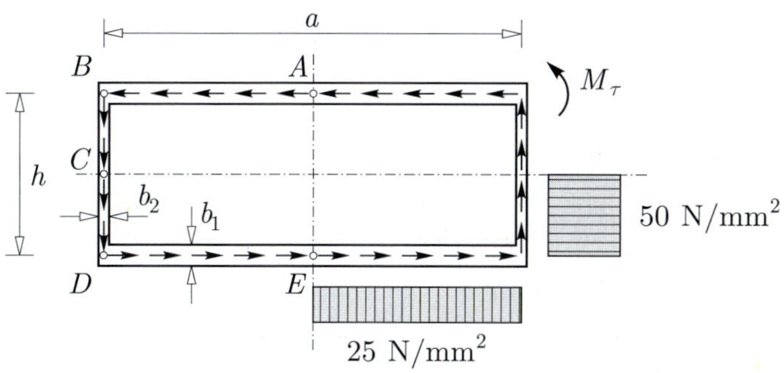

Abb. 6.10-1: Einzelliger Hohlquerschnitt: Querschnittsabmessungen und Schubspannungen

(b) Ermittlung der Verwindung

Die Verwindung ϑ bezeichnet das Verhältnis der gegenseitigen Verdrehung zweier Querschnitte zu deren gegenseitigem Abstand x. ϑ erhält man durch Einsetzen in die 2. BREDT'sche Formel entsprechend (6.295) zu

$$\begin{aligned} \vartheta &= \frac{M_T}{4\,A_u^2\,G} \oint_C \frac{ds}{b(s)} = \frac{M_T}{4\,(ah)^2\,G} \cdot 2 \cdot \left(\frac{a}{b_1} + \frac{h}{b_2} \right) \\ &= \frac{50 \cdot 10^9}{4 \cdot (12.5 \cdot 5 \cdot 10^6)^2 \cdot 81\,000} \cdot 2 \cdot \frac{(12.5 + 2 \cdot 5) \cdot 1000}{16} \\ \vartheta &= 1.111 \cdot 10^{-7} \text{ rad/mm} \; . \end{aligned} \tag{6.10-4}$$

Multiplikation des Ergebnisses mit $180/\pi \cdot 1000$ liefert den Wert für die Verwindung zu $6.4 \cdot 10^{-3}$ Grad/m.

(c) Bestimmung der Querschnittsverwölbung

Die zufolge Torsion bewirkte Axialverschiebung u der Querschnittspunkte resultiert in einer räumlich gekrümmten Querschnittsfläche. Man spricht von der Verwölbung des Querschnitts. Ausgangspunkt für die Berechnung der Querschnittsverwölbung ist (6.291), aus der sich zusammen mit (6.285) und (6.292) die Verwölbung zu

$$\varphi(s) = \varphi_0 + \frac{1}{G\vartheta}\int_0^s \frac{t}{b(s)}\,ds - \int_0^s p(s)\,ds \tag{6.10-5}$$

anschreiben lässt. $p(s)\,ds$ bezeichnet den doppelten Wert der Fläche des von ds als Grundlinie und einem beliebigen in der Ebene des Querschnitts liegenden Bezugspunkt als gegenüberliegendem Eckpunkt gebildeten Dreiecks (vgl. auch [MH04] Abb. 6.44). φ_0 entspricht dem Wert der Verwölbung in einem beliebig wählbaren, auf der Skelettlinie liegenden Anfangspunkt O, der der Verträglichkeitsbedingung

$$\varphi_0 = \varphi(s=0) = \varphi(s=L) \tag{6.10-6}$$

genügt, wobei L den Umfang der Skelettlinie bezeichnet. Da bei der Ermittlung der Verwölbung nur die Relativverschiebungen der Querschnittspunkte in die x-Richtung bezogen auf einen frei wählbaren Punkt O des Querschnitts von Interesse sind, kann die Konstante φ_0 beliebig gewählt oder auch null gesetzt werden. Setzt man den aus (6.288) und (6.296) zu

$$t = \frac{M_T}{2A_u} = \frac{G\vartheta I_T}{2A_u} = \text{konst.} \tag{6.10-7}$$

folgenden Schubfluss in (6.10-5) ein, so erhält man unter Verwendung von $\varphi_0 = 0$ die gesuchte Beziehung für die Verwölbung zu

$$\varphi(s) = \frac{I_T}{2A_u}\int_0^s \frac{ds}{b(s)} - \int_0^s p(s)\,ds\;. \tag{6.10-8}$$

Mit dem Ausdruck für den Drillwiderstand I_T, der sich mit (6.296) zu

$$I_T = \frac{4A_u^2}{\displaystyle\oint_C \frac{ds}{b(s)}} \tag{6.10-9}$$

ergibt, erhält man aus (6.10-8) die Verwölbung für den gegenständlichen Fall zu

$$\varphi(s) = \frac{2A_u}{\displaystyle\oint_C \frac{ds}{b(s)}}\int_0^s \frac{ds}{b(s)} - \int_0^s p(s)\,ds = \frac{ah}{\dfrac{a}{b_1}+\dfrac{h}{b_2}}\int_0^s \frac{ds}{b(s)} - \int_0^s p(s)\,ds\;. \tag{6.10-10}$$

Da die Wandstärke des Querschnitts bereichsweise konstant ist, wird die Integration in Abschnitte aufgeteilt, wie in Abb. 6.10-2 dargestellt. Wählt man als Anfangspunkt O für die Integration etwa den Schnittpunkt der Symmetrieachse mit dem Obergurt, d.h. $O = A$, so erhält man die Verwölbung aus (6.10-10) in dem für s_1 gültigen Bereich zu

$$\begin{aligned}
\varphi(s_1) &= \frac{ahb_1b_2}{ab_2+hb_1}\cdot\frac{s_1}{b_1} - \frac{hs_1}{2} = \frac{2ahb_2s_1 - ahb_2s_1 - h^2b_1s_1}{2\,(ab_2+hb_1)}\\
\varphi(s_1) &= \frac{ab_2-hb_1}{ab_2+hb_1}\cdot\frac{hs_1}{2}\;.
\end{aligned} \tag{6.10-11}$$

Auswertung von (6.10-11) für $s_1 = a/2$ ergibt die Verwölbung für den Punkt B bezogen auf den Anfangspunkt A zu

$$\begin{aligned}\varphi^{(B)} = \varphi\big|_{s_1=a/2} &= \frac{ab_2 - hb_1}{ab_2 + hb_1} \cdot \frac{ah}{4} \\ &= \frac{(12.5 \cdot 8 - 5 \cdot 16) \cdot 10^9}{(12.5 \cdot 8 + 5 \cdot 16) \cdot 10^3} \cdot \frac{12.5 \cdot 5}{4} = 1\,736\,111 \text{ mm}^2 \ . \end{aligned} \qquad (6.10\text{-}12)$$

Die Axialverschiebung des Punktes B bezogen auf den Anfangspunkt erhält man unter Verwendung des gemäß (6.241) zu

$$u(y, z) = \vartheta\, \varphi(y, z) \qquad (6.10\text{-}13)$$

gegebenen Ansatzes. Mit dem in (6.10-4) berechneten Wert für die Verwindung ergibt sich die Relativverschiebung des Punktes B in x-Richtung bezogen auf A zu

$$u^{(B)} = \vartheta \cdot \varphi\big|_{s_1=a/2} = 1.111 \cdot 10^{-7} \cdot 1\,736\,111 = 0.193 \text{ mm} \ . \qquad (6.10\text{-}14)$$

Für den Steg ergibt sich eine zu (6.10-11) analoge Beziehung für die Verwölbung zu

$$\begin{aligned}\varphi(s_2) &= \varphi^{(B)} + \frac{ahb_1b_2}{ab_2 + hb_1} \cdot \frac{s_2}{b_2} - \frac{as_2}{2} = \varphi^{(B)} + \frac{2ahb_1s_2 - ahb_1s_2 - a^2b_2s_2}{2 \cdot (ab_2 + hb_1)} \\ \varphi(s_2) &= \frac{ab_2 - hb_1}{ab_2 + hb_1} \cdot \frac{a}{4}\,(h - 2s_2) \ . \end{aligned} \qquad (6.10\text{-}15)$$

Auswertung von (6.10-15) für den auf der horizontalen Symmetrieachse gelegenen Punkt C und den Eckpunkt D liefert:

$$\begin{aligned}\varphi^{(C)} &= \varphi\big|_{s_2=h/2} = 0 \ , \\ \varphi^{(D)} &= \varphi\big|_{s_2=h} = -\frac{ab_2 - hb_1}{ab_2 + hb_1} \cdot \frac{ah}{4} = -\varphi^{(B)} \ . \end{aligned} \qquad (6.10\text{-}16)$$

Für den Untergurt ergibt sich die Verwölbung zu

$$\begin{aligned}\varphi(s_3) &= \varphi^{(D)} + \frac{ahb_1b_2}{ab_2 + hb_1} \cdot \frac{s_3}{b_1} - \frac{hs_3}{2} = \varphi^{(D)} + \frac{2ahb_2s_3 - ahb_2s_3 - h^2b_1s_3}{2 \cdot (ab_2 + hb_1)} \\ \varphi(s_3) &= \frac{ab_2 - hb_1}{ab_2 + hb_1} \cdot \frac{h}{4}\,(-a + 2s_3) \ . \end{aligned} \qquad (6.10\text{-}17)$$

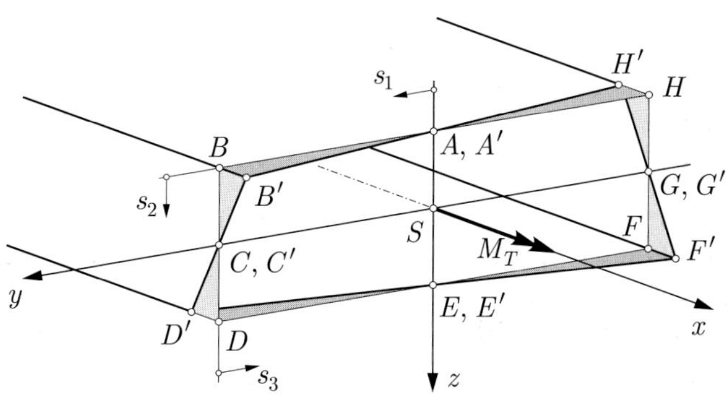

Abb. 6.10-2: Einzelliger Hohlquerschnitt: Axialverschiebung der Skelettlinie zufolge Querschnittsverwölbung

Auswertung von (6.10-17) für die charakteristischen Punkte E und F des Untergurts liefert schließlich:

$$\begin{aligned} \varphi^{(E)} &= \varphi|_{s_3=a/2} = 0 \;, \\ \varphi^{(F)} &= \varphi|_{s_3=a} \quad = \frac{ab_2 - hb_1}{ab_2 + hb_1} \cdot \frac{ah}{4} = -\varphi^{(D)} = \varphi^{(B)} \end{aligned} \tag{6.10-18}$$

und für die Punkte G und H folgt

$$\begin{aligned} \varphi^{(G)} &= 0 \;, \\ \varphi^{(H)} &= -\varphi^{(F)} = \varphi^{(D)} \;. \end{aligned} \tag{6.10-19}$$

Wie man sich leicht überzeugen kann, hat die Wahl des Anfangspunktes keinen Einfluss auf die Verwölbung, da nur die Relativverschiebung der Querschnittspunkte maßgebend ist.

(d) Bedingung für Wölbfreiheit eines einzelligen Hohlquerschnitts

Da eine „konstante Verwölbung“ einer gleichförmigen Axialverschiebung des Querschnitts entspricht, ist die Forderung nach Wölbfreiheit gleichbedeutend mit der Bedingung

$$\frac{d\varphi}{ds} = 0 \;. \tag{6.10-20}$$

Differentiation von (6.10-8) nach s entspricht dem Ableiten der entsprechenden Integrale nach deren oberer Grenze, sodass durch Einsetzen in (6.10-20) die Bedingung für Wölbfreiheit sich zu

$$\frac{d\varphi}{ds} = \frac{I_T}{2A_u}\frac{1}{b(s)} - p(s) = 0 \quad \rightarrow \quad p(s) = \frac{I_T}{2A_u}\frac{1}{b(s)} \tag{6.10-21}$$

ergibt. Bei gegebenem Querschnitt ist der erste Term auf der rechten Seite von $(6.10\text{-}21)_2$ konstant und es folgt

$$b(s) \cdot p(s) = \text{konst.} \tag{6.10-22}$$

Aus (6.10-22) folgt somit, dass einzellige Hohlquerschnitte mit konstanter Dicke wölbfrei sind, falls deren Skelettlinien die Form eines Kreises oder eines Tangentenvielecks des Kreises aufweisen. Für den gegebenen Hohlquerschnitt könnte aber (6.10-22) auch erfüllt werden, falls

$$a \cdot b_2 = h \cdot b_1 \tag{6.10-23}$$

gewählt wird. Denn Einsetzen von (6.10-23) in (6.10-11), (6.10-15) und (6.10-17) ergibt dann $\varphi = 0$. Unter Beibehaltung der Wandstärke $b_2 = 8$ mm müsste somit die Dicke der Gurte zu

$$b_1 = \frac{a}{h} b_2 = \frac{12.5}{5} 8 = 20 \text{ mm} \tag{6.10-24}$$

gewählt werden.

Beispiel 6.11: Dreizelliger Hohlkasten

Für einen Stab mit einem dreizelligen dünnwandigen Querschnitt entsprechend Abb. 6.11-1, der durch ein Torsionsmoment M_T beansprucht wird, sind der Verlauf der Schubspannungen $\tau(s)$ und die Verwindung ϑ zu ermitteln (vgl. auch [MH04]). Die Querschnittsabmessungen sowie Materialkenngröße und Belastung sind zu

$$\begin{aligned} a &= 5 \text{ m} , \qquad & G &= 81\,000 \text{ N/mm}^2 , \\ b &= 8 \text{ mm} , \qquad & M_T &= 50 \text{ MNm} \end{aligned} \tag{6.11-1}$$

gegeben.

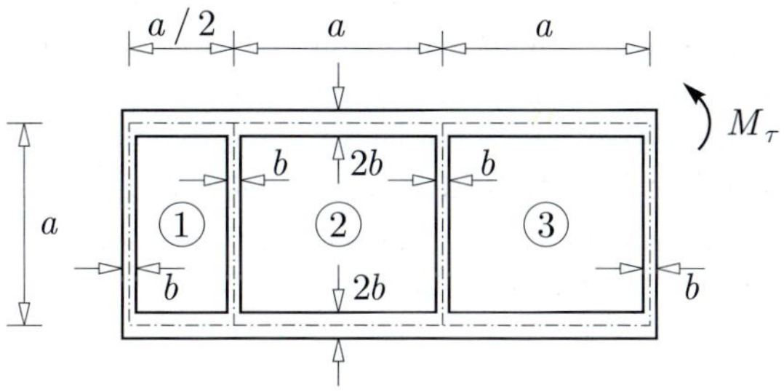

Abb. 6.11-1: Dreizelliger Hohlquerschnitt unter Torsionsbeanspruchung: Querschnittsabmessungen

Die Ermittlung des Schubflusses stellt im Falle mehrzelliger Hohlquerschnitte ein statisch unbestimmtes Problem dar. Der einfachere Fall – die Ermittlung des Schubflusses und der Verwindung eines einzelligen Hohlquerschnitts – wurde in Beispiel 6.10 behandelt.

(a) Äquivalenzbeziehung

Die Schnittgröße M_T kann als Resultierende des in den einzelnen Zellen wirkenden Schubflusses aufgefasst werden, wobei der Schubfluss in einer einzelnen Zelle entsprechend der 1. Bredt'schen Formel $(6.10\text{-}2)_1$ bzw. (6.288) gegeben ist. Somit gilt

$$M_T = \sum_{i=1}^{3} (M_T)_i = 2 \sum_{i=1}^{3} (A_u)_i \cdot t_i = 2 \left(\frac{a^2}{2} \cdot t_1 + a^2 \cdot t_2 + a^2 \cdot t_3 \right)$$

$$t_1 + 2t_2 + 2t_3 = \frac{M_T}{a^2} \, . \tag{6.11-2}$$

(b) Formänderungsbeziehung

Da bei mehrzelligen Hohlkasten die Ermittlung des Schubflusses ein statisch unbestimmtes Problem darstellt, benötigt man zusätzlich pro Zelle eine Formänderungsbedingung. Die Formänderung der Einzelzelle zufolge reiner Torsion entspricht der Verwindung, die unter Berücksichtigung von $t = \tau(s)\, b(s) =$ konst. aus (6.293) zu

$$2G\vartheta A_u = \oint_C \tau \, ds = t \oint_C \frac{ds}{b(s)} \tag{6.11-3}$$

vgl: $\varepsilon_x = \frac{\sigma_x}{E}$ $\gamma_{xz} = \frac{\tau_{xz}}{G}$ $\vartheta = \frac{\oint \tau ds}{G 2 A_u}$

folgt. Im Falle, dass eine Zelle höchstens zwei benachbarte Zellen hat, ist die Verwindung gemäß (6.300) zu

$$-t_{i-1}\int_{C_{i-1,i}}\frac{ds}{b(s)}+t_i\oint_{C_i}\frac{ds}{b(s)}-t_{i+1}\int_{C_{i,i+1}}\frac{ds}{b(s)}=2G\vartheta(A_u)_i \quad i=1,2\ldots,n \qquad (6.11\text{-}4)$$

gegeben, wie aus Abb. 6.11-2 unmittelbar zu ersehen ist. Im Falle eines dreizelligen

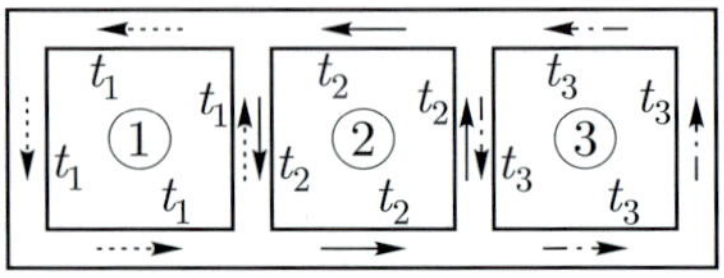

Abb. 6.11-2: Dreizelliger Hohlquerschnitt unter Torsionsbeanspruchung: Formänderungsbedingungen für die drei Zellen

Hohlkastens ergeben sich somit drei Formänderungsbedingungen mit insgesamt vier Unbekannten t_1, t_2, t_3 und ϑ. Die vierte Gleichung ist durch (6.11-2) gegeben. Die Formänderungsbeziehungen für die drei Zellen folgen zu

1\. Zelle:

$$t_1\left(2\,\frac{0.5\,a}{2b}+2\,\frac{a}{b}\right)-t_2\,\frac{a}{b}=2G\vartheta\,\frac{a^2}{2}$$

$$5t_1-2t_2=2G\vartheta ab\;, \qquad (6.11\text{-}5)$$

2\. Zelle:

$$-t_1\,\frac{a}{b}+t_2\left(2\,\frac{a}{2b}+2\,\frac{a}{b}\right)-t_3\,\frac{a}{b}=2G\vartheta a^2$$

$$-t_1+3t_2-t_3=2G\vartheta ab\;, \qquad (6.11\text{-}6)$$

3\. Zelle:

$$-t_2\,\frac{a}{b}+t_3\left(2\,\frac{a}{2b}+2\,\frac{a}{b}\right)=2G\vartheta a^2$$

$$-t_2+3t_3=2G\vartheta ab\;. \qquad (6.11\text{-}7)$$

Die Erfüllung der drei Formänderungsbedingungen (6.11-5) bis (6.11-7) stellt sicher, dass die Verwindungen der einzelnen Zellen gleich sind und damit die geometrische Kompatibilität zwischen den einzelnen Zellen gewahrt bleibt.

Somit erhält man das Gleichungssystem zur Ermittlung der Schubflüsse und der Verwindung zu

$$\begin{bmatrix} 1 & 2 & 2 & 0 \\ 5 & -2 & 0 & -1 \\ -1 & 3 & -1 & -1 \\ 0 & -1 & 3 & -1 \end{bmatrix}\begin{Bmatrix} t_1 \\ t_2 \\ t_3 \\ 2G\vartheta ab \end{Bmatrix}=\begin{Bmatrix} M_T/a^2 \\ 0 \\ 0 \\ 0 \end{Bmatrix}, \qquad (6.11\text{-}8)$$

wobei die rechte Seite zu

$$\frac{M_T}{a^2}=\frac{50\cdot 10^9}{5000^2}=2000\left[\text{Nmm/mm}^2\right] \qquad (6.11\text{-}9)$$

gegeben ist.

(c) Ermittlung der Schubspannungen und der Verwindung

Durch Lösen des Gleichungssystems ergibt sich:

$$\begin{aligned} t_1 &= 320 \text{ N/mm} , & t_3 &= 380 \text{ N/mm} , \\ t_2 &= 460 \text{ N/mm} , & 2G\vartheta ab &= 680 \text{ N/mm} . \end{aligned} \tag{6.11-10}$$

Aus der letzten Beziehung von (6.11-10) erhält man durch Einsetzen der Querschnittsabmessungen und des Schubmoduls die Verwindung zu

$$\begin{aligned} \vartheta &= \frac{680}{2 \cdot 81\,000 \cdot 5000 \cdot 8} = 1.049 \cdot 10^{-7} \text{ rad/mm} \\ \vartheta &= 1.049 \cdot 10^{-7} \cdot \frac{180}{\pi} \cdot 1000 = 0.006 \text{ °/m} . \end{aligned} \tag{6.11-11}$$

Da zwischen Torsionsmoment und Schubfluss eine Äquivalenzbeziehung besteht, stimmt in den Randteilen die Richtung des Schubflusses mit dem Drehsinn des Torsionsmoments überein (vgl. Abb. 6.11-3(a)). Aus der Bedingung, dass in einem Knoten (Verzweigungspunkt) die Summe der Zuflüsse gleich der Summe der Abflüsse (von t) sein muss, folgen Größe und Richtung der Schubflüsse in den Zwischenstegen zu:

$$\begin{aligned} t_{2,1} &= t_2 - t_1 = 460 - 320 = 140 \text{ N/mm} , \\ t_{3,2} &= t_3 - t_2 = 380 - 460 = -80 \text{ N/mm} . \end{aligned} \tag{6.11-12}$$

Die Schubspannungen in den einzelnen Querschnittsteilen erhält man durch Division der einzelnen Schubflüsse durch die entsprechenden Wandstärken. In der Abb. 6.11-3(b) ist die Verteilung der Schubspannungen entlang der Skelettlinie graphisch dargestellt.

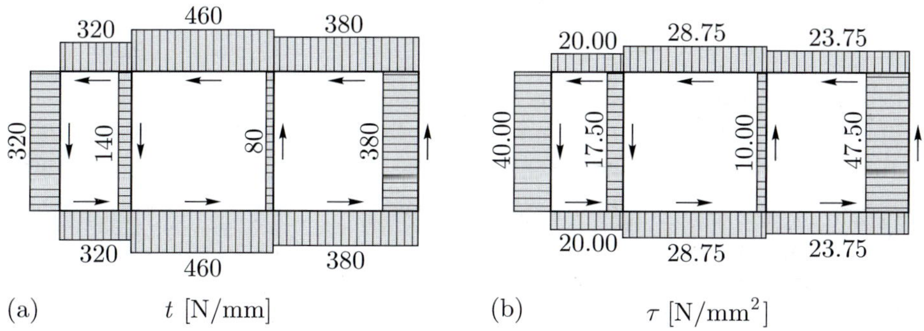

Abb. 6.11-3: Dreizelliger Hohlquerschnitt unter Torsionsbeanspruchung: (a) Verteilung des Schubflusses; (b) Verteilung der Schubspannungen

(d) Kontrolle

Zur Kontrolle der Ergebnisse darf sich zufolge reiner Torsion keine resultierende Querkraft ergeben, d.h. die Bedingungen

$$Q_y = \int_A \tau_{xy}\, dA = 0, \quad Q_z = \int_A \tau_{xz}\, dA = 0 \tag{6.11-13}$$

müssen erfüllt sein, was mit Hilfe von Abb. 6.11-3 leicht verifiziert werden kann. Der Schubfluss in der Decke und im Boden jeder Zelle ist gleich groß, aber sie sind entgegengesetzt gerichtet und heben sich deshalb gegenseitig auf. Ebenso heben sich die Schubflüsse in den Stegen insgesamt auf.

6.5 Querkraftschubspannungen in dünnwandigen geschlossenen Querschnitten

Beispiel 6.12: Dreieckiger Hohlquerschnitt

Für den in Abb. 6.12-1(a) dargestellten dünnwandigen dreieckigen Hohlquerschnitt sind die Schubspannungen zufolge einer durch den Schubmittelpunkt M verlaufenden Querkraft Q_ζ zu ermitteln. Querschnittsabmessungen und Belastung sind zu

$$\begin{aligned} a &= 120\text{ mm}, \quad b_1 = 3\text{ mm}, \quad b_2 = 4\text{ mm}, \\ Q_\zeta &= 15\text{ kN} \end{aligned} \tag{6.12-1}$$

gegeben (vgl. auch [MH04]).

(a) Vorbemerkungen

Bei dünnwandigen offenen Querschnitten erfolgt die Berechnung des Schubflusses zufolge Querkraft gemäß (6.214) mittels

$$t(s) = -\frac{Q_\eta}{I_\zeta} S_\zeta(s) - \frac{Q_\zeta}{I_\eta} S_\eta(s) + t_0 = t^*(s) + t_0 \ , \tag{6.12-2}$$

wobei für die Integrationskonstante $t_0 = 0$ gilt, wenn die Bogenlänge s von einem Endpunkt des Querschnitts aus gemessen wird. In diesem Falle gilt für (6.12-2) $t(s) = t^*(s)$ und die Gleichgewichtsbedingung reicht aus, um den Schubfluss zu bestimmen – das Problem ist somit statisch bestimmt.

Im Gegensatz dazu stellt die Berechnung von t bei geschlossenen Querschnitten ein statisch unbestimmtes Problem dar. Zur Ermittlung von t_0 benötigt man nun eine Formänderungsbeziehung. Diese folgt aus der Bedingung, dass der Querschnitt im Falle einer im Schubmittelpunkt angreifenden Querkraft torsionsfrei und somit verwindungsfrei bleibt. Aus (6.11-3) bzw. (6.293) folgt

$$\vartheta = \frac{1}{2\,G\,A_u} \oint_C \frac{t(s)}{b(s)}\,ds = 0 \quad \rightarrow \quad \oint_C \frac{t(s)}{b(s)}\,ds = 0 \ . \tag{6.12-3}$$

Setzt man (6.12-2) in (6.12-3) ein, so ergibt sich gemäß (6.308) die Integrationskonstante zu

$$t_0 = -\frac{\displaystyle\oint_C \frac{t^*(s)}{b(s)}\,ds}{\displaystyle\oint_C \frac{1}{b(s)}\,ds} \ , \tag{6.12-4}$$

wobei nun $t^*(s)$ den Schubfluss in einem offenen Querschnitt, der durch einen fiktiven Schnitt aus dem geschlossenen Querschnitt entsteht, darstellt. Da die Integrationskonstante t_0 dem Schubfluss im geschlossenen Querschnitt an der Stelle des fiktiven Schnitts entspricht, ergeben sich je nach Wahl des fiktiven Schnitts unterschiedliche Werte für die Integrationskonstante.

Die nachfolgenden Berechnungen basieren auf der Annahme, dass keine Verwindung zufolge Querkraft stattfindet. Dies ist aber nur dann der Fall, wenn die Wirkungslinie der resultierenden Querkraft durch den Schubmittelpunkt M verläuft. Daraus folgt, dass im allgemeinen Fall sowohl die Schubspannungen zufolge einer durch den Schubmittelpunkt verlaufenden Querkraft und zusätzlich die Schubspannungen zufolge Torsion entsprechend der Exzentrizität der Querkraft bezüglich des Schubmittelpunkts zu berechnen sind.

Da ein geschlossener Hohlquerschnitt und somit ein statisch unbestimmtes Problem bezüglich der Schubspannungsermittlung vorliegt, muss zuerst die Integrationskonstante t_0 ermittelt werden. Dazu wird der Querschnitt gedanklich im Punkt O aufgeschnitten, wie in Abb. 6.12-1(b) dargestellt. Spezialisierung von (6.12-2) für den

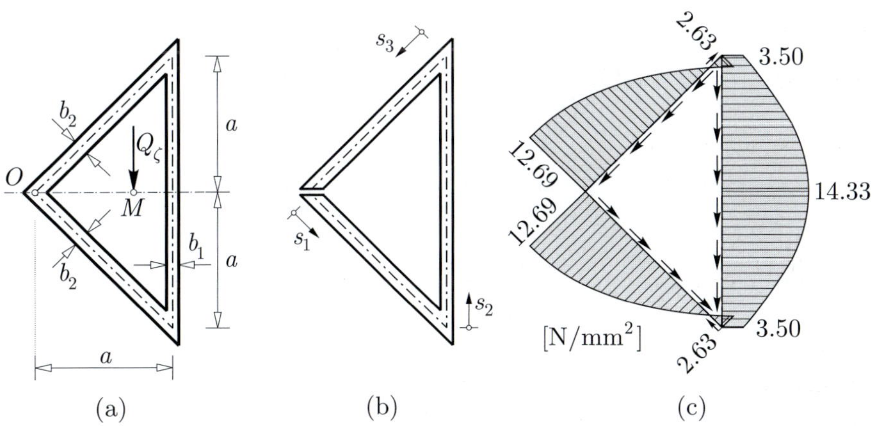

Abb. 6.12-1: Dünnwandiger geschlossener Querschnitt: (a) Querschnittsabmessungen; (b) durchtrennt gedachter Querschnitt; (c) Schubspannungsverteilung zufolge Q_ζ im geschlossenen Querschnitt

gegenständlichen Fall ($Q_\eta = 0$) und Einsetzen in (6.12-4) liefert bei Aufteilung des Integrals entsprechend den Dreiecksseiten die Beziehung für die Ermittlung der Integrationskonstante zu

$$t_0 = \frac{Q_\zeta}{I_\eta} \cdot \frac{\dfrac{1}{b_2}\left(\displaystyle\int_0^{a\sqrt{2}} S_\eta(s_1)\,ds_1 + \int_0^{a\sqrt{2}} S_\eta(s_3)\,ds_3\right) + \dfrac{1}{b_1}\displaystyle\int_0^{2a} S_\eta(s_2)\,ds_2}{2 \cdot \dfrac{1}{b_2} a\sqrt{2} + \dfrac{1}{b_1} \cdot 2a} \,. \tag{6.12-5}$$

(b) Flächenmomente 2. Ordnung

Bei der Ermittlung der Flächenmomente 2. Ordnung wird wegen der Dünnwandigkeit des Querschnitts mit Skelettlinienlängen und nicht mit der exakten Kontur gerechnet. Wie in Abb. 6.12-2 dargestellt, können die beiden unter dem Winkel α zur Horizontalen geneigten Schenkel mit der Breite b_2 für die Berechnung des Flächenträgheitsmoments als Parallelogramme mit der Höhe a und der Grundfläche $\bar{b}_2$, die zu

$$\bar{b}_2 = \frac{b_2}{\sin\alpha} \tag{6.12-6}$$

gegeben ist, aufgefasst werden. Da das Flächenträgheitsmoment eines Parallelogramms bezogen auf eine zu einer Grundlinie parallele Achse nur von der Grundlinie und der darauf errichteten Höhe abhängig ist, sind für die Berechnung des Flächenträgheitsmoments der gegebene Querschnitt (Abb. 6.12-2(a)) und ein fiktiver Querschnitt in der Form eines Rechtecks mit der Breite $b_1 + \bar{b}_2$ und der Höhe $2a$ (Abb. 6.12-2(b)) gleichwertig. Für den gegenständlichen Fall mit $\alpha = 45°$ und $\sin\alpha = 1/\sqrt{2}$ ergibt sich

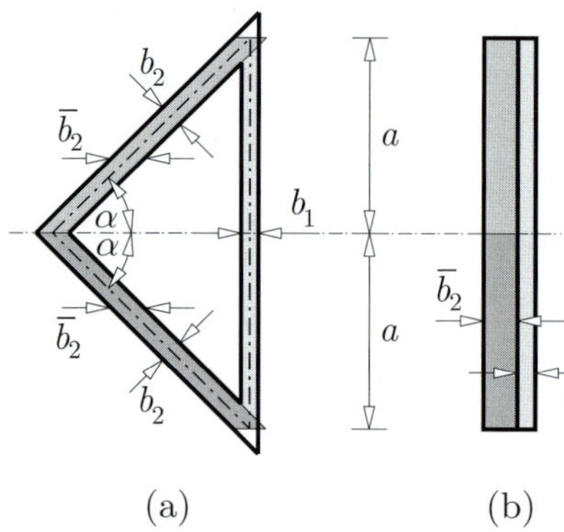

Abb. 6.12-2: Ermittlung des Flächenmoments 2. Ordnung: (a) gegebener Querschnitt; (b) fiktiver Querschnitt

$\bar{b}_2 = b_2\sqrt{2}$ und damit das Flächenträgheitsmoment zu

$$\begin{aligned} I_\eta &= I_y = \frac{b_1\,(2a)^3}{12} + \frac{b_2\sqrt{2}\,(2a)^3}{12} = \frac{2a^3}{3}\cdot\left(b_1 + b_2\sqrt{2}\right) \\ I_\eta &= \frac{2\cdot 120^3}{3}\cdot\left(3 + 4\sqrt{2}\right) = 9\,972\,696 \text{ mm}^4 \,. \end{aligned} \tag{6.12-7}$$

(c) Flächenmomente 1. Ordnung

Wie in Beispiel 6.9 ausführlich erläutert, erfolgt die Ermittlung des statischen Moments abschnittsweise entsprechend der Wanddicke und Neigung der einzelnen Querschnittsteile, wie in Abb. 6.12-3 dargestellt. Zur Ermittlung des statischen Moments des offenen dünnwandigen Querschnitts entsprechend Abb. 6.12-1(b) wird die Bogenlänge s von einem Ende der Skelettlinie aus gezählt. Somit ergibt sich das Flächenmoment 1. Ordnung um die η-Achse an einer beliebigen Stelle s_1 des geneigten Schenkels zu

$$S_\eta(s_1) = b_2\cdot s_1\cdot\frac{s_1}{2}\cdot\frac{1}{\sqrt{2}} = \frac{b_2}{2\sqrt{2}}\cdot s_1^2 \tag{6.12-8}$$

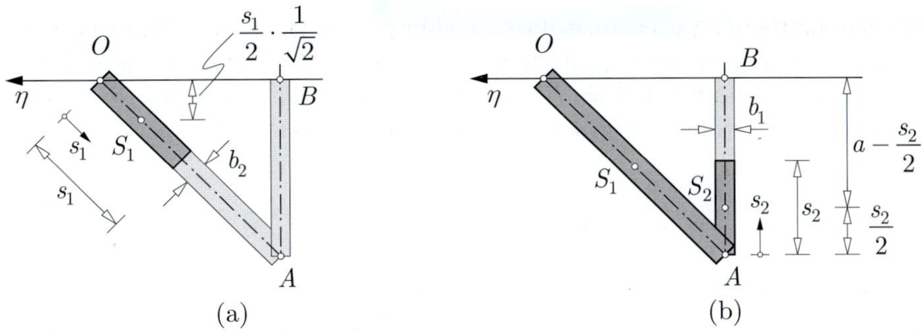

Abb. 6.12-3: Ermittlung der Flächenmomente 1. Ordnung: (a) s_1 beginnend an dem durch den gedachten Schnitt entstandenen Anfangspunkt O; (b) s_2 beginnend im Punkt A, wo Querschnittsteile mit unterschiedlicher Dicke und Neigung zusammentreffen

und beträgt im Punkt A

$$S_\eta\left(s_1 = a\sqrt{2}\right) = \frac{b_2}{2\sqrt{2}} \cdot \left(a\sqrt{2}\right)^2 = \frac{a^2 b_2}{\sqrt{2}} \,. \tag{6.12-9}$$

Für einen beliebigen Punkt mit der Bogenlänge s_2 des vertikalen Schenkels ergibt sich das statische Moment zu

$$S_\eta(s_2) = \frac{a^2 b_2}{\sqrt{2}} + b_1 \cdot s_2 \cdot \left(a - \frac{s_2}{2}\right) \,. \tag{6.12-10}$$

Wie aus (6.12-10) ersichtlich, stellt $S_\eta(s)$ jeweils den Gesamtwert des statischen Moments des an der Stelle s vom offenen Querschnitt abgetrennt gedachten Querschnittsteils dar (vgl. Abb. 6.12-3(b)). Bei abschnittsweiser Integration ist deshalb beim Wechsel auf den nächsten Integrationsbereich auf den an der Bereichsgrenze auftretenden Wert des statischen Moments nicht zu vergessen. Wertet man (6.12-10) für den Punkt B aus, so ergibt sich

$$S_\eta\left(s_2 = a\right) = \frac{a^2 b_2}{\sqrt{2}} + \frac{a^2 b_1}{2} \,. \tag{6.12-11}$$

Wie (6.12-8) und (6.12-10) zeigen, ist der Verlauf des statischen Moments entlang beider Schenkel quadratisch. Da die η-Achse eine Symmetrieachse des Querschnitts darstellt, ist auch der Verlauf des statischen Moments symmetrisch bezüglich der η-Achse.

In der hier beschriebenen Ermittlung der Flächenmomente 1. und 2. Ordnung wurde mit Skelettlinienlängen gerechnet. Damit sind, wie Abb. 6.12-2 und Abb. 6.12-3 zeigen, in den Anschlusspunkten von unterschiedlichen Querschnittsteilen gewisse Ungenauigkeiten verbunden, die jedoch wegen der Dünnwandigkeit technisch nicht relevant sind.

(d) Ermittlung der Integrationskonstante

Zur Berechnung der Integrationskonstante t_0 sind gemäß (6.12-5) die in (6.12-8) und (6.12-10) ermittelten Funktionen für das statische Moment entlang der Skelettlinie zu integrieren. Für den unteren geneigten Schenkel ergibt sich

$$\int_{s_1=0}^{a\sqrt{2}} S_\eta(s_1)\,ds_1 = \int_0^{a\sqrt{2}} \frac{b_2}{2\sqrt{2}} \cdot s_1^2\,ds_1 = \frac{b_2}{2\sqrt{2}} \cdot \frac{a^3 2\sqrt{2}}{3} = \frac{a^3 b_2}{3} \qquad (6.12\text{-}12)$$

und für die untere Hälfte des vertikalen Schenkels folgt

$$\begin{aligned}\int_{s_2=0}^{a} S_\eta(s_2)\,ds_2 &= \frac{a^2 b_2}{\sqrt{2}} \int_0^a ds_2 + a b_1 \int_0^a s_2\,ds_2 - \frac{b_1}{2}\int_0^a s_2^2\,ds_2 \\ \int_{s_2=0}^{a} S_\eta(s_2)\,ds_2 &= \frac{a^3 b_2}{\sqrt{2}} + \frac{a^3 b_1}{2} - \frac{a^3 b_1}{6} = \frac{a^3 b_2}{\sqrt{2}} + \frac{a^3 b_1}{3}\,. \qquad (6.12\text{-}13)\end{aligned}$$

Setzt man (6.12-12) und (6.12-13) in (6.12-5) ein und berücksichtigt man die aus der Symmetrie bezüglich der η-Achse folgenden Beziehungen

$$\int_{s_3=0}^{a\sqrt{2}} S_\eta(s_3)\,ds_3 = \int_{s_1=0}^{a\sqrt{2}} S_\eta(s_1)\,ds_1\,, \qquad (6.12\text{-}14)$$

$$\int_{s_2=0}^{2a} S_\eta(s_2)\,ds_2 = 2\int_{s_2=0}^{a} S_\eta(s_2)\,ds_2\,, \qquad (6.12\text{-}15)$$

so folgt die Integrationskonstante zu

$$\begin{aligned} t_0 &= \frac{Q_\zeta}{I_\eta} \cdot \frac{2 \cdot \left(\frac{1}{b_2}\cdot\frac{a^3 b_2}{3} + \frac{1}{b_1}\cdot\frac{a^3 b_2}{\sqrt{2}} + \frac{1}{b_1}\cdot\frac{a^3 b_1}{3}\right)}{2a\cdot\left(\frac{\sqrt{2}}{b_2}+\frac{1}{b_1}\right)} = \frac{Q_\zeta}{I_\eta}\cdot\frac{a^3\cdot\left(\frac{2}{3}+\frac{b_2}{b_1}\cdot\frac{1}{\sqrt{2}}\right)}{a\cdot\left(\frac{\sqrt{2}}{b_2}+\frac{1}{b_1}\right)} \\ &= \frac{15\,000}{9\,972\,696}\cdot\frac{120^2\left(\frac{2}{3}+\frac{4}{3\sqrt{2}}\right)}{\frac{\sqrt{2}}{4}+\frac{1}{3}} = 1.504\cdot 10^{-3}\cdot 33741 \\ t_0 &= 50.75\ \mathrm{N/mm}\,. \end{aligned} \qquad (6.12\text{-}16)$$

(e) Ermittlung der Schubspannungen

Wie aus (6.12-2) ersichtlich, erhält man die Schubflussverteilung $t(s)$ zufolge Querkraft in einem dünnwandigen geschlossenen Querschnitt, indem man die Verteilung $t^*(s)$ an dem im Punkt O aufgeschnitten gedachten Querschnitt berechnet und zum so erhaltenen Schubfluss den konstanten Wert t_0 addiert, wobei t_0 dem Wert des Schubflusses im geschlossenen Querschnitt in O entspricht. Aus (6.12-2) folgt weiters, dass die Schubflussverteilung $t^*(s)$ affin zum statischen Moment verläuft. Da mit t_0 ein konstanter Wert zu $t^*(s)$ addiert wird, muss im gegenständlichen Fall der Verlauf des Schubflusses und wegen der abschnittsweise konstanten Wandstärke des Querschnitts auch jener der Schubspannungen quadratisch sein. Es genügt deshalb, die entsprechenden Werte in den Punkten O, A und B zu ermitteln. Im Punkt O ergeben sich der Schubfluss und die Schubspannung zu

$$\text{Punkt } O: \quad s_1 = 0: \quad t^{(O)} = t_0 = 50.75 \text{ N/mm} ,$$
$$\tau^{(O)} = \frac{t^{(O)}}{b_2} = \frac{50.75}{4} = 12.69 \text{ N/mm}^2 . \tag{6.12-17}$$

Auf analoge Weise erhält man für den Punkt A unter Verwendung des in (6.12-16) ausgewiesenen Ergebnisses für den Quotienten Q_η/I_η den Schubfluss und die Schubspannung zu

$$\begin{aligned}
\text{Punkt A:} \quad s_1 = a\sqrt{2}: \quad t^{(A)} &= -\frac{Q_\zeta}{I_\eta} \cdot \frac{a^2 b_2}{\sqrt{2}} + t_0 \\
t^{(A)} &= -1.504 \cdot 10^{-3} \cdot \frac{120^2 \cdot 4}{\sqrt{2}} + 50.75 \\
t^{(A)} &= -10.51 \text{ N/mm} , \\
\tau_{\text{li}}^{(A)} &= \frac{t^{(A)}}{b_2} = -\frac{10.51}{4} = -2.63 \text{ N/mm}^2 , \\
\tau_{\text{re}}^{(A)} &= \frac{t^{(A)}}{b_1} = -\frac{10.51}{3} = -3.50 \text{ N/mm}^2 .
\end{aligned} \tag{6.12-18}$$

Da im Punkt A zwei Schenkel unterschiedlicher Stärke zusammentreffen, ergeben sich unterschiedliche Werte für die Schubspannung, je nachdem ob diese links oder rechts des Punktes A berechnet werden. Für den Punkt B ergibt sich schließlich

$$\begin{aligned}
\text{Punkt B:} \quad s_2 = a: \quad t^{(B)} &= -\frac{Q_\zeta}{I_\eta} \cdot a^2 \left(\frac{b_2}{\sqrt{2}} + \frac{b_1}{2} \right) + t_0 \\
t^{(B)} &= -1.504 \cdot 10^{-3} \cdot 120^2 \cdot \left(\frac{4}{\sqrt{2}} + \frac{3}{2} \right) + 50.75 \\
t^{(B)} &= -43.00 \text{ N/mm} \\
\tau^{(B)} &= \frac{t^{(B)}}{b_1} = -\frac{43.00}{3} = -14.33 \text{ N/mm}^2 .
\end{aligned} \tag{6.12-19}$$

In (6.12-17), (6.12-18) und (6.12-19) sind die Werte für den Schubfluss und die Schubspannung in den betreffenden Punkten mit Vorzeichen ausgewiesen. Wiederum bedeutet dabei ein negatives Vorzeichen, dass die physikalische Wirkungsrichtung des Schubflusses bzw. der Schubspannungen in den entsprechenden Punkten nicht mit der angenommenen Richtung für die Bogenlänge s übereinstimmt. Verlauf und Wirkungsrichtung der Schubspannungen sind in Abb. 6.12-1(c) dargestellt.

Das statische Moment eines offenen Querschnitts nimmt im Schnittpunkt der Skelettlinie mit der Schwerachse seinen größten Wert an. Da die Schubflussverteilung $t^*(s)$ eines offenen Querschnitts affin zum statischen Moment verläuft und im Falle eines geschlossenen Querschnitts $t(s) = t^*(s) + t_0$ gilt, muss im Falle eines geschlossenen Querschnitts der betragsmäßig größte Schubfluss ebenfalls in einem Schnittpunkt des Querschnitts mit der Schwerachse auftreten – im gegenständlichen Fall im Punkt O. Da die Schubspannung neben dem Schubfluss zusätzlich von der Wandstärke abhängt, tritt die extremale Schubspannung nicht notwendigerweise an der Stelle des extremalen Schubflusses auf, wie das gegenständliche Beispiel zeigt.

6.6 Schubmittelpunkt

Beispiel 6.13: Schubmittelpunkt eines dünnwandigen offenen Polygonprofils

Für den in Abb. 6.13-2 dargestellten dünnwandigen offenen Querschnitt in Form eines abgekanteten Profils mit konstanter Wandstärke b soll die Lage des Schubmittelpunkts ermittelt werden. Die vier Schenkel mit der Länge a schließen mit der η-Achse einen Winkel von $\alpha_1 = 30°$ bzw. $\alpha_2 = 45°$ ein. Der Querschnitt ist symmetrisch bezüglich der η-Achse.

(a) Vorbemerkungen

Der Schubmittelpunkt M ist jener Punkt des Querschnitts, durch den die Wirkungslinien der Querkraftkomponenten Q_η und Q_ζ verlaufen müssen, damit zufolge einer Belastung q kein Torsionsmoment und somit auch keine Verdrehung des Stabes erfolgt. Die Bestimmung der Lage des Schubmittelpunkts erfolgt unter Bezug auf Querschnittshauptachsen getrennt für die beiden Koordinaten η_M und ζ_M. Aufgrund der Symmetrie des gegebenen Querschnitts bezüglich der η-Achse muss der Schubmittelpunkt auf dieser Achse liegen. Daraus folgt

$$\zeta_M = 0 . \tag{6.13-1}$$

Die zweite Komponente von M folgt gemäß (6.312) aus

$$\eta_M = \frac{1}{Q_\zeta} \int_l t_{Q_\zeta}(s)\, p(s)\, ds . \tag{6.13-2}$$

In (6.13-1) und (6.13-2) bezeichnen η_M und ζ_M die jeweiligen Abstände des Schubmittelpunkts M vom Schwerpunkt des Querschnitts, $t_{Q_\zeta}(s)$ ist der durch die Komponente Q_ζ bewirkte Schubfluss und $p(s)$ bezeichnet den Normalabstand der Tangente an die

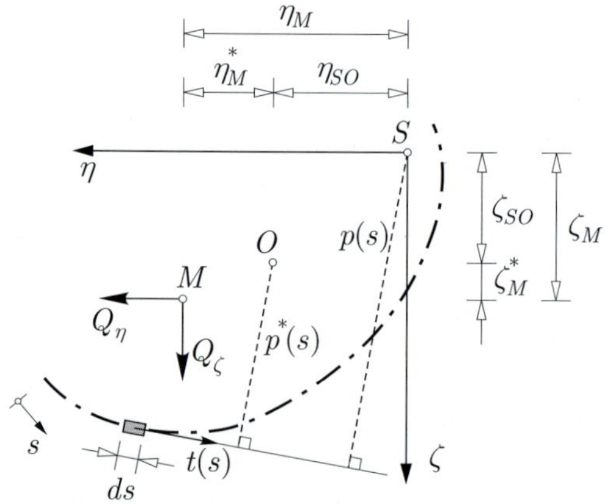

Abb. 6.13-1: Koordinaten des Schubmittelpunkts M bei Bezug auf den Schwerpunkt S bzw. auf einen beliebigen Punkt O

Skelettlinie in s vom Schwerpunkt, wie in Abb. 6.13-1 dargestellt. Multipliziert man beide Seiten von (6.13-2) mit Q_ζ, d.h.

$$\eta_M Q_\zeta = \int_l t_{Q_\zeta}(s)\, p(s)\, ds \ , \tag{6.13-3}$$

so stellt die linke Seite das Moment der Komponente Q_ζ und die rechte Seite das Integral der Momentenbeiträge der infinitesimalen Schubkräfte $t_{Q_\zeta}\, ds$ bezogen auf den Schwerpunkt dar. Da das Moment aber unabhängig vom Bezugspunkt ist, ergibt sich (6.13-3) bei Wahl eines beliebigen Punktes O als Bezugspunkt zu

$$\eta_M^* Q_\zeta = \int_l t_{Q_\zeta}(s)\, p^*(s)\, ds \ , \tag{6.13-4}$$

wobei η_M^* die η-Koordinate des Schubmittelpunkts bezogen auf O darstellt und $p^*(s)$ den Normalabstand der Tangente an die Skelettlinie in s vom Bezugspunkt O bezeichnet. (6.13-4) stellt somit die allgemein gültige Beziehung dar, die (6.13-3) als Sonderfall beinhaltet. In vielen Fällen erweist es sich als vorteilhaft, statt S einen anderen Bezugspunkt zu wählen. Der Zusammenhang zwischen den Formulierungen (6.13-3) und (6.13-4) folgt unmittelbar aus Abb. 6.13-1 zu

$$\eta_M^* = \eta_M - \eta_{SO} \ , \quad \zeta_M^* = \zeta_M - \zeta_{SO} \ . \tag{6.13-5}$$

Setzt man in (6.13-4) die entsprechende Beziehung (vgl. (6.9-3)) für den Schubfluss eines dünnwandigen offenen Querschnitts ein, so folgt die η-Koordinate des Schubmittelpunkts bezogen auf den frei wählbaren Bezugspunkt O zu

$$\eta_M^* = -\frac{1}{I_\eta} \int_l S_\eta(s)\, p^*(s)\, ds \ . \tag{6.13-6}$$

Im allgemeinen Fall ist die ζ-Koordinate des Schubmittelpunkts nicht im vorhinein bekannt und kann gemäß (6.313) aus

$$\zeta_M = -\frac{1}{Q_\eta} \int_l t_{Q_\eta}(s)\, p(s)\, ds \tag{6.13-7}$$

ermittelt werden. Auf analoge Weise wie zuvor kann die Koordinate ζ_M^* des Schubmittelpunkts bezogen auf einen frei wählbaren Bezugspunkt O zu

$$\zeta_M^* = \frac{1}{I_\zeta} \int_l S_\zeta(s)\, p^*(s)\, ds \tag{6.13-8}$$

angeschrieben werden. Die Beziehungen (6.13-6) und (6.13-8) machen deutlich, dass die Koordinaten des Schubmittelpunkts Querschnittskennwerte darstellen – die Belastung taucht in diesen Gleichungen nicht auf.

(b) Flächenmomente 2. Ordnung

Wie im Beispiel 6.12 erläutert, kann das Flächenmoment 2. Ordnung I_η an dem in Abb. 6.13-2(b) dargestellten fiktiven Querschnitt ermittelt werden. Mit den Neigungen

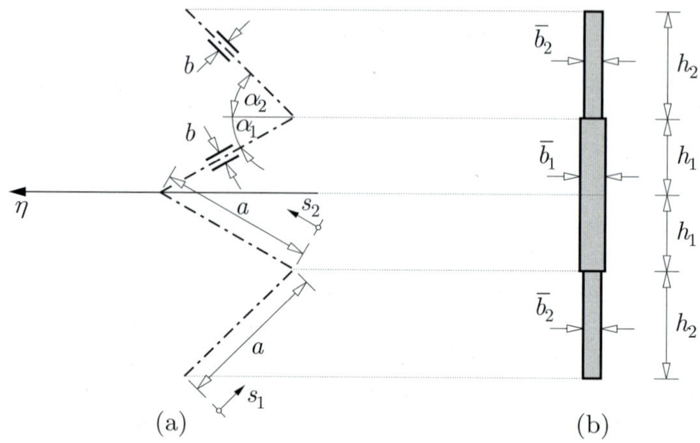

Abb. 6.13-2: Symmetrischer dünnwandiger offener Querschnitt: (a) Geometrie des gegebenen Querschnitts; (b) fiktiver Querschnitt zur Berechnung des Flächenmoments 2. Ordnung

α_1 und α_2 ergeben sich die parallel zur η-Achse gemessenen Breiten $\bar{b}_i$ und die Höhen h_i der einzelnen Schenkel des Querschnitts zu

$$
\begin{aligned}
\alpha_1 &= 30^\circ: \quad \bar{b}_1 = \frac{b}{\sin 30^\circ} = 2b, \qquad h_1 = a \cdot \sin 30^\circ = \frac{a}{2}\,, \\
\alpha_2 &= 45^\circ: \quad \bar{b}_2 = \frac{b}{\sin 45^\circ} = b\sqrt{2}, \qquad h_2 = a \cdot \sin 45^\circ = \frac{a}{\sqrt{2}}\,.
\end{aligned}
\tag{6.13-9}
$$

Mit den Abmessungen gemäß (6.13-9) folgt das Flächenträgheitsmoment zu

$$
\begin{aligned}
I_\eta &= \frac{1}{12}\left[b\sqrt{2}\cdot\left(2\left(\frac{a}{2}+\frac{a}{\sqrt{2}}\right)\right)^3 + \left(2b - b\sqrt{2}\right)\left(2\cdot\frac{a}{2}\right)^3\right] \\
&= \frac{1}{12}\left[b\sqrt{2}\cdot\left(a\left(1+\sqrt{2}\right)\right)^3 + b\left(2-\sqrt{2}\right)\cdot a^3\right] \\
&= \frac{ba^3}{12}\left[\sqrt{2}\left(7+5\sqrt{2}\right) + 2 - \sqrt{2}\right] \\
I_\eta &= \frac{ba^3}{2}\cdot\left(2+\sqrt{2}\right)\,.
\end{aligned}
\tag{6.13-10}
$$

(c) Flächenmomente 1. Ordnung

Die Ermittlung des statischen Moments erfolgt abschnittsweise, wie in Abb. 6.13-2(a) durch die Richtungen für die Bogenlängen s_1 und s_2 zum Ausdruck kommt. Für den unter 45° geneigten Schenkel folgt

$$
S_\eta(s_1) = bs_1\cdot\left(h_1 + h_2 - \frac{s_1}{2}\cdot\frac{1}{\sqrt{2}}\right) = abs_1\,\frac{1+\sqrt{2}}{2} - bs_1^2\,\frac{\sqrt{2}}{4}\,, \tag{6.13-11}
$$

$$
S_\eta\big|_{s_1=a} = a^2b\,\frac{1+\sqrt{2}}{2} - ba^2\,\frac{\sqrt{2}}{4} = a^2b\,\frac{2+\sqrt{2}}{4}\,. \tag{6.13-12}
$$

Für den unter 30° geneigten Schenkel ergibt sich

$$S_\eta(s_2) = a^2 b\,\frac{2+\sqrt{2}}{4} + b s_2 \cdot \left(h_1 - \frac{s_2}{2}\cdot\frac{1}{2}\right) = a^2 b\,\frac{2+\sqrt{2}}{4} + \frac{a b s_2}{2} - \frac{b s_2^2}{4}\,, \quad (6.13\text{-}13)$$

$$S_\eta\big|_{s_2=a} = a^2 b\,\frac{3+\sqrt{2}}{4}\,. \quad (6.13\text{-}14)$$

(d) Koordinaten des Schubmittelpunkts

Wie oben dargelegt, ist die Wahl des Bezugspunktes zur Ermittlung des Schubmittelpunkts frei. Man wählt deshalb einen Punkt, bezüglich dessen die Berechnung möglichst einfach wird. In den Gleichungen (6.13-6) bzw. (6.13-8) bezeichnen $p^*(s)$ die jeweiligen Hebelarme, mit denen die infinitesimale Kraft $t_Q(s)\,ds$ um den Bezugspunkt dreht (vgl. Abb. 6.13-1). Je nach Lage des Bezugspunkts O ergibt sich ein positiver bzw. negativer Drehsinn. Die Drehrichtung ist dann positiv, wenn der Vektor der Drehung in Richtung der positiven Stabachse (x-Achse) zeigt. Im vorliegenden Fall bieten sich zwei Möglichkeiten für die Wahl von O an, wie in Abb. 6.13-3 dargestellt.

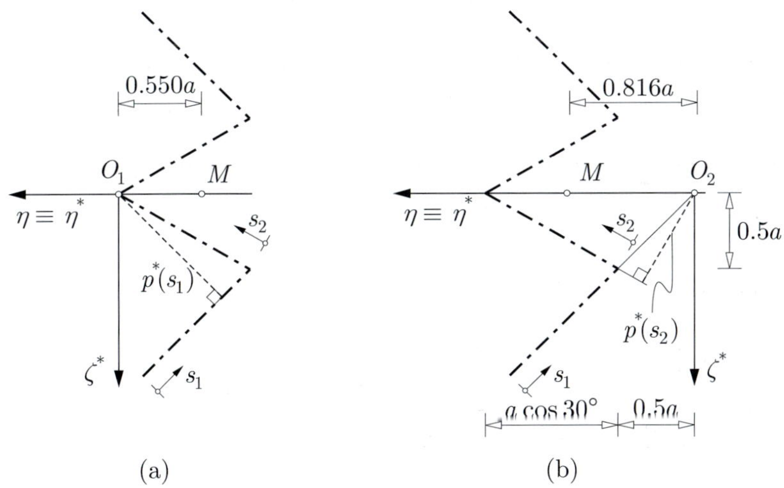

Abb. 6.13-3: Unterschiedliche Wahl des Bezugspunkts O: (a) O_1 mit Hebelarm $p^*(s_1)$; (b) O_2 mit Hebelarm $p^*(s_2)$

- ***Bezugspunkt* $\mathbf{O_1}$**

Wegen der Symmetrie des Querschnitts kann eine Koordinate des Schubmittelpunkts sofort angegeben werden, d.h.

$$\zeta_M^* = \zeta_M = 0\,. \quad (6.13\text{-}15)$$

Durch die Wahl des Bezugspunktes O_1 entsprechend Abb. 6.13-3(a) hat nur der Schubfluss in den äußeren unter 45° geneigten Schenkeln einen von null verschiedenen Hebelarm. Bei Bezug auf O_1 folgen die Hebelarme für die einzelnen Profilteile des Querschnitts zu

$$\begin{aligned} p^*(s_1) &= a \cdot \cos(\alpha_2 - \alpha_1) = a \cdot \cos 15^\circ \ , \\ p^*(s_2) &= 0 \ . \end{aligned} \tag{6.13-16}$$

Einsetzen von (6.13-10), (6.13-11) und (6.13-16) in (6.13-6) liefert unter Berücksichtigung der Symmetrie bezüglich der η-Achse die auf O_1 bezogene Koordinate η_M^* zu

$$\begin{aligned} \eta_M^* &= -\frac{1}{I_\eta}\int_l S_\eta(s_1)p^*(s_1)\,ds_1 \\ &= -\frac{1}{I_\eta}\cdot 2\int_0^a \left(abs_1\cdot\frac{1+\sqrt{2}}{2} - bs_1^2\cdot\frac{\sqrt{2}}{4}\right)\cdot a\cos 15^\circ\cdot ds_1 \\ &= -\frac{4}{ba^3\cdot\left(2+\sqrt{2}\right)}\cdot ba^3\cdot\left(\frac{1+\sqrt{2}}{2}\cdot\frac{1}{2} - \frac{\sqrt{2}}{4}\cdot\frac{1}{3}\right)\cdot a\cos 15^\circ \\ \eta_M^* &= -\frac{3+2\sqrt{2}}{3\left(2+\sqrt{2}\right)}\cdot a\cos 15^\circ = -0.5497\,a \ . \end{aligned} \tag{6.13-17}$$

Das negative Vorzeichen bringt zum Ausdruck, dass M rechts von O_1 liegt.

- ***Bezugspunkt*** $\mathbf{O_2}$

Wählt man den Bezugspunkt O_2 entsprechend Abb. 6.13-3(b), so ist der Hebelarm für den in den äußeren Schenkeln wirkenden Schubfluss null. Die Hebelarme der einzelnen Schenkel folgen bei Bezug auf O_2 zu

$$\begin{aligned} p^*(s_1) &= 0 \ , \\ p^*(s_2) &= \frac{a\sqrt{2}}{2}\cdot\cos(\alpha_2-\alpha_1) = \frac{a\sqrt{2}}{2}\cdot\cos 15^\circ \ . \end{aligned} \tag{6.13-18}$$

Einsetzen von (6.13-10), (6.13-13) und (6.13-18) in (6.13-6) liefert bei Berücksichtigung der Symmetrie bezüglich der η-Achse die auf O_2 bezogene Koordinate η_M^* zu

$$\begin{aligned} \eta_M^* &= -\frac{1}{I_\eta}\int_l S_\eta(s_2)p^*(s_2)\,ds_2 \\ &= -\frac{1}{I_\eta}\cdot 2\int_0^a \left(a^2b\cdot\frac{2+\sqrt{2}}{4} + \frac{ab\cdot s_2}{2} - \frac{bs_2^2}{4}\right)\cdot\left(-\frac{a\sqrt{2}}{2}\right)\cos 15^\circ\cdot ds_2 \\ &= \frac{4}{ba^3\cdot\left(2+\sqrt{2}\right)}\cdot ba^3\cdot\left(\frac{2+\sqrt{2}}{4} + \frac{1}{2}\cdot\frac{1}{2} - \frac{1}{4}\cdot\frac{1}{3}\right)\cdot\frac{a\sqrt{2}}{2}\cos 15^\circ \\ \eta_M^* &= \frac{6+8\sqrt{2}}{6\left(2+\sqrt{2}\right)}\cdot a\cos 15^\circ = 0.8164\,a \ . \end{aligned} \tag{6.13-19}$$

Wie in der zweiten Zeile von (6.13-19) ersichtlich, ist bei Bezug auf O_2 der Hebelarm $p^*(s_2)$ mit negativem Vorzeichen einzusetzen, da der der Drehrichtung des Schubflusses bezüglich O_2 entsprechende Vektor in die Richtung der negativen x-Achse zeigt. Im gegenständlichen Fall nimmt η_M^* einen positiven Wert an, d.h. der Schubmittelpunkt M liegt links von O_2. Dass die beiden Ergebnisse (6.13-17) und (6.13-19) die gleiche Lage von M beschreiben, folgt aus Abb. 6.13-3(a) und (b).

Hinweis

Es ist wichtig darauf hinzuweisen, dass im allgemeinen Fall – wenn die Querkraft nicht durch den Schubmittelpunkt verläuft – zusätzlich zur Querkraft Q ein Torsionsmoment M_T im Querschnitt wirkt und der Querschnitt deshalb eine Verwindung ϑ erfährt. Hinsichtlich der Ermittlung der Schubspannungen bedeutet dies, dass im allgemeinen Fall den Schubspannungen zufolge Querkraft τ_Q die Schubspannungen zufolge Torsionsmoment τ_{M_T} zu überlagern sind. Die Größe des Torsionsmoment ist zu

$$M_T = -Q \cdot e \qquad (6.13\text{-}20)$$

gegeben, wobei e den Abstand vom Schwerpunkt zum Schubmittelpunkt bzw. die Exzentrizität der Querkraft bezüglich des Schubmittelpunkts bezeichnet. Im Falle, dass der Schubmittelpunkt links vom Schwerpunkt liegt ($e_\eta > 0$), ergibt sich bei einer positiven (durch den Schwerpunkt S verlaufenden) Querkraft Q_ζ ein negatives Torsionsmoment.

Beispiel 6.14: Schubmittelpunkt eines dünnwandigen Kreisringsektors

Für den in Abb. 6.14-1 dargestellten Querschnitt in Form eines dünnwandigen Kreisringsektors mit konstanter Wandstärke b, dem Radius der Mittellinie r und dem Öffnungswinkel $2\varphi_0$ ist die Lage des Schubmittelpunkts zu bestimmen.

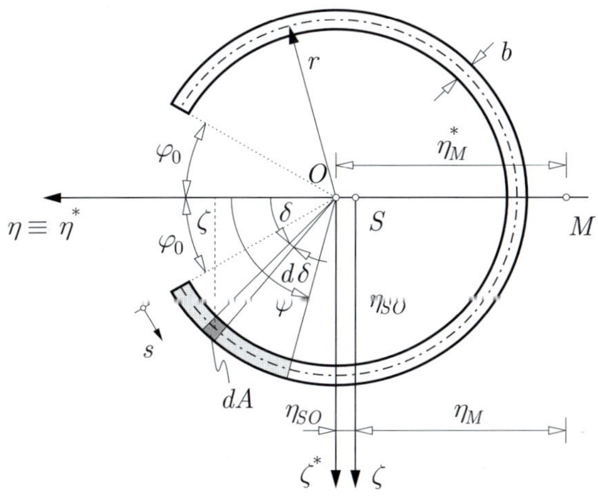

Abb. 6.14-1: Symmetrischer offener dünnwandiger Querschnitt von der Form eines Kreisringsektors

Aufgrund der Symmetrie bezüglich der η-Achse folgt die ζ_M-Komponente des Schubmittelpunkts zu

$$\zeta_M^* = \zeta_M = 0 \; . \qquad (6.14\text{-}1)$$

Entsprechend (6.13-6) sind die Flächenmomente 1. und 2. Ordnung bezüglich der (durch den Schwerpunkt verlaufenden) η-Achse zu bestimmen. Dazu genügt es, die

Lage der η-Achse zu kennen. Da die η-Achse aber Symmetrieachse ist, ist deren Lage a priori bekannt. Die zweite Schwerachse (ζ-Achse) und somit die Lage des Schwerpunkts auf der η-Achse müssen nicht bestimmt werden. Im gegenständlichen Fall erfolgt die Berechnung zweckmäßigerweise unter Verwendung der Polarkoordinaten r und δ.

(a) Flächenmoment 2. Ordnung

Die Ermittlung der Flächenmomente 1. und 2. Ordnung erfolgt im gegenständlichen Fall durch Integration. Die zu $(6.4\text{-}7)_1$ analoge Beziehung für das Flächenträgheitsmoment bezüglich der Querschnittshauptachse η lautet

$$I_\eta = \int_A \zeta^2 \, dA \; , \tag{6.14-2}$$

wobei

$$\begin{aligned} dA &= b \cdot ds = b \cdot r \, d\delta \; , \\ \zeta &= r \cdot \sin\delta \end{aligned} \tag{6.14-3}$$

unmittelbar aus Abb. 6.14-1 abgelesen werden können. Unter Ausnützung der Symmetrie folgt mit (6.14-3) aus (6.14-2)

$$I_\eta = 2 \cdot \int_{\delta=\varphi_0}^{\pi} r^2 \sin^2\delta \cdot rb \, d\delta \; . \tag{6.14-4}$$

Mit der trigonometrischen Identität

$$\sin^2\delta = \frac{1}{2}\left(1 - \cos 2\delta\right) \tag{6.14-5}$$

ergibt sich das Flächenträgheitsmoment bezüglich der η-Achse zu

$$\begin{aligned} I_\eta &= br^3 \int_{\varphi_0}^{\pi} \left(1 - \cos 2\delta\right) d\delta = br^3 \cdot \left(\delta - \frac{\sin 2\delta}{2}\right)_{\varphi_0}^{\pi} \\ I_\eta &= \frac{br^3}{2} \left[\, 2\left(\pi - \varphi_0\right) + \sin 2\varphi_0 \,\right] \; . \end{aligned} \tag{6.14-6}$$

(b) Flächenmoment 1. Ordnung

Durch Integration der zu $(6.4\text{-}2)_1$ analogen Beziehung

$$S_\eta = \int_A \zeta \, dA \tag{6.14-7}$$

erhält man unter Verwendung von (6.14-3) das statische Moment bezüglich der η-Achse für einen an der Stelle s bzw. φ abgeschnitten gedachten Querschnittsteil zu

$$\begin{aligned} S_\eta(s) &= S_\eta(\varphi) = \int_{\delta=\varphi_0}^{\varphi} r \sin\delta \cdot rb \, d\delta = br^2 \left(-\cos\delta\right)_{\varphi_0}^{\varphi} \\ S_\eta(\varphi) &= br^2 \left(\cos\varphi_0 - \cos\varphi\right) \; . \end{aligned} \tag{6.14-8}$$

(c) Schubmittelpunkt

Als Bezugspunkt für die Ermittlung des Schubmittelpunkts und somit als Drehpunkt für den Hebelarm $p^*(s)$ wählt man den Mittelpunkt O des Kreises. Bei Verwendung dieses Punkts ergibt sich unter Berücksichtigung der Integrationsrichtung entsprechend Abb. 6.14-1 ein positiver Drehsinn. Einsetzen von (6.14-6) und (6.14-8) in die Beziehung (6.13-6) liefert unter Berücksichtigung der Symmetrie die Koordinate η_M^* des Schubmittelpunkts zu

$$\begin{aligned} \eta_M^* &= -\frac{1}{I_\eta}\int_l S_\eta(s)\,p^*(s)\,ds \\ &= -\frac{2}{I_\eta}\int_{\varphi=\varphi_0}^{\pi} br^2\,(\cos\varphi_0-\cos\varphi)\cdot r\cdot r\,d\varphi \\ &= -\frac{2br^4\cdot 2}{br^3\,[\,2\,(\pi-\varphi_0)+\sin 2\varphi_0\,]}\,(\varphi\cos\varphi_0-\sin\varphi)_{\varphi_0}^{\pi} \\ \eta_M^* &= -\frac{4r\,[\,(\pi-\varphi_0)\cos\varphi_0+\sin\varphi_0\,]}{[\,2\,(\pi-\varphi_0)+\sin 2\varphi_0\,]}\;. \end{aligned} \tag{6.14-9}$$

Für den Sonderfall des geschlitzten Rohres, d.h. für einen Kreisringsektor mit dem Öffnungswinkel $2\varphi_0=0$ folgt η_M^* zu

$$\text{für } \varphi_0=0: \quad\rightarrow\quad \eta_M^*=\eta_M=-\frac{4r\pi}{2\pi}=-2r\;. \tag{6.14-10}$$

In (6.14-10) kommt zum Ausdruck, dass in diesem Fall der Schwerpunkt S des Querschnitts mit dem Mittelpunkt des Kreises bzw. dem Bezugspunkt O zusammenfällt. Als zweiter Sonderfall kann für den Grenzübergang $\varphi_0\rightarrow\pi$ bzw. $2\varphi_0\rightarrow 2\pi$ auch

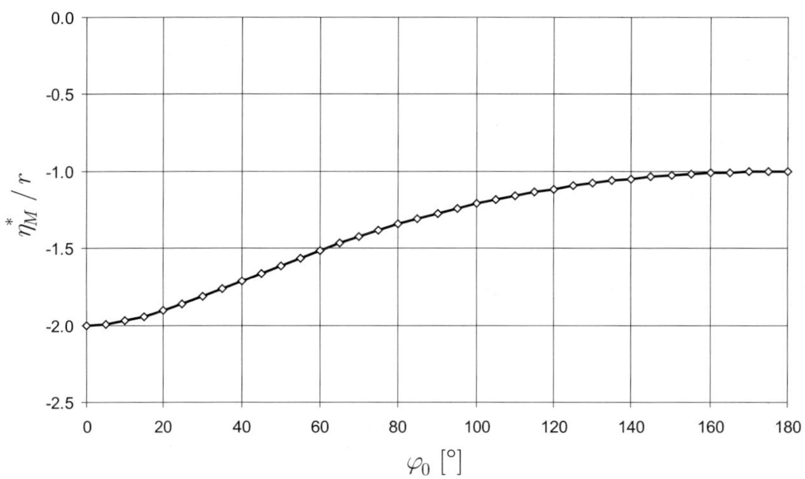

Abb. 6.14-2: Abstand des Schubmittelpunkts eines Kreisringsektors vom Mittelpunkt des Kreises in Abhängigkeit vom halben Öffnungswinkel φ_0

der Schubmittelpunkt des schmalen Rechtecks erhalten werden, wie im Diagramm der Abb. 6.14-2 dargestellt. Dessen Lage befindet sich im Abstand r vom Bezugspunkt und fällt somit mit dem Schwerpunkt des Rechtecks zusammen.

(d) Ermittlung des Schubflusses

Aus (6.9-3) folgt im gegenständlichen Fall die Beziehung für den Schubfluss als Funktion von φ und ergibt sich unter Verwendung von (6.14-6) und (6.14-8) zu

$$\begin{aligned} t(\varphi) &= -\frac{Q_\zeta}{I_\eta} \cdot S_\eta(\varphi) \\ t(\varphi) &= -Q_\zeta \cdot \frac{2\,(\cos\varphi_0 - \cos\varphi)}{r\,[\,2\,(\pi - \varphi_0) + \sin 2\varphi_0\,]} \;. \end{aligned} \tag{6.14-11}$$

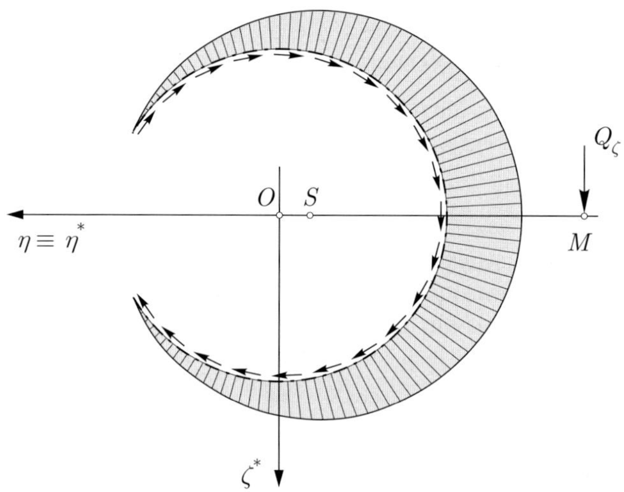

Abb. 6.14-3: Verlauf des Schubflusses zufolge einer im Schubmittelpunkt M angreifenden Querkraft Q_ζ

Die Schubspannungsverteilung $\tau(\varphi)$ des dünnwandigen Kreisringsektors erhält man durch Division von (6.14-11) durch die Wandstärke b. Für den Sonderfall des geschlitzten Rohres folgt die Verteilung des Schubflusses zu

$$\text{für } \varphi_0 = 0: \quad \rightarrow \quad t(\varphi) = -Q_\zeta \cdot \frac{(1 - \cos\varphi)}{r\pi} \;. \tag{6.14-12}$$

Der Schubfluss muss im Schnittpunkt des Querschnitts mit der Schwerachse η seinen Maximalwert annehmen. Dies kann auch durch Differentiation von (6.14-11) und anschließendes Nullsetzen erhalten werden, d.h.

$$\begin{aligned} &\frac{dt(\varphi)}{d\varphi} = \frac{-2Q_\zeta}{r\,[\,2\,(\pi - \varphi_0) + \sin 2\varphi_0\,]} \cdot \frac{d\,(\cos\varphi_0 - \cos\varphi)}{d\varphi} = C \cdot \sin\varphi \\ &C \cdot \sin\varphi = 0 \quad \rightarrow \quad \varphi = \pi \;. \end{aligned} \tag{6.14-13}$$

Abb. 6.14-3 zeigt den Verlauf des Schubflusses entlang der Skelettlinie zufolge einer im Schubmittelpunkt M angreifenden Querkraft Q_ζ. Der Maximalwert des Schubflusses für den Kreisringsektor mit dem Öffnungswinkel $2\varphi_0$ beträgt

$$t_{\max} = -Q_\zeta \cdot \frac{2\,(\cos\varphi_0 + 1)}{r\,[\,2\,(\pi - \varphi_0) + \sin 2\varphi_0\,]} \tag{6.14-14}$$

und daraus folgt der Maximalwert für ein geschlitztes Rohr zu

$$\text{für } \varphi_0 = 0: \quad \rightarrow \quad t_{\max} = -Q_\zeta \cdot \frac{2}{r\pi}\,. \tag{6.14-15}$$

6.7 Biegelinie

Beispiel 6.15: Einfeldträger mit unterschiedlichen Lagerungsbedingungen unter Temperaturänderung

An der Oberseite eines Stabes mit der Querschnittshöhe h_ζ wird die Temperatur $T_\zeta^{(o)}$ und an der Unterseite die Temperatur $T_\zeta^{(u)}$ gemessen. Die Temperaturverteilung über die Höhe h_ζ ist linear und die Temperaturdifferenz beträgt

$$\Delta T_\zeta = T_\zeta^{(u)} - T_\zeta^{(o)}\,, \quad \Delta T_\zeta > 0 \text{ für } T_\zeta^{(u)} > T_\zeta^{(o)}\,. \tag{6.15-1}$$

Entsprechend (6.15-1) bzw. (6.150) ist ΔT_ζ positiv, wenn in Richtung der ζ-Achse die Temperatur zunimmt. Neben dem Querschnitt und dem Elastizitätsmodul ist auch die Temperaturänderung ΔT_ζ über die gesamte Trägerlänge konstant. Für die in Abb. 6.15-1(a) dargestellten Lagerungsbedingungen

- beidseitig fest eingespannt – Fall (1),
- links frei drehbar, rechts fest eingespannt – Fall (2)
- und beidseitig frei drehbar – Fall (3)

sind die Biegelinie sowie der Momenten- und Querkraftverlauf zufolge des Lastfalls ΔT_ζ durch Integration der Differentialgleichung der Biegelinie zu ermitteln.

(a) Integration der Differentialgleichung der Biegelinie

Die Differentialgleichungen 2., 3. und 4. Ordnung der Biegelinie sind entsprechend (6.328) gegeben. Die drei Differentialgleichungen der in der $x\zeta$-Ebene liegenden verformten Stabachse folgen einerseits unmittelbar aus $(6.328)_1$ und andererseits durch Spezialisierung von $(6.328)_2$ für konstante Biegesteifigkeit EI_η bzw. aus $(6.328)_3$ durch Spezialisierung für konstante Biegesteifigkeit und statische Verhältnisse, d.h

$$EI_\eta\,\frac{d^2w}{dx^2} = -M_\eta\,, \qquad EI_\eta\,\frac{d^3w}{dx^3} = -Q_\zeta\,, \qquad EI_\eta\,\frac{d^4w}{dx^4} = q_\zeta\,. \tag{6.15-2}$$

Verwendet man die abgekürzte Schreibweise für die Ableitungen von w nach x und berücksichtigt man, dass auf den gegebenen Stab keine Querbelastung q_ζ wirkt, so ergibt sich im gegenständlichen Fall aus $(6.15\text{-}2)_3$ und in weiterer Folge im Zuge von deren viermaliger Integration unter Berücksichtigung von $(6.15\text{-}2)_2$ und (6.329):

$$EI_\eta w''''(x) = q_\zeta(x) \qquad = 0 \;, \tag{6.15-3}$$

$$EI_\eta w'''(x) = -Q_\zeta(x) \qquad = C_1 \;, \tag{6.15-4}$$

$$EI_\eta w''(x) = -M_\eta(x) - EI_\eta \frac{\alpha_T \Delta T_\zeta}{h_\zeta} = C_1 x + C_2 \;, \tag{6.15-5}$$

$$EI_\eta w'(x) = EI_\eta \, \varphi(x) \qquad = C_1 \frac{x^2}{2} + C_2 x + C_3 \;, \tag{6.15-6}$$

$$EI_\eta w(x) \qquad = C_1 \frac{x^3}{6} + C_2 \frac{x^2}{2} + C_3 x + C_4 \;. \tag{6.15-7}$$

Unter Berücksichtigung des linearisierten Ausdrucks für die Krümmung κ_ζ der Biegelinie in der $x\zeta$-Ebene entsprechend (6.112) einerseits und der Differentialgleichung 2. Ordnung der Biegelinie bei Berücksichtigung des Einflusses zufolge Biegemoment M_η und Temperaturänderung ΔT_ζ über die Querschnittshöhe h_ζ entsprechend (6.158) andererseits, d.h.

$$\kappa_\zeta = -\frac{d^2 w}{dx^2} \;, \qquad \frac{d^2 w}{dx^2} = -\frac{M_\eta}{EI_\eta} - \alpha_T \frac{\Delta T_\zeta}{h_\zeta} \;, \tag{6.15-8}$$

erkennt man, dass eine Krümmung κ_ζ sowohl durch ein Biegemoment M_η als auch durch eine Temperaturänderung ΔT_ζ über die Querschnittshöhe h_ζ bewirkt werden kann. Aus den Vorzeichen in (6.15-8) folgt weiters, dass einem positiven Biegemoment M_η bzw. einer positiven Temperaturdifferenz ΔT_ζ eine positive Krümmung κ_ζ und somit ein negatives w'' zugeordnet ist.

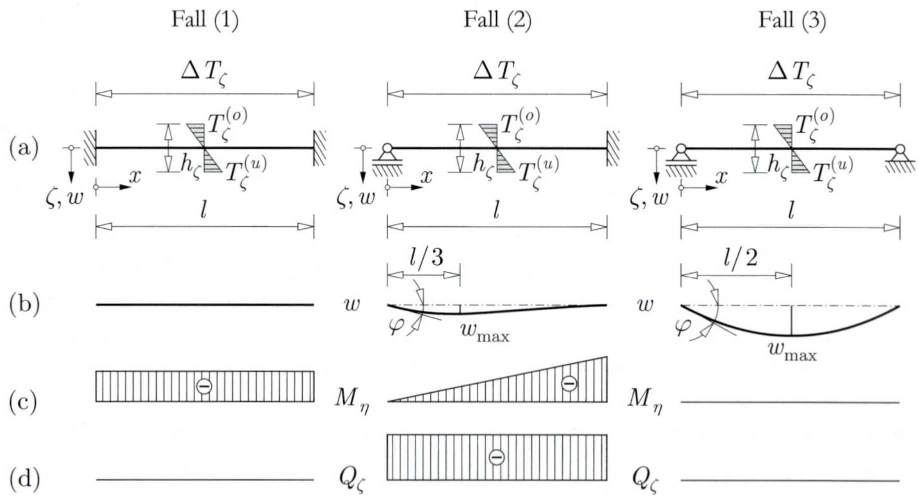

Abb. 6.15-1: Einfeldträger mit unterschiedlicher Lagerung: (a) System; (b) Biegelinie; (c) Momentenlinie; (d) Querkraftlinie

(b) Ermittlung von Biege-, Momenten- und Querkraftlinien durch Anpassung der Lösung an die Randbedingungen

Gleichung (6.15-7) stellt die Lösung der Differentialgleichung unabhängig vom zu untersuchenden Lagerungsfall dar. Durch Anpassen dieser allgemeinen Lösung an die entsprechenden Randbedingungen ergibt sich die Biegelinie für die Fälle 1 bis 3. In mathematischer Hinsicht entspricht dies der Ermittlung der vier Integrationskonstanten C_1 bis C_4 unter Verwendung der entsprechenden Randbedingungen für die einzelnen Fälle.

- ***Fall (1) – Beidseitig eingespannter Stab***

Mit den Randbedingungen an der linken Einspannstelle folgen durch Auswerten der Gleichungen (6.15-7) und (6.15-6) die Konstanten C_4 und C_3 zu

$$\begin{aligned} x=0: \quad EI_\eta w\big|_{x=0} &= 0 \quad \rightarrow \quad C_4 = 0 \ , \\ EI_\eta w'\big|_{x=0} &= 0 \quad \rightarrow \quad C_3 = 0 \ . \end{aligned} \qquad (6.15\text{-}9)$$

Mit Hilfe der Randbedingungen an der rechten Einspannstelle und unter Verwendung von (6.15-9) lassen sich durch erneutes Auswerten der Gleichungen (6.15-7) und (6.15-6) die Konstanten C_1 und C_2 berechnen. Aus

$$\begin{aligned} x=l: \quad EI_\eta w\big|_{x=l} &= 0 = C_1\frac{l^3}{6} + C_2\frac{l^2}{2} \ , \\ EI_\eta w'\big|_{x=l} &= 0 = C_1\frac{l^2}{2} + C_2 l \end{aligned} \qquad (6.15\text{-}10)$$

ergeben sich die Konstanten zu

$$C_1 = 0 \ , \quad C_2 = 0 \ . \qquad (6.15\text{-}11)$$

Durch Einsetzen von (6.15-9) und (6.15-11) in die Beziehungen (6.15-7), (6.15-5) und (6.15-4) folgen:

Biegelinie: $$w(x) = 0 \ , \qquad (6.15\text{-}12)$$

Momentenlinie: $$M_\eta(x) = -EI_\eta \frac{\alpha_T \Delta T_\zeta}{h_\zeta} \ , \qquad (6.15\text{-}13)$$

Querkraftlinie: $$Q_\zeta(x) = 0 \ . \qquad (6.15\text{-}14)$$

Im Falle einer linearen Temperaturverteilung über die Trägerhöhe h_ζ ergibt sich beim beidseitig eingespannten Träger keine Verformung der Stabachse. Dennoch ist der Träger nicht spannungsfrei, denn es herrscht über die gesamte Trägerlänge ein konstantes Biegemoment. Die graphische Darstellung der Biegelinie, des Momenten- und Querkraftverlaufs für diesen Fall zeigt Abb. 6.15-1(b) bis (d) in „Spalte 1".

- ***Fall (2) – Links frei drehbar gelagerter, rechts eingespannter Stab***

Mit den Randbedingungen am linken Auflager erhält man durch Auswerten der Gleichungen (6.15-7) und (6.15-5)

$$\begin{aligned} x=0: \quad EI_\eta w\big|_{x=0} &= 0 \quad \rightarrow \quad C_4 = 0 \ , \\ EI_\eta w''\big|_{x=0} &= -EI_\eta \frac{\alpha_T \Delta T_\zeta}{h_\zeta} = C_2 \ . \end{aligned} \qquad (6.15\text{-}15)$$

Die Neigung der Tangente an die Biegelinie am linken Auflager erhält man aus (6.15-6) mit der Konstante C_3 gemäß (6.15-28) zu

$$w'\big|_{x=0} = \varphi\big|_{x=0} = \frac{l}{2} \cdot \frac{\alpha_T \Delta T_\zeta}{h_\zeta} \; . \tag{6.15-31}$$

Unter Berücksichtigung der Ergebnisse für die Konstanten C_1 und C_2 entsprechend (6.15-27) und $(6.15\text{-}25)_1$ ergibt sich aus (6.15-4) bzw. (6.15-5) die Querkraft- bzw. Momentenverteilung zu

$$Q_\zeta(x) = 0 \; , \qquad M_\eta(x) = 0 \; . \tag{6.15-32}$$

„Spalte 3“ der Abb. 6.15-1(b) bis (d) enthält die graphische Darstellung der Biegelinie des Momenten- und Querkraftverlaufs für den Fall (3).

Beispiel 6.16: Eingespannter Träger mit Kragarm unter linear veränderlicher Linienlast und Temperaturänderung

Abb. 6.16-1(a) zeigt einen Zweifeldträger, dessen Feld zwischen Einspannung und Zwischenstütze durch eine lineare Temperaturänderung ΔT_ζ über die Querschnittshöhe h_ζ und dessen Kragarm durch eine linear veränderliche Linienlast beansprucht wird. Die

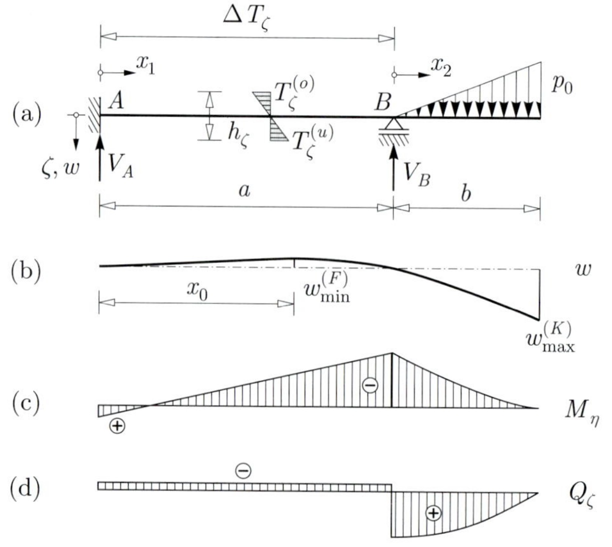

Abb. 6.16-1: Zweifeldträger: (a) System und Belastung; (b) Biegelinie; (c) Momentenverlauf; (d) Querkraftverlauf

Biegesteifigkeit EI_η des Trägers ist konstant. Durch Integration der Differentialgleichung der Biegelinie sind die Biegelinie $w(x)$ sowie der Momenten- und Querkraftverlauf $M_\eta(x)$ und $Q_\zeta(x)$ zu ermitteln. Außerdem sind die Extremwerte der Durchbiegung und des Biegemoments gesucht.

(a) Integration der Differentialgleichung der Biegelinie

Im vorliegenden Fall kann die Biegelinie nicht durch eine einzige Funktion beschrieben werden, da die Durchbiegung w und ihre ersten vier Ableitungen nach x nicht im ganzen Trägerbereich differenzierbare Funktionen sind. Gründe dafür sind:

1. die Temperaturänderung ist auf das linke Feld beschränkt,
2. die Funktion der äußeren Belastung ist über dem Zwischenauflager nicht differenzierbar,
3. die Auflagerreaktion der Zwischenstütze stellt eine Unstetigkeitsstelle dar.

Für die Ermittlung der Biegelinie hat dies zur Folge, dass die Integration der Differentialgleichung in mehrere Teilbereiche aufzuteilen ist. Die einzelnen Bereiche ergeben sich aus der Forderung der Differenzierbarkeit von w und ihrer ersten vier Ableitungen nach x. Da eine Einzellast (oder Lagerreaktion) stets einen Knick in der Momentenlinie zur Folge hat, begrenzen Einzellasten in jedem Fall einen Integrationsbereich. Im vorliegenden Fall ergeben sich somit entsprechend den beiden Feldern zwei Bereiche.

• ***Bereich (1) – linkes Feld***

Da im linken Feld, wie im Beispiel 6.15, keine Querbelastung wirkt, ergeben sich durch die Integration der Differentialgleichung analoge Beziehungen wie zuvor. Entsprechend dem Integrationsbereich wird hier allerdings die Koordinate in Richtung der Stabachse mit x_1 bezeichnet.

$$EI_\eta w''''(x_1) = q_\zeta(x_1) \qquad = 0 \ , \tag{6.16-1}$$

$$EI_\eta w'''(x_1) = -Q_\zeta(x_1) \qquad = C_1 \ , \tag{6.16-2}$$

$$EI_\eta w''(x_1) = -M_\eta(x_1) - EI_\eta \frac{\alpha_T \Delta T_\zeta}{h_\zeta} = C_1 x_1 + C_2 \ , \tag{6.16-3}$$

$$EI_\eta w'(x_1) = EI_\eta \, \varphi(x_1) \qquad = C_1 \frac{x_1^2}{2} + C_2 x_1 + C_3 \ , \tag{6.16-4}$$

$$EI_\eta w(x_1) \qquad = C_1 \frac{x_1^3}{6} + C_2 \frac{x_1^2}{2} + C_3 x_1 + C_4 \ . \tag{6.16-5}$$

• ***Bereich (2) – Kragarm***

Unter Berücksichtigung der auf dem Kragarm wirkenden linear veränderlichen Linienlast folgen die Differentialgleichung und in weiterer Folge im Zuge von deren viermaliger Integration unter Berücksichtigung von (6.15-2) und $(6.15\text{-}8)_2$ bei Verwendung der kompakten Schreibweise die Beziehungen als Funktionen von x_2 zu

$$EI_\eta w''''(x_2) = q_\zeta(x_2) \qquad = \frac{p_0}{b} \, x_2 \ , \tag{6.16-6}$$

$$EI_\eta w'''(x_2) = -Q_\zeta(x_2) \qquad = \frac{p_0}{b} \frac{x_2^2}{2} + C_5 \ , \tag{6.16-7}$$

$$EI_\eta w''(x_2) = -M_\eta(x_2) - EI_\eta \frac{\alpha_T \Delta T_\zeta}{h_\zeta} = \frac{p_0}{b} \frac{x_2^3}{6} + C_5 x_2 + C_6 \ , \tag{6.16-8}$$

$$EI_\eta w'(x_2) = EI_\eta \, \varphi(x_2) \qquad = \frac{p_0}{b} \frac{x_2^4}{24} + C_5 \frac{x_2^2}{2} + C_6 x_2 + C_7 \ , \tag{6.16-9}$$

$$EI_\eta w(x_2) = \frac{p_0}{b}\frac{x_2^5}{120} + C_5\frac{x_2^3}{6} + C_6\frac{x_2^2}{2} + C_7 x_2 + C_8 . \tag{6.16-10}$$

(b) Bestimmung der Integrationskonstanten

Durch viermalige Integration ergeben sich für jeden Bereich jeweils vier Integrationskonstanten, wie durch die Beziehungen (6.16-2) bis (6.16-5) und (6.16-7) bis (6.16-10) zum Ausdruck kommt. Diese Integrationskonstanten lassen sich mittels der für jeden Bereich zu spezifizierenden Rand- und Übergangsbedingungen ermitteln. Während bei Randbedingungen der Wert, den die entsprechende Variable am Rand annimmt, explizit angegeben werden kann, sind Übergangsbedingungen dadurch gekennzeichnet, dass nur der funktionale Zusammenhang der entsprechenden Variablen auf beiden Seiten der Bereichsgrenze bekannt ist. Die Reihenfolge, in der die Integrationskonstanten bestimmt werden, ist beliebig, allerdings wird man in der Regel zuerst jene Konstanten bestimmen, die sich zu null ergeben, um dadurch die Berechnung zu vereinfachen. Am linken Rand des Bereichs (1) ergeben sich durch Auswerten der Gleichungen (6.16-5) und (6.16-4) die Konstanten C_4 und C_3 zu

$$\begin{aligned} x_1 = 0: \quad & EI_\eta w\big|_{x_1=0} = 0 \quad \rightarrow \quad C_4 = 0 , \\ & EI_\eta w'\big|_{x_1=0} = 0 \quad \rightarrow \quad C_3 = 0 . \end{aligned} \tag{6.16-11}$$

Wegen der Zwischenstütze ist am rechten Rand des Bereichs (1) wiederum die Verschiebung null. Wie aus (6.16-3) ersichtlich, setzt sich im allgemeinen Fall die Krümmung aus einem Anteil zufolge Biegemoment M_η und einem zufolge Temperaturänderung ΔT_ζ zusammen. Da an der Zwischenstütze kein äußeres Moment angreift, ist das Biegemoment über der Zwischenstütze stetig (nicht aber differenzierbar) und ergibt sich aus der Kragarmbelastung zu

$$M_\eta\big|_{x_1=a} = -\frac{p_0 b}{2}\cdot\frac{2b}{3} = -\frac{p_0 b^2}{3} = M_\eta\big|_{x_2=0} . \tag{6.16-12}$$

Somit ist neben der Verschiebung auch die Krümmung am rechten Rand des Bereichs (1) bekannt und mit den entsprechenden Randwerten folgt

$$\begin{aligned} x_1 = a: \quad & EI_\eta w\big|_{x_1=a} = 0 = C_1\frac{a^3}{6} + C_2\frac{a^2}{2} , \\ & EI_\eta w''\big|_{x_1=a} = \frac{p_0 b^2}{3} - EI_\eta\frac{\alpha_T \Delta T_\zeta}{h_\zeta} = C_1 a + C_2 . \end{aligned} \tag{6.16-13}$$

Multipliziert man $(6.16\text{-}13)_1$ mit $(2/a^2)$ und subtrahiert die erste von der zweiten Gleichung, so ergeben sich C_1 und C_2 zu

$$C_1 = \frac{3}{2a}\left(\frac{p_0 b^2}{3} - EI_\eta\frac{\alpha_T \Delta T_\zeta}{h_\zeta}\right) , \tag{6.16-14}$$

$$C_2 = -\frac{a}{3}\cdot C_1 = -\frac{1}{2}\left(\frac{p_0 b^2}{3} - EI_\eta\frac{\alpha_T \Delta T_\zeta}{h_\zeta}\right) . \tag{6.16-15}$$

Am linken Rand des Bereichs (2) sind sowohl die Verschiebung w als auch die w'' entsprechende Krümmung bekannt, da M_η durch (6.16-12) bestimmt ist und die Temperaturänderung im Bereich des Kragarms zu null gegeben ist. Somit folgen durch Auswerten der Gleichungen (6.16-10) und (6.16-8) die Konstanten C_8 und C_6 zu

$$\begin{aligned} x_2 = 0: \quad EI_\eta w\big|_{x_2=0} &= 0 \quad = C_8 \;, \\ EI_\eta w''\big|_{x_2=0} &= \frac{p_0 b^2}{3} = C_6 \;. \end{aligned} \tag{6.16-16}$$

Wie der Vergleich von $(6.16\text{-}16)_2$ mit $(6.16\text{-}13)_2$ zeigt, ist im Punkt B die Krümmung bzw. w'' nicht stetig. Am rechten Rand des Kragarms verschwindet die Querkraft, sodass sich damit durch Auswerten von (6.16-7) C_5 zu

$$x_2 = b: \quad EI_\eta w'''\big|_{x_2=b} = 0 \quad \rightarrow \quad C_5 = -\frac{p_0 b}{2} \tag{6.16-17}$$

ergibt. Die noch unbekannte Integrationskonstante C_7 muss aus Gleichung (6.16-9) ermittelt werden. Zwar kann die Neigung der Tangente an die Biegelinie weder am rechten noch am linken Rand explizit angegeben werden, jedoch muss $w'(x)$ über der Zwischenstütze stetig sein. Das Vorzeichen der Tangentenneigung an der Bereichsgrenze ist noch von der Koordinatenrichtung x_i abhängig und wie folgt gegeben:

$$\begin{aligned} &\text{Richtung von } x_1 = \text{ Richtung von } x_2 \quad \Rightarrow EI_\eta w'\big|_{x_2=0} = \;\; EI_\eta w'\big|_{x_1=a} \;, \\ &\text{Richtung von } x_1 \neq \text{ Richtung von } x_2 \quad \Rightarrow EI_\eta w'\big|_{x_2=0} = -EI_\eta w'\big|_{x_1=a} \;. \end{aligned} \tag{6.16-18}$$

Im gegenständlichen Fall folgt mit der ersten Gleichung von (6.16-18) die Integrationskonstante C_7 zu

$$\begin{aligned} &EI_\eta w'\big|_{x_2=0} = EI_\eta w'\big|_{x_1=a} \\ &C_7 = C_1 \frac{a^2}{2} + C_2 a = \left(\frac{3}{2a} \cdot \frac{a^2}{2} - \frac{1}{2} \cdot a\right) \cdot \left(\frac{p_0 b^2}{3} - EI_\eta \frac{\alpha_T \Delta T_\zeta}{h_\zeta}\right) \\ &C_7 = \frac{a}{4} \cdot \left(\frac{p_0 b^2}{3} - EI_\eta \frac{\alpha_T \Delta T_\zeta}{h_\zeta}\right) \;. \end{aligned} \tag{6.16-19}$$

(c) Biegelinie

Die Biegelinie im Bereich (1) folgt durch Einsetzen der Ergebnisse (6.16-11), (6.16-14) und (6.16-15) in (6.16-5) zu

$$\begin{aligned} w(x_1) &= \frac{1}{EI_\eta} \left(\frac{3}{2a} \cdot \frac{x_1^3}{6} - \frac{1}{2} \cdot \frac{x_1^2}{2}\right) \cdot \left(\frac{p_0 b^2}{3} - EI_\eta \frac{\alpha_T \Delta T_\zeta}{h_\zeta}\right) \\ w(x_1) &= \frac{1}{4a} \left(x_1^3 - a x_1^2\right) \cdot \frac{1}{EI_\eta} \left(\frac{p_0 b^2}{3} - EI_\eta \frac{\alpha_T \Delta T_\zeta}{h_\zeta}\right) \;. \end{aligned} \tag{6.16-20}$$

Die Stelle x_0 des Extremwerts der Durchbiegung im linken Feld ist durch eine horizontale Tangente an die Biegelinie gekennzeichnet. Man kann nun entweder (6.16-20) nach x differenzieren und das so erhaltene Ergebnis null setzen oder die bekannte Tangentenneigung $(EI_\eta \varphi(x_1) = 0)$ in (6.16-4) einsetzen und den zugehörigen Wert für x_0 ermitteln. Im letzteren Fall erhält man unter Berücksichtigung von $(6.16\text{-}11)_2$

$$\begin{aligned} &C_1 \frac{x_0^2}{2} + C_2 x_0 = 0 \\ &x_0 = -2 \cdot \frac{C_2}{C_1} = -2\left(-\frac{1}{2} \cdot \frac{2a}{3}\right) = \frac{2a}{3} \;. \end{aligned} \tag{6.16-21}$$

Damit folgt der Extremwert der Durchbiegung im Feld zu

$$w_{\min}^{(F)} = -\frac{a^2}{27} \cdot \frac{1}{EI_\eta} \left(\frac{p_0 b^2}{3} - EI_\eta \frac{\alpha_T \Delta T_\zeta}{h_\zeta} \right) . \tag{6.16-22}$$

Die Tangente an die Biegelinie verläuft an der linken Einspannstelle horizontal. Über dem Zwischenauflager erhält man die Tangentenneigung durch Auswerten von (6.16-4) mit $x_1 = a$ unter Berücksichtigung von $(6.16\text{-}11)_2$, (6.16-14) und (6.16-15) oder unter Berücksichtigung von (6.16-19) durch Auswerten von (6.16-9) mit $x_2 = 0$. Aus letzterem folgt die Neigung unmittelbar zu

$$\varphi|_{x_1=a} = \varphi|_{x_2=0} = \frac{C_7}{EI_\eta} = \frac{a}{4EI_\eta} \cdot \left(\frac{p_0 b^2}{3} - EI_\eta \frac{\alpha_T \Delta T_\zeta}{h_\zeta} \right)$$

$$\varphi|_{x_1=a} = \varphi|_{x_2=0} = \frac{p_0 b^2}{12EI_\eta} \cdot a - \frac{a}{4} \cdot \frac{\alpha_T \Delta T_\zeta}{h_\zeta} . \tag{6.16-23}$$

Die Biegelinie im Bereich (2) erhält man durch Einsetzen der Ergebnisse (6.16-16), (6.16-17) und (6.16-19) in (6.16-10) zu

$$w(x_2) = \frac{1}{EI_\eta} \left(\frac{p_0}{b} \cdot \frac{x_2^5}{120} - \frac{p_0 b}{2} \cdot \frac{x_2^3}{6} + \frac{p_0 b^2}{3} \cdot \frac{x_2^2}{2} + \frac{a}{4} x_2 \cdot \frac{p_0 b^2}{3} - \frac{a}{4} x_2 \cdot EI_\eta \frac{\alpha_T \Delta T_\zeta}{h_\zeta} \right)$$

$$w(x_2) = \frac{p_0}{120EI_\eta b} \left(x_2^5 - 10b^2 x_2^3 + 20b^3 x_2^2 + 10ab^3 x_2 \right) - \frac{a}{4} x_2 \cdot \frac{\alpha_T \Delta T_\zeta}{h_\zeta} . \tag{6.16-24}$$

Den Maximalwert der Durchbiegung am Kragarm erhält man am Trägerende ($x_2 = b$) zu

$$w_{\max}^{(K)} = \frac{p_0 b^3}{120EI_\eta} (10a + 11b) - \frac{ab}{4} \cdot \frac{\alpha_T \Delta T_\zeta}{h_\zeta} . \tag{6.16-25}$$

Die Neigung der Tangente an die Biegelinie am Kragarmende folgt durch Auswerten von (6.16-9) für $x_2 = b$ unter der Berücksichtigung von (6.16-16), (6.16-17) und (6.16-19) zu

$$\varphi|_{x_2=b} = \frac{1}{EI_\eta} \left(\frac{p_0}{b} \cdot \frac{b^4}{24} - \frac{p_0 b}{2} \cdot \frac{b^2}{2} + \frac{p_0 b^2}{3} \cdot b + \frac{p_0 b^2}{3} \frac{a}{4} - \frac{a}{4} \cdot EI_\eta \frac{\alpha_T \Delta T_\zeta}{h_\zeta} \right)$$

$$\varphi|_{x_2=b} = \frac{p_0 b^2}{24EI_\eta} (2a + 3b) - \frac{a}{4} \cdot \frac{\alpha_T \Delta T_\zeta}{h_\zeta} . \tag{6.16-26}$$

(d) Momentenverlauf

Da im Feld zwischen der Einspannung und dem rechten Auflager keine äußere Kraft angreift, muss die Momentenverteilung zwischen diesen Lagerpunkten linear verlaufen, was auch aus (6.16-3) ersichtlich ist. Die Momentenlinie im Bereich (1) erhält man durch Einsetzen der Ergebnisse (6.16-14) und (6.16-15) in (6.16-3) zu

$$-M_\eta(x_1) - EI_\eta \frac{\alpha_T \Delta T_\zeta}{h_\zeta} = \left(\frac{3}{2a} \cdot x_1 - \frac{1}{2} \right) \cdot \left(\frac{p_0 b^2}{3} - EI_\eta \frac{\alpha_T \Delta T_\zeta}{h_\zeta} \right)$$

$$M_\eta(x_1) = -\frac{p_0 b^2}{3} \cdot \left(\frac{3x_1}{2a} - \frac{1}{2} \right) + EI_\eta \frac{\alpha_T \Delta T_\zeta}{h_\zeta} \cdot \left(\frac{3x_1}{2a} - \frac{3}{2} \right) . \tag{6.16-27}$$

Spezialisierung von (6.16-27) für die beiden Lagerstellen liefert:

$$\begin{aligned}
&\text{Einspannstelle:} \quad M_\eta\big|_{x_1=0} = \frac{p_0 b^2}{6} - \frac{3}{2} \cdot EI_\eta \frac{\alpha_T \Delta T_\zeta}{h_\zeta} = M_\eta^{(\max)} \ , \\
&\text{Zwischenstütze:} \quad M_\eta\big|_{x_1=a} = -\frac{p_0 b^2}{3} = M_\eta^{(\min)} \ .
\end{aligned} \tag{6.16-28}$$

Der Momentenverlauf im Bereich (2) ergibt sich entsprechend (6.16-8) unter Verwendung von (6.16-16) und (6.16-17) und bei Berücksichtigung, dass im Kragarm keine Temperaturänderung ΔT_ζ wirkt, zu

$$\begin{aligned}
-M_\eta(x_2) &= \frac{p_0}{b} \cdot \frac{x_2^3}{6} - \frac{p_0 b}{2} \cdot x_2 + \frac{p_0 b^2}{3} \\
M_\eta(x_2) &= -\frac{p_0}{6b} \left(x_2^3 - 3b^2 x_2 + 2b^3 \right) \ .
\end{aligned} \tag{6.16-29}$$

Zufolge der linear veränderlichen Linienlast ergibt sich ein kubischer Momentenverlauf.

(e) Querkraftverlauf

Aus (6.16-2) folgt im Bereich (1) eine konstante Querkraft entsprechend der Integrationskonstante C_1 zu

$$Q_\zeta(x_1) = -C_1 = -\frac{3}{2a} \left(\frac{p_0 b^2}{3} - EI_\eta \frac{\alpha_T \Delta T_\zeta}{h_\zeta} \right) = \text{konst.} \tag{6.16-30}$$

Entsprechend (6.16-7) ergibt sich im Bereich des Kragarms ein quadratischer Verlauf, der unter Berücksichtigung von (6.16-17) zu

$$Q_\zeta(x_2) = -\frac{p_0}{b} \cdot \frac{x_2^2}{2} + \frac{p_0 b}{2} = -\frac{p_0}{2b} \cdot \left(x_2^2 - b^2 \right) \tag{6.16-31}$$

folgt. Bildet man am Knoten der Zwischenstütze das Kräftegleichgewicht in vertikaler Richtung, so erhält man mit (6.16-30) und (6.16-31) die Auflagerkraft V_B zu

$$\begin{aligned}
V_B &= -Q_\zeta(x_1 = a) + Q_\zeta(x_2 = 0) \\
&= \frac{3}{2a} \cdot \frac{p_0 b^2}{3} - \frac{3}{2a} \cdot EI_\eta \frac{\alpha_T \Delta T_\zeta}{h_\zeta} + \frac{p_0 b}{2} \\
V_B &= \frac{p_0 b}{2a} (a + b) - \frac{3}{2a} \cdot EI_\eta \frac{\alpha_T \Delta T_\zeta}{h_\zeta} \ .
\end{aligned} \tag{6.16-32}$$

Mit der Auflagerkraft V_A an der Einspannstelle gemäß

$$V_A = Q_\zeta\big|_{x_1=0} = -\frac{3}{2a} \left(\frac{p_0 b^2}{3} - EI_\eta \frac{\alpha_T \Delta T_\zeta}{h_\zeta} \right) \ , \tag{6.16-33}$$

ergibt sich die Summe aller am System angreifenden äußeren Kräfte zu

$$V_A + V_B - \frac{p_0 b}{2} = 0 \ . \tag{6.16-34}$$

Beispiel 6.17: Einfeldträger unter der Wirkung einer Einzellast

Abb. 6.17-1 zeigt einen beidseitig gelenkig gelagerten Stab mit konstanter Biegesteifigkeit EI_η, der im Punkt 2 durch eine Einzellast P beansprucht wird. Neben der Biegelinie $w(x_1), w(x_2)$ sind für die Lage des Punktes 2 entsprechend

$$a : b = 3\,c : 4\,c \qquad (6.17\text{-}1)$$

Ort und Größe der maximalen Durchbiegung zu ermitteln.

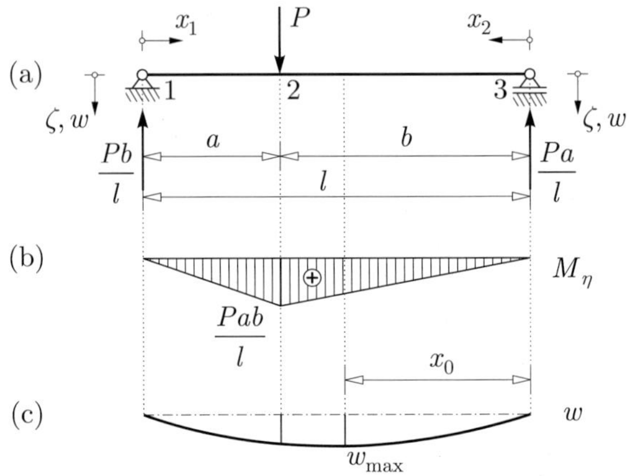

Abb. 6.17-1: (a) Statisches System mit Belastung und Auflagerreaktionen; (b) Verlauf der Biegemomente M_η; (c) Biegelinie w

(a) Ermittlung der Biegelinie

Mögliche Ausgangspunkte für die Ermittlung der Biegelinie bilden die Differentialgleichungen der Biegelinie entsprechend (6.15-2). Je nach Kenntnis der Funktion der Belastung oder des Biegemoments erhält man die Biegelinie durch Integration der entsprechenden Differentialgleichung. Bei statisch unbestimmten Systemen ist meist der Verlauf der Biegemomente nicht bekannt, sodass in diesem Fall die Differentialgleichung 4. Ordnung den Ausgangspunkt der Berechnung bildet, während bei statisch bestimmten Problemen die Verwendung der Differentialgleichung 2. Ordnung vorteilhaft sein kann.

- ***Ermittlung der Biegelinie durch Integration der Differentialgleichung 4. Ordnung***

Da im vorliegenden Fall die Funktion der äußeren Belastung nicht differenzierbar ist, muss in zwei Bereiche unterteilt werden. Wählt man die Koordinatenachsen x_1 und x_2 entsprechend Abb. 6.17-1(a), so gestaltet sich die Berechnung für die beiden Bereiche formal völlig gleich. Dadurch lässt sich Rechen- und Schreibarbeit sparen, allerdings muss bei der Formulierung der Rand- bzw. Übergangsbedingungen auf das Vorzeichen besonders geachtet werden. Die Integration der Differentialgleichung der Biegelinie für die Bereiche $0 \leq x_1 \leq a$ und $0 \leq x_2 \leq b$ folgt unter Verwendung der Beziehungen (6.15-2) und Berücksichtigung der Tatsache, dass keine Temperaturänderung über die Trägerhöhe wirksam ist, zu

$$\begin{array}{llll} & & 0 \leq x_1 \leq a : & 0 \leq x_2 \leq b : \\ EI_\eta w'''' &= q_\zeta & = 0 \, , & = 0 \, , \\ EI_\eta w''' &= -Q_\zeta & = C_1 \, , & = C_5 \, , \\ EI_\eta w'' &= -M_\eta & = C_1 x_1 + C_2 \, , & = C_5 x_2 + C_6 \, , \\ EI_\eta w' &= EI_\eta \varphi & = C_1 \frac{x_1^2}{2} + C_2 x_1 + C_3 \, , & = C_5 \frac{x_2^2}{2} + C_6 x_2 + C_7 \, , \\ EI_\eta w & & = C_1 \frac{x_1^3}{6} + C_2 \frac{x_1^2}{2} + C_3 x_1 + C_4 , & = C_5 \frac{x_2^3}{6} + C_6 \frac{x_2^2}{2} + C_7 x_2 + C_8 , \end{array} \tag{6.17-2}$$

wobei die Gleichungen in (6.17-2) entweder für die Spalte $0 \leq x_1 \leq a$ oder für die Spalte $0 \leq x_2 \leq b$ zu verstehen sind.

Die Integrationskonstanten werden unter Verwendung der Rand- und Übergangsbedingungen bestimmt. Mit den bekannten Verschiebungen und den Auflagerreaktionen entsprechend Abb. 6.17-1(a) folgen C_4, C_8 und C_1, C_5 zu

$$\begin{aligned} x_1 = 0 : \quad & EI_\eta w|_{x_1=0} = 0 \quad \rightarrow \quad C_4 = 0 \, , \\ x_2 = 0 : \quad & EI_\eta w|_{x_2=0} = 0 \quad \rightarrow \quad C_8 = 0 \, , \end{aligned} \tag{6.17-3}$$

$$\begin{aligned} x_1 = 0 : \quad & Q_\zeta|_{x_1=0} = \frac{Pb}{l} \quad \rightarrow \quad C_1 = -Q_\zeta|_{x_1=0} = -\frac{Pb}{l} \, , \\ x_2 = 0 : \quad & Q_\zeta|_{x_2=0} = \frac{Pa}{l} \quad \rightarrow \quad C_5 = -Q_\zeta|_{x_2=0} = -\frac{Pa}{l} \, . \end{aligned} \tag{6.17-4}$$

Mit dem Wert für das Biegemoment unter der Einzellast entsprechend Abb. 6.17-1(b) folgen weiters C_2 und C_6 zu

$$\begin{aligned} x_1 = a : \quad & M_\eta|_{x_1=a} = \frac{Pab}{l} = -C_1 \cdot a - C_2 \quad \rightarrow \quad C_2 = 0 \, , \\ x_2 = b : \quad & M_\eta|_{x_2=b} = \frac{Pab}{l} = -C_5 \cdot b - C_6 \quad \rightarrow \quad C_6 = 0 \, . \end{aligned} \tag{6.17-5}$$

Aus der Tatsache, dass im gegenständlichen Fall an der Grenze der beiden Integrationsbereiche die Verschiebung stetig differenzierbar ist, d.h. die Biegelinie weist an dieser Stelle weder einen Sprung noch einen Knick auf, folgen mit $(6.17\text{-}2)_{4,5}$ unter Berücksichtigung von $(6.16\text{-}18)_2$ die entsprechenden Beziehungen zur Ermittlung von C_3, C_7 zu

$$\begin{aligned} EI_\eta w|_{x_1=a} &= EI_\eta w|_{x_2=b} \quad \rightarrow -\frac{Pb}{l} \cdot \frac{a^3}{6} + C_3 \cdot a = -\frac{Pa}{l} \cdot \frac{b^3}{6} + C_7 \cdot b \, , \\ EI_\eta w'|_{x_1=a} &= -\, EI_\eta w'|_{x_2=b} \quad \rightarrow -\frac{Pb}{l} \cdot \frac{a^2}{2} + C_3 = \frac{Pa}{l} \cdot \frac{b^2}{2} - C_7 \, . \end{aligned} \tag{6.17-6}$$

Durch Umformen von (6.17-6) erhält man die zwei Gleichungen zur Ermittlung der beiden Unbekannten zu

$$\begin{aligned} C_3 \cdot a \; - \; C_7 \cdot b &= \frac{P}{6l} \left(ba^3 - ab^3 \right) \, , \\ C_3 \quad + \; C_7 \quad &= \frac{P}{6l} \left(3ba^2 + 3ab^2 \right) \, . \end{aligned} \tag{6.17-7}$$

Dividiert man die erste Gleichung von (6.17-7) durch b und addiert man anschließend die beiden Gleichungen, so erhält man die Integrationskonstante C_3 zu

$$\begin{aligned} C_3 &= \frac{P}{6l}\frac{b}{(a+b)}\left(a^3 - ab^2 + 3ba^2 + 3ab^2\right) = \frac{P}{6l}\frac{b}{(a+b)}\,a\,(a+b)\,(a+2b) \\ C_3 &= \frac{P}{6l}\cdot ab\,(a+2b)\ . \end{aligned} \tag{6.17-8}$$

Auf analoge Weise ergibt sich C_7 zu

$$C_7 = \frac{P}{6l}\cdot ab\,(2a+b)\ . \tag{6.17-9}$$

Somit folgt die Gleichung der Biegelinie unter Berücksichtigung der Identität $l = a+b$ für den Bereich $0 \le x_1 \le a$ zu

$$\begin{aligned} w(x_1) &= \frac{1}{EI_\eta}\left[-\frac{Pb}{l}\frac{x_1^3}{6} + \frac{P}{6l}\,ab\,(a+2b)\,x_1\right] \\ w(x_1) &= \frac{P}{6EI_\eta l}\,x_1 b\,(l^2 - b^2 - x_1^2) \end{aligned} \tag{6.17-10}$$

und für den Bereich $0 \le x_2 \le b$ zu

$$w(x_2) = \frac{P}{6EI_\eta l}\,x_2 a\,(l^2 - a^2 - x_2^2)\ . \tag{6.17-11}$$

• ***Ermittlung der Biegelinie durch Integration der Differentialgleichung 2. Ordnung***

Da aufgrund der statischen Bestimmtheit der Biegemomentenverlauf leicht angegeben werden kann, lässt sich die Biegelinie im vorliegenden Fall durch zweimalige Integration der Differentialgleichung zweiter Ordnung ermitteln. In diesem Fall ist die Funktion des Biegemomentenverlaufs nicht im gesamten Bereich zwischen den Punkten 1 und 3 differenzierbar, weshalb wiederum eine Unterteilung in zwei Bereiche vorgenommen werden muss. Zweckmäßigerweise legt man den Koordinatenursprung in 1 bzw. 3 und zählt die x_1-Koordinate nach rechts und die x_2-Koordinate nach links positiv. Die Integration der Differentialgleichung der Biegelinie für die beiden Bereiche folgt unter Berücksichtigung der Beziehung $(6.15\text{-}8)_2$ bzw. (6.323) und der Tatsache, dass keine Temperaturänderung über die Trägerhöhe wirksam ist, zu

$$\begin{aligned} & & &0 \le x_1 \le a: & &0 \le x_2 \le b: \\ EI_\eta w'' &= -M_\eta & &= -\frac{Pb}{l}x_1\ , & &= -\frac{Pa}{l}x_2\ , \\ EI_\eta w' &= EI_\eta \varphi & &= -\frac{Pb}{l}\frac{x_1^2}{2} + D_1\ , & &= -\frac{Pa}{l}\frac{x_2^2}{2} + D_3\ , \\ EI_\eta w & & &= -\frac{Pb}{l}\frac{x_1^3}{6} + D_1 x_1 + D_2\ , & &= -\frac{Pa}{l}\frac{x_2^3}{6} + D_3 x_2 + D_4\ , \end{aligned} \tag{6.17-12}$$

wobei (6.17-12) entweder für den Bereich $0 \le x_1 \le a$ oder für $0 \le x_2 \le b$ zu lesen ist. Mit den bekannten Verschiebungen in den Punkten 1 und 3 folgen die Integrationskonstanten $D_2 = D_4 = 0$. Die Konstanten D_1 und D_3 erhält man mit $(6.17\text{-}12)_{2,3}$ aus der Kompatibilitätsbedingung an der Grenze der beiden Integrationsbereiche unter Berücksichtigung von $(6.16\text{-}18)_2$, d.h.

$$\begin{aligned} EI_\eta w\big|_{x_1=a} &= EI_\eta w\big|_{x_2=b} &&\rightarrow -\frac{Pb}{l}\cdot\frac{a^3}{6}+D_1\cdot a = -\frac{Pa}{l}\cdot\frac{b^3}{6}+D_3\cdot b\ , \\ EI_\eta w'\big|_{x_1=a} &= -\ EI_\eta w'\big|_{x_2=b} &&\rightarrow -\frac{Pb}{l}\cdot\frac{a^2}{2}+D_1 = \frac{Pa}{l}\cdot\frac{b^2}{2}-D_3\ . \end{aligned} \qquad (6.17\text{-}13)$$

Der Vergleich von (6.17-13) mit (6.17-6) zeigt, dass D_1 bzw. D_3 den zuvor ermittelten Konstanten C_3 bzw. C_7 entsprechen.

(b) Ermittlung von Ort und Größe der maximalen Durchbiegung

Bei konstanter Biegesteifigkeit tritt die maximale Durchbiegung stets im größeren der durch die Einzellast unterteilten Bereiche auf. Dies ist entsprechend (6.17-1) im gegenständlichen Fall der rechte Bereich. Somit folgt mit den Werten gemäß (6.17-1) der Ort der maximalen Durchbiegung aus der Bedingung, dass die erste Ableitung von (6.17-11) nach x_2 verschwindet, zu

$$\begin{aligned} &\frac{dw(x_2)}{dx_2} = \frac{Pa}{6EI_\eta l}\left[\left(l^2-a^2-x_2^2\right)-2x_2^2\right]=0 \\ &x_0 = \frac{1}{\sqrt{3}}\sqrt{l^2-a^2} = \frac{c}{\sqrt{3}}\sqrt{7^2-3^2} = 3.651\,c\ . \end{aligned} \qquad (6.17\text{-}14)$$

Auswerten der Biegelinie (6.17-11) mit (6.17-14) führt schließlich unter Berücksichtigung von (6.17-1) auf die maximale Durchbiegung entsprechend

$$w_{\max} = w\big|_{x_2=3.651\,c} = 6.955\,c^3\,\frac{P}{EI_\eta}\ . \qquad (6.17\text{-}15)$$

Beispiel 6.18: Träger mit Kragarm unter Gleichlast bei Berücksichtigung des Querkrafteinflusses

Abb. 6.18-1(a) zeigt einen auf zwei Stützen frei drehbar gelagerten Träger mit Kragarm, der durch eine gleichförmig verteilte Linienlast $q_\zeta = p$ beansprucht wird. Die Biegesteifigkeit EI_η des Stabes ist konstant. Aufgrund des Verhältnisses zwischen Stützweite und Querschnittshöhe falle der Träger in die Kategorie der gedrungenen Stäbe, sodass der Einfluss der Querkraft auf die Durchbiegung nicht vernachlässigt werden könne. Es ist die Biegelinie unter Berücksichtigung des Einflusses der Querkraft zu berechnen.

Die Differentialgleichung 2. Ordnung der Biegelinie bei Berücksichtigung des Einflusses der Querkraft auf die Durchbiegung (Schubverformung) ist gemäß (6.438) zu

$$\frac{d^2w}{dx^2} = -\frac{M_\eta}{EI_\eta} - \alpha_T\frac{\Delta T_\zeta}{h_\zeta} - \frac{\kappa}{GA}q_\zeta \qquad (6.18\text{-}1)$$

gegeben, wobei der dritte Ausdruck auf der rechten Seite von (6.18-1) die Wirkung der Querkraft erfasst. κ bezeichnet den Schubbeiwert (vgl. Beispiel 6.19), G den Schubmodul und A die Querschnittsfläche. Der Quotient GA/κ stellt die Schubsteifigkeit

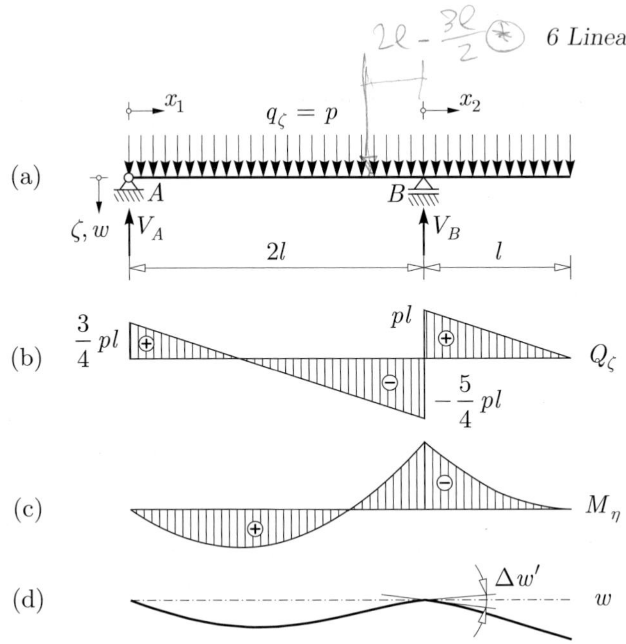

Abb. 6.18-1: (a) Statisches System mit Belastung und Auflagerreaktionen; (b) Verlauf der Querkräfte Q_ζ; (c) Verlauf der Biegemomente M_η; (d) Biegelinie w

dar. Um (6.18-1) direkt anwenden zu können, ist die Kenntnis des Momentenverlaufs erforderlich. Im Falle von statisch unbestimmten Systemen kann der Momentenverlauf unter Berücksichtigung des Querkrafteinflusses durch Anwendung des Prinzips der virtuellen Kräfte ermittelt werden. Alternativ dazu kann aber auch von der Differentialgleichung 4. Ordnung ausgegangen werden, die gemäß (6.15-2) zu

$$\frac{d^4 w}{dx^4} = \frac{q_\zeta}{EI_\eta} \tag{6.18-2}$$

gegeben ist.

(a) Gemeinsame Berücksichtigung der Durchbiegungsanteile zufolge Biegemoment und Querkraft

Obwohl das vorliegende System statisch bestimmt ist, wird (6.18-2) als Ausgangspunkt der nachfolgenden Berechnung verwendet. Für die Integration der Differentialgleichung und die Bestimmung der Integrationskonstanten ist die Unterteilung in zwei Bereiche erforderlich (vgl. Beispiel 6.16). Da die Integration für beide Bereiche formal völlig gleich erfolgt, wird im Sinne einer kürzeren Schreibweise die Unterscheidung der beiden Bereiche durch den Index i vorgenommen, d.h. mit Bezug auf Abb. 6.18-1(a) gilt $0 \leq x_i \leq 2l$ für $i = 1$ und $0 \leq x_i \leq l$ für $i = 2$. Die Indizes sind hier somit nicht im Sinne der EINSTEIN'schen Summationskonvention zu verstehen. Im vorliegenden Fall tritt keine Temperaturänderung über die Querschnittshöhe auf. Somit folgen für den mit der Gleichlast p beanspruchten Stab die Differentialgleichung 4. Ordnung nach

Multiplikation von (6.18-2) mit der Biegesteifigkeit EI_η und in weiterer Folge deren viermalige Integration unter Berücksichtigung des Querkrafteinflusses zu

$$\begin{aligned}
EI_\eta w'''' &= q_\zeta && = p \; , \\
EI_\eta w''' &= -Q_\zeta && = p\,x_i + C_i \; , \\
EI_\eta w'' &= -M_\eta - EI_\eta \frac{\kappa}{GA} q_\zeta && = p\,\frac{x_i^2}{2} + C_i x_i + D_i \; , \\
EI_\eta w' &= EI_\eta \varphi_\zeta + EI_\eta \frac{\kappa}{GA} Q_\zeta && = p\,\frac{x_i^3}{6} + C_i \frac{x_i^2}{2} + D_i x_i + E_i \; , \\
EI_\eta w & && = p\,\frac{x_i^4}{24} + C_i \frac{x_i^3}{6} + D_i \frac{x_i^2}{2} + E_i x_i + F_i \; .
\end{aligned} \tag{6.18-3}$$

Die acht Integrationskonstanten werden aus den Rand- bzw. Übergangsbedingungen bestimmt. Da sich die Berechnung der Konstanten C_i, D_i, E_i, F_i bei Kenntnis der Querkräfte und der Biegemomente an den Auflagern vereinfacht, werden diese vorab ermittelt. Durch Bildung der Momentensumme um den Punkt A ergibt sich die Lagerreaktion V_B zu

$$V_B = \frac{1}{2l}\,\frac{p\,(2l+l)^2}{2} = \frac{9}{4}\,p\,l \; . \tag{6.18-4}$$

Auf analoge Weise folgt durch Bildung der Momentensumme um den Punkt B die Lagerreaktion V_A zu

$$V_A = \frac{1}{2l} \cdot p \cdot 3l \left(2l - \frac{3l}{2}\right) = \frac{3}{4}\,p\,l \; . \tag{6.18-5}$$

Die Querkräfte an den Auflagern sind somit zu

$$\begin{aligned}
Q_\zeta|_{x_1=0} &= V_A = \frac{3}{4}\,p\,l \; , \\
Q_\zeta|_{x_1=2l} &= V_A - p \cdot 2l = -\frac{5}{4}\,p\,l \; , \\
Q_\zeta|_{x_2=0} &= p\,l
\end{aligned} \tag{6.18-6}$$

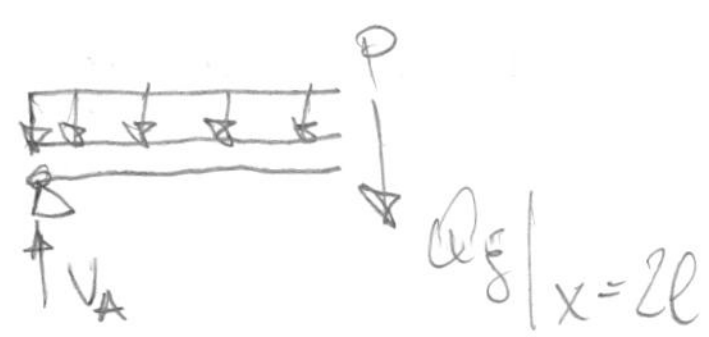

gegeben (vgl. auch Abb. 6.18-1(b)). Das Biegemoment über der Stütze B entspricht dem Einspannmoment eines Kragträgers mit der Länge l unter der Wirkung einer gleichförmig verteilten Linienlast p und ist zu

$$M_\eta|_{x_1=2l} = M_\eta|_{x_2=0} = -\frac{pl^2}{2} \tag{6.18-7}$$

gegeben. Der Verlauf des Biegemoments über die Trägerlänge ist in Abb. 6.18-1(c) dargestellt. Mit den bekannten Werten für die Verschiebungen und Querkräfte an den Auflagern folgen F_i und C_i, $i = 1, 2$, durch Auswerten von $(6.18\text{-}3)_{2,5}$ zu

$$\begin{aligned}
x_i = 0: &\quad EI_\eta w|_{x_i=0} = 0 && \rightarrow \quad F_1 = 0 \; , \qquad F_2 = 0 \; , \\
x_1 = 0: &\quad Q_\zeta|_{x_1=0} = V_A && \rightarrow \quad C_1 = -\frac{3}{4}\,p\,l \; , \\
x_2 = 0: &\quad Q_\zeta|_{x_2=0} = p\,l && \rightarrow \quad C_2 = -p\,l \; .
\end{aligned} \tag{6.18-8}$$

Mit den bekannten Werten für die Biegemomente an den Auflagern und unter Berücksichtigung, dass die Belastung zu $q_\zeta = p$ gegeben ist, erhält man die Integrationskonstanten D_i, $i = 1, 2$, aus $(6.18\text{-}3)_3$ zu

$$\begin{aligned} x_1 = 0: \quad & EI_\eta w''|_{x_1=0} = 0 - EI_\eta \frac{\kappa}{GA} p = D_1 && \to D_1 = -EI_\eta \frac{\kappa}{GA} p \,, \\ x_2 = 0: \quad & EI_\eta w''|_{x_2=0} = \frac{p\,l^2}{2} - EI_\eta \frac{\kappa}{GA} p = D_2 && \to D_2 = \frac{p\,l^2}{2} - EI_\eta \frac{\kappa}{GA} p \,. \end{aligned} \tag{6.18-9}$$

Nach der Bestimmung von C_i, D_i durch Anpassung der allgemeinen Lösung an die statischen Randbedingungen sind die Momenten- und Querkraftverläufe bekannt. Bei Verwendung der Differentialgleichung 2. Ordnung (6.18-1) hätten diese durch Gleichgewichtsbetrachtungen ermittelt werden müssen. Die Berechnung der Integrationskonstanten E_i, F_i erfolgt für beide Differentialgleichungen (2. und 4. Ordnung) durch Anpassung der allgemeinen Lösung an die geometrischen Randbedingungen.

E_1 folgt mit dem bekannten Wert für die Verschiebung im Auflagerpunkt B durch Auswerten von $(6.18\text{-}3)_5$ unter Berücksichtigung der entsprechenden Ergebnisse aus (6.18-8) und (6.18-9) zu

$$\begin{aligned} x_1 = 2l: \quad EI_\eta w|_{x_1=2l} = 0 \quad \to \quad & E_1 = -p\frac{(2l)^3}{24} - C_1\frac{(2l)^2}{6} - D_1\frac{2l}{2} \\ & E_1 = \frac{p\,l^3}{6} + EI_\eta \frac{\kappa}{GA} p\,l \,. \end{aligned} \tag{6.18-10}$$

Die Integrationskonstante E_2 kann unter Verwendung der vierten Gleichung von (6.18-3) bestimmt werden, indem diese Beziehung für die beiden im Punkt B zusammentreffenden Integrationsbereiche formuliert wird:

$$\begin{aligned} EI_\eta w'|_{x_1=2l} &= EI_\eta \varphi_\zeta|_{x_1=2l} + EI_\eta \gamma_m|_{x_1=2l} \,, \\ EI_\eta w'|_{x_2=0} &= EI_\eta \varphi_\zeta|_{x_2=0} + EI_\eta \gamma_m|_{x_2=0} \,, \end{aligned} \tag{6.18-11}$$

wobei γ_m die mittlere Gleitung bezeichnet, die gemäß (6.433) zu

$$\gamma_m = \frac{\kappa}{GA} Q_\zeta \tag{6.18-12}$$

gegeben ist. Während die mittlere Gleitung aufgrund der unterschiedlichen Werte für die Querkraft links und rechts des Auflagers B unterschiedlich ist, gilt bei der Wahl der Koordinatenrichtungen x_1 und x_2 entsprechend Abb. 6.18-1(a) für den Querschnittsdrehwinkel φ_ζ

$$\varphi_\zeta|_{x_1=2l} = \varphi_\zeta|_{x_2=0} \,. \tag{6.18-13}$$

Wertet man $(6.18\text{-}3)_4$ im Punkt B sowohl für den linken als auch für den rechten Bereich aus, so folgen zwei Gleichungen, die wegen (6.18-13) nur zwei Unbekannte – den Querschnittsdrehwinkel φ_ζ und die Integrationskonstante E_2 – enthalten, zu

$$\begin{aligned} EI_\eta \varphi_\zeta|_{x_1=2l} &= p\frac{(2l)^3}{6} + C_1\frac{(2l)^2}{2} + D_1 2l + E_1 - EI_\eta \frac{\kappa}{GA} Q_\zeta\Big|_{x_1=2l} \,, \\ EI_\eta \varphi_\zeta|_{x_2=0} &= E_2 - EI_\eta \frac{\kappa}{GA} Q_\zeta\Big|_{x_2=0} \,. \end{aligned} \tag{6.18-14}$$

Gleichsetzen der beiden Beziehungen (6.18-14) und Eintragen der Ergebnisse von $(6.18\text{-}8)_2$, $(6.18\text{-}9)_1$ und (6.18-10) führt unter Berücksichtigung von $(6.18\text{-}6)_{2,3}$ auf die Integrationskonstante E_2 zu

$$E_2 = p\,l^3\left(\frac{8}{6} - \frac{12}{8} + \frac{1}{6}\right) + EI_\eta \frac{\kappa}{GA}\,p\,l\left(1 - 2 + 1 + \frac{5}{4}\right)$$

$$E_2 = EI_\eta \frac{\kappa}{GA} \cdot \frac{5}{4}\,p\,l\,. \tag{6.18-15}$$

Setzt man die in (6.18-8), (6.18-9), (6.18-10) und (6.18-15) ermittelten Ergebnisse für die Integrationskonstanten für $i = 1$ bzw. $i = 2$ in $(6.18\text{-}3)_5$ ein, so folgen die Gleichungen für die Biegelinie in den Bereichen 1 bzw. 2 zu

$$w(x_1) = \frac{1}{EI_\eta} \cdot \frac{p}{24}\left(x_1^4 - 3l x_1^3 + 4l^3 x_1\right) + \frac{\kappa}{GA} \cdot \frac{p}{2}\left(2l x_1 - x_1^2\right)\,, \tag{6.18-16}$$

$$w(x_2) = \frac{1}{EI_\eta} \cdot \frac{p}{24}\left(x_2^4 - 4l x_2^3 + 6l^2 x_2^2\right) + \frac{\kappa}{GA} \cdot \frac{p}{4}\left(5l x_2 - 2x_2^2\right)\,. \tag{6.18-17}$$

Die Funktionen für die Tangente an die Biegelinie erhält man durch Ableitung von (6.18-16) und (6.18-17) nach x_1 bzw. x_2 zu

$$w'(x_1) = \frac{1}{EI_\eta} \cdot \frac{p}{24}\left(4x_1^3 - 9l x_1^2 + 4l^3\right) + \frac{\kappa}{GA} \cdot p\,(l - x_1)\,, \tag{6.18-18}$$

$$w'(x_2) = \frac{1}{EI_\eta} \cdot \frac{p}{6}\left(x_2^3 - 3l x_2^2 + 3l^2 x_2\right) + \frac{\kappa}{GA} \cdot \frac{p}{4}\,(5l - 4x_2)\,. \tag{6.18-19}$$

Die Neigungen der Tangenten an den jeweiligen Endpunkten der beiden Bereiche ergeben sich damit zu

$$\begin{aligned} x_1 = 0: &\quad w'\big|_{x_1=0} = \frac{p\,l^3}{6EI_\eta} + \frac{p\,l \cdot \kappa}{GA}\,, \\ x_1 = 2l: &\quad w'\big|_{x_1=2l} = -\frac{p\,l \cdot \kappa}{GA}\,, \\ x_2 = 0: &\quad w'\big|_{x_2=0} = \frac{5p\,l \cdot \kappa}{4GA}\,, \\ x_2 = l: &\quad w'\big|_{x_2=l} = \frac{p\,l^3}{6EI_\eta} + \frac{p\,l \cdot \kappa}{4GA}\,. \end{aligned} \tag{6.18-20}$$

Aus $(6.18\text{-}20)_2$ und $(6.18\text{-}20)_3$ ist zu erkennen, dass die Biegelinie im Punkt B einen Knick $\Delta w'$ aufweist (vgl. Abb. 6.18-1(d)). Addiert man die Absolutbeträge der beiden Neigungswinkel aus $(6.18\text{-}20)_{2,3}$ und multipliziert man den so erhaltenen Betrag mit der Schubsteifigkeit GA/κ, so ergibt sich gerade die Auflagerkraft V_B. An Stellen, wo der Verlauf der Querkraft einen Sprung aufweist (z.B. Einzellasten, Lagerreaktionen) zeigen sich somit bei Berücksichtigung des Einflusses der Querkraft Knicke in der Biegelinie. Diese Knicke sind durch die vereinfachende Annahme einer konstanten Gleitung über den gesamten Querschnitt bedingt und kommen in der Realität nicht vor.

Setzt man (6.18-19) null, so erhält man die Stelle der maximalen Durchbiegung im Feld. Die maximale Durchbiegung am freien Ende des Kragarms folgt durch Auswerten von (6.18-17) für $x_2 = l$ zu

$$x_2 = l: \quad w\big|_{x_2=l} = \frac{p\,l^4}{8EI_\eta} + \frac{3p\,l^2 \cdot \kappa}{4GA}\,. \tag{6.18-21}$$

(b) Getrennte Berücksichtigung der Durchbiegungsanteile zufolge Biegemoment und Querkraft

Bei Gültigkeit der linearisierten kinematischen Beziehungen und des HOOKE'schen Gesetzes gilt das Superpositionsprinzip, welches gestattet, einzelne Kraftwirkungen getrennt zu berechnen und die Ergebnisse anschließend zu überlagern. Somit kann etwa die Biegelinie zufolge alleiniger Wirkung der Biegemomente bzw. der Querkräfte berechnet werden, obwohl diese in der Realität meist in Kombination auftreten.

• ***Biegelinie zufolge Biegemoment***

Geht man auch hier von der Differentialgleichung 4. Ordnung aus, so unterscheiden sich die durch Integration erhaltenen Beziehungen von (6.18-3) lediglich durch das Fehlen der Schubterme. Weiters ergeben sich die Integrationskonstanten identisch zu den Ergebnissen, die man erhält, wenn man in (6.18-8), (6.18-9), (6.18-10) und (6.18-15) die mit der Schubsteifigkeit verknüpften Terme streicht. Die Biegelinie w_M zufolge alleiniger Wirkung von M_η und die Neigung der Tangente an die Biegelinie erhält man unmittelbar aus (6.18-16) bis (6.18-20) durch Weglassen der Schubterme. Auf analoge Weise folgt die Durchbiegung zufolge Biegemoment am freien Ende des Kragarms aus (6.18-21).

• ***Biegelinie zufolge Querkraft***

Geht man von der Differentialgleichung 2. Ordnung aus, so folgen unter Verwendung der oben eingeführten Notation die Beziehungen für die Bereiche $0 \le x_i \le 2l$ für $i = 1$ und $0 \le x_i \le l$ für $i = 2$ durch Integration zu

$$\begin{aligned} w_Q'' &= -\frac{\kappa}{GA} q_\zeta &&= -\frac{\kappa}{GA}\, p \,, \\ w_Q' &= \varphi_\zeta + \frac{\kappa}{GA} Q_\zeta &&= -\frac{\kappa}{GA}\, p\, x_i + H_i \,, \\ w_Q & &&= -\frac{\kappa}{GA}\, p\, \frac{x_i^2}{2} + H_i\, x_i + K_i \,. \end{aligned} \tag{6.18-22}$$

Wie aus der zweiten Gleichung von (6.18-22) ersichtlich ist, setzt sich auch im Falle der Biegelinie w_Q zufolge alleiniger Wirkung von Q_ζ die Neigung der Tangente an die Biegelinie aus dem Querschnittsdrehwinkel φ_ζ und der mittleren Gleitung γ_m (vgl. (6.18-12)) zusammen. Bei Verwendung der Differentialgleichung 2. Ordnung sind für die beiden Bereiche insgesamt vier Integrationskonstanten zu bestimmen. Mit den geometrischen Randbedingungen für die Auflager folgen

$$\begin{aligned} x_i = 0: &\quad w_Q\big|_{x_i=0} = 0 \quad \rightarrow \quad K_1 = 0 \,, \qquad K_2 = 0 \,, \\ x_1 = 2l: &\quad w_Q\big|_{x_1=2l} = 0 \quad \rightarrow \quad H_1 = \frac{\kappa}{GA}\, p\, l \,. \end{aligned} \tag{6.18-23}$$

Aus der Kompatibilitätsbedingung (geometrische Randbedingung), dass an der Grenze der beiden Integrationsbereiche der Querschnittsdrehwinkel stetig sein muss (Übergangsbedingung), erhält man mit (6.18-23)

$$\varphi_\zeta\big|_{x_1=2l} = \varphi_\zeta\big|_{x_2=0} = H_2 - \frac{\kappa}{GA}\, Q_\zeta\big|_{x_2=0} \,. \tag{6.18-24}$$

Einsetzen von (6.18-24) in die für $x_1 = 2l$ ausgewertete Gleichung $(6.18\text{-}22)_2$ führt unter Berücksichtigung von $(6.18\text{-}6)_{2,3}$ auf

$$H_2 - \frac{\kappa}{GA}\,p\,l - \frac{\kappa}{GA}\,\frac{5}{4}\,p\,l = -\frac{\kappa}{GA}\,2p\,l + H_1$$

$$H_2 = \frac{\kappa}{GA}\,\frac{5}{4}\,p\,l\,. \tag{6.18-25}$$

Eintragen der Ergebnisse (6.18-23) und (6.18-25) in $(6.18\text{-}22)_3$ liefert die Gleichungen für die Biegelinie w_Q zufolge ausschließlicher Wirkung der Querkraft Q_ζ für die Bereiche 1 bzw. 2 zu

$$w_Q(x_1) = \frac{\kappa}{GA}\cdot\frac{p}{2}\left(2lx_1 - x_1^2\right)\,, \tag{6.18-26}$$

$$w_Q(x_2) = \frac{\kappa}{GA}\cdot\frac{p}{4}\left(5lx_2 - 2x_2^2\right)\,. \tag{6.18-27}$$

Wie der Vergleich zeigt, entsprechen diese Ergebnisse den in (6.18-16) und (6.18-17) ausgewiesenen Durchbiegungsanteilen zufolge Querkraft.

Beispiel 6.19: Schubbeiwert eines dünnwandigen Hohlquerschnitts

Für den in Abb. 6.19-1 dargestellten einzelligen Hohlquerschnitt mit konstanter Wandstärke b und einem auf die Skelettlinie bezogenen Seitenverhältnis von 2:1 ist der Schubbeiwert κ für die Beanspruchungsrichtung parallel zur ζ-Achse zu ermitteln.

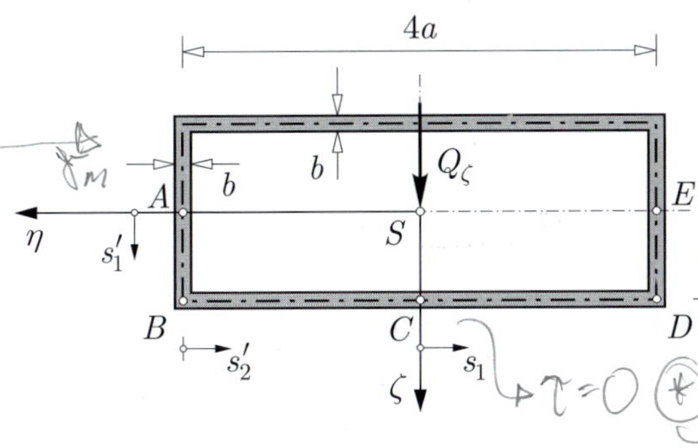

Abb. 6.19-1: Einzelliger Hohlquerschnitt

(a) Herleitung des Schubbeiwerts für dünnwandige offene und geschlossene Querschnitte

Der durch die Querkraft bewirkte Anteil an der Gesamtverformung, d.h. die Schubverformung ist abhängig von der Belastung und der Schubsteifigkeit GA/κ des Querschnitts. κ bezeichnet dabei den Schubbeiwert oder Schubkorrekturfaktor. Mit diesem Faktor wird der durch die vereinfachende Annahme einer über den Querschnitt konstanten Verteilung der Schubspannungen τ_m und entsprechender Schubverzerrungen γ_m implizierte Fehler verringert.

Der Schubbeiwert wird so bestimmt, dass die fiktiven konstanten Schubspannungen τ_m an den fiktiven konstanten Gleitungen γ_m eines Stabquerschnitts dieselbe Arbeit leisten wie die tatsächlichen Schubspannungen $\tau_{x\zeta}$ an den tatsächlichen Gleitungen $\gamma_{x\zeta}$. Ausgangspunkt für die Ermittlung des Schubkorrekturfaktors bildet (6.440) entsprechend

$$\kappa \, \tau_m^2 A = \int_A \tau_{x\zeta}^2 \, dA \; . \tag{6.19-1}$$

Mit der fiktiven, über den Querschnitt konstanten Verteilung der Schubspannung τ_m entsprechend (6.432), d.h.

$$\tau_m = \frac{Q_\zeta}{A} \; , \tag{6.19-2}$$

lässt sich (6.19-1) zu

$$\kappa = \frac{A}{Q_\zeta^2} \int_A \tau_{x\zeta}^2 dA \tag{6.19-3}$$

schreiben. Für dünnwandige Querschnitte kann die Schubspannung zufolge Querkraft mittels (6.12-2) bzw. (6.211) und (6.306) zu

$$\tau(s) = \frac{t(s)}{b(s)} = \frac{t^*(s) + t_0}{b(s)} \tag{6.19-4}$$

angegeben werden, wobei t^* den Schubfluss in einem offenen bzw. gedanklich durchtrennten Querschnitt darstellt. Betrachtet man der Einfachheit halber nur die Querkraft Q_ζ, so ist t^* gemäß (6.12-2) bzw. (6.305) zu

$$t^*(s) = -\frac{Q_\zeta}{I_\eta} S_\eta(s) \tag{6.19-5}$$

gegeben. Die entsprechend (6.12-4) bzw. (6.308) gegebene Integrationskonstante t_0 kann unter Verwendung von (6.19-5) zu

$$t_0 = -\frac{\oint_C \frac{t^*(s)}{b(s)} \, ds}{\oint_C \frac{1}{b(s)} \, ds} = \frac{Q_\zeta}{I_\eta} \cdot \frac{\oint_C \frac{S_\eta(s)}{b(s)} \, ds}{\oint_C \frac{1}{b(s)} \, ds} \tag{6.19-6}$$

geschrieben werden. Der zweite Quotient auf der rechten Seite von (6.19-6) wird mit S_0 bezeichnet und stellt eine Konstante dar, die zu

$$S_0 = \frac{\oint_C \frac{S_\eta(s)}{b(s)} \, ds}{\oint_C \frac{1}{b(s)} \, ds} \tag{6.19-7}$$

definiert ist. Bei offenen Querschnitten wird die Bogenlänge s von einem Endpunkt des Querschnitts aus gemessen. Bei geschlossenen Querschnitten zählt man s von der Stelle aus, wo der Querschnitt gedanklich aufgeschnitten wurde. Je nach Wahl dieses Punktes wird S_0 zwar unterschiedliche Werte annehmen, der Schubbeiwert κ bleibt davon allerdings unbeeinflusst. Setzt man (6.19-5) und (6.19-6) unter Berücksichtigung von (6.19-7) in (6.19-4) ein, so ergibt sich die Schubspannung $\tau(s)$ zu

$$\tau(s) = \frac{Q_\zeta}{I_\eta} \frac{S_0 - S_\eta(s)}{b(s)} \; . \tag{6.19-8}$$

Einsetzen von (6.19-8) in (6.19-3) und Berücksichtigung von $dA = b\,ds$ liefert den Schubbeiwert für offene und geschlossene dünnwandige Querschnitte zu

$$\kappa = \frac{A}{I_\eta^2} \int_l \frac{\left(S_0 - S_\eta(s)\right)^2}{b(s)}\, ds \; , \tag{6.19-9}$$

wobei im Falle offener Querschnitte S_0 zu null gesetzt wird und (6.19-9) zu (6.442) degeneriert. Aus (6.19-9) ist ersichtlich, dass der Schubbeiwert ein Querschnittskennwert ist. Eine analoge Beziehung kann für die Beanspruchungsrichtung parallel zur η-Richtung angegeben werden.

(b) Berechnung als fiktiver offener Querschnitt

Da die Beanspruchungsrichtung mit der durch die ζ-Achse verlaufenden Symmetrieachse des Querschnitts zusammenfällt, sind die Schubspannungen antimetrisch bezüglich der ζ-Achse verteilt und in der Symmetrieachse gleich null. In Hinblick auf die Berechnung von κ mittels (6.19-9) bedeutet dies, dass S_0 verschwindet, wenn die Bogenlänge s von einem auf der vertikalen Symmetrieachse gelegenen Punkt aus gezählt wird (z.B. Punkt C in Abb. 6.19-1). Der geschlossene Querschnitt kann in diesem Fall wie ein offener Querschnitt behandelt werden.

Aufgrund der Dünnwandigkeit des Querschnitts darf näherungsweise mit Skelettlinienlängen gerechnet werden und bei der Ermittlung des Flächenmoments 2. Ordnung um die η-Achse darf das Eigenflächenträgheitsmoment parallel zur η-Achse verlaufender Profilteile vernachlässigt werden. Unter Berücksichtigung der Abmessungen entsprechend Abb. 6.19-1 folgt das Flächenträgheitsmoment zu

$$I_\eta = 2 \cdot \left(\frac{b\,(2a)^3}{12} + 4ab \cdot a^2 \right) = \frac{28}{3}\, a^3 b \; . \tag{6.19-10}$$

Wegen der doppelten Symmetrie genügt es, bei der Berechnung des Flächenmoments 1. Ordnung nur ein Viertel des Querschnitts zu betrachten. Für den horizontal liegenden Schenkel folgt das statische Moment an einer beliebigen Stelle s_1 bzw. im Punkt D zu

$$S_\eta(s_1) = b s_1 \cdot a \; , \qquad S_\eta\big|_{s_1 = 2a} = 2a^2 b \tag{6.19-11}$$

und für den vertikalen Schenkel ergibt sich

$$S_\eta(s_2) = 2a^2 b + b s_2 \cdot \left(a - \frac{s_2}{2} \right) = \frac{b}{2} \left(4a^2 + 2a s_2 - s_2^2 \right) \; . \tag{6.19-12}$$

Eintragen der Ergebnisse (6.19-10) bis (6.19-12) in (6.19-9) und Berücksichtigen, dass für die Querschnittsfläche $A = 12ab$ gilt, liefert

$$\kappa = 4 \cdot \frac{12ab \cdot 3^2}{28^2 a^6 b^2} \cdot \frac{1}{b} \left[\int_0^{2a} (abs_1)^2 \, ds_1 + \right.$$
$$\left. + \frac{b^2}{4} \int_0^a \left(16a^4 + 16a^3 s_2 - 4a^2 s_2^2 - 4as_2^3 + s_2^4 \right) ds_2 \right]$$
$$\kappa = \frac{27}{49a^5b^2} \left[\frac{8}{3} a^5 b^2 + \frac{b^2 a^5}{4} \left(16 + \frac{16}{2} - \frac{4}{3} - \frac{4}{4} + \frac{1}{5} \right) \right] = \frac{27}{49} \left(\frac{8}{3} + \frac{328}{4 \cdot 15} \right)$$
$$\kappa = \frac{1098}{245} = 4.482 \; . \tag{6.19-13}$$

(c) Berechnung als geschlossener Querschnitt

Die oben erwähnte Vereinfachung durch Ausnützung der Symmetrie ist nicht generell möglich. In allgemeinen Fall wird deshalb der Querschnitt in einem beliebigen Punkt gedanklich durchtrennt und die Integrationskonstante S_0 entsprechend (6.19-7) bestimmt. Beim vorliegenden Querschnitt kann dennoch Rechenaufwand gespart werden, wenn die Symmetrie bezüglich der η-Achse ausgenützt wird und die gedankliche Durchtrennung im Punkt A erfolgt. Die Flächenmomente 1. Ordnung ergeben sich dann zu

$$S_1 = S_\eta(s_1') = bs_1' \cdot \frac{s_1'}{2} \; , \qquad S_\eta\big|_{s_1'=a} = \frac{a^2 b}{2} \; ,$$
$$S_2 = S_\eta(s_2') = \frac{a^2 b}{2} + bs_2' \cdot a \; , \qquad S_\eta\big|_{s_2'=4a} = \frac{9a^2 b}{2} \; , \tag{6.19-14}$$
$$S_3 = S_\eta(s_3') = \frac{9a^2 b}{2} + bs_3' \cdot \frac{2a - s_3'}{2} \; .$$

Die Integrationskonstante folgt mit (6.19-7) unter Berücksichtigung der Symmetrie zu

$$S_0 = \frac{\frac{1}{b} \left(\int_0^a S_1 \, ds_1' + \int_0^{4a} S_2 \, ds_2' + \int_0^a S_3 \, ds_3' \right)}{\frac{1}{b} (2a + 4a)}$$
$$S_0 = \frac{1}{6a} \left(\frac{1}{6} a^3 b + 10a^3 b + \frac{29}{6} a^3 b \right) = \frac{5}{2} a^2 b \tag{6.19-15}$$

und schließlich ergibt sich der Schubbeiwert durch Einsetzen von (6.19-14) und (6.19-15) in (6.19-9) und Berücksichtigung der Symmetrie zu

$$\kappa = \frac{2A}{bI_\eta^2} \left[\int_0^a (S_0 - S_1)^2 \, ds_1' + \int_0^{4a} (S_0 - S_2)^2 \, ds_2' + \int_0^a (S_0 - S_3)^2 \, ds_3' \right]$$
$$\kappa = \frac{27}{98a^5b^2} \left[\frac{82}{15} a^5 b^2 + \frac{16}{3} a^5 b^2 + \frac{82}{15} a^5 b^2 \right] = \frac{1098}{245} = 4.482 \; . \tag{6.19-16}$$

Wie der Vergleich zwischen (6.19-13) und (6.19-16) zeigt, ergibt sich für beide Berechnungsvarianten derselbe Wert für den Schubkorrekturfaktor κ.

Kapitel 7

Prinzipien der virtuellen Arbeiten in der linearen Stabtheorie

7.1 Prinzip der virtuellen Verschiebungen

Beispiel 7.1: Fachwerk unter Wirkung von Einzellast- und Temperaturbeanspruchung

Abb. 7.1-1 zeigt ein Tragwerk bestehend aus 3 Fachwerkstäben mit unterschiedlichen Dehnsteifigkeiten EA. Neben der im Knoten A unter 45° angreifenden Einzellast P ist die Wirkung der Temperaturänderung des Stabes 1 zu berücksichtigen. Systemdaten und Belastung sind wie folgt gegeben:

$$\begin{array}{lll} \text{System:} & a = 2\ \text{m}\ , & E = 206\,000\ \text{N/mm}^2\ , \\ & \alpha = 30^\circ\ , & \alpha_T = 1.2 \cdot 10^{-5}\ 1/\text{K}\ , \\ & A = 500\ \text{mm}^2\ , & (EA)_1 = (EA)_3 = 2(EA)_2\ , \\ \text{Belastung:} & P = 100\sqrt{2}\ \ \text{kN}\ , & T_1 = T^{(S)} - T_0 = 30\ \text{K} \end{array} \tag{7.1-1}$$

Es sind die Verschiebung des Knotens A, die Stabkräfte und die Längenänderungen der Stäbe mittels des Prinzips der virtuellen Verschiebungen zu ermitteln.

Das Prinzip der virtuellen Arbeiten in der Formulierung der virtuellen Verschiebungen besagt, dass bei einer virtuellen Verschiebung eines sich im Gleichgewicht befindlichen Körpers die von den inneren und äußeren Kräften geleistete virtuelle Arbeit in Summe gleich null ist, d.h. $\delta A_{in} + \delta A_{ex} = 0$. Die mathematische Formulierung des Prinzips der virtuellen Verschiebungen für ideale Fachwerke ist gemäß (7.11) zu

$$-\sum_{e=1}^{s} N_e\, \delta(\Delta l_e) + \sum_{i=1}^{k} \mathbf{P}^{(i)} \cdot \delta\mathbf{u}^{(i)} = 0 \tag{7.1-2}$$

gegeben, wobei N_e die Normalkräfte in den einzelnen Stäben e, $e = 1, 2, \ldots, s$ und $\delta(\Delta l_e)$ die virtuellen Längenänderungen der Stäbe darstellen. $\mathbf{P}^{(i)}$ stellt die im Knoten i, $i = 1, 2, \ldots, k$ angreifende Einzellast und $\delta\mathbf{u}^{(i)}$ die virtuelle Verschiebung dieses Knotens dar. Die Anzahl der Komponenten von $\mathbf{P}^{(i)}$ bzw. $\delta\mathbf{u}^{(i)}$ hängt von der Dimensionalität und von der Problemstellung ab. Im Falle eines ebenen Fachwerks besitzt ein Fachwerkknoten nur zwei Verschiebungsfreiheitsgrade.

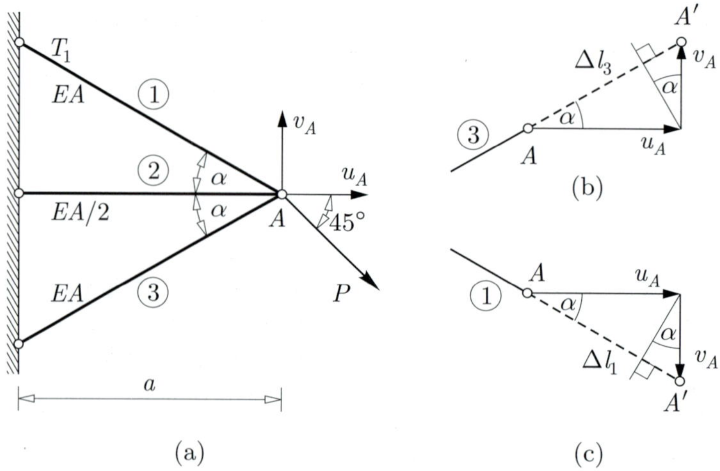

Abb. 7.1-1: (a) System mit Belastung; (b) Längenänderung des Stabes 3; (c) Längenänderung des Stabes 1

(a) Ermittlung der virtuellen Arbeit der inneren Kräfte

• *Stabkräfte als Funktion der Längenänderungen*

Zunächst werden die Stabkräfte N_e, die gemäß (7.12) zu

$$N_e = EA\left[\frac{\Delta l_e}{l_e} - \alpha_T\left(T^{(S)} - T_0\right)\right] \tag{7.1-3}$$

bestimmt sind, durch die entsprechenden Längenänderungen Δl_e ausgedrückt. Die Differenz $T^{(S)} - T_0$ in (7.1-3) bezeichnet die in der Faser des Schwerpunkts auftretende Temperaturänderung bezogen auf eine Referenztemperatur T_0. Die einzelnen Stabkräfte folgen unter Verwendung der Substitution für die Temperaturänderung entsprechend (7.1-1) zu

$$\begin{aligned} N_1 &= \frac{EA}{a}\,(\cos\alpha\;\Delta l_1 - \alpha_T T_1\,a)\;, \\ N_2 &= \frac{EA}{2a}\,\Delta l_2\;, \\ N_3 &= \frac{EA}{a}\,\cos\alpha\;\Delta l_3\;. \end{aligned} \tag{7.1-4}$$

$l_{e_1} = l_{e_2} = \frac{a}{\cos\alpha}$

• *Längenänderungen als Funktion der Knotenverschiebungen*

Im nächsten Schritt werden mittels Abb. 7.1-1(b) und (c) die Längenänderungen Δl_e der einzelnen Stäbe durch die Komponenten der Knotenverschiebung u_A und v_A ausgedrückt. In Abb. 7.1-1(a) sind die positiven Richtungen der Komponenten u_A und v_A der Knotenverschiebung festgelegt. In der Festlegung der positiven Richtungen von u_A und v_A ist man zwar frei, allerdings gilt die einmal getroffene Festlegung in der weiteren Berechnung für jeden Stab. Die Längenänderung wird für jeden Stab positiv, d.h. $\Delta l_e > 0$, angesetzt und die der Verlängerung des jeweiligen Stabes in Richtung der Stabachse entsprechende Knotenverschiebung wird durch die Komponenten u_A und v_A ausgedrückt. Aus Abb. 7.1-1(b) und (c) lässt sich für die einzelnen Stäbe ablesen:

$$\begin{aligned} \Delta l_1 &= u_A \cos\alpha - v_A \sin\alpha \ , \\ \Delta l_2 &= u_A \ , \\ \Delta l_3 &= u_A \cos\alpha + v_A \sin\alpha \end{aligned} \qquad (7.1\text{-}5)$$

- ***Virtuelle Längenänderungen als Funktion virtueller Verschiebungen***

Im nächsten Schritt werden die in (7.1-2) benötigten virtuellen Längenänderungen der Stäbe $\delta(\Delta l_e)$ berechnet. Dazu werden in den Knoten des Fachwerks virtuelle Verschiebungen angesetzt und die damit verbundenen virtuellen Längenänderungen der Stäbe berechnet. Von diesen virtuellen Verschiebungen wird gefordert, dass sie kinematisch zulässig sind, d.h. sie müssen

- virtuell (gedacht, nicht tatsächlich),
- klein und
- beliebig sein,
- aber im Übrigen denselben kinematischen Randbedingungen genügen wie die aktuellen Verschiebungen.

Aus der letzten Bedingung folgt, dass im vorliegenden Fall nur im Knoten A eine von null verschiedene virtuelle Verschiebung anzusetzen ist, da die an der Wand befindlichen Knoten unverschieblich gelagert sind und somit keine virtuelle Lage in infinitesimaler Nachbarschaft besitzen. Wählt man die virtuelle Verschiebung von A gleich wie die aktuelle, mit der Ausnahme, dass sie als virtuelle Verschiebung angesetzt wird, so sind alle o.a. Forderungen erfüllt und man erhält die dieser Verschiebung zugeordneten virtuellen Längenänderungen der Stäbe zu

$$\begin{aligned} \delta\left(\Delta l_1\right) &= \delta u_A \cos\alpha - \delta v_A \sin\alpha \ , \\ \delta\left(\Delta l_2\right) &= \delta u_A \ , \\ \delta\left(\Delta l_3\right) &= \delta u_A \cos\alpha + \delta v_A \sin\alpha \ . \end{aligned} \qquad (7.1\text{-}6)$$

(b) Ermittlung der virtuellen Arbeit der äußeren Kräfte

Mit den Vektoren für die äußere Kraft P und die virtuelle Verschiebung des Knotens A entsprechend

$$\mathbf{P} = \lfloor\, P_H \quad -P_V \,\rfloor^T, \quad \delta\mathbf{u} = \lfloor\, \delta u_A \quad \delta v_A \,\rfloor^T \qquad (7.1\text{-}7)$$

folgt die virtuelle Arbeit der äußeren Kraft zu

$$\delta A_{ex} = \mathbf{P} \cdot \delta\mathbf{u} = P_H\, \delta u_A - P_V\, \delta v_A \ . \qquad (7.1\text{-}8)$$

Wie in (7.1-7) und (7.1-8) zum Ausdruck kommt, zeigt die Vertikalkomponente der Last in die negative Richtung von v_A.

(c) Ermittlung der Verschiebung des Knotens *A* mit dem Prinzip der virtuellen Verschiebungen

Einsetzen der Beziehungen für die virtuellen Längenänderungen der Stäbe (7.1-6) in (7.1-2) und Summieren über alle Stäbe führt unter Berücksichtigung von (7.1-8) auf

$$-\left(N_1\,\delta u_A\cos\alpha - N_1\,\delta v_A\sin\alpha + N_2\,\delta u_A + N_3\,\delta u_A\cos\alpha + N_3\,\delta v_A\sin\alpha\right) + \\ + P_H\,\delta u_A - P_V\,\delta v_A = 0\ . \qquad (7.1\text{-}9)$$

Umordnung nach den Koeffizienten δu_A und δv_A ergibt

$$\delta u_A\left(N_1\cos\alpha + N_2 + N_3\cos\alpha - P_H\right) + \delta v_A\left(-N_1\sin\alpha + N_3\sin\alpha + P_V\right) = 0\ . \qquad (7.1\text{-}10)$$

Gleichung (7.1-10) muss für beliebige kinematisch zulässige virtuelle Verschiebungen erfüllt sein. Das ist dann und nur dann der Fall, wenn die Ausdrücke in den Klammern in (7.1-10) verschwinden. Einsetzen der Beziehungen für die Normalkräfte (7.1-4) unter Berücksichtigung, dass die Längenänderungen der Stäbe mittels (7.1-5) durch die Knotenverschiebung ausgedrückt werden können, liefert nach Division durch den Faktor EA/a zwei Gleichungen für die unbekannten Verschiebungskomponenten u_A, v_A in der Form

$$(u_A\cos\alpha - v_A\sin\alpha)\cos^2\alpha - \alpha_T T_1\,a\cos\alpha + \frac{u_A}{2} + \\ + (u_A\cos\alpha + v_A\sin\alpha)\cos^2\alpha - \frac{P_H a}{EA} = 0\ , \qquad (7.1\text{-}11)$$

$$-(u_A\cos\alpha - v_A\sin\alpha)\sin\alpha\cos\alpha + \alpha_T T_1\,a\sin\alpha + \\ + (u_A\cos\alpha + v_A\sin\alpha)\sin\alpha\cos\alpha + \frac{P_V a}{EA} = 0\ . \qquad (7.1\text{-}12)$$

In Matrizenschreibweise ergibt sich somit nachfolgendes inhomogenes lineares algebraisches Gleichungssystem:

$$\begin{bmatrix} 2\cos^3\alpha + 0.5 & 0 \\ 0 & 2\cos\alpha\sin^2\alpha \end{bmatrix} \cdot \begin{Bmatrix} u_A \\ v_A \end{Bmatrix} = \begin{Bmatrix} P_H\dfrac{a}{EA} + \alpha_T T_1\,a\cos\alpha \\ -P_V\dfrac{a}{EA} - \alpha_T T_1\,a\sin\alpha \end{Bmatrix} . \qquad (7.1\text{-}13)$$

Im gegebenen Fall sind die Gleichungen entkoppelt und die Verschiebungen können unmittelbar zu

$$u_A = \frac{a\,(P_H + EA\,\alpha_T T_1\cos\alpha)}{EA\,(2\cos^3\alpha + 0.5)}\ , \qquad v_A = -\frac{a\,(P_V + EA\,\alpha_T T_1\sin\alpha)}{EA\left(2\cos\alpha\sin^2\alpha\right)} \qquad (7.1\text{-}14)$$

angegeben werden. Anschließend werden die entsprechenden Beziehungen mit den in (7.1-1) gegebenen Zahlenwerten für die Last P und die Temperaturänderung T_1 getrennt ausgewertet. Die Verschiebungen ergeben sich zu:

$$\begin{aligned} u_A &= \frac{2\,000\,(100\,0000 + 206\,000\cdot 500\cdot 1.2\cdot 10^{-5}\cdot 30\cdot\cos 30^\circ)}{206\,000\cdot 500\,(2\cos^3 30^\circ + 0.5)} \\ u_A &= 1.079 + 0.347 = 1.426\ \text{mm}\ , \end{aligned} \qquad (7.1\text{-}15)$$

$$\begin{aligned} v_A &= -\frac{2\,000\,(100\,0000 + 206\,000\cdot 500\cdot 1.2\cdot 10^{-5}\cdot 30\cdot\sin 30^\circ)}{206\,000\cdot 500\left(2\cos 30^\circ\sin^2 30^\circ\right)} \\ v_A &= -4.484 - 0.831 = -5.315\ \text{mm}\ . \end{aligned} \qquad (7.1\text{-}16)$$

(d) Ermittlung der Längenänderungen der Stäbe und der Stabkräfte

Die Längenänderungen der Stäbe erhält man durch Einsetzen in (7.1-5) zu

$$\begin{aligned}
\Delta l_1 &= \Delta l_1^{(P)} + \Delta l_1^{(T_1)} = 3.176 + 0.716 = 3.892 \text{ mm} \,, \\
\Delta l_2 &= \Delta l_2^{(P)} + \Delta l_2^{(T_1)} = 1.079 + 0.347 = 1.426 \text{ mm} \,, \\
\Delta l_3 &= \Delta l_3^{(P)} + \Delta l_3^{(T_1)} = -1.308 - 0.115 = -1.423 \text{ mm} \,.
\end{aligned} \tag{7.1-17}$$

Diese Ergebnisse sind in Abb. 7.1-2(a) dargestellt. Da der Knoten A der gemeinsame Endpunkt von mehreren Stäben ist, erfährt der Endpunkt jedes Stabes neben einer Axialverschiebung zusätzlich eine Drehung um den jeweiligen an der Wand liegenden Gelenkpunkt des entsprechenden Stabes. Im Rahmen der linearen Theorie ist es zulässig, den entsprechenden Kreisbogen durch eine Normale auf die jeweilige Stabachse zu ersetzen.

Die Stabkräfte zufolge P und T_1 folgen durch Einsetzen von (7.1-17) in (7.1-4) zu

$$\begin{aligned}
N_1 &= N_1^{(P)} + N_1^{(T_1)} = \frac{EA}{a}\cos\alpha \cdot \Delta l_1^{(P)} + \frac{EA}{a}\cos\alpha \cdot \Delta l_1^{(T_1)} - EA\alpha_T T_1 \\
N_1 &= 141.67 - 5.15 = 136.52 \text{ kN} \,, \\
N_2 &= N_2^{(P)} + N_2^{(T_1)} = 27.78 + 8.94 = 36.72 \text{ kN} \,, \\
N_3 &= N_3^{(P)} + N_3^{(T_1)} = -58.32 - 5.13 = -63.45 \text{ kN} \,.
\end{aligned} \tag{7.1-18}$$

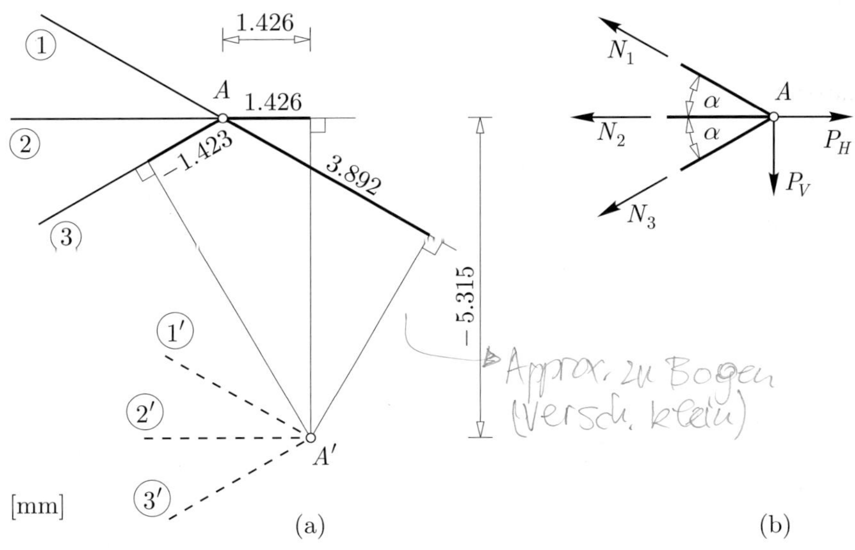

Abb. 7.1-2: (a) Knoten A in unverformter und verformter Lage; (b) Gleichgewicht am Knoten A

Als notwendige, aber nicht hinreichende Bedingung für die Richtigkeit der Ergebnisse für die Stabkräfte ist die Erfüllung der Gleichgewichtsbedingung am Knoten A

in horizontaler und vertikaler Richtung. Die entsprechenden Summen der Kräfte in horizontaler und vertikaler Richtung ergeben:

$$\sum F_H = 0: \qquad P_H - (N_1 + N_3)\cos\alpha - N_2 = 0$$

$$100 - (136.52 - 63.45)\cos 30^\circ - 36.72 = 0\ , \tag{7.1-19}$$

$$\sum F_V = 0: \qquad P_V + (N_3 - N_1)\sin\alpha = 0$$

$$100 + (-63.45 - 136.52)\sin 30^\circ = 0.01 \approx 0\ . \tag{7.1-20}$$

7.2 Prinzip der virtuellen Kräfte

Beispiel 7.2: Zweifeldträger unter reiner Biegebeanspruchung

Abb. 7.2-1(a) zeigt einen Durchlaufträger über zwei Felder mit konstanter Biegesteifigkeit EI_η, dessen linkes Feld durch eine gleichförmige Belastung $q_\zeta = p$ beansprucht wird. Der Querschnitt des Balkens sei symmetrisch bezüglich der ζ-Achse, und die Biegung erfolge um die normal zur Zeichenebene gerichtete Querschnittshauptachse η. Da Schwerpunkt und Schubmittelpunkt auf der Wirkungslinie der Querkraft liegen, ergibt sich kein zusätzliches Torsionsmoment, sodass zufolge der Belastung p lediglich die Schnittgrößen M_η und Q_ζ auftreten. Außerdem wird angenommen, dass der Stab hinreichend schlank sei und deshalb die Schubverformungen vernachlässigt werden dürfen. Da aufgrund dieser Annahmen M_η die einzige in der Berechnung zu berücksichtigende Schnittgröße darstellt, entspricht die gegenständliche Problemstellung dem Fall einer reinen Biegebeanspruchung.

Mittels des Prinzips der virtuellen Kräfte sind unter der Annahme einer reinen Biegebeanspruchung zu berechnen:

(a) Momentenverteilung,

(b) Neigung der Tangente an die Biegelinie im Punkt b und

(c) Vertikalverschiebung des Punktes i (siehe Abb. 7.2-1(a)).

Ausgangspunkt der Berechnung bildet bei Vernachlässigung der Schubverformungen Gleichung (7.78) entsprechend

$$-\int_l \delta M_\eta \left(\frac{M_\eta}{EI_\eta} + \alpha_T \frac{\Delta T_\zeta}{h_\zeta}\right) dx + \int_l \delta q_\zeta \bar{w}\, dx = 0\ . \tag{7.2-1}$$

In (7.2-1) bezeichnet δM_η ein virtuelles Biegemoment um die η-Achse, δq_ζ eine in Richtung der ζ-Achse wirkende virtuelle Linienlast und $\bar{w}$ eine vorgegebene Verschiebung in ζ-Richtung. Da im vorliegenden Fall der Temperaturgradient ΔT_ζ null ist, vereinfacht sich (7.2-1) zu

$$-\int_l \delta M_\eta \frac{M_\eta}{EI_\eta}\, dx + \int_l \delta q_\zeta \bar{w}\, dx = 0\ . \tag{7.2-2}$$

(7.2-2) stellt die Formulierung des Prinzips der virtuellen Kräfte unter alleiniger Berücksichtigung des Biegemomenteneinflusses dar. Kennzeichnend für das Prinzip der virtuellen Kräfte ist, dass die virtuellen Größen – hier δM_η und δq_ζ – Kraftgrößen sind.

(a) Ermittlung der Biegemomentenverteilung

- ***Wahl des statisch bestimmten Grundsystems – Wahl der statisch Unbestimmten***

Das vorliegende System ist einfach statisch unbestimmt. Wählt man als statisch unbestimmte Größe X das Stützmoment $M_\eta^{(b)}$, d.h.

$$M_\eta^{(b)} = X \tag{7.2-3}$$

(vgl. Abb. 7.2-1(b)), so folgt das statisch bestimmte Grundsystem durch Anbringen eines Gelenks über der Mittelstütze entsprechend Abb. 7.2-1(c). Eine andere Möglichkeit

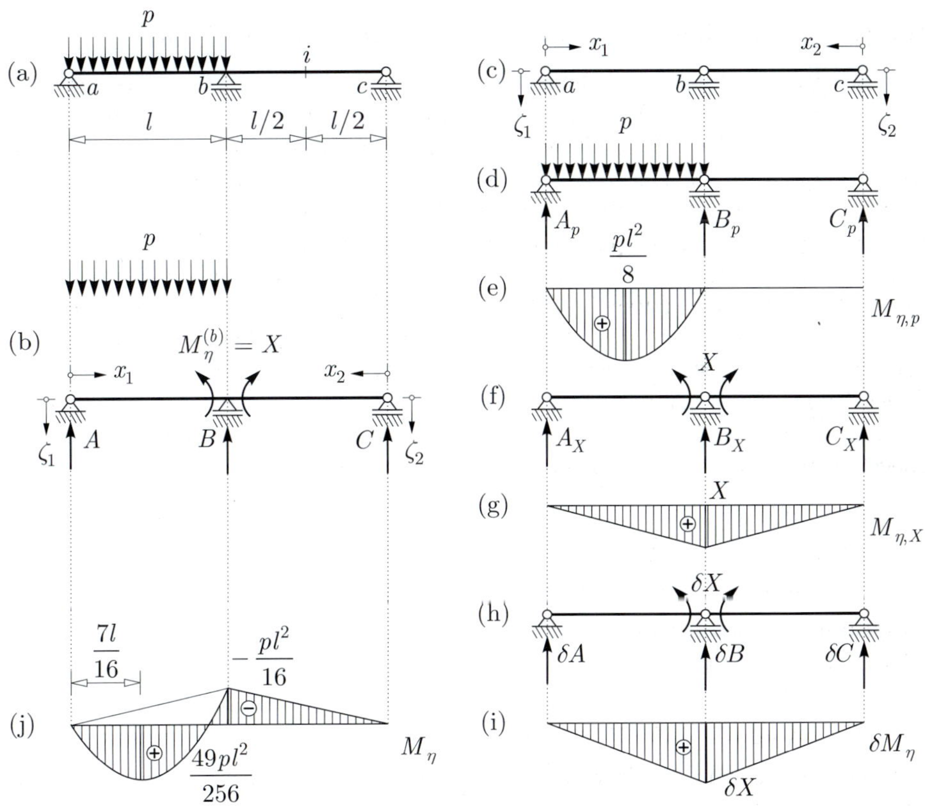

Abb. 7.2-1: Durchlaufträger: (a) System; (b) Wahl der statisch Unbestimmten X; (c) statisch bestimmtes Grundsystem (sbG); (d) äußere Last am sbG; (e) Biegemomente zufolge äußerer Last am sbG; (f) statisch Unbestimmte als Lastwirkung am sbG; (g) Biegemomente zufolge der statisch Unbestimmten am sbG; (h) virtuelle äußere Kraftgröße δX am sbG; (i) Biegemomente zufolge der virtuellen Kraftgröße am sbG; (j) Biegemomentenverlauf am gegebenen System

der Bildung eines statisch bestimmten Grundsystems bestünde darin, die Mittelstütze zu entfernen. In diesem Falle würde die Auflagerkraft B die statisch unbestimmte Größe darstellen. Diese Wahl des statisch bestimmten Grundsystems hätte allerdings den Nachteil, dass zufolge der äußeren Belastung p in beiden Feldern des statisch bestimmten Grundsystems Biegemomente auftreten würden, wodurch sich die Berechnung etwas aufwendiger gestalten würde.

- ***Schnittgrößen am statisch bestimmten Grundsystem zufolge äußerer Belastung und statisch Unbestimmter***

Man formuliert nun die Biegemomente in Abhängigkeit von der äußeren Belastung p und der statisch Unbestimmten X. Dabei erweist es sich als vorteilhaft, den Koordinatenursprung für das rechte Trägerfeld in den Punkt c zu legen. Die Auflagerkräfte zufolge äußerer Belastung p und zufolge der statisch Unbestimmten X (vgl. auch Abb. 7.2-1(d) und (f)) folgen zu

$$A_p = \frac{p\,l}{2}\,, \quad C_p = 0\,, \tag{7.2-4}$$

$$A_X = \frac{X}{l}\,, \quad C_X = \frac{X}{l}\,. \tag{7.2-5}$$

Mit den aus beiden Lastwirkungen sich ergebenden Auflagerkräften

$$A = A_p + A_X = \frac{p\,l}{2} + \frac{X}{l}\,, \tag{7.2-6}$$

$$C = C_p + C_X = \frac{X}{l} \tag{7.2-7}$$

folgen die Biegemomente in den beiden Feldern zu

$$M_\eta(x_1) = A \cdot x_1 - \frac{p\,x_1^2}{2} = \frac{p}{2}\left(x_1 l - x_1^2\right) + \frac{X}{l}\,x_1\,, \tag{7.2-8}$$

$$M_\eta(x_2) = C \cdot x_2 = \frac{X}{l}\,x_2\,. \tag{7.2-9}$$

- ***Schnittgrößen am statisch bestimmten Grundsystem zufolge virtueller Kraftgröße***

Die virtuellen Biegemomente δM_η stellen die Schnittgrößen zufolge der am statisch bestimmten Grundsystem angreifenden virtuellen äußeren Kraftgröße in Form eines Doppelmoments δX dar. Die Lagerreaktionen zufolge der am statisch bestimmten Grundsystem wirkenden virtuellen Belastung δX (vgl. Abb. 7.2-1(h)) sind zu

$$\delta A = \frac{\delta X}{l}, \quad \delta B = -2\,\frac{\delta X}{l}, \quad \delta C = \frac{\delta X}{l} \tag{7.2-10}$$

gegeben und die Momentenverteilung zufolge der virtuellen Belastung δX am statisch bestimmten Grundsystem folgt für die beiden Felder zu

$$\delta M_\eta(x_1) = \frac{\delta X}{l}\,x_1, \quad \delta M_\eta(x_2) = \frac{\delta X}{l}\,x_2 \tag{7.2-11}$$

und ist in Abb. 7.2-1(i) dargestellt. Zum gleichen Ergebnis gelangt man, wenn in (7.2-8) bzw. (7.2-9) X durch δX ersetzt und die aktuelle äußere Belastung zu null gesetzt wird.

- ***Virtuelle Arbeit der äußeren Kräfte***

Die virtuelle Arbeit der äußeren Kräfte folgt mit (7.84) zu

$$\int_l \delta q_\zeta \bar{w}\, dx = \delta X(x) \cdot \Delta\bar{\varphi}(x)\ , \tag{7.2-12}$$

wobei $\delta X(x)$ das an der Stelle x angreifende virtuelle Doppelmoment und $\Delta\bar{\varphi}(x)$ die Neigungsänderung (Knick) der Biegelinie an der Stelle x darstellt. Da das aktuelle (gegebene) System, wie in Abb. 7.2-1(b) dargestellt, im Angriffspunkt (Mittelstütze) des Doppelmoments δX kein Gelenk und deshalb auch keine Unstetigkeit bezüglich der Neigung der Biegelinie aufweist, d.h. $\Delta\bar{\varphi}(x) = 0$ gilt, verschwindet in (7.2-2) der zweite Term und (7.2-2) ergibt sich zu

$$-\int_l \delta M_\eta \frac{M_\eta}{EI_\eta}\, dx = 0\ . \tag{7.2-13}$$

Die virtuelle äußere Kraft $\delta X(x)$ leistet somit keine Arbeit, da die dieser Kraft zugeordnete Verschiebungsgröße null ist.

- ***Ermittlung der statisch Unbestimmten* X *und der Schnittgrößenverteilung mittels des Prinzips der virtuellen Kräfte***

Einsetzen von (7.2-8), (7.2-9) und (7.2-11) in (7.2-13) ergibt

$$\int_0^l \frac{1}{EI_\eta}\left[\frac{p}{2}\left(x_1 l - x_1^2\right) + \frac{X}{l}\,x_1\right] \cdot \frac{\delta X}{l} x_1\, dx_1 + \int_0^l \frac{1}{EI_\eta}\frac{X}{l}\,x_2 \cdot \frac{\delta X}{l}\,x_2\, dx_2 = 0\,. \tag{7.2-14}$$

Da (7.2-14) für beliebige virtuelle Größen δX erfüllt sein muss, kann durch δX gekürzt werden und die statisch Unbestimmte folgt zu

$$\begin{aligned} \frac{p}{2l}\left(\frac{l^4}{3} - \frac{l^4}{4}\right) + \frac{X}{l^2}\cdot\frac{l^3}{3} + \frac{X}{l^2}\cdot\frac{l^3}{3} &= 0 \\ \frac{p\,l^3}{24} + 2X\frac{l}{3} &= 0 \quad \rightarrow \quad X = -\frac{p\,l^2}{16}\,. \end{aligned} \tag{7.2-15}$$

Einsetzen von (7.2-15) in (7.2-6) und (7.2-7) und Summenbildung aller in vertikaler Richtung wirkender Kräfte liefert die Auflagerkräfte des aktuellen Systems zu

$$A = \frac{p\,l}{2} + \frac{X}{l} = \frac{7p\,l}{16}, \qquad C = \frac{X}{l} = -\frac{p\,l}{16}, \qquad B = \frac{10p\,l}{16}\,. \tag{7.2-16}$$

Mit der Lagerreaktion A folgt der Querkraftverlauf im linken Feld zu

$$Q(x_1) = A - p\,x_1 = p\left(\frac{7l}{16} - x_1\right)\ . \tag{7.2-17}$$

Für $Q(x_1) = 0$ ergibt sich die Stelle, an der das Biegemoment einen Maximalwert annimmt, zu $7l/16$ (vgl. Abb. 7.2-1(j)). Der Verlauf der Biegemomente für das linke bzw. rechte Feld folgt durch Einsetzen von (7.2-15) in (7.2-8) bzw. (7.2-9) zu

$$M_\eta(x_1) = \frac{p}{2}\left(x_1 l - x_1^2\right) - \frac{p\,l}{16}\cdot x_1 = \frac{p}{2}\left(\frac{7l}{8}x_1 - x_1^2\right)\ , \tag{7.2-18}$$

$$M_\eta(x_2) = -\frac{p\,l}{16}x_2 \tag{7.2-19}$$

und das maximale Feldmoment ergibt sich für $x_1 = 7l\,/16$ zu

$$M_\eta^{(\max)} = \frac{p}{2}\left(\frac{7l}{8}\cdot\frac{7l}{16} - \frac{49l^2}{256}\right) = \frac{49p\,l^2}{512}\,. \tag{7.2-20}$$

(b) Ermittlung der Biegelinienneigung im Punkt *b*

Neben der Bestimmung der Schnittgrößen von statisch unbestimmten Systemen eignet sich das Prinzip der virtuellen Kräfte bei bekanntem Schnittgrößenverlauf besonders gut zur Ermittlung von einzelnen Verschiebungsgrößen in beliebigen Punkten k. Abhängig von der im Punkt k für den ebenen Fall zu ermittelnden Verschiebungsgröße $w^{(k)}$, $u^{(k)}$ oder $\varphi^{(k)}$ ist im Punkt k die zur Verschiebungsgröße duale virtuelle Kraftgröße $\delta P_\zeta^{(k)}$, $\delta P_x^{(k)}$ oder $\delta M_\eta^{(k)}$ in Richtung der gesuchten Verschiebung anzusetzen. Im gegenständlichen Fall ist zur Ermittlung der Neigung der Biegelinie über der Mittelstütze zufolge der gegebenen äußeren Belastung p an dieser Stelle ein virtuelles Biegemoment $\delta M_\eta^{(k)} = \delta M_0$ aufzubringen. Entsprechend dem Prinzip der virtuellen Kräfte müssen die virtuelle äußere Kraftgröße und die von dieser hervorgerufenen virtuellen Schnittgrößen ein Gleichgewichtssystem bilden.

Für die numerische Berechnung der gesuchten Verschiebungsgröße besonders gut geeignete Gleichgewichtssysteme können am statisch bestimmten Grundsystem ermittelt werden. Somit genügt es, ein Gleichgewichtssystem bestehend aus der virtuellen Kraftgröße δM_0, die über der Mittelstütze angreift (Abb. 7.2-2 (b)) und nur im rechten Träger des statisch bestimmten Grundsystems Biegemomente hervorruft

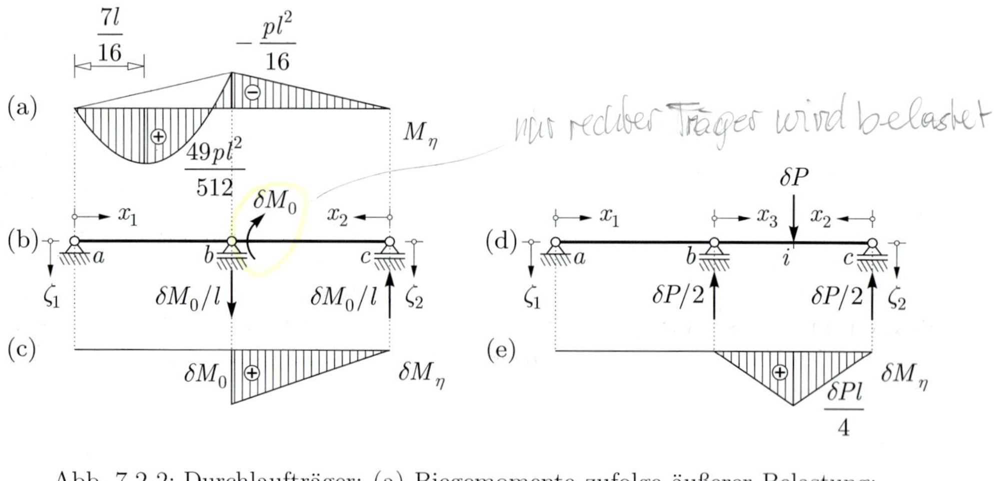

Abb. 7.2-2: Durchlaufträger: (a) Biegemomente zufolge äußerer Belastung; (b) virtuelle Kraftgröße δM_0 zur Ermittlung der Tangentenneigung der Biegelinie am mittleren Auflager; (c) virtuelle Biegemomente zufolge der virtuellen äußeren Kraftgröße δM_0 am sbG; (d) virtuelle Kraftgröße δP zur Ermittlung der Durchbiegung in Feldmitte; (e) virtuelle Biegemomente zufolge der virtuellen äußeren Kraftgröße δP am sbG

(Abb. 7.2-2(c)), zu betrachten. Da bei dieser Wahl des Gleichgewichtssystems der virtuellen äußeren und inneren Kräfte im linken Feld keine virtuellen Biegemomente δM_η hervorgerufen werden, liefert nur das rechte Feld einen Beitrag zur virtuellen Arbeit. Diese Berechnungsmethode ist auch unter dem Namen „Reduktionssatz der Baustatik" bekannt.

Die virtuelle Arbeit der äußeren Kräfte wird durch die virtuelle äußere Kraft δM_0, die entlang der aktuellen Drehung $\bar{\varphi}_b$ wirkt, geleistet. Unter Verwendung von (7.2-19) und Abb. 7.2-2(b) folgen für das rechte Feld die aktuellen und virtuellen Biegemomente zu

$$M_\eta(x_2) = -\frac{p\,l}{16} \cdot x_2, \qquad \delta M_\eta(x_2) = \frac{\delta M_0}{l} \cdot x_2 \; . \tag{7.2-21}$$

Spezialisierung von (7.2-2) für die gegebene Problemstellung führt auf

$$-\int_l \delta M_\eta \frac{M_\eta}{EI_\eta}\, dx + \delta M_0 \cdot \bar{\varphi}_b = 0 \; . \tag{7.2-22}$$

Weglassen des Querstrichs über $\bar{\varphi}_b$, um damit zum Ausdruck zu bringen, dass φ_b nicht im Sinne von (7.2-2) eine vorgegebene, sondern eine gesuchte Größe ist, und Einsetzen von (7.2-21) in (7.2-22) liefert die Beziehung für die gesuchte Tangentenneigung der Biegelinie im Punkt b zu

$$\begin{aligned} -\frac{1}{EI_\eta}\int_0^l -\frac{p\,l}{16}x_2 \cdot \frac{\delta M_0}{l} x_2\, dx_2 + \delta M_0 \cdot \varphi_b &= 0 \\ \varphi_b &= -\frac{p\,l^3}{48 EI_\eta} \; . \end{aligned} \tag{7.2-23}$$

(c) Ermittlung der Durchbiegung im Punkt i

Zur Ermittlung der Vertikalverschiebung des Punktes i wird in i eine virtuelle Kraft δP in Richtung der gesuchten Verschiebungskomponente aufgebracht (Abb. 7.2-2(d)). Auch hier wird wieder das Gleichgewichtssystem zwischen der virtuellen äußeren Kraft und den von ihr geweckten inneren Kräften an einem für die numerische Berechnung geeigneten statisch bestimmten Grundsystem ermittelt, wie Abb. 7.2-2(e) zeigt (Reduktionssatz der Baustatik). Mit den Bezeichnungen entsprechend Abb. 7.2-2(d) ergeben sich die Biegemomente zufolge aktueller und virtueller Belastung im rechten Feld zu

$$\begin{aligned} M_\eta(x_2) &= C \cdot x_2, & M_\eta(x_3) &= C \cdot (l - x_3) \; , \\ \delta M_\eta(x_2) &= \frac{\delta P}{2} \cdot x_2, & \delta M_\eta(x_3) &= \frac{\delta P}{2} \cdot x_3 \; . \end{aligned} \tag{7.2-24}$$

Für die Durchbiegung in Trägermitte i ergibt sich eine zu (7.2-22) analoge Beziehung der Form

$$-\int_l \delta M_\eta \frac{M_\eta}{EI_\eta}\, dx + \delta P \cdot \bar{w}_i = 0 \; , \tag{7.2-25}$$

wobei nachfolgend wieder der Querstrich weggelassen wird, da w_i die gesuchte Größe darstellt. Mit den Momentenbeziehungen entsprechend (7.2-24) folgt die gesuchte Durchbiegung zu

$$
\begin{aligned}
&-\frac{1}{EI_\eta}\left[\int_0^{l/2} Cx_2 \cdot \frac{\delta P}{2} x_2\, dx_2 + \int_0^{l/2} C\,(l-x_3)\cdot\frac{\delta P}{2} x_3\, dx_3\right] + \delta P w_i = 0 \\
&w_i = \frac{C}{2EI_\eta}\left(\frac{l^3}{24} + \frac{l^3}{8} - \frac{l^3}{24}\right) = \frac{Cl^3}{16EI_\eta} \\
&w_i = -\frac{p\,l^4}{256EI_\eta} \,. \qquad (7.2\text{-}26)
\end{aligned}
$$

Beispiel 7.3: Träger unter Biege- und Normalkraftbeanspruchung

Abb. 7.3-1(a) zeigt einen linksseitig eingespannten Balken (B), der am rechten Ende durch eine Einzellast beansprucht ist. Außerdem wird der Balken in der Mitte durch ein unter 45° geneigtes Abspannseil (S) gehalten. Die Daten des Systems sind zu

$$
\begin{aligned}
l &= 2\,\mathrm{m}\,, & E_B &= 21\,000\,\mathrm{kN/cm^2}\,, & A_B &= 105\,\mathrm{cm^2}\,, \\
P &= 15\,\mathrm{kN}\,, & E_S &= 21\,000\,\mathrm{kN/cm^2}\,, & A_S &= 12\,\mathrm{cm^2} \\
I_\eta &= 8\,100\,\mathrm{cm^4}\,, & & & &
\end{aligned} \qquad (7.3\text{-}1)
$$

gegeben, wobei die Indizes B und S auf den Balken bzw. das Seil Bezug nehmen. Mit Hilfe des Prinzips der virtuellen Kräfte sind unter Berücksichtigung der Wirkung zufolge der Normalkräfte und Biegemomente zu berechnen:

(a) die Schnittgrößenverteilung N und M_η,

(b) die Vertikalverschiebung des Lastangriffspunktes C.

(a) Ermittlung der Normalkraft- und Biegemomentenverteilung

Ausgangspunkt für die Berechnung ist die allgemeine Formulierung des Prinzips der virtuellen Kräfte für Beanspruchungen durch Normalkraft und Biegemomente um die beiden Hauptachsen des Querschnitts gemäß (7.90), d.h.

$$
\begin{aligned}
&-\int_l \delta N\left(\frac{N}{EA} + \alpha_T\left(T^{(S)} - T_0\right)\right) dx - \\
&-\int_l \delta M_\eta\left(\frac{M_\eta}{EI_\eta} + \alpha_T\frac{\Delta T_\zeta}{h_\zeta}\right) dx - \int_l \delta M_\zeta\left(\frac{M_\zeta}{EI_\zeta} - \alpha_T\frac{\Delta T_\eta}{h_\eta}\right) dx + \\
&+\int_l \delta q_x \bar{u}\, dx + \int_l \delta q_\eta \bar{v}\, dx + \int_l \delta q_\zeta \bar{w}\, dx = 0 \,. \qquad (7.3\text{-}2)
\end{aligned}
$$

Neben den zu (7.2-1) analogen Termen, welche die Biegung um die ζ-Achse betreffen, bezeichnen in (7.3-2) δq_η bzw. $\bar{v}$ die virtuelle Linienlast bzw. die vorgegebene Verschiebung der Stabachse in η-Richtung, δN bezeichnet eine virtuelle Normalkraft und δq_x bzw. $\bar{u}$ die virtuelle Linienlast bzw. die vorgegebene Verschiebung in x-Richtung.

Das vorliegende Tragwerk ist einfach statisch unbestimmt. Als statisch Unbestimmte X wird die Seilkraft gewählt, wie in Abb. 7.3-1(b) dargestellt. Spezialisierung

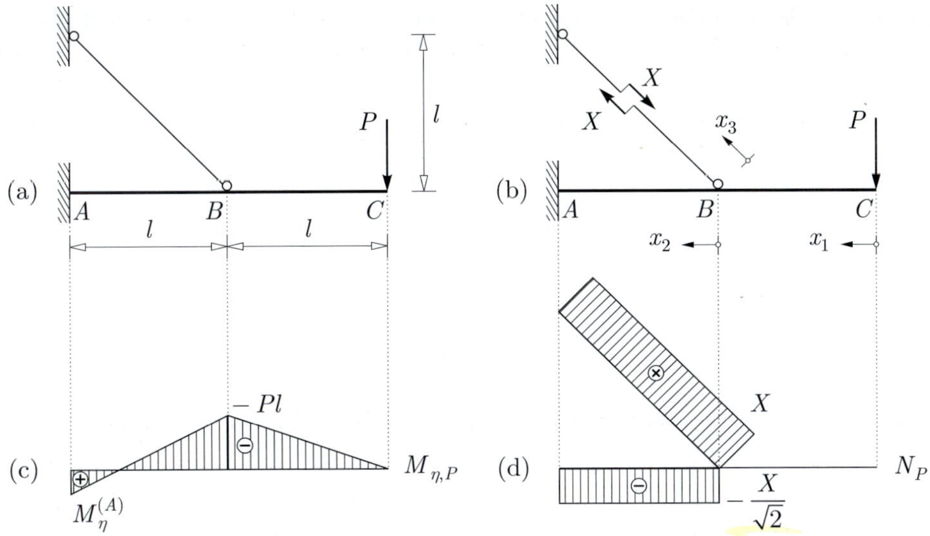

Abb. 7.3-1: (a) Gegebenes (aktuelles) System; (b) Statisch Unbestimmte X und statisch bestimmtes Grundsystem (sbG); (c) Biegemomentenverlauf zufolge äußerer Last P und statisch Unbestimmter X am sbG; (d) Normalkraftverlauf zufolge P und X am sbG

von (7.3-2) für die gegenständliche Problemstellung liefert unter Verwendung des in Abb. 7.3-1(b) dargestellten statisch bestimmten Grundsystems

$$-\int_l \delta N \frac{N}{EA}\, dx - \int_l \delta M_\eta \frac{M_\eta}{EI_\eta}\, dx + \delta X \Delta\bar{u}\, dx = 0\,, \tag{7.3-3}$$

wobei $\Delta\bar{u}$ die Klaffung bzw. Überlappung der Querschnittsflächen, an denen die statisch Unbestimmte X angreift, bedeutet. Da das Seil nur im Gedankenmodell durchtrennt ist, ist die Überlappung bzw. Klaffung in Wirklichkeit null und die virtuelle Arbeit der äußeren Kräfte verschwindet. Somit folgt

$$-\int_l \delta N \frac{N}{EA}\, dx - \int_l \delta M_\eta \frac{M_\eta}{EI_\eta}\, dx = 0\,. \tag{7.3-4}$$

Die Schnittgrößen am statisch bestimmten Grundsystem zufolge der äußeren Belastung P und der statisch Unbestimmten X ergeben sich zu

$$\begin{aligned} &M_\eta(x_1) = -P \cdot x_1\,, \quad && M_\eta(x_2) = -P\,(l + x_2) + \frac{X}{\sqrt{2}} \cdot x_2\,, \quad && M_\eta(x_3) = 0\,, \\ &N(x_1) \;= 0\,, && N(x_2) \;= -\frac{X}{\sqrt{2}}\,, && N(x_3) \;= X\,. \end{aligned} \tag{7.3-5}$$

Wählt man als virtuelle Kraft die der statisch Unbestimmten X entsprechende virtuelle Größe δX, so ergeben sich die in Abb. 7.3-2(c) und (d) dargestellten Schnittgrößenverläufe δM_η und δN. Die Schnittgrößen zufolge der virtuellen Belastung δX am statisch bestimmten Grundsystem entsprechen somit Beziehungen, die man erhält, wenn in (7.3-5) X durch δX ersetzt und die aktuelle äußere Belastung zu null gesetzt wird. Damit folgt

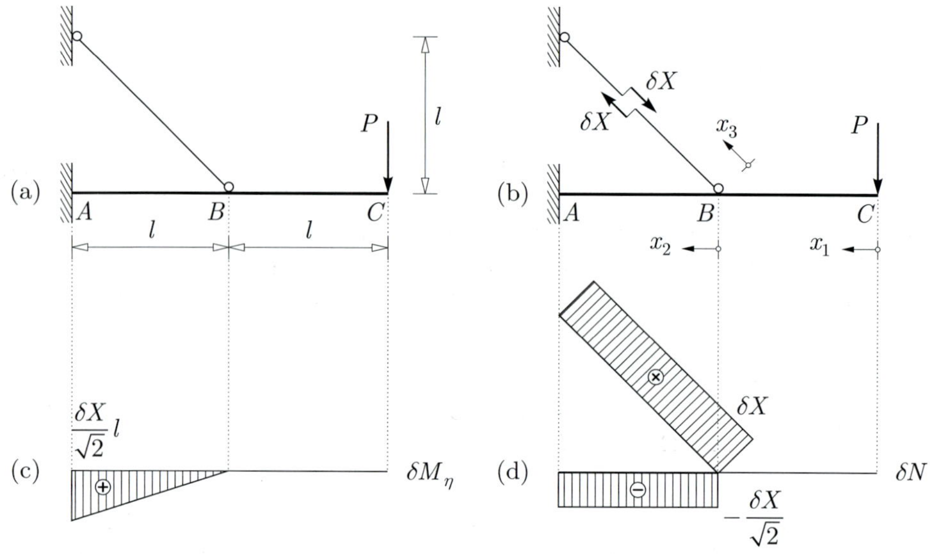

Abb. 7.3-2: (a) Gegebenes (aktuelles) System; (b) virtuelle äußere Kraft δX am statisch bestimmten Grundsystem (sbG); (c) Biegemomentenverlauf zufolge δX am sbG; (d) Normalkraftverlauf zufolge δX am sbG

$$\begin{aligned} \delta M_\eta(x_1) &= 0\,, & \delta M_\eta(x_2) &= \frac{\delta X}{\sqrt{2}} \cdot x_2\,, & \delta M_\eta(x_3) &= 0\,, \\ \delta N(x_1) &= 0\,, & \delta N(x_2) &= -\frac{\delta X}{\sqrt{2}}\,, & \delta N(x_3) &= \delta X\,. \end{aligned} \tag{7.3-6}$$

Einsetzen der Schnittgrößen (7.3-5) und (7.3-6) in die Formulierung des Prinzips der virtuellen Kräfte gemäß (7.3-4) führt auf

$$\begin{aligned} &\int_0^l \frac{-\delta X}{\sqrt{2}} \cdot \frac{-X}{EA_B\sqrt{2}}\,dx_2 + \int_0^{l\sqrt{2}} \delta X \cdot \frac{X}{EA_S}\,dx_3 + \\ &+ \int_0^l \frac{\delta X}{\sqrt{2}} x_2 \cdot \frac{1}{EI_\eta}\left[-P\,(l+x_2) + \frac{X}{\sqrt{2}} \cdot x_2\right] dx_2 = 0\,, \end{aligned} \tag{7.3-7}$$

woraus sich nach Division durch δX und Ausmultiplizieren

$$\frac{X}{2A_B}\int_0^l dx_2 + \frac{X}{A_S}\int_0^{l\sqrt{2}} dx_3 + \frac{1}{I_\eta}\int_0^l \left(-\frac{Pl}{\sqrt{2}}x_2 - \frac{P}{\sqrt{2}}x_2^2 + \frac{X}{2}x_2^2\right) dx_2 = 0 \tag{7.3-8}$$

ergibt. Die Berechnung der Integrale liefert schließlich die statisch Unbestimmte zu

$$\frac{1}{A_B}X\frac{l}{2} + \frac{1}{A_S}X \cdot l\sqrt{2} + \frac{1}{I_\eta}\left(-\frac{Pl^3}{2\sqrt{2}} - \frac{Pl^3}{3\sqrt{2}} + \frac{Xl^3}{6}\right) = 0$$

$$X\left(\frac{l}{2A_B}+\frac{l\sqrt{2}}{A_S}+\frac{l^3}{6I_\eta}\right)=\frac{5Pl^3}{6\sqrt{2}\,I_\eta}$$

$$X=\frac{\dfrac{5Pl^3}{I_\eta\sqrt{2}}}{\dfrac{3l}{A_B}+\dfrac{6l\sqrt{2}}{A_S}+\dfrac{l^3}{I_\eta}}\;. \tag{7.3-9}$$

Mit der statisch Unbestimmten X ist gleichzeitig die Seilkraft und die durch das Seil in den Kragträger eingeleitete Normalkraft bekannt (vgl. Abb. 7.3-2(d)). Die Momentenverteilung im Bereich des Kragarms zwischen B und C wird durch die statisch Unbestimmte nicht beeinflusst, wie aus (7.3-5) hervorgeht und in Abb. 7.3-1(c) dargestellt ist. Einsetzen der Zahlenwerte entsprechend (7.3-1) ergibt die Seilkraft zu

$$X=\frac{\dfrac{5\cdot 15\cdot 200^3}{8\,100\sqrt{2}}}{\dfrac{3\cdot 200}{105}+\dfrac{6\cdot 200\sqrt{2}}{12}+\dfrac{200^3}{8\,100}}=46.157\,\text{kN}\;. \tag{7.3-10}$$

Die Biegemomente in den Punkten A und B und die im Bereich $\overline{AB}$ wirkende Normalkraft folgen durch Einsetzen in die entsprechenden Beziehungen von (7.3-5) zu

$$\begin{aligned} M_\eta^{(A)} &= -15\cdot(2+2)+\frac{46.157}{\sqrt{2}}\cdot 2 = 5.276\text{ kNm}\;,\\ M_\eta^{(B)} &= -15\cdot 2 = -30\text{ kNm}\;,\\ N^{(A-B)} &= -\frac{46.157}{\sqrt{2}} = -32.638\text{ kN}\;. \end{aligned} \tag{7.3-11}$$

(b) Ermittlung der Vertikalverschiebung des Lastangriffspunkts C

Zur Ermittlung der Vertikalverschiebung in C wird an dieser Stelle in vertikaler Richtung eine virtuelle Last δP aufgebracht. Auch hier wird wieder der Reduktionssatz der Baustatik angewendet, d.h. das Gleichgewichtssystem zwischen der virtuellen äußeren Kraft und den von ihr geweckten inneren Kräften wird an einem für die numerische Berechnung geeigneten statisch bestimmten Grundsystem ermittelt, wie Abb. 7.3-3(a) zeigt.

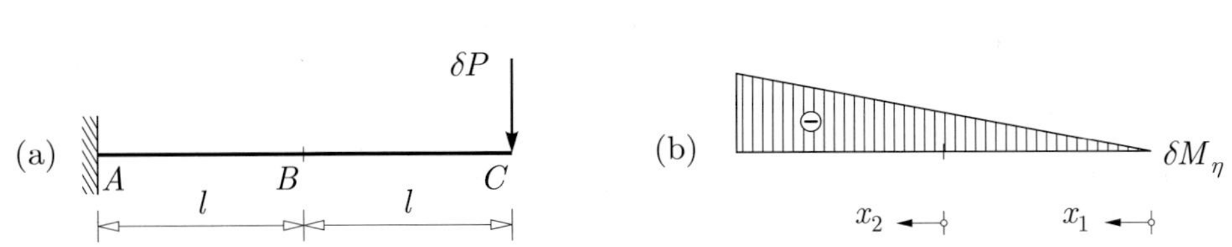

Abb. 7.3-3: (a) Virtuelle Kraft δP zur Ermittlung der Vertikalverschiebung in C; (b) virtuelle Biegemomente zufolge der virtuellen äußeren Kraftgröße δP am sbG

Durch die virtuelle äußere Last δP werden am gewählten (reduzierten) System keine Normalkräfte hervorgerufen und die virtuellen Schnittgrößen sind somit zu

$$\begin{aligned} &\delta M_\eta(x_1) = -\delta P \cdot x_1 \ , \quad &&\delta M_\eta(x_2) = -\delta P \cdot (l + x_2) \ , \quad &&\delta M_\eta(x_3) = 0 \ , \\ &\delta N(x_1) \ \ = 0 \ , &&\delta N(x_2) \ \ = 0 \ , &&\delta N(x_3) \ \ = 0 \end{aligned} \tag{7.3-12}$$

gegeben. Die Bestimmungsgleichung für die Ermittlung der Durchbiegung in C folgt somit aus (7.3-3) zu

$$-\int_l \delta M_\eta \frac{M_\eta}{EI_\eta}\, dx + \delta P \cdot \bar{w}_C = 0 \ . \tag{7.3-13}$$

Nachfolgend wird der Querstrich über w_C in (7.3-13) weggelassen, da w_C die gesuchte Verschiebungsgröße darstellt. Mit den Schnittgrößen entsprechend (7.3-5) und (7.3-12) folgt

$$\begin{aligned} &-\frac{1}{EI_\eta}\int_0^l (-\delta P x_1)\cdot(-P x_1)\, dx_1 - \\ &-\frac{1}{EI_\eta}\int_0^l [-\delta P\,(l + x_2)]\cdot\left(-Pl - Px_2 + \frac{X}{\sqrt{2}}x_2\right) dx_2 + \delta P \cdot w_C = 0 \ . \end{aligned} \tag{7.3-14}$$

Kürzen durch δP, Multiplizieren mit der Biegesteifigkeit EI_η und Ausrechnen der Integrale liefert die Verschiebung des Stabendes zu

$$\begin{aligned} EI_\eta w_C &= P\frac{l^3}{3} + Pl^3 + P\frac{l^3}{2} - \frac{X}{\sqrt{2}}\frac{l^3}{2} + P\frac{l^3}{2} + P\frac{l^3}{3} - \frac{X}{\sqrt{2}}\frac{l^3}{3} \\ w_C &= \frac{1}{EI_\eta}\left(\frac{8}{3}Pl^3 - \frac{5}{6\sqrt{2}}Xl^3\right) \ . \end{aligned} \tag{7.3-15}$$

Mit den Zahlenwerten entsprechend (7.3-1) ergibt sich die Durchbiegung am Stabende zu

$$w_C = \frac{1}{21\,000 \cdot 8\,100}\left(\frac{8}{3}\cdot 15 \cdot 200^3 - \frac{5}{6\sqrt{2}}\cdot 46.157 \cdot 200^3\right) = 0.602 \text{ cm} \ . \tag{7.3-16}$$

Bemerkung

In den Beispielen 7.2 und 7.3 wurden die beiden Anwendungsmöglichkeiten des Prinzips der virtuellen Kräfte demonstriert. Einerseits kann diese Methode für die Ermittlung der statisch unbestimmten Größen von statisch unbestimmten Systemen verwendet werden. Andererseits eignet sich das Prinzip der virtuellen Kräfte bei Kenntnis der Schnittgrößen zur Bestimmung von Verschiebungsgrößen in einzelnen Punkten des Tragwerks.

Kapitel 8

Stabilitätsprobleme

8.1 Biegeknicken bei linear elastischem Materialverhalten

Beispiel 8.1: Gelenkig gelagerter, elastisch eingespannter Stab unter axialer Druckbeanspruchung

Abb. 8.1-1(a) zeigt das statische System einer Stütze der Länge l und Biegesteifigkeit EI_η, die mit einem horizontalen Riegel der Länge $l^{(R)}$ und Biegesteifigkeit $EI_\eta^{(R)}$ biegesteif verbunden ist. Im Folgenden wird angenommen, dass I_η der kleinere der beiden Extremwerte der Flächenmomente 2. Ordnung darstellt. Die Systemdaten sind wie folgt gegeben:

$$\begin{aligned} &\text{Stütze: } E = 20\,600\ \mathrm{kN/cm^2}, && \text{Riegel: } E = 20\,600\ \mathrm{kN/cm^2}, \\ &I_\eta = 372.2\ \mathrm{cm^4}, && I_\eta^{(R)} = 411.0\ \mathrm{cm^4}, \\ &l = 5\ \mathrm{m}\ , && l^{(R)} = 7\ \mathrm{m}\ . \end{aligned} \tag{8.1-1}$$

Neben der kritischen Last P_k sind die Biegelinie der stabilen ausgebogenen Gleichgewichtslage der Stütze und der zugehörige Momentenverlauf qualitativ zu bestimmen.

Die Ermittlung der kritischen Last P_k ist gleichbedeutend mit der Ermittlung der Stabilitätsgrenze. Im Falle eines perfekten Stabes tritt an der Stabilitätsgrenze $P = P_k$ eine Verzweigung des Gleichgewichts ein. Da im gegenständlichen Fall keine Imperfektionen zu berücksichtigen sind, handelt es sich bei der vorliegenden Aufgabe um ein Verzweigungsproblem. Aufgrund der Lagerung des Riegels ist das Verzweigungsproblem symmetrisch, d.h., dass P bzw. das Tragverhalten des Systems nach Erreichen der kritischen Last von der Richtung, in die das System ausweicht, nicht abhängig ist. Würde man das Lager in B horizontal verschieblich machen und dafür in C die horizontale Verschieblichkeit sperren, so läge ein asymmetrisches Verzweigungsproblem vor ([BA75]) – P wäre dann nicht nur vom Betrag von $w_{\max}$ abhängig, sondern auch von der Richtung, in die das System ausweicht. Eine der beiden möglichen Formen der ausgebogenen stabilen Gleichgewichtslagen ist in Abb. 8.1-1(b) dargestellt. Das gegenständliche Problem falle in die Kategorie des Biegeknickens, d.h. bei einer stabilen Gleichgewichtslage für $P > P_k$ ist die Durchbiegung w quer zur Stabachse die einzige Verschiebungsgröße. Im Gegensatz zum Drillknicken und Biegedrillknicken

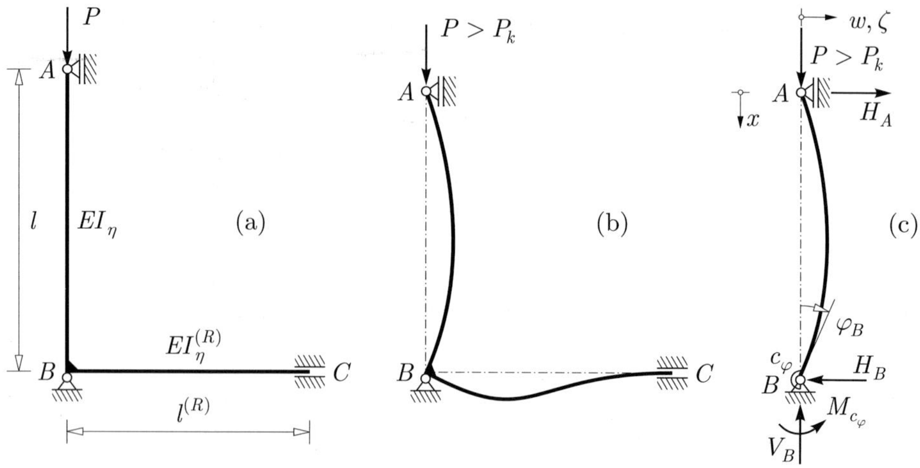

Abb. 8.1-1: Rahmenecke: (a) statisches System; (b) ausgebogene stabile Gleichgewichtslage des aktuellen Systems; (c) ausgebogene stabile Gleichgewichtslage des Ersatzsystems

tritt beim Biegeknicken keine Verdrillung des Stabes auf. Nachfolgend wird die Lösung des Verzweigungsproblems mit Hilfe des Kriteriums von TREFFTZ und mittels Theorie II. Ordnung vorgeführt. Bei Bezug der Gleichgewichtsbedingungen auf die Lage des unverformten Stabes spricht man von Theorie I. Ordnung, bei Bezug auf die Lage des verformten Stabes von Theorie II. Ordnung.

(a) Ermittlung der Stabilitätsgrenze

• ***Anwendung des Kriteriums von* TREFFTZ**

Das Kriterium von TREFFTZ besagt, dass die zweite Variation der potentiellen Energie, $\delta^2\Pi$, an der Stabilitätsgrenze einen stationären Wert annimmt. Gemäß (8.36) kann dieser Sachverhalt mathematisch zu

$$\delta\left(\delta^2\Pi\right) = 0 \tag{8.1-2}$$

ausgedrückt werden. Ausgangspunkt für die Bestimmung des kritischen Wertes P_k der Druckkraft P mittels des Kriteriums von TREFFTZ ist die lineare homogene Differentialgleichung 4. Ordnung, die entsprechend (8.62) zu

$$\frac{d^4(\delta w)}{dx^4} + \alpha^2 \frac{d^2(\delta w)}{dx^2} = 0 \tag{8.1-3}$$

gegeben ist. Dabei ist α^2 zu

$$\alpha^2 = \frac{P}{EI_\eta} \tag{8.1-4}$$

definiert. Im Falle konstanter Biegesteifigkeit EI_η der Stütze sind die Koeffizienten der Differentialgleichung (8.1-3) konstant und deren allgemeine Lösung ist dann gemäß (8.63) zu

$$\bar{\delta} w = C_1 \cos\alpha x + C_2 \sin\alpha x + C_3\, x + C_4 \tag{8.1-5}$$

gegeben. $\bar{\delta}w$ kennzeichnet jene spezielle, zur stabilen und ursprünglich geraden Stabachse benachbarte (ausgelenkte) Biegelinie, die sich zu Beginn des Ausknickens einstellt, während δw eine allgemeine Variation der Verschiebung darstellt, bei der der Stab wieder in die stabile und gerade Ausgangslage zurückkehrt.

Zur Lösung des Verzweigungsproblems ist die allgemeine Lösung (8.1-5) an die aus Abb. 8.1-1(c) ablesbaren Randbedingungen anzupassen. Abb. 8.1-1(c) zeigt das Ersatzsystem, bei dem die durch den Riegel bewirkte elastische Einspannung durch eine statisch äquivalente Drehfeder mit der Federsteifigkeit c_φ ersetzt wurde. Das in der Drehfeder wirkende Moment wird mit M_{c_φ} bezeichnet und entspricht dem Einspannmoment. Die Ermittlung der Federsteifigkeit folgt im nächsten Abschnitt. In Abb. 8.1-1(c) ist eine der beiden möglichen ausgebogenen stabilen Gleichgewichtslagen dargestellt. Mit der festgelegten Orientierung der positiven ζ-Achse ergeben sich für die gewählte Biegelinie der Stütze positive Werte. Die positive x-Achse läuft von oben nach unten. Die eingezeichneten Lagerreaktionen wurden bereits entsprechend der zu erwartenden physikalischen Wirkungsrichtungen eingezeichnet. Betrachtet man den Knoten B, so ist leicht zu erkennen, dass mit zunehmender Steifigkeit der Feder die Rotation φ_B kleiner wird und bei fester Einspannung völlig verschwindet. Daraus folgt, dass der gewählten Richtung der Durchbiegung die in Abb. 8.1-1(c) eingetragene Orientierung des Einspannmoments entspricht – das Einspannmoment wirkt der Rotation des Knotens B entgegen. Die aus Abb. 8.1-1(c) abzulesenden Randwerte folgen zu:

$$x = 0: \quad \bar{\delta}w\Big|_{x=0} = 0 \,, \quad M_\eta|_{x=0} = 0 \,, \tag{8.1-6}$$

$$x = l: \quad \bar{\delta}w\Big|_{x=l} = 0 \,, \quad M_\eta|_{x=l} = -M_{c_\varphi} \,, \quad \frac{d\left(\bar{\delta}w\right)}{dx}\Bigg|_{x=l} = -\varphi_B \,. \tag{8.1-7}$$

Wie aus (8.1-7) hervorgeht, ist die Rotation der Rahmenecke bzw. die Neigung der Biegelinie im Punkt B bei der in Abb. 8.1-1(c) gewählten Orientierung des Koordinatensystems negativ. Unter Berücksichtigung von $(6.15\text{-}8)_1$ lassen sich die Biegemomente unter Verwendung einer zu $(6.15\text{-}2)_1$ analogen Beziehung entsprechend

$$M_\eta(x) = -EI_\eta \frac{d^2\,(\bar{\delta}w)}{dx^2} \tag{8.1-8}$$

durch die Krümmung der infinitesimal benachbarten Biegelinie ausdrücken. Die somit benötigten Ableitungen von (8.1-5) ergeben sich zu

$$\begin{aligned} \frac{d\left(\bar{\delta}w\right)}{dx} &= \left(\bar{\delta}w\right)' = -\alpha\, C_1 \sin\alpha x + \alpha\, C_2 \cos\alpha x + C_3 \,, \\ \frac{d^2\left(\bar{\delta}w\right)}{dx^2} &= \left(\bar{\delta}w\right)'' = -\alpha^2\, C_1 \cos\alpha x - \alpha^2\, C_2 \sin\alpha x \,. \end{aligned} \tag{8.1-9}$$

Analog zum Abschnitt 6.7 wird nachfolgend, wie bereits in (8.1-9), die abgekürzte Schreibweise für die Ableitungen von $\bar{\delta}w$ nach x verwendet. Mit dem Wert für das Biegemoment an der Stelle $x = 0$ entsprechend (8.1-6) folgt unter Berücksichtigung von (8.1-8) die Integrationskonstante C_1 für $\alpha > 0$ aus $(8.1\text{-}9)_2$

$$x = 0: \quad \left(\bar{\delta}w\right)''\Big|_{x=0} = 0 = -\alpha^2 C_1 \quad \rightarrow \quad C_1 = 0 \tag{8.1-10}$$

und mit der bekannten Verschiebung gemäß (8.1-6) erhält man C_4 aus (8.1-5) unter Berücksichtigung von (8.1-10) zu

$$x = 0: \quad \bar{\delta} w\Big|_{x=0} = 0 = C_1 + C_4 \quad \rightarrow \quad C_4 = 0 \; . \tag{8.1-11}$$

Analog ergibt sich durch Auswerten der Gleichungen (8.1-5) und (8.1-9) für $x = l$ und unter Verwendung der entsprechenden Randwerte gemäß (8.1-7):

$$\begin{aligned} x = l: \quad \bar{\delta} w\Big|_{x=l} &= 0 &&= C_1 \cos \alpha l + C_2 \sin \alpha l + C_3\, l + C_4 \;, \\ \left(\bar{\delta} w\right)'\Big|_{x=l} &= -\varphi_B &&= -\alpha\, C_1 \sin \alpha l + \alpha\, C_2 \cos \alpha l + C_3 \;, \\ \left(\bar{\delta} w\right)''\Big|_{x=l} &= \frac{M_{c_\varphi}}{EI_\eta} &&= -\alpha^2\, C_1 \cos \alpha l - \alpha^2\, C_2 \sin \alpha l \; . \end{aligned} \tag{8.1-12}$$

Drückt man den Querschnittsdrehwinkel (Biegelinienneigung) durch die Federsteifigkeit und das Biegemoment an der Stelle $x = l$ bzw. das Einspannmoment M_{c_φ} aus, so erhält man unter Berücksichtigung von $(8.1\text{-}7)_2$ und bei Bezug auf Abb. 8.1-1(c)

$$\varphi_B = -\frac{M_\eta|_{x=l}}{c_\varphi} = \frac{M_{c_\varphi}}{c_\varphi} \; . \tag{8.1-13}$$

Mit (8.1-10), (8.1-11) und (8.1-12) ergibt sich das lineare homogene Gleichungssystem zur Bestimmung der fünf Unbekannten C_1 bis C_4 und M_{c_φ} zu

$$\begin{bmatrix} 1 & 0 & 0 & 1 & 0 \\ -\alpha^2 & 0 & 0 & 0 & 0 \\ \cos \alpha l & \sin \alpha l & l & 1 & 0 \\ -\alpha \sin \alpha l & \alpha \cos \alpha l & 1 & 0 & 1/c_\varphi \\ -\alpha^2 \cos \alpha l & -\alpha^2 \sin \alpha l & 0 & 0 & -1/EI_\eta \end{bmatrix} \cdot \begin{Bmatrix} C_1 \\ C_2 \\ C_3 \\ C_4 \\ M_{c_\varphi} \end{Bmatrix} = \begin{Bmatrix} 0 \\ 0 \\ 0 \\ 0 \\ 0 \end{Bmatrix} . \tag{8.1-14}$$

Bedingung für die Existenz einer nichttrivialen Lösung eines linearen homogenen Gleichungssystems ist das Verschwinden der Koeffizientendeterminante. Unter Berücksichtigung der Werte für die Konstanten C_1 und C_4 gemäß (8.1-10) und (8.1-11) kann das Gleichungssystem auf

$$\begin{bmatrix} \sin \alpha l & l & 0 \\ \alpha \cos \alpha l & 1 & 1/c_\varphi \\ -\alpha^2 \sin \alpha l & 0 & -1/EI_\eta \end{bmatrix} \cdot \begin{Bmatrix} C_2 \\ C_3 \\ M_{c_\varphi} \end{Bmatrix} = \begin{Bmatrix} 0 \\ 0 \\ 0 \end{Bmatrix} \tag{8.1-15}$$

reduziert werden. Aus diesem reduzierten System erhält man mit der entsprechenden Koeffizientendeterminante die Bedingung für die nichttriviale Lösung zu

$$\begin{aligned} &-\frac{1}{EI_\eta} \sin \alpha l - \frac{l}{c_\varphi} \alpha^2 \sin \alpha l + \frac{1}{EI_\eta} l\, \alpha \cos \alpha l = 0 \\ &\left(c_\varphi + l\, \alpha^2 EI_\eta\right) \sin \alpha l - c_\varphi l\, \alpha \cos \alpha l = 0 \\ &\tan \alpha l - \frac{c_\varphi l\, \alpha}{c_\varphi + l\, \alpha^2 EI_\eta} = 0 \; . \end{aligned} \tag{8.1-16}$$

Mit (8.1-4) und der noch zu bestimmenden Federsteifigkeit c_φ lässt sich mit (8.1-16) die Knicklast P_k bestimmen.

- ***Anwendung der Theorie II. Ordnung***

Da an der Stabilitätsgrenze bzw. im Verzweigungspunkt bei ein und derselben Belastung neben der ursprünglichen Gleichgewichtslage zumindest eine infinitesimal benachbarte Gleichgewichtslage existiert, kann die Stabilitätsgrenze mittels Theorie II. Ordnung, d.h. mittels der Gleichgewichtsbedingungen bei Bezug auf die Lage des verformten Stabes zu Beginn des Biegeknickens ermittelt werden. Abb. 8.1-2 zeigt ein im Abstand x vom Lastangriffspunkt abgeschnitten gedachtes Stabelement mit den angreifenden Kräften. Bildet man das Momentengleichgewicht um den auf der

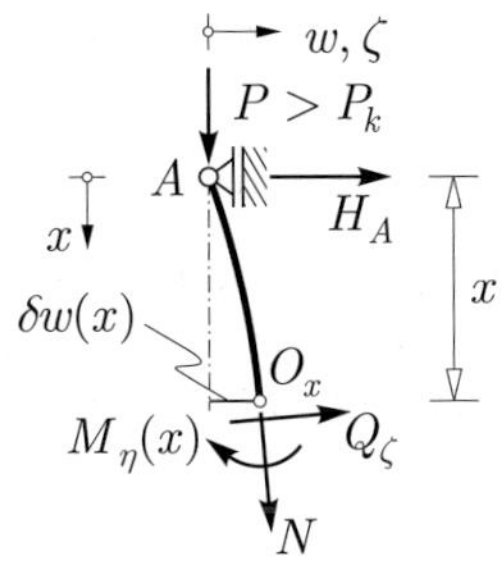

Abb. 8.1-2: Gleichgewichtsbetrachtung bei Bezug auf die Lage des verformten Stabes (Theorie II. Ordnung)

verformten Stabachse gelegenen Punkt O_x, so erhält man das Moment an dieser Stelle zu

$$M_\eta(x) = -H_A \cdot x + P \cdot \delta w(x) \ . \tag{8.1-17}$$

Unter Berücksichtigung von (8.1-4) und (8.1-8) lässt sich (8.1-17) bei Anwendung der Kurzschreibweise in die Form

$$(\delta w)'' + \alpha^2 \delta w = \frac{H_A}{EI_\eta} \cdot x \tag{8.1-18}$$

bringen. (8.1-18) stellt eine inhomogene lineare Differentialgleichung zweiter Ordnung mit konstanten Koeffizienten dar, da in dem für die Differentialgleichung gültigen Bereich (Stütze) die Biegesteifigkeit EI_η konstant ist. Deren Lösung setzt sich aus der allgemeinen Lösung der entsprechenden homogenen Differentialgleichung, die zu

$$\bar{\delta} w^{(h)} = D_1 \cos \alpha x + D_2 \sin \alpha x \tag{8.1-19}$$

gegeben ist, und einer partikulären Lösung $\bar{\delta} w^{(p)}$ zusammen. Da das Störglied (Inhomogenität) aus einem Polynom besteht, wird für die partikuläre Lösung ein Polynomansatz in der Form

$$\bar{\delta} w^{(p)} = D_3 \, x + D_4 \tag{8.1-20}$$

gewählt. Setzt man die Ableitungen des Ansatzes, die zu

$$\left(\bar{\delta} w^{(p)}\right)' = D_3 \ , \qquad \left(\bar{\delta} w^{(p)}\right)'' = 0 \tag{8.1-21}$$

folgen, in die Differentialgleichung (8.1-18) ein, so erhält man

$$\alpha^2 (D_3 x + D_4) = \frac{H_A}{EI_\eta} \cdot x$$

$$x \left(\alpha^2 D_3 - \frac{H_A}{EI_\eta} \right) + \alpha^2 D_4 = 0 \ . \tag{8.1-22}$$

Durch Koeffizientenvergleich folgen die Konstanten D_3 und D_4 zu

$$D_3 = \frac{H_A}{\alpha^2 EI_\eta} \ , \qquad D_4 = 0 \ . \tag{8.1-23}$$

Bildet man die Momentensumme aller am Ersatzsystem angreifenden äußeren Kräfte um den Punkt B (vgl. Abb. 8.1-1(c)), so kann die Auflagerreaktion H_A durch das Biegemoment an der Stelle $x = l$ bzw. durch das Einspannmoment ausgedrückt werden, und zwar

$$H_A \cdot l = M_{c_\varphi} \quad \rightarrow \quad H_A = \frac{M_{c_\varphi}}{l} \ . \tag{8.1-24}$$

Eintragen von (8.1-24) in (8.1-23) und Einsetzen der sich damit ergebenden Beziehung in (8.1-20) führt auf die partikuläre Lösung entsprechend

$$\bar{\delta} w^{(p)} = \frac{M_{c_\varphi}}{\alpha^2 l EI_\eta} \, x \ . \tag{8.1-25}$$

Damit folgt die allgemeine Lösung der inhomogenen Differentialgleichung (8.1-18) zu

$$\bar{\delta} w(x) = D_1 \cos \alpha x + D_2 \sin \alpha x + \frac{M_{c_\varphi}}{\alpha^2 l EI_\eta} \, x \ . \tag{8.1-26}$$

Zur Anpassung der allgemeinen Lösung an die gegebenen Randbedingungen sind noch die Integrationskonstanten zu ermitteln. Die dazu benötigte Ableitung von (8.1-26) ist zu

$$\left(\bar{\delta} w \right)' = -\alpha \, D_1 \sin \alpha x + \alpha \, D_2 \cos \alpha x + \frac{M_{c_\varphi}}{\alpha^2 l EI_\eta} \tag{8.1-27}$$

gegeben. Mit den Werten für die Durchbiegung an den Stabenden entsprechend (8.1-6) und (8.1-7) bzw. mit der Biegelinienneigung im Punkt B gemäß (8.1-7) folgen mittels (8.1-26) und (8.1-27) die Beziehungen:

$$\begin{aligned} x = 0: \quad & \bar{\delta} w \Big|_{x=0} = 0 && = D_1 \ , \\ x = l: \quad & \bar{\delta} w \Big|_{x=l} = 0 && = D_1 \cos \alpha l + D_2 \sin \alpha l + \frac{M_{c_\varphi}}{\alpha^2 EI_\eta} \ , \\ & \bar{\delta} w' \Big|_{x=l} = -\varphi_B && = -\alpha \, D_1 \sin \alpha l + \alpha \, D_2 \cos \alpha l + \frac{M_{c_\varphi}}{\alpha^2 l EI_\eta} \ . \end{aligned} \tag{8.1-28}$$

Unter Berücksichtigung von (8.1-13) ergibt sich schließlich das lineare homogene Gleichungssystem zur Bestimmung der Unbekannten D_1, D_2 und M_{c_φ} zu

$$\begin{bmatrix} 1 & 0 & 0 \\ \cos \alpha l & \sin \alpha l & \dfrac{1}{\alpha^2 EI_\eta} \\ -\alpha \sin \alpha l & \alpha \cos \alpha l & \left(\dfrac{1}{\alpha^2 l EI_\eta} + \dfrac{1}{c_\varphi} \right) \end{bmatrix} \cdot \begin{Bmatrix} D_1 \\ D_2 \\ M_{c_\varphi} \end{Bmatrix} = \begin{Bmatrix} 0 \\ 0 \\ 0 \end{Bmatrix} . \tag{8.1-29}$$

Dieses Gleichungssystem hat nur dann eine nichttriviale Lösung, wenn die Determinante der Koeffizientenmatrix verschwindet, d.h. die Knickbedingung folgt zu

$$\sin\alpha l\left(\frac{1}{\alpha^2 l EI_\eta}+\frac{1}{c_\varphi}\right)-\frac{\alpha}{\alpha^2 EI_\eta}\cos\alpha l=0$$

$$\tan\alpha l-\frac{c_\varphi l\alpha}{c_\varphi+l\alpha^2 EI_\eta}=0\;. \tag{8.1-30}$$

Der Vergleich zeigt, dass (8.1-30) identisch ist mit (8.1-16).

Die Ermittlung der kritischen Last des in Abb. 8.1-1(a) skizzierten Systems stellt ein Verzweigungsproblem dar und ist deshalb in mathematischer Hinsicht mit einem Eigenwertproblem gekoppelt, wie durch die Gleichungssysteme (8.1-14) und (8.1-15) bzw. (8.1-29) zum Ausdruck kommt.

• *Sonderfälle*

Die Knickbedingung (8.1-16) bzw. (8.1-30) enthält zwei der EULER'schen Knickfälle als Sonderfälle. Spezialisiert man (8.1-16) bzw. (8.1-30) für $c_\varphi \to 0$, so entspricht dies mit Bezug auf Abb. 8.1-1(c) einer gelenkigen Lagerung in B. Nach Vollzug des Grenzübergangs $c_\varphi \to 0$ folgt aus (8.1-30) die Knickbedingung zu

$$\tan\alpha l=0 \quad \text{bzw.} \quad \sin\alpha l=0\;. \tag{8.1-31}$$

Dies entspricht der Bedingung $P = P_k$ für den 2. EULER'schen Knickfall.

Spezialisierung von (8.1-30) für $c_\varphi \to \infty$ ist gleichbedeutend einer starren Einspannung im Punkt B. Dividiert man Zähler und Nenner des zweiten Terms von (8.1-30) durch die Federsteifigkeit c_φ, so erhält man

$$\tan\alpha l=\frac{\alpha l}{1+\dfrac{\alpha^2 l EI_\eta}{c_\varphi}}=\frac{\alpha l}{1+(\alpha l)^2\,\dfrac{EI_\eta}{l c_\varphi}}\;. \tag{8.1-32}$$

Nach Vollzug des Grenzübergangs $c_\varphi \to \infty$ folgt aus (8.1-32)

$$\tan\alpha l=\alpha\, l\;, \tag{8.1-33}$$

was der Knickbedingung des 3. EULER'schen Knickfalls entspricht.

(b) Ermittlung der Federsteifigkeit

Die Rahmenecke ist durch den Riegel gegen Verdrehen um die η-Achse gehalten, wie Abb. 8.1-1(a) und (b) zeigen. Die Steifigkeit der Festhaltung wird durch die Länge $l^{(R)}$ und die Biegesteifigkeit $EI_\eta^{(R)}$ des Riegels bestimmt. Abb. 8.1-3(a) zeigt den qualitativen Verlauf der Biegemomente zufolge der aktuellen Belastung zu Beginn des Ausknickens. Für das in der Rahmenecke im Punkt B wirkende Biegemoment $M_\eta^{(B)}$ kann mittels des Reduktionssatzes die Verdrehung der Rahmenecke bestimmt werden, wobei ausschließlich die Kenndaten des Riegels in die Berechnung Eingang finden. Wie im Folgenden gezeigt wird, ist die tatsächliche Größe des Biegemoments M_η für die Ermittlung der Steifigkeit der linearen Feder (vgl. Beispiel 5.1) ohne Belang. In Abb. 8.1-3(c) ist die Momentenverteilung im Riegel am statisch bestimmten Grundsystem zufolge

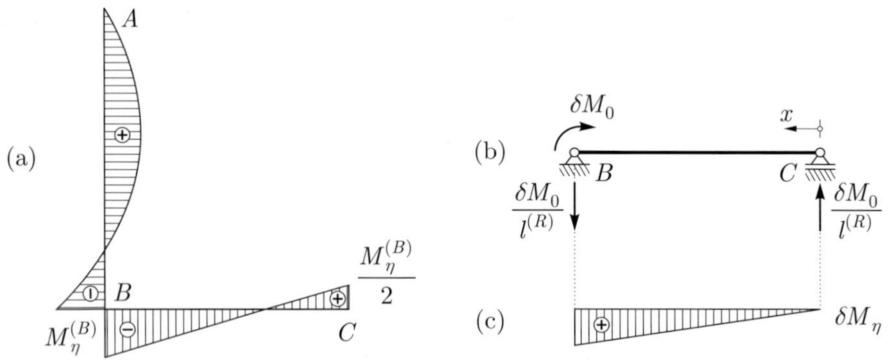

Abb. 8.1-3: (a) Qualitative Momentenverteilung am aktuellen System bei stabiler ausgebogener Gleichgewichtslage; (b) statisch bestimmtes Grundsystem zur Ermittlung der Rotation φ_B der Rahmenecke; (c) Momentenverlauf am statisch bestimmten Grundsystem zufolge des virtuellen Moments δM_0

der virtuellen Belastung δM_0 dargestellt. Mittels des Prinzips der virtuellen Kräfte folgt die Verdrehung des Punktes B unter Vernachlässigung der Schubverformungen durch Anpassung von (7.2-22) für die aktuelle Problemstellung zu

$$-\int_{l^{(R)}} \delta M_\eta \frac{M_\eta}{EI_\eta^{(R)}}\, dx + \delta M_0\, \bar{\varphi}_\zeta = 0\ . \tag{8.1-34}$$

Der Momentenverlauf im Riegel ist bei stabiler ausgebogener Gleichgewichtslage zufolge aktueller Belastung P eine Funktion des in der Rahmenecke B auftretenden Biegemoments $M_\eta^{(B)}$. Betrachtet man den Riegel für sich alleine, so entspricht dieser einem in C eingespannten und in B gelenkig gelagerten Träger unter der Wirkung eines in B angreifenden Biegemoments $M_\eta^{(B)} = -M_{c_\varphi}$ (vgl. (8.1-7)). Die Verteilung der Biegemomente ist für diesen Fall bei Festlegung der Koordinatenrichtung x entsprechend Abb. 8.1-3(b) zu

$$M_\eta(x) = -\frac{M_{c_\varphi}}{2}\left(3\,\frac{x}{l^{(R)}} - 1\right) \tag{8.1-35}$$

gegeben (vgl. [DA98]). Da die Verdrehung der Rahmenecke φ_B keine vorgegebene Größe ist, wird weiterhin der Querstrich (vgl. (8.1-34)) weggelassen. Einsetzen von (8.1-35) in (8.1-34) liefert nach Division durch die virtuelle Größe δM_0 und Integration über die Länge des Riegels die Verdrehung zu

$$\frac{1}{EI_\eta^{(R)}}\int_0^{l^{(R)}} \frac{\delta M_0}{l^{(R)}}\, x \cdot \frac{M_{c_\varphi}}{2l^{(R)}}\,(3x - l)\, dx + \delta M_0 \cdot \varphi_B = 0$$

$$\varphi_B = -\frac{M_{c_\varphi}}{2\left(l^{(R)}\right)^2 EI_\eta^{(R)}} \cdot \left[\left(l^{(R)}\right)^3 - \frac{\left(l^{(R)}\right)^3}{2}\right]$$

$$\varphi_B = -M_{c_\varphi} \cdot \frac{l^{(R)}}{4EI_\eta^{(R)}}\ . \tag{8.1-36}$$

Unter Bedachtnahme auf (8.1-13) ergibt sich somit die Federsteifigkeit der Drehfeder im gegenständlichen Fall zu

$$c_\varphi = \frac{4EI_\eta^{(R)}}{l^{(R)}} \ . \tag{8.1-37}$$

(c) Ermittlung der kritischen Last

Zur Ermittlung der kritischen Last ist die Gleichung der Knickbedingung zu lösen. Mit den Systemdaten entsprechend (8.1-1) ergibt sich die Steifigkeit der Drehfeder (8.1-37) zu

$$c_\varphi = \frac{4 \cdot 20\,600 \cdot 411}{700} = 48\,380.57 \text{ kNcm} \tag{8.1-38}$$

und die Bedingung für die kritische Last folgt aus (8.1-32) zu

$$\tan \alpha l = \frac{l\alpha}{1 + (l\alpha)^2 \dfrac{20\,600 \cdot 372.2}{500 \cdot 48\,380.57}} = \frac{l\alpha}{1 + (l\alpha)^2\, 0.31696} \ . \tag{8.1-39}$$

(8.1-39) stellt eine nichtlineare transzendente Gleichung dar, deren Lösung etwa mit Hilfe des Iterationsverfahrens (vgl. [BS75]) gefunden werden kann. Ein geeigneter Startwert für die Iteration ergibt sich aus der Tatsache, dass die Stütze elastisch eingespannt ist und die Lösung von (8.1-39) deshalb zwischen den Lösungen für gelenkige Lagerung und starre Einspannung liegen muss. Mit den Intervallgrenzen gegeben durch die Lösungen von (8.1-31) und (8.1-33) für den jeweils kleinsten Eigenwert erhält man nach Iteration die Lösung von (8.1-39) zu

$$\begin{aligned} &\pi \leq \alpha l \leq 4.49341 \\ &\alpha l = 3.74411 \ . \end{aligned} \tag{8.1-40}$$

(8.1-40) stellt den kleinsten Eigenwert des vorliegenden Eigenwertproblems dar. Die diesem Eigenwert zugeordnete Last entspricht der kritischen Last und kennzeichnet die Stabilitätsgrenze. Sie ergibt sich zu

$$P_k = \alpha^2 EI_\eta = \left(\frac{3.744}{l}\right)^2 EI_\eta = \left(\frac{3.744}{\pi}\right)^2 \frac{\pi^2 EI_\eta}{l^2} = \frac{\pi^2 EI_\eta}{(0.839\, l)^2} = \frac{\pi^2 EI_\eta}{l_k^2} \ . \tag{8.1-41}$$

Wie aus (8.1-41) hervorgeht, liegt im gegenständlichen Fall die Knicklänge l_k zwischen den Werten für den zweiten und dritten EULER'schen Knickfall, d.h.

$$l_k^{(3.\,\mathrm{EF})} = 0.699 \cdot l \leq l_k = 0.839 \cdot l \leq l_k^{(2.\,\mathrm{EF})} = 1.0 \cdot l \tag{8.1-42}$$

$$l_k^{(3.\,\mathrm{EF})} = 349.58 \text{ cm} \leq l_k = 419.54 \text{ cm} \leq l_k^{(2.\,\mathrm{EF})} = 500.00 \text{ cm} \ . \tag{8.1-43}$$

Aus (8.1-41) folgt schließlich mit den Systemdaten entsprechend (8.1-1) die Knicklast zu

$$P_k = \frac{\pi^2 \cdot 20\,600 \cdot 372.2}{419.54^2} = 429.93 \text{ kN} \ . \tag{8.1-44}$$

(d) Qualitativer Verlauf der Biegelinie der stabilen ausgebogenen Gleichgewichtslage mit zugehörigem Momentenverlauf

Für die Ermittlung der Biegelinie können wahlweise die Beziehungen (8.1-5) oder (8.1-26) verwendet werden. Geht man von (8.1-26) aus, so erhält man mit dem gemäß (8.1-7) bekannten Randwert für die Verschiebung an der Stelle $x = l$ die benötigte Konstante D_2 unter Berücksichtigung von (8.1-24), $(8.1\text{-}28)_1$ und (8.1-4) für $P = P_k$ zu

$$x = l: \quad \bar{\delta}w\Big|_{x=l} = 0 = D_2 \sin\alpha l + \frac{M_{c_\varphi}}{\alpha^2 EI_\eta} \quad \rightarrow \quad D_2 = -\frac{H_A l}{P_k} \cdot \frac{1}{\sin\alpha l} \tag{8.1-45}$$

und die Gleichung der Biegelinie in stabiler ausgebogener Gleichgewichtslage folgt als Funktion von H_A zu

$$\bar{\delta}w = -\frac{H_A l}{P_k}\left(\frac{\sin\alpha x}{\sin\alpha l} - \frac{x}{l}\right) = -\frac{H_A}{P_k \sin\alpha l}\left(l\sin\alpha x - x\sin\alpha l\right) \ . \tag{8.1-46}$$

(8.1-46) stellt die zum Eigenwert (8.1-40) gehörige Eigenfunktion dar. Dabei ist der Betrag der Auflagerreaktion H_A unbestimmt, d.h. nur die Form der Biegelinie lässt sich ermitteln, die Größe der Auslenkung bleibt unbestimmt. Dies ist ein Kennzeichen dafür, dass es sich im vorliegenden Fall um ein Verzweigungsproblem handelt. Für $H_A > 0$, d.h. für die in Abb. 8.1-1(c) eingezeichnete Wirkungsrichtung von H_A, ist die Durchbiegung positiv, da die Klammerausdrücke in Gleichung (8.1-46) stets positive Werte annehmen und mit (8.1-40) $\sin\alpha l < 0$ gilt. Zweimaliges Differenzieren von (8.1-46) und anschließendes Nullsetzen liefert die Lage des Wendepunkts x_{WP} der Biegelinie zu

$$\left(\bar{\delta}w\right)' = -\frac{H_A}{P_k \sin\alpha l}\left(\alpha l\cos\alpha x - \sin\alpha l\right) \ ,$$

$$\left(\bar{\delta}w\right)'' = \frac{H_A}{P_k \sin\alpha l}\,\alpha^2 l\sin\alpha x \ , \tag{8.1-47}$$

$$\sin\alpha x_{\mathrm{WP}} = 0 \quad \rightarrow \quad \alpha x_{\mathrm{WP}} = 0, \pi, 2\pi, \ldots \ . \tag{8.1-48}$$

Mit der kleinsten nichttrivialen Lösung von (8.1-48) erhält man unter Berücksichtigung von (8.1-4) eine alternative Beziehung für die kritische Last P_k zu

$$\frac{\pi^2}{x_{\mathrm{WP}}^2} = \alpha^2 = \frac{P_k}{EI_\eta} \quad \rightarrow \quad P_k = \frac{\pi^2 EI_\eta}{x_{\mathrm{WP}}^2} \ . \tag{8.1-49}$$

Vergleicht man (8.1-49) mit (8.1-41), so erkennt man, dass $x_{\mathrm{WP}} = l_k$ gilt. Da die Wendepunkte der Biegelinie durch $w'' = 0$ bzw. unter Bedachtnahme auf (8.1-8) durch $M_\eta = 0$ charakterisiert sind, entspricht folglich die Knicklänge dem Abstand benachbarter Wende- bzw. Momentennullpunkte.

Unter Berücksichtigung von (8.1-8) folgt aus (8.1-48) die Biegemomentenverteilung als Vielfaches der Horizontalkraft H_A zu

$$M_\eta(x) = -\frac{H_A\, EI_\eta}{P_k \sin\alpha l}\,\alpha^2 l\sin\alpha x \ . \tag{8.1-50}$$

Abb. 8.1-4 zeigt die Form der Biegelinie für den im Punkt B elastisch eingespannten Druckstab als Vielfaches des horizontalen Auflagerdrucks $H_A = 1$ kN. Zum Vergleich

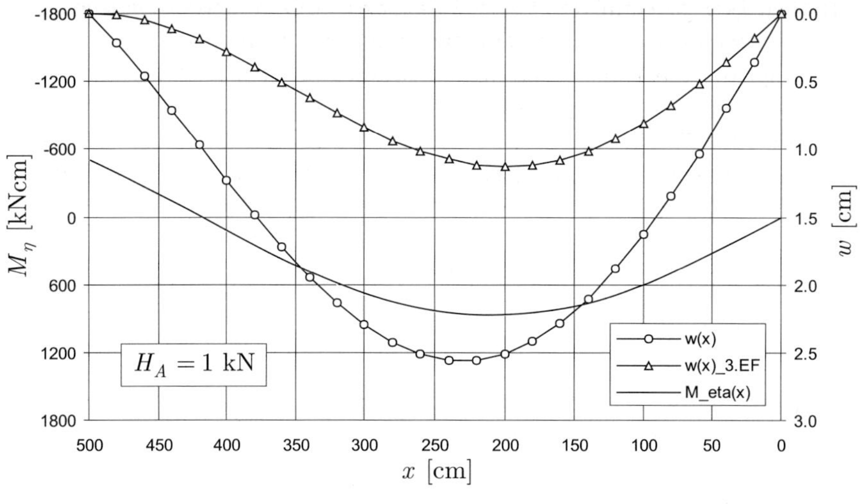

Abb. 8.1-4: Gelenkig gelagerter, elastisch eingespannter Druckstab: Biegelinie $w(x)$; Biegelinie bei Lagerung entsprechend dem 3. EULER'schen Knickfall; Momentenverteilung $M_\eta(x)$ (alle Verläufe für $H_A = 1$ kN)

ist auch die Biegelinie entsprechend dem 3. EULER'schen Knickfall unter Verwendung derselben Skalierung enthalten. Für die Verschiebungen gilt dabei die rechte Achse im Diagramm. Außerdem enthält Abb. 8.1-4 den qualitativen Verlauf der Biegemomente, die jedoch mit einem anderen Skalierungsfaktor dargestellt sind (siehe linke Achse). Der Abstand der beiden Momentennullpunkte entspricht der Knicklänge l_k, wie der Vergleich mit dem oben ermittelten Wert zeigt.

8.2 Exzentrischer Druck

Beispiel 8.2: Beidseitig gelenkig gelagerter Stab mit säbelförmiger Anfangsdurchbiegung unter axialer Druckbeanspruchung

Abb. 8.2-1(a) zeigt einen beidseitig gelenkig gelagerten Stab konstanter Biegesteifigkeit EI_η mit einer kleinen säbelförmigen Anfangsdurchbiegung $w_0(x)$ im unbelasteten Zustand. Die Durchbiegung $w_0(x)$ lasse sich durch eine Sinushalbwelle der Form

$$w_0(x) = a \sin \frac{\pi x}{l} \tag{8.2-1}$$

beschreiben, wobei a die in Feldmitte vorhandene maximale Anfangsverformung bezeichnet. Der Stab wird einer axialen richtungstreuen (Wirkungsrichtung der Kraft ändert sich nicht im Zuge der Verformung des Tragwerks) Druckkraft P, deren Wirkungslinie mit der Verbindungslinie der beiden Auflagerpunkte zusammenfällt, unterworfen. Unter der Annahme linear elastischen Materialverhaltens ist die Durchbiegung als Funktion der Druckkraft P zu bestimmen und die Ergebnisse mit jenen des perfekten (vollständig geraden) Stabes zu vergleichen.

Auch wenn im Zusammenhang mit dieser Aufgabenstellung nachfolgend der Begriff „kritische Last“ verwendet wird, handelt es sich im gegenständlichen Fall nicht um ein Verzweigungsproblem, sondern um ein Traglastproblem, da der Stabilitätsverlust mit dem Erreichen der Traglast einhergeht. Während eine kleine Anfangsdurchbiegung im Falle einer Querbelastung q_ζ praktisch keinen Einfluss auf die Biegemomentenverteilung und die Verformung zufolge der aufgebrachten Belastung hat, ist dies bei einer Axialbeanspruchung P nicht der Fall. Hier hängt die Durchbiegung und die Momentenbeanspruchung zufolge P maßgeblich von der Anfangsverformung ab.

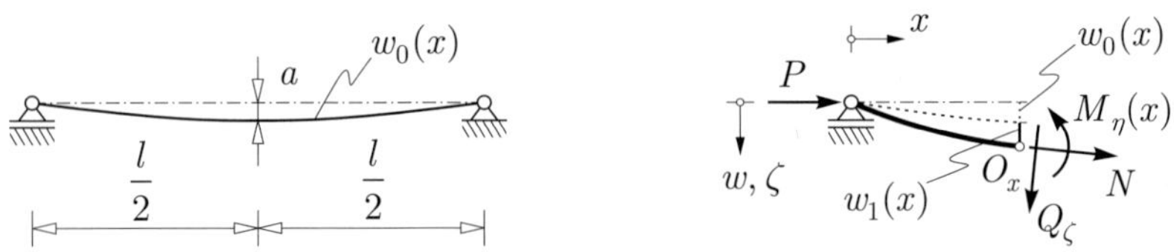

(a) (b)

Abb. 8.2-1: Druckstab mit säbelförmiger Anfangsdurchbiegung: (a) System mit kleiner Anfangsdurchbiegung w_0 im unbelasteten Zustand; (b) Gleichgewichtsbetrachtung bei Bezug auf die verformte Lage

(a) Ermittlung der Biegelinie

Zur Lösung der Aufgabe ist die Anwendung der Theorie II. Ordnung erforderlich, d.h. bei der Formulierung der Gleichgewichtsbedingungen wird auf das verformte System Bezug genommen, wie in Abb. 8.2-1(b) dargestellt. Die Momentensumme aller Kräfte um den Punkt O_x ergibt

$$M_\eta(x) = P \cdot w(x) \ , \qquad (8.2\text{-}2)$$

wobei sich die Durchbiegung w aus zwei Anteilen entsprechend

$$w(x) = w_0(x) + w_1(x) \qquad (8.2\text{-}3)$$

zusammensetzt. Da allerdings nur $w_1(x)$ eine aus dem Biegemoment M_η resultierende Durchbiegung darstellt, folgt mit Bezug auf $(6.15\text{-}2)_1$ und $(6.15\text{-}8)_1$ die Beziehung zwischen Krümmung und Biegemoment zu

$$\frac{d^2 w_1(x)}{dx^2} = -\frac{M_\eta(x)}{EI_\eta} \ . \qquad (8.2\text{-}4)$$

Einsetzen von (8.2-2) in (8.2-4) unter Berücksichtigung von (8.2-3), (8.2-1) und (8.1-4) führt auf

$$\frac{d^2 w_1}{dx^2} = -\frac{P(w_0 + w_1)}{EI_\eta}$$

$$\frac{d^2 w_1}{dx^2} + \alpha^2 w_1 = -\alpha^2 a \sin\frac{\pi x}{l} \ . \qquad (8.2\text{-}5)$$

Die Lösung dieser inhomogenen linearen Differentialgleichung zweiter Ordnung erhält man durch Superposition der allgemeinen Lösung der homogenen Differentialgleichung

$$w_1^{(h)} = C_1 \sin \alpha x + C_2 \cos \alpha x \tag{8.2-6}$$

mit einer partikulären Lösung $w_1^{(p)}$. Da die Inhomogenität eine trigonometrische Funktion enthält, wird für das partikuläre Integral ein trigonometrischer Ansatz in der Form

$$w_1^{(p)} = C_3 \sin \frac{\pi x}{l} + C_4 \cos \frac{\pi x}{l} \tag{8.2-7}$$

gewählt. Bildet man die Ableitungen von (8.2-7) zu

$$\begin{aligned} \frac{dw_1^{(p)}}{dx} &= \frac{\pi}{l} C_3 \cos \frac{\pi x}{l} - \frac{\pi}{l} C_4 \sin \frac{\pi x}{l} \, , \\ \frac{d^2 w_1^{(p)}}{dx^2} &= -\frac{\pi^2}{l^2} \left(C_3 \sin \frac{\pi x}{l} + C_4 \cos \frac{\pi x}{l} \right) \end{aligned} \tag{8.2-8}$$

und setzt $(8.2\text{-}8)_2$ und (8.2-7) in (8.2-5) ein, d.h.

$$\begin{aligned} \left(\alpha^2 - \frac{\pi^2}{l^2} \right) \cdot \left(C_3 \sin \frac{\pi x}{l} + C_4 \cos \frac{\pi x}{l} \right) &= -\alpha^2 a \sin \frac{\pi x}{l} \\ C_3 \sin \frac{\pi x}{l} + C_4 \cos \frac{\pi x}{l} &= -\frac{\alpha^2 \, l^2 \, a}{\alpha^2 \, l^2 - \pi^2} \sin \frac{\pi x}{l} \, , \end{aligned} \tag{8.2-9}$$

so folgen die Integrationskonstanten nach Koeffizientenvergleich zu

$$C_3 = \frac{\alpha^2 \, l^2 \, a}{\pi^2 - l^2 \, \alpha^2} = \frac{a}{\pi^2/(\alpha l)^2 - 1} \, , \qquad C_4 = 0 \, . \tag{8.2-10}$$

Die allgemeine Lösung der inhomogenen Differentialgleichung (8.2-5) ergibt sich somit zu

$$w_1 = C_1 \sin \alpha x + C_2 \cos \alpha x + \frac{a}{\pi^2/(\alpha l)^2 - 1} \sin \frac{\pi x}{l} \, . \tag{8.2-11}$$

Mit den Randwerten für die Verschiebungen an den Stabenden folgen die Konstanten zu

$$\begin{aligned} w_1\big|_{x=0} &= 0 : \qquad C_2 = 0 \\ w_1\big|_{x=l} &= 0 : \qquad C_1 \sin \alpha l = 0 \quad \rightarrow \quad C_1 = 0 \end{aligned} \tag{8.2-12}$$

und die Lösung der Differentialgleichung für die Durchbiegung zufolge der axialen Druckkraft ergibt sich zu

$$w_1 = \frac{a}{\pi^2/(\alpha l)^2 - 1} \sin \frac{\pi x}{l} \, , \tag{8.2-13}$$

wobei P nichtlinear mit α verknüpft ist. Durch Addition von (8.2-1) zu (8.2-13) erhält man die Gesamtdurchbiegung zu

$$w = w_0 + w_1 = \left(1 + \frac{1}{\pi^2/(\alpha l)^2 - 1} \right) a \sin \frac{\pi x}{l} \, . \tag{8.2-14}$$

Im Gegensatz zum Beispiel 8.1 kann im vorliegenden Fall entsprechend (8.2-14) die Größe der Auslenkung w von der geraden Stabachse mit Ausnahme des Falles $\alpha l = \pi$ angegeben werden. Dies ist ein Kennzeichen dafür, dass es sich hier nicht um ein Verzweigungs-, sondern um ein Traglastproblem handelt. Für $\alpha l \to \pi$ wächst die Durchbiegung unbeschränkt an, womit die „kritische Last" – die Traglast – erreicht ist. Somit stellt das Erreichen der Traglast in diesem Falle die Stabilitätsgrenze dar.

(b) Vergleich mit den Ergebnissen des perfekten Stabes

Definiert man das Verhältnis zwischen vorhandener Last P und der für den zweiten EULER'schen Knickfall gültigen kritischen Last $P_k^{(2.\,\mathrm{EF})} = \pi^2 EI_\eta / l^2$ unter Verwendung von (8.1-4) entsprechend

$$\beta = \frac{P}{P_k^{(2.\,\mathrm{EF})}} = P\,\frac{l^2}{\pi^2 EI_\eta} = \frac{\alpha^2\, l^2}{\pi^2}\,, \tag{8.2-15}$$

so kann (8.2-13) in normierter Form zu

$$w_1 = \frac{a}{1/\beta - 1}\sin\frac{\pi x}{l} = \frac{\beta}{1-\beta}\cdot a\sin\frac{\pi x}{l} \tag{8.2-16}$$

geschrieben werden. Zusammen mit der Anfangsdurchbiegung gemäß (8.2-1) ergibt sich die Biegelinie bezogen auf die gerade Stabachse zu

$$w = w_0 + w_1 = \left(1 + \frac{\beta}{1-\beta}\right)\cdot a\sin\frac{\pi x}{l}$$

$$w = \frac{a}{1-\beta}\,\sin\frac{\pi x}{l}\,. \tag{8.2-17}$$

Vergleicht man (8.2-17) mit (8.2-1), so fällt auf, dass die Anfangsdurchbiegung a an der Stelle $x = l/2$ durch die axiale Druckkraft um den Faktor $1/(1-\beta)$ vergrößert wird. Für den Grenzfall $P \to P_k^{(2.\,\mathrm{EF})}$ folgt $\beta \to 1$ und die Durchbiegung wächst unbegrenzt an, d.h. $w \to \infty$. Diesem Ergebnis kommt allerdings wenig praktische Bedeutung zu, da dies die uneingeschränkte Gültigkeit des HOOKE'schen Gesetzes voraussetzen würde. Außerdem stellt (8.2-4) nur für kleine Durchbiegungen eine brauchbare Näherung dar (vgl. (6.111) bis (6.114)).

Setzt man (8.2-17) in (8.2-2) ein, so erhält man den Verlauf der Biegemomente zu

$$M_\eta(x) = P\,\frac{a}{1-\beta}\,\sin\frac{\pi x}{l}\,. \tag{8.2-18}$$

Das Biegemoment ist somit proportional zur Maximaldurchbiegung a im unbelasteten Zustand, nicht jedoch zu Axialkraft P, da der Vergrößerungsfaktor $1/(1-\beta)$ nichtlinear von P abhängt. Trotz der Gültigkeit des HOOKE'schen Gesetzes besteht somit kein linearer Zusammenhang zwischen der axialen Druckkraft P und der Momentenbeanspruchung bzw. der Durchbiegung, wie aus (8.2-17) und (8.2-18) hervorgeht. Somit darf hier das Superpositionsprinzip nicht angewendet werden.

Kapitel 9

Anstrengungshypothesen

9.1 Fließhypothesen mit einem Werkstoffkennwert

FL 2

Beispiel 9.1: Dickwandiger Zylinder unter Außendruck und axialer Zugbeanspruchung – TRESCA und VON MISES

Abb. 3.17-1 zeigt einen dickwandigen Zylinder aus Stahl mit dem Innenradius r_i und dem Außenradius r_a, der durch den Innendruck p_i, den Außendruck p_a und gleichzeitig durch eine Längsspannung σ_0 beansprucht wird. In Abweichung zu Abb. 3.17-1 ist im gegenständlichen Fall kein Innendruck vorhanden. Die Fließgrenze f_y des Materials ist aus einem einaxialen Versuch bekannt. Unter Verwendung der Fließhypothesen gemäß TRESCA und VON MISES ist für die gegebene Belastung der Nachweis der Sicherheit gegen Eintritt des Fließens zu führen. Die Kenndaten sind wie folgt gegeben:

$$\begin{aligned} &\text{Belastung:} \quad p_a = 40\ \text{N/mm}^2\ , &&\text{Geometrie:} \quad r_i = 30\ \text{cm}\ , \\ &\qquad\qquad\quad \sigma_0 = 75\ \text{N/mm}^2\ , &&\qquad\qquad\quad r_a = 75\ \text{cm}\ , \\ &\text{Material:} \quad f_y = 235\ \text{N/mm}^2\ . \end{aligned} \tag{9.1-1}$$

(a) Fließhypothese gemäß TRESCA

Die Fließhypothese nach TRESCA ist gekennzeichnet durch die Annahme, dass für den Eintritt des Fließens

- die maximale Schubspannung maßgebend ist,
- während die Größe des hydrostatischen Anteils des Spannungstensors unerheblich ist.

Daraus folgt die Definition der Vergleichsspannung σ_V für die Fließhypothese nach TRESCA als Differenz der Hauptnormalspannungen $\sigma_1 = \sigma_{\max}$ und $\sigma_3 = \sigma_{\min}$ gemäß (9.11) zu

$$\sigma_V = \sigma_{\max} - \sigma_{\min}\ . \tag{9.1-2}$$

Formuliert man die Fließbedingung mittels der Fließfunktion $f(\boldsymbol{\sigma})$, so ist der Zustand des Fließens durch

$$f(\boldsymbol{\sigma}) = \sigma_V - f_y = 0 \tag{9.1-3}$$

gekennzeichnet. Im Falle der Verwendung des Fließkriteriums nach TRESCA sind somit wegen (9.1-2) zunächst die Haupt(normal)spannungen zu berechnen.

• ***Ermittlung der Hauptspannungen***

Zur Lösung der vorliegenden Aufgabe erweisen sich Zylinderkoordinaten r, ϑ, z mit den zugehörigen Verschiebungskomponenten u, v, w als vorteilhaft. Wie im Beispiel 3.17 ausführlich erläutert, ist aufgrund der Rotationssymmetrie der Struktur und der Belastung, der Verschiebungs-, Verzerrungs- und Spannungszustand ebenfalls rotationssymmetrisch. Somit verbleiben im allgemeinen Fall der Rotationssymmetrie von den Schubverzerrungen bzw. Schubspannungen lediglich die Komponenten ε_{zr} bzw. σ_{zr} übrig. Da im gegenständlichen Fall aber die Radialbelastung nicht von z und die Axialbelastung nicht von r abhängt, folgt

$$\varepsilon_{zr} = 0 \; , \tag{9.1-4}$$

und somit verschwindet für das gegebene isotrope Material auch die dritte Schubspannung, d.h.

$$\sigma_{zr} = 0 \; . \tag{9.1-5}$$

Die drei Koordinatenrichtungen sind somit Verzerrungs- und Spannungshauptrichtungen. Die allgemeinen Beziehungen für den Verlauf der Spannungen über die Dicke des Zylinders erhält man durch Spezialisierung der Gleichung (3.343) bzw. (3.17-45) und (3.17-46) für $p_i = 0$ zu

$$\sigma_r = -\frac{\left[1-\left(\dfrac{r_i}{r}\right)^2\right]\left(\dfrac{r_a}{r_i}\right)^2}{\left(\dfrac{r_a}{r_i}\right)^2-1}\cdot p_a \; , \qquad \sigma_\vartheta = -\frac{\left[1+\left(\dfrac{r_i}{r}\right)^2\right]\left(\dfrac{r_a}{r_i}\right)^2}{\left(\dfrac{r_a}{r_i}\right)^2-1}\cdot p_a \; . \tag{9.1-6}$$

Da einerseits der Ort, wo die maximale Schubspannung bzw. die größte Hauptnormalspannungsdifferenz auftritt, a priori nicht bekannt ist, andererseits aus (9.1-6) folgt, dass die Extremwerte der Spannungen σ_r und σ_ϑ an den Rändern auftreten (vgl. auch Abb. 3.17-5(b)), werden sämtliche Hauptnormalspannungen am Innen- und Außenrand des Zylinders ermittelt. Die Axialbelastung σ_0 ist an den Enden des Zylinders vorgegeben und die Hauptnormalspannung σ_z ist konstant in einem Schnitt $z =$ konst. und unveränderlich entlang z, d.h. $\sigma_z = \sigma_0 =$ konst. Die Spannungen σ_r sind am Innen- und Außenradius vorgegeben oder folgen, ebenso wie die Spannungen σ_ϑ, durch Auswerten von (9.1-6). Unter Verwendung der Verhältniswerte von Außen- und Innenradius entsprechend

$$\frac{r_i}{r_a} = \frac{30}{75} = 0.4 \, , \quad \frac{r_a}{r_i} = 2.5 \tag{9.1-7}$$

ergeben sich die Spannungen am Innenrand des Zylinders zu

$$\begin{aligned} r = r_i: \quad & \sigma_r\big|_{r=r_i} = 0 && = \sigma_2 \, , \\ & \sigma_\vartheta\big|_{r=r_i} = -\frac{2\cdot 2.5^2}{2.5^2-1}\cdot 40 = -95.24 \text{ N/mm}^2 && = \sigma_3 \, , \\ & \sigma_z\big|_{r=r_i} = 75.00 \text{ N/mm}^2 && = \sigma_1 \end{aligned} \tag{9.1-8}$$

und am Außenrand zu

$$
\begin{aligned}
r = r_a: \quad & \sigma_r\big|_{r=r_a} = -p_a = -40.00\ \mathrm{N/mm^2} && = \sigma_2\ , \\
& \sigma_\vartheta\big|_{r=r_a} = -\frac{(1+0.4^2)\cdot 2.5^2}{2.5^2-1}\cdot 40 = -55.24\ \mathrm{N/mm^2} && = \sigma_3\ , \\
& \sigma_z\big|_{r=r_a} = 75.00\ \mathrm{N/mm^2} && = \sigma_1\ .
\end{aligned}
\tag{9.1-9}
$$

- ***Vergleichsspannung und Sicherheit gegen Fließen gemäß*** **TRESCA**

Die Vergleichsspannungen am Innen- und Außenrand des Zylinders ergeben sich durch Einsetzen der Maximal- und Minimalwerte von (9.1-8) und (9.1-9) in (9.1-2) zu

$$
\begin{aligned}
r = r_i: \quad & \sigma_V\big|_{r=r_i} = \sigma_z - \sigma_\vartheta = 75.00 - (-95.24) = 170.24\ \mathrm{N/mm^2}\ , \\
r = r_a: \quad & \sigma_V\big|_{r=r_a} = \sigma_z - \sigma_\vartheta = 75.00 - (-55.24) = 130.24\ \mathrm{N/mm^2}\ .
\end{aligned}
\tag{9.1-10}
$$

Da die Vergleichsspannung am Innenrand größer ist als am Außenrand, wird das Material am Innenrand zu Fließen beginnen, und zwar sobald (9.1-3) erfüllt ist, d.h., sobald die Vergleichsspannung am Innenrand die Fließgrenze f_y erreicht. Die Sicherheit gegen Fließen ist somit durch den Quotienten

$$
s = \frac{f_y}{\sigma_V} \tag{9.1-11}
$$

charakterisiert und beträgt für den gegebenen Beanspruchungszustand an den beiden Rändern des Zylinders:

$$
r = r_i: \quad s\big|_{r=r_i} = \frac{235.00}{170.24} = 1.380\ , \tag{9.1-12}
$$

$$
r = r_a: \quad s\big|_{r=r_a} = \frac{235.00}{130.24} = 1.804\ . \tag{9.1-13}
$$

Da beim Fließkriterium nach TRESCA die Vergleichsspannung als Differenz zwischen maximaler und minimaler Hauptnormalspannung σ_1 und σ_3 in die Berechnung eingeht, bleibt die mittlere Hauptnormalspannung σ_2 unberücksichtigt. Bei der Anwendung dieses Kriteriums ist zu beachten, dass bei entsprechender Belastung etwa eine im Zuge der Bemessung erforderliche Dickenänderung des Zylinders allenfalls eine andere Zuordnung der Normalspannungskomponenten $\sigma_r, \sigma_\vartheta, \sigma_z$ zu $\sigma_1, \sigma_2, \sigma_3$ erforderlich machen kann.

(b) Fließhypothese gemäß VON MISES

Die Fließhypothese nach VON MISES ist gekennzeichnet durch die Annahme, dass für den Eintritt des Fließens

- der gestaltändernde Anteil der spezifischen Verzerrungsenergie U_0^G maßgebend
- und der hydrostatische Anteil des Spannungstensors ohne Einfluss ist.

Daraus folgt die Definition der Vergleichsspannung σ_V bei Anwendung der Fließhypothese nach VON MISES gemäß (9.24) zu

$$
\sigma_V = \sqrt{\frac{3}{2} s_{ij} s_{ij}}\ , \tag{9.1-14}
$$

wobei s_{ij} den deviatorischen Spannungstensor darstellt.

• ***Vergleichsspannung und Sicherheit gegen Fließen gemäß* VON MISES**

Verwendet man die alternative Formulierung von σ_V entsprechend (9.25) und spezialisiert diese für einen Hauptspannungszustand, so ergibt sich die Vergleichsspannung gemäß VON MISES zu

$$\sigma_V = \sqrt{\frac{1}{2}\left[(\sigma_1 - \sigma_2)^2 + (\sigma_2 - \sigma_3)^2 + (\sigma_3 - \sigma_1)^2\right]} \,. \tag{9.1-15}$$

Wie bereits oben dargelegt, ist die Untersuchung sowohl für den Innen- als auch für den Außenradius durchzuführen. Zur Ermittlung der Vergleichsspannung mittels (9.1-15) wäre das Ordnen der in (9.1-8) und (9.1-9) ermittelten Hauptnormalspannungen entsprechend ihrer Größe nicht zwingend erforderlich. Einsetzen dieser Hauptspannungen in (9.1-15) liefert die Vergleichsspannung an den beiden Rändern des Zylinders zu

$$r = r_i: \qquad \sigma_V\big|_{r=r_i} = \sqrt{\frac{1}{2}\left[75^2 + 95.24^2 + (-95.24 - 75)^2\right]}$$

$$\sigma_V\big|_{r=r_i} = 147.78 \text{ N/mm}^2 \,, \tag{9.1-16}$$

$$r = r_a: \qquad \sigma_V\big|_{r=r_a} = \sqrt{\frac{1}{2}\left[(75 + 40)^2 + (-40 + 55.24)^2 + (-55.24 - 75)^2\right]}$$

$$\sigma_V\big|_{r=r_a} = 123.33 \text{ N/mm}^2 \tag{9.1-17}$$

und den Sicherheitskoeffizienten gegen Erreichen des Fließens unter Verwendung der Hypothese gemäß VON MISES erhält man zu

$$r = r_i: \qquad s\big|_{r=r_i} = \frac{235.00}{147.78} = 1.590 \,, \tag{9.1-18}$$

$$r = r_a: \qquad s\big|_{r=r_a} = \frac{235.00}{123.33} = 1.905 \,. \tag{9.1-19}$$

Wiederum ist der kleinere Sicherheitskoeffizient maßgebend, d.h. die Sicherheit gegen Eintritt des Fließens ergibt sich bei Verwendung der Hypothese gemäß VON MISES zu 1.59.

Vergleicht man die Ergebnisse basierend auf TRESCA und VON MISES miteinander, so zeigt sich, dass die Hypothese gemäß VON MISES eine um ca. 15% höhere Sicherheit gegen Fließeintritt prognostiziert, d.h. die Fließhypothese nach TRESCA liefert konservativere Werte.

Beispiel 9.2: Dünnwandiger Zylinder unter Innendruck und Torsionsbeanspruchung – TRESCA und VON MISES

Das in Abb. 9.2-1 skizzierte dünnwandige Rohr aus Stahl mit dem Innenradius r_i und der Wandstärke b wird durch den Flüssigkeitsdruck p_i und durch ein Torsionsmoment M_T beansprucht. Die geometrischen Kenndaten und die Fließgrenze f_y des Materials sind wie folgt gegeben:

$$r_i = 146 \text{ mm} \,, \qquad f_y = 235 \text{ N/mm}^2 \,, \qquad b = 4 \text{ mm} \,. \tag{9.2-1}$$

↳ b(s) = konst

Unter Verwendung der Fließhypothesen gemäß TRESCA und VON MISES sollen nachstehende drei Fälle analysiert werden:

(1) Bei welchem Innendruck $p_i^{(y)}$ beginnt Fließen, wenn gleichzeitig das Torsionsmoment $M_T = 50$ kNm beträgt?

(2) Bei welchem Innendruck $p_i^{(y)}$ beginnt Fließen, wenn kein zusätzliches Torsionsmoment angreift?

(3) Bei welchem Torsionsmoment $M_T^{(y)}$ beginnt Fließen, wenn sich keine Flüssigkeit im Rohr befindet?

(a) Ermittlung der maßgebenden Spannungen

Mit den Daten entsprechend (9.2-1) folgt der Außenradius r_a und der mittlere Radius r_0 des Rohres zu

$$r_a = r_i + b = 146 + 4 = 150 \text{ mm} , \qquad r_0 = \frac{r_a + r_i}{2} = 148 \text{ mm} . \tag{9.2-2}$$

Wie durch (9.2-2) zum Ausdruck kommt, ist das Rohr dünnwandig, d.h. $b \ll r_0$ und kann deshalb als Flächentragwerk betrachtet werden. Somit liegt in guter Näherung ein ebener Spannungszustand vor, wie in Abb. 9.2-1 angedeutet. Im Fall (1) setzt sich die Belastung aus zwei Anteilen zusammen. Für die Beantwortung der Fragestellung nach dem Fließeintritt sind deshalb beide Lastwirkungen gemeinsam zu betrachten.

Wie im Beispiel 3.17 gezeigt, kann beim dünnwandigen Zylinder unter Innendruck die Radialspannung gemäß (3.17-58) näherungsweise vernachlässigt werden ($\sigma_r \approx 0$). Somit ist die Umfangsspannung σ_ϑ die einzige von null verschiedene Spannungskomponente zufolge des Innendrucks. Sie ist näherungsweise konstant über die Dicke b verteilt und folgt mit der Kesselformel (3.17-54) bzw. (3.347) zu

$$\sigma_\vartheta = \frac{r_0}{b} p_i . \tag{9.2-3}$$

Die durch das Torsionsmoment M_T bewirkten Schubspannungen können aus der 1. BREDT'schen Formel, die gemäß (6.10-2) bzw. (6.288) zu

$$M_T = 2 A_u t \tag{9.2-4}$$

gegeben ist, ermittelt werden. In (9.2-4) bezeichnet A_u die von der Mittellinie (Skelettlinie) des Rohres umschlossenen Fläche und t den Schubfluss. Letzterer ist zufolge reiner Torsion in geschlossenen dünnwandigen Hohlquerschnitten konstant. Bezeichnet man die Schubspannung gemäß der Notation in Zylinderkoordinaten mit $\sigma_{\vartheta z}$, dann erhält man für ein Rohr mit konstanter Wandstärke und dem mittleren Radius r_0 die Schubspannung zufolge reiner Torsionsbeanspruchung zu

$$\sigma_{\vartheta z} = \frac{M_T}{2 r_0^2 \pi b} . \tag{9.2-5}$$

Somit ergeben sich die Komponenten des ebenen Spannungszustandes in Zylinderkoordinaten zu

$$\sigma_\vartheta \neq 0, \quad \sigma_z = 0, \quad \sigma_{\vartheta z} \neq 0 . \tag{9.2-6}$$

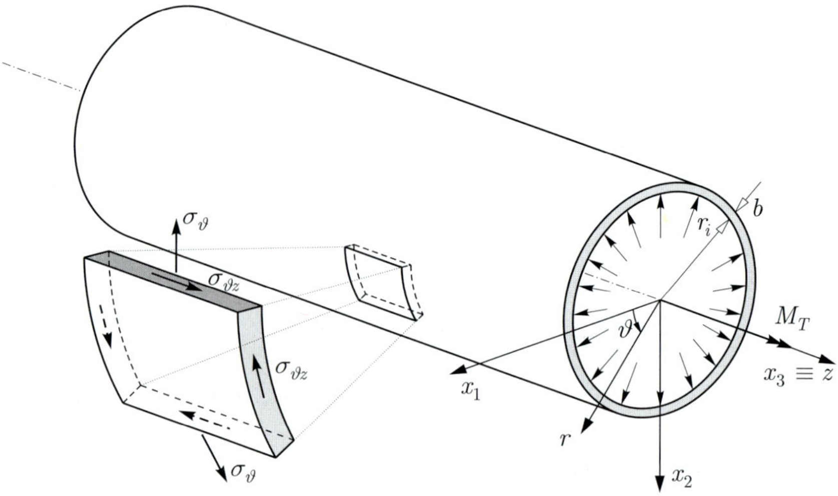

Abb. 9.2-1: Dünnwandiger Zylinder unter Innendruck und Torsionsbelastung; Spannungen an einem infinitesimalen Element des Rohres

(b) Fließhypothese nach TRESCA

Die Fließhypothese nach TRESCA erfordert die Ermittlung der maximalen Schubspannung bzw. der maximalen Hauptnormalspannungsdifferenz. Einsetzen in (3.12-4) bzw. (3.167) liefert die Hauptnormalspannungen zu

$$\begin{aligned} \sigma_{1(2)} &= \frac{\sigma_\vartheta + \sigma_z}{2} \, (\pm) \sqrt{\left(\frac{\sigma_\vartheta - \sigma_z}{2}\right)^2 + \sigma_{\vartheta z}^2} \\ \sigma_{1(2)} &= \frac{\sigma_\vartheta}{2} \, (\pm) \sqrt{\frac{{\sigma_\vartheta}^2}{4} + \sigma_{\vartheta z}^2} \; . \end{aligned} \tag{9.2-7}$$

Da in (9.2-7) der Wurzelausdruck größer ist als der erste Term auf der rechten Seite, folgen die Spannungen bei Reihung entsprechend ihrer Größe zu

$$\sigma_1 = \sigma_{\max} > 0 \; , \quad \sigma_2 = 0 \; , \quad \sigma_3 = \sigma_{\min} < 0 \; . \tag{9.2-8}$$

Damit kann die Vergleichsspannung unter Verwendung der Fließhypothese nach TRESCA wie folgt angeschrieben werden

$$\begin{aligned} \sigma_V &= \sigma_{\max} - \sigma_{\min} = 2\sqrt{\frac{\sigma_\vartheta^2}{4} + \sigma_{\vartheta z}^2} \\ \sigma_V &= \sqrt{\sigma_\vartheta^2 + 4\,\sigma_{\vartheta z}^2} \; . \end{aligned} \tag{9.2-9}$$

Bei Formulierung der Fließbedingung in Form einer Fließfunktion gemäß (9.1-3) bzw. (9.12) erhält man mit (9.2-9) unter Berücksichtigung von (9.2-3) und (9.2-5)

$$\begin{aligned} & f(\boldsymbol{\sigma}) = \sigma_V - f_y = 0 \\ & \left(\frac{r_0\, p_i}{b}\right)^2 + 4\left(\frac{M_T}{2\, r_0^2\, \pi\, b}\right)^2 - f_y^2 = 0 \; . \end{aligned} \tag{9.2-10}$$

Damit lässt sich unter Verwendung der Hypothese nach TRESCA bei gegebenem Torsionsmoment der für den Eintritt des Fließens erforderliche Innendruck $p_i^{(y,\mathrm{T})}$ zu

$$p_i^{(y,\mathrm{T})} = \sqrt{\left(\frac{f_y\, b}{r_0}\right)^2 - \left(\frac{M_T}{r_0^3\, \pi}\right)^2} \tag{9.2-11}$$

bzw. bei gegebenem Innendruck das für den Eintritt des Fließens erforderliche Torsionsmoment $M_T^{(y,\mathrm{T})}$ zu

$$M_T^{(y,\mathrm{T})} = \pi \sqrt{(f_y\, r_0^2\, b)^2 - (r_0^3\, p_i)^2} \tag{9.2-12}$$

ermitteln. Einsetzen der Zahlenwerte (9.2-1) und (9.2-2) in (9.2-11) bzw. (9.2-12) führt zur Beantwortung der Fragestellungen nach der unter Einhaltung der Fließspannung f_y zulässigen Belastung bei Verwendung der Fließhypothese gemäß TRESCA:

`(1) Maximaler Innendruck bei` $M_T = 50$ `kNm`

$$p_i^{(y,\mathrm{T})} = \sqrt{\left(\frac{235 \cdot 4}{148}\right)^2 - \left(\frac{50 \cdot 10^6}{148^3\, \pi}\right)^2}$$

$$p_i^{(y,\mathrm{T})} = \sqrt{40.34 - 24.10} = 4.03\ \mathrm{N/mm^2} = 40.3\ \mathrm{bar}\ , \tag{9.2-13}$$

`(2) Maximaler Innendruck bei` $M_T = 0$

$$p_i^{(y,\mathrm{T})} = \sqrt{\left(\frac{235 \cdot 4}{148}\right)^2} = \sqrt{40.34} = 6.35\ \mathrm{N/mm^2} = 63.5\ \mathrm{bar}\ , \tag{9.2-14}$$

`(3) Maximales Torsionsmoment bei` $p_i = 0$

$$M_T^{(y,\mathrm{T})} = \pi \cdot 235 \cdot 148^2 \cdot 4 = 64.68 \cdot 10^6\ \mathrm{Nmm} = 64.68\ \mathrm{kNm}\ . \tag{9.2-15}$$

(c) Fließhypothese nach VON MISES

Gemäß (9.26) ist die Vergleichsspannung nach VON MISES für den ebenen Spannungszustand durch

$$\sigma_V = \sqrt{\sigma_{11}^2 - \sigma_{11}\,\sigma_{22} + \sigma_{22}^2 + 3\sigma_{12}^2} \tag{9.2-16}$$

gegeben. Nach Umbenennung der Koordinaten $x_1 \to \vartheta$, $x_2 \to z$ kann (9.2-16) unter Berücksichtigung von (9.2-6) für den vorliegenden Fall zu

$$\sigma_V = \sqrt{\sigma_\vartheta^2 + 3\,\sigma_{\vartheta z}^2} \tag{9.2-17}$$

geschrieben werden. Wie der Vergleich von (9.2-17) mit (9.2-9) zeigt, unterscheidet sich im gegenständlichen Fall die Vergleichsspannung gemäß VON MISES von jener gemäß TRESCA lediglich im multiplikativen Faktor der Schubspannung. Bei Formulierung der Fließbedingung in Form einer Fließfunktion entsprechend (9.1-3) erhält man nach Einsetzen von (9.2-3) und (9.2-5) in (9.2-17)

$$\left(\frac{r_0\, p_i}{b}\right)^2 + 3\left(\frac{M_T}{2\, r_0^2\, \pi\, b}\right)^2 - f_y^2 - 0\ . \tag{9.2-18}$$

Damit lässt sich unter Verwendung der Hypothese gemäß VON MISES bei gegebenem Torsionsmoment der für den Eintritt des Fließens erforderliche Innendruck $p_i^{(y,\mathrm{M})}$ zu

$$p_i^{(y,\mathrm{M})} = \sqrt{\left(\frac{f_y\, b}{r_0}\right)^2 - \frac{3}{4}\left(\frac{M_T}{r_0^3\,\pi}\right)^2} \tag{9.2-19}$$

bzw. bei gegebenem Innendruck das für den Eintritt des Fließens erforderliche Torsionsmoment $M_T^{(y,\mathrm{M})}$ zu

$$M_T^{(y,\mathrm{M})} = \frac{2}{\sqrt{3}}\,\pi\,\sqrt{(f_y\, r_0^2\, b)^2 - (r_0^3\, p_i)^2} = \frac{2}{\sqrt{3}}\, M_T^{(y,\mathrm{T})} \tag{9.2-20}$$

ermitteln. Einsetzen der Zahlenwerte in (9.2-19) bzw. (9.2-20) führt zur Beantwortung der Fragestellungen nach der unter Einhaltung der Fließspannung f_y zulässigen Belastung bei Verwendung der Fließhypothese gemäß VON MISES:

`(1) Maximaler Innendruck bei` $M_T = 50$ `kNm`

$$p_i^{(y,\mathrm{M})} = \sqrt{40.34 - \frac{3}{4}\,24.10} = 4.72\ \mathrm{N/mm^2} = 47.2\ \mathrm{bar}\ , \tag{9.2-21}$$

`(2) Maximaler Innendruck bei` $M_T = 0$

$$p_i^{(y,\mathrm{M})} = p_i^{(y,\mathrm{T})} = 6.35\ \mathrm{N/mm^2} = 63.5\ \mathrm{bar}\ , \tag{9.2-22}$$

`(3) Maximales Torsionsmoment bei` $p_i = 0$

$$M_T^{(y,\mathrm{M})} = \frac{2}{\sqrt{3}} \cdot M_T^{(y,\mathrm{T})} = 1.155 \cdot M_T^{(y,\mathrm{T})} = 74.69\ \mathrm{kNm}\ . \tag{9.2-23}$$

• ***Bemerkungen***

Wie die Ergebnisse zeigen, erlaubt das Fließkriterium gemäß VON MISES im Vergleich zum Kriterium gemäß TRESCA höhere Belastungen. Dies wird auch aus dem Vergleich der Fließflächen der beiden Hypothesen im Hauptspannungsraum ersichtlich, denn im Falle der Eichung beider Hypothesen anhand des einaxialen Zug- oder Druckversuchs umschreibt die Fließfläche gemäß VON MISES jene gemäß TRESCA, d.h. der elastische Bereich ist im Falle der Verwendung des VON-MISES-Kriteriums größer als dies bei Verwendung des TRESCA-Kriteriums der Fall ist. Würde die Eichung beider Hypothesen anhand eines Torsionsversuches mit reiner Schubbeanspruchung erfolgen, so würde die Fließfläche gemäß TRESCA jene gemäß VON MISES umschreiben.

Wie der Vergleich von (9.2-14) mit (9.2-22) zeigt, liefern beide Kriterien für den Fall (2) die gleichen Resultate. Dies überrascht nicht, da dieser Fall einem einaxialen Normalspannungszustand ($\sigma_\vartheta \neq 0$, $\sigma_z = 0$, $\sigma_{\vartheta z} = 0$) entspricht und die verwendete Formulierung der beiden Kriterien auf der Übereinstimmung hinsichtlich der einaxialen Festigkeit basiert. Der Fall (3) entspricht einem Zustand reinen Schubs ($\sigma_\vartheta = 0$, $\sigma_z = 0$, $\sigma_{\vartheta z} \neq 0$). Aufgrund der Eichung für die einaxiale Festigkeit unterscheiden sich daher die Ergebnisse (9.2-15) und (9.2-23) voneinander. Wären die beiden Kriterien für den

Zustand reinen Schubs geeicht worden, würden die Ergebnisse gemäß (9.2-15) und (9.2-23) übereinstimmen und jene gemäß (9.2-14) und (9.2-22) divergieren.

Für die in den Fällen (2) und (3) herrschenden Spannungszustände wäre die Anwendung einer Fließhypothese nicht erforderlich, da die entsprechenden Spannungen unmittelbar mit f_y, der Fließgrenze bei einaxialer Zugbeanspruchung, bzw. mit τ_y, der Fließgrenze bei reiner Schubbeanspruchung, verglichen werden können. Dies wird durch Nullsetzen von p_i bzw. M_T in (9.2-10) und (9.2-18) deutlich. Lediglich im Fall (1) herrscht ein mehraxialer Spannungszustand, sodass für eine Beurteilung des Spannungszustandes eine Vergleichsspannung und eine Fließhypothese benötigt werden.

9.2 Versagenshypothesen mit zwei Werkstoffkennwerten

Beispiel 9.3: Versagenshypothese nach Mohr-Coulomb

Aus einaxialen Versuchen sind von einem Werkstoff die einaxiale Zugfestigkeit f_t und die einaxiale Druckfestigkeit f_c zu

$$\begin{aligned} f_t &= 18\ \text{N/mm}^2\ , \\ f_c &= 32\ \text{N/mm}^2 \end{aligned} \tag{9.3-1}$$

bestimmt worden. Die elastischen Konstanten sind zu

$$\begin{aligned} E &= 35\,000\ \text{N/mm}^2\ , \\ \nu &= 0.25 \end{aligned} \tag{9.3-2}$$

gegeben. Unter Verwendung der Versagenshypothese gemäß Mohr-Coulomb (MC) sind nachfolgende Berechnungen durchzuführen:

(a) Ermittlung der Kohäsion c und des Reibungswinkels φ aus den gegebenen einaxialen Zug- und Druckfestigkeiten f_t und f_c.

(b) Ermittlung der einaxialen Festigkeiten f_t und f_c unter der Annahme, dass die Materialparameter c und φ gegeben sind.

(c) Ermittlung der zum Versagen des Materials führenden hydrostatischen Zugspannung als Funktion von c und φ.

(d) Spannungen und zugehörige Verzerrungen bei Versagen des Werkstoffes unter einaxialer Zusammendrückung in Richtung x_3 und vollkommener seitlicher Dehnungsbehinderung.

(e) Um welchen Faktor s können die Spannungskomponenten eines ebenen Spannungszustandes, der zu

$$\sigma_{ij} = \begin{bmatrix} -5.0 & 1.5 \\ 1.5 & 2.0 \end{bmatrix}\ \text{N/mm}^2 \tag{9.3-3}$$

gegeben ist, proportional gesteigert werden, bis Werkstoffversagen eintritt?

(a) Ermittlung der MOHR-COULOMB'schen Parameter

Die Versagenshypothese nach MOHR-COULOMB basiert auf der Annahme, dass für den Eintritt des Versagens in einem Punkt P des Körpers

- die in einem bestimmten infinitesimalen Flächenelement durch P wirkende Schubspannung maßgebend ist und
- die aufnehmbare Schubspannung σ_{nt} von der in dieser Ebene wirkenden Normalspannung σ_{nn} abhängt.

Gemäß (9.44) ist das MOHR-COULOMB'sche Versagenskriterium zu

$$\frac{\sigma_1 - \sigma_3}{2} + \frac{\sigma_1 + \sigma_3}{2} \sin\varphi = c\cos\varphi\,, \qquad \sigma_1 \geq \sigma_2 \geq \sigma_3 \tag{9.3-4}$$

bzw. mit $\sigma_1 = \sigma_{\max}$ und $\sigma_3 = \sigma_{\min}$ in alternativer Schreibweise zu

$$\sigma_{\max}\frac{1 + \sin\varphi}{2c\cos\varphi} - \sigma_{\min}\frac{1 - \sin\varphi}{2c\cos\varphi} = 1 \tag{9.3-5}$$

gegeben, wobei die Kohäsion c und der Reibungswinkel (Winkel der inneren Reibung) φ die Modellparameter des Kriteriums darstellen. Die Ermittlung von Modellparametern aus gegebenen Versuchsdaten unter Verwendung einer bestimmten Fließ- oder Versagenshypothese wird als Eichen der Hypothese bezeichnet. Einsetzen der aus den Versuchen ermittelten Daten (9.3-1) in (9.3-4) oder (9.3-5) liefert:

einaxialer Zug: $\sigma_1 = f_t = 18\ \text{N/mm}^2, \quad \sigma_3 = 0$

$$18\,(1 + \sin\varphi) = 2c\cos\varphi\,, \tag{9.3-6}$$

einaxialer Druck: $\sigma_1 = 0, \quad \sigma_3 = -f_c = -32\ \text{N/mm}^2$

$$32\,(1 - \sin\varphi) = 2c\cos\varphi\,. \tag{9.3-7}$$

Subtrahiert man (9.3-7) von (9.3-6), so erhält man den Reibungswinkel φ zu

$$18\,(1 + \sin\varphi) - 32\,(1 - \sin\varphi) = 0 \quad \rightarrow \quad 50\sin\varphi = 14$$

$$\varphi = \arcsin 0.280 \rightarrow \varphi = 16.26^\circ\,. \tag{9.3-8}$$

Setzt man nun (9.3-8) etwa in (9.3-6) ein, so folgt die Kohäsion c zu

$$c = \frac{18}{2\cos\varphi}\,(1 + \sin\varphi) = 12.0\ \text{N/mm}^2\,. \tag{9.3-9}$$

(b) Ermittlung der einaxialen Festigkeiten aus MC-Parametern

Die Ermittlung der einaxialen Festigkeiten stellt die Umkehrung zur Fragestellung (a) dar. Da die im einaxialen Zug- bzw. Druckversuch gemessene Spannung die einzige im Probekörper auftretende Spannung darstellt, entspricht diese der jeweiligen einaxialen Zug- bzw. Druckfestigkeit f_t bzw. f_c des Materials. Auswerten von (9.3-5) mit den gegebenen Daten für c und φ und den entsprechenden Spannungen σ_1 und σ_3 liefert:

einaxialer Zug: $\sigma_1 = f_t = \sigma_{\max}\,, \quad \sigma_3 = 0 = \sigma_{\min}$

$$f_t = \frac{2c\cos\varphi}{1 + \sin\varphi}\,, \tag{9.3-10}$$

$$f_t = \frac{2 \cdot 12 \cdot \cos 16.26^\circ}{1 + \sin 16.26^\circ} = 18.0\ \text{N/mm}^2\,, \tag{9.3-11}$$

einaxialer Druck: $\sigma_1 = 0 = \sigma_{\max}\,, \quad \sigma_3 = -f_c = \sigma_{\min}$

$$f_c = \frac{2c\cos\varphi}{1-\sin\varphi} \tag{9.3-12}$$

$$f_c = \frac{2\cdot 12\cdot\cos 16.26^\circ}{1-\sin 16.26^\circ} = 32.0\ \mathrm{N/mm^2}\ . \tag{9.3-13}$$

(c) Ermittlung der zum Versagen des Materials führenden hydrostatischen Zugspannung als Funktion der MC-Parameter

Der hydrostatische Zugzustand ist durch

$$\sigma_1 = \sigma_2 = \sigma_3 = \sigma^m \tag{9.3-14}$$

gekennzeichnet. Einsetzen von (9.3-14) in (9.3-4) ergibt die bei Versagen unter hydrostatischem Zug auftretende mittlere Normalspannung bzw. die zugeordnete erste Invariante des Spannungstensors zu

$$\sigma^m \sin\varphi = c\cos\varphi$$

$$\sigma^m = c\,\frac{\cos\varphi}{\sin\varphi} = c\cdot\cot\varphi\ , \tag{9.3-15}$$

$$I_1^\sigma = 3\sigma^m = 3c\cdot\cot\varphi\ . \tag{9.3-16}$$

Mit der Beziehung (9.3-16) wird die Lage der Spitze der MOHR-COULOMB'schen Versagensfläche im Hauptspannungsraum (vgl. Abb 9.5-1(a)) durch die MOHR-COULOMB'schen Parameter c und φ ausgedrückt.

(d) Ermittlung von σ und ε im Versagenszustand unter einaxialer Zusammendrückung bei vollständig behinderter Querdehnung

Unter der Annahme, dass die Zusammendrückung in x_3-Richtung erfolgt, sind bei vollständiger Behinderung der Querdehnung die Dehnungskomponenten zu

$$\varepsilon_{33} \neq 0, \quad \varepsilon_{11} = \varepsilon_{22} = 0 \tag{9.3-17}$$

festgelegt und aufgrund der Symmetrie in der zur x_3-Richtung normalen Ebene folgt

$$\sigma_{11} = \sigma_{22}\ . \tag{9.3-18}$$

Mit der Beziehung zwischen den Normalspannungen und den Normalverzerrungen des verallgemeinerten HOOKE'schen Gesetzes gemäß (3.13-7) bzw. (3.269) kann $(9.3\text{-}17)_2$ zu

$$\varepsilon_{11} = \frac{1}{E}\left[\sigma_{11} - \nu\,(\sigma_{22}+\sigma_{33})\right] = 0 \tag{9.3-19}$$

geschrieben werden. Unter Berücksichtigung von (9.3-18) folgen aus (9.3-19) die Spannungen in der x_1x_2-Ebene zu

$$\left[\sigma_{11}\,(1-\nu) - \nu\sigma_{33}\right] = 0 \quad \rightarrow \quad \sigma_{11} = \sigma_{22} = \frac{\nu}{1-\nu}\,\sigma_{33} = K_0\cdot\sigma_{33}\ , \tag{9.3-20}$$

wobei K_0 als Ruhedruckbeiwert bezeichnet wird und zu

$$K_0 = \frac{\nu}{1-\nu} \tag{9.3-21}$$

definiert ist. Im Falle vollkommen behinderter Querdehnung folgt die Stauchung entsprechend dem verallgemeinerten HOOKE'schen Gesetz und unter Berücksichtigung von (9.3-18) und (9.3-20) zu

$$\begin{aligned}\varepsilon_{33} &= \frac{1}{E}\left[\sigma_{33} - \nu\left(\sigma_{11} + \sigma_{22}\right)\right]\\ \varepsilon_{33} &= \frac{\sigma_{33}}{E}\left(1 - \nu \cdot 2 \cdot \frac{\nu}{1-\nu}\right) = \frac{\sigma_{33}}{E}\frac{(1+\nu)(1-2\nu)}{(1-\nu)} = \frac{\sigma_{33}}{E_S}\ .\end{aligned} \tag{9.3-22}$$

In der Bodenmechanik wird E_S als Steifemodul bezeichnet und ist zu

$$E_S = E\,\frac{(1-\nu)}{(1+\nu)(1-2\nu)} \tag{9.3-23}$$

gegeben.

Unter der Annahme, dass an den Begrenzungsflächen der Probe normal zu den Richtungen x_1 und x_2 keine Schubspannungen übertragen werden, folgt, dass σ_{11}, σ_{22} und σ_{33} Hauptnormalspannungen sind. Es handelt sich hier somit um einen Hauptspannungs- und Hauptverzerrungszustand, was weiterhin durch die Umbenennung der Spannungen $\sigma_{11}, \sigma_{22}, \sigma_{33} \rightarrow \sigma_1, \sigma_2, \sigma_3$ zum Ausdruck gebracht wird. Solche Verhältnisse liegen etwa aufgrund des starren Stempels und wegen der polierten Seitenfläche des Ödometerrings näherungsweise bei dem aus der Bodenmechanik bekannten Ödometerversuch vor. Vergleichbare Verhältnisse in der Natur treten in einem Bodenelement eines unterhalb der horizontalen Geländeoberfläche befindlichen normalkonsolidierten Bodens auf. Einerseits wird das betrachtete Bodenelement durch das benachbarte Element gegen seitliches Ausweichen gestützt, andererseits treten zwischen zwei benachbarten Elementen keine Schubspannungen auf, da beide Elemente im selben Maße zusammengedrückt werden. Durch Einsetzen der POISSON'schen Zahl gemäß (9.3-2) in (9.3-20) ergibt sich im aktuellen Fall das Verhältnis der beiden Hauptspannungen zu

$$\sigma_1 = \frac{0.25}{1-0.25}\,\sigma_3 = \frac{1}{3}\,\sigma_3\ . \tag{9.3-24}$$

Aufgrund der Zusammendrückung sind beide Hauptspannungen Druckspannungen, d.h.

$$\sigma_1 = \frac{1}{3}\,\sigma_3 = \sigma_{\max}, \quad \sigma_3 = \sigma_{\min}\ . \tag{9.3-25}$$

Einsetzen von (9.3-25) in die Versagenshypothese nach MOHR-COULOMB (9.3-5) führt auf eine Beziehung für die minimale Hauptspannung σ_3

$$\begin{aligned}\frac{1}{3}\sigma_3\frac{1+\sin\varphi}{2c\cos\varphi} - \sigma_3\frac{1-\sin\varphi}{2c\cos\varphi} &= 1\\ \frac{\sigma_3}{3}\left(4\sin\varphi - 2\right) &= 2c\cos\varphi\\ \sigma_3 &= \frac{3c\cos\varphi}{2\sin\varphi - 1}\ .\end{aligned} \tag{9.3-26}$$

Mit den Materialparametern gemäß (9.3-8) und (9.3-9) folgen aus (9.3-26) die Normalspannungen zu

$$\sigma_3 = \frac{3 \cdot 12 \cdot \cos 16.26^\circ}{2 \cdot \sin 16.26^\circ - 1} = -78.5\ \mathrm{N/mm^2}\,, \quad \sigma_1 = \frac{1}{3}\sigma_3 = -26.2\ \mathrm{N/mm^2}\,. \tag{9.3-27}$$

Einsetzen der elastischen Konstanten entsprechend (9.3-2) in (9.3-21) und (9.3-23) liefert den Ruhedruckbeiwert und den Steifemodul zu:

$$K_0 = \frac{0.25}{1-0.25} = 0.333\ ,$$
$$E_S = 35\,000\,\frac{(1-0.25)}{(1+0.25)\,(1-0.5)} = 42\,000\ \mathrm{N/mm^2}\ . \tag{9.3-28}$$

Schließlich folgt mit der bei Versagen herrschenden Spannung σ_{33} entsprechend $(9.3\text{-}27)_1$ die zugehörige Normalverzerrung aus (9.3-22) unter Berücksichtigung von (9.3-28) zu

$$\varepsilon_{33} = \frac{-78.5}{42\,000} = -1.896 \cdot 10^{-3}\ . \tag{9.3-29}$$

(e) Ermittlung des maximalen Laststeigerungsfaktors für den gegebenen ebenen Spannungszustand

Da das Versagenskriterium nach MOHR-COULOMB in Hauptspannungen formuliert ist, sind für den gegebenen Spannungszustand zuerst die Hauptspannungen zu ermitteln. Einsetzen von (9.3-3) in (3.12-4) bzw. (3.167) ergibt:

$$\sigma_{1(2)} = \frac{\sigma_{11}+\sigma_{22}}{2} \ {}_{(}\pm_{)}\ \sqrt{\left(\frac{\sigma_{11}-\sigma_{22}}{2}\right)^2 + \sigma_{12}^2} = -1.50\ {}_{(}\pm_{)}\ 3.81$$
$$\sigma_1 = 2.31\ \mathrm{N/mm^2}, \quad \sigma_2 = -5.31\ \mathrm{N/mm^2}\ . \tag{9.3-30}$$

Für den Sonderfall des durch $\sigma_3 = 0$ gekennzeichneten ebenen Spannungszustandes erhält man unter Verwendung der einaxialen Zug- und Druckfestigkeit f_t und f_c die Versagenskurve als Schnittkurve der MC-Versagensfläche (vgl. Abb. 9.5-1(a)) mit der $\sigma_1\sigma_2$-Ebene als unregelmäßiges Sechseck wie in Abb. 9.3-1 dargestellt.

Für die Beurteilung des ebenen Spannungszustandes im Kontext der MOHR-COULOMB'schen Versagenshypothese erweist es sich als vorteilhaft, eine alternative Formulierung der Versagenshypothese zu verwenden. Einsetzen der einaxialen Zug- und Druckfestigkeiten (9.3-10) und (9.3-12) in (9.3-5) führt auf

$$\frac{\sigma_{\max}}{f_t} - \frac{\sigma_{\min}}{f_c} = 1\ . \tag{9.3-31}$$

(9.3-31) entspricht einer Geradengleichung in Abschnittsform und ermöglicht die Beschreibung des Versagenskriteriums für ebene Spannungszustände mittels einer einzigen Gleichung. Abhängig von der Größe der beiden Spannungen σ_1, σ_2 des ebenen Spannungszustandes wird unter Berücksichtigung von $\sigma_3 = 0$ durch $\sigma_{\max}$ bzw. $\sigma_{\min}$ die entsprechende Seite des in Abb. 9.3-1 dargestellten unregelmäßigen Sechsecks beschrieben. Für den Fall, dass beide Spannungen des ebenen Spannungszustandes positiv sind, folgt z.B. mit $\sigma_{\max} = \sigma_1 \geq \sigma_2$, $\sigma_2 > 0$ und $\sigma_{\min} = \sigma_3 = 0$ aus (9.3-31) $\sigma_1 - f_t = 0$, was einer zur σ_2-Achse parallelen Geraden durch f_t entspricht. Auf analoge Weise folgen die restlichen drei parallel zu den Koordinatenachsen verlaufenden Geraden durch f_t bzw. $-f_c$. In den restlichen zwei Fällen schneiden die Geraden des Versagenskriteriums beide Koordinatenachsen; z.B. entspricht die Konstellation $\sigma_{\max} = \sigma_1 > 0$, $\sigma_{\min} = \sigma_2 < 0$ und $\sigma_3 = 0$ der im vierten Quadranten liegenden Seitenkante des Sechsecks.

2) $\sigma_{max} = \sigma_1 \quad \sigma_2 \geq \sigma_1 > 0 \quad \sigma_{min} = \sigma_3 = 0$
3) $\sigma_{min} = \sigma_1 \quad \sigma_1 \leq \sigma_2 < 0 \quad \sigma_{max} = \sigma_3 = 0$
4)
5) $\sigma_{max} = \sigma_1 \quad \sigma_{min} = \sigma_2 < 0 \quad \sigma_3 = 0$

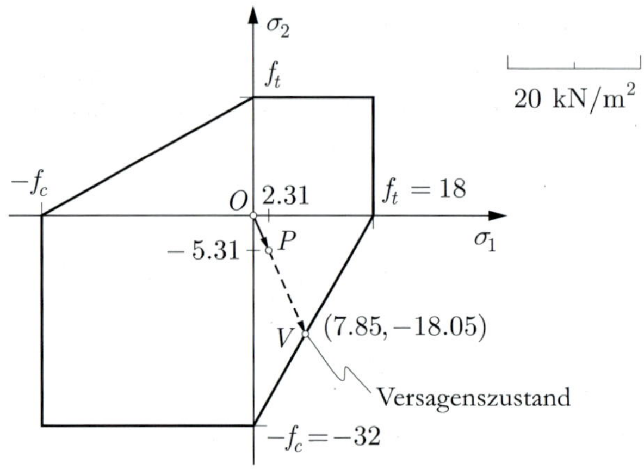

Abb. 9.3-1: Versagenskurve gemäß MOHR-COULOMB für einen ebenen Spannungszustand ($\sigma_3 = 0$)

Trägt man den dem Ergebnis (9.3-30) entsprechenden Spannungspunkt maßstabsgetreu in Abb. 9.3-1 ein, so kann der Laststeigerungsfaktor s näherungsweise aus dem Verhältnis der Abstände der Strecken $\overline{OV}$ zu $\overline{OP}$ aus der Zeichnung abgelesen werden.

Zur analytischen Ermittlung des Laststeigerungsfaktors sind die in (9.3-30) ermittelten Hauptspannungen unter Berücksichtigung der Tatsache, dass das MC-Kriterium im 3-dimensionalen Hauptspannungsraum formuliert ist, entsprechend umzuordnen, d.h.

$$\begin{aligned} \sigma_1 &= 2.31\ \mathrm{N/mm^2} = \sigma_{\max}\ , \\ \sigma_2 &= 0\ , \\ \sigma_3 &= -5.31\ \mathrm{N/mm^2} = \sigma_{\min}\ . \end{aligned} \tag{9.3-32}$$

Gemäß der Bedingung der proportionalen Steigerung des Spannungszustandes folgt aus (9.3-5) der Laststeigerungsfaktor zu

$$s \cdot \sigma_1 \frac{1+\sin\varphi}{2c\cos\varphi} - s \cdot \sigma_3 \frac{1-\sin\varphi}{2c\cos\varphi} = 1$$

$$s = \frac{2c\cos\varphi}{\sigma_1\,(1+\sin\varphi) - \sigma_3\,(1-\sin\varphi)}$$

$$s = \frac{2 \cdot 12\cos 16.26^\circ}{2.31\,(1+\sin 16.26^\circ) - (-5.31)\,(1-\sin 16.26^\circ)} = 3.40\ . \tag{9.3-33}$$

Damit ergeben sich die den Versagenszustand charakterisierenden Hauptspannungen zu

$$\begin{aligned} \sigma_1 &= 3.40 \cdot 2.31 = 7.85\ \mathrm{N/mm^2}\ , \\ \sigma_3 &= 3.40 \cdot (-5.31) = -18.05\ \mathrm{N/mm^2}\ . \end{aligned} \tag{9.3-34}$$

Beispiel 9.4: Versagenshypothese nach DRUCKER-PRAGER

Zwei Bodenproben desselben Materials wurden in zwei verschiedenen Versuchen in einem Biaxialgerät (Abb. 9.4-1) getestet. Dabei wurden beim Eintritt des Werkstoffversagens die Verschiebungen der Seitenflächen sowie die Spannungen gemessen. Letztere sind entsprechend den Werten in Tab. 9.4-1 gegeben.

Probe	σ_1 [kPa]	σ_2 [kPa]	σ_3 [kPa]
1	+80.0	−80.0	0
2	−59.8	−367.4	−162.4

Tabelle 9.4-1: Versuchsdaten für zwei Bodenproben

Unter Verwendung der Versagenshypothese gemäß DRUCKER-PRAGER (DP) sind nachfolgende Berechnungen durchzuführen:

(a) Ermittlung der DRUCKER-PRAGER'schen (Material)parameter α und k.

(b) Graphische Darstellung der Versagensfunktion (Meridianschnitt) und der in den Versuchen gefahrenen Spannungspfade.

(c) Um welchen Faktor γ kann der Spannungszustand, der zu

$$\sigma_{ij}^* = \begin{bmatrix} -20 & 5 & -12 \\ 5 & -100 & 0 \\ -12 & 0 & 0 \end{bmatrix} \text{kPa} \tag{9.4-1}$$

gegeben ist, proportional gesteigert werden, bis Materialversagen eintritt?

(d) Spannungszustand bei Eintritt des Versagens als Funktion der POISSON'schen Zahl ν und der DRUCKER-PRAGER'schen Parameter α und k, wenn bei vollständig behinderter Querdehnung (Ödometerversuch) die Zusammendrückung in x_1-Richtung erfolgt.

(e) Einaxiale Festigkeiten f_c und f_t des Materials, ausgedrückt in Abhängigkeit der Materialparameter α und k.

Vorbemerkungen

Der Biaxialapparat ist ein im bodenmechanischen Versuchswesen häufig verwendetes Gerät und ist schematisch in Abb. 9.4-1 dargestellt. Der quaderförmige Probenraum wird durch horizontal verschiebliche, zueinander normal stehende Platten und die unverschiebliche Boden- und Deckplatte (die beiden letzteren sind in Abb. 9.4-1 nicht dargestellt) begrenzt. Diese Anordnung erlaubt es, ebene Verzerrungszustände versuchstechnisch zu simulieren. Die Begrenzungsplatten sind starr und auf der Innenseite poliert, sodass zwischen Bodenprobe und Lastplatte näherungsweise Reibungsfreiheit angenommen werden kann. Im Versuch auftretende Spannungen und Verzerrungen sind somit Hauptspannungen bzw. Hauptverzerrungen.

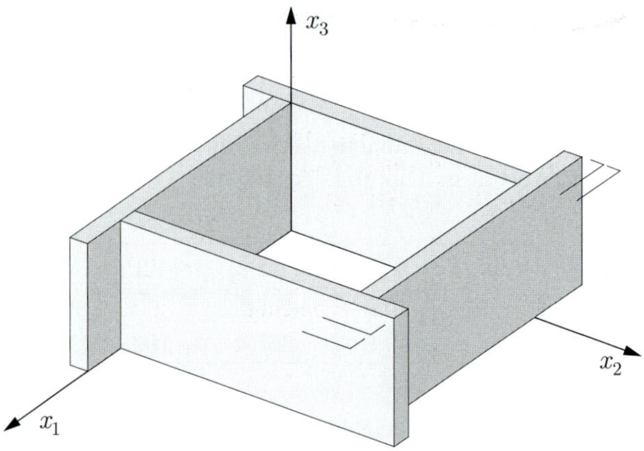

Abb. 9.4-1: Biaxialapparat

Ausgehend von der Versagensfunktion $f(\boldsymbol{\sigma})$ basierend auf der Versagenshypothese nach Drucker-Prager (9.51) bzw.

$$f(\boldsymbol{\sigma}) = \sqrt{s_{ij}s_{ij}} + \frac{\mu}{\sqrt{3}}\, I_1^\sigma - \sqrt{2}\tau_y \tag{9.4-2}$$

kann durch Verwendung der zweiten Invariante I_2^s des deviatorischen Spannungstensors $\mathbf{s}$ entsprechend

$$I_2^s = \frac{1}{2}\, s_{ij}s_{ij} \quad \rightarrow \quad \sqrt{2I_2^s} = \sqrt{s_{ij}s_{ij}} = \|\mathbf{s}\| \tag{9.4-3}$$

der Zustand des Versagens aus (9.4-2) zu

$$\sqrt{I_2^s} + \frac{\mu}{\sqrt{6}}\, I_1^\sigma - \tau_y = 0 \tag{9.4-4}$$

geschrieben werden, wobei μ und τ_y Materialkennwerte darstellen, die zu

$$\mu = \tan\varphi\,, \qquad \tau_y = \frac{f_y}{\sqrt{3}} \tag{9.4-5}$$

gegeben sind. μ wird als Coulomb'scher Reibungskoeffizient bezeichnet und τ_y ist jene Schubspannung, die bei Fließeintritt im Falle reinen Schubs im Probekörper auftritt. $(9.4\text{-}5)_2$ entspricht (9.28) und stellt den Bezug zwischen τ_y und der Fließgrenze f_y bei einaxialer Zugbeanspruchung her. Mit den Bezeichnungen

$$\alpha = \frac{\mu}{\sqrt{6}}, \qquad k = \tau_y \tag{9.4-6}$$

lässt sich die Versagenshypothese nach Drucker-Prager – alternativ zu (9.4-2) – auch in einer in der Literatur häufig verwendeten Invariantendarstellung (vgl. [CH88]) entsprechend

$$f(\boldsymbol{\sigma}) = f(I_1^\sigma, I_2^s) = \alpha I_1^\sigma + \sqrt{I_2^s} - k \tag{9.4-7}$$

formulieren. α und k sind Materialkennwerte und stellen die Modellparameter des Drucker-Prager'schen Versagenskriteriums bei Invariantenformulierung dar.

(a) Ermittlung der DRUCKER-PRAGER'schen Parameter

Die Ermittlung der Modellparameter α und k aus gegebenen Versuchsdaten wird, wie bereits erwähnt, auch als Eichen der Hypothese bezeichnet. Für die Ermittlung dieser beiden Unbekannten der Gleichung (9.4-7) stehen die in zwei Versuchen gemessenen Bruch- bzw. Versagensspannungen zur Verfügung. Um in (9.4-7) einsetzen zu können, sind jeweils die entsprechenden Invarianten zu ermitteln.

- ***Spannungsinvarianten im 1. Versuch***

Der im ersten Versuch bei Eintritt des Versagens vorherrschende Spannungszustand ist zu

$$\sigma_{ij} = \begin{bmatrix} 80 & 0 & 0 \\ 0 & -80 & 0 \\ 0 & 0 & 0 \end{bmatrix} \text{kPa} \tag{9.4-8}$$

gegeben. Aus (9.4-8) folgen die erste Invariante I_1^σ bzw. die mittlere Normalspannung σ^m des Spannungstensors σ_{ij} unter Verwendung von $(3.13\text{-}12)_1$ bzw. (3.156) zu

$$I_1^\sigma = \sigma_1 + \sigma_2 + \sigma_3 = 0 \ , \qquad \sigma^m = \frac{1}{3} I_1^\sigma = 0 \ . \tag{9.4-9}$$

Der deviatorische Spannungstensor s_{ij} in Hauptspannungsformulierung folgt durch Spezialisierung von (3.159) zu

$$s_{ij} = \begin{bmatrix} \sigma_1 - \sigma^m & 0 & 0 \\ 0 & \sigma_2 - \sigma^m & 0 \\ 0 & 0 & \sigma_3 - \sigma^m \end{bmatrix} \tag{9.4-10}$$

und ergibt sich im gegenständlichen Fall mit $\sigma^m = 0$ identisch zum Spannungstensor gemäß (9.4-8). Einsetzen der gegebenen Spannungen in (9.4-3) liefert die zweite Invariante des deviatorischen Spannungstensors bzw. die für die Eintragung in Abb. 9.4-2 erforderliche Größe zu

$$I_2^s = \frac{1}{2} s_{ij} s_{ij} = \frac{1}{2} \left[80^2 + (-80)^2 \right] = 6400 \ (\text{kPa})^2 \ , \quad \sqrt{I_2^s} = 80 \ \text{kPa} \ . \tag{9.4-11}$$

- ***Spannungsinvarianten im 2. Versuch***

Der im zweiten Versuch bei Eintritt des Werkstoffversagens vorherrschende Spannungszustand ist zu

$$\sigma_{ij} = \begin{bmatrix} -59.8 & 0 & 0 \\ 0 & -367.4 & 0 \\ 0 & 0 & -162.4 \end{bmatrix} \text{kPa} \tag{9.4-12}$$

gegeben. Daraus folgen die erste Invariante und die mittlere Normalspannung zu

$$I_1^\sigma = -59.8 - 367.4 - 162.4 = -589.6 \ \text{kPa} \ , \tag{9.4-13}$$

$$\sigma^m = \frac{-589.6}{3} = -196.53 \ \text{kPa} \tag{9.4-14}$$

und I_2^s bzw. $\sqrt{I_2^s}$ ergeben sich zu

$$\begin{aligned} I_2^s &= \frac{1}{2} \left[136.73^2 + (-170.87)^2 + 34.13^2 \right] = 24\,528.25 \ (\text{kPa})^2 \ , \\ \sqrt{I_2^s} &= 156.61 \ \text{kPa} \ . \end{aligned} \tag{9.4-15}$$

• ***Ermittlung der Parameter***

Einsetzen der für die beiden Versuche ermittelten Invarianten I_1^σ und I_2^s in (9.4-7) ergibt zwei Gleichungen zur Bestimmung der beiden unbekannten Parameter α und k, die sich zu

$$\left.\begin{array}{l}\alpha\cdot 0+\sqrt{6\,400}-k=0\\ \alpha\cdot(-589.6)+\sqrt{24\,528.25}-k=0\end{array}\right\}\rightarrow k=80\ \text{kPa}\ ,\quad \alpha=0.1299 \qquad (9.4\text{-}16)$$

ergeben.

(b) Darstellung von Versagensfunktion und Spannungspfaden

Schreibt man die Versagensfunktion (9.4-7) in der Form

$$\sqrt{I_2^s}=-\alpha I_1^\sigma+k\ , \qquad (9.4\text{-}17)$$

so stellt (9.4-17) die Gleichung einer Geraden mit I_1^σ als unabhängiger und $\sqrt{I_2^s}$ als abhängiger Variablen dar. α entspricht dem Anstieg der Geraden und k dem Abschnitt auf der $\sqrt{I_2^s}$-Achse im $I_1^\sigma\sqrt{I_2^s}$-Raum, wie in Abb. 9.4-2 dargestellt. Die Materialparameter α und k sind definitionsgemäß positive Größen. Bei der in der Kontinuumsmechanik üblichen Konvention, Zugspannungen als positive und Druckspannungen als negative Größen zu bezeichnen, ergibt sich mit (9.4-17) eine in Richtung der negativen I_1^σ-Achse steigende Versagensgerade. Die zweite Invariante des deviatorischen Spannungstensors kann, wie durch (9.4-11) zum Ausdruck kommt, keine negativen Werte annehmen und die erste Invariante des Spannungstensors ist nach oben durch das Verhältnis der Materialparameter begrenzt, sodass der Wertebereich für die beiden Invarianten zu

$$I_2^s\geq 0\ ,\qquad I_1^\sigma\leq\frac{k}{\alpha} \qquad (9.4\text{-}18)$$

beschränkt ist.

Da die in den beiden Versuchen gemessenen Spannungen jeweils Versagenszustände charakterisieren, müssen in der graphischen Darstellung diesen Spannungszuständen zwei Punkte der Versagenslinie entsprechen. Ermitteln der Invarianten I_1^σ bzw. I_2^s der in den beiden Versuchen gemessenen Spannungszustände entsprechend (9.4-9) und (9.4-11) bzw. (9.4-13) und (9.4-15) und Eintragen in ein $I_1^\sigma\sqrt{I_2^s}$-Koordinatensystem liefert die in Abb. 9.4-2 dargestellte Versagensfunktion. Die Spannungspfade der beiden Versuche sind als Verbindungsgeraden zwischen Ursprung und den beiden Versagenspunkten (1) und (2) eingetragen. Wie aus dieser Abbildung ersichtlich, ist der 1. Versuch durch einen reinen deviatorischen Spannungszustand gekennzeichnet ($I_1^\sigma=0$). Als weiterer charakteristischer Punkt ist in Abb. 9.4-2 der Schnittpunkt der Versagensgeraden mit der I_1^σ-Achse eingezeichnet, der einen reinen hydrostatischen Spannungszustand darstellt. Für diesen Spannungszustand folgt I_1^σ mit den Ergebnissen (9.4-16) und $I_2^s=0$ aus (9.4-17) zu

$$I_1^\sigma=\frac{k}{\alpha}\quad\rightarrow\quad I_1^\sigma=\frac{80.0}{0.129944}=615.65\ \text{kPa} \qquad (9.4\text{-}19)$$

und in weiterer Folge die zugehörige hydrostatische Spannung zu

$$\sigma_{11}=\sigma_{22}=\sigma_{33}=\sigma^m=\frac{I_1^\sigma}{3}=\frac{615.65}{3}=205.22\ \text{kPa}\ . \qquad (9.4\text{-}20)$$

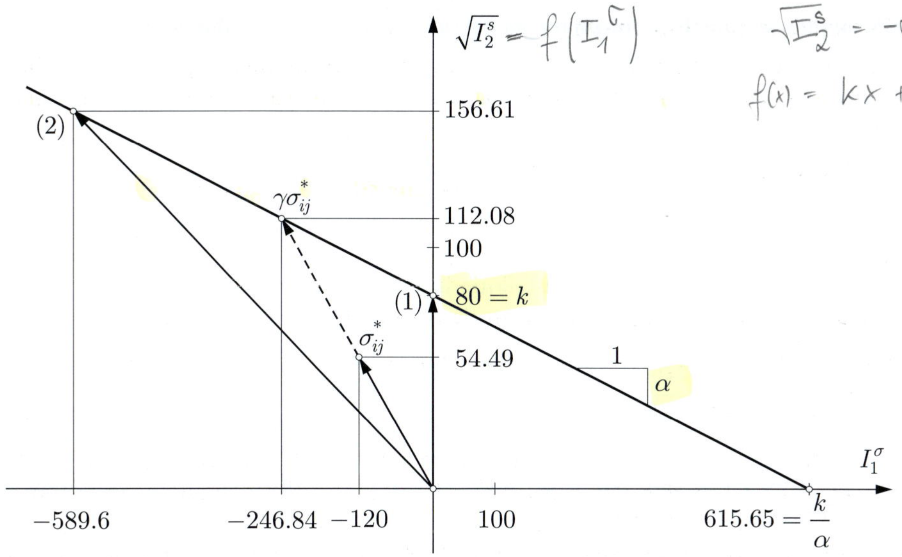

Abb. 9.4-2: Versagensfunktion nach DRUCKER-PRAGER mit eingezeichneten Spannungspfaden in der $I_1^\sigma\sqrt{I_2^s}$-Ebene

Mit der Beziehung (9.4-19) wird die Lage der Spitze der DRUCKER-PRAGER'schen Versagensfläche im Hauptspannungsraum (vgl. Abb. 9.5-1(b)) durch die DRUCKER-PRAGER'schen Parameter α und k ausgedrückt.

(c) Ermittlung des maximalen Laststeigerungsfaktors für den gegebenen Spannungszustand

Die Forderung nach proportionaler Laststeigerung des durch (9.4-1) gegebenen Spannungszustandes um einen Versagenszustand gemäß dem DRUCKER-PRAGER'schen Kriterium zu erreichen, lässt sich mathematisch zu

$$\alpha\gamma I_1^\sigma + \gamma\sqrt{I_2^s} - k = 0 \qquad (9.4\text{-}21)$$

schreiben. Wie aus (9.4-21) ersichtlich, sind nur die mit Spannungen verknüpften Größen mit dem Laststeigerungsfaktor γ zu multiplizieren. Die erste Invariante und die mittlere Normalspannung des Spannungstensors (9.4-1) ergeben sich zu

$$I_1^\sigma = -20 - 100 = -120 \text{ kPa}\ , \quad \sigma^m = \frac{1}{3}(-120) = -40 \text{ kPa}\ . \qquad (9.4\text{-}22)$$

Die zweite Invariante des deviatorischen Spannungstensors, gegeben durch

$$s_{ij} = \begin{bmatrix} 20 & 5 & -12 \\ 5 & -60 & 0 \\ -12 & 0 & 40 \end{bmatrix} \text{ kPa}\ , \qquad (9.4\text{-}23)$$

erhält man zu

$$I_2^s = \frac{1}{2}\left[20^2 + (-60)^2 + 40^2 + 2\cdot 5^2 + 2\cdot(-12)^2\right] = 2969\ (\text{kPa})^2 \qquad (9.4\text{-}24)$$

und die entsprechende Koordinate für die graphische Darstellung ist zu

$$\sqrt{I_2^s} = \sqrt{2969} = 54.49 \text{ kPa} \tag{9.4-25}$$

gegeben. Einsetzen von (9.4-22) und (9.4-24) in (9.4-21) führt unter Berücksichtigung von (9.4-16) auf den gesuchten Laststeigerungsfaktor, der sich zu

$$0.1299 \cdot \gamma \cdot (-120) + \gamma \cdot \sqrt{2969} - 80 = 0 \quad \rightarrow \quad \gamma = 2.057 \tag{9.4-26}$$

ergibt. Die für die graphische Darstellung in Abb. 9.4-2 erforderlichen Größen des bei Eintritt des Versagens vorherrschenden Spannungszustandes folgen zu

$$\begin{aligned} \gamma \cdot I_1^\sigma &= 2.057 \cdot (-120) = -246.84 \text{ kPa} \; , \\ \gamma \cdot \sqrt{I_2^s} &= 2.057 \cdot \sqrt{2969} = 112.08 \text{ kPa} \; . \end{aligned} \tag{9.4-27}$$

(d) Spannungszustand im Ödometerversuch bei Eintritt des Versagens als Funktion der POISSON'schen Zahl und der DP-Parameter

Unter der Annahme, dass die Zusammendrückung in x_1-Richtung erfolgt (vgl. Abb. 9.4-1), sind unter vollständiger Behinderung der Querdehnung die Dehnungskomponenten zu

$$\varepsilon_{11} \neq 0, \quad \varepsilon_{22} = \varepsilon_{33} = 0 \tag{9.4-28}$$

festgelegt und aufgrund der Symmetrie in der zur x_1-Richtung normalen Ebene folgt

$$\sigma_{22} = \sigma_{33} \; . \tag{9.4-29}$$

Mit der Beziehung zwischen Normalspannungen und Normalverzerrungen des verallgemeinerten HOOKE'schen Gesetzes gemäß (3.13-7) bzw. (3.269) kann $(9.4\text{-}28)_2$ zu

$$\varepsilon_{22} = \frac{1}{E} \left[\sigma_{22} - \nu \left(\sigma_{33} + \sigma_{11} \right) \right] = 0 \tag{9.4-30}$$

geschrieben werden und unter Berücksichtigung von (9.4-29) folgt aus (9.4-30)

$$\left[\sigma_{22} \left(1 - \nu \right) - \nu \sigma_{11} \right] = 0 \quad \rightarrow \quad \sigma_{22} = \frac{\nu}{1-\nu} \sigma_{11} = K_0 \cdot \sigma_{11} = \sigma_{33} \; , \tag{9.4-31}$$

wobei K_0 den Ruhedruckbeiwert darstellt. Wie oben dargelegt, handelt es sich bei den Spannungen und Verzerrungen um Hauptspannungen bzw. Hauptverzerrungen. Im Gegensatz zur Verwendung des MOHR-COULOMB'schen Versagenskriteriums ist es im Falle der Hypothese nach DRUCKER-PRAGER nicht notwendig, die Hauptspannungen der Größe nach zu reihen. Die Spannungen können somit zu

$$\sigma_{11} = \sigma_1 = -\sigma \; , \tag{9.4-32}$$

$$\sigma_{22} = \sigma_{11} \frac{\nu}{1-\nu} = -\sigma \frac{\nu}{1-\nu} = \sigma_2 = \sigma_{33} = \sigma_3 \tag{9.4-33}$$

geschrieben werden. Bei Verwendung des DRUCKER-PRAGER'schen Versagenskriteriums entsprechend (9.4-7) sind im vorliegenden Fall die Invarianten I_1^σ und I_2^s als

Funktion einer Hauptspannung und der Querdehnzahl zu ermitteln. Die erste Invariante des Spannungstensors ist unter Berücksichtigung von (9.4-32) und (9.4-33) zu

$$I_1^\sigma = \sigma_1 + \sigma_2 + \sigma_3 = -\sigma \left(1 + 2 \cdot \frac{\nu}{1-\nu}\right)$$

$$I_1^\sigma = -\sigma \, \frac{1+\nu}{1-\nu} \tag{9.4-34}$$

gegeben. Mit

$$\sigma^m = \frac{1}{3} \, I_1^\sigma = -\frac{\sigma}{3} \cdot \frac{1+\nu}{1-\nu} \tag{9.4-35}$$

ergeben sich die Komponenten des deviatorischen Spannungstensors

$$s_{ij} = \begin{bmatrix} \sigma_1 - \sigma^m & 0 & 0 \\ 0 & \sigma_2 - \sigma^m & 0 \\ 0 & 0 & \sigma_2 - \sigma^m \end{bmatrix} \tag{9.4-36}$$

zu

$$\sigma_1 - \sigma^m = -\sigma \left(1 - \frac{1+\nu}{3\,(1-\nu)}\right) = -\frac{\sigma}{3} \cdot \frac{3 - 3\nu - 1 - \nu}{1-\nu}$$

$$\sigma_1 - \sigma^m = -\frac{2\sigma}{3} \cdot \frac{1-2\nu}{1-\nu} \, , \tag{9.4-37}$$

$$\sigma_2 - \sigma^m = -\sigma \left(\frac{\nu}{1-\nu} - \frac{1+\nu}{3\,(1-\nu)}\right) = -\frac{\sigma}{3} \cdot \frac{2\nu - 1}{1-\nu}$$

$$\sigma_2 - \sigma^m = \frac{\sigma}{3} \cdot \frac{1-2\nu}{1-\nu} \, . \tag{9.4-38}$$

Die zweite Invariante des deviatorischen Spannungstensors folgt somit zu

$$I_2^s = \frac{1}{2} \, s_{ij} \, s_{ij} = \frac{1}{2} \, \frac{\sigma^2}{9} \, \frac{(1-2\nu)^2}{(1-\nu)^2} \, [\, 4 + 1 + 1 \,]$$

$$I_2^s = \frac{\sigma^2}{3} \, \frac{(1-2\nu)^2}{(1-\nu)^2} \, . \tag{9.4-39}$$

Einsetzen der Invarianten (9.4-34) und (9.4-39) in das Kriterium von DRUCKER-PRAGER (9.4-7) führt auf die gesuchte Spannung in Abhängigkeit der Materialparameter α, k und ν. Während I_2^s stets eine positive Größe darstellt, ist I_1^σ im gegenständlichen Falle negativ, da sich durch die Zusammendrückung ausschließlich Druckspannungen ergeben. Bei Verwendung der Substitutionen entsprechend (9.4-32) und (9.4-33) ergibt sich das Vorzeichen von I_1^σ automatisch, andernfalls wäre dies beim Einsetzen von I_1^σ in das DRUCKER-PRAGER'sche Kriterium zu berücksichtigen. Im vorliegenden Fall der Zusammendrückung gilt somit

$$\alpha \, \frac{1+\nu}{1-\nu} \, (-\sigma) + \frac{1}{\sqrt{3}} \, \sigma \, \frac{1-2\nu}{1-\nu} - k = 0 \, . \tag{9.4-40}$$

Umformen von (9.4-40) führt zur gesuchten Spannung

$$\sigma \left[-3\alpha \, (1+\nu) + \sqrt{3} \, (1-2\nu) \right] = k \cdot 3 \, (1-\nu)$$

$$\sigma = \frac{3k \, (1-\nu)}{\sqrt{3} \, (1-2\nu) - 3\alpha \, (1+\nu)} \tag{9.4-41}$$

und mit (9.4-32) und (9.4-33) ergeben sich die Druckspannungen:

$$\sigma_1 = -\frac{3k\,(1-\nu)}{\sqrt{3}\,(1-2\nu) - 3\alpha\,(1+\nu)} \,, \tag{9.4-42}$$

$$\sigma_2 = \sigma_3 = -\frac{3k\,\nu}{\sqrt{3}\,(1-2\nu) - 3\alpha\,(1+\nu)} \,. \tag{9.4-43}$$

Im Falle des Zugs in x_1-Richtung und vollkommen behinderter Querdehnung (Werkstoff müsste fest mit den Seitenflächen verbunden sein!) gilt

$$\sigma_1 = \sigma \;, \quad \sigma_2 = \sigma_3 = K_0 \cdot \sigma \tag{9.4-44}$$

und die Spannung in x_1-Richtung folgt zu

$$\sigma_1 = \frac{3k\,(1-\nu)}{\sqrt{3}\,(1-2\nu) + 3\alpha\,(1+\nu)} \,. \tag{9.4-45}$$

(e) Festigkeiten des Werkstoffs als Funktion der DP-Parameter

Die einaxialen Festigkeiten f_t und f_c nach Drucker-Prager erhält man durch Einsetzen des entsprechenden einaxialen Spannungszustandes in das Drucker-Prager'sche Versagenskriterium.

- ***Einaxiale Druckfestigkeit***

Der Spannungszustand bei einaxialer Druckbeanspruchung in x_1-Richtung ist durch den Spannungsvektor

$$\boldsymbol{\sigma} = \begin{bmatrix} -\sigma & 0 & 0 \end{bmatrix}^T \,, \quad \sigma > 0 \tag{9.4-46}$$

gegeben. Wie in (9.4-46) zum Ausdruck kommt, ist bei Verwendung des Kriteriums nach Drucker-Prager die Reihung der Hauptspannungen entsprechend ihrer Größe ($\sigma_1 \geq \sigma_2 \geq \sigma_3$) nicht erforderlich. Mit dem Spannungszustand gemäß (9.4-46) folgen die erste Invariante des Spannungstensors und die mittlere Normalspannung zu

$$I_1^\sigma = \sigma_1 + \sigma_2 + \sigma_3 = -\sigma \;, \qquad \sigma^m = \frac{1}{3} I_1^\sigma = -\frac{1}{3}\sigma \,. \tag{9.4-47}$$

Mit $(9.4\text{-}47)_2$ kann der deviatorische Spannungszustand durch den Spannungsvektor

$$\mathbf{s} = \begin{bmatrix} -\frac{2\sigma}{3} & \frac{\sigma}{3} & \frac{\sigma}{3} \end{bmatrix}^T \tag{9.4-48}$$

ausgedrückt werden. Die zweite Invariante des entsprechenden Spannungstensors ergibt sich dann zu

$$I_2^s = \frac{1}{2} s_{ij}\, s_{ij} = \frac{1}{2}\left(\frac{4\sigma^2}{9} + \frac{\sigma^2}{9} + \frac{\sigma^2}{9}\right) = \frac{\sigma^2}{3} \,. \tag{9.4-49}$$

Durch Einsetzen der Invarianten entsprechend $(9.4\text{-}47)_1$ und (9.4-49) in die Hypothese nach Drucker-Prager (9.4-7) folgt die einaxiale Druckfestigkeit zu

$$\alpha\,(-\sigma) + \frac{1}{\sqrt{3}}\sigma - k = 0$$

$$\sigma = f_c = \frac{3k}{\sqrt{3} - 3\alpha} \,. \tag{9.4-50}$$

Zum gleichen Ergebnis gelangt man, wenn in (9.4-41) $\nu = 0$ gesetzt wird.

• ***Einaxiale Zugfestigkeit***

Der Spannungszustand für einaxialen Zug ist durch $\sigma_1 = \sigma$ charakterisiert und lässt sich durch den Spannungsvektor entsprechend

$$\sigma = \begin{bmatrix} \sigma & 0 & 0 \end{bmatrix}^T , \quad \sigma > 0 \tag{9.4-51}$$

ausdrücken. Die erste Invariante des Spannungstensors und die mittlere Normalspannung folgen damit zu

$$I_1^\sigma = \sigma_1 + \sigma_2 + \sigma_3 = \sigma \ , \qquad \sigma^m = \frac{I_1^\sigma}{3} = \frac{\sigma}{3} \ . \tag{9.4-52}$$

Der Vektor des deviatorischen Spannungstensors $\mathbf{s}$ ergibt sich zu

$$\mathbf{s} = \begin{bmatrix} \dfrac{2\sigma}{3} & -\dfrac{\sigma}{3} & -\dfrac{\sigma}{3} \end{bmatrix}^T \tag{9.4-53}$$

und daraus in weiterer Folge die zweite Invariante von $\mathbf{s}$ zu

$$I_2^s = \frac{1}{2} s_{ij} s_{ij} = \frac{1}{2} \left(\frac{4\sigma^2}{9} + \frac{\sigma^2}{9} + \frac{\sigma^2}{9} \right) = \frac{\sigma^2}{3} \ . \tag{9.4-54}$$

Einsetzen von $(9.4\text{-}52)_1$ und (9.4-54) in das DRUCKER-PRAGER'sche Kriterium (9.4-7) liefert die einaxiale Zugfestigkeit zu

$$\begin{aligned} \alpha \cdot \sigma + \frac{\sigma}{\sqrt{3}} - k &= 0 \\ \sigma = f_t &= \frac{3k}{\sqrt{3} + 3\alpha} \ . \end{aligned} \tag{9.4-55}$$

Dieses Ergebnis entspricht (9.4-45) für den Fall $\nu = 0$.

Hinweis

Vergleicht man (9.4-50) mit (9.4-55) bzw. (9.3-10) mit (9.3-12), so erkennt man, dass das DP-Kriterium und das MC-Kriterium in der Lage sind, die unterschiedliche einaxiale Zug- und Druckfestigkeit eines Materials wiederzugeben. Diese Eigenschaft kommt allerdings in der Darstellung der Versagensfläche in der deviatorischen Ebene (vgl. Abb. 9.5-1(c)) nicht zum Ausdruck, da die zu einaxialen Versuchen gehörenden Spannungspfade jeweils auf einer Hauptnormalspannungsache verlaufen. Letztere schließen mit der hydrostatischen Achse Winkel ein, deren Richtungskosinus entsprechend (9.30) zu

$$n_1^2 = n_2^2 = n_3^2 = \frac{1}{3} \tag{9.4-56}$$

gegeben sind. Die Darstellung in Abb. 9.5-1(c) zeigt aber lediglich die Projektion der o.a. Spannungspfade auf die deviatorische Ebene. In der Darstellung der Versagensflächen als Schnittkurven mit einer deviatorischen Ebene wird die DRUCKER-PRAGER'sche Versagensfläche als Kreis und die MOHR-COULOMB'sche Versagensfläche als unregelmäßiges Sechseck abgebildet. Die unterschiedlichen Abstände der Zug- und Druckmeridiane von der hydrostatischen Achse sind dabei im Falle der MOHR-COULOMB'schen Versagensfläche eine Folge der unterschiedlichen Neigung der Zug- und Druckmeridiane bezogen auf die hydrostatische Achse und nicht Ausdruck der unterschiedlichen einaxialen Zug- und Druckfestigkeit.

9.3 Anpassen des DP-Kriteriums an das MC-Kriterium für bestimmte Spannungszustände

Das Kriterium nach MOHR-COULOMB prognostiziert für Spannungspunkte, die auf dem Druckmeridian liegen, höhere Festigkeiten als für Spannungspunkte, die auf dem Zugmeridian liegen. Da dieses Werkstoffverhalten vielfach bei Böden beobachtet wird, ist die Anwendung des Kriteriums nach MOHR-COULOMB in der Bodenmechanik weit verbreitet. Hinsichtlich der numerischen Umsetzung hat dieses Kriterium allerdings den Nachteil, dass dessen Versagensfläche – eine gerade, unregelmäßige, sechsseitige Pyramide im Hauptspannungsraum (Abb. 9.5-1(a)) – nicht glatt ist und deshalb die Ableitung der Versagensfunktion an den Kanten nicht definiert ist. Deshalb wird in manchen Fällen das DRUCKER-PRAGER'sche Kriterium verwendet, das durch eine glatte Versagensfläche – ein gerader, kreisförmiger Kegel im Hauptspannungsraum (Abb. 9.5-1(b)) – gekennzeichnet ist. Aufgrund der unterschiedlichen Versagensflächen ist es offensichtlich, dass die beiden Hypothesen für beliebige Spannungszustände nicht dieselben Ergebnisse liefern können, wohl aber ist es möglich, durch entsprechende Wahl der Parameter α und k das DRUCKER-PRAGER'sche Kriterium an das MOHR-COULOMB'sche derart anzupassen, dass beide Kriterien für bestimmte Spannungs- bzw. Verzerrungszustände gleiche Resultate liefern. Im nachfolgenden Beispiel 9.5 werden die DRUCKER-PRAGER'schen Parameter so bestimmt, dass beide Kriterien für bestimmte Spannungszustände die gleichen Ergebnisse liefern. Im Beispiel 12.1 erfolgt die Anpassung unter der Bedingung, dass im Falle eines ebenen Verzerrungszustandes beide Kriterien gleiche Resultate liefern.

Beispiel 9.5: Anpassung zur Übereinstimmung der Traglast für bestimmte Spannungszustände

Zur Bestimmung der Modellparameter werden in diesem Abschnitt spezielle Spannungszustände (Klassen von Spannungszuständen) betrachtet, die dadurch gekennzeichnet sind, dass die ihnen zugeordneten Spannungspunkte im Hauptspannungsraum auf den Schnittgeraden der durch das MOHR-COULOMB'sche und DRUCKER-PRAGER'sche Kriterium festgelegten Versagensfläche liegen. Von besonderer Bedeutung sind die nachfolgend angeführten Möglichkeiten der Anpassung des DRUCKER-PRAGER'schen Kegels an die MOHR-COULOMB'sche Pyramide:

- Übereinstimmung der Zugmeridiane,
- Übereinstimmung der Druckmeridiane,
- Übereinstimmung der Schubmeridiane.

Um das DRUCKER-PRAGER'sche Kriterium mit dem MOHR-COULOMB'schen Kriterium für eine bestimmte Klasse von Spannungszuständen zur Übereinstimmung zu bringen, genügt es, zwei zur entsprechenden Klasse gehörende Spannungszustände herauszugreifen und diese Spannungszustände in den Materialparametern des entsprechenden Kriteriums zu formulieren. Dadurch ergeben sich zwei Gleichungen, um die

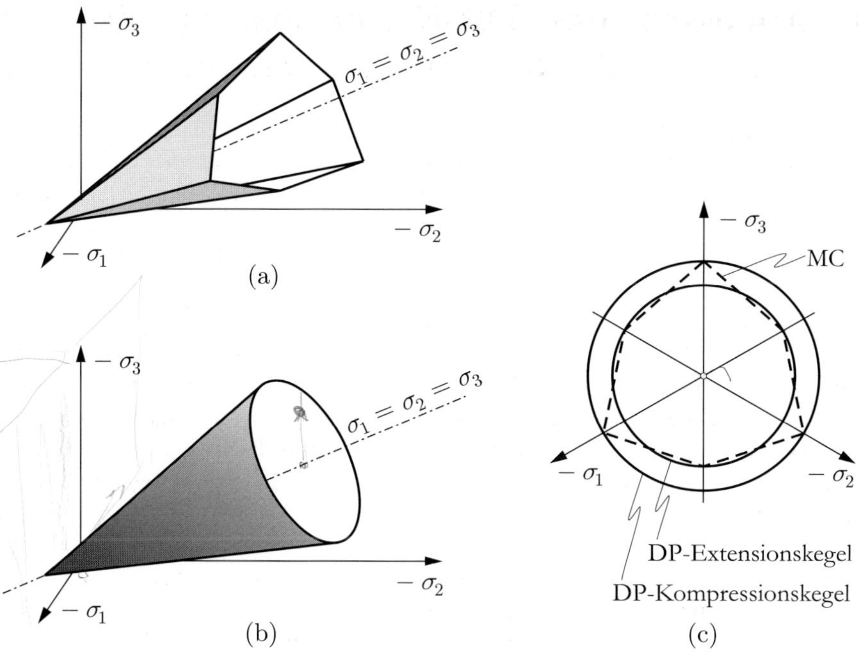

Abb. 9.5-1: (a) Versagensfläche nach MOHR-COULOMB (MC); (b) Versagensfläche nach DRUCKER-PRAGER (DP); (c) Anpassung des DRUCKER-PRAGER'schen Kegels an die MOHR-COULOMB'sche Versagenspyramide

beiden Materialparameter des DRUCKER-PRAGER'schen Kriteriums α und k durch jene des MOHR-COULOMB'schen Kriteriums c und φ ausdrücken zu können, oder umgekehrt.

(a) DRUCKER-PRAGER'scher Extensionskegel

Berührt der DRUCKER-PRAGER'sche Kegel die Zugmeridiane der MOHR-COULOMB'schen Pyramide, so bezeichnet man diesen Kegel als DRUCKER-PRAGER'schen Extensionskegel (Abb. 9.5-1(c)). Da die Spitze des DRUCKER-PRAGER'schen Kegels unabhängig von der gewählten Anpassung mit der Spitze der MOHR-COULOMB'schen Pyramide zusammenfällt, bietet sich der diese Spitze repräsentierende Spannungszustand für die Parameterermittlung an. Die Spitze liegt im Zugbereich auf der hydrostatischen Achse und ist durch den Spannungszustand $\sigma_1 = \sigma_2 = \sigma_3 = \sigma$ charakterisiert. Dieser hydrostatische Spannungszustand kann durch den entsprechenden Spannungstensor oder durch den Spannungsvektor in der Form

$$\boldsymbol{\sigma} = \begin{bmatrix} \sigma & \sigma & \sigma \end{bmatrix}^T \tag{9.5-1}$$

beschrieben werden. Setzt man (9.5-1) in das MOHR-COULOMB'sche Kriterium (9.3-5) bzw. (9.45) ein, so erhält man

$$\sigma_{\max}\frac{1+\sin\varphi}{2c\cos\varphi} - \sigma_{\min}\frac{1-\sin\varphi}{2c\cos\varphi} = 1 \quad \rightarrow \quad \sigma = \frac{c\cos\varphi}{\sin\varphi} \ . \tag{9.5-2}$$

Mit $(9.5\text{-}2)_2$ ist der hydrostatische Spannungszustand, der gemäß dem MOHR-COULOMB'schen Kriterium Versagen bewirkt, durch die MOHR-COULOMB'schen Parameter c und φ ausgedrückt. Zur Beurteilung des gegebenen Spannungszustandes mittels des Kriteriums nach DRUCKER-PRAGER sind die erste Invariante des Spannungstensors I_1^σ, die mittlere Normalspannung σ^m und die zweite Invariante des deviatorischen Spannungstensors I_2^s zu bestimmen. Diese ergeben sich im gegenständlichen Fall zu

$$I_1^\sigma = \sigma_1 + \sigma_2 + \sigma_3 = 3\sigma \ , \qquad \sigma^m = \frac{I_1^\sigma}{3} = \sigma \ , \qquad I_2^s = 0 \ . \tag{9.5-3}$$

Setzt man $(9.5\text{-}3)_1$ und $(9.5\text{-}3)_3$ in das DRUCKER-PRAGER'sche Kriterium (9.4-7) ein, so ist der Versagen bewirkende hydrostatische Zug durch die DRUCKER-PRAGER'schen Parameter zu

$$\alpha I_1^\sigma + \sqrt{I_2^s} - k = 0 \quad \rightarrow \quad \sigma = \frac{k}{3\alpha} \tag{9.5-4}$$

gegeben. Gleichsetzen von $(9.5\text{-}2)_2$ mit $(9.5\text{-}4)_2$ ergibt

$$k = \frac{3\alpha\, c\, \cos\varphi}{\sin\varphi} \ . \tag{9.5-5}$$

Zum gleichen Ergebnis gelangt man auch durch Gleichsetzen von (9.3-16) mit $(9.4\text{-}19)_1$.

Für den Fall, dass die Zugmeridiane beider Kriterien übereinstimmen sollen, eignet sich z.B. der einaxiale Zugzustand zur Ermittlung der zweiten Beziehung. Der dem einaxialen Zug $\sigma_1 = \sigma$ entsprechende Spannungszustand kann unter Annahme $\sigma_1 \geq \sigma_2 \geq \sigma_3$ mittels des Spannungsvektors zu

$$\sigma = \begin{bmatrix} \sigma & 0 & 0 \end{bmatrix}^T, \quad \sigma > 0 \tag{9.5-6}$$

beschrieben werden. Einsetzen von (9.5-6) in das MOHR-COULOMB'sche Kriterium (9.3-5) führt auf die einaxiale Zugfestigkeit f_t des Materials, ausgedrückt in den MOHR-COULOMB'schen Parametern c und φ, wie sie bereits in (9.3-10) ermittelt wurde, d.h.

$$\sigma = f_t^{(\mathrm{MC})} = \frac{2c\cos\varphi}{1+\sin\varphi} \ . \tag{9.5-7}$$

In analoger Weise folgt die einaxiale Zugfestigkeit, ausgedrückt in den DRUCKER-PRAGER'schen Parametern α und k, durch Einsetzen von (9.5-6) in das DRUCKER-PRAGER'sche Kriterium. In (9.4-55) wurde diese bereits ermittelt und ist zu

$$\sigma = f_t^{(\mathrm{DP})} = \frac{3k}{\sqrt{3}+3\alpha} \tag{9.5-8}$$

gegeben. Aus den beiden Beziehungen (9.5-7) und (9.5-8) lässt sich k durch α zu

$$k = \frac{(\sqrt{3}+3\alpha)\cdot 2c\cos\varphi}{3(1+\sin\varphi)} \tag{9.5-9}$$

ausdrücken. Gleichsetzen von (9.5-5) mit (9.5-9) und Division durch $c \cos\varphi$ liefert α zu

$$\begin{aligned} \frac{2(3\alpha + \sqrt{3})}{3(1 + \sin\varphi)} &= \frac{3\alpha}{\sin\varphi} \\ 2\sqrt{3}\sin\varphi &= \alpha(9 + 3\sin\varphi) \\ \alpha &= \frac{2\sin\varphi}{\sqrt{3}(3 + \sin\varphi)} \,. \end{aligned} \tag{9.5-10}$$

Einsetzen von (9.5-10) in (9.5-5) ergibt schließlich k zu

$$k = \frac{6c\cos\varphi}{\sqrt{3}(3 + \sin\varphi)} \,. \tag{9.5-11}$$

(9.5-10) und (9.5-11) stellen Beziehungen für die Materialparameter α und k des DRUCKER-PRAGER'schen Kriteriums in Abhängigkeit von den MOHR-COULOMB'schen Parametern c und φ unter der Bedingung dar, dass die beiden Kriterien für Spannungszustände, deren Spannungspunkte im Hauptspannungsraum auf den Zugmeridianen liegen, gleiche Ergebnisse liefern.

(b) DRUCKER-PRAGER'scher Kompressionskegel

Für den Fall, dass der DRUCKER-PRAGER'sche Kegel die Druckmeridiane der MOHR-COULOMB'schen Pyramide enthält, bezeichnet man den Kegel als Kompressionskegel. In der Darstellung der beiden Kriterien in der deviatorischen Ebene wird das unregelmäßige Sechseck vom Kreis umschrieben, wie Abb. 9.5-1(c) zeigt. Da bei dieser Art der Anpassung die Festigkeit durch das DP-Kriterium in weiten Bereichen überschätzt wird, ist von der Verwendung des Kompressionskegels im Allgemeinen abzuraten.

Zur Bestimmung der DRUCKER-PRAGER'schen Kennwerte α und k, die dem Kompressionskegel entsprechen, genügt es, neben der bereits vorliegenden Beziehung (9.5-5) etwa den einaxialen Druckzustand zur Gewinnung einer zweiten Beziehung zu verwenden. Für einaxialen Druck $\sigma_3 = -\sigma$ kann unter der Annahme $\sigma_1 \geq \sigma_2 \geq \sigma_3$ der Spannungszustand mittels des Spannungsvektors zu

$$\boldsymbol{\sigma} = \begin{bmatrix} 0 & 0 & -\sigma \end{bmatrix}^T , \quad \sigma > 0 \tag{9.5-12}$$

beschrieben werden. Einsetzen von (9.5-12) in das MOHR-COULOMB'sche Kriterium $(9.5\text{-}2)_1$ liefert die einaxiale Druckfestigkeit f_c, die in (9.3-12) bereits zu

$$\sigma = f_c^{(\mathrm{MC})} = \frac{2c\cos\varphi}{1 - \sin\varphi} \tag{9.5-13}$$

bestimmt wurde. Die einaxiale Druckfestigkeit f_c, ausgedrückt in den Parametern der DRUCKER-PRAGER'schen Versagenshypothese, ist gemäß (9.4-50) zu

$$\sigma = f_c^{(\mathrm{DP})} \frac{3k}{\sqrt{3} - 3\alpha} \tag{9.5-14}$$

gegeben. Durch Gleichsetzen von (9.5-13) mit (9.5-14) lässt sich k durch α zu

$$k = \frac{(\sqrt{3} - 3\alpha)2c\cos\varphi}{3(1 - \sin\varphi)} \tag{9.5-15}$$

schreiben. Analog zur Vorgangsweise beim Extensionskegel können durch Gleichsetzen von (9.5-5) mit (9.5-15) α und in weiterer Folge durch erneute Verwendung der Beziehung (9.5-5) k durch die MOHR-COULOMB'schen Parameter zu

$$\alpha = \frac{2\sin\varphi}{\sqrt{3}(3-\sin\varphi)} \,, \tag{9.5-16}$$

$$k = \frac{6c\cos\varphi}{\sqrt{3}(3-\sin\varphi)} \tag{9.5-17}$$

ausgedrückt werden. Wie ein Vergleich von (9.5-16) und (9.5-17) mit den Beziehungen (9.5-10)und (9.5-11) zeigt, unterscheiden sich die Gleichungen jeweils lediglich durch das Vorzeichen im Nenner. Mit Bezug auf Abb. 9.4-2 wird damit ersichtlich, dass bei Verwendung des Extensionskegels, wegen der geringeren Steigung α der Versagensgeraden und des kleineren von der Versagensgeraden auf der $\sqrt{I_2^s}$-Achse festgelegten Abschnitts k, die aufnehmbaren deviatorischen Spannungen geringer sind als bei Verwendung des Kompressionskegels.

(c) DRUCKER-PRAGER'scher Schubkegel

Nachfolgend werden die Parameter des DRUCKER-PRAGER'schen Kriteriums so bestimmt, dass die Versagenshypothesen nach DRUCKER-PRAGER und MOHR-COULOMB für den Zustand des reinen Schubs die gleichen Ergebnisse liefern, d.h., dass die Schubmeridiane der beiden Versagensflächen übereinstimmen.

Ein reiner Schubspannungszustand kann durch die Hauptspannungen

$$\sigma_1 = -\sigma_3 = \sigma \,, \quad \sigma > 0 \quad \text{und} \quad \sigma_2 = 0 \tag{9.5-18}$$

ausgedrückt werden. Damit folgt durch Einsetzen in das Kriterium nach MOHR-COULOMB (9.3-4) bzw. $(9.5\text{-}2)_1$ die dem Versagenszustand entsprechende Spannung zu

$$\sigma = c \cdot \cos\varphi \,. \tag{9.5-19}$$

Die für das DRUCKER-PRAGER'sche Kriterium benötigten Invarianten und die mittlere Normalspannung folgen mit (9.5-18) zu

$$I_1^\sigma = \sigma_1 + \sigma_2 + \sigma_3 = 0 \,, \quad \sigma^m = 0 \,, \quad I_2^s = \frac{1}{2} s_{ij} s_{ij} = \sigma^2 \,. \tag{9.5-20}$$

Durch Einsetzen in das DRUCKER-PRAGER'sche Kriterium ergibt sich

$$\alpha I_1^\sigma + \sqrt{I_2^s} - k = 0 \quad \rightarrow \quad \sigma = k \,. \tag{9.5-21}$$

Aus dem Vergleich von (9.5-19) mit $(9.5\text{-}21)_2$ folgt

$$k = c \cdot \cos\varphi \,. \tag{9.5-22}$$

Mit der für die Spitzen der beiden Versagensflächen im Hauptspannungsraum ermittelten Beziehung folgt α durch Gleichsetzen von (9.5-22) mit (9.5-5) zu

$$\alpha = \frac{\sin\varphi}{3} \,. \tag{9.5-23}$$

Kapitel 10

Nichtlinear elastisches und anelastisches Materialverhalten

10.1 Nichtlinear elastisches Materialverhalten

Beispiel 10.1: Grenzlast eines Tragwerks

Abb. 10.1-1(a) zeigt einen an drei Stäben hängenden starren Balken, der in der Mitte durch die Last F beansprucht wird (vgl. auch [RG87]). Alle Stäbe besitzen die gleiche Querschnittsfläche und gleiche Materialeigenschaften. Die äußeren Stäbe b mit der Länge αl ($\alpha \geq 1$) sind symmetrisch zum mittleren Stab a angeordnet. Der Werkstoff lässt sich näherungsweise durch ein bilineares Spannungs-Dehnungs-Diagramm entsprechend Abb. 10.1-1(b) beschreiben. Bis zum Erreichen der Dehnung ε_1 verhält sich der Werkstoff linear elastisch und die Spannungen lassen sich mittels des Elastizitätsmoduls E_1 aus den Dehnungen ermitteln. Mit ε_1 ist die Fließgrenze erreicht und der Elastizitätsmodul sinkt auf E_2 ab. ε_2 stellt die Grenzdehnung dar, d.h. Dehnungen $\varepsilon > \varepsilon_2$ sind ausgeschlossen. Zu ermitteln sind:

(a) Elastische Grenzlast unter der Annahme der Gültigkeit des HOOKE'schen Gesetzes.

(b) Grenzlast des Tragwerks unter der Annahme der Gültigkeit eines bilinearen Werkstoffgesetzes.

(c) Auswerten der in (a) und (b) hergeleiteten Beziehungen und normierte graphische Darstellung für $\alpha = 2$ unter Annahme nachstehend angegebener bilinearer Werkstoffkennlinien

$$\varepsilon_1 = 1.5\,‰\,, \qquad \varepsilon_2 = 4.0\,‰\,, \qquad E_1/E_2 = 2/1\,, \tag{10.1-1}$$

$$\varepsilon_1 = 1.5\,‰\,, \qquad \varepsilon_2 = 2.5\,‰\,, \qquad E_1/E_2 = 2/1\,. \tag{10.1-2}$$

(d) Ermittlung der Traglast und normierte graphische Darstellung für $\alpha = 2$ unter Annahme eines linear elastisch – ideal plastischen Werkstoffgesetzes mit

$$\varepsilon_1 = 1.5\,‰\,, \qquad E_2 = 0\,. \tag{10.1-3}$$

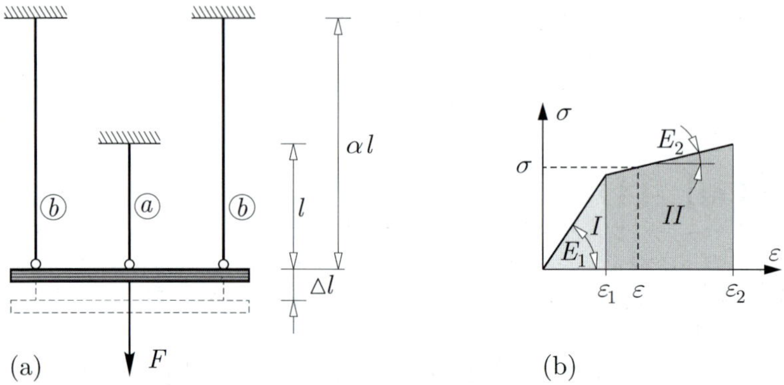

Abb. 10.1-1: (a) Statisch unbestimmt gelagerter starrer Balken; (b) bilineares Spannungs-Dehnungs-Diagramm

Vorbemerkungen

Aufgrund der Symmetrie des Systems und der Belastung ist auch der Verschiebungszustand symmetrisch, d.h. der starre Balken wird sich zufolge F nicht neigen und die Längenänderung Δl wird in allen Stäben gleich sein. Die nachfolgend hergeleiteten Beziehungen basieren auf der Annahme $\alpha \geq 1$.

Die Dehnungen ε_a und ε_b in den Stäben a und b sind zu

$$\varepsilon_a = \frac{\Delta l}{l_a} = \frac{\Delta l}{l}\,, \qquad \varepsilon_b = \frac{\Delta l}{l_b} = \frac{\Delta l}{\alpha l}$$

$$\varepsilon_b = \frac{\varepsilon_a}{\alpha} \quad \rightarrow \quad \varepsilon_a = \alpha\,\varepsilon_b \tag{10.1-4}$$

gegeben. Durch Gleichgewichtsbetrachtung für die vertikale Richtung und Ausdrücken der Normalkräfte durch die Spannungen erhält man

$$\begin{aligned} F &= N_a + 2N_b \\ F &= \sigma_a A + 2\cdot\sigma_b A = A(\sigma_a + 2\sigma_b)\,. \end{aligned} \tag{10.1-5}$$

(a) Elastische Grenzlast

Unter der Annahme der Gültigkeit des HOOKE'schen Gesetzes (vgl. Abb. 10.1-1(b)) für die Stäbe a und b lässt sich (10.1-5) zu

$$F = E_1 A(\varepsilon_a + 2\varepsilon_b) \tag{10.1-6}$$

schreiben und mittels der geometrischen Beziehung (10.1-4) kann die Belastung F durch die Stabdehnung ε_a zu

$$F = \varepsilon_a\,E_1 A\left(1 + \frac{2}{\alpha}\right) \tag{10.1-7}$$

ausgedrückt werden. Da gemäß (10.1-4) im Stab a die Dehnung den α-fachen Wert der in den Stäben b herrschenden Dehnung annimmt, ist im Falle $\alpha > 1$ die Grenzlast im elastischen Bereich (elastische Grenzlast) mit dem Eintritt des Fließens im

Stab a erreicht. Die elastische Grenzlast ist somit identisch mit der bei Fließeintritt vorhandenen Last F_y, d.h.

$$\text{für:} \quad \varepsilon_a = \varepsilon_1 \quad \rightarrow \quad F_y = \varepsilon_1 \, E_1 A \left(1 + \frac{2}{\alpha}\right) . \tag{10.1-8}$$

Mit dem Erreichen der elastischen Grenzlast ist die Tragreserve des Systems aber noch nicht erschöpft, da in den Stäben b die Fließgrenze noch nicht erreicht ist. Dies träfe auch dann zu, wenn angenommen würde, dass im Stab a aufgrund eines linear elastisch – ideal plastischen Werkstoffverhaltens keine Erhöhung der Spannung mehr möglich wäre (vgl. Aufgabenstellung (d)).

(b) Grenzlast des Tragwerks

Aufgrund der materiellen Nichtlinearität (z.B. bilineares Werkstoffverhalten) ist eine Laststeigerung über F_y hinaus möglich. Entsprechend der Aufgabenstellung sind die Dehnungen mit ε_2 beschränkt, sodass im gegenständlichen Fall die Grenzlast des Tragwerks durch das Erreichen von ε_2 vorgegeben ist.

Bei bilinearem Verlauf der Spannungs-Dehnungs-Linie entsprechend Abb. 10.1-1(b) lauten die Elastizitätsbeziehungen für die zwei zu unterscheidenden Bereiche I und II

$$\text{für:} \quad 0 \leq \varepsilon \leq \varepsilon_1 \quad \rightarrow \quad \sigma^{(I)} = E_1 \, \varepsilon , \tag{10.1-9}$$

$$\text{für:} \quad \varepsilon_1 \leq \varepsilon \leq \varepsilon_2 \quad \rightarrow \quad \sigma^{(II)} = E_1 \, \varepsilon_1 + E_2(\varepsilon - \varepsilon_1)$$

$$\sigma^{(II)} = (E_1 - E_2)\varepsilon_1 + E_2 \, \varepsilon . \tag{10.1-10}$$

Entsprechend den Materialeigenschaften, d.h. abhängig von den die beiden Äste der bilinearen Spannungs-Dehnungs-Linie begrenzenden Werten ε_1 und ε_2 einerseits und den geometrischen Verhältnissen, d.h. abhängig von den Längen der Stäbe a und b bzw. den Dehnungen ε_a und ε_b andererseits, sind drei Konstellationen A, B und C zu unterscheiden. Nachfolgend wird die bei Erreichen der Grenze des Gültigkeitsbereiches der jeweiligen Konstellation auftretende Last als Grenzlast F_i, $i = A, B, C$, der entsprechenden Konstellation bezeichnet.

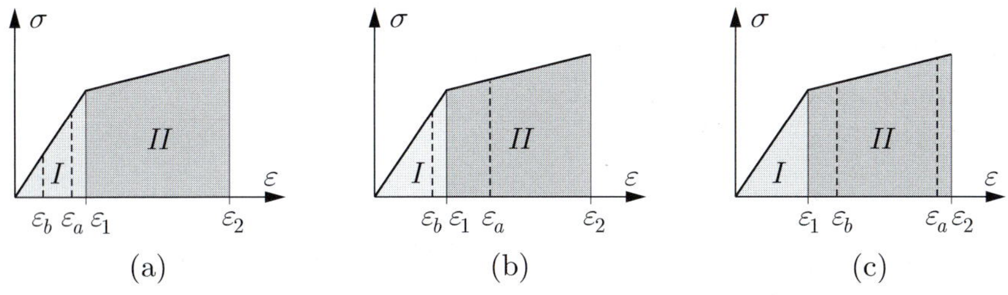

Abb. 10.1-2: Mögliche Konstellationen für die Lage der Dehnungen ε_a und ε_b im Falle bilinearen Werkstoffverhaltens und der Bedingung $\varepsilon_a = \alpha \, \varepsilon_b$ ($\alpha \geq 1$): (a) Konstellation A; (b) Konstellation B; (c) Konstellation C

- ***Konstellation A***

Wie aus Abb. 10.1-2(a) ersichtlich, gilt im Falle der Konstellation A für beide Stäbe die Beziehung (10.1-9), d.h.

$$0 < \varepsilon_a \le \varepsilon_1 \quad \text{und} \quad 0 < \varepsilon_b = \frac{\varepsilon_a}{\alpha} \le \varepsilon_1 \ , \quad (\alpha \ge 1) \ . \tag{10.1-11}$$

Dieser Fall wurde bereits bei der Ermittlung der elastischen Grenzlast behandelt. Die mit $E_1 A\, \varepsilon_1$ normierte Grenzlast F_A für die Konstellation A erhält man unter Berücksichtigung von $E = E_1$ aus (10.1-7) zu

$$\varepsilon_a = \varepsilon_1 \quad \to \quad \frac{F_A}{E_1 A\, \varepsilon_1} = 1 + \frac{2}{\alpha} \ . \tag{10.1-12}$$

- ***Konstellation B***

Wie Abb. 10.1-2(b) zeigt, ist die Konstellation B dadurch gekennzeichnet, dass für den Stab a (10.1-10) und für die Stäbe b die Beziehung (10.1-9) gilt, d.h.

$$\varepsilon_1 \le \varepsilon_a \le \varepsilon_2 \quad \text{und} \quad 0 < \varepsilon_b = \frac{\varepsilon_a}{\alpha} \le \varepsilon_1 \ , \quad (\alpha \ge 1) \ . \tag{10.1-13}$$

Die für die Konstellation B gültige Last-Dehnungs-Beziehung erhält man durch Einsetzen der Gleichungen (10.1-9) und (10.1-10) in (10.1-5), d.h.

$$F = A(\sigma_a + 2\sigma_b) = A\left[\,(E_1 - E_2)\,\varepsilon_1 + E_2\,\varepsilon_a + 2E_1\,\varepsilon_b\right] \ . \tag{10.1-14}$$

Ausdrücken von ε_b durch ε_a mittels der geometrischen Bedingung (10.1-4) und Normierung des erhaltenen Ausdrucks für F führt zu

$$\begin{aligned} F &= A\left[(E_1 - E_2)\,\varepsilon_1 + \left(\frac{2}{\alpha}\,E_1 + E_2\right)\varepsilon_a\right] \\ \frac{F}{E_1 A\,\varepsilon_1} &= 1 - \frac{E_2}{E_1} + \left(\frac{2}{\alpha} + \frac{E_2}{E_1}\right)\frac{\varepsilon_a}{\varepsilon_1} \ . \end{aligned} \tag{10.1-15}$$

Abhängig von den Werten für ε_1 und ε_2, sind – wie aus Abb. 10.1-3 zu erkennen – bei der Auswertung von (10.1-15) die Grenzen des für die Konstellation B gültigen Bereiches zu beachten.

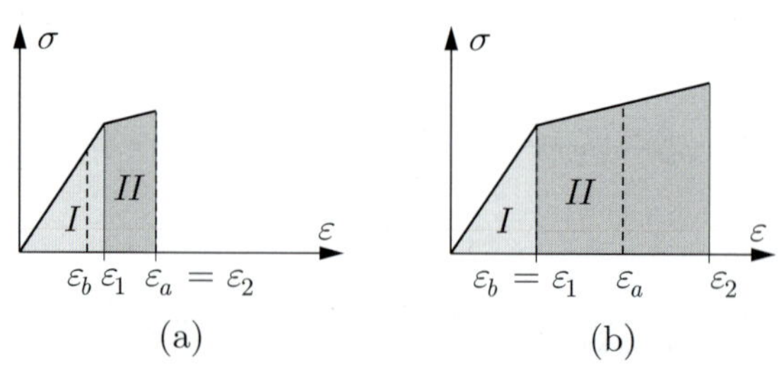

Abb. 10.1-3: Grenzen des Gültigkeitsbereiches für die Konstellation B:
(a) Fall 1: $\varepsilon_a = \varepsilon_2$ und $\varepsilon_b \le \varepsilon_1$;
(b) Fall 2: $\varepsilon_a \le \varepsilon_2$ und $\varepsilon_b = \varepsilon_1$

Fall 1: $\varepsilon_a = \varepsilon_2$ und $\varepsilon_b \leq \varepsilon_1$ (vgl. Abb. 10.1-3(a))
In diesem Fall wird die Grenze des Gültigkeitsbereichs für die Konstellation B durch Erreichen der Grenzdehnung $\varepsilon_a = \varepsilon_2$ im Stab a erreicht. Damit ist auch gleichzeitig die Tragreserve des Systems erschöpft, d.h. F_B stellt in diesem Fall bereits die Grenzlast des Tragwerks (Traglast) dar.

Fall 2: $\varepsilon_a \leq \varepsilon_2$ und $\varepsilon_b = \varepsilon_1$ (vgl. Abb. 10.1-3(b))
Die zweite Möglichkeit zur Erreichung der Grenzlast für die Konstellation B ist durch Erreichen der Dehnung $\varepsilon_b = \varepsilon_1$ im Stab b gegeben. In diesem Fall ist wegen $\varepsilon_2 > \alpha\,\varepsilon_1$ die Tragreserve des Systems allerdings noch nicht erschöpft. Die Grenzlast F_B ist nicht identisch mit der Grenzlast des Tragwerks und es ergibt sich somit eine dritte Konstellation im Spannungs-Dehnungs-Diagramm (Konstellation C). Allgemein kann die Bedingung für das Auftreten der Konstellation C zu

$$\varepsilon_2 \geq \alpha\,\varepsilon_1 \quad \text{mit} \quad \alpha = \frac{\varepsilon_a}{\varepsilon_b}\,, \quad (\alpha \geq 1) \tag{10.1-16}$$

formuliert werden.

Die Grenzlast F_B der Konstellation B erhält man somit, wenn man entsprechend den zwei Fällen den kleineren Wert für ε_a in (10.1-15) einsetzt, d.h.

$$\varepsilon_a = \min(\varepsilon_2, \alpha\,\varepsilon_1) \;\rightarrow\; \frac{F_B}{E_1 A\,\varepsilon_1} = 1 - \frac{E_2}{E_1} + \left(\frac{2}{\alpha} + \frac{E_2}{E_1}\right)\frac{\min(\varepsilon_2, \alpha\,\varepsilon_1)}{\varepsilon_1}\,. \tag{10.1-17}$$

• ***Konstellation C***

Wie aus Abb. 10.1-2(c) zu erkennen, sind bei der Konstellation C die Dehnungen zu

$$\varepsilon_1 < \varepsilon_a \leq \varepsilon_2 \quad \text{und} \quad \varepsilon_1 \leq \varepsilon_b = \frac{\varepsilon_a}{\alpha} \quad (\alpha \geq 1) \tag{10.1-18}$$

gegeben und für die Stäbe a und b gilt (10.1-10). Durch Einsetzen von (10.1-10) in (10.1-5) erhält man die Last-Dehnungs-Beziehung für Konstellation C zu

$$\begin{aligned} F &= A(\sigma_a + 2\sigma_b) \\ F &= A\,[\,(E_1 - E_2)\,\varepsilon_1 + E_2\,\varepsilon_a + 2\,(E_1 - E_2)\,\varepsilon_1 + 2E_2\,\varepsilon_b\,]\,. \end{aligned} \tag{10.1-19}$$

Ausdrücken von ε_b durch ε_a mittels der geometrischen Bedingung (10.1-4) und Normierung des erhaltenen Ausdrucks für F führt zu

$$\begin{aligned} F &= A\left[3\,(E_1 - E_2)\,\varepsilon_1 + \left(1 + \frac{2}{\alpha}\right)E_2\,\varepsilon_a\right] \\ \frac{F}{E_1 A\,\varepsilon_1} &= 3\left(1 - \frac{E_2}{E_1}\right) + \left(1 + \frac{2}{\alpha}\right)\frac{E_2\,\varepsilon_a}{E_1\,\varepsilon_1}\,. \end{aligned} \tag{10.1-20}$$

Die Grenzlast der Konstellation C und damit gleichzeitig die Grenzlast des Systems (Traglast) ist zu

$$\varepsilon_a = \varepsilon_2 \quad \rightarrow \quad \frac{F_C}{E_1 A\,\varepsilon_1} = 3\left(1 - \frac{E_2}{E_1}\right) + \left(1 + \frac{2}{\alpha}\right)\frac{E_2}{E_1}\frac{\varepsilon_2}{\varepsilon_1} \tag{10.1-21}$$

gegeben.

(c) Ermittlung der Last-Dehnungs-Diagramme für bilineare Spannungs-Dehnungs-Linien

⋆ `Kennwerte gemäß (10.1-1) und` $\alpha = 2$

Die Grenzlast für die Konstellation A entspricht der elastischen Grenzlast des Systems und wird für $\varepsilon_a = \varepsilon_1$ erhalten. Die normierten Werte für Dehnung und Last ergeben sich aus (10.1-7) zu

$$\frac{\varepsilon_a}{\varepsilon_1} = \frac{\varepsilon_1}{\varepsilon_1} = 1 \quad \rightarrow \quad \frac{F_A}{E_1 A\, \varepsilon_1} = 2\ . \tag{10.1-22}$$

Der für die Ermittlung der Grenzlast der Konstellation B maßgebende Wert für die Dehnung ε_a ergibt sich zu

$$\varepsilon_a = \min(\varepsilon_2, \alpha\, \varepsilon_1) = \min(4.0, 3.0) = 3.0\ . \tag{10.1-23}$$

Damit erhält man die normierten Werte für Dehnung und Last aus (10.1-17) zu

$$\frac{\varepsilon_a}{\varepsilon_1} = \frac{3.0}{1.5} = 2 \quad \rightarrow \quad \frac{F_B}{E_1 A\, \varepsilon_1} = \left(1 - \frac{E_2}{E_1}\right) + \left(\frac{2}{\alpha} + \frac{E_2}{E_1}\right) \frac{\varepsilon_a}{\varepsilon_1}$$

$$\frac{F_B}{E_1 A\, \varepsilon_1} = (1 - 0.5) + (1 + 0.5) \cdot 2 = 3.5\ . \tag{10.1-24}$$

Einsetzen der Zahlenwerte (10.1-1) in die Bedingung (10.1-16) liefert $\varepsilon_2 = 4\,‰ > 3\,‰ = \alpha\, \varepsilon_1 = 2\varepsilon_1$. Daraus folgt, dass die Grenzlast des Systems erst bei Konstellation C erreicht wird, und zwar für $\varepsilon_a = \varepsilon_2$. Die normierten Werte für Dehnung und Last ergeben sich dann aus (10.1-21) zu

$$\frac{\varepsilon_a}{\varepsilon_1} = \frac{\varepsilon_2}{\varepsilon_1} = \frac{4}{1.5} = 2.67 \quad \rightarrow \quad \frac{F_C}{E_1 A\, \varepsilon_1} = 3\left(1 - \frac{E_2}{E_1}\right) + \left(1 + \frac{2}{\alpha}\right) \frac{E_2\, \varepsilon_2}{E_1\, \varepsilon_1}$$

$$\frac{F_C}{E_1 A\, \varepsilon_1} = 3\,(1 - 0.5) + 2 \cdot 0.5 \cdot 2.67 = 4.17\ . \tag{10.1-25}$$

Die den Beziehungen (10.1-22), (10.1-24) und (10.1-25) entsprechenden Ergebnisse sind in Abb. 10.1-4(a) dargestellt. Aufgrund der vorliegenden Materialdaten ergibt sich im gegenständlichen Fall bei bilinearem Spannungs-Dehnungs-Diagramm eine trilineare Last-Dehnungs-Kurve.

⋆ `Kennwerte gemäß (10.1-2) und` $\alpha = 2$

Die Grenzlast für die Konstellation A entspricht der in (10.1-22) ermittelten elastischen Grenzlast des Tragwerks. Mit

$$\min(\varepsilon_2, \alpha\, \varepsilon_1) = \min(2.5, 3.0) = 2.5 \tag{10.1-26}$$

als maßgebendem Wert für die Dehnung ε_a folgt die Grenzlast in normierter Form für die Konstellation B aus (10.1-17) zu

$$\frac{\varepsilon_a}{\varepsilon_1} = \frac{2.5}{1.5} = 1.67 \quad \rightarrow \quad \frac{F_B}{E_1 A\, \varepsilon_1} = (1 - 0.5) + (1 + 0.5) \cdot 1.67 = 3.0\ . \tag{10.1-27}$$

Einsetzen der Zahlenwerte (10.1-2) in die Bedingung (10.1-16) liefert $\varepsilon_2 = 2.5\,‰ < 3.0\,‰ = \alpha\, \varepsilon_1 = 2\varepsilon_1$ und zeigt, dass (10.1-27) der Grenzlast des Tragwerks entspricht. Mit den Ergebnissen (10.1-22) und (10.1-27) lässt sich das in Abb. 10.1-4(b) enthaltene Diagramm erstellen. Im Gegensatz zu oben ist in diesem Fall die Last-Dehnungs-Kurve bilinear.

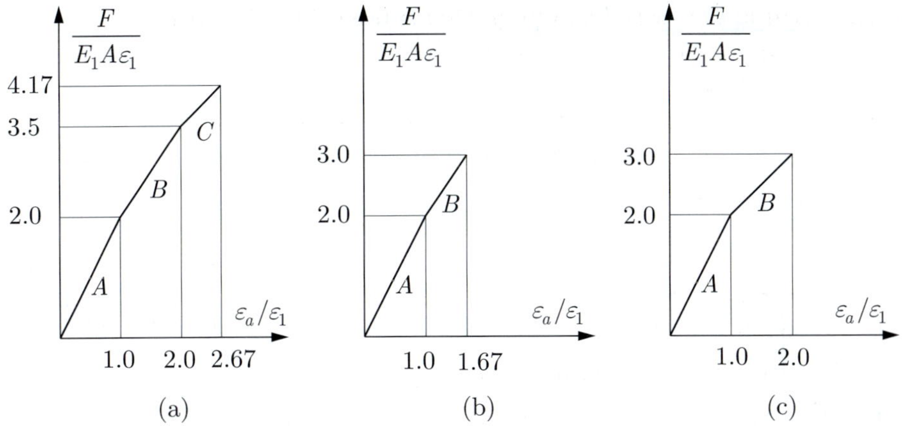

Abb. 10.1-4: Last-Dehnungs-Diagramme für bilineares Materialverhalten: (a) gemäß (10.1-1); (b) gemäß (10.1-2); (c) gemäß (10.1-3)

(d) Traglast für linear elastisch – ideal plastisches Materialverhalten

Dieser Fall kann als Sonderfall eines bilinearen Materialverhaltens mit $E_2 = 0$ und $\varepsilon_2 \to \infty$ angesehen werden, da im Falle von linear elastisch – ideal plastischem Materialverhalten die Dehnungen nach Erreichen der Fließgrenze nicht beschränkt sind. Weil die Stäbe nach Erreichen der Fließgrenze ε_1 keine zusätzliche Last aufnehmen können, wird mit $\varepsilon_b = \varepsilon_1$ die Traglast des Systems bereits bei Konstellation B erreicht. Da dabei die Beziehung $\varepsilon_a = \alpha\,\varepsilon_1 = 2\varepsilon_1$ gilt, kann die Traglast aus (10.1-17) unter Berücksichtigung von $E_2 = 0$ zu

$$\frac{\varepsilon_a}{\varepsilon_1} = \frac{2\varepsilon_1}{\varepsilon_1} = 2 \quad \to \quad \frac{F_B}{E_1 A\,\varepsilon_1} = \left(1 - \frac{E_2}{E_1}\right) + \left(\frac{2}{\alpha} + \frac{E_2}{E_1}\right)\frac{\varepsilon_a}{\varepsilon_1}$$

$$\frac{F_B}{E_1 A\,\varepsilon_1} = 1 + 1 \cdot 2 = 3.0 \qquad (10.1\text{-}28)$$

bestimmt werden. Mit (10.1-22) und (10.1-28) ergibt sich das in Abb. 10.1-4(c) dargestellte Diagramm. Wie der Vergleich der Diagramme (b) und (c) in Abb. 10.1-4 zeigt, verläuft der Ast B aufgrund des geringeren Elastizitätsmoduls ($E_2 = 0$) flacher.

10.2 Zeitabhängiges Materialverhalten bei einaxialem Spannungszustand

Beispiel 10.2: Betonstab unter zeitlich veränderlicher Normalkraft

Abb. 10.2-1(a) zeigt einen Stab mit dem Querschnitt A und der Länge l, der durch eine zeitlich veränderliche Last $P(t)$ beansprucht wird. Zwischen dem unteren Ende des Stabes und dem Boden ist ein Spalt der Größe s. Die Abmessungen im unbelasteten

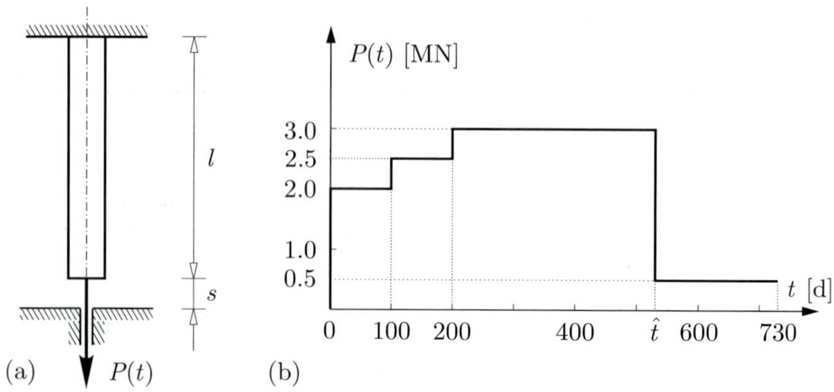

Abb. 10.2-1: (a) System; (b) Zeitlicher Verlauf der Belastung

Zustand sind zu $A = A_0$, $l = l_0$ und $s = s_0$ bekannt. Das zeitabhängige Materialverhalten des Stabes lasse sich mittels MAXWELL'schem bzw. KELVIN-VOIGT'schem Modell beschreiben. Geometrie und Materialkennwerte sind zu Siehe FL Buch

$$\left.\begin{aligned} l_0 &= 150\ \text{cm}\,, & E &= 20\,600\ \text{kN/cm}^2\,,\\ s_0 &= \ \ 5\ \text{cm}\,, & \eta &= 5\cdot 10^{10}\ \text{kPa}\cdot\text{d}\,,\\ A_0 &= \ 10\ \text{cm}^2 \end{aligned}\right\} \rightarrow\ E/\eta = 0.00412\ \text{d}^{-1}\,, \tag{10.2-1}$$

gegeben. Für den zeitlichen Verlauf der Belastung gemäß Abb. 10.2-1(b) sind unter Verwendung des MAXWELL'schen und des KELVIN-VOIGT'schen Modells zu ermitteln:

(a) Dehnung ε zum Zeitpunkt $\tilde{t} = 150$ d,

(b) Zeitpunkt t^*, zu dem der Stab die Unterlage berührt,

(c) Zeitpunkt $\hat{t}$, zu dem sich die zum Zeitpunkt t^* vorhandene Spannung im Stab auf die Hälfte abgebaut hat,

(d) Längenänderung des Stabes nach 2 Jahren,

(e) Kriech- und Relaxationskurven.

Vorbemerkungen

Bestimmte Werkstoffe zeigen zeitabhängiges Materialverhalten, das sich in Form von Kriechen und Relaxation äußern kann. Unter Kriechen versteht man die zeitabhängige Zunahme der Verzerrung bei konstanter Spannung, während die zeitabhängige Abnahme der Spannung bei konstanter Verzerrung Relaxation genannt wird. Die beiden einfachsten Modelle zur Beschreibung linear viskoelastischen Materialverhaltens sind die Modelle von MAXWELL und KELVIN-VOIGT. Sie beschreiben einen linearen Zusammenhang zwischen der Spannung und der zeitabhängigen Verzerrung.

Das MAXWELL'sche Modell entspricht in seiner mechanischen Wirkungsweise einer elastischen Feder und einem viskosen Dämpfer in serieller Anordnung, wobei das Verhalten der Feder durch den E-Modul und jenes des Dämpfers durch die Zähigkeit η gekennzeichnet ist. Der lineare Zusammenhang zwischen der Spannung und der zeitabhängigen Verzerrung wird gemäß (10.10) durch die Differentialgleichung

$$\dot{\varepsilon} = \frac{\dot{\sigma}}{E} + \frac{\sigma}{\eta} \tag{10.2-2}$$

beschrieben. Daraus lässt sich die Kriechkurve für eine im Zeitintervall $0 \leq t \leq t_1$ wirkende konstante Spannung $\sigma^{(0)}$ gemäß (10.14) zu

$$\varepsilon(t) = J(t) \cdot \sigma^{(0)} \tag{10.2-3}$$

ableiten. Die Nachgiebigkeitsfunktion $J(t)$ besteht aus einer zeitunabhängigen elastischen Nachgiebigkeit $1/E$ und einer zeitabhängigen Nachgiebigkeit $C(t)$ und ist gemäß (10.15) zu

$$J(t) = \frac{1}{E} + C(t) \; , \qquad C(t) = \frac{1}{\eta} \cdot t \tag{10.2-4}$$

gegeben. $C(t)$ wird als Kriechfunktion bezeichnet. Wird zum Zeitpunkt $t = t_1$ vollkommen entlastet, so gilt im Zeitintervall $t_1 \leq t \leq \infty$ für die Spannung $\sigma = 0$ und die Gleichung für die Kriechkurve für dieses Zeitintervall ist gemäß (10.16) zu

$$\varepsilon(t) = \frac{\sigma^{(0)}}{\eta} \cdot t_1 \tag{10.2-5}$$

gegeben. Somit bleibt die Dehnung nach vollkommener Entlastung konstant.

Im Falle der Relaxation kann aus (10.2-2) die Relaxationskurve gemäß (10.20) zu

$$\sigma(t) = R(t) \cdot \varepsilon^{(0)} \tag{10.2-6}$$

erhalten werden, wobei für die Dehnung $\varepsilon(t) = \varepsilon^{(0)} = \text{konst.}$ gilt und die Relaxationsfunktion $R(t)$ gemäß (10.21) zu

$$R(t) = E \cdot e^{-(E/\eta) \cdot t} \tag{10.2-7}$$

gegeben ist.

Dem Modell von KELVIN-VOIGT entspricht in mechanischer Hinsicht eine elastische Feder und ein viskoser Dämpfer in paralleler Anordnung. Die Differentialgleichung zur mathematischen Beschreibung des linearen Zusammenhangs zwischen Spannung und zeitabhängiger Verzerrung ist gemäß (10.25) zu

$$\dot{\varepsilon} + \frac{E}{\eta} \varepsilon = \frac{\sigma}{\eta} \tag{10.2-8}$$

gegeben. Die daraus abgeleitete Kriechkurve für ein Zeitintervall $0 \leq t \leq t_1$ kann in Form (10.2-3) angeschrieben werden, wobei nun die Nachgiebigkeitsfunktion $J(t)$ gemäß (10.28) zu

$$J(t) = \frac{1}{E} + C(t) \; , \qquad C(t) = -\frac{1}{E} \cdot e^{-(E/\eta) \cdot t} \tag{10.2-9}$$

gegeben ist und $C(t)$ wiederum die Kriechfunktion bezeichnet. Wird zum Zeitpunkt $t = t_1$ vollständig entlastet, sodass im Zeitintervall $t_1 \leq t \leq \infty$ für die Spannung $\sigma = 0$ gilt, so erhält man die Gleichung für die Kriechkurve für dieses Zeitintervall gemäß (10.32) zu

$$\varepsilon(t) = \varepsilon(t_1) \cdot e^{-(E/\eta) \cdot (t - t_1)} \; . \tag{10.2-10}$$

Im Gegensatz zum MAXWELL'schen Modell bleibt die Dehnung nach vollkommener Entlastung beim KELVIN-VOIGT'schen Modell nicht konstant, sondern strebt asymptotisch gegen null. Zur Beschreibung der Relaxation ist das Modell von KELVIN-VOIGT nicht geeignet.

(a) Dehnung nach 150 Tagen

Da sich zu bestimmten Zeitpunkten t_i die Last sprunghaft ändert, wird mit t_i^- die Zeit unmittelbar vor und mit t_i^+ die Zeit unmittelbar nach Änderung der Last bezeichnet. Die bis zum Aufsetzen des Stabes auf der Unterlage im Stab herrschende Spannung bzw. die Spannungsänderungen und die dazugehörigen elastischen Dehnungen folgen mit Bezug auf Abb. 10.2-1(b) und (10.2-1) zu

$$\sigma^{(0)} = \frac{2\,000}{10} = 200 \text{ kN/cm}^2, \qquad \Delta\sigma^{(1)} = \Delta\sigma^{(2)} = \frac{500}{10} = 50 \text{ kN/cm}^2, \tag{10.2-11}$$

$$\varepsilon^{(0)} = \frac{200}{20\,600} = 0.00971\ , \qquad \Delta\varepsilon^{(1)} = \Delta\varepsilon^{(2)} = \frac{50}{20\,600} = 0.00243\ . \tag{10.2-12}$$

In den ersten 100 Tagen ist die Spannung $\sigma^{(0)}$ konstant und die Verzerrung zum Zeitpunkt $t_1 = 100$ ergibt sich aus (10.2-3) durch Einsetzen der Daten gemäß (10.2-1) in die Beziehungen (10.2-4) (Maxwell) und (10.2-9) (Kelvin-Voigt) zu

⋆ Maxwell

$$\varepsilon(t_1^-) = \left(\frac{1}{20\,600} + \frac{1}{5\cdot 10^6}\cdot 100\right)\cdot 200 = 0.01371\ , \tag{10.2-13}$$

⋆ Kelvin-Voigt

$$\varepsilon(t_1^-) = \frac{1}{20\,600}\left(1 - e^{-0.00412\cdot 100}\right)\cdot 200 = 0.00328\ . \tag{10.2-14}$$

Zum Zeitpunkt t_1 wird die Belastung um 0.5 MN erhöht, wodurch die Spannung im Stab um $\Delta\sigma^{(1)}$ steigt. Die Verzerrung zum Zeitpunkt $\tilde{t} = 150$ d erhält man durch Anwendung des Boltzmann'schen Superpositionsprinzips, das gemäß (10.33) zu

$$\varepsilon(t) = J(t)\,\sigma^{(0)} + J(t-t_1)\,\Delta\sigma^{(1)} + J(t-t_2)\,\Delta\sigma^{(2)} + \ldots + J(t-t_n)\,\Delta\sigma^{(n)} \tag{10.2-15}$$

gegeben ist. In (10.2-15) sind die Spannungen mit Vorzeichen zu berücksichtigen, d.h. bei einer Entlastung ist $\Delta\sigma$ mit negativem Vorzeichen einzusetzen. Für den gegenständlichen Fall ergibt sich die Dehnung für $\tilde{t} = 150$ d zu

⋆ Maxwell

$$\varepsilon(\tilde{t}) = \left(\frac{1}{E} + \frac{\tilde{t}}{\eta}\right)\sigma^{(0)} + \left(\frac{1}{E} + \frac{\tilde{t}-t_1}{\eta}\right)\Delta\sigma^{(1)}$$

$$\varepsilon(\tilde{t}) = \left(\frac{1}{E} + \frac{\tilde{t}}{\eta}\right)\left(\sigma^{(0)} + \Delta\sigma^{(1)}\right) - \frac{t_1}{\eta}\,\Delta\sigma^{(1)} \tag{10.2-16}$$

$$\varepsilon(\tilde{t}) = \left(\frac{1}{20\,600} + \frac{150}{5\cdot 10^6}\right)(200+50) - \frac{100}{5\cdot 10^6}\,50 = 0.01864\ , \tag{10.2-17}$$

⋆ Kelvin-Voigt

$$\varepsilon(\tilde{t}) = \frac{1}{E}\left\{\left[1 - e^{-(E/\eta)\cdot\tilde{t}}\right]\sigma^{(0)} + \left[1 - e^{-(E/\eta)\cdot\left(\tilde{t}-t_1\right)}\right]\Delta\sigma^{(1)}\right\}$$

$$\varepsilon(\tilde{t}) = \frac{1}{E}\left\{\sigma^{(0)} + \Delta\sigma^{(1)} - e^{-(E/\eta)\cdot\tilde{t}}\left(\sigma^{(0)} + \Delta\sigma^{(1)} e^{(E/\eta)\cdot t_1}\right)\right\} \tag{10.2-18}$$

$$\varepsilon(\tilde{t}) = \frac{1}{20\,600}\left\{200 + 50 - e^{-0.00412\cdot 150}\left(200 + 50\cdot e^{0.00412\cdot 100}\right)\right\}$$

$$\varepsilon(\tilde{t}) = 0.00493\ . \tag{10.2-19}$$

(b) Zeitpunkt des Berührens der Unterlage

Aufgrund des zeitabhängigen Materialverhaltens gilt für die Spaltöffnung $s = s(t)$. Mit t^* als Zeitpunkt des Aufsetzens des Stabes auf der Unterlage gilt für den Spalt bzw. für die entsprechende Dehnung im Stab unter Berücksichtigung von (10.2-1)

$$s(t^*) = 0 \,, \qquad \varepsilon(t^*) = s_0/l_0 = 5/150 = 0.03333 \,. \tag{10.2-20}$$

Mit der bekannten Dehnung $\varepsilon(t^*)$ lässt sich der Zeitpunkt t^* des Berührens der Unterlage mittels des BOLTZMANN'schen Superpositionsprinzips (10.2-15) ermitteln.

⋆ MAXWELL

$$\varepsilon(t^*) = \left(\frac{1}{E} + \frac{t^*}{\eta}\right)\sigma^{(0)} + \left(\frac{1}{E} + \frac{t^* - t_1}{\eta}\right)\Delta\sigma^{(1)} + \left(\frac{1}{E} + \frac{t^* - t_2}{\eta}\right)\Delta\sigma^{(2)}$$

$$t^* = \frac{\eta}{\sigma^{(0)} + \Delta\sigma^{(1)} + \Delta\sigma^{(2)}}\left[\varepsilon(t^*) - \frac{1}{E}\left(\sigma^{(0)} + \Delta\sigma^{(1)} + \Delta\sigma^{(2)}\right) + \frac{1}{\eta}\left(t_1\Delta\sigma^{(1)} + t_2\Delta\sigma^{(2)}\right)\right] \tag{10.2-21}$$

$$t^* = \frac{5\cdot 10^6}{300}\left[\frac{5}{150} - \frac{300}{20\,600} + \frac{100\cdot 50 + 200\cdot 50}{5\cdot 10^6}\right] = 362.84 \text{ d} \,. \tag{10.2-22}$$

Da im Falle des MAXWELL'schen Modells die Nachgiebigkeitsfunktion $J(t)$ eine lineare Funktion ist, kann man bei der Ermittlung von t^* als Alternative zu (10.2-21) auch von der bereits ermittelten Dehnung $\varepsilon(\tilde{t})$ nach 150 Tagen ausgehen. Aus der für eine lineare Nachgiebigkeitsfunktion gültigen Beziehung folgen die Dehnungen zu

$$J(t^*) = J(\tilde{t}) + J(t^* - \tilde{t}) \quad \rightarrow \quad \varepsilon(t^*) = \varepsilon(\tilde{t}) + \varepsilon(t^* - \tilde{t}) = \varepsilon(\tilde{t}) + \varepsilon(\bar{t}) \,. \tag{10.2-23}$$

Mit der aus (10.2-23) unter Berücksichtigung von (10.2-17) und (10.2-20) folgenden Dehnung ergibt sich die Zeit $\bar{t}$ bezogen auf den aktuellen Zeitpunkt $t = 150$ d bis der Stab die Unterlage berührt zu

$$\varepsilon(\bar{t}) = \varepsilon(t^*) - \varepsilon(\tilde{t}) = 0.01469 = \frac{\bar{t}}{5\cdot 10^6}\cdot 250 + \left(\frac{1}{20\,600} + \frac{\bar{t} - 50}{5\cdot 10^6}\right)\cdot 50$$

$$\bar{t} = \frac{5\cdot 10^6}{250 + 50}\left[0.01469 - \frac{50}{20\,600} + \frac{50\cdot 50}{5\cdot 10^6}\right] = 212.77 \text{ d} \,. \tag{10.2-24}$$

Somit setzt der Stab nach $150 + 212.8 = 362.8$ Tagen auf der Unterlage auf. Im zweiten Term des Klammerausdrucks in der ersten Zeile von (10.2-24) kommt zum Ausdruck, dass die volle Belastung von 3 MN bezogen auf den Zeitpunkt $t = 150$ d erst nach 50 Tagen aufgebracht wird.

⋆ KELVIN-VOIGT

$$\varepsilon(t^*) = \frac{1}{E}\left\{\left[1 - e^{-(E/\eta)\cdot t^*}\right]\sigma^{(0)} + \left[1 - e^{-(E/\eta)\cdot(t^* - t_1)}\right]\Delta\sigma^{(1)} + \left[1 - e^{-(E/\eta)\cdot(t^* - t_2)}\right]\Delta\sigma^{(2)}\right\}$$

$$e^{-(E/\eta)\cdot t^*}\left(\sigma^{(0)} + \Delta\sigma^{(1)} e^{(E/\eta)\cdot t_1} + \Delta\sigma^{(2)} e^{(E/\eta)\cdot t_2}\right) = \sigma^{(0)} + \Delta\sigma^{(1)} + \Delta\sigma^{(2)} - E\,\varepsilon(t^*)$$

$$t^* = -\frac{\eta}{E}\ln\left(\frac{\sigma^{(0)} + \Delta\sigma^{(1)} + \Delta\sigma^{(2)} - E\,\varepsilon(t^*)}{\sigma^{(0)} + \Delta\sigma^{(1)} e^{(E/\eta)\cdot t_1} + \Delta\sigma^{(2)} e^{(E/\eta)\cdot t_2}}\right) \,. \tag{10.2-25}$$

Mit (10.2-1) und (10.2-20) erhält man für $E\,\varepsilon(t^*) = 20\,600 \cdot 0.03333 = 686.7$ kN/cm^2. Mit den Spannungen gemäß (10.2-11) wird der Klammerausdruck in (10.2-25) negativ und Gleichung (10.2-25) hat somit keine Lösung, d.h. entsprechend dem KELVIN-VOIGT'schen Modell wird der Stab die Unterlage nie berühren. Die Tatsache, dass beim KELVIN-VOIGT'schen Modell die Dehnung für $t \to \infty$ asymptotisch gegen den Wert $\varepsilon_\infty = \sigma_\infty / E$ strebt, kann als Kontrolle verwendet werden, wobei der Grenzwert ε_∞ der elastischen Dehnung zufolge der zum Zeitpunkt $t \to \infty$ wirkenden Spannung σ_∞ entspricht. Im Falle der Zahlenwerte gemäß (10.2-1) erhält man den Grenzwert für die Dehnung bzw. die maximale Längenänderung $\Delta l_{\max}$ des Stabes zu

$$\varepsilon_\infty = \frac{\sigma_\infty}{E} = \frac{300}{20\,600} = 0.01456 \;\to\; \Delta l_{\max} = \varepsilon_\infty \cdot l = 2.18 \text{ cm} < s_0 \,. \tag{10.2-26}$$

(c) Relaxation auf die Hälfte der Ausgangsspannung

Zum Zeitpunkt $t^* = 362.84$ d setzt der Stab gemäß dem Modell von MAXWELL auf der Unterlage auf. Ab diesem Zeitpunkt bleibt die Dehnung konstant und die Spannung im Stab nimmt zufolge Relaxation ab. Die zum Zeitpunkt $\breve{t}$ im Stab herrschende Spannung kann mittels der Relaxationsbeziehung, die gemäß (10.2-6) und (10.2-7) gegeben ist, ermittelt werden. Aus der Bedingung, dass zum gesuchten Zeitpunkt die Spannung im Stab auf die Hälfte abgenommen hat, folgt $\breve{t}$ bezogen auf den Zeitpunkt t^* zu

$$\sigma(t) = \sigma^{(0)} \cdot e^{-(E/\eta)\cdot \breve{t}} = \frac{\sigma^{(0)}}{2}$$

$$-\frac{E}{\eta}\breve{t} = \ln\frac{1}{2} \quad\to\quad \breve{t} = -\frac{\eta}{E}\cdot \ln 0.5 = -\frac{5\cdot 10^6}{20\,600}\cdot \ln 0.5 = 168.24 \text{ d} \tag{10.2-27}$$

$$\hat{t} = t^* + \breve{t} = 362.84 + 168.24 = 531.08 \text{ d} \,. \tag{10.2-28}$$

168 Tage nach Aufsetzen des Stabes auf der Unterlage, d.h. zum Zeitpunkt $\hat{t} = 531.08$ d, beträgt die Spannung im Stab $\sigma = 150$ kN/cm^2.

Wie aus (10.2-26) hervorgeht, wird der Stab nach KELVIN-VOIGT die Unterlage niemals berühren, wodurch es zu keiner Relaxation kommen kann. Allerdings ließe sich auch im Falle des Aufsetzens des Stabes auf die Unterlage die Relaxation mit dem Modell von KELVIN-VOIGT nicht beschreiben, da dieses Model dazu nicht in der Lage ist.

(d) Dehnung nach 2 Jahren

Zum Zeitpunkt $\hat{t} = 531.08$ d wird die Last P auf 0.5 MN herabgesetzt. Der zeitliche Verlauf der Verzerrungen bis zum Ablauf von 2 Jahren, d.h. $\mathring{t} = 730$ d, ergibt sich abhängig vom verwendeten Modell.

⋆ MAXWELL

Beim Modell nach MAXWELL beträgt zum Zeitpunkt $\hat{t} = 531.08$ d die Spannung im Stab $\sigma = 150$ kN/cm^2, die zweite Hälfte der Belastung wird über Kontakt auf die Unterlage abgetragen. Durch die Reduktion der Belastung um 2.5 MN hebt der Stab wieder von der Unterlage ab und die Spannung im Stab beträgt $\sigma^{(0)} = 50$ kN/cm^2. Die Dehnungen folgen wieder aus dem BOLTZMANN'schen Superpositionsprinzip, wobei die Dehnungen nach Aufsetzen des Stabes zu den bis dahin akkumulierten Dehnungen $\varepsilon(\hat{t})$ zu addieren sind. Die Entlastung auf 0.5 MN zum Zeitpunkt $\hat{t}$ kann man sich aus zwei Lastfällen zusammengesetzt vorstellen, und zwar aus einer Entlastung auf null mit dem zugehörigen Spannungsinkrement $\Delta\sigma^{(3.1)}$ und einer gleichzeitigen Belastung auf 0.5 MN mit einem zugehörigen Spannungsinkrement $\Delta\sigma^{(3.2)}$. Die Spannungsinkremente und das dazugehörige resultierende Inkrement der elastischen Dehnung sind zu

$$\begin{aligned} \Delta\sigma^{(3.1)} &= -150\ \mathrm{kN/cm^2}, \\ \Delta\sigma^{(3.2)} &= 50\ \mathrm{kN/cm^2}, \end{aligned} \qquad \Delta\varepsilon^{(3)} = \frac{-150+50}{20\,600} = -0.00485 \tag{10.2-29}$$

gegeben. Dieser Aufteilung entsprechend folgt die Dehnung nach 2 Jahren zu

$$\begin{aligned} \varepsilon(\mathring{t}) &= \varepsilon(\hat{t}) + \left(\frac{1}{E} + \frac{\hat{t}-\hat{t}}{\eta}\right)\Delta\sigma^{(3.1)} + \left(\frac{1}{E} + \frac{\mathring{t}-\hat{t}}{\eta}\right)\Delta\sigma^{(3.2)} \\ \varepsilon(\mathring{t}) &= \varepsilon(\hat{t}) + \frac{1}{E}\left(\Delta\sigma^{(3.1)} + \Delta\sigma^{(3.2)}\right) + \frac{\mathring{t}-\hat{t}}{\eta}\Delta\sigma^{(3.2)} \\ \varepsilon(\mathring{t}) &= \frac{5}{150} + \frac{1}{20\,600}(-150+50) + \frac{730-531.08}{5\cdot 10^6}50 = 0.03047\ . \end{aligned} \tag{10.2-30}$$

⋆ Kelvin-Voigt

Da bei Verwendung des Modells nach Kelvin-Voigt keine Relaxation möglich ist, folgt die Dehnung nach zwei Jahren durch Anwendung des Boltzmann'schen Superpositionsprinzips für alle über die entsprechenden Zeitintervalle wirkenden Lastinkremente. Im Gegensatz zum Modell nach Maxwell ist hier die Reduktion der Belastung mit einem für den Stab maßgebenden Spannungsinkrement $\Delta\sigma^{(3)} = -250\ \mathrm{kN/cm^2}$ verbunden. In Analogie zu (10.2-18) erhält man

$$\begin{aligned} \varepsilon(\mathring{t}) &= \frac{1}{E}\Big\{\sigma^{(0)} + \Delta\sigma^{(1)} + \Delta\sigma^{(2)} + \Delta\sigma^{(3)} - e^{-(E/\eta)\cdot\mathring{t}}\Big(\sigma^{(0)} + \Delta\sigma^{(1)}e^{(E/\eta)\cdot t_1} + \\ &\qquad \Delta\sigma^{(2)}e^{(E/\eta)\cdot t_2} + \Delta\sigma^{(3)}e^{(E/\eta)\cdot\hat{t}}\Big)\Big\} \\ \varepsilon(\mathring{t}) &= \frac{1}{20\,600}\Big\{200+50+50-250 - e^{-0.00412\cdot 730}\Big(200 + 50\cdot e^{0.00412\cdot 100} + \\ &\qquad 50\cdot e^{0.00412\cdot 200} - 250\cdot e^{0.00412\cdot 531.08}\Big)\Big\} = 0.00684\ . \end{aligned} \tag{10.2-31}$$

(e) Graphische Darstellung des Kriech- und Relaxationsvorgangs

Abb. 10.2-2 zeigt die Ergebnisse basierend auf dem Modell von Maxwell. Bis zum Berühren des Bodens ist die Spannung auf unterschiedlichem Niveau bereichsweise konstant und die zugehörigen Abschnitte der Kriechkurve sind Geraden mit unterschiedlicher Steigung. Die Spannung ändert sich zu $t = 0$, 100, 200 d jeweils sprunghaft und damit verbunden sind sofortige Dehnungen. Nach 362.8 Tagen berührt der Stab die Unterlage und die Dehnung bleibt konstant, d.h. die Kriechgerade verläuft horizontal. Gleichzeitig nimmt die Spannung im Stab ab und die zugehörige Relaxationskurve würde asymptotisch gegen null streben. Da aber zum Zeitpunkt $t = 531$ d – die Spannung hat sich inzwischen um 50 % verringert – eine Entlastung auf 0.5 MN

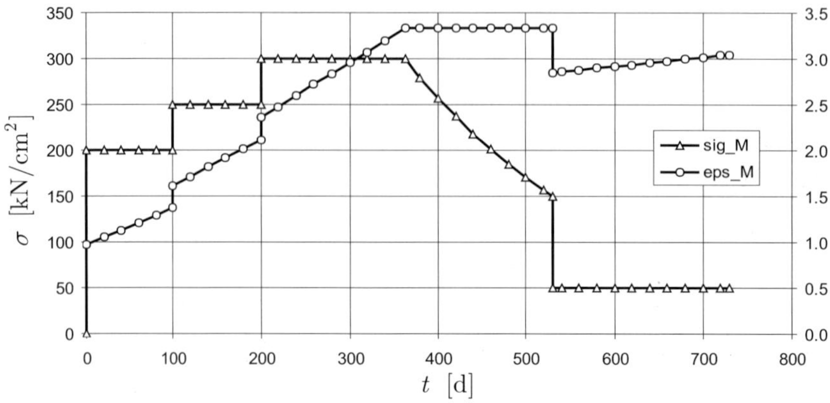

Abb. 10.2-2: Spannungen und Dehnungen nach MAXWELL

erfolgt, wird der Relaxationsvorgang gestoppt, der Stab hebt wieder von der Unterlage ab und die Spannung bleibt konstant. Da nach der Relaxation zum Zeitpunkt $t = 531$ d mit der Entlastung um 2.5 MN nur eine Spannungsreduktion von 100 kN/cm^2 verbunden ist, ergibt sich eine dementsprechend geringe sofortige Abnahme der Dehnung. Ab diesem Zeitpunkt nimmt die Dehnung wieder linear zu.

Abb. 10.2-3 zeigt die Ergebnisse gemäß dem KELVIN-VOIGT'schen Modell. Auffallend im Vergleich zu Abb. 10.2-2 ist, dass die Kriechkurve nach KELVIN-VOIGT keine Sprünge aufweist. Mit den Spannungssprüngen sind Knicke in der Kriechkurve bei $t = 0$, 100, 200, 531 d verbunden. Die Dehnung strebt jeweils asymptotisch gegen den Wert der elastischen Dehnung. Außerdem enthält Abb. 10.2-3 keinen Relaxationsast, da einerseits das KELVIN-VOIGT'sche Modell nicht zur Beschreibung der Relaxation geeignet ist und andererseits der Stab gemäß diesem Modell den Boden überhaupt nicht berührt.

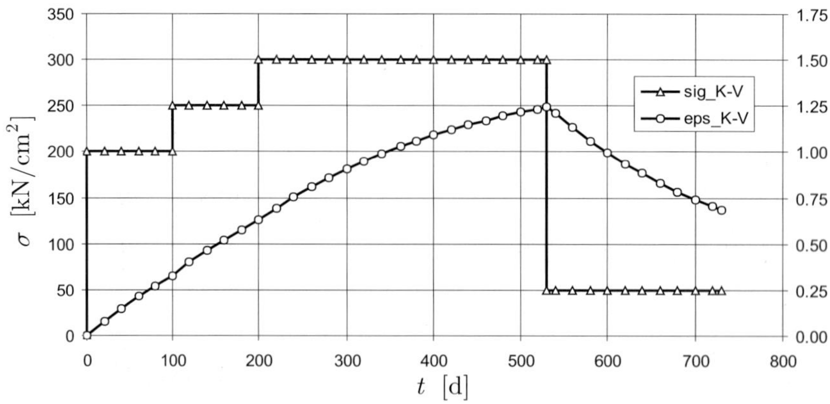

Abb. 10.2-3: Spannungen und Dehnungen nach KELVIN-VOIGT

Kapitel 11

Elasto-plastisches Materialverhalten bei Stäben

11.1 Reine Biegung

Beispiel 11.1: Doppelt symmetrischer Hohlquerschnitt

Abb. 11.1-1 zeigt einen Kragträger mit rechteckigem Hohlquerschnitt, der durch eine gleichförmig verteilte Last p beansprucht ist. Die geometrischen Daten des Trägers und die Fließgrenze des Werkstoffs sind wie folgt gegeben:

$$\begin{aligned} &h = 160\,\text{mm}\,, \quad t_F = 10\,\text{mm}\,, \quad l = 5\,\text{m}\,, \\ &b = 100\,\text{mm}\,, \quad t_S = 5\,\text{mm}\,, \quad f_y = 355\,\text{N/mm}^2\,. \end{aligned} \tag{11.1-1}$$

In (11.1-1) und im Folgenden verweisen die Indizes F bzw. S auf Flansche bzw. Stege des Querschnitts. Unter Vernachlässigung des Querkrafteinflusses sind zu berechnen:

(a) Größe der Belastung $p^{(y)}$, sodass im maximal beanspruchten Punkt des Trägers die Fließgrenze f_y erreicht wird (elastische Grenzlast),

(b) Größe der Querschnittsreserve,

(c) Größe und Verlauf der Restspannungen im maximal beanspruchten Querschnitt nach Entlastung vom plastischen Moment $M^{(p)}$ auf null.

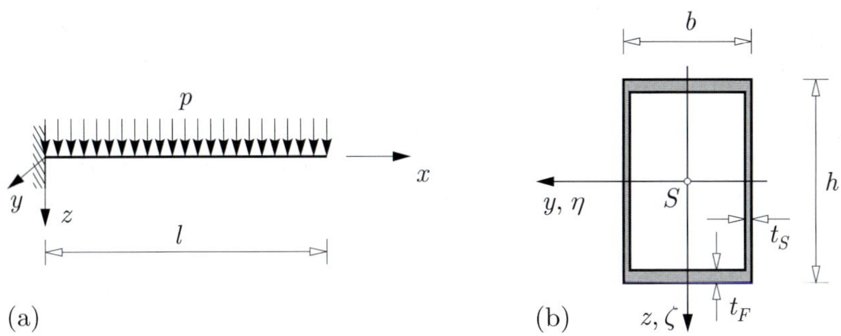

Abb. 11.1-1: (a) Statisches System mit Belastung; (b) Querschnitt

(a) Erforderliche Belastung für das Erreichen der Fließgrenze

Spezialisiert man (6.5-25) bzw. (6.15) für den Fall reiner Biegung um die η-Achse, so folgt die Normalspannung und daraus in weiterer Folge das Fließmoment zu

$$\sigma_x = \frac{M_\eta}{I_\eta}\zeta \quad \rightarrow \quad M_\eta^{(y)} = \frac{I_\eta}{|\zeta|_{\max}} \cdot f_y = W_\eta^{(\min)} \cdot f_y \ , \tag{11.1-2}$$

wobei $\zeta_{\max}$ den am weitesten von der η-Achse entfernten Querschnittspunkt und $W_\eta^{(\min)}$ das minimale Widerstandsmoment des Querschnitts um die η-Achse bezeichnet. Mit den Abmessungen entsprechend (11.1-1) ergibt sich das Flächenträgheitsmoment um die η-Achse zu

$$I_\eta = \frac{1}{12}\left(10 \cdot 16^3 - 9 \cdot 14^3\right) = 1355.33 \text{ cm}^4 \tag{11.1-3}$$

und damit folgt das Fließmoment für den gegenständlichen Fall zu

$$M_\eta^{(y)} = \frac{1355.33}{8} \cdot 35.5 = 6014.29 \text{ kNcm} = 60.14 \text{ kNm} \ . \tag{11.1-4}$$

Die dem im Einspannquerschnitt auftretenden Fließmoment $M_\eta^{(y)}$ zugeordnete Belastung $p^{(y)}$ ergibt sich für den eingespannten gleichförmig belasteten Träger zu

$$M_\eta^{(y)} = -\frac{p^{(y)} l^2}{2} \quad \rightarrow \quad p^{(y)} = -\frac{2 \cdot (-60.14)}{5^2} = 4.81 \text{ kN/m} \ . \tag{11.1-5}$$

Da die entsprechend Abb. 11.1-1(a) gegebene Wirkungsrichtung der Belastung ein negatives Biegemoment bewirkt, ist das Fließmoment in (11.1-5) mit negativem Vorzeichen einzusetzen.

(b) Ermittlung der Querschnittsreserve

Die Querschnittsreserve oder Tragreserve des Querschnitts bei reiner Biegung um die η-Achse ist durch das Verhältnis des plastischen Moments $M_\eta^{(p)}$ zum Fließmoment $M_\eta^{(y)}$ bestimmt. $M_\eta^{(p)}$ entspricht dem bei vollständiger Plastizierung des Querschnitts aufnehmbaren Moment und wird deshalb auch als Tragmoment bezeichnet. Zur Ermittlung des Tragmoments sind mehrere Vorgehensweisen möglich.

• *Ermittlung des Tragmoments*

⋆ `Momentenäquivalenz der inneren Kräfte`

Eine einfache Möglichkeit zur Ermittlung des Tragmoments bei reiner Biegung besteht in der Summenbildung aller zufolge der in den einzelnen Querschnittsteilen resultierenden Zug- und Druckkräfte sich ergebenden Momente bezogen auf einen beliebigen Punkt. In Abb. 11.1-2(b) wurden die aus den Spannungen zufolge des Biegemoments M_η resultierenden inneren Kräfte Z und D entsprechend ihrem physikalischen Wirkungssinn eingetragen. Mit Bezug auf Abb. 11.1-2(b) ergeben sich die in den einzelnen Querschnittsteilen wirkenden resultierenden Kräfte zu

$$\begin{aligned} Z_F &= f_y \cdot t_F \cdot b = 35.5 \cdot 1.0 \cdot 10 = 355.0 \text{ kN} = |D_F| \ , \\ Z_S &= f_y \cdot 2t_S \cdot \left(\frac{h}{2} - t_F\right) = 35.5 \cdot 1.0 \cdot 7.0 = 248.5 \text{ kN} = |D_S| \end{aligned} \tag{11.1-6}$$

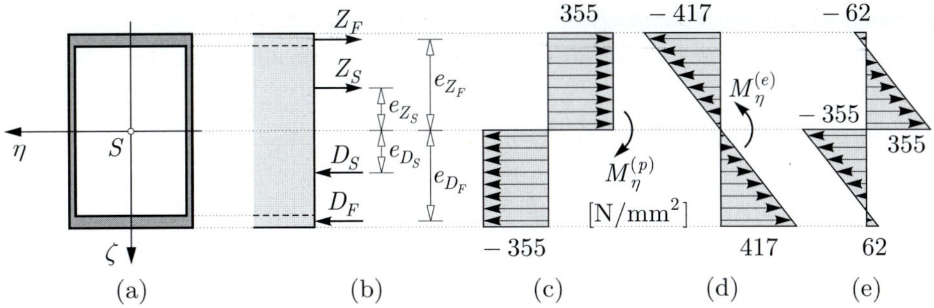

Abb. 11.1-2: (a) Querschnitt; (b) resultierende Zug- und Druckkräfte in den Stegen und Flanschen bei Erreichen des Tragmoments $M_\eta^{(p)}$; (c) Spannungsverteilung bei Erreichen von $M_\eta^{(p)}$; (d) Spannungsverteilung zufolge des Rückstellmoments $M_\eta^{(e)}$; (e) Restspannungen nach vollständiger Entlastung

und die entsprechenden Hebelarme folgen zu

$$\begin{aligned} e_{Z_F} &= \frac{h - t_F}{2} = \frac{16 - 1.0}{2} = 7.5 \text{ cm} = e_{D_F} \ , \\ e_{Z_S} &= \frac{1}{2}\left(\frac{h}{2} - t_F\right) = \frac{8 - 1.0}{2} = 3.5 \text{ cm} = e_{D_S} \ . \end{aligned} \tag{11.1-7}$$

Die in Abb. 11.1-2(b) dargestellten inneren Kräfte Z und D zufolge der gegebenen Belastung und das plastische Moment $M_\eta^{(p)}$ sind statisch äquivalent. Mit den Ergebnissen von (11.1-6) und (11.1-7) ergibt sich das plastische Moment zu

$$M_\eta^{(p)} = 2\,(Z_F \cdot e_{Z_F} + Z_S \cdot e_{Z_S}) = 7064.50 \text{ kNcm} \ . \tag{11.1-8}$$

⋆ `Plastisches Widerstandsmoment`

Bei einfach symmetrischen Querschnitten ist im Falle reiner Biegung um die η-Achse das plastische Widerstandsmoment zu

$$W_\eta^{(p)} = \left|S_n^{(Z)}\right| + \left|S_n^{(D)}\right| \tag{11.1-9}$$

gegeben. $W_\eta^{(p)}$ stellt das plastische Widerstandsmoment des Querschnitts um die η-Achse dar und $S_n^{(Z)}$ bzw. $S_n^{(D)}$ sind die statischen Momente des gezogenen bzw. gedrückten Querschnittsteils bezogen auf die zur η-Achse parallel verlaufende Nulllinie des vollständig plastizierten Querschnitts. Da im Falle doppelt symmetrischer Querschnitte die Nulllinie auch bei vollständiger Plastizierung durch den Schwerpunkt verläuft, vereinfacht sich (11.1-9) zu

$$W_\eta^{(p)} = 2 \cdot \left|S_\eta^{(Z)}\right| = 2 \cdot \left|S_\eta^{(D)}\right| \ . \tag{11.1-10}$$

Im gegenständlichen Fall ergibt sich das plastische Widerstandsmoment zu

$$W_\eta^{(p)} = 2\,(10 \cdot 8 \cdot 4 - 9 \cdot 7 \cdot 3.5) = 199 \text{ cm}^3 \tag{11.1-11}$$

und das plastische Moment folgt zu

$$M_\eta^{(p)} = W_\eta^{(p)} \cdot f_y = 199 \cdot 35.5 = 7064.50 \text{ kNcm}. \tag{11.1-12}$$

⋆ `Integration der Spannungen`

Als dritte Möglichkeit sei die Integration der Spannungen über den Querschnitt angeführt:

$$\begin{aligned} M_\eta &= \int_A \zeta\, \sigma_x \, dA \quad \rightarrow \quad M_\eta^{(p)} = \int_A \zeta\, f_y \, dA \\ M_\eta^{(p)} &= 2 \cdot f_y \left[\int_0^7 \zeta \cdot 2\, t_S \; d\zeta + \int_7^8 \zeta \cdot b \; d\zeta \right] \\ &= 2 \cdot 35.5 \left[1.0 \cdot \frac{7^2}{2} + 10 \left(\frac{8^2}{2} - \frac{7^2}{2} \right) \right] \\ M_\eta^{(p)} &= 7064.50 \text{ kNcm} = 70.65 \text{ kNm} \; . \end{aligned} \tag{11.1-13}$$

• ***Ermittlung des Formbeiwerts***

Mit den Resultaten für das Fließmoment (11.1-4) und das Tragmoment (11.1-13) erhält man den Formbeiwert α unter Verwendung der Definition gemäß (11.1) zu

$$\alpha = \frac{M_\eta^{(p)}}{M_\eta^{(y)}} \quad \rightarrow \quad \alpha = \frac{7064.50}{6014.29} = 1.175 \; . \tag{11.1-14}$$

Damit folgt die dem plastischen Moment entsprechende Belastung zu

$$p^{(p)} = p^{(y)} \cdot \alpha = 4.81 \cdot 1.175 = 5.65 \text{ kN/m} \; . \tag{11.1-15}$$

(c) Ermittlung der Restspannungen nach vollständiger Entlastung

Wird der Querschnitt nach der Belastung durch $M_\eta^{(p)}$ vollständig entlastet, so bleiben im Querschnitt Restspannungen zurück. Diesen Restspannungen sind keine resultierenden Schnittgrößen zugeordnet, sondern sie bilden in sich ein Gleichgewichtssystem. Kennzeichnend für den plastizierten Querschnitt sind außerdem bleibende Verformungen nach vollständiger Entlastung.

Die vollständige Entlastung des mit dem Tragmoment belasteten Querschnitts kann entsprechend (11.10) zu

$$M_\eta^{(p)} + M_\eta^{(e)} = 0 \tag{11.1-16}$$

geschrieben werden, wobei $M_\eta^{(e)}$ als Rückstellmoment bezeichnet wird. Da für die Entlastung in guter Näherung linear elastisches Materialverhalten angenommen werden kann, ist die $M_\eta^{(e)}$ zugehörige Spannungsverteilung linear. Damit folgt aus (11.1-16)

$$\begin{aligned} M_\eta^{(e)} &= \frac{I_\eta}{\zeta^{(\text{unten})}} \, \sigma_x^{(\text{unten})} = -M_\eta^{(p)} \\ \sigma_x^{(\text{unten})} &= -\frac{M_\eta^{(p)}}{I_\eta} \, \zeta^{(\text{unten})} = -\frac{-7064.50}{1355.33} \cdot 8 = 41.70 \text{ kN/cm}^2 \; . \end{aligned} \tag{11.1-17}$$

An der Einspannstelle ist das Moment zufolge der gegebenen Belastung negativ. Das Rückstellmoment ist somit positiv und bewirkt am unteren Trägerrand Zugspannungen, die, wie (11.1-17)(d) zeigt, größer sind als die Fließspannung. Dies stellt jedoch keinen Widerspruch dar, da sich diese mit der durch $M_\eta^{(p)}$ sich ergebenden Fließspannung überlagern, wie in Abb. 11.1-2(e) dargestellt. Nach vollständiger Entlastung wird in keinem Querschnittspunkt die Fließspannung überschritten.

Beispiel 11.2: Einfach symmetrischer T-Querschnitt

Für den in Abb. 11.2-1(a) dargestellten T-Querschnitt eines Trägers mit linear elastisch – ideal plastischem Materialverhalten und einer Fließgrenze

$$f_y = 235 \text{ MPa} = 235 \text{ N/mm}^2 \tag{11.2-1}$$

sind für reine Biegung um die η-Achse die Querschnittsreserve α und der Verlauf der Restspannungen nach vollständiger Entlastung von $M_\eta^{(p)}$ zu ermitteln.

(a) Ermittlung der Querschnittsreserve

Die Querschnittsreserve folgt aus dem Formbeiwert α, der gemäß $(11.1\text{-}14)_1$ bzw. (11.1) als Quotient aus plastischem Moment $M^{(p)}$ und Fließmoment $M^{(y)}$ gegeben ist. Spezialisierung von (6.5-25) bzw. (6.15) für reine Biegung um die η-Achse liefert für linear elastisches Werkstoffverhalten die Beziehung für den Verlauf der Normalspannungen über die Querschnittshöhe zu

$$\sigma_x(\zeta) = \frac{M_\eta}{I_\eta}\,\zeta\ . \tag{11.2-2}$$

Die Gültigkeit von (11.2-2) ist durch das Erreichen von $M_\eta = M_\eta^{(y)}$ beschränkt. Dem Biegemoment $M_\eta^{(y)}$ ist die Normalspannung $|\sigma_x| = f_y$ zugeordnet und aus

$$|\sigma_x| = f_y = \frac{M_\eta^{(y)}}{I_\eta}\,|\zeta|_{\max} \tag{11.2-3}$$

folgt das Fließmoment oder elastische Grenzmoment zu

$$M_\eta^{(y)} = f_y\,\frac{I_\eta}{|\zeta|_{\max}}\ . \tag{11.2-4}$$

- ***Ermittlung des Fließmoments***

Zur Ermittlung von I_η ist zuerst die Lage des Schwerpunkts zu bestimmen. Der Schwerpunktsabstand von der $\bar{y}$-Achse folgt gemäß $(6.4\text{-}6)_2$ bzw. (6.24) zu

$$\begin{aligned} \bar{z}_S &= \frac{S_{\bar{y}}}{A} = \frac{40\cdot 5\cdot 2.5 + 45\cdot 5\cdot (45/2+5)}{200+225} \\ \bar{z}_S &= \frac{6687.50}{425} = 15.74 \text{ mm}\ . \end{aligned} \tag{11.2-5}$$

Damit ergibt sich das Flächenträgheitsmoment zu

$$\begin{aligned} I_\eta &= \frac{40\cdot 5^3 + 5\cdot 45^3}{12} + 200\cdot(15.74-2.5)^2 + 225\cdot\left(5+\frac{45}{2}-15.74\right)^2 \\ I_\eta &= 104\,562 \text{ mm}^4\ . \end{aligned} \tag{11.2-6}$$

Da die untere Randfaser am weitesten vom Schwerpunkt entfernt ist – für sie gilt $\zeta_u = |\zeta|_{\max} = 50 - 15.74 = 34.26$ mm –, wird dort zuerst die Fließgrenze f_y erreicht (vgl. Abb. 11.2-1(b)) und das zugehörige Fließmoment oder elastische Grenzmoment ergibt sich entsprechend (11.2-4) zu

$$M_\eta^{(y)} = 235\cdot\frac{104\,562}{34.26} = 717\,124 \text{ Nmm}\ . \tag{11.2-7}$$

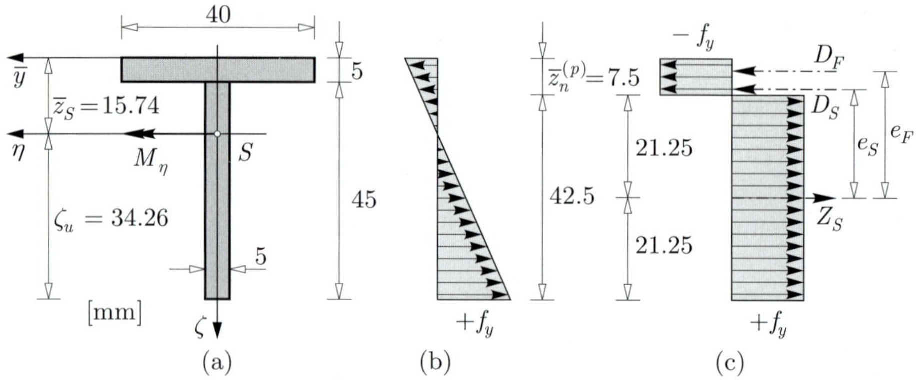

Abb. 11.2-1: (a) Querschnitt; (b) Spannungsverteilung bei Erreichen des Fließmoments $M_\eta^{(y)}$; (c) Spannungsverteilung bei Erreichen des Tragmoments $M_\eta^{(p)}$ und zugehörige resultierende Zug- und Druckkräfte im Flansch und Steg

• ***Ermittlung des Tragmoments***

Im Falle der Verwendung eines linear elastisch – ideal plastischen Werkstoffgesetzes kann die Spannung $|\sigma_x|$ nicht über die Fließgrenze f_y anwachsen. Bei Belastung des Querschnitts über $M_\eta^{(y)}$ hinaus wird im gegenständlichen Fall von der unteren Randfaser ausgehend in einem wachsenden Bereich die Fließgrenze erreicht. Bei weiterer Laststeigerung wird schließlich auch in der oberen Randfaser die Fließspannung $\sigma_x = -f_y$ erreicht werden und bei fortgesetzter Belastung wird auch hier der Bereich, in dem $|\sigma_x| = f_y$ gilt, anwachsen, bis schließlich im gesamten Querschnitt die Spannung den Wert der Fließgrenze annimmt, d.h. $\sigma_x = \pm f_y$. Dieser Spannungsverlauf ist in Abb. 11.2-1(c) dargestellt.

Bezeichnet man die jeweiligen Anteile der Querschnittsfläche, in denen ausschließlich Zug- bzw. Druckspannungen auftreten, mit $A^{(Z)}$ bzw. $A^{(D)}$ und integriert man getrennt über diese Teilflächen, so ergeben sich die entsprechenden Normalkräfte Z und D zu

$$Z = \int_{A^{(Z)}} \sigma_x \, dA, \quad D = \int_{A^{(D)}} \sigma_x \, dA \; . \tag{11.2-8}$$

Aus der Bedingung, dass im Falle reiner Biegung die resultierende Normalkraft im Querschnitt verschwinden muss, folgt

$$Z + D = 0 \quad \rightarrow \quad D = -Z \; . \tag{11.2-9}$$

Im Falle einer über $M_\eta^{(y)}$ hinausgehenden Belastung des Querschnitts muss sich, um die Bedingung (11.2-9) zu erfüllen, die Lage der Nulllinie ändern. Sie verschiebt sich nach Erreichen von $M_\eta^{(y)}$ von der Schwerachse in eine dazu parallele Lage in Richtung jener Randfaser des Querschnitts, die zu diesem Zeitpunkt noch nicht die Fließspannung erreicht hat. Bei vollständiger Plastizierung kann (11.2-8) zu

$$Z = f_y A^{(Z)}, \quad D = -f_y A^{(D)} \tag{11.2-10}$$

geschrieben werden. Einsetzen von (11.2-10) in (11.2-9) bei Beachtung, dass sich die Querschnittsfläche A aus der Summe von $A^{(Z)}$ und $A^{(D)}$ zusammensetzt, liefert

$$A^{(Z)} = A^{(D)} = \frac{A}{2} \; . \tag{11.2-11}$$

Somit halbiert die Nulllinie im Falle der reinen Biegung bei vollständiger Plastizierung den Querschnitt. Im gegenständlichen Fall ergibt sich mit

$$\frac{A}{2} = \frac{425}{2} = 212.5 \text{ mm}^2 > \mathrm{A_F} = 200 \text{ mm}^2 \; , \tag{11.2-12}$$

wobei A_F die Fläche des Flansches bezeichnet, der Abstand der Nulllinie von der $\bar{y}$-Achse im Falle vollständiger Plastizierung des Querschnitts zu

$$\bar{z}_n^{(p)} = \frac{212.5 - 200}{5} + 5 = 7.5 \text{ mm} \; . \tag{11.2-13}$$

⋆ `Tragmoment mittels Momentenäquivalenz der inneren Kräfte`

Bezeichnet man die Anteile der Flanschfläche und Stegfläche, in denen die Druckspannung $\sigma_x = -f_y$ bzw. die Zugspannung $\sigma_x = f_y$ wirkt, mit $A_F^{(D)}$ und $A_S^{(D)}$ bzw. mit $A_S^{(Z)}$, so können die in den einzelnen Querschnittsteilen wirkenden resultierenden Normalkräfte zu

$$\begin{aligned} D_F &= -f_y A_F^{(D)} = -235 \cdot 40 \cdot 5 = -47\,000.0 \text{ N} \; , \\ D_S &= -f_y A_S^{(D)} = -235 \cdot 2.5 \cdot 5 = -2\,937.5 \text{ N} \; , \\ Z_S &= f_y A_S^{(Z)} = 235 \cdot 42.5 \cdot 5 = 49\,937.5 \text{ N} \end{aligned} \tag{11.2-14}$$

geschrieben werden. Mit den aus Abb. 11.2-1(c) abzulesenden Hebelarmen der inneren Kräfte bezogen auf den Angriffspunkt der Zugkraft Z_S

$$\begin{aligned} e_F &= 50 - 21.25 - 2.5 = 26.25 \text{ mm} \; , \\ e_S &= 21.25 + \frac{2.5}{2} = 22.50 \text{ mm} \end{aligned} \tag{11.2-15}$$

ergibt sich das plastische Moment oder Tragmoment des unsymmetrischen Querschnitts zu

$$M_\eta^{(p)} = 47\,000.0 \cdot 26.25 + 2937.5 \cdot 22.50 = 1\,299\,844 \text{ Nmm} \; . \tag{11.2-16}$$

Hinweis

Falls, wie oben gezeigt, das plastische Moment aus den resultierenden inneren Kräften und deren Hebelarmen ermittelt wird, kann bei reiner Biegung jeder beliebige Punkt als Bezugspunkt für die Bildung der Momentensumme verwendet werden. Oft bietet sich dafür der Angriffspunkt einer inneren Kraft an, da in diesem Fall der Beitrag dieser Kraft wegen des verschwindenden Hebelarmes sich zu null ergibt. Im Falle einer Momenten- und Normalkraftwirkung (vgl. Beispiel 11.3) muss jedenfalls der Schwerpunkt als Bezugspunkt gewählt werden, da sich andernfalls zufolge der nicht verschwindenden Axialkomponente der inneren Kräfte zusätzlich ein Moment ergeben würde.

⋆ Tragmoment mittels Integration der Spannungen

Alternativ zu o.a. Vorgangsweise kann das plastische Moment durch Integration ermittelt werden. In diesem Fall folgt dieses zu

$$\begin{aligned} M_\eta^{(p)} &= -f_y \cdot 40 \int_{-15.74}^{-10.74} \zeta d\zeta - f_y \cdot 5 \int_{-10.74}^{-8.24} \zeta d\zeta + f_y \cdot 5 \int_{-8.24}^{34.26} \zeta d\zeta \\ &= 235 \left[-\frac{40}{2} \left(10.74^2 - 15.74^2\right) - \frac{5}{2} \left(8.24^2 - 10.74^2\right) + \frac{5}{2} \left(34.26^2 - 8.24^2\right) \right] \\ M_\eta^{(p)} &= 1\,299\,844 \text{ Nmm} \; . \end{aligned} \tag{11.2-17}$$

⋆ Tragmoment mittels plastischem Widerstandsmoment

Ergänzend soll nachstehend das plastische Widerstandsmoment $W_\eta^{(p)}$ zur Ermittlung von $M_\eta^{(p)}$ verwendet werden. Entsprechend (11.1-9) folgt unter Bezugnahme auf Abb. 11.2-1 das plastische Widerstandsmoment zu

$$\begin{aligned} W_\eta^{(p)} &= \left| S_n^{(Z)} \right| + \left| S_n^{(D)} \right| \\ W_\eta^{(p)} &= 42.5 \cdot 5 \cdot 21.25 + 40 \cdot 5 \; (7.5 - 2.5) + 2.5 \cdot 5 \cdot 1.25 = 5\,531.25 \text{ mm}^3 \end{aligned} \tag{11.2-18}$$

Abstand Schwerpkt.

und damit erhält man das Tragmoment zu

$$M_\eta^{(p)} = W_\eta^{(p)} \cdot f_y = 5\,531.25 \cdot 235 = 1\,299\,844 \text{ Nmm} \; . \tag{11.2-19}$$

• ***Ermittlung des Formbeiwerts***

Entsprechend der Definition des Formbeiwertes α gemäß $(11.1\text{-}14)_1$ bzw. (11.1) ergibt sich die Tragreserve des gegebenen T-Querschnitts (Querschnittsreserve) bei reiner Biegung zu

$$\alpha = \frac{M_\eta^{(p)}}{M_\eta^{(y)}} = \frac{1\,299\,844}{717\,124} = 1.813 \; . \tag{11.2-20}$$

Der Formbeiwert des T-Querschnitts ist im Verhältnis zu jenem des auf reine Biegung um die η-Achse beanspruchten I-Querschnitts ($1.12 \leq \alpha_{\mathtt{I}} \leq 1.18$) relativ groß. Dies ist eine Folge der beim T-Querschnitt „ungünstigen Materialanordnung" im Querschnitt, wodurch, bezogen auf die Traglast, schon bei verhältnismäßig geringer Belastung die Fließspannung erreicht wird.

(b) Ermittlung der Restspannungen

Die vollständige Entlastung des Querschnitts nach dessen Belastung mit dem Tragmoment $M_\eta^{(p)}$ kann als kombinierte Wirkung des Tragmoments und eines gleich großen, aber entgegengesetzt wirkenden Rückstellmoments (Entlastungsmoments) $M_\eta^{(e)}$ aufgefasst werden. Dieser Sachverhalt wird gemäß (11.1-16) bzw. (11.10) durch

$$M_\eta^{(p)} + M_\eta^{(e)} = 0 \quad \rightarrow \quad M_\eta^{(e)} = -M_\eta^{(p)} \tag{11.2-21}$$

ausgedrückt, wobei für die Entlastung in guter Näherung linear elastisches Materialverhalten angenommen werden kann. Setzt man für $M_\eta^{(e)}$ die für linear elastisches

Materialverhalten gültige Beziehung (11.2-2) ein, so folgt aus (11.2-21) die Spannungsverteilung zufolge des Entlastungsmoments zu

$$M_\eta^{(e)} = \frac{I_\eta}{\zeta^{(\text{unten})}}\,\sigma_x^{(\text{unten})} = -M_\eta^{(p)} \quad \rightarrow \quad \sigma_x^{(\text{unten})} = -\frac{M_\eta^{(p)}}{I_\eta}\,\zeta^{(\text{unten})} \,. \tag{11.2-22}$$

Damit ergeben sich die in der unteren und oberen Randfaser wirkenden Spannungen zufolge des Rückstellmoments im gegenständlichen Fall zu

$$\begin{aligned} \sigma_x^{(u)} &= -\frac{1\,299\,844}{104\,562}\cdot 34.26 = -12.431\cdot 34.26 = -426.0\ \text{N/mm}^2 \,, \\ \sigma_x^{(o)} &= -12.431\cdot(-15.74) = 195.6\ \text{N/mm}^2 \,. \end{aligned} \tag{11.2-23}$$

Diese Spannungen treten allerdings für sich alleine nicht auf, sondern sind jenen dem plastischen Moment entsprechenden Spannungen zu überlagern. Die daraus resultierenden Spannungen entsprechen dann den gesuchten Restspannungen.

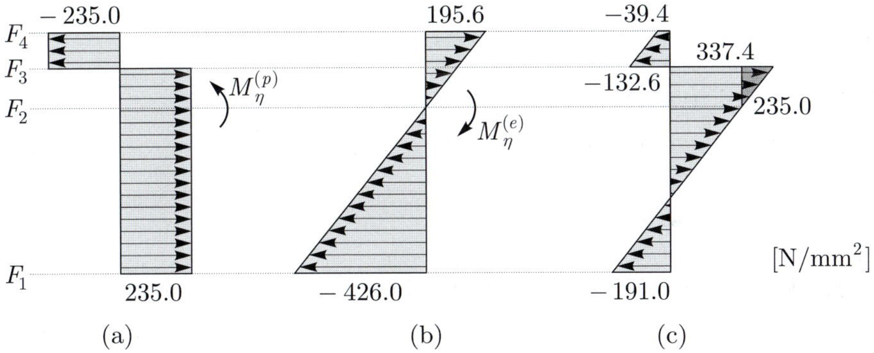

Abb. 11.2-2: Verlauf der Normalspannungen: (a) zufolge $M_\eta^{(p)}$; (b) zufolge $M_\eta^{(e)}$; (c) zufolge $M_\eta^{(p)} + M_\eta^{(e)}$ (Restspannungen)

Abb. 11.2-2 zeigt die Verteilung der Normalspannungen zufolge des Tragmoments $M_\eta^{(p)}$, des Rückstellmoments $M_\eta^{(e)}$ und die verbleibenden Restspannungen im Querschnitt nach vollständiger Entlastung von $M_\eta^{(p)}$. Wie Abb. 11.2-2(c) zeigt, führt im gegenständlichen Falle eines einfach symmetrischen Querschnitts die Überlagerung im Bereich zwischen den Fasern F_2 und F_3 zu Spannungen, die über der Fließgrenze liegen, da sich in diesem Bereich zu den Zugspannungen zufolge $M_\eta^{(p)}$ auch Zugspannungen zufolge $M_\eta^{(e)}$ addieren. Mit $\bar{z}_S - \bar{z}_n^{(p)} = 8.24$ mm erhält man die Normalspannung in der Faser F_3 zu

$$\sigma_x^{(F_3)} = f_y - 12.431\cdot(-8.24) = 235 + 102.4 = 337.4\ \text{N/mm}^2 \,. \tag{11.2-24}$$

Da aber das zugrunde liegende Werkstoffgesetz Spannungen $|\sigma_x| > f_y$ nicht zulässt, müssen die f_y überschreitenden Spannungsanteile auf den „Restquerschnitt“, d.h. auf Querschnittsteile, in denen die Spannungen noch unterhalb der Fließgrenze liegen, umgelagert werden.

Spannungsumlagerung

Bei der Spannungsumlagerung wird der im Bereich zwischen den Fasern F_2 und F_3 die Fließgrenze übersteigende Anteil der Normalspannungen („Spannungsüberschuss") unter Einhaltung der Bedingung, dass die resultierenden Schnittgrößen nach Entlastung null sind, auf den Restquerschnitt verteilt. Aufgrund der Annahme linear elastischen Materialverhaltens für die Entlastung kann das Superpositionsgesetz verwendet werden. Abb. 11.2-3 zeigt den Restquerschnitt und den umzulagernden Spannungsanteil. Nachfolgend werden die auf den fiktiven Restquerschnitt zu beziehenden Größen mit *

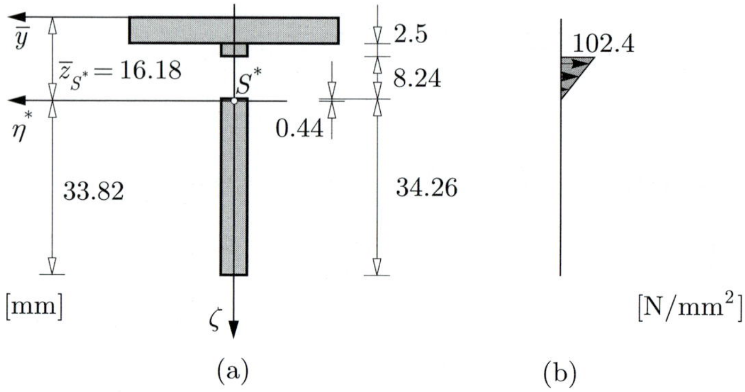

Abb. 11.2-3: (a) Fiktiver Restquerschnitt; (b) umzulagernder Spannungsanteil

bezeichnet. Die Querschnittskennwerte des fiktiven Restquerschnitts können auch unter Verwendung der Querschnittskennwerte des Gesamtquerschnitts ermittelt werden, wie nachfolgend gezeigt. Die Fläche des Restquerschnitts beträgt

$$A^* = A - 8.24 \cdot 5 = 425 - 41.18 = 383.82 \text{ mm}^2 \tag{11.2-25}$$

und der Schwerpunktsabstand von der $\bar{y}$-Achse ergibt sich zu

$$\bar{z}_S^* = \frac{\bar{z}_S \cdot 425 - 8.24 \cdot 5 \cdot (8.24/2 + 7.5)}{383.82} = 16.18 \text{ mm} \ . \tag{11.2-26}$$

Somit sind die beiden Schwerpunkte S und S^* um

$$\Delta z_S = \bar{z}_S - \bar{z}_S^* = 15.74 - 16.18 = -0.44 \text{ mm} \tag{11.2-27}$$

voneinander entfernt und das Flächenträgheitsmoment ist zu

$$\begin{aligned} I_\eta^* &= I_\eta + 425 \cdot 0.44^2 - \frac{5 \cdot 8.24^3}{12} - 8.24 \cdot 5 \cdot \left(16.18 - 7.5 - \frac{8.24}{2}\right)^2 \\ I_\eta^* &= 103\,556 \text{ mm}^4 \end{aligned} \tag{11.2-28}$$

gegeben. Die dem Spannungsüberschuss entsprechenden Schnittgrößen sind zu

$$\begin{aligned} N^* &= \frac{102.4 \cdot 8.24}{2} \cdot 5 = 2\,108 \text{ N} \ , \\ M_\eta^* &= 2\,108 \cdot (-8.24 \cdot \frac{2}{3} - 0.44) = -12\,503 \text{ Nmm} \end{aligned} \tag{11.2-29}$$

gegeben. Diesen Schnittgrößen N^* und M^*_η entsprechen die zufolge des Spannungsüberschusses im Restquerschnitt wirkenden Spannungen, die zu

$$\sigma^*_x = \frac{N^*}{A^*} + \frac{M^*_\eta}{I^*_\eta} \cdot \zeta^* = \frac{2108}{383.82} - \frac{12\,503}{103\,556} \cdot \zeta^* = 5.491 - 0.121 \cdot \zeta^* \qquad (11.2\text{-}30)$$

erhalten werden. Damit ergeben sich für den Restquerschnitt die Spannungen in den charakteristischen Fasern zu

$$\begin{aligned} \sigma_x^{*(F_1)} &= 5.491 - 0.121 \cdot (34.26 - 0.44) = 1.41 \text{ N/mm}^2 , \\ \sigma_x^{*(F_2)} &= 5.491 - 0.121 \cdot (-0.44) = 5.54 \text{ N/mm}^2 , \\ \sigma_x^{*(F_3)} &= 5.491 - 0.121 \cdot (-8.24 - 0.44) = 6.54 \text{ N/mm}^2 , \\ \sigma_x^{*(F_4)} &= 5.491 - 0.121 \cdot (-15.74 - 0.44) = 7.44 \text{ N/mm}^2 . \end{aligned} \qquad (11.2\text{-}31)$$

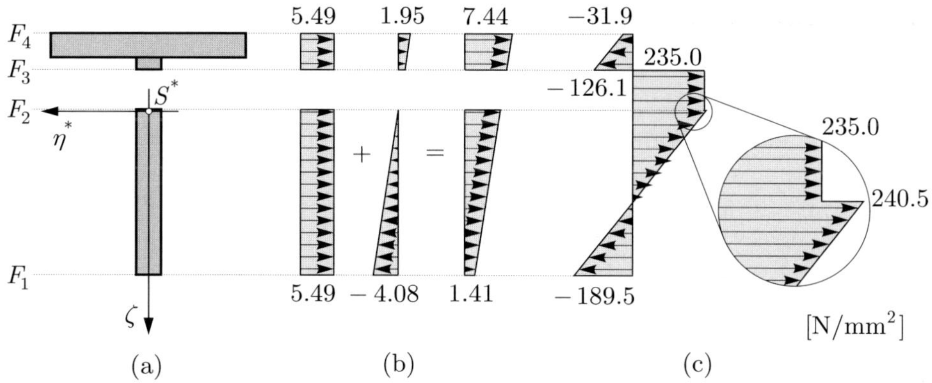

Abb. 11.2-4: (a) Fiktiver Restquerschnitt; (b) Spannungen σ^*_x im fiktiven Restquerschnitt zufolge N^*, M^*_η und $N^* + M^*_\eta$; (c) resultierende Verteilung der Restspannungen im T-Querschnitt nach vollständiger Entlastung nach dem ersten Iterationsschritt

Die Verteilung der Normalspannungen über die Höhe des fiktiven Restquerschnitts zeigt Abb. 11.2-4(b). Überlagert man diese Spannungen mit jenen, die Fließgrenze nicht übersteigenden Spannungen (hellgrauer Bereich) in Abb. 11.2-2(c), so erhält man die in Abb. 11.2-4(c) dargestellte Spannungsverteilung. Wie leicht zu erkennen, überschreiten die Spannungen in einem kleinen Bereich unterhalb von F_2 wiederum die Fließgrenze, womit eine neuerliche Spannungsumlagerung des die Fließgrenze übersteigenden Spannungsanteils notwendig wäre. Da die resultierende Spannung in der Faser F_2 mit

$$\sigma_x^{(F_2)} = f_y + \sigma_x^{*(F_2)} = 235 + 5.5 = 240.5 \text{ N/mm}^2 \qquad (11.2\text{-}32)$$

aber nur unwesentlich über der Fließgrenze liegt und außerdem der die Fließgrenze übersteigende Bereich im Verhältnis zum Gesamtquerschnitt sehr klein ist (vgl. Detail Abb. 11.2-4(c)), kann für praktische Zwecke im gegenständlichen Fall auf einen weiteren Iterationsschritt verzichtet werden.

Das vorliegende Beispiel zeigt, wie im Falle von einfach symmetrischen Querschnitten die Ermittlung der Restspannungen iterativ erfolgen kann.

11.2 Normalkraft und Biegung

Beispiel 11.3: Doppelt symmetrischer Hohlquerschnitt

Abb. 11.3-1 zeigt einen doppelt symmetrischen Hohlquerschnitt mit Breite B, Höhe H und konstanter Wandstärke b, der durch die Normalkraft N und das Biegemoment M_η belastet ist. Querschnitts- und Werkstoffkenndaten sind wie folgt gegeben:

$$\begin{aligned} B &= 50\ \text{mm}\ , & H &= 80\ \text{mm}\ , & b &= \ \ 5\ \text{mm}\ , \\ M_\eta &= \ \ 2\ \text{kNm}\ , & N &= 15\ \text{kN}\ , & f_y &= 200\ \text{MPa}\ . \end{aligned} \tag{11.3-1}$$

Unter der Annahme eines linear elastisch – ideal plastischen Materialverhaltens mit einer Fließgrenze f_y und eines gleich bleibenden Verhältnisses zwischen Biegemoment M_η und Normalkraft N (M_η-N-Interaktion) sind die Lastfaktoren $\gamma^{(y)}$ und $\gamma^{(p)}$ bezogen auf die gegebene Belastung (11.3-1) zu berechnen.

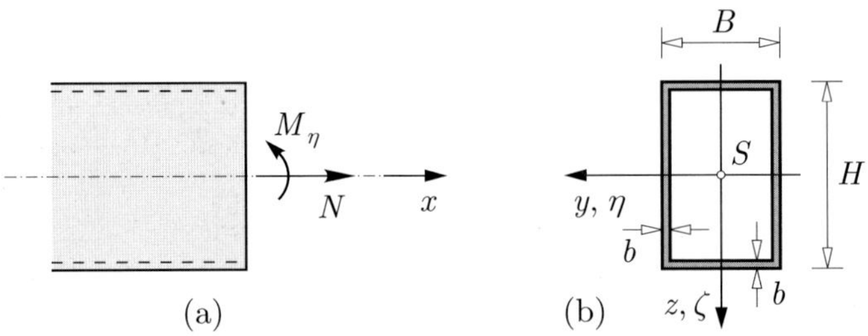

Abb. 11.3-1: Durch Biegemoment M_η und Normalkraft N beanspruchter Stab: (a) Ansicht mit Schnittgrößen; (b) Querschnitt

(a) Sicherheit gegen Eintritt des Fließens

Der Lastfaktor $\gamma^{(y)}$ bezeichnet die Sicherheit gegen Erreichen der Fließspannung bezogen auf die gegebene Belastung. Mit den Querschnittswerten

$$\begin{aligned} A &= 50 \cdot 80 - 40 \cdot 70 = 1\,200\ \text{mm}^2\ , \\ I_\eta &= \frac{1}{12}\left(50 \cdot 80^3 - 40 \cdot 70^3\right) = 990\,000\ \text{mm}^4 \end{aligned} \tag{11.3-2}$$

ergeben sich mittels (6.5-25) die Normalspannungen in Abhängigkeit von ζ zu

$$\sigma_x(\zeta) = \frac{N}{A} + \frac{M_\eta}{I_\eta} \cdot \zeta = \frac{15\,000}{1\,200} + \frac{2\,000\,000}{990\,000} \cdot \zeta = 12.500 + 2.020\,\zeta\ . \tag{11.3-3}$$

Die Spannungen in der oberen und unteren Faser des Querschnitts folgen zu

$$\begin{aligned} &\text{obere Randfaser:} & \zeta^{(o)} &= -40\ \text{mm} & \rightarrow \quad \sigma_x^{(o)} &= -68.31\ \text{N/mm}^2\ , \\ &\text{untere Randfaser:} & \zeta^{(u)} &= \ \ 40\ \text{mm} & \rightarrow \quad \sigma_x^{(u)} &= \ \ 93.31\ \text{N/mm}^2\ . \end{aligned} \tag{11.3-4}$$

Unter Verwendung von (11.3-1) ergibt sich somit der Lastfaktor $\gamma^{(y)}$ zu

$$\gamma^{(y)} = \frac{f_y}{\sigma_x^{(u)}} = \frac{200}{93.31} = 2.143\ . \tag{11.3-5}$$

Die Schnittgrößen $N^{*(y)}$ und $M_\eta^{*(y)}$, die in Kombination den Eintritt des Fließens im Querschnitt bewirken, erhält man zu

$$\begin{aligned} N^{*(y)} &= N \cdot \gamma^y = 15 \cdot 2.143 = 32.145 \text{ kN} , \\ M_\eta^{*(y)} &= M_\eta \cdot \gamma^y = 2 \cdot 2.143 = 4.286 \text{ kNm} . \end{aligned} \tag{11.3-6}$$

Die Kennzeichnung mit „*“ in (11.3-6) soll darauf hinweisen, dass die entsprechende Schnittgröße in Kombination mit einer anderen Schnittgröße den betreffenden Grenzzustand (hier Fließen) bewirkt.

(b) Sicherheit gegen Erreichen der Traglast des Querschnitts

Der Lastfaktor $\gamma^{(p)}$ kann als Maß für die Sicherheit gegen vollständige Plastizierung des Querschnitts und somit gegen Erreichen der Tragfähigkeit des Querschnitts bezogen auf eine Referenzbelastung interpretiert werden. Unter der Wirkung einer kombinierten Normalkraft- und Momentenbelastung entsprechend Abb. 11.3-2(a) ergibt sich bei vollständiger Plastizierung des Querschnitts die in Abb. 11.3-2(b) dargestellte Spannungsverteilung. Während bei doppelt symmetrischen Querschnitten zufolge reiner Biegung die Nulllinie stets durch den Schwerpunkt verläuft, ist dies bei gleichzeitiger Wirkung von Normalkraft und Biegemoment weder im elastischen noch im vollständig plastizierten Zustand der Fall.

Unter der Annahme, dass bei vollständiger Plastizierung die Nulllinie durch die Stege verläuft, folgen die diesem Spannungszustand entsprechenden Schnittgrößen $N^{*(p)}$ und $M_\eta^{*(p)}$ zu

$$N^{*(p)} = 2 \cdot f_y \cdot 2b \cdot e_\zeta = 2 \cdot 200 \cdot 2 \cdot 5 \cdot e_\zeta = 4000\, e_\zeta , \tag{11.3-7}$$

$$\begin{aligned} M_\eta^{*(p)} &= 2 \cdot f_y \left[B \cdot b \cdot \left(\frac{H}{2} - \frac{b}{2} \right) + 2b \left(\frac{H}{2} - b - e_\zeta \right) \cdot \left(e_\zeta + \frac{1}{2} \left(\frac{H}{2} - b - e_\zeta \right) \right) \right] \\ &= 2 \cdot 200 \left[50 \cdot 5 \cdot 37.5 + 2 \cdot 5\,(35 - e_\zeta) \cdot \left(17.5 + \frac{e_\zeta}{2} \right) \right] \\ &= 400 \left[9375 + 10 \cdot \left(612.5 - \frac{e_\zeta^2}{2} \right) \right] \end{aligned}$$

$$M_\eta^{*(p)} = 6\,200\,000 - 2000\, e_\zeta^2 , \tag{11.3-8}$$

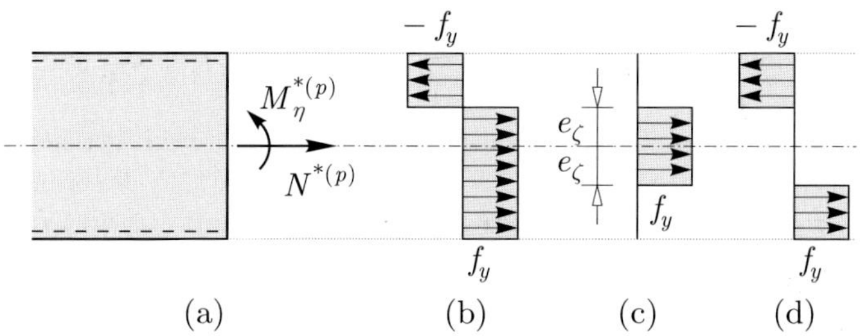

Abb. 11.3-2: (a) Träger unter Axial- und Biegebeanspruchung; (b) Normalspannungen bei vollständiger Plastizierung; (c) Spannungsanteil, der N^* ergibt ; (d) Spannungsanteil, der M_η^* ergibt

wobei e_ζ den Abstand der Nulllinie vom Schwerpunkt bezeichnet. Falls die oben getroffene Annahme „Nulllinie verläuft durch die Stege“ nicht durch die weitere Berechnung verifiziert wird, ist die Berechnung mit geänderter Annahme zu wiederholen. Aus der Bedingung, dass das Verhältnis Normalkraft zu Biegemoment auch im Zustand der vollständigen Plastizierung jenem der gegebenen Belastung (11.3-1) entspricht, erhält man eine zusätzliche Gleichung zur Bestimmung von e_ζ. Somit kann der Abstand der Nulllinie von der Stabachse wie folgt ermittelt werden:

$$\frac{M_\eta}{N} = \frac{M_\eta^{*(p)}}{N^{*(p)}} \quad \rightarrow \quad \frac{2000}{15} = \frac{6\,200\,000 - 2000\,e_\zeta^2}{4000\,e_\zeta}$$

$$4000 e_\zeta = 15 \cdot \left(3100 - e_\zeta^2\right)$$

$$e_\zeta^2 + 266.67 e_\zeta - 3100 = 0$$

$$e_\zeta^{(1)} = 11.158\,, \qquad \left(e_\zeta^{(2)} = -277.824\right)\,. \tag{11.3-9}$$

Wie das Ergebnis $(11.3\text{-}9)_1$ zeigt, war obige Annahme hinsichtlich der Lage der Nulllinie richtig.

Die Schnittgrößen $N^{*(p)}$ und $M_\eta^{*(p)}$, die in Kombination zur vollständigen Plastizierung des Querschnitts führen, erhält man durch Einsetzen von (11.3-9) in (11.3-7) und (11.3-8) zu

$$\begin{aligned} N^{*(p)} &= 4000 \cdot 11.158 = 44\,632 \text{ N} = 44.63 \text{ kN}\,, \\ M_\eta^{*(p)} &= 6\,200\,000 - 2000 \cdot 11.158^2 = 5\,950\,998 \text{ Nmm} = 5.95 \text{ kNm}\,. \end{aligned} \tag{11.3-10}$$

Diese Schnittgrößen sind nicht mit den Schnittgrößen $N^{(p)}$ bzw. $M_\eta^{(p)}$, die jeweils für sich alleine zu vollständiger Plastizierung des Querschnitts führen würden, zu verwechseln. Diese sind nämlich zu

$$N^{(p)} = f_y\,[\,B \cdot H - (B - 2b) \cdot (H - 2b)\,]$$

$$N^{(p)} = 200\,[\,50 \cdot 80 - 40 \cdot 70\,] = 240\,000 \text{ N} = 240.0 \text{ kN}\,, \tag{11.3-11}$$

$$M_\eta^{(p)} = f_y \cdot W_\eta^{(p)} = f_y \cdot \frac{1}{4}\left[\,B \cdot H^2 - (B - 2b) \cdot (H - 2b)^2\,\right]$$

$$M_\eta^{(p)} = \frac{200}{4}\left[\,50 \cdot 80^2 - 40 \cdot 70^2\,\right] = 6\,200\,000 \text{ Nmm} = 6.2 \text{ kNm} \tag{11.3-12}$$

gegeben.

Der Lastfaktor $\gamma^{(p)}$ bezogen auf die gegebene Belastung kann aus dem Verhältnis der Normalkräfte oder Biegemomente ermittelt werden und beträgt

$$\gamma^{(p)} = \frac{N^{*(p)}}{N} = \frac{44.63}{15} = 2.975\,. \tag{11.3-13}$$

Idealisiert man näherungsweise den gegebenen Hohlquerschnitt als I-Querschnitt mit vernachlässigbarer Stegfläche, so folgt $\gamma^{(p)}$ aus der M_η-N-Interaktionsbeziehung (11.23) unter Berücksichtigung von (11.3-11), (11.3-12) und (11.3-1) zu

$$\frac{M_\eta}{M_\eta^{(p)}} + \frac{N}{N^{(p)}} = 1 \quad \rightarrow \quad \frac{2}{6.2} + \frac{15}{240} = 0.385 \tag{11.3-14}$$

$$\gamma^{(p)} = \frac{1}{0.385} = 2.597\,. \tag{11.3-15}$$

Der im Vergleich zu (11.3-13) kleinere Laststeigerungsfaktor ist durch die Vernachlässigung der Stegflächen bedingt.

Kapitel 12

Grundlagen der Plastizitätstheorie

12.1 Anpassen des DP-Kriteriums an das MC-Kriterium für ebene Verzerrungszustände

Beispiel 12.1: Anpassung zur Übereinstimmung der Traglast für ebene Verzerrungszustände

(a) Vorbemerkungen

In der Praxis werden nach Möglichkeit zweidimensionale (ebene) Berechnungen den exakteren dreidimensionalen Berechnungen aufgrund des geringeren numerischen Aufwandes vorgezogen. Dabei stellt der ebene Verzerrungszustand in vielen Fällen eine geeignete Näherung dar. Es ist deshalb von besonderem Interesse, die DRUCKER-PRAGER'schen Parameter derart zu bestimmen, dass für den ebenen Verzerrungszustand das DRUCKER-PRAGER'sche und das MOHR-COULOMB'sche Kriterium dieselbe Traglast ergeben. Die nachfolgende Herleitung basiert auf der Annahme, dass (i) ein ebener Verzerrungszustand vorliegt und dass (ii) bei Erreichen der Traglast eines Körpers dessen Material ideal plastisches Verhalten zeigt, der Kollaps (Bruch bzw. Fließen) unter konstantem Spannungsniveau auftritt und dass dabei nur plastische Verzerrungsraten auftreten. In Hinblick auf die additive Zerlegung des Verzerrungstensors gemäß (12.1) entsprechend

$$\varepsilon_{ij} = \varepsilon_{ij}^e + \varepsilon_{ij}^p \qquad (12.1\text{-}1)$$

sowie der Rate des Verzerrungstensors gemäß (12.3) entsprechend

$$\dot{\varepsilon}_{ij} = \dot{\varepsilon}_{ij}^e + \dot{\varepsilon}_{ij}^p \qquad (12.1\text{-}2)$$

in einen elastischen und einen plastischen Anteil bedeutet dies – da zum Zeitpunkt des Kollapses die Rate der Verzerrungen rein plastisch ist –, dass die Rate der totalen Verzerrungen $\dot{\varepsilon}_{ij}$ identisch ist mit der Rate der plastischen Verzerrungen $\dot{\varepsilon}_{ij}^p$ (vgl. [DP52], [CM90]). Es soll ausdrücklich darauf hingewiesen werden, dass die in (12.1-2) und nachfolgenden Gleichungen aufscheinenden Ratengrößen stets durch differentielle Größen ersetzt werden könnten, da hier ausschließlich eine ratenunabhängige Plastizitätstheorie zur Anwendung kommt. Die Verwendung der Zeitableitung von Größen anstatt differentieller Größen geschieht lediglich aus Gründen der Bequemlichkeit.

(b) Ermittlung der Rate der plastischen Verzerrungen

Die Rate der plastischen Verzerrungen wird im Falle plastischen Materialverhaltens durch die Fließregel festgelegt. Von einer assoziierten Fließregel spricht man, wenn der Vektor der plastischen Verzerrungen normal zur Fließfläche gerichtet ist (Normalenregel). Der Ausdruck „assoziiert“ verweist auf den Umstand, dass in der Fließregel die Fließfunktion f aufscheint und insofern die Fließregel mit der Fließfunktion assoziiert ist. In der nachfolgenden Herleitung wird vom allgemeinen Fall einer nichtassoziierten Fließregel ausgegangen, da der Fall der assoziierten Fließregel dann durch Spezialisierung ($g \rightarrow f$) erfolgen kann. Im Falle der Verwendung einer nichtassoziierten bzw. assoziierten Fließregel ist die Rate der plastischen Verzerrungen gemäß (12.19) bzw. (12.14) zu

$$\dot{\varepsilon}^p_{ij} = \dot{\lambda}\,\frac{\partial g}{\partial \sigma_{ij}}\,, \qquad \text{für: } g = f \quad \rightarrow \quad \dot{\varepsilon}^p_{ij} = \dot{\lambda}\,\frac{\partial f}{\partial \sigma_{ij}} \tag{12.1-3}$$

gegeben. In (12.1-3) bezeichnet g die Funktion des plastischen Potentials und $\dot{\lambda}$ stellt einen Skalar dar, der als Konsistenzparameter bezeichnet wird und die Größe der Rate der plastischen Verzerrungen angibt. Verwendet man für die mathematische Beschreibung des plastischen Potentials g die zu

$$g(\sigma_{ij}) = \alpha_\psi I_1^\sigma + \sqrt{I_2^s} - k \tag{12.1-4}$$

gegebene Funktion, so wird aus dem Vergleich von (12.1-4) mit der Fließfunktion nach Drucker-Prager, die in Abänderung zu (9.4-7) nachfolgend aus didaktischen Gründen in der Form

$$f(\sigma_{ij}) = \alpha_\varphi I_1^\sigma + \sqrt{I_2^s} - k \tag{12.1-5}$$

verwendet wird, ersichtlich, dass der plastische Fluss assoziiert ist bezüglich der deviatorischen Verzerrungskomponenten und nichtassoziiert ist bezüglich der volumetrischen Verzerrungskomponenten. In Anlehnung an die in der Bodenmechanik für den Dilatanzwinkel verwendete Bezeichnung ψ wird in der Funktion des plastischen Potentials g für nichtassoziiertes Fließen, d.h. $\psi \neq \varphi$, der Index ψ verwendet.

Wie aus (12.1-3) ersichtlich, folgt die Richtung der Rate der plastischen Verzerrungen aus der Ableitung des plastischen Potentials (12.1-4) nach den Spannungen. Macht man von der Aufteilung des Spannungstensors in einen hydrostatischen und einen deviatorischen Anteil Gebrauch und berücksichtigt man, dass k eine Materialkonstante ist, so ergibt sich unter Verwendung der Kettenregel die Rate der plastischen Verzerrungen zu

$$\begin{aligned} \dot{\varepsilon}^p_{ij} &= \dot{\lambda}\,\frac{\partial g(I_1^\sigma, I_2^s)}{\partial \sigma_{ij}} = \dot{\lambda}\,\frac{\partial(\alpha_\psi I_1^\sigma + \sqrt{I_2^s} - k)}{\partial \sigma_{ij}} \\ \dot{\varepsilon}^p_{ij} &= \dot{\lambda}\left(\frac{\partial g}{\partial I_1^\sigma}\,\frac{\partial I_1^\sigma}{\partial \sigma_{ij}} + \frac{\partial g}{\partial I_2^s}\,\frac{\partial I_2^s}{\partial s_{kl}}\,\frac{\partial s_{kl}}{\partial \sigma_{ij}}\right)\,. \end{aligned} \tag{12.1-6}$$

Die partielle Ableitung des plastischen Potentials (12.1-4) nach I_1^σ ergibt

$$\frac{\partial g}{\partial I_1^\sigma} = \alpha_\psi \tag{12.1-7}$$

und die partielle Ableitung der ersten Invariante des Spannungstensors, die gemäß $(9.4\text{-}9)_1$ bzw. $(3.143)_1$ zu

$$I_1^\sigma = \sigma_{11} + \sigma_{22} + \sigma_{33} \tag{12.1-8}$$

gegeben ist, nach σ_{ij} folgt zu

$$\begin{aligned} \frac{\partial I_1^\sigma}{\partial \sigma_{ij}} &= \left\lfloor \frac{\partial I_1^\sigma}{\partial \sigma_{11}} \;\; \frac{\partial I_1^\sigma}{\partial \sigma_{22}} \;\; \frac{\partial I_1^\sigma}{\partial \sigma_{33}} \;\; \frac{\partial I_1^\sigma}{\partial \sigma_{12}} \;\; \frac{\partial I_1^\sigma}{\partial \sigma_{23}} \;\; \frac{\partial I_1^\sigma}{\partial \sigma_{31}} \right\rfloor^T \\ \frac{\partial I_1^\sigma}{\partial \sigma_{ij}} &= \lfloor 1 \;\; 1 \;\; 1 \;\; 0 \;\; 0 \;\; 0 \rfloor^T = \delta_{ij} \; . \end{aligned} \tag{12.1-9}$$

Alternativ zu obiger Vorgangsweise kann die erste partielle Ableitung von I_1^σ auch durch Anwendung der Produktregel zu

$$\frac{\partial I_1^\sigma}{\partial \sigma_{ij}} = \frac{\partial\left(\sigma_{ij}\,\delta_{ij}\right)}{\partial \sigma_{ij}} = \delta_{ij} \tag{12.1-10}$$

ermittelt werden. Der zweite Term in (12.1-6) besteht aus einem Produkt von partiellen Ableitungen. Als erstes soll die partielle Ableitung des deviatorischen Spannungstensors s_{kl} ermittelt werden. Unter Verwendung der Beziehungen (3.13-11) und (3.13-12) bzw. (3.155) und (3.156) entsprechend

$$\sigma_{kl} = \sigma^m \delta_{kl} + s_{kl} \; , \quad \sigma^m = \frac{1}{3}\sigma_{ij}\,\delta_{ij} \tag{12.1-11}$$

zur Aufteilung des Spannungstensors in einen hydrostatischen und einen deviatorischen Anteil lässt sich der deviatorische Spannungstensor zu

$$s_{kl} = \sigma_{kl} - \frac{1}{3}\sigma_{ij}\,\delta_{ij}\,\delta_{kl} \tag{12.1-12}$$

schreiben. Dessen partielle Ableitung nach σ_{ij} ist dann zu

$$\frac{\partial s_{kl}}{\partial \sigma_{ij}} = \frac{\partial \sigma_{kl}}{\partial \sigma_{ij}} - \frac{1}{3}\delta_{ij}\,\delta_{kl} \tag{12.1-13}$$

gegeben. Schreibt man den Spannungstensor σ_{kl} als Vektor in der Form

$$\sigma_{kl} = \lfloor \sigma_{11} \;\; \sigma_{12} \;\; \sigma_{13} \quad \sigma_{21} \;\; \sigma_{22} \;\; \sigma_{23} \quad \sigma_{31} \;\; \sigma_{32} \;\; \sigma_{33} \rfloor^T \tag{12.1-14}$$

und bildet die partiellen Ableitungen nach den einzelnen Komponenten, so folgt mit

$$\begin{aligned} \sigma_{kl,11} &= \lfloor 1 \;\; 0 \;\; 0 \quad 0 \;\; 0 \;\; 0 \quad 0 \;\; 0 \;\; 0 \rfloor \\ \sigma_{kl,12} &= \lfloor 0 \;\; 1 \;\; 0 \quad 0 \;\; 0 \;\; 0 \quad 0 \;\; 0 \;\; 0 \rfloor \\ &\;\vdots \qquad\qquad \ddots \\ \sigma_{kl,33} &= \lfloor 0 \;\; 0 \;\; 0 \quad 0 \;\; 0 \;\; 0 \quad 0 \;\; 0 \;\; 1 \rfloor \end{aligned} \tag{12.1-15}$$

ein Tensor 4. Stufe, der in der Diagonale mit Einsen und sonst überall mit Nullen besetzt ist. In Indexschreibweise wird durch das Komma bei den Indizes in (12.1-15) die partielle Ableitung nach der entsprechenden Komponente bezeichnet. Bildet man andererseits das tensorielle Produkt der Tensoren 2. Stufe δ_{ik} mit δ_{jl}, so entsteht ebenfalls ein Tensor 4. Stufe. Entsprechend der Definition des Kroneckersymbols (3.7-4) bzw. (2.27) ergibt sich für die einzelnen Komponenten des Tensorprodukts der Wert eins für den Fall, dass $i = k$ und gleichzeitig $j = l$ gilt, in allen anderen Fällen ergibt sich der Wert null. Mit dem Schema

$$\begin{array}{cccc|ccc|ccc|ccc}
 & & k & \rightarrow & \multicolumn{3}{c}{1} & \multicolumn{3}{c}{2} & \multicolumn{3}{c}{3} \\
i & j & l & \rightarrow & 1 & 2 & 3 & 1 & 2 & 3 & 1 & 2 & 3 \\
\downarrow & \downarrow & & & & & & & & & & & \\
 & 1 & & & 1 & 0 & 0 & 0 & 0 & 0 & 0 & 0 & 0 \\
1 & 2 & & & 0 & 1 & 0 & 0 & 0 & 0 & 0 & 0 & 0 \\
 & 3 & & & 0 & 0 & 1 & 0 & 0 & 0 & 0 & 0 & 0 \\
 & 1 & & & 0 & 0 & 0 & 1 & 0 & 0 & 0 & 0 & 0 \\
2 & 2 & & & 0 & 0 & 0 & 0 & 1 & 0 & 0 & 0 & 0 \\
 & 3 & & & 0 & 0 & 0 & 0 & 0 & 1 & 0 & 0 & 0 \\
 & 1 & & & 0 & 0 & 0 & 0 & 0 & 0 & 1 & 0 & 0 \\
3 & 2 & & & 0 & 0 & 0 & 0 & 0 & 0 & 0 & 1 & 0 \\
 & 3 & & & 0 & 0 & 0 & 0 & 0 & 0 & 0 & 0 & 1
\end{array} \qquad (12.1\text{-}16)$$

wird die Ermittlung des Tensorprodukts $\delta_{ik}\,\delta_{jl}$ verdeutlicht. Die Einsen treten im Schema (12.1-16) in der Hauptdiagonale auf. Das Ergebnis dieses Tensorprodukts $\delta_{ik}\,\delta_{jl}$ entspricht somit (12.1-15). Es gilt also

$$\frac{\partial \sigma_{kl}}{\partial \sigma_{ij}} = \delta_{ik}\,\delta_{jl}\ . \qquad (12.1\text{-}17)$$

Die Ermittlung des tensoriellen Produkts $\delta_{ij}\,\delta_{kl}$ in (12.1-13) ergibt entsprechend (3.7-4) bzw. (2.27) den Wert eins nur für den Fall, dass $i = j$ und gleichzeitig $k = l$ gilt, in allen anderen Fällen ergibt sich der Wert null. In einem zu (12.1-16) analogen Schema liegen die Einsen in den Kreuzungspunkten gedachter horizontaler Linien durch $i = j$ mit vertikalen Linien durch $k = l$, d.h.

$$\begin{array}{cccc|ccc|ccc|ccc}
 & & k & \rightarrow & \multicolumn{3}{c}{1} & \multicolumn{3}{c}{2} & \multicolumn{3}{c}{3} \\
i & j & l & \rightarrow & 1 & 2 & 3 & 1 & 2 & 3 & 1 & 2 & 3 \\
\downarrow & \downarrow & & & & & & & & & & & \\
 & 1 & & & 1 & 0 & 0 & 0 & 1 & 0 & 0 & 0 & 1 \\
1 & 2 & & & 0 & 0 & 0 & 0 & 0 & 0 & 0 & 0 & 0 \\
 & 3 & & & 0 & 0 & 0 & 0 & 0 & 0 & 0 & 0 & 0 \\
 & 1 & & & 0 & 0 & 0 & 0 & 0 & 0 & 0 & 0 & 0 \\
2 & 2 & & & 1 & 0 & 0 & 0 & 1 & 0 & 0 & 0 & 1 \\
 & 3 & & & 0 & 0 & 0 & 0 & 0 & 0 & 0 & 0 & 0 \\
 & 1 & & & 0 & 0 & 0 & 0 & 0 & 0 & 0 & 0 & 0 \\
3 & 2 & & & 0 & 0 & 0 & 0 & 0 & 0 & 0 & 0 & 0 \\
 & 3 & & & 1 & 0 & 0 & 0 & 1 & 0 & 0 & 0 & 1
\end{array}\ . \qquad (12.1\text{-}18)$$

Mit der Substitution

$$\delta_{ik}\,\delta_{jl} - \frac{1}{3}\delta_{ij}\,\delta_{kl} = I^{dev}_{ijkl}\ , \qquad (12.1\text{-}19)$$

wobei der als deviatorischer Operator bezeichnete Tensor 4. Stufe I^{dev}_{ijkl} zu

$$I^{dev}_{ijkl} = \begin{bmatrix} \frac{2}{3} & 0 & 0 & 0 & -\frac{1}{3} & 0 & 0 & 0 & -\frac{1}{3} \\ 0 & 1 & 0 & 0 & 0 & 0 & 0 & 0 & 0 \\ 0 & 0 & 1 & 0 & 0 & 0 & 0 & 0 & 0 \\ 0 & 0 & 0 & 1 & 0 & 0 & 0 & 0 & 0 \\ -\frac{1}{3} & 0 & 0 & 0 & \frac{2}{3} & 0 & 0 & 0 & -\frac{1}{3} \\ 0 & 0 & 0 & 0 & 0 & 1 & 0 & 0 & 0 \\ 0 & 0 & 0 & 0 & 0 & 0 & 1 & 0 & 0 \\ 0 & 0 & 0 & 0 & 0 & 0 & 0 & 1 & 0 \\ -\frac{1}{3} & 0 & 0 & 0 & -\frac{1}{3} & 0 & 0 & 0 & \frac{2}{3} \end{bmatrix} \qquad (12.1\text{-}20)$$

gegeben ist, lässt sich (12.1-13) in der Form

$$\frac{\partial s_{kl}}{\partial \sigma_{ij}} = \delta_{ik}\,\delta_{jl} - \frac{1}{3}\delta_{ij}\,\delta_{kl} = I^{dev}_{ijkl} \qquad (12.1\text{-}21)$$

schreiben. Der deviatorische Operator I^{dev}_{ijkl} hat die Eigenschaft, dass er, angewandt auf einen Tensor 2. Stufe, den deviatorischen Anteil dieses Tensors liefert. Beinhaltet der Tensor, auf den der deviatorische Operator angewendet wird, nur einen deviatorischen Anteil, so lässt I^{dev}_{ijkl} diesen Tensor unverändert. Es gilt somit

$$s_{ij} = I^{dev}_{ijkl}\sigma_{kl}\ , \quad s_{ij} = I^{dev}_{ijkl}s_{kl}\ . \qquad (12.1\text{-}22)$$

Die in (12.1-6) enthaltene Ableitung der zweiten Invariante des deviatorischen Spannungstensors erhält man durch Anwendung der Produktregel und unter Berücksichtigung von (12.1-21) und (12.1-22) zu

$$\begin{aligned} \frac{\partial I^s_2}{\partial \sigma_{kl}} &= \frac{\partial\left(\frac{1}{2}s_{ij}\,s_{ij}\right)}{\partial \sigma_{kl}} = \frac{1}{2}\left(\frac{\partial s_{ij}}{\partial \sigma_{kl}}\,s_{ij} + s_{ij}\,\frac{\partial s_{ij}}{\partial \sigma_{kl}}\right) \\ \frac{\partial I^s_2}{\partial \sigma_{kl}} &= \frac{1}{2}\left(I^{dev}_{klij}s_{ij} + s_{ij}I^{dev}_{klij}\right) = s_{kl}\ . \end{aligned} \qquad (12.1\text{-}23)$$

Schließlich erhält man die partielle Ableitung von (12.1-4) nach I^s_2 zu

$$\frac{\partial g}{\partial I^s_2} = \frac{1}{2\sqrt{I^s_2}}\ . \qquad (12.1\text{-}24)$$

Einsetzen der Ergebnisse (12.1-7), (12.1-9), (12.1-24), (12.1-23) und (12.1-21) in (12.1-6) liefert unter der Berücksichtigung von (12.1-22) die Rate der plastischen Verzerrungen zu

$$\dot{\varepsilon}^p_{ij} = \dot{\lambda}\left(\alpha_\psi\delta_{ij} + \frac{s_{ij}}{2\sqrt{I^s_2}}\right)\ . \qquad (12.1\text{-}25)$$

Bei Aufteilung der Rate der plastischen Verzerrung in einen volumetrischen und deviatorischen Anteil analog zu $(3.13\text{-}11)_2$ bzw. (3.72), d.h.

$$\dot{\varepsilon}^p_{ij} = \dot{\varepsilon}^{m,p}\,\delta_{ij} + \dot{e}^p_{ij} \qquad (12.1\text{-}26)$$

folgt durch Vergleich der Beziehungen (12.1-25) und (12.1-26) und Berücksichtigung der zu (3.8-15) bzw. (3.71) analogen Beziehung $\dot{\varepsilon}^{vol,p} = 3\,\dot{\varepsilon}^{m,p}$

$$\dot{\varepsilon}^{vol,p} = 3\,\dot{\lambda}\,\alpha_\psi \ , \tag{12.1-27}$$

d.h., dass im Falle $\alpha_\psi > 0$ die plastischen Deformationen mit einer Volumenzunahme einhergehen. Dieses Phänomen wird als Dilatanz bezeichnet.

(c) Ermittlung der Spannungen im Zustand der Traglast

Aufgrund der Annahme der Gültigkeit der Beziehungen (12.1-1) bzw. (12.1-2) müssen bei einem ebenen Verzerrungszustand mit Verformungsbehinderung in Richtung der x_3-Achse die Komponenten der Rate der plastischen Verzerrungen in x_3-Richtung bei Erreichen der Traglast ($\dot{\varepsilon}^e_{ij} = 0$) verschwinden, d.h.

$$\dot{\varepsilon}^p_{13} = \dot{\varepsilon}^p_{23} = \dot{\varepsilon}^p_{33} = 0 \ . \tag{12.1-28}$$

Auswerten von (12.1-25) für die Rate der plastischen Normalverzerrung in x_3-Richtung führt unter Berücksichtigung von (12.1-28) auf

$$\dot{\varepsilon}^p_{33} = \dot{\lambda} \cdot \left(\alpha_\psi + \frac{s_{33}}{2\sqrt{I^s_2}} \right) = 0 \quad \rightarrow \quad s_{33} = -2\alpha_\psi \sqrt{I^s_2} \ . \tag{12.1-29}$$

In analoger Weise folgen aus (12.1-25) und (12.1-28) wegen $\delta_{13} = \delta_{23} = 0$ die beiden Komponenten s_{13} und s_{23} des deviatorischen Spannungstensors zu

$$s_{13} = s_{23} = 0 \ . \tag{12.1-30}$$

Unter Berücksichtigung von (12.1-30) und $(9.4\text{-}9)_2$ bzw. (3.156) kann der deviatorische Spannungstensor (3.159) zu

$$s_{ij} = \begin{bmatrix} s_{11} & s_{12} & s_{13} \\ s_{21} & s_{22} & s_{23} \\ s_{31} & s_{32} & s_{33} \end{bmatrix} = \begin{bmatrix} \sigma_{11} - I^\sigma_1/3 & \sigma_{12} & 0 \\ \sigma_{21} & \sigma_{22} - I^\sigma_1/3 & 0 \\ 0 & 0 & \sigma_{33} - I^\sigma_1/3 \end{bmatrix} \tag{12.1-31}$$

geschrieben werden. Aus dem Vergleich der entsprechenden Komponenten der beiden Matrizen von (12.1-31) folgt für σ_{33} die Beziehung

$$\sigma_{33} = s_{33} + \frac{I^\sigma_1}{3} \ . \tag{12.1-32}$$

Durch Eintragen von (12.1-32) in die Beziehung für die erste Invariante des Spannungstensors (12.1-8) und Berücksichtigung von (12.1-29) kann I^σ_1 zu

$$\begin{aligned} I^\sigma_1 &= \sigma_{11} + \sigma_{22} - 2\alpha_\psi \sqrt{I^s_2} + \frac{I^\sigma_1}{3} \\ I^\sigma_1 &= \frac{3}{2}(\sigma_{11} + \sigma_{22}) - 3\alpha_\psi \sqrt{I^s_2} \end{aligned} \tag{12.1-33}$$

geschrieben werden. Mit der Definition der zweiten Invariante des deviatorischen Spannungstensors entsprechend $(9.4\text{-}3)_1$ folgt I^s_2 aus (12.1-31) im gegenständlichen Fall zu

$$I^s_2 = \frac{1}{2} s_{ij} s_{ij} = \frac{1}{2}(s^2_{11} + s^2_{22} + s^2_{33} + 2s^2_{12}) \ . \tag{12.1-34}$$

Die Komponenten s_{11} und s_{22} erhält man durch Vergleich der entsprechenden Elemente der Matrizen in (12.1-31) unter Verwendung von (12.1-33) zu

$$\begin{aligned} s_{11} &= \sigma_{11} - \frac{1}{2}(\sigma_{11}+\sigma_{22}) + \alpha_\psi\sqrt{I_2^s} = \frac{1}{2}(\sigma_{11}-\sigma_{22}) + \alpha_\psi\sqrt{I_2^s}\,, \\ s_{22} &= \sigma_{22} - \frac{1}{2}(\sigma_{11}+\sigma_{22}) + \alpha_\psi\sqrt{I_2^s} = -\frac{1}{2}(\sigma_{11}-\sigma_{22}) + \alpha_\psi\sqrt{I_2^s}\,, \end{aligned} \tag{12.1-35}$$

s_{33} ist durch (12.1-29) bestimmt und s_{12} ist mit $s_{12} = \sigma_{12}$ bekannt. Damit lässt sich aus (12.1-34) I_2^s zu

$$\begin{aligned} I_2^s &= \frac{1}{2}\left[2\left(\frac{\sigma_{11}-\sigma_{22}}{2}\right)^2 + 6\alpha_\psi^2 I_2^s + 2\sigma_{12}^2\right] \\ I_2^s &= \frac{1}{1-3\alpha_\psi^2}\left[\left(\frac{\sigma_{11}-\sigma_{22}}{2}\right)^2 + \sigma_{12}^2\right] \end{aligned} \tag{12.1-36}$$

ermitteln. Einsetzen von (12.1-33) in das DRUCKER-PRAGER'sche Kriterium (12.1-5) liefert

$$\begin{aligned} &\alpha_\varphi\left[\frac{3}{2}(\sigma_{11}+\sigma_{22}) - 3\alpha_\psi\sqrt{I_2^s}\right] + \sqrt{I_2^s} - k = 0 \\ &3\alpha_\varphi\frac{\sigma_{11}+\sigma_{22}}{2} + \sqrt{I_2^s}\cdot(1-3\alpha_\varphi\alpha_\psi) = k \end{aligned} \tag{12.1-37}$$

und Eintragen von (12.1-36) in (12.1-37) führt auf

$$3\alpha_\varphi\frac{\sqrt{1-3\alpha_\psi^2}}{1-3\alpha_\varphi\alpha_\psi}\cdot\frac{\sigma_{11}+\sigma_{22}}{2} + \sqrt{\left(\frac{\sigma_{11}-\sigma_{22}}{2}\right)^2 + \sigma_{12}^2} = k\,\frac{\sqrt{1-3\alpha_\psi^2}}{1-3\alpha_\varphi\alpha_\psi}\,. \tag{12.1-38}$$

In (12.1-38) scheint die Normalspannung σ_{33} nicht auf. Sie wurde mit der Bedingung des ebenen Verzerrungszustandes (12.1-28) aus der Fließbedingung eliminiert und kann durch Einsetzen von (12.1-29) und (12.1-33) in (12.1-32) unter Verwendung von (12.1-36) zu

$$\begin{aligned} \sigma_{33} &= -2\alpha_\psi\sqrt{I_2^s} + \frac{1}{2}(\sigma_{11}+\sigma_{22}) - \alpha_\psi\sqrt{I_2^s} = \frac{1}{2}(\sigma_{11}+\sigma_{22}) - 3\alpha_\psi\sqrt{I_2^s} \\ \sigma_{33} &= \frac{1}{2}(\sigma_{11}+\sigma_{22}) - \frac{3\alpha_\psi}{\sqrt{1-3\alpha_\psi^2}}\sqrt{\left(\frac{\sigma_{11}-\sigma_{22}}{2}\right)^2 + \sigma_{12}^2} \end{aligned} \tag{12.1-39}$$

ermittelt werden.

Für die Formulierung des MOHR-COULOMB'schen Kriteriums sind nur die Spannungen in der x_1x_2-Ebene relevant, da in dieser Ebene die Extremwerte der Hauptspannungen auftreten. Unter der Annahme $\sigma_1 = \sigma_{\max}$, $\sigma_2 = \sigma_{\min}$ folgt aus (9.3-4) für den gegebenen Fall die Formulierung der MOHR-COULOMB'sche Versagensbedingung zu

$$\frac{\sigma_1-\sigma_2}{2} + \frac{\sigma_1+\sigma_2}{2}\sin\varphi = c\cos\varphi\,. \tag{12.1-40}$$

Drückt man die Spannungen in (12.1-38) unter Verwendung der für den ebenen Spannungszustand gültigen Beziehung (3.12-4) bzw. (3.167) gemäß

$$\sigma_{1(2)} = \frac{\sigma_{11}+\sigma_{22}}{2}\;{}_{(}\pm_{)}\sqrt{\left(\frac{\sigma_{11}-\sigma_{22}}{2}\right)^2 + \sigma_{12}^2} \tag{12.1-41}$$

durch die Hauptspannungen entsprechend

$$\frac{\sigma_1+\sigma_2}{2}=\frac{\sigma_{11}+\sigma_{22}}{2}\,, \qquad \frac{\sigma_1-\sigma_2}{2}=\sqrt{\left(\frac{\sigma_{11}-\sigma_{22}}{2}\right)^2+\sigma_{12}^2} \tag{12.1-42}$$

aus, so nimmt (12.1-38) die Form

$$\frac{\sigma_1-\sigma_2}{2}+\frac{\sigma_1+\sigma_2}{2}\cdot 3\alpha_\varphi\,\frac{\sqrt{1-3\alpha_\psi^2}}{1-3\alpha_\varphi\alpha_\psi}=k\,\frac{\sqrt{1-3\alpha_\psi^2}}{1-3\alpha_\varphi\alpha_\psi} \tag{12.1-43}$$

an. Aus dem Vergleich von (12.1-40) mit (12.1-43) folgen

$$3\alpha_\varphi\,\frac{\sqrt{1-3\alpha_\psi^2}}{1-3\alpha_\varphi\alpha_\psi}=\sin\varphi\,, \qquad k\,\frac{\sqrt{1-3\alpha_\psi^2}}{1-3\alpha_\varphi\alpha_\psi}=c\cos\varphi \tag{12.1-44}$$

und aus den beiden Beziehungen (12.1-44) ergibt sich

$$k=c\cos\varphi\cdot\frac{3\alpha_\varphi}{\sin\varphi}=\alpha_\varphi\,\frac{3c}{\tan\varphi}\,. \tag{12.1-45}$$

Damit lassen sich die DRUCKER-PRAGER'schen Parameter α_φ und k als Funktion der MOHR-COULOMB'schen Parameter c und φ und eines aus dem Dilatanzwinkel ψ zu ermittelnden DRUCKER-PRAGER'schen Parameters α_ψ berechnen. Dieser zusätzliche Parameter α_ψ bestimmt die Art der Fließregel.

(d) DRUCKER-PRAGER'sche Parameter bei assoziierter Fließregel

Mit Hinblick auf den Dilatanzwinkel spricht man dann von einer assoziierten Fließregel, wenn der Dilatanzwinkel ψ gleich dem Reibungswinkel φ ist. Für die Ermittlung der DRUCKER-PRAGER'schen Parameter bedeutet dies, dass in (12.1-44) $\alpha_\psi=\alpha_\varphi$ gesetzt wird. Dadurch vereinfachen sich die entsprechenden Beziehungen zu

$$\frac{3\alpha_\varphi}{\sqrt{1-3\alpha_\varphi^2}}=\sin\varphi\,, \qquad \frac{k}{\sqrt{1-3\alpha_\varphi^2}}=c\cdot\cos\varphi\,. \tag{12.1-46}$$

Aus $(12.1\text{-}46)_1$ lässt sich α_φ zu

$$9\alpha_\varphi^2=\sin^2\varphi-3\alpha_\varphi^2\sin^2\varphi \quad\rightarrow\quad \alpha_\varphi=\frac{\sin\varphi}{\sqrt{9+3\sin^2\varphi}} \tag{12.1-47}$$

anschreiben und unter Verwendung von (12.1-45) folgt k zu

$$k=\frac{3c\cdot\cos\varphi}{\sqrt{9+3\sin^2\varphi}}\,. \tag{12.1-48}$$

Verwendet man die trigonometrische Identität $\sin^2\varphi=(\tan^2\varphi)/(1+\tan^2\varphi)$, so lässt sich (12.1-47) auch in der Form

$$\alpha_\varphi=\frac{\tan\varphi}{\sqrt{9+12\tan^2\varphi}} \tag{12.1-49}$$

darstellen. Analog zu oben folgt aus (12.1-45) unter Verwendung von (12.1-49) der zweite DRUCKER-PRAGER'sche Parameter zu

$$k=\frac{3c}{\sqrt{9+12\tan^2\varphi}}\,. \tag{12.1-50}$$

(e) DRUCKER-PRAGER'sche Parameter bei nichtassoziierter Fließregel

In allen Fällen, bei denen $\psi \neq \varphi$ bzw. $\alpha_\psi \neq \alpha_\varphi$ gilt, spricht man von nichtassoziierter Fließregel. Da die Herleitung für den allgemeinen Fall des nichtassoziierten Fließens erfolgte, lässt sich eine explizite Darstellung von α_φ und k unmittelbar aus (12.1-44) und (12.1-45) ableiten. Im allgemeinen Fall einer nichtassoziierten Fließregel $0 \leq \psi < \varphi$ ergibt sich der DRUCKER-PRAGER'sche Parameter α_φ als Funktionen der MOHR-COULOMB'schen Parameter und in Abhängigkeit von α_ψ aus $(12.1\text{-}44)_1$ zu

$$\alpha_\varphi\sqrt{1-3\alpha_\psi^2} = \frac{\sin\varphi}{3}(1-3\alpha_\varphi\alpha_\psi) \;\rightarrow\; \alpha_\varphi = \frac{\sin\varphi}{3\left(\alpha_\psi \sin\varphi + \sqrt{1-3\alpha_\psi^2}\right)} \,. \qquad (12.1\text{-}51)$$

Unter Verwendung von (12.1-51) folgt k aus (12.1-45) als Funktion der MOHR-COULOMB'schen Parameter c und φ und eines aus dem Dilatanzwinkel ψ zu ermittelnden DRUCKER-PRAGER'schen Parameters α_ψ unmittelbar zu

$$k = \frac{c\cos\varphi}{\left(\alpha_\psi \sin\varphi + \sqrt{1-3\alpha_\psi^2}\right)} \,. \qquad (12.1\text{-}52)$$

Die Bestimmung von α_ψ kann mittels (12.1-47) oder (12.1-49) erfolgen, wenn in den entsprechenden Beziehungen der Winkel der inneren Reibung φ durch den Dilatanzwinkel ψ ersetzt wird. Diese Vorgehensweise entspricht der Verwendung eines plastischen Potentials in der Form eines geraden Kegels mit dem Dilatanzwinkel als halbem Öffnungswinkel. Der Vektor der plastischen Verzerrungen steht normal auf die Potentialfläche, wie durch $(12.1\text{-}3)_1$ zum Ausdruck kommt.

Einen Sonderfall nichtassoziierten Fließens stellt $\psi = 0$ dar. Man spricht in diesem Fall von deviatorischem Fließen, weil der Vektor der plastischen Verzerrungen nur aus der deviatorischen Komponente besteht. Daraus folgt, dass die plastischen Verzerrungen ohne Volumenänderung stattfinden – eine Hypothese, die in der Bodenmechanik für die Beschreibung einer Bodenprobe im Zustand des Versagens vielfach verwendet wird. Im Hauptspannungsraum entspricht die zugehörige Potentialfläche einem VON-MISES Zylinder, d.h. die Bedingung für den Dilatanzwinkel im Falle deviatorischen Fließens ist zu $\psi = 0$ gegeben. Setzt man in der (12.1-47) entsprechenden Beziehung den Dilatanzwinkel an Stelle des Reibungswinkels und wertet die sich daraus ergebende Beziehung für $\psi = 0$ aus, so folgt $\alpha_\psi = 0$. Damit ergeben sich aus (12.1-51) und (12.1-52) die DRUCKER-PRAGER'schen Parameter zu

$$\alpha_\varphi = \frac{\sin\varphi}{3} \,, \quad k = c \cdot \cos\varphi \,. \qquad (12.1\text{-}53)$$

Wie der Vergleich von (12.1-53) mit (9.5-22) und (9.5-23) zeigt, entspricht die Anpassung des DRUCKER-PRAGER'schen Kegels an die MOHR-COULOMB'sche Pyramide für den Fall des ebenen Verzerrungszustandes und nichtassoziierter Fließregel mit $\psi = 0$ der Verwendung des Schubkegels (vgl. Beispiel 9.5(c)).

(f) Zusammenstellung der Ergebnisse für unterschiedliche Arten der Anpassung des DP-Kriteriums an das MC-Kriterium

Zum Abschluss werden die Ergebnisse obiger Untersuchungen zusammen mit jenen aus dem Beispiel 9.5 graphisch dargestellt, um die Bandbreite, innerhalb der sich die Parameter α und k bei unterschiedlicher Anpassung des DRUCKER-PRAGER'schen Kriteriums an das MOHR-COULOMB'sche Kriterium ergeben, aufzuzeigen. Abb. 12.1-1 zeigt beide DRUCKER-PRAGER'schen Parameter in Abhängigkeit vom Reibungswinkel φ. Das Diagramm enthält für jede in der Legende angegebene Art der Anpassung jeweils zwei Kurven: eine für den mit der Kohäsion c normierten Parameter k und eine für den Parameter α.

Die für den normierten Parameter α gültigen Kurven haben ihr gemeinsames Minimum bei $\varphi = 0°$. Ihnen ist die rechte Achse des Diagramms zugeordnet. Wie Abb. 12.1-1 zeigt, liegen alle Ergebnisse mit Ausnahme des Kompressionskegels (Komp) innerhalb eines schmalen Bandes. Die Ergebnisse basierend auf dem Extensionskegel (Ext) und dem ebenen Verzerrungszustand mit assoziierter Fließregel (EVZa) sind fast identisch und begrenzen dieses Band nach unten, während der Schubkegel (Schub) bzw. der ebene Verzerrungszustand mit nichtassoziierter Fließregel, $\psi = 0$ (deviatorischer Fluss) (EVZna), die obere Begrenzung darstellt. Innerhalb des Bereiches begrenzt durch (EVZa) und (EVZna) liegen die Ergebnisse bei Wahl eines Dilatanzwinkels $0 < \psi < \varphi$. Als Beispiel dafür wurde (12.1-51) für $\psi = 20°$ (EVZna20) für Reibungswinkel $\varphi \geq 20°$ ausgewertet (gestrichelte Linie).

Die für den normierten Parameter k/c gültigen Kurven haben ihr gemeinsames Minimum bei $\varphi = 90°$. Ihnen ist die linke Achse des Diagramms zugeordnet. Ähnlich wie bei der für den Parameter α gültigen Kurvenschar weichen die Ergebnisse basierend auf dem Kompressionskegel (Komp) von den übrigen i.Allg. stark ab. Im Gegensatz zu den für den Parameter α gültigen Kurven sind bei den Kurven für k/c signifikante Unterschiede zwischen (Ext) und (EVZa) im Bereich kleiner Reibungswinkel festzustellen.

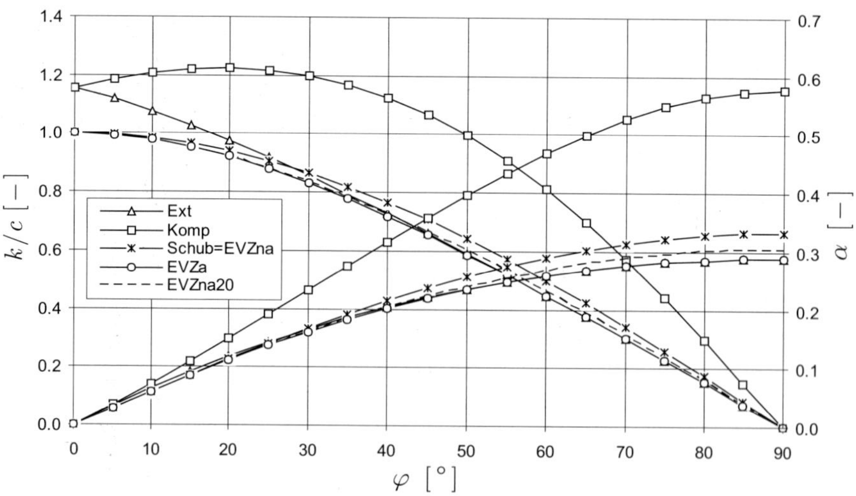

Abb. 12.1-1: DP-Parameter k/c und α in Abhängigkeit von φ bei unterschiedlicher Art der Anpassung des DRUCKER-PRAGER'schen Kriteriums an das MOHR-COULOMB'sche Kriterium

Kapitel 13

Traglast und Traglastsätze der Plastizitätstheorie

13.1 Traglastermittlung mittels linearer Stabtheorie

Beispiel 13.1: Eingespannter symmetrischer Rechteckrahmen unter der Wirkung von Einzellasten

Abb. 13.1-1 zeigt einen symmetrischen, dreifach statisch unbestimmten Rechteckrahmen, der durch eine vertikale und horizontale Last P gleicher Größe beansprucht ist. Biegesteifigkeit EI_η und plastisches Moment $M_\eta^{(p)}$ sind im gesamten Tragwerk konstant (vgl. [RG87]). Da Verwechslungen ausgeschlossen sind, wird im Weiteren der Index η weggelassen.

Unter der Annahme, dass der Einfluss der Normalkraft und der Querkraft auf die Ausbildung der Fließgelenke näherungsweise unberücksichtigt bleiben darf (keine Schnittgrößeninteraktion), sind unter Anwendung der linearen Stabtheorie zur Berechnung der Schnittgrößen und Berücksichtigung der Änderung des statischen Systems bei Auftreten eines Fließgelenks zu ermitteln:

(a) Traglast des Rahmens unter der Wirkung von zwei Einzellasten gleicher Größe in der Anordnung entsprechend Abb. 13.1-1,

(b) Rotation im ersten Fließgelenk in Abhängigkeit vom Lastfaktor λ.

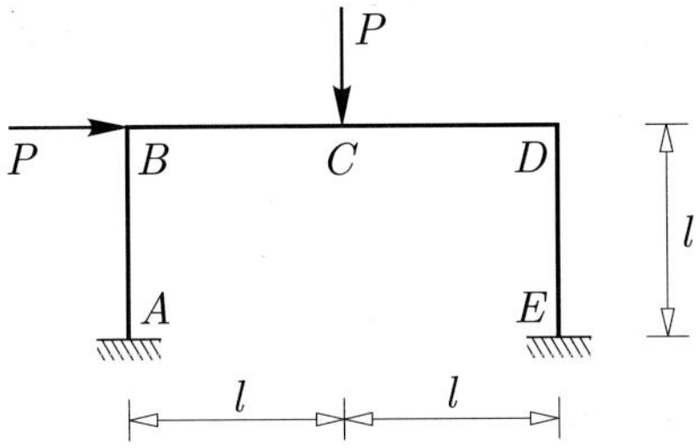

Abb. 13.1-1: System mit gegebener Belastung

(a) Ermittlung der Traglast des Systems

Eine einfache Möglichkeit zur Bestimmung der Traglast eines Stabtragwerks besteht darin, die Belastung sukzessive bis zum Kollaps, d.h. bis zur Ausbildung einer zwangsläufigen kinematischen Kette (Fließgelenkkette) zu steigern. Dabei kann die Traglast unter Anwendung der Elastizitätstheorie gefunden werden, da mit Ausnahme der Bereiche, in denen sich die Fließgelenke ausbilden, die Gesetze der Elastizitätstheorie gelten. Bei statisch unbestimmt gelagerten Systemen kann mit den Methoden der klassischen Baustatik gearbeitet werden. Mit jedem Auftreten eines neuen Fließgelenkes verringert sich der Grad der statischen Unbestimmtheit und es ändert sich das statische System für die weitere Berechnung.

- ***Erstes Fließgelenk mit zugehörigem Lastfaktor***

Zuerst ermittelt man die Biegemomentenverteilung zufolge der gegebenen Referenzbelastung P. Dabei wird vorausgesetzt, dass durch diese Belastung in keinem Punkt des Systems die Fließgrenze erreicht wird. Abb. 13.1-2(a) zeigt das Ergebnis dieser Berechnung. Aus dieser Darstellung ist ersichtlich, dass bei proportionaler Laststeigerung das erste Fließgelenk im Knoten E auftreten wird. Das durch die Referenzbelastung P bewirkte Biegemoment im Knoten E ist zu

$$M^{(E)} = 0.4125 \cdot P\,l \tag{13.1-1}$$

gegeben. Der erforderliche Laststeigerungsfaktor λ_1, damit sich im Knoten E das erste Fließgelenk einstellt, ergibt sich aus der Bedingung

$$M_1^{(E)} = 0.4125 \cdot P\,l \cdot \lambda_1 = M^{(p)} \tag{13.1-2}$$

zu

$$\lambda_1 = 2.4242 \cdot \frac{M^{(p)}}{P\,l} \quad \rightarrow \quad \lambda_1 = 2.4242 \cdot \frac{\gamma_R}{\gamma_Q}\,, \tag{13.1-3}$$

wobei $\gamma_R = M^{(p)}/l$ eine Konstante, die den Widerstand des Systems charakterisiert, und $\gamma_Q = P$ eine Konstante, die die Lasteinwirkung auf das System bezeichnet, darstellt. Je größer das Tragmoment $M^{(p)}$ des Querschnitts, umso mehr kann die Referenzbelastung gesteigert werden, und je größer die bereits auf das System einwirkende

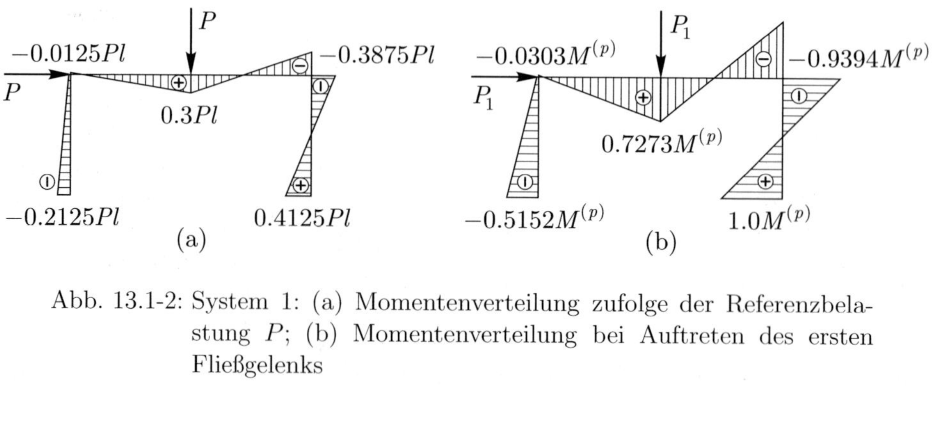

Abb. 13.1-2: System 1: (a) Momentenverteilung zufolge der Referenzbelastung P; (b) Momentenverteilung bei Auftreten des ersten Fließgelenks

Referenzbelastung, umso kleiner ist der Lastfaktor λ_1, der dem ersten Fließgelenk im System entspricht. Die Belastung, die das erste Fließgelenk bewirkt, folgt somit zu

$$P_1 = \lambda_1 \cdot P = 2.4242 \cdot \frac{M^{(p)}}{l} \; . \tag{13.1-4}$$

Der Index i verweist auf das i-te Fließgelenk. Da $M^{(p)}$ nur vom Querschnitt und der Fließgrenze abhängt, kann bei gegebenem l die das erste Fließgelenk bewirkende Last P_1 unmittelbar angegeben werden. Die der Belastung P_1 entsprechende Momentenverteilung ist in Abb. 13.1-2(b) dargestellt. Beispielsweise ergeben sich in den Knoten D und E die Momente, indem in (13.1-1) bzw. einer für den Knoten D analogen Beziehung die Referenzlast P durch P_1 ersetzt wird, zu

$$\begin{aligned} M_1^{(D)} &= -0.3875 \cdot P_1\, l = -0.3875 \cdot 2.4242 \cdot \frac{M^{(p)}}{l} \cdot l = -0.9394\, M^{(p)} \; , \\ M_1^{(E)} &= 0.4125 \cdot P_1\, l = 0.4125 \cdot 2.4242 \cdot \frac{M^{(p)}}{l} \cdot l = 1.0\, M^{(p)} \; . \end{aligned} \tag{13.1-5}$$

Aus (13.1-5) ist ersichtlich, dass im Knoten E das Tragmoment erreicht ist, während der Knoten D noch eine geringfügige Tragreserve besitzt.

- ***Zweites Fließgelenk mit zugehörigem Lastfaktor***

Da sich mit Erreichen der Last $P = P_1$ im Knoten E ein Fließgelenk eingestellt hat, ist für die weitere Berechnung ein geändertes statisches System entsprechend Abb. 13.1-3(a) zu verwenden. Der für das System 2 sich ergebende Momentenverlauf zufolge der Referenzbelastung P ist in Abb. 13.1-3(b) dargestellt. Zur Beantwortung

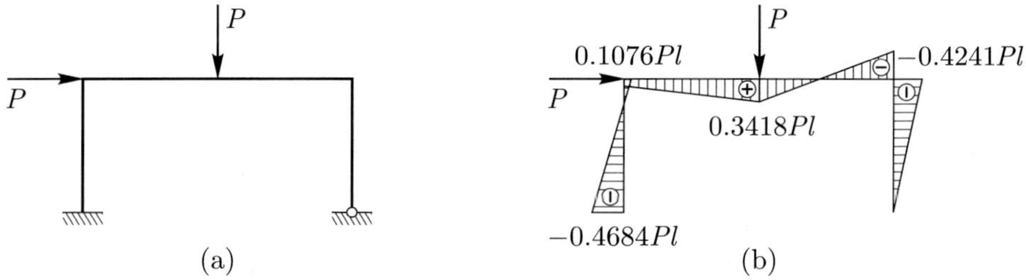

Abb. 13.1-3: (a) System 2; (b) Momentenverteilung zufolge der Referenzbelastung P am System 2

der Frage, wo sich das nächste Fließgelenk ausbilden wird, sind die Momentenverteilungen an den Systemen 1 und 2, d.h. vor und nach Ausbildung des ersten Fließgelenks zu überlagern und für jeden Knoten bzw. für alle Stellen mit Beanspruchungsmaximum bzw. Widerstandsminimum (im Allgemeinen werden die Tragmomente in Riegel und Stiel nicht identisch sein) ist der zur Erreichung des nächsten Fließgelenks erforderliche Laststeigerungsfaktor zu ermitteln. Dabei ist der kleinste resultierende Faktor maßgebend. Für den Knoten A ergibt die Überlagerung der entsprechenden Biegemomente

$$M^{(A)} = -0.5152 \cdot M^{(p)} - 0.4684 \cdot P\, l \; . \tag{13.1-6}$$

Mit der Bedingung für die Ausbildung eines Fließgelenks in A, d.h. $|M^{(A)}| = M^{(p)}$, erhält man den entsprechenden Lastfaktor zu

$$\begin{aligned} M_2^{(A)} = -0.5152 \cdot M^{(p)} - 0.4684 \cdot P\,l \cdot \Delta\lambda_2 &= -M^{(p)} \\ \Delta\lambda_2 &= 1.0352 \cdot \frac{M^{(p)}}{P\,l} \,. \end{aligned} \tag{13.1-7}$$

Auf analoge Weise folgen die entsprechenden Faktoren für die Knoten B, C, und D zu

$$\begin{aligned} M_2^{(B)} = -0.0303 \cdot M^{(p)} + 0.1076 \cdot P\,l \cdot \Delta\lambda_2 &= M^{(p)} \\ \Delta\lambda_2 &= 9.5758 \cdot \frac{M^{(p)}}{P\,l} \,, \end{aligned} \tag{13.1-8}$$

$$\begin{aligned} M_2^{(C)} = 0.7273 \cdot M^{(p)} + 0.3418 \cdot P\,l \cdot \Delta\lambda_2 &= M^{(p)} \\ \Delta\lambda_2 &= 0.7980 \cdot \frac{M^{(p)}}{P\,l} \,, \end{aligned} \tag{13.1-9}$$

$$\begin{aligned} M_2^{(D)} = -0.9394 \cdot M^{(p)} - 0.4241 \cdot P\,l \cdot \Delta\lambda_2 &= -M^{(p)} \\ \Delta\lambda_2 &= 0.1429 \cdot \frac{M^{(p)}}{P\,l} \,. \end{aligned} \tag{13.1-10}$$

Mit dem maßgebenden (kleinsten) Laststeigerungsfaktor entsprechend (13.1-10) erhält man das zur Ausbildung des zweiten Fließgelenks erforderliche Lastinkrement ΔP_2 zu

$$\Delta P_2 = \Delta\lambda_2 \cdot P = 0.1429 \cdot \frac{M^{(p)}}{l} \,. \tag{13.1-11}$$

Durch die Bezeichnungsweise „Δ" soll zum Ausdruck gebracht werden, dass die entsprechenden Größen bzw. die damit zu ermittelnde Momentenverteilung zu den zuvor berechneten Werten zu addieren sind, um die Bildung des zweiten Fließgelenks zu bewirken. Multipliziert man die Momentenverteilung zufolge der Belastung P am System 2 (Abb. 13.1-3(b)) mit $\Delta\lambda_2$, so ergibt sich der in Abb. 13.1-4(a) dargestellte Momentenverlauf. Alternativ dazu kann man diese Momentenverteilung als Ergebnis der mit $\Delta\lambda_2$ multiplizierten Referenzbelastung betrachten, wie durch die Bezeichnung ΔP_2 in Abb. 13.1-4(a) zum Ausdruck kommt. Im Knoten D ergibt sich das Moment am System 2 zufolge ΔP_2 zu

$$\Delta M_2^{(D)} = -0.4241 \cdot \Delta P_2 \cdot l = -0.4241 \cdot 0.1429 \cdot M^{(p)} = -0.0606 M^{(p)} \,. \tag{13.1-12}$$

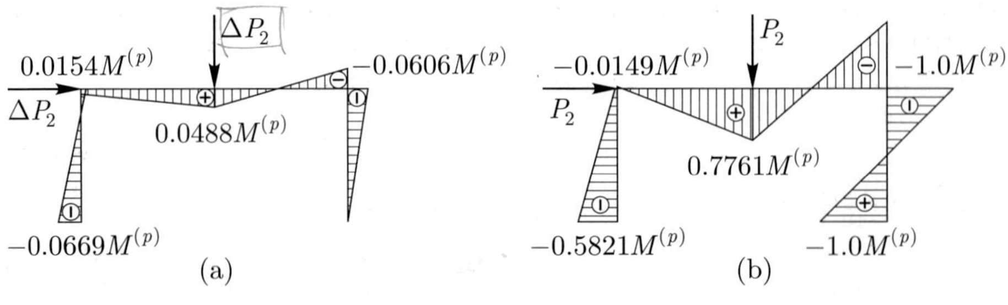

Abb. 13.1-4: System 2: (a) Momentenverteilung zufolge der Belastung ΔP_2; (b) Momentenverteilung bei Auftreten des zweiten Fließgelenks

Superposition der Momentenverteilung zufolge ΔP_2 (Abb. 13.1-4(a)) mit jener, die sich beim Auftreten des ersten Fließgelenks ergeben hatte (Abb. 13.1-2(b)), führt zu dem beim Auftreten des zweiten Fließgelenks sich ergebenden Momentenverlauf entsprechend Abb. 13.1-4(b). Im Knoten D ergibt sich unter Berücksichtigung von $(13.1\text{-}5)_1$ und (13.1-12)

$$M_2^{(D)} = M_1^{(D)} + \Delta M_2^{(D)} = (-0.9394 - 0.0606) \cdot M^{(p)} = -1.0\, M^{(p)} \,. \qquad (13.1\text{-}13)$$

Die beim Auftreten des zweiten Fließgelenks auf das System wirkende Belastung und der zugehörige Lastfaktor λ_2 folgen unter Beachtung von (13.1-4), (13.1-11), (13.1-3) und (13.1-10) zu

$$P_2 = P_1 + \Delta P_2 = (2.4242 + 0.1429) \cdot \frac{M^{(p)}}{l} = 2.5672 \cdot \frac{M^{(p)}}{l} \,, \qquad (13.1\text{-}14)$$

$$\lambda_2 = \lambda_1 + \Delta\lambda_2 = (2.4242 + 0.1429) \cdot \frac{M^{(p)}}{P\,l} = 2.5672 \cdot \frac{M^{(p)}}{P\,l} \,. \qquad (13.1\text{-}15)$$

- ***Drittes Fließgelenk mit zugehörigem Lastfaktor***

Auch nach Aufbringen der Belastung P_2 ist die Tragreserve des Systems noch nicht erschöpft. Für die weitere Berechnung ist erneut ein geändertes statisches System (Abb. 13.1-5(a) zu verwenden. Der Momentenverlauf am System 3 zufolge der Be-

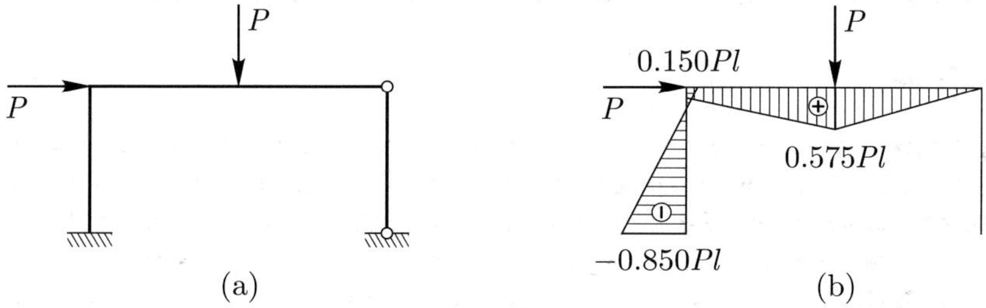

Abb. 13.1-5: (a) System 3; (b) Momentenverteilung zufolge der Referenzbelastung P am System 3

lastung P ist in Abb. 13.1-5(b) dargestellt. Zur Ermittlung des maßgebenden Laststeigerungsfaktors für die Ausbildung des nächsten Fließgelenks sind die Momentenverläufe des Systems 2 zufolge der Belastung P_2 und des Systems 3 zufolge der Referenzbelastung P zu überlagern. Wiederum ist der kleinste Faktor maßgebend. Die Laststeigerungsfaktoren in den Knoten A, B und C ergeben sich zu

$$\begin{aligned} M_3^{(A)} = -0.5821 \cdot M^{(p)} - 0.8500 \cdot P\,l \cdot \Delta\lambda_3 &= -M^{(p)} \\ \Delta\lambda_3 &= 0.4917 \cdot \frac{M^{(p)}}{P\,l} \,, \qquad (13.1\text{-}16) \\ M_3^{(B)} = -0.0149 \cdot M^{(p)} + 0.1500 \cdot P\,l \cdot \Delta\lambda_3 &= M^{(p)} \\ \Delta\lambda_3 &= 6.7662 \cdot \frac{M^{(p)}}{P\,l} \,, \qquad (13.1\text{-}17) \\ M_3^{(C)} = 0.7761 \cdot M^{(p)} + 0.5750 \cdot P\,l \cdot \Delta\lambda_3 &= M^{(p)} \\ \Delta\lambda_3 &= 0.3894 \cdot \frac{M^{(p)}}{P\,l} \,. \qquad (13.1\text{-}18) \end{aligned}$$

Wie der Vergleich der einzelnen Laststeigerungsfaktoren zeigt, bildet sich im Knoten C das nächste Fließgelenk aus. Multipliziert man die Momentenverteilung zufolge der Referenzbelastung P am System 3 (Abb. 13.1-5(b)) mit $\Delta\lambda_3$ (dies entspricht der Momentenverteilung zufolge ΔP_3 am System 3), so ergibt sich der in Abb. 13.1-6(a) dargestellte Momentenverlauf. Das zur Bildung des dritten Fließgelenks erforderliche Belastungsinkrement ΔP_3 und das im Knoten C zufolge ΔP_3 sich einstellende Biegemoment am System 3 folgt zu

$$\begin{aligned}\Delta P_3 &= \Delta\lambda_3 \cdot P = 0.3894 \cdot \frac{M^{(p)}}{l} \, , \\ \Delta M_3^{(C)} &= 0.5750 \cdot \Delta P_3 \cdot l = 0.5750 \cdot 0.3894 \cdot M^{(p)} = 0.2239 \, M^{(p)} \, .\end{aligned} \qquad (13.1\text{-}19)$$

Überlagert man die Momentenverteilung zufolge ΔP_3 (Abb. 13.1-6(a)) mit jener, die sich beim Auftreten des zweiten Fließgelenks ergeben hatte (Abb. 13.1-4(b)), so erhält man den beim Auftreten des dritten Fließgelenks sich ergebenden Momentenverlauf entsprechend Abb. 13.1-6(b). Das Biegemoment im Knoten C beträgt

$$M_3^{(C)} = M_2^{(C)} + \Delta M_3^{(C)} = (0.7761 + 0.2239) \cdot M^{(p)} = 1.0 \, M^{(p)} \, . \qquad (13.1\text{-}20)$$

Die beim Auftreten des dritten Fließgelenks wirkende Belastung bzw. den ihr zugeordneten Lastfaktor λ_3 erhält man unter Berücksichtigung von (13.1-14), $(13.1\text{-}19)_1$, (13.1-15) und (13.1-18) zu

$$P_3 = P_2 + \Delta P_3 = (2.5672 + 0.3894) \cdot \frac{M^{(p)}}{l} = 2.9565 \cdot \frac{M^{(p)}}{l} \, , \qquad (13.1\text{-}21)$$

$$\lambda_3 = \lambda_2 + \Delta\lambda_3 = \lambda_1 + \Delta\lambda_2 + \Delta\lambda_3 = 2.9565 \cdot \frac{M^{(p)}}{P\,l} \, . \qquad (13.1\text{-}22)$$

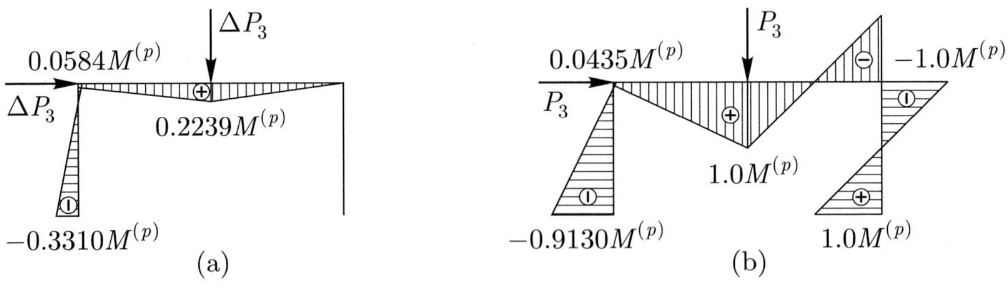

Abb. 13.1-6: System 3: (a) Momentenverteilung zufolge der Belastung ΔP_3; (b) Momentenverteilung bei Auftreten des dritten Fließgelenks

- ***Viertes Fließgelenk mit zugehörigem Lastfaktor***

Auch nach Aufbringen der Belastung P_3 ist die Tragreserve des Systems noch nicht erschöpft. Für die weitere Berechnung ist das statische System entsprechend Abb. 13.1-7(a) zu verwenden. Der Momentenverlauf zufolge der Referenzbelastung P ist in Abb. 13.1-7(b) dargestellt. Zur Ermittlung des maßgebenden Laststeigerungs-

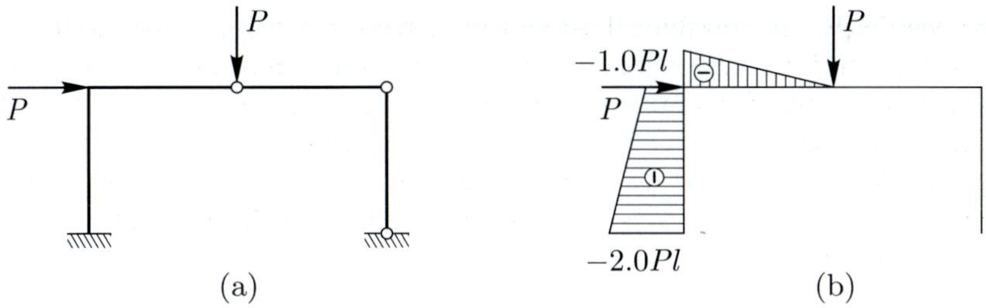

Abb. 13.1-7: (a) System 4; (b) Momentenverteilung zufolge der Referenzbelastung P am System 4

faktors für die Ausbildung des nächsten Fließgelenks sind die Momentenverläufe des Systems 3 zufolge der Belastung P_3 und des Systems 4 zufolge der Belastung P zu überlagern. Wiederum ist der kleinste Faktor maßgebend. Die Laststeigerungsfaktoren in den Knoten A und B ergeben sich zu

$$\begin{aligned} M_4^{(A)} = -0.9130 \cdot M^{(p)} - 2.0 \cdot P\,l \cdot \Delta\lambda_4 &= -M^{(p)} \\ \Delta\lambda_4 &= 0.0435 \cdot \frac{M^{(p)}}{P\,l} \,, \end{aligned} \tag{13.1-23}$$

$$\begin{aligned} M_4^{(B)} = 0.0435 \cdot M^{(p)} - 1.0 \cdot P\,l \cdot \Delta\lambda_4 &= -M^{(p)} \\ \Delta\lambda_4 &= 1.0435 \cdot \frac{M^{(p)}}{P\,l} \,. \end{aligned} \tag{13.1-24}$$

Wie der Vergleich der einzelnen Laststeigerungsfaktoren zeigt, bildet sich im Knoten A das nächste Fließgelenk aus. Multipliziert man die Momentenverteilung zufolge der Belastung P am System 3 (Abb. 13.1-7(b)) mit dem Laststeigerungsfaktor $\Delta\lambda_4$, so ergibt sich der in Abb. 13.1-8(a) dargestellte Momentenverlauf. Überlagert man diesen mit der Momentenverteilung, die sich beim Auftreten des dritten Fließgelenks ergeben hatte, so erhält man die Momentenlinie, die sich beim Auftreten des vierten Fließgelenks ergibt (Abb. 13.1-8(b)). Das Verschwinden des Biegemoments im Knoten B stellt eine Besonderheit des gegenständlichen Systems dar. Das für das vierte Fließgelenk erforderliche Belastungsinkrement ΔP_4 und das im Knoten A zufolge ΔP_4 sich ergebende Biegemoment am System 4 folgt zu

$$\begin{aligned} \Delta P_4 &= \Delta\lambda_4 \cdot P = 0.0435 \cdot \frac{M^{(p)}}{l} \,, \\ \Delta M_4^{(A)} &= -2.0 \cdot \Delta P_4 \cdot l = -2.0 \cdot 0.0435 \cdot M^{(p)} = -0.0870\, M^{(p)} \,. \end{aligned} \tag{13.1-25}$$

Das Biegemoment in A, der zugehörige Lastfaktor λ_4 und die Belastung P_4 beim Auftreten des vierten Fließgelenks ergeben sich unter Berücksichtigung von Abb. 13.1-6(b), $(13.1\text{-}25)_2$, (13.1-22) und (13.1-24) zu

$$M_4^{(A)} = M_3^{(A)} + \Delta M_4^{(A)} = (-0.9130 - 0.0870) \cdot M^{(p)} = -1.0 M^{(p)} \,, \tag{13.1-26}$$

$$\lambda_4 = \lambda_1 + \Delta\lambda_2 + \Delta\lambda_3 + \Delta\lambda_4 = (2.9565 + 0.0435) \cdot \frac{M^{(p)}}{P\,l} = 3.00 \cdot \frac{M^{(p)}}{P\,l} \,, \tag{13.1-27}$$

$$P_4 = P \cdot \lambda_4 = 3.0 \cdot \frac{M^{(p)}}{l} = P^{(\text{Traglast})} \,. \tag{13.1-28}$$

Mit der Ausbildung des vierten Fließgelenks (Knoten A) tritt eine zwangsläufige kinematische Kette (Bruchkette) auf und damit ist die Tragreserve des Systems erschöpft. Die Belastung P_4 stellt somit die Traglast des Systems dar.

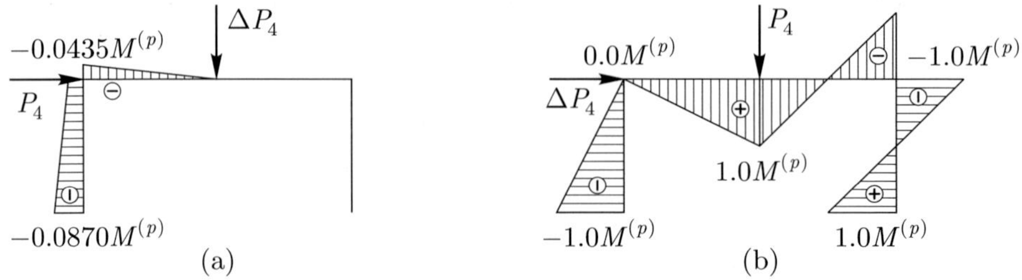

Abb. 13.1-8: System 4: (a) Momentenverteilung zufolge der Belastung ΔP_4; (b) Momentenverteilung bei Auftreten des vierten Fließgelenks

(b) Ermittlung der plastischen Rotation im ersten Fließgelenk in Abhängigkeit vom Lastfaktor

Da die Rahmenstiele starr eingespannt sind, ist die Rotation des Knotens E bis zur Ausbildung des ersten Fließgelenks null, wie sich durch Anwendung des Reduktionssatzes leicht überprüfen lässt. Erst bei einer über P_1 hinausgehenden Belastung ergibt sich eine plastische Rotation $\varphi^{(E)}$ im Fließgelenk des Knotens E. Die Rotation $\Delta\varphi_2^{(E)}$ des ersten Fließgelenks (Knoten E) zufolge der zur Ausbildung des zweiten Fließgelenks (Knoten D) erforderlichen Belastung ΔP_2 folgt durch Anwendung des Reduktionssatzes. Am statisch bestimmten Grundsystem entsprechend Abb. 13.1-9(a) ergibt sich der Momentenverlauf zufolge eines virtuellen Moments δM, wie in Abb. 13.1-9(b) dargestellt. Damit und mit der Momentenverteilung am System 2 zufolge der Belastung ΔP_2 gemäß Abb. 13.1-4(a) folgt die Rotation unter Verwendung von Integraltafeln (z.B. [RH96]) zu

$$\Delta\varphi_2^{(E)} = \frac{1}{EI}\left\{\frac{l}{6}\cdot 1\cdot[\,2\cdot(-0.0669)+0.0154\,]+\frac{l}{6}\cdot 1\cdot(-0.0606)\right\}\cdot M^{(p)}$$

$$\Delta\varphi_2^{(E)} = -0.0298\cdot\frac{M^{(p)}l}{EI}\,. \tag{13.1-29}$$

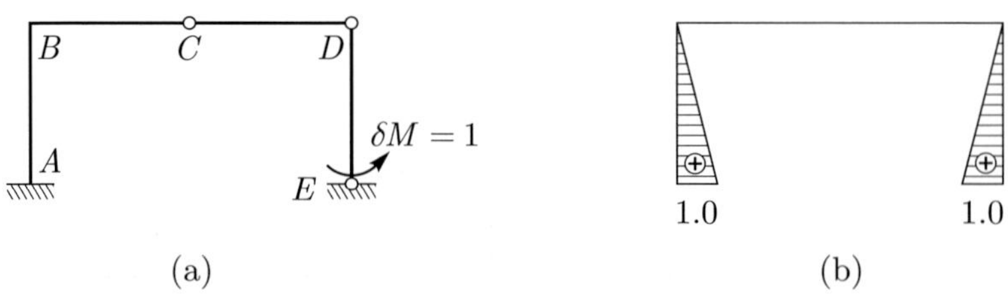

Abb. 13.1-9: (a) Statisch bestimmtes Grundsystem; (b) Momentenverteilung am statisch bestimmten Grundsystem zufolge des virtuellen Moments δM

Bei Ausbildung des dritten Fließgelenks ergibt sich im ersten Fließgelenk (Knoten E) eine zusätzliche Rotation. Durch Auswerten der Arbeitsintegrale für den Momentenverlauf gemäß Abb. 13.1-9(b) und die Momentenverteilung am System 3 zufolge der Belastung ΔP_3 entsprechend Abb. 13.1-6(a) folgt die Rotation unter Zuhilfenahme von Integraltafeln zu

$$\begin{aligned} \Delta\varphi_3^{(E)} &= \frac{1}{EI}\left\{\frac{l}{6}\cdot 1\cdot[\,2\cdot(-0.3310)+0.0584\,]\right\}\cdot M^{(p)} \\ \Delta\varphi_3^{(E)} &= -0.1006\cdot\frac{M^{(p)}l}{EI}\;. \end{aligned} \quad (13.1\text{-}30)$$

Die im Knoten E akkumulierte Rotation nach Ausbildung des zweiten und dritten Fließgelenks in den Knoten D bzw. C folgt aus (13.1-29) und (13.1-30) zu

$$\varphi_3^{(E)} = (-0.0298-0.1006)\cdot\frac{M^{(p)}l}{EI} = -0.1304\cdot\frac{M^{(p)}l}{EI}\;. \quad (13.1\text{-}31)$$

Bei Ausbildung des vierten Fließgelenks (Knoten A) – dies entspricht dem Zustand beim Kollaps des Systems – ergibt sich im ersten Fließgelenk (Knoten E) nochmals eine zusätzliche Rotation. Diese erhält man durch Auswerten der Arbeitsintegrale für den Momentenverlauf gemäß Abb. 13.1-9(b) und die Momentenverteilung am System 4 zufolge der Belastung ΔP_4 entsprechend Abb. 13.1-8(a) zu

$$\begin{aligned} \Delta\varphi_4^{(E)} &= \frac{1}{EI}\left\{\frac{l}{6}\cdot 1\cdot[\,2\cdot(-0.0870)-0.0435\,]\right\}\cdot M^{(p)} \\ \Delta\varphi_4^{(E)} &= -0.0363\cdot\frac{M^{(p)}l}{EI}\;. \end{aligned} \quad (13.1\text{-}32)$$

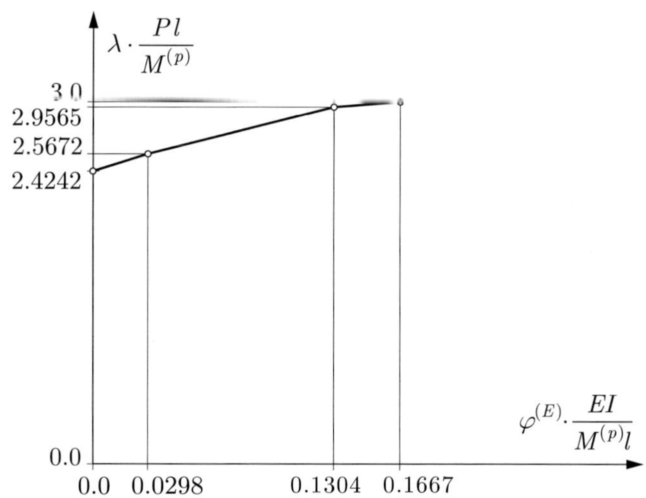

Abb. 13.1-10: Rotation im ersten Fließgelenk (Knoten E) in Abhängigkeit von der Belastung

Unter Verwendung von (13.1-31) und (13.1-32) folgt die im Knoten E akkumulierte Rotation zufolge der sich in den Knoten D, C und A bildenden Fließgelenke zu

$$\varphi_4^{(E)} = (-0.1304 - 0.0363) \cdot \frac{M^{(p)} l}{EI} = -0.1667 \cdot \frac{M^{(p)} l}{EI} \; . \tag{13.1-33}$$

Abb. 13.1-10 zeigt die Rotation im ersten Fließgelenk (Knoten E) in Abhängigkeit von der Belastung in normierter Form, wobei auf der Abszisse die akkumulierte Rotation entsprechend den Ergebnissen aus (13.1-29), (13.1-31) und (13.1-33) und auf der Ordinate die Belastung entsprechend (13.1-4), (13.1-14), (13.1-21) und (13.1-28) aufgetragen sind.

13.2 Traglastermittlung mittels der Traglastsätze

Beispiel 13.2: Zweifeldträger mit feldweise konstanten Biegesteifigkeiten unter der Wirkung von Einzellasten

Abb. 13.2-1 zeigt einen linksseitig eingespannten Durchlaufträger über zwei Felder mit unterschiedlichen Biegesteifigkeiten EI_η, der durch zwei Einzellasten P bzw. $2P$ beansprucht wird. Entsprechend der höheren Biegesteifigkeit des Riegels im rechten Feld ist das Tragmoment des rechten Riegels mit $2M_\eta^{(p)}$ doppelt so groß wie das des linken. Mit Hilfe der Traglastsätze der Plastizitätstheorie ist die Größe der Belastung P bei Erreichen der Traglast unter Vernachlässigung der Schnittgrößeninteraktion abzuschätzen.

Vorbemerkungen

Da aufgrund der Aufgabenstellung Verwechslungen ausgeschlossen sind, werden die entsprechenden Indizes η und ζ im Weiteren weggelassen.

Obwohl das System zweifach statisch unbestimmt ist, ist es für die Bildung eines Kollapsmechanismus nicht zwingend notwendig, dass sich drei Fließgelenke ausbilden. Fließgelenke über der Mittelstütze und im rechten Feld stellen bereits einen Kollapsmechanismus dar, wie in Abb. 13.2-1(c) dargestellt ist.

(a) Kinematischer Traglastsatz – obere Schranken für die Traglast

Der kinematische Traglastsatz der Plastizitätstheorie liefert eine obere Schranke der Traglast, denn er besagt, dass die gegebene Belastung eines Körpers mindestens gleich groß wie die Traglast ist, wenn ein dieser Belastung entsprechender Kollapsmechanismus angegeben werden kann, der den Randbedingungen für die Verschiebungsraten genügt (kinematisch zulässiger Kollapsmechanismus [MH04]). Abb. 13.2-1(b) und 13.2-1(c) zeigen zwei kinematisch zulässige Kollapsmechanismen.

• ***Erste obere Schranke***

Im linken Feld stellt sich ein Kollapsmechanismus ein, wenn an der Einspannstelle, an der Zwischenstütze und unter der Last P das Tragmoment $M^{(p)}$ erreicht wird und sich somit drei Fließgelenke ausgebildet haben. Für den in Abb. 13.2-1(b) dargestellten

Kollapsmechanismus mit den entsprechenden Winkelgeschwindigkeiten ω erhält man durch Gleichsetzen der Raten der von den inneren und äußeren Kräften geleisteten Arbeit die diesem Kollapsmechanismus zugeordnete Belastung zu

$$
\begin{aligned}
2\left(M^{(p)} \cdot \omega\right) + M^{(p)} \cdot 2\omega &= P \cdot \frac{l}{2} \cdot \omega \\
P &= \frac{8M^{(p)}}{l} \,. \qquad (13.2\text{-}1)
\end{aligned}
$$

1. ob. Schr.

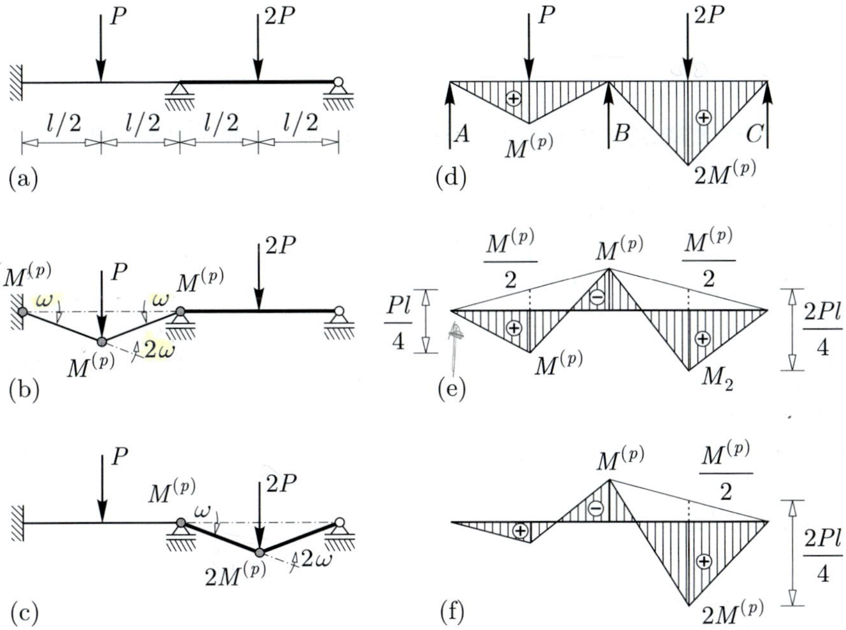

Abb. 13.2-1. Eingespannter Durchlaufträger mit unterschiedlichen Biegesteifigkeiten: (a) System; (b) und (c) kinematisch zulässige Kollapsmechanismen; (d) Gleichgewichtssystem und zugehöriger statisch zulässiger Momentenverlauf; (e) statisch unzulässiger Momentenverlauf; (f) möglicher statisch zulässiger Momentenverlauf

$\tan\omega \approx \omega = \frac{f}{l/2} \Rightarrow f = \frac{l}{2}\cdot\omega$

- ***Zweite obere Schranke***

Auf analoge Weise erhält man durch Gleichsetzen der Raten der von den inneren und äußeren Kräften geleisteten Arbeit für den Kollapsmechanismus entsprechend Abb. 13.2-1(c) die diesem Kollapsmechanismus zugeordnete Belastung zu

$$
\begin{aligned}
M^{(p)} \cdot \omega + 2M^{(p)} \cdot 2\omega &= 2P \cdot \frac{l}{2} \cdot \omega \\
P &= \frac{5M^{(p)}}{l} \,. \qquad (13.2\text{-}2)
\end{aligned}
$$

bessere ob. Schr.

Auch im Falle, dass sich der Kollapsmechanismus im Feld mit der größeren Biegesteifigkeit ausbildet, tritt an der Zwischenstütze dennoch nur $M^{(p)}$ auf, da sich das Fließgelenk im Querschnitt mit der geringeren Steifigkeit ausbilden wird. Am rechten Auflager bildet sich kein Fließgelenk, da hier der Balken frei drehbar gelagert ist. Für dieses Feld genügt deshalb die Ausbildung von zwei Fließgelenken, um einen Kollapsmechanismus zu ergeben. Da (13.2-2) im Vergleich zu (13.2-1) einen kleineren Wert für P liefert, stellt (13.2-2) eine bessere obere Schranke für die Traglast dar.

(b) Statischer Traglastsatz – untere Schranken für die Traglast

Der statische Traglastsatz der Plastizitätstheorie liefert eine untere Schranke der Traglast, denn er besagt, dass die gegebene Belastung eines Körpers höchstens gleich groß wie die Traglast ist, wenn ein mit dieser Belastung im Gleichgewicht stehender Spannungszustand angegeben werden kann, der an keiner Stelle die Fließbedingung verletzt (statisch zulässiger Spannungszustand [MH04]).

• ***Erste untere Schranke***

Abb. 13.2-1(d) zeigt einen statisch zulässigen Spannungszustand im Gleichgewicht mit der äußeren Belastung, der an keiner Stelle des Systems die Fließbedingung verletzt, da im linken Feld $M^{(p)}$ und im rechten Feld $2M^{(p)}$ nirgends überschritten wird. Dieser Spannungszustand muss nicht notwendigerweise mit dem Spannungszustand bei Erreichen der Traglast identisch sein. Mit den Lagerreaktionen entsprechend

$$A = \frac{P}{2}, \quad B = \frac{3P}{2}, \quad C = P \tag{13.2-3}$$

ergibt sich für das linke Feld die Traglast zu

$$M^{(p)} = \frac{P}{2} \cdot \frac{l}{2} = \frac{Pl}{4} \quad \rightarrow \quad P = \frac{4M^{(p)}}{l} \tag{13.2-4}$$

und für das rechte Feld zu

$$2M^{(p)} = P \cdot \frac{l}{2} \quad \rightarrow \quad P = \frac{4M^{(p)}}{l}\,. \tag{13.2-5}$$

Eine Zusammenfassung der Ergebnisse (13.2-2) und (13.2-5) grenzt die Traglast P zu

$$\frac{4M^{(p)}}{l} \leq P \leq \frac{5M^{(p)}}{l} \tag{13.2-6}$$

ein.

• ***Zweite untere Schranke***

Basierend auf Abb. 13.2-1(e), die nur einen qualitativen Verlauf der Biegemomente darstellt, wird versucht, eine bessere untere Schranke für die Traglast zu finden. Aufgrund der Einfachheit der vorliegenden Verhältnisse erübrigt sich die explizite Ermittlung der Auflagerkräfte. Mit den Bezeichnungen entsprechend Abb. 13.2-1(e) erhält man für das linke Feld die Abschätzung der Traglast zu

$$\frac{Pl}{4} = M^{(p)} + \frac{M^{(p)}}{2} = \frac{3M^{(p)}}{2} \quad \rightarrow \quad P = \frac{6M^{(p)}}{l}\,. \tag{13.2-7}$$

Es ist nun allerdings noch zu überprüfen, ob diese Belastung im rechten Feld die Fließbedingung nicht verletzt. Mit der in (13.2-7) ermittelten Abschätzung für die Traglast wird anhand des qualitativen Biegemomentenverlaufs das Biegemoment M_2 unter der Belastung im rechten Feld berechnet:

$$M_2 = \frac{2Pl}{4} - \frac{M^{(p)}}{2} = \frac{6M^{(p)}}{2} - \frac{M^{(p)}}{2}$$

$$M_2 = \frac{5M^{(p)}}{2} > 2M^{(p)} . \qquad (13.2\text{-}8)$$

Die in (13.2-7) ermittelte untere Schranke verletzt die Fließbedingung und ist deshalb auszuscheiden. Dass (13.2-7) keinen zulässigen Wert für P darstellt, folgt auch in Hinblick auf die aus dem kinematischen Traglastsatz folgende beste obere Schranke entsprechend (13.2-2).

- ***Dritte untere Schranke***

Eine neben (13.2-5) weitere gültige untere Schranke folgt aus Abb. 13.2-1(f) zu

$$\frac{2Pl}{4} = 2M^{(p)} + \frac{M^{(p)}}{2} = \frac{5M^{(p)}}{2} \quad \rightarrow \quad P = \frac{5M^{(p)}}{l} . \qquad (13.2\text{-}9)$$

Im Vergleich zu (13.2-4) und (13.2-5) ergibt (13.2-9) einen größeren Wert für P und stellt deshalb eine bessere untere Schranke für die Traglast dar.

Da (13.2-2) und (13.2-9) den gleichen Wert für P liefern, entspricht P bei Vernachlässigung der M-N-Q-Interaktion der gesuchten Traglast. Abb. 13.2-2 verdeutlicht die Annäherung an die Traglast von oben durch den kinematischen Traglastsatz und die Annäherung an die Traglast von unten durch den statischen Traglastsatz.

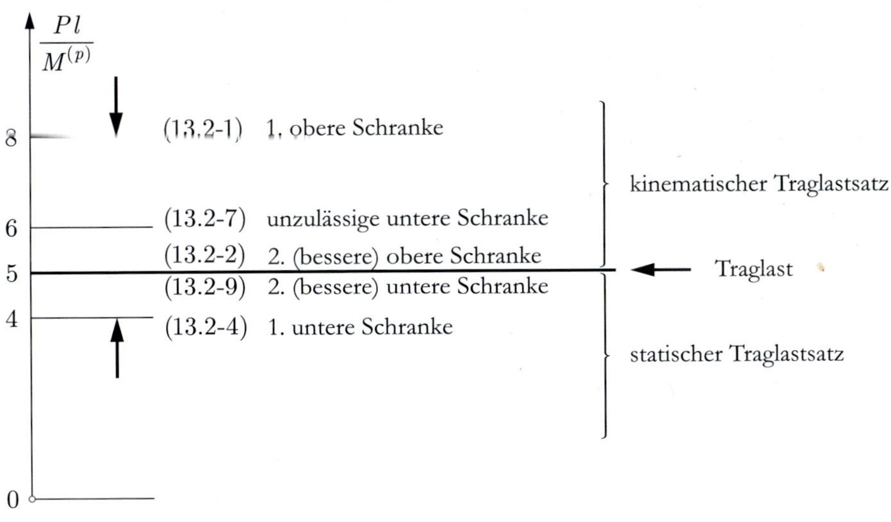

Abb. 13.2-2: Traglastbestimmung mittels statischem und kinematischem Traglastsatz

KO re. Feld: $M_1 = \frac{Pl}{4} - \frac{M^{(P)}}{2} = \frac{1}{2}\,\frac{3M^{(P)}}{2} - \frac{M^{(P)}}{2} = \frac{3M^{(P)}}{4} < M^{(P)}$ ✓

Kapitel 14

Näherungslösungen

14.1 Verfahren von Ritz

Beispiel 14.1: Kragträger mit Pendelstütze – Biegebeanspruchung und Axialbeanspruchung

Abb. 14.1-1 zeigt einen linksseitig eingespannten Kragträger mit der Biegesteifigkeit EI_η, der an seinem rechten Ende durch eine Pendelstütze mit der Dehnsteifigkeit EA gestützt wird. Im Punkt B wird das System durch eine in Richtung der Pendelstütze wirkende Einzellast P beansprucht. Aufgrund der Schlankheit des Kragträgers sei es zulässig, die Schubverformungen unberücksichtigt zu lassen, sodass nur die Wirkung zufolge Biegemoment und Normalkraft zu berücksichtigen ist. Mit Hilfe des Verfahrens

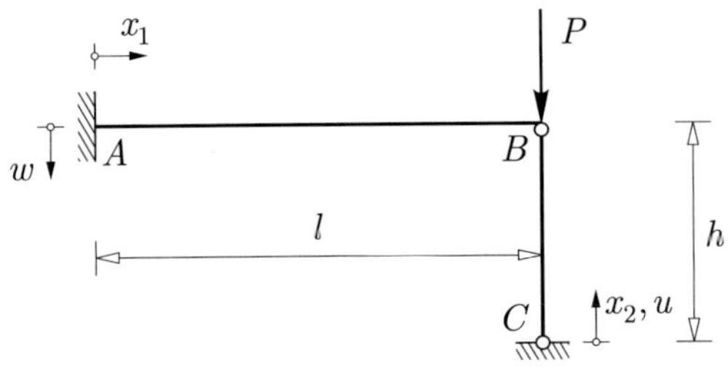

Abb. 14.1-1: Eingespannter Kragträger mit Pendelstütze

von Ritz sind Näherungslösungen für die Verformungen der Struktur sowie die Verteilung der Biegemomente und der Normalkräfte zu ermitteln. Dabei ist der Einfluss unterschiedlicher Ansatzfunktionen für die Biegelinie des Kragträgers zu untersuchen.

Vorbemerkungen

Da es in vielen Fällen nicht möglich ist, strenge Lösungen für den Verschiebungs- und Spannungszustand fester deformierbarer Körper zu erhalten, kommt Näherungsverfahren besondere Bedeutung zu. Eines der wertvollsten Hilfsmittel stellt dabei das Verfahren von Ritz dar (vgl. [MH04], [Sch84]). In mathematischer Hinsicht geht es dabei um die Bestimmung einer Näherungslösung, die ein gegebenes Funktional stationär macht. Im Kontext der vorliegenden Aufgabe entspricht dies der Ermittlung einer Näherungslösung für die Verschiebungen, für die die potentielle Energie des Systems stationär wird. Dies folgt aus dem Stationäritätsprinzip der potentiellen Energie, das besagt, dass der wahre Verschiebungszustand gegenüber allen aus ihm durch kinematisch zulässige Variationen hervorgegangenen Verschiebungszuständen durch einen stationären Wert der potentiellen Energie ausgezeichnet ist. Gemäß (5.99) lässt sich dieser Sachverhalt in mathematischer Hinsicht zu

$$\delta\Pi = 0 \tag{14.1-1}$$

anschreiben. In Bezug auf die Wahl eines Ansatzes für die Näherungslösung bedeutet dies, dass dieser die geometrischen Randbedingungen erfüllen muss. Man wählt deshalb für die einzelnen Verschiebungskomponenten je einen Satz von linear unabhängigen Funktionen der Ortskoordinaten i, $i = 1, 2, 3$, d.h.

$$\varphi_{i0}, \quad i = 1, 2, 3 \quad \text{und} \quad \varphi_k, \quad k = 1, 2, \ldots, r \ , \tag{14.1-2}$$

wobei φ_{i0} die inhomogenen geometrischen Randbedingungen zu erfüllen hat. Falls solche nicht existieren, gilt $\varphi_{i0} = 0$. Die Funktionen φ_k müssen sowohl die gegebenen homogenen geometrischen Randbedingungen als auch die durch Nullsetzen homogen gemachten inhomogenen Randbedingungen erfüllen. Die Ansätze für die gesuchten Verschiebungskomponenten ergeben sich als Linearkombination von (14.1-2) zu

$$u_i = \varphi_{i0} + c_{ik}\,\varphi_k \ , \tag{14.1-3}$$

wobei c_{ik}, $i = 1, 2, 3$, $k = 1, 2, \ldots, r$, unbekannte Koeffizienten (Freiwerte) darstellen. Nach Substitution von (14.1-3) in das Funktional Π wird dieses eine Funktion der unbekannten c_{ik}, d.h. $\Pi \approx \Pi(c_{ik})$. Als notwendige Bedingung für die Stationärität des Funktionals folgt gemäß (14.5)

$$\delta\left(\Pi(c_{ik})\right) = \frac{\partial\Pi}{\partial c_{ik}}\,\delta c_{ik} = 0 \ . \tag{14.1-4}$$

Da (14.1-4) für beliebige Variationen δc_{ik} erfüllt sein muss, folgt

$$\frac{\partial\Pi}{\partial c_{ik}} = 0 \ , \qquad i = 1, 2, 3 \quad k = 1, 2, \ldots, r \ . \tag{14.1-5}$$

Dies liefert je Verschiebungskomponente einen Satz von r linearen inhomogenen Gleichungen zur Bestimmung der Unbekannten c_{ik}.

Die potentielle Energie Π ist gemäß (5.28) zu

$$\Pi = U + W \tag{14.1-6}$$

gegeben, wobei das Potential der äußeren Kräfte W im vorliegenden Fall durch P und die Verschiebung des Lastangriffspunktes $w^{(B)}$ unmittelbar gegeben ist und die Verzerrungsenergie U unter Berücksichtigung von $\sigma_x = E\,\varepsilon_x$ aus (5.1-11) folgt. Damit erhält man eine zu (14.8) analoge Beziehung, die sich lediglich im Term des Potentials der äußeren Kräfte unterscheidet, zu

$$\Pi = \frac{1}{2}\int_l \left(\int_A E\,\varepsilon_x^2\,dA\right) dx - P \cdot w^{(B)} \ . \tag{14.1-7}$$

Abhängig von der Art der Beanspruchung lässt sich ε_x durch die entsprechenden Verschiebungsgrößen ausdrücken und folgt unter Verwendung der Beziehungen (6.2-8) bzw. (6.51) und (6.113) für Axialbeanspruchung und Biegebeanspruchung zu

$$\varepsilon_x = \frac{du}{dx}\,, \qquad \varepsilon_x = -\frac{d^2w}{dx^2}\,\zeta\,. \tag{14.1-8}$$

Einsetzen von $(14.1\text{-}8)_1$ bzw. $(14.1\text{-}8)_2$ in die aus (14.1-7) sich ergebenden Integrale für die Pendelstütze bzw. den Kragträger und Berücksichtigung von $\int_A \zeta^2\,dA = I_\eta$ und $\int_A dA = A$ führt auf

$$\begin{aligned} \Pi &= U_K + U_S + W\,, \\ \Pi &= \frac{1}{2}\int_l EI_\eta \left(\frac{d^2w}{dx^2}\right)^2 dx + \frac{1}{2}\int_l EA\left(\frac{du}{dx}\right)^2 dx - P\cdot w^{(B)}\,. \end{aligned} \tag{14.1-9}$$

In $(14.1\text{-}9)_1$ bezeichnen U_K bzw. U_S die Verzerrungsenergie des Kragträgers bzw. der Stütze. Da, wie aus $(14.1\text{-}9)_2$ ersichtlich ist, die beiden Verschiebungskomponenten u und w in den Ausdruck für das Potential des Gesamtsystems eingehen, werden zwei Ansätze benötigt, wobei im gegenständlichen Fall der eine für Verschiebungen in der Pendelstütze und der andere für jene im Kragträger gilt. Die geometrischen Randbedingungen für den auf Biegung beanspruchten Kragträger bzw. für die unter Axialbeanspruchung stehende Pendelstütze ergeben sich aus Abb. 14.1-1 zu

$$\begin{aligned} x_1 &= 0: \; w|_{x_1=0} = 0\,, \qquad w'|_{x_1=0} = 0\,, \\ x_2 &= 0: \; u|_{x_2=0} = 0 \end{aligned} \tag{14.1-10}$$

und für die Kopplungsstelle (Punkt B) zwischen Kragträger und Pendelstütze gilt die Übergangsbedingung

$$-u|_{x_2=h} = w|_{x_1=l} = w^{(B)}\,. \tag{14.1-11}$$

Im gegenständlichen Fall liegen keine inhomogenen Randbedingungen vor, somit folgt $\varphi_{i0} = 0$. Da in der Pendelstütze eine konstante Normalkraft wirkt und die Dehnsteifigkeit konstant ist, gilt $\varepsilon_x = \text{konst}$. Somit ergibt sich aus $(14.1\text{-}8)_1$, dass die Verschiebung u linear in x_2 ist, und man erhält den Ansatz für u unter Berücksichtigung der Orientierung der Koordinatenachsen entsprechend Abb. 14.1-1 zu

$$u(x) = -\frac{w^{(B)}}{h}\cdot x_2\,, \tag{14.1-12}$$

wobei $w^{(B)}$ die noch unbekannte Verschiebung des Anschlusspunktes B zwischen Kragträger und Pendelstütze bezeichnet. Während sich der Verschiebungsansatz für die Pendelstütze zwangsläufig ergibt, bestehen bei der Wahl des Ansatzes für den Kragträger mehrere Möglichkeiten, von denen nachfolgend drei untersucht werden.

(a) Polynomansatz 3. Grades

• ***Anpassen des Ansatzes***

Als Näherungsansatz für die Biegelinie wird eine Gleichung 3. Grades entsprechend

$$w(x) = a_0 + a_1\,x + a_2\,x^2 + a_3\,x^3 \tag{14.1-13}$$

gewählt. Mittels (14.1-13) wird die Biegelinie des Kragträgers durch eine kubische Funktion mit vier Parametern a_0, a_1, a_2, a_3 ersetzt. Da vom Ansatz zu fordern ist, dass der durch diesen Ansatz definierte Verschiebungszustand kinematisch zulässig ist, folgen die Parameter a_0 und a_1 zu

$$\begin{aligned} x = 0 : w\big|_{x=0} &= 0 \quad \rightarrow \quad a_0 = 0\ , \\ w'\big|_{x=0} &= 0 \quad \rightarrow \quad a_1 = 0 \end{aligned} \tag{14.1-14}$$

und (14.1-13) kann zu

$$w(x) = a_2\,x^2 + a_3\,x^3\ . \tag{14.1-15}$$

geschrieben werden. Unter Bezugnahme auf (14.1-2) und (14.1-3) und mit der Zuordnung entsprechend

$$\begin{aligned} a_2 &\rightarrow c_{31}\ , \qquad \varphi_1 = x^2\ , \\ a_3 &\rightarrow c_{32}\ , \qquad \varphi_2 = x^3 \end{aligned} \tag{14.1-16}$$

lässt sich der Ansatz für die Verschiebung w in der Form

$$w(x) = c_{31}\,x^2 + c_{32}\,x^3 \tag{14.1-17}$$

schreiben. Wertet man (14.1-17) für $x = l$ aus, so erhält man die Vertikalverschiebung im Punkt B als Funktion der unbekannten Parameter c_{31} und c_{32} zu

$$w\big|_{x=l} = w^{(B)} = c_{31}\,l^2 + c_{32}\,l^3\ . \tag{14.1-18}$$

Durch die Schreibweise entsprechend (14.1-17) kommt zum Ausdruck, dass der Ansatz für die Verschiebungskomponente w zwei Freiwerte enthält, während im Ansatz für u keine zusätzlichen Parameter (c_{1k}) enthalten sind, wie aus (14.1-12) und (14.1-18) ersichtlich.

• ***Ermittlung der Verzerrungsenergie der Pendelstütze***

Durch Einsetzen von (14.1-18) in (14.1-12) ergibt sich der Ansatz für die Verschiebung u als Funktion der Freiwerte c_{31}, c_{32} zu

$$u(x) = -\frac{x_2}{h} \cdot \left(c_{31}\,l^2 + c_{32}\,l^3\right)\ . \tag{14.1-19}$$

Ableiten von (14.1-19) nach x_2 und Einsetzen in den zweiten Term von $(14.1\text{-}9)_2$ führt auf die Verzerrungsenergie der Pendelstütze U_S entsprechend

$$U_S = \frac{1}{2}\int_h EA\frac{1}{h^2}\left(c_{31}\,l^2 + c_{32}\,l^3\right)^2 dx_2 = EA\,\frac{l^4}{2h}\,(c_{31} + c_{32}\,l)^2\ . \tag{14.1-20}$$

- ***Ermittlung der Verzerrungsenergie des Kragträgers***

Durch zweimaliges Ableiten von (14.1-17) nach x_1 und Einsetzen in den ersten Term von $(14.1\text{-}9)_2$ erhält man die Verzerrungsenergie des Kragträgers U_K entsprechend

$$U_K = \frac{1}{2}\int_l EI_\eta\,(2c_{31} + 6c_{32}x_1)^2\,dx_1 = 2EI_\eta\,l\left(c_{31}^2 + 3c_{31}c_{32}l + 3c_{32}^2l^2\right)\ . \qquad (14.1\text{-}21)$$

- ***Ermittlung der Freiwerte***

Trägt man die Ergebnisse von (14.1-20) und (14.1-21) in (14.1-9) ein, so ergibt sich die potentielle Energie des Systems zu

$$\begin{aligned}\Pi &= U_K + U_S + W\\ \Pi &= 2EI_\eta\,l\left(c_{31}^2 + 3c_{31}c_{32}\,l + 3c_{32}^2\,l^2\right) + EA\,\frac{l^4}{2h}\,(c_{31} + c_{32}\,l)^2 -\\ &\quad -P\left(c_{31}\,l^2 + c_{32}\,l^3\right)\ . \end{aligned} \qquad (14.1\text{-}22)$$

Ableiten von (14.1-22) nach den Freiwerten c_{31} und c_{32} und anschließendes Nullsetzen führt auf

$$\begin{aligned}\frac{\partial\Pi}{\partial c_{31}} &= 2EI_\eta\,l\,(2c_{31} + 3lc_{32}) + EA\,\frac{l^4}{h}\,(c_{31} + lc_{32}) - Pl^2 = 0\ ,\\ \frac{\partial\Pi}{\partial c_{32}} &= 2EI_\eta\,l\,(3lc_{31} + 6l^2c_{32}) + EA\,\frac{l^5}{h}\,(c_{31} + lc_{32}) - Pl^3 = 0\ .\end{aligned} \qquad (14.1\text{-}23)$$

Nach Division der ersten Zeile durch l und der zweiten Zeile durch l^2 ergibt sich nach entsprechendem Umordnen das inhomogene lineare Gleichungssystem wie folgt:

$$\begin{bmatrix} EA\,\dfrac{l^3}{h} + EI_\eta\cdot 4 & EA\,\dfrac{l^4}{h} + EI_\eta\cdot 6l \\ EA\,\dfrac{l^3}{h} + EI_\eta\cdot 6 & EA\,\dfrac{l^4}{h} + EI_\eta\cdot 12l \end{bmatrix} \begin{Bmatrix} c_{31} \\ c_{32} \end{Bmatrix} = \begin{Bmatrix} Pl \\ Pl \end{Bmatrix}. \qquad (14.1\text{-}24)$$

Durch Lösen des Gleichungssystems erhält man die Koeffizienten des Ansatzes zu

$$c_{31} = \frac{3Phl}{2l^3EA + 6hEI_\eta}\ , \qquad c_{32} = \frac{-Ph}{2l^3EA + 6hEI_\eta}\ . \qquad (14.1\text{-}25)$$

- ***Verformungen und Schnittgrößen***

Einsetzen von (14.1-25) in (14.1-19) liefert die Funktion der Verschiebung in der Pendelstütze und den Maximalwert der Verschiebung im Punkt B entsprechend

$$u(x) = -\frac{Pl^3}{l^3EA + 3hEI_\eta}\cdot x_2\ , \qquad u^{(B)} = -\frac{Pl^3h}{l^3EA + 3hEI_\eta}\ . \qquad (14.1\text{-}26)$$

Die Biegelinie des Kragträgers folgt durch Einsetzen von (14.1-25) in (14.1-17) zu

$$w(x_1) = c_{31}x_1^2 + c_{32}x_1^3 = \frac{P}{2l^3\dfrac{EA}{h} + 6EI_\eta}\left(3lx_1^2 - x_1^3\right)\ . \qquad (14.1\text{-}27)$$

Im Nenner von (14.1-27) stehen zwei Steifigkeiten – die Biegesteifigkeit EI_η und die Steifigkeit der Pendelstütze $(EA)/h$. Letztere hat die Dimension [Kraft/Langeneinheit] und entspricht somit einer Federsteifigkeit. Für den Sonderfall einer verschwindenden Federsteifigkeit degeneriert das System zu einem einfachen Kragträger mit der Biegelinie entsprechend

$$\frac{EA}{h} = 0: \quad \rightarrow \quad w(x_1) = \frac{P}{6EI_\eta}\left(3lx_1^2 - x_1^3\right) . \tag{14.1-28}$$

Aus (14.1-28) erhält man für $x_1 = l$ den Maximalwert der Verschiebung zu

$$w|_{x_1=l} = \frac{Pl^3}{3EI_\eta} . \tag{14.1-29}$$

Nach zweimaliger Differentiation von (14.1-28) nach x_1 ergibt sich die Momentenverteilung zu

$$M_\eta(x_1) = -EI_\eta \frac{d^2w}{dx_1^2} = -P(l - x_1) . \tag{14.1-30}$$

Dies entspricht exakt der Momentenverteilung eines am Trägerende durch eine Einzellast beanspruchten Kragträgers. Somit liefert das RITZ'sche Näherungsverfahren mit dem Ansatz gemäß (14.1-17) die exakte Lösung für die Biegelinie und aller aus ihr abgeleiteten Lösungen, weil der Ansatz die Form der Biegelinie genau beschreibt.

Setzt man in (14.1-27) die Biegesteifigkeit zu null, so wird die Last P zur Gänze von der Pendelstütze abgetragen und (14.1-27) degeneriert dann zu

$$EI_\eta = 0: \quad \rightarrow \quad w(x_1) = \frac{Ph}{EA}\frac{(3lx_1^2 - x_1^3)}{2l^3} . \tag{14.1-31}$$

Gleichung (14.1-31) liefert für $x_1 = l$

$$w|_{x_1=l} = w^{(B)} = \frac{Ph}{EA} = -\, u|_{x_2=h} , \tag{14.1-32}$$

was der Verschiebung eines durch P axial belasteten Stabes entspricht. Für Punkte $0 < x_1 < l$ liefert (14.1-31) nur einen Näherungswert für eine fiktive Biegelinie, die durch eine Gerade zwischen Einspannstelle und dem Gelenkpunkt in verformter Lage gegeben ist.

(b) Polynomansatz 2. Grades

Da der Berechnungsablauf analog zur oben beschriebenen Vorgangsweise erfolgt, wird hier auf eine Untergliederung in einzelne Schritte verzichtet. Als Ansatz wird ein Polynom 2. Grades entsprechend

$$w(x) = a_0 + a_1\, x + a_2\, x^2 \tag{14.1-33}$$

verwendet. Damit der Ansatz den kinematischen Randbedingungen genügt, müssen a_0 und a_1 verschwinden, sodass sich der Ansatz für die Verschiebungskomponente w zu

$$w(x) = a_2\, x^2 \quad \text{bzw.} \quad w(x) = c_{31}\, x^2 \tag{14.1-34}$$

ergibt. Damit folgt die Verschiebung für den Punkt B zu

$$w|_{x=l} = w^{(B)} = c_{31} l^2 . \tag{14.1-35}$$

Unter Verwendung von (14.1-35) ergibt sich der Ansatz für die Verschiebungskomponente u unter Berücksichtigung von (14.1-12) zu

$$u(x_2) = -\frac{x_2}{h} c_{31} l^2 \, . \tag{14.1-36}$$

Einsetzen der zweiten Ableitung von $(14.1\text{-}34)_2$ nach x_1 und der ersten Ableitung von (14.1-36) nach der Ortskoordinate x_2 in die Beziehung $(14.1\text{-}9)_2$ führt auf die potentielle Energie des Systems entsprechend

$$\Pi = \frac{1}{2}\int_l EI_\eta \left(2c_{31}\right)^2 \, dx_1 + \frac{1}{2}\int_l EA \left(\frac{l^2}{h} c_{31}\right)^2 dx_2 - P \cdot c_{31}\, l^2$$

$$\Pi = 2EI_\eta c_{31}^2 \, l + EA \frac{l^4}{2h} c_{31}^2 - P \cdot c_{31}\, l^2 \, . \tag{14.1-37}$$

Ableiten von (14.1-37) nach dem Freiwert c_{31} und anschließendes Nullsetzen führt auf die Lösung

$$4EI_\eta c_{31}\, l + EA \frac{l^4}{h} c_{31} - P\, l^2 = 0$$

$$c_{31} = \frac{Phl}{l^3 EA + 4hEI_\eta} \tag{14.1-38}$$

und mit (14.1-34) folgt die Gleichung der Biegelinie in der zu (14.1-27) analogen Darstellung entsprechend

$$w(x_1) = \frac{P}{l^3 \frac{EA}{h} + 4EI_\eta} \, l x_1^2 \, . \tag{14.1-39}$$

Bei verschwindender Federsteifigkeit EA/h ergibt sich für den Kragträger die Biegelinie zu

$$\frac{EA}{h} = 0 : \quad \rightarrow \quad w(x_1) = \frac{P}{4EI_\eta} \, l x_1^2 \tag{14.1-40}$$

und die Durchbiegung im Punkt B folgt zu

$$w\big|_{x_1=l} = \frac{Pl^3}{4EI_\eta} \, . \tag{14.1-41}$$

Weiters erhält man bei verschwindender Federsteifigkeit bzw. fehlender Pendelstütze die Verteilung der Biegemomente aus (14.1-40) zu

$$M_\eta(x_1) = -EI_\eta \frac{d^2 w}{dx_1^2} = -\frac{Pl}{2} = \text{konst.} \tag{14.1-42}$$

(14.1-42) zeigt einen konstanten Biegemomentenverlauf, was in Widerspruch mit der Realität steht. Während der Höchstwert der Durchbiegung mittels des quadratischen Ansatzes um 25% unterschätzt wird, ergibt sich für das Einspannmoment ein Fehler von 50%. Dieser Umstand erklärt sich daraus, dass die Momente durch Differentiation aus der Biegelinie folgen. Ist die Ausgangsgröße aber fehlerhaft, so wird dieser Fehler durch die Differentiation noch vergrößert. Allgemein kann festgehalten werden, dass Fehler durch Differentiation verstärkt werden, während sie durch Integration geglättet werden.

(c) Trigonometrischer Ansatz

Als weiterer Vergleich wird nachfolgend ein trigonometrischer Ansatz mit einer Kosinusviertelwelle der Form

$$w(x_1) = c_{31}\left(1 - \cos\frac{\pi}{2l}\,x_1\right) , \qquad c_{31} = w^{(B)} \tag{14.1-43}$$

zur Ermittlung einer Näherungslösung für die Biegelinie verwendet, wobei in diesem Fall die Durchbiegung im Punkt B den einzigen Freiwert des Ansatzes darstellt. Für die Überprüfung des Ansatzes hinsichtlich der geometrischen Randbedingungen wird die erste Ableitung und für die Ermittlung der potentiellen Energie die zweite Ableitung von (14.1-43) nach x_1 benötigt. Diese Ableitungen ergeben sich zu

$$\frac{dw}{dx_1} = w^{(B)}\frac{\pi}{2l}\cdot\sin\frac{\pi}{2l}\,x_1 , \qquad \frac{d^2w}{dx_1^2} = w^{(B)}\frac{\pi^2}{4l^2}\cdot\cos\frac{\pi}{2l}\,x_1 . \tag{14.1-44}$$

Durch Auswerten von (14.1-43) bzw. $(14.1\text{-}44)_1$ für $x_1 = 0$ folgt, dass der Ansatz die geometrischen Randbedingungen erfüllt, da sowohl die Durchbiegung als auch die Tangentenneigung der Biegelinie an der Einspannstelle verschwinden. Unter Berücksichtigung von (14.1-12) ergibt sich der Ansatz für die Verschiebung u zu

$$u(x_2) = -\frac{x_2}{h}\cdot c_{31} . \tag{14.1-45}$$

Somit erhält man die potentielle Energie nach Ableiten von (14.1-45) nach x_2 und Eintragen dieses Ergebnisses zusammen mit $(14.1\text{-}44)_2$ in $(14.1\text{-}9)_2$ zu

$$\Pi = \frac{\pi^4}{64}\,\frac{EI_\eta}{l^3}\cdot c_{31}^2 + \frac{1}{2}\,\frac{EA}{h}\cdot c_{31}^2 - P\cdot c_{31} . \tag{14.1-46}$$

Nach Ableiten von (14.1-46) nach c_{31} und anschließendem Nullsetzen folgt der Freiwert, der gleichzeitig der Verschiebung des Punktes B entspricht, zu

$$c_{31} = \frac{Pl^3h}{l^3EA + (\pi^4/32)hEI_\eta} . \tag{14.1-47}$$

Der Vergleich von (14.1-47) mit dem Betrag des exakten Ergebnisses $(14.1\text{-}26)_2$ zeigt, dass die Näherungslösung recht gut mit der strengen Lösung übereinstimmt. Im Falle eines freien Kragträgers ist der auf (14.1-43) basierende Näherungswert für die Durchbiegung $w^{(B)}$ um ca. 1.5% und jener für das Einspannmoment um ca. 18.9% zu klein. Der Wert für die Verschiebung ist im Falle der Näherungslösung deshalb kleiner als der strenge Wert, da mit der Wahl des Ansatzes für die Verschiebung eine Reduktion der Freiheitsgrade des Systems einhergeht. Außerdem zeigt dieses Beispiel deutlich, dass bereits kleine Fehler in den Primärvariablen große Fehler bei durch Ableitung der Primärvariablen berechneten Größen zur Folge haben können.

Wie oben dargelegt, müssen bei Verwendung des RITZ'schen Verfahrens die Ansätze für die Verschiebungen zwingend die geometrischen Randbedingungen erfüllen. Darüber hinaus sollte die Wahl des Ansatzes auch mit Rücksicht auf die zu ermittelnden Berechnungsgrößen getroffen werden, wie die Ergebnisse des gegenständlichen Beispiels zeigen. Im Falle, dass neben der Biegelinie auch Biegemomente zu berechnen sind, sollte der Ansatz neben den geometrischen auch die statischen (dynamischen) Randbedingungen erfüllen. Letztere Forderung wird im gegenständlichen Beispiel bei Verwendung des quadratischen Ansatzes nicht erfüllt ($w''|_{x_1=l} = 2a_2 \neq 0$).

Literatur

[BA75] D.O. Brush und B.O. Almroth, *Buckling of bars, plates and shells*, McGraw-Hill, New York, 1975.

[BS75] I.N. Bronstein und K.A. Semendjajew, *Taschenbuch der Mathematik*, 15. Auflage, Harri Deutsch, Zürich, 1975.

[CH88] W.F. Chen und D.J. Han, *Plasticity for structural engineers*, Springer, New York, 1988.

[CM90] W.F. Chen und E. Mizuno, *Nonlinear analysis in soil mechanics*, Elsevier, Amsterdam, 1990.

[DA98] H. Duddeck und H. Ahrens, „Statik der Stabwerke", *Betonkalender*, Teil 1, S. 339–454, Ernst & Sohn, Berlin, 1998.

[DP52] D.C. Drucker und W. Prager, "Soil mechanics and plastic analysis or limit design", *Q. Appl. Math.*, **10**, pp. 157–165, (1952).

[Gir63] K. Girkmann, *Flächentragwerke*, 6. Auflage, Springer, Wien, 1963.

[Mal69] L.E. Malvern, *Introduction to the mechanics of a continuous medium*, Prentice-Hall, Englewood Cliffs, New Jersey, 1969.

[MH04] H. Mang und G. Hofstetter, *Festigkeitslehre*, 2. Auflage, Springer, Wien, 2004.

[RG87] H. Rothert und V. Gensichen, *Nichtlineare Stabstatik*, Springer, Berlin, 1987.

[RH96] E. Ramm und T.J. Hofmann, „Stabtragwerke", in: G. Mehlhorn (Hrsg.), *Der Ingenieurbau*, Bd. 5: *Baustatik – Baudynamik*, S. 1–349, Ernst & Sohn, Berlin, 1996.

[Sch84] H.R. Schwarz, *Methode der finiten Elemente*, 2. Auflage, Teubner, Stuttgart, 1984.

Sachverzeichnis